中国互联网发展报告
2022

中国互联网协会 编

電子工業出版社
Publishing House of Electronics Industry
北京·BEIJING

内 容 简 介

《中国互联网发展报告》是由中国互联网协会组织编撰的大型编年体综合性研究报告，自 2003 年以来，每年出版一卷。

《中国互联网发展报告 2022》客观地记录了 2021 年中国互联网行业的发展历程，系统地反映了中国互联网在基础资源与技术、领域应用与服务、治理与发展环境等方面的发展现状、前沿技术及创新成果。本书内容丰富，数据翔实，重点突出，图文并茂，对互联网从业者全面了解和掌握中国互联网发展情况具有重要参考价值，可为相关部门的决策和相关产业协同发展提供有效支撑。

图书在版编目（CIP）数据

中国互联网发展报告. 2022/中国互联网协会编. —北京：电子工业出版社，2022.10

ISBN 978-7-121-44277-3

Ⅰ. ①中…　Ⅱ. ①中…　Ⅲ. ①互联网络－研究报告－中国－2022　Ⅳ. ①TP393.4

中国版本图书馆 CIP 数据核字（2022）第 162558 号

责任编辑：王　群　　文字编辑：赵　娜
印　　刷：天津画中画印刷有限公司
装　　订：天津画中画印刷有限公司
出版发行：电子工业出版社
　　　　　北京市海淀区万寿路 173 信箱　邮编：100036
开　　本：787×1092　1/16　印张：27.5　字数：704 千字
版　　次：2022 年 10 月第 1 版
印　　次：2022 年 10 月第 1 次印刷
定　　价：1280.00 元

凡所购买电子工业出版社图书有缺损问题，请向购买书店调换。若书店售缺，请与本社发行部联系，联系及邮购电话：（010）88254888，88258888。

质量投诉请发邮件至 zlts@phei.com.cn，盗版侵权举报请发邮件至 dbqq@phei.com.cn。

本书咨询联系方式：xuqw@phei.com.cn。

《中国互联网发展报告 2022》

编辑委员会名单

总编辑

余晓晖

副总编辑

何桂立

主编

宋茂恩

编辑

张姗姗 白茹

撰稿人（按章节排序）

张姗姗 白茹 郭丰 嵇叶楠 王亦菲 李侠宇 尹昊智 李原
杨波 王珂 李向群 王智峰 沈辰 余文艳 马飞 刘如明
苏越 吕艾临 闫树 侯宁 刘硕 安政 邹皓 宁越
霍娟娟 邵小景 田娟 郜蕾 林琳 鲍叙言 毛祺琦 雷凯茹
龚正 胡可臻 陈曦 张奕卉 庞伟伟 康宸 葛涵涛 金岩
杨飞 郭涛 苗佳宁 陆烨晔 王欣怡 张恒升 池程 朱斯语
巩高铄 吴诗雨 袁林 李亚宁 王润鹏 李侠宇 刘硕 李洁
郭亮 王少鹏 杨玲玲 牛晓玲 尚梦宸 李思明 郑夏育 李达伟
付彪 李玥 于莹 崔颖 孟楠 王素斌 马妍 黄思齐
张佳宁 范杰文 闫钰丹 杜国臣 李凯 赵新怡 黄健斌 卢佳
李京 王梓岚 董振 叶国莹 虞洋 谈诗怡 西京京 庄洪志
赵晶 唐亮 高保琴 徐贵宝 闵栋 李曼 李梅田 程超功
许小乐 刘畅 王珺 吕荣慧 冉桓宇 董宏伟 李文宇 冯哲
安静 张永 李慎之 赵勋 刘双喜 焦贝贝 周杨 屠晓杰
张雅琪 尹昊智 张燕青 郭孟媛 田媛媛

前　言

《中国互联网发展报告 2022》（以下简称《报告》）是一部客观记录 2021 年以来中国互联网行业发展历程，系统总结和分析互联网细分行业和重点领域的大型编年体综合性研究报告。《报告》由中国互联网协会理事长尚冰担任编委会主任委员，中国工程院院士胡启恒、中国工程院院士邬贺铨担任编委会顾问。

《报告》分为综述篇、基础资源与技术篇、领域应用与服务篇、治理与发展环境篇、附录篇，共 36 章，力求保持《报告》整体结构的延续性。

《报告》以习近平总书记关于网络强国的重要思想为指导，汇聚了国内互联网领域的最新研究成果、权威数据及典型案例，全面反映了 2021 年以来我国互联网行业的发展情况，展现了基础资源、基础设施、人工智能、算力网络等基础资源与技术的发展进程；展示了农业互联网、电子政务、电子商务、网络金融等领域应用的发展成果；分析了互联网政策法规、互联网治理、网络安全等方面的战略规划、政策举措和发展成效。

《报告》的编撰工作得到了政府部门、科研机构、互联网行业企业及业界专家等社会各界的大力支持，来自中国信息通信研究院等诸多单位的专家和研究人员共 117 人参与了编撰工作，编委会委员对《报告》内容进行了认真严格的审核，保障了《报告》的质量和水平。

《中国互联网发展报告》自 2003 年以来，每年出版一卷，已经持续近 20 年，对我国互联网管理部门、行业机构及专家学者等互联网领域从业人员全面了解和掌握中国互联网发展情况具有重要参考价值。

历年《中国互联网发展报告》的积累积极促进着行业研究与咨询服务。中国互联网协会在研究领域不断开拓创新，聚焦互联网前沿技术，融合应用及创新成果，为政府的决策服务，为行业的发展服务，为产业的繁荣服务。

《中国互联网发展报告》以其权威性和全面性得到政府、业界的持续关注及高度评价，已成为带动互联网行业研究、产业发展和政府决策的重要支撑。

目　　录

第一篇　综述篇

第二篇 基础资源与技术篇

第三篇 领域应用与服务篇

第四篇 治理与发展环境篇

第五篇　附录篇

总　论

2021 年是中国共产党成立 100 周年，是“十四五”开局之年，是开启全面建设社会主义现代化国家新征程起步之年。百年变局与世纪疫情交织叠加，国际地区形势深刻复杂演变，世界经济增长明显放缓，经济全球化出现逆流，新一轮科技革命和产业变革加速演进，科学研究范式和经济发展方式正在发生深刻变革，数字技术也在加速与实体经济融合，数实融合正从消费端走向生产端。当前，我国是全球最大的消费互联网大国、全球最大的社会消费品零售总额大国、全球最大的数字消费大国、全球最大的制造业大国，互联网已经开始把这 4 个大国优势串联起来，以创新推动深度渗透、要素共享、跨界融合，我国互联网行业积能蓄势、砥砺奋进，走过了极不平凡的历程。这一年，互联网行业增长势头强劲，我国互联网业务实现收入 15500 亿元，同比增长 21.2%，增速比上年加快 8.7 个百分点[1]。这一年，我国新型基础设施建设成效显著，信息技术融合应用加速落地，网络安全保障能力持续提升，行业监管迈出坚实步伐，国际交流合作不断拓展。这一年，我国不断强化关键核心技术攻关，网络治理体系建设获得丰硕成果。总体来看，2021 年，我国互联网行业蓬勃发展，持续创新和规范运营正在成为行业发展追求的目标，中国互联网朝着健康、规范、可持续的方向发展。

以网络强国战略思想为指引，基础设施迈上新台阶。新型基础设施建设是数字化时代抢抓发展机遇的重要支撑，2021 年，我国网络基础设施全面发展，5G 网络和千兆光网建设有序推进，工业互联网、数据中心、物联网等新型基础设施布局逐步完善。**一是** 5G 实现全球引领。目前，我国已建成全球规模最大、技术领先的网络基础设施。截至 2021 年年底，我国累计建成并开通 5G 基站 142.5 万个，建成全球最大 5G 网络，实现覆盖所有地级市城区、超过 98%的县城城区和 80%的乡镇镇区。我国 5G 基站总量占全球的 60%以上，每万人拥有 5G 基站数达到 10.1 个，比上年末提高近 1 倍[2]。**二是** IPv6 规模部署成果显著。2021 年，我国 IPv6 地址资源总量位居全球第一。IPv6 活跃用户数超过 6 亿人，占网民总数的 60.11%，政府门户网站 IPv6 支持率达 81.8%，主要商业网站及移动互联网应用 IPv6 支持率达 80.7%[3]。**三是**算力基础设施建设全面提速。截至 2021 年年底，我国在用数据中心机架总规模超过 520 万标准机架，算力总规模超过 140 EFlops，近 5 年年均增速超过 30%，算力规模排名全球第

1 资料来源：工业和信息化部。

2 资料来源：同上。

3 资料来源：国家互联网信息办公室。

二位。全国在用超大型、大型数据中心超过 450 个，智算中心超过 20 个[1]。**四是**工业互联网加速发展。近年来，工业互联网网络、平台、安全三大体系持续完善。截至 2021 年 12 月 31 日，工业互联网标识解析二级节点达到 168 个，已接入国家顶级节点的二级节点分布于 26 个省份，涵盖 32 个行业，标识注册总量超过 768 亿个，累计接入的企业节点数量达 61902 家，国家顶级节点日解析量超过 7800 万次[2]；具有一定行业、区域影响力的工业互联网平台超过 100 个，连接设备数量超过 7600 万台套[3]。

以科技自立自强为引领，关键技术实现新突破。2021 年，我国数字技术产业体系不断完善。人工智能、云计算、大数据、区块链、量子信息等新兴技术跻身全球第一梯队。我国在 5G 网络系统、人工智能等方面关键技术取得突破。中国移动发布 5G 独立组网（SA）端到端系统方案、国际标准及组网技术，华为正式发布 HarmonyOS 2.0 及多款搭载 HarmonyOS 2.0 的新产品，阿里云发布面向云计算的大规模分布式存储系统，蚂蚁科技集团发布大规模图计算系统 GeaGraph。华为、智源研究院、中科院、阿里巴巴等企业和研究机构相继推出超大规模预训练模型，包括盘古、悟道 2.0、紫东太初和 M6 等。2021 年，我国信息领域 PCT 国际专利申请数量超过 3 万件，比 2017 年提升 60%，全球占比超过三分之一[4]。

以以人民为中心的思想为指导，融合应用赋能新发展。2021 年，我国融合应用生态正在加速形成，经济新动能快速释放。**一是**数字赋能激发消费新活力。新型消费蓬勃发展，网络零售、跨境电商、移动支付等新业态、新模式、新场景不断涌现。网络零售继续保持较快增长。2021 年，我国网上零售总额达 13.09 万亿元，同比增长 14.1%[5]；跨境电商展现出强劲发展活力，进出口规模约为 19237 亿元，比 2020 年增长 18.6%，占进出口总额的 4.9%[6]。社交电商、直播电商等新业态、新模式持续发展，成为驱动经济增长的新引擎。**二是**工业互联网发展走深向实。截至 2021 年年底，我国“5G+工业互联网”在建项目超过 1800 个，覆盖钢铁、电力等 20 多个国民经济重点行业[7]。**三是**数字政府治理服务效能显著增强。一方面，数字政府建设向更大范围、更深程度推进。我国电子政务在线服务指数全球排名提升至第 9 位，“一网通办”“跨省通办”取得积极成效。全国一体化政务服务平台实名用户已超过 10 亿人，各地的省级平台均设置了“跨省通办”专区。另一方面，数字技术有力支撑常态化疫情防控。“防疫健康码”与“通信大数据行程卡”全面实行“卡码合一”，截至 2021 年 12 月，全国政务服务一体化平台“防疫健康码”累计使用人数超过 9 亿人，累计访问量超过 600 亿次，建立“一省一码”跨地区互认机制，持续优化升级“通信大数据行程卡”，累计查询次数超过 250 亿次[8]。

以维护国家网络空间安全为抓手，网络安全迎来新机遇。强大的网络安全产业是全面提

1 资料来源：工业和信息化部。

2 资料来源：中国信息通信研究院。

3 资料来源：中华人民共和国中央人民政府网站。

4 资料来源：《数字中国发展报告（2021 年）》，国家互联网信息办公室。

5 资料来源：国家统计局。

6 资料来源：海关总署。

7 资料来源：同 3。

8 资料来源：同 4。

升网络安全保障能力的重要基石，随着云计算、大数据、区块链等新兴技术高速发展，网络安全产业发展迎来新空间与新机遇。**一是**网络安全产业发展进入“快车道”。2021 年，我国网络安全产业总体稳中向好，数据安全领域备受关注，网络安全服务市场快速拓展，产业规模约为 2002.5 亿元，增速约为 15.8%[1]。**二是**技术产品体系持续演进。2021 年，各网络安全创新主体纷纷聚焦数字产业化和产业数字化发展需求，深度探索人工智能、大数据、区块链等新兴技术在网络安全领域的应用；积极提升安全技术产品云化能力，针对零信任、可信计算等前沿技术理念领域开展技术攻关，网络安全行业出现了更多的创新性产品和服务解决方案，为国家数字化发展提供安全保障。**三是**网络安全企业发展态势良好。近年来，网络安全威胁日趋严峻，数据安全、安全服务等细分领域迎来发展新机遇。我国网络安全领域投融资热情高涨，其中，数据安全、安全服务和工控安全融资活动占比均超过 10%[2]；数据安全成为国内网络安全最热门的融资领域。网络安全企业技术创新高度活跃，生态建设不断完善，综合实力显著增强，为保障国家网络空间安全做出重要贡献。

以创造互信共治的数字世界为动力，网络治理取得新成效。2021 年，我国互联网治理逐步完善，依法治网格局逐步形成，为互联网行业健康发展保驾护航。**一是**网络空间法治化进程加速推进。《中华人民共和国数据安全法》《中华人民共和国个人信息保护法》《关键信息基础设施安全保护条例》等法律法规密集出台，为行业提供了更加细致可操作的法律依据和行为规则，对维护国家信息安全、保护消费者权益和市场竞争具有重要意义，互联网行业的监管将更趋向规范化、精细化、常态化。**二是**网络综合治理体系逐步形成。我国互联网治理始终坚持以人民为中心的发展思想，以建设网络综合治理体系为重要抓手，形成政府管理、企业履责、社会监督、行业自律等多主体参与，经济、法律、技术等多方式、多手段结合的综合治网格局，着力推进“法治”“德治”“智治”“共治”联动，构建和平、安全、开放、合作、有序的网络空间，建立多边、民主、透明的互联网治理体系。

以构建网络空间命运共同体为共识，国际合作开创新局面。2021 年 10 月，习近平总书记在主持中央政治局第三十四次集体学习时强调，“要积极参与数字经济国际合作，主动参与国际组织数字经济议题谈判，开展双多边数字治理合作，维护和完善多边数字经济治理机制，及时提出中国方案，发出中国声音”，深化数字领域国际合作已成为“十四五”时期育先机、开新局的重要突破口。**一方面，**国际规则制定参与度有力提升。我国积极参与联合国、G20、金砖国家、APEC、WTO 等多边机制数字领域相关国际规则制定和合作机制建设。2021 年，我国申请加入《数字经济伙伴关系协定》（DEPA）与《全面与进步跨太平洋伙伴关系协定》（CPTPP）等区域自贸协定，积极对接经贸领域数字新议题。《亚洲及太平洋跨境无纸贸易便利化框架协定》正式生效，这是联合国框架下跨境无纸贸易领域的第一个多边协定，将进一步丰富“一带一路”贸易便利化领域合作，增强亚太地区贸易领域互联互通。**另一方面，**数字领域国际合作持续深化。2021 年，我国深入推进“数字丝绸之路”建设，与共建“一带一路”国家共同把握数字化、网络化、智能化的发展机遇，探索新的增长动能和发展路径。“一带一路”倡议提出八年多来，中国已经同 147 个国家和 32 个国际组织签署 200 余份共建

1 资料来源：2021 年中国网络安全企业调研，中国信息通信研究院。

2 资料来源：同上。

“一带一路”合作文件。截至 2021 年年底，我国已与五大洲的 23 个国家建立“丝路电商”双边合作机制，与 26 个国家和地区签署了 19 个自贸协定，自贸伙伴覆盖亚洲、大洋洲、拉丁美洲、欧洲和非洲[1]。

奋进新征程，笃行创未来。“十四五”时期，信息化进入加快数字化发展、建设数字中国的新阶段，我国互联网发展要立足“两个大局”，心怀“国之大者”，顺应数字化、网络化、智能化、绿色化的发展趋势，勇立潮头、接续奋斗，奋力谱写网络强国、数字中国建设高质量发展壮丽篇章，为构建网络空间命运共同体贡献中国智慧与中国力量。

2022 年 8 月 17 日

1 资料来源：商务部。

第一篇

综述篇

第 1 章　2021 年中国互联网发展综述

1.1　中国互联网总体发展情况

2021 年，在网络强国和数字中国战略的指引下，中国紧抓数字文明新机遇，全面布局网络基础设施建设，持续推进关键核心技术攻关，加快促进数字经济创新发展，奋力开创网络内容建设新局面，聚力提升网络空间法治建设进程，着力深化网络空间国际合作，互联网发展取得一系列重要成就。

当今世界，新一轮科技革命和产业变革蓬勃兴起，数字技术快速发展，互联网作为经济社会创新发展的重要引擎，发展潜力不断释放，正成为支撑经济社会数字化转型、实现高质量发展的重要抓手。2021 年，我国网络强国建设步伐加快，截至 2021 年年底，我国网民规模为 10.32 亿人，互联网普及率达 73.0%。网络基础设施实现跨越性提升，5G、大数据、云计算、区块链等技术水平居世界领先地位。我国已建成全球规模最大、技术领先的光纤宽带和移动通信网络，移动通信技术从“4G 并跑”跨越到“5G 引领”，2021 年已累计建成 5G 基站 142.5 万个，5G 移动电话用户达到 3.55 亿户，5G 用户规模快速扩大。IPv6 网络规模部署行动持续推进，2021 年我国 IPv6 地址申请数量居全球第一。数字经济蓬勃发展，市场规模达到 45.5 万亿元，已稳居全球第二，作为数字经济的基础，集成电路、软件方面也取得了标志性成果[1]。“十四五”时期是信息化引领高质量发展的重要机遇期，我国将深入落实创新驱动发展战略和数字中国战略，全面贯彻新发展理念，加快构建新发展格局，顺应信息化、数字化、网络化、智能化发展趋势，抢抓机遇、砥砺前行，以数字化改革为牵引，激发互联网行业新动力，以更好的姿态迈向数字文明新时代！

1.2　中国互联网发展能力建设概况

1.2.1　云计算

《中华人民共和国国民经济和社会发展第十四个五年规划和 2035 年远景目标纲要》（以

1 资料来源：中华人民共和国中央人民政府网站。

下简称《“十四五”规划》）提到，“加快云操作系统迭代升级，推动超大规模分布式存储、弹性计算、数据虚拟隔离等技术创新，提高云安全水平。以混合云为重点培育行业解决方案、系统集成、运维管理等云服务产业”，这为中国云计算产业指明了发展方向。2021 年，我国云计算整体规模持续快速增长，但增速有所放缓。云计算市场规模达到 3030 亿元，增速为 45%。其中，公有云市场规模达到 2022 亿元，增速为 58%；私有云市场规模达到 1008 亿元，增速为 23%。云计算市场竞争日益激烈，阿里云等头部厂商的营业收入增速均超过 40%，其中腾讯云、华为云、天翼云的营业收入增速均超过 60%。互联网数据中心（Internet Data Center，IDC）测算，阿里云、腾讯云、华为云、天翼云、亚马逊云科技分别居中国公有云市场前 5 位，整体市场继续维持“一超多强”的格局。云计算厂商持续发力，开启由国内向全球辐射的业务布局。

云计算作为“新基建”中“大数据中心、人工智能、工业互联网”的基础框架，是国家重点投资和建设的内容。在数字经济大潮下，云原生技术发展不断加速，用户在云原生技术领域的投资规模稳步提升；云网边一体化程度不断加深，云网融合场景愈加丰富；云网融合为“东数西算”建设贯通东西的高速公路；云边协同逐渐向云边端协同发展；云计算打破安全边界，零信任适应云上安全新需求。在行业应用层面，云计算技术在政务、金融、媒体等领域被广泛应用；政务云为“数字政府”建设提供关键基础设施保障，已实现全国 31 个省级行政区全覆盖；金融云为金融机构数字化转型提供关键驱动力，众多金融机构纷纷将数据和应用迁移至云端，利用云计算基础产品与服务能力构建安全可控的一体化云平台；媒体云通过“云边协同+XR”增强服务能力，持续提升用户体验。随着“双碳”工作逐步推进，云计算向节能减排的绿色计算方向发展，国内正在形成新的云计算数据中心的战略布局。中央网络安全和信息化委员会印发的《“十四五”国家信息化规划》指出，“推进云网一体化建设发展，实现云计算资源和网络设施有机融合”。

1.2.2 大数据

在《“十四五”规划》中，大数据中心与 5G、工业互联网一同被提及，成为未来国家战略中的一个重要衡量指标。《“十四五”规划》强调，“加快构建全国一体化大数据中心体系，强化算力统筹智能调度，建设若干国家枢纽节点和大数据中心集群，建设 E 级和 10E 级超级计算中心”。近年来，我国大数据产业规模呈持续增长态势，技术日趋成熟，赋能不断加深拓广。2021 年，新一批交易机构分别在山东、山西、广西北部湾、北京和上海成立，深圳数据交易所、西部数据交易中心等 10 家数据交易机构[1]陆续启动建设。我国数据立法取得突飞猛进的进展，备受关注的《中华人民共和国数据安全法》（以下简称《数据安全法》）和《中华人民共和国个人信息保护法》（以下简称《个人信息保护法》）先后出台，与《中华人民共和国网络安全法》（以下简称《网络安全法》）共同形成数据合规领域的“三驾马车”，标志着数据合规的法律架构初步搭建完成[2]。

自我国提出“加快培育数据要素市场”以来，我国大数据发展迎来新阶段。2021 年，我

1 具体包括：湖南大数据交易中心、安徽大数据交易中心、北方大数据交易中心、湖北大数据交易集团、广东省数据交易中心、粤港澳大湾区数据平台、内蒙古数据交易中心、川渝大数据交易平台、西部数据交易中心和深圳数据交易所。

2 资料来源：《大数据白皮书（2021 年）》，中国信息通信研究院。

国大数据产业围绕数据要素加速布局和创新发展，国家大数据战略开始走向深化，激活数据要素潜能、加快数据要素市场化建设成为核心议题。大数据技术体系以提升效率、赋能业务、加强安全、促进流通为目标加速向周边拓展，已形成支撑数据要素发展的整套工具体系；数据资产管理实践加速落地，并从提升数据资产质量向数据资产价值运营加速升级；数据流通的基础制度与市场规则处于起步探索阶段，各界力量正从新模式、新技术、新规则等多角度加速探索变革思路。随着监管力度和企业意识的强化，数据安全治理初见成效，数据安全的体系化建设逐步提升。互联网、金融等重点领域中的优秀大数据产品和解决方案加速涌现。自新冠肺炎疫情暴发以来，从抗击疫情阻击战到疫情防控常态化，通信大数据在疫情监测分析、人员管控、医疗救治、复工复产等各个方面持续发挥着重要作用。工业和信息化部印发的《"十四五"大数据产业发展规划》指出，"我国要抢抓数字经济发展新机遇，坚定不移实施国家大数据战略，充分发挥大数据产业的引擎作用，以大数据产业的先发优势带动千行百业整体提升，牢牢把握发展主动权"。

1.2.3　人工智能

《"十四五"规划》全文共 19 篇 65 章，"智能""智慧"相关表述达 57 处，《"十四五"规划》明确指出，"建设重点行业人工智能数据集，发展算法推理训练场景，推进智能医疗装备、智能运载工具、智能识别系统等智能产品设计与制造，推动通用化和行业性人工智能开放平台建设"。2021 年，我国人工智能产业规模整体保持相对较高的增速，市场规模达 4101 亿元，同比增长 22.9%。总体来看，人工智能的发展不再单纯聚焦技术创新，更加注重工程化实践和可信安全，正在形成技术创新、工程实践、安全可信"三维"发展新坐标，牵引人工智能技术产业迈入新阶段。追求特定场景下的技术创新一直是人工智能发展的目标和驱动力，工程实践能力日益成为释放人工智能技术红利的重要支撑，可信安全逐渐成为人工智能赋能过程中不可或缺的保障，我国新一代人工智能迈入"创新驱动、应用深化、规范发展"的新阶段。

以人工智能为代表的新一代信息技术，将成为我国"十四五"期间推动经济高质量发展、建设创新型国家的重要技术保障和核心驱动力之一。人工智能在创新方面不断突破：在算法层面，新算法层出不穷，超大规模预训练模型推动技术效果不断提升，向规模更大、模态更多的方向发展；在基础算力层面，单点算力持续突破，新技术仍处于探索期；在数据层面，数据规模不断提升，数据服务进入深度定制化阶段。在关键技术领域，人工智能工具链成为工程实践能力核心，云边端协同管理的技术需求逐渐凸显，人工智能上云进程不断加速；安全可信人工智能技术朝着一体化方向发展，人工智能系统稳定性技术逐步从数字域扩展到物理域，人工智能可解释性增强技术仍处于初期探索阶段，体系化推进人工智能可信安全技术将是重要趋势。近年来，人工智能产业化进程不断提速，正在加快与千行百业的深度融合[1]。中央网络安全和信息化委员会印发的《"十四五"国家信息化规划》指出，"建设发展人工智能开源社区，构建人工智能公共数据集。推动人工智能开源框架发展，打造开源软硬件基础平台，构建基于开源开放技术的软件、硬件、数据协同的生态链。围绕国家战略和产业需求，加快人工智能关键技术转化应用。开展人工智能伦理规范研究，探索建立保障人工智能健康

1　资料来源：《人工智能白皮书（2022）》，中国信息通信研究院。

发展的法律法规和伦理道德框架”。

1.2.4 车联网

中央网络安全和信息化委员会印发的《“十四五”国家信息化规划》提出，“开展车联网应用创新示范。遴选打造国家级车联网先导区，加快智能网联汽车道路基础设施建设、5G-V2X 车联网示范网络建设，提升车载智能设备、路侧通信设备、道路基础设施和智能管控设施的‘人、车、路、云、网’协同能力，实现 L3 级以上高级自动驾驶应用”。2021 年，我国车联网市场规模增长明显，新增路侧设备（RSU）部署 2500 余台，其中城市道路新增 RSU 部署 2000 余台，高速公路新增 RSU 部署 500 余台。先进驾驶辅助系统（ADAS）成为大量新车标配，ADAS 与网联化融合成为发展趋势，LTE-V2X 功能正受到汽车厂商的高度关注。住房和城乡建设部、工业和信息化部确定北京、上海、广州、武汉、长沙、无锡、重庆、深圳、厦门、南京、济南、成都、合肥、沧州、芜湖、淄博 16 个城市为智慧城市基础设施与智能网联汽车协同发展试点城市，不断提升智慧城市基础设施智能化水平，实现不同等级智能网联汽车在特定场景下的示范应用。车联网身份认证和安全信任试点项目跨行业参与度高，呈现多元化、多层次、分布广的特点。

我国车联网产业在标准制定、关键技术研发、应用示范等方面取得积极进展。路侧感知与计算关键技术是路侧融合系统的核心，路侧传感器不断向感知与计算功能一体化的形态升级，同时，路侧融合系统向软硬件解耦发展的趋势初现。当前，路侧融合系统产业链处于快速发展阶段，但现有技术与产品成熟度有待提升，核心关键技术亟须攻关，主流产品在真实工况下的系统性能、稳定性及与场景需求的匹配度仍有提升空间。车联网业务分类平台分级关键技术有待进一步测试验证，在 C-V2X 直连通信方面，LTE-V2X 已形成较为完善的技术标准体系和产业链；NR-V2X 技术标准有待验证，未分配频谱资源，相关产品尚未成熟。随着 5G 关键性能指标的显著提升，5G 网络从支持车载 AR、VR 等多元化信息服务，逐步向支撑车路协同应用、远程遥控驾驶等方向演进。车联网 C-V2X 先导应用实践更加丰富，车联网应用落地实际效果显著[1]。工业和信息化部印发的《“十四五”信息通信行业发展规划》指出，“加强基于 C-V2X 的车联网基础设施部署的顶层设计，‘条块结合’推进高速公路车联网升级改造和国家级车联网先导区建设。协同发展智慧城市基础设施与智能网联汽车，积极开展城市试点，推动多场景应用。推动 C-V2X 与 5G 网络、智慧交通、智慧城市等统筹建设，加快在主要城市道路的规模化部署，探索在部分高速公路路段试点应用”。

1.2.5 虚拟现实

《“十四五”规划》指出，“推动三维图生产、动态环境建模、实时动作捕捉、快速渲染处理等技术创新，发展虚拟现实整机、感知交互、内容采集制作等设备和开发工具软件、行业解决方案”。2021 年，全球虚拟现实市场规模约为 1400 亿元，其中 VR 市场规模为 800 亿元，AR 市场规模为 600 亿元。IDC 测算，2021 年全球虚拟现实终端出货量约为 900 万台，VR、AR 终端出货量占比分别为 93%、7%。从终端市场规模看，2021 年全球 VR、AR 终端

1 资料来源：《车联网白皮书（2021 年）》，中国信息通信研究院。

平均售价分别为 2600 元、10200 元，全球终端市场规模合计约为 280 亿元。2021 年，我国各部委及地方政府积极推动虚拟现实产业发展，国务院从“十三五”规划开始，把虚拟现实视为构建现代信息技术和产业生态体系的重要新兴产业，各地政府更加聚焦终端设备规模上量、行业应用落地实践、融合创新中心建设运营等具体、切实的痛点问题；与此同时，新型基础设施建设驱动我国虚拟现实产业发展提档升级。

作为新一代信息技术融合创新的典型领域，虚拟现实技术日渐成熟，产业发展正逢其时，行业应用前景广阔。2021 年，虚拟现实“五横两纵”技术体系初步成型。在近眼显示方面，快速响应液晶屏成为多数 VR 终端的常用选择，光波导在 AR 领域的技术发展前景明确；在渲染计算方面，云渲染、人工智能与注视点渲染等技术进一步优化渲染质量与效率间的平衡；在内容制作方面，WebXR、OS、OpenXR 等支撑工具稳健发展，六自由度视频摄制技术、虚拟化身技术等前瞻技术进一步提升虚拟现实体验的社交性、沉浸感与个性化；在感知交互方面，内向外追踪技术已全面成熟，手势追踪、眼动追踪、沉浸声场等诸多感知交互技术百花齐放，共存互补；在网络传输方面，“5G+F5G”构筑虚拟现实双千兆网络基础设施支撑，传输网络不断地探索传输推流、编解码、最低时延路径、高带宽低时延、虚拟现实业务、AI 识别等新兴技术路径。在元宇宙概念的影响下，业界积极探索各具特色的虚拟现实应用场景，旨在面向生产、生活领域形成一批规模化、可落地、有产出的商业实践。工业和信息化部印发的《“十四五”信息通信行业发展规划》指出，“加速人工智能、区块链、数字孪生、虚拟现实等新技术与传统行业深度融合发展。推动建立融合发展的新兴领域标准体系，加快数字基础设施共性标准、关键技术标准制定和推广”。

1.2.6　区块链

区块链技术作为数字经济时代的重要底层支撑技术之一，被《“十四五”数字经济发展规划》纳入战略性前瞻性技术的行列，《“十四五”数字经济发展规划》强调，“构建基于区块链的可信服务网络和应用支撑平台，为广泛开展数字经济合作提供基础保障”。2021 年，区块链作为底层信息技术应用范围广阔，在实际落地中各地充分结合自身资源禀赋，因地制宜，开启区块链产业发展新阶段。随着区块链技术和要素融合趋势的加强，区块链赋能数字经济的边界也在不断延展，区块链技术通过共享数据、流程和规则，以可信信息流为基础，能够实现数据要素的可信互联，促进参与主体之间的可信协作，目前已覆盖数字金融、电子政务、公共服务等多个领域，各类行业应用纷纷涌现，产业生态蓬勃发展。

经过十余年的发展，区块链基础功能架构已趋于稳定，相关技术向“高效、安全、便捷”持续演化。当前，联盟链技术发展重性能、弱共识现象明显，导致联盟链存在向分布式数据库发展的趋势；异步共识算法是保障区块链在互联网环境中健壮运行的理想共识技术，性能指标已成为联盟链产品竞争热点，未来区块链系统性能仍存在提高空间；中继链采用“以链治链”的思路，加上中继链具有链上不同参与方地位平等，便于快速达成协作共识及协作联盟推广的优势，已成为多数跨链方案的共性选择。随着行业对数据可信可控共享的需求持续释放，区块链结合隐私计算技术将逐渐成为各行业数据流通的标配，解决多方协作过程中的信任和隐私问题。我国政府、企业等实体依托联盟链，深挖实际需求，持续拓展区块链创新应用边界，成功实现多领域应用落地，也为国家重点关注的新兴发展方向提供有力战略支撑[1]。中央网络安全和信息化委员会印发的《“十四五”国家信息化规划》指出，“推进区块链技术应用和产业生态健康有序发展。构建区块链标准规范体系，加强区块链技术测试和评估，制定关键基础领域区块链行业应用标准规范。开展区块链创新应用试点，聚焦金融科技、供应链服务、政务服务、商业科技等领域开展应用示范”。

1.2.7 工业互联网

工业互联网是《“十四五”数字经济发展规划》中发展战略的要点之一，《“十四五”数字经济发展规划》强调，“有序推进基础设施智能升级，建设可靠、灵活、安全的工业互联网基础设施，支撑制造资源的泛在连接、弹性供给和高效配置”。2021 年，我国工业互联网核心产业规模达到 10749 亿元，增速为 18.1%。我国初步形成了涵盖工业互联网网络与标识解析、平台与应用、安全等细分领域的完备的工业互联网产业体系，工业互联网产业呈现智能化、开放化的发展趋势。

作为推动数字经济发展重要的核心基础，工业互联网的建设已成为顺应时代发展潮流的关键抓手。2021 年，我国工业互联网网络基础设施加快建设，高质量外网建设初见成效，已覆盖全国 374 个地级行政区（或直辖市的下辖区），覆盖率达 89.7%；时间敏感网络（TSN）、5G、边缘计算等新技术加快了工业互联网在企业内网改造中的应用部署，全国建设“5G+工业互联网”项目超过 1800 个，覆盖 22 个国民经济重要行业[2]；工业互联网标识解析体系建设进一步完善，节点对外服务规模快速提升，全国上线二级节点达 168 个，国家顶级节点日解析量超过 7800 万次，累计主动标识载体已部署超过 493 万枚。工业互联网已走过“从 0 到 1”由概念到实践的第一阶段，正迈向“从 1 到 100”推动高效应用的第二阶段，工业互联网应用场景不断丰富，解决问题的能力不断提升，逐步推动工业数字化转型进程。2022 年的《政府工作报告》指出，“加快发展工业互联网，培育壮大集成电路、人工智能等数字产业，提升关键软硬件技术创新和供给能力”。

1.3 中国互联网细分领域发展概况

1.3.1 网络音视频

作为数字文化产业的一个垂直生态领域，2021 年，全国网络视听行业收入达 3594.65 亿元，其中用户付费、节目版权等服务性收入大幅增长，达 974.05 亿元，同比增长 17.24%。短视频应用新用户带动网络音视频用户规模不断增长，增速持续放缓。截至 2021 年 12 月，网络视频（含短视频）用户规模达 9.75 亿人，同比增长 5.2%，网络直播用户规模达 7.03 亿人，网络音乐用户规模达 7.29 亿人。

1 资料来源：《区块链白皮书（2021 年）》，中国信息通信研究院。

2 资料来源：《中国“5G+工业互联网”发展报告（2021 年）》，中国信息通信研究院。

2021 年，长、短视频竞争激烈，业务逐渐融通。“观看视频”成为人们最重要的信息获取方式之一，视频成为实现用户自我提升的重要渠道。短视频、直播逐步拥有更多的市场并下沉到各领域，在信息传播、文化传承、国际交流中发挥重要作用。在综合视频领域，头部梯队继续保持领先优势，第二梯队强势发力，头部视频平台维持亿级会员规模。短视频行业保持稳定增长态势，抖音、快手“两强格局”延续，视频号依赖微信生态快速发展。网络直播行业保持较快增速。电竞、电商、教育等新形态直播内容不断兴起，各大平台积极推进“直播+”。网络音频行业仍处于高速发展期，快速发展主要源于付费用户规模持续高速增长，有声书、广播剧、播客及音频直播备受欢迎，收听场景不断拓宽。国家广播电视总局发布的《广播电视和网络视听“十四五”发展规划》指出，“广播电视和网络视听要在着眼和把握‘两个大局’中找准坐标定位和着力点发力点，实现高质量发展，迎接新机遇、应对新挑战、满足新期待”。

1.3.2　电子政务

《“十四五”规划》指出，“将数字技术广泛应用于政府管理服务、推动政府治理流程再造和模式优化、不断提高决策科学性和服务效率”。近年来，我国深入推进“互联网+政务服务”，数字政府建设进入全面改革和深化提升阶段。具体来看，电子政务体系化部署更趋完善，我国从顶层深化部署全国政务服务“一张网”“一盘棋”；“互联网+监管”建设成效显著，各地区高度重视“互联网+监管”工作；数字化服务水平持续提高，“跨省通办”、适老化改造、“无感申报”等服务已在上海、广东、浙江等地落地实施；电子政务在全面支撑疫情防控中发挥重要作用，国家政务服务平台“防疫健康信息码”与各地区健康码信息系统稳定运行，全国基本实现健康码“互通互认”和“一码通行”。截至 2021 年 12 月，已有近 9 亿人申领健康码，国家政务服务平台数据共享枢纽累计向各地各部门共享防疫相关数据 1811.05 亿次。

历经多年探索和发展，我国电子政务建设进程提速。在政府网站建设上，全国各级政府网站绩效水平稳步提升，地市政府网站成为政务信息发布主体，截至 2021 年 12 月，我国共有政府网站 14566 个，主要包括政府门户网站和部门网站。其中，中国政府网 1 个；国务院部门及其内设、垂直管理机构共有政府网站 890 个；省级及以下行政单位共有政府网站 13675 个，分布在我国 31 个省份和新疆生产建设兵团。在数字化便民服务建设上，“跨省通办”范围持续扩大，政务审批由“简化”向“极简”转变，数字化便民服务持续向社区汇聚下沉；在数字化社会治理建设上，从中央到地方陆续出台相关政策，加快推进城市治理“一网统管”建设，各地政府将数字技术应用于市场监管、城市建设管理、交通安全、智慧停车等多个领域，进一步推动政府治理模式创新，应用场景不断丰富。在全国一体化政务服务平台建设上，全国一体化政务服务平台基本建成，截至 2021 年 12 月，该平台实名用户超过 10 亿人，其中国家政务服务平台注册用户超过 4 亿人，总使用量达 368.2 亿人次，国家级政务服务总枢纽地位日益提升。国家发展和改革委员会印发的《“十四五”推进国家政务信息化规划》指出，“加快网络融合，升级完善国家电子政务网络体系；加快技术融合，构建智能化政务云平台体系；加快数据融合，健全国家数据共享与开放体系；加快服务融合，完善全国一体化政务服务平台体系”。

1.3.3 电子商务

《"十四五"规划》提出，"推动加工贸易转型升级，深化外贸转型升级基地、海关特殊监管区域、贸易促进平台、国际营销服务网络建设，加快发展跨境电商、市场采购贸易等新模式，鼓励建设海外仓，保障外贸产业链供应链畅通运转"。2021 年，我国电子商务平台直播带货、内容电商和社区团购等新模式、新元素不断规范发展。全国电子商务交易额达 42.30 万亿元，同比增长 19.6%；网络零售市场规模保持稳步增长势头，全国网上零售额达 13.09 万亿元，同比增长 14.1%。从细分市场看，2021 年中国跨境电商进出口规模约为 19237 亿元，同比增长 18.6%，其中，出口约为 13918 亿元，同比增长 28.3%；进口约为 5319 亿元，同比下降 0.9%。中国跨境电商市场规模达 14.2 万亿元，同比增长 13.6%；全国农村网络零售额达 2.05 万亿元，同比增长 11.3%。总体来看，电子商务展现出强劲的发展活力。

2021 年，电子商务规范发展进入新阶段。我国电子商务领域建章立制步伐明显加快，政策体系更加完善，监管力度显著增强。在竞争政策方面，多起相关电子商务平台企业"二选一"等涉嫌垄断行为被立案调查，针对电子商务平台企业的反垄断和反不正当竞争的相关具体措施进一步完善、细化；在规范新业态发展方面，我国加强对网络社交、网络直播的监管，《社交电商企业经营服务规范》和《网络交易监督管理办法》等相继发布，对网络交易活动进一步提出透明化和公开化的要求。电子商务国际合作空间不断拓展，联合国贸易和发展会议数据显示，受新冠肺炎疫情影响，2021 年消费者电子商务活动持续增长，在线销售额显著提升，互联网用户在线消费的平均比例从 2019 年疫情暴发之前的 53%上升到 2021 年的 60%。2021 年，境内平台对《区域全面经济伙伴关系协定》（RCEP）成员国出口开始增加，随着贸易便利化、自由化水平的逐步提升，跨境电商、互联网金融及数字相关服务业将迎来更大发展机遇。同时，社会消费习惯逐渐从线下向线上迁移，线上化消费、便捷化消费、零触式消费显著增长，电子商务成为推动消费的重要渠道。众多行业加速电子商务在不同场景中的渗透融合，电子商务融合发展态势进一步形成。商务部、中央网信办、国家发展和改革委员会联合印发的《"十四五"电子商务发展规划》指出，"构建适应电子商务高质量发展要求的数字化监管机制。坚持包容审慎监管，以监管促规范、以规范促发展"。

1.3.4 网络金融

中国人民银行印发的《金融科技（FinTech）发展规划（2019—2021 年）》明确提出，"到 2021 年，建立健全我国金融科技发展的'四梁八柱'，进一步增强金融业科技应用能力，实现金融与科技深度融合、协调发展，明显增强人民群众对数字化、网络化、智能化金融产品和服务的满意度，使我国金融科技发展居于国际领先水平"，这为金融科技的良好发展提供了有效的政策依据。2021 年，中国金融科技投融资市场加速回暖，投融资规模逐步恢复，2021 年年初呈现强劲的反弹趋势。从整体上看，金融科技投融资集中在北京、上海、深圳等金融业发达的城市，全国支付系统业务金额稳步增长，移动支付加速智能化升级，跨境支付成为热点场景；消费金融进入稳定增长期，数字人民币试点城市不断扩增，供应链金融助力产融合作平台发展，科技深度赋能保险业成为明显趋势；金融机构利用数字技术持续提升线上服务能力，不断推进跨界互联。

中国网络金融市场发展格局深刻变化，开放与生态合作成为主流趋势。在关键技术方面，信息通息技术（Information and Communications Technology，ICT）核心技术推动金融科技关键技术与热点应用不断深化，金融数据中心建设不断向绿色与智能化方向升级，数据智能技术加速演进，数据湖、DataOps、图计算等新理念在金融领域得到快速实践，金融区块链进入规范化发展阶段。零信任架构、隐私计算、密码等在金融领域的应用持续加快，成为维护网络金融数据安全的重要技术保障，金融科技自主创新成为发展共识。在监管导向方面，审慎创新和风险防控的监管要求进一步强化，尤其是针对大型互联网平台公司的监管，从反垄断、数据安全等方面出台一系列重要政策。金融科技跨界合作持续深化，网络金融业务场景化发展成为趋势[1]。中国人民银行印发的《金融科技发展规划（2022—2025 年）》指出，“金融业数字化从多点突破迈入深化发展新阶段，全局性、系统性数字思维深入人心，数字化转型的理论、方法、评价体系基本形成，上云用数赋智水平稳步提高，金融机构数字化经营能力大幅跃升”。

1.3.5　网络游戏

《“十四五”规划》指出，“实施文化产业数字化战略，加快发展新型文化企业、文化业态、文化消费模式，壮大数字创意、网络视听、数字出版、数字娱乐、线上演播等产业”。2021 年，网络游戏市场规模达 3647.82 亿元，同比增长 7.1%，网络游戏用户规模达 7.1 亿人，同比增长 9.57%。从细分领域看，移动游戏市场规模达 2889.08 亿元，市场占比达 79.20%；客户端游戏市场规模达 693.09 亿元，市场占比达 19.00%；网页游戏市场规模达 65.66 亿元，市场份额逐年下降，市场占比已不足 2%。总体来看，我国网络游戏产业保持增长态势，增幅较 2020 年缩减 19%。网络游戏产业属于新兴数字信息产业，游戏的细分市场持续分化，商业价值日渐凸显，日渐成为数字经济的重要组成部分。

2021 年，我国网络游戏产业向纵深发展。游戏企业的战略布局持续升级，研发投入占比不断提升。加大精品游戏的技术、人才、资本投入，提升具有自主知识产权的网络游戏核心技术的研发力度，加速精品游戏的规模化产出，成为中国游戏企业提升核心竞争力的重要手段。近年来，随着自媒体平台快速发展，私域流量的积累为游戏的发行提供了新的投放基础。2021 年，中国移动游戏种类更趋丰富，各厂商逐渐在更加细分的品类赛道上不断探索与深耕。2021 年，在国内游戏版号暂缓发放、游戏行业政策监管趋严、行业规范化程度持续加深的背景下，网络游戏行业发展更加规范。未来，我国游戏产业的发展将继续坚持正确的政治方向和精准的市场导向，以用户为中心，加强市场调研和用户画像，建立专业化的发展基地，开发多类型、多层次、多场景的游戏产品，促进文化与科技深度融合，推动产业步入高质量发展新征程。文化和旅游部发布的《“十四五”文化产业发展规划》指出，“推动娱乐业转型升级、创新发展，实施阳光娱乐行动，开发健康向上、技术先进的新型娱乐方式，创新娱乐业态和产品，并促进电子竞技与游戏游艺行业融合发展”。

1.3.6　网络教育

《政府工作报告》多次提及在线教育。2021 年的《政府工作报告》提出，“发展更加公平

1　资料来源：《中国金融科技生态白皮书（2021 年）》，中国信息通信研究院。

更高质量的教育，发挥在线教育优势，完善终身学习体系”；2022 年的《政府工作报告》提出，“促进教育公平与质量提升，发展在线教育，完善终身学习体系”。2021 年，我国教育科技领域风险投资总额达 181 亿元，同比下降 74%，在全球风险投资总额中的占比为 13%，位列第四；数字教育市场规模约为 3220 亿元，同比下滑 25.61%；数字教育融资总额达 140.9 亿元，同比下降 73.88%。在行业分布上，在线职业教育融资金额达 61.93 亿元，排名第一，其次为 STEAM 教育，融资金额达 33.68 亿元。从整体来看，我国网络教育治理深入推进，信息技术与教育全面融合，网络教育迈入规范化发展新阶段。

网络教育已成为数字中国、网络强国等国家宏观战略的重要组成部分。2021 年，在国家“双减”政策监管和职业教育、素质教育的政策加持下，资本对在线教育行业的投资风险保持高度警惕，正在加速离场 K12 赛道，加码职业教育和素质教育。在融资金额时间分布上，在线教育上半年融资占比为 72.6%，下半年融资占比为 27.4%，这充分表明“双减”政策发布前后，资本对在线教育市场投资态度的巨大反差。随着监管趋严、“双减”政策正式落地，网络教育行业迎来巨变，主要企业营业收入、利润、股价遭遇断崖式下跌；电商、短视频等平台全面封禁义务教育学科类培训内容。在细分领域，以 STEAM 为代表的在线素质教育成为行业转型重点，并迎来发展机遇；政策支持和市场需求驱动在线职业教育保持稳步增长，互联网巨头与在线教培机构纷纷入局教育智能硬件赛道，推动教育智能硬件市场持续增长扩容。从长期来看，“双减”背景下，在线教育治理向规范化、常态化推进。国务院印发的《“十四五”数字经济发展规划》指出，“深入推进智慧教育。推进教育新型基础设施建设，构建高质量教育支撑体系。深入推进智慧教育示范区建设，进一步完善国家数字教育资源公共服务体系，提升在线教育支撑服务能力，推动‘互联网+教育’持续健康发展，充分依托互联网、广播电视网络等渠道推进优质教育资源覆盖农村及偏远地区学校”。

1.3.7 网络医疗健康

国务院办公厅印发的《“十四五”全民医疗保障规划》指出，“建设智慧医保。医疗保障信息化水平显著提升，全国统一的医疗保障信息平台全面建成，‘互联网+医疗健康’医保服务不断完善，医保大数据和智能监控全面应用，医保电子凭证普遍推广，就医结算更加便捷”。2021 年，我国互联网医疗健康服务市场规模持续稳步增长，市场规模达 2831 亿元，同比增长 44%。从具体细分领域来看，医疗器械市场规模快速增长，市场规模达 9630 亿元；医疗机器人市场规模持续扩大，市场规模达 79.6 亿元；互联网医院服务体系持续完善，截至 2021年年底，全国已经建成互联网医院1700 多家，远程医疗协作网覆盖所有的地级市 2.4 万余家医疗机构。从总体来看，国家政策推动网络医疗健康服务体系不断完善，行业监管保障网络医疗健康服务规范发展，互联网医疗健康服务领域内大额融资频现。

近年来，医疗健康行业数字化升级正在逐步加快，数字技术与行业的融合持续深化。2021年，我国医疗信息化建设市场繁荣发展，国家全民健康信息平台基本建成，7000 多家二级以上公立医院接入区域全民健康信息平台，260 多个城市实现区域内医疗机构就诊“一卡（码）通”，国家全民健康信息平台基本实现国家、省、市、县平台联通全覆盖。“互联网+医疗”服务系统建设取得显著进展，全国已有 7700 家二级以上医院提供线上诊疗服务，三级医院网上预约诊疗率达 50%以上，90%以上的三级公立医院实现院内信息互通共享。“互联网+

医疗健康”基础平台与系统建设取得巨大进步，互联网医院成为产业发展重点，网络问诊业务实现快速增长。“5G+医疗健康”成为发展热点，智慧养老领域新技术、新产品和新模式不断出现，“互联网+”为医保带来技术革新，医药和医疗器械企业数字化转型热潮涌动。《“十四五”规划》指出，“推进学校、医院、养老院等公共服务机构资源数字化，加大开放共享和应用力度。推进线上线下公共服务共同发展、深度融合，积极发展在线课堂、互联网医院、智慧图书馆等，支持高水平公共服务机构对接基层、边远和欠发达地区，扩大优质公共服务资源辐射覆盖范围”。

1.4　中国互联网安全与治理概况

1.4.1　互联网政策法规

中共中央印发的《法治社会建设实施纲要（2020—2025 年）》指出，“完善网络法律制度。通过立改废释并举等方式，推动现有法律法规延伸适用到网络空间”。2021 年，在习近平法治思想的指引下，我国网络法治领域立法取得显著成绩，国家重要立法密集出台，基础法律框架初步建成，网络空间生态强基固本，新技术、新业务加速立法探索，进一步夯实了网络法治体系的制度基础，我国互联网法治建设踏上新征程。

法治是治国之重器、治网之利器。2021 年是我国网络立法繁荣发展的重要一年，网络安全、数据安全立法体系全面展开，密集出台了一系列法律法规，网络空间法治化进程稳步推进，依法治网格局逐步形成。在数据安全领域，《数据安全法》是数据领域的基础性法律，也是国家安全领域的一部重要法律，标志着我国将数据安全保护的政策要求，通过法律文本的形式进行明确和强化。在关键信息基础设施保护方面，《关键信息基础设施安全保护条例》作为《网络安全法》的重要配套立法，为下一步加强关键信息基础设施安全保护工作提供了重要法治保障。在网络漏洞管理方面，《网络产品安全漏洞管理规定》首次从产品视角来管理漏洞，对网络产品进行全周期的漏洞风险跟踪，保护网络产品和重要网络系统的安全、稳定运行。在个人信息保护方面，《个人信息保护法》作为我国首部就个人信息保护的专门立法，将“保护个人信息权益”和“促进个人信息合理利用”作为并行的立法目标，对个人信息保护进行整体安排和制度重构，全方位落实个人信息处理者的义务与责任。互联网的发展离不开法治保驾护航，我国要坚持依法管网、治网，让互联网在法治轨道上健康运行，共创和谐、清朗的网络空间。国家互联网信息办公室印发的《关于贯彻落实〈法治政府建设实施纲要（2021—2025 年）〉的实施意见》指出，“网信法治政府建设要以习近平新时代中国特色社会主义思想为指导，全面贯彻习近平法治思想和习近平总书记关于网络强国的重要思想，深入推进网络空间法治建设，把法治政府建设摆在网信工作全局的重要位置，全面建设职能科学、权责法定、执法严明、公开公正、智能高效、廉洁诚信、人民满意的国家网信部门，为网络强国建设提供有力法治保障”。

1.4.2　互联网治理

中共中央办公厅、国务院办公厅印发的《关于加强网络文明建设的意见》提出，“要加强网络空间生态治理。深入开展网络文明引导，大力强化网络文明意识”，这为网络文明建设提供了遵循，指明了方向。2021 年，我国网络综合治理格局持续完善，网络生态治理成效显著，网络空间日渐清朗。党和国家高度重视网络治理工作，党的十九届六中全会通过的《中共中央关于党的百年奋斗重大成就和历史经验的决议》，把“健全互联网领导和管理体制，坚持依法管网治网，营造清朗的网络空间”等重大论断写进决议，强调了网络内容建设和互联网治理的重要性。我国政府部门着力加强政策引导，加强互联网反垄断监管和打击力度，加强数据安全监管，深化网络生态治理，保障互联网行业健康发展。行业协会加强企业与政府的交流与合作，引领企业自律，规范行业发展。互联网企业坚持正确导向，积极履行社会责任，助力维护良好网络生态。社会主体依法参与网络内容共治共管，通过多途径有效监督，规范责任主体，共同营造清朗有序的网络空间。

当今时代，网络综合治理已成为国家和社会治理面临的一项重大课题。2021 年，我国数字法治建设加快，在数据安全保护、打击网络诈骗、个人信息保护、规范算法和反垄断、关键基础设施保护等方面颁布多项与网络治理相关的法律法规。与此同时，我国深入开展“清朗”系列专项行动，全面打击网络违法犯罪，协调推进“净网 2021”专项行动，网络意识形态安全得到有力维护。此外，我国不断加强网络宣教，通过宣传和教育提升公众安全认知，借助论坛、会议等形式吸引更多企业、个人参与到网络治理中，深入开展网络文明引导，发展积极健康的网络文化，推动网络文明理念深入人心。网络治理是信息时代国家治理的新内容、新领域，我国准确把握信息化变革带来的机遇与挑战，坚持以人民为中心的发展思想，以建设网络综合治理体系为重要抓手，逐渐形成多元参与、协同共治的网络治理新格局。中央网络安全和信息化委员会印发的《“十四五”国家信息化规划》指出，“鼓励社会主体依法参与网络内容共治共管，畅通社会监督、受理、处路、反馈、激励闭环流程，激活社会共治积极性。大力弘扬社会主义核心价值观，拓展多元化网络宣传平台和渠道，加强正能量信息宣传，营造风清气正的网络空间”。

1.4.3 网络安全

《“十四五”规划》提出，“加强网络安全关键技术研发，加快人工智能安全技术创新，提升网络安全产业综合竞争力”。网络安全产业作为国家核心战略产业之一，已经成为国家数字化战略的重要组成部分。2021 年，我国网络安全产业总体稳中向好，产业规模重回高速增长，网络安全整体产业规模约为 2002.5 亿元，增速约为 15.8%。从总体来看，我国网络安全企业发展态势良好，技术创新高度活跃，生态建设不断完善，综合实力显著增强，推动网络安全产业高质量发展。

面对复杂的网络空间安全形势，我国网络安全形势依旧不容乐观，网络攻击风险传导趋势更加明显。2021 年，我国网络安全顶层制度设计不断完善，网络安全的立法、执法、司法、普法等工作全面开展，数据安全、个人信息保护、关键信息基础设施保护重点领域专门立法频繁出台。我国不断加强网络安全保障体系和能力建设，技术产品体系持续演进，各创新主体纷纷聚焦数字产业化和产业数字化发展需求，不断强化网络安全技术产品能力水平。在“十四五”的开局之年，网络安全成为国家安全体系能力建设的重要方向，我国积极培育促进新技术新应用落地，夯实关键信息基础设施安全保障，增强自主创新能力，多措并举建设各方面齐抓共管、共治共建的网络安全新生态。2022 年的《政府工作报告》指出，“强化网络安全、数据安全和个人信息保护”，这是自 2021 年以来，《政府工作报告》再次对网络安全、数据安全和个人信息保护的强调。

1.4.4　网络资本

2021 年的《政府工作报告》指出，“强化反垄断和防止资本无序扩张，坚决维护公平竞争市场环境”；2022 年的《政府工作报告》指出，“加强和创新监管，反垄断和防止资本无序扩张，维护公平竞争”。2021 年，我国投融资规模呈现缓慢回升的态势。互联网投融资案例达 2462 起，同比增长 24%，披露的总交易金额达 483.2 亿美元，同比增长 13.5%。金额超过 1 亿美元的融资案例达 111 起，总金额达 331.8 亿美元，占互联网领域总金额的 75.7%。我国上市互联网企业营业收入增速有所放缓，净利润出现下滑。与此同时，2021 年，我国互联网企业赴美国首次公开募股（Initial Public Offering，IPO）遇冷，美国上市企业市值占比有所下降。2021 年，中国香港交易所上市互联网企业共 53 家，市值合计 5.6 万亿元，占比达 45%。

“强化反垄断和防止资本无序扩张”成为 2021 年政策规范的核心导向。当前，互联网行业处于平台反垄断和反不正当竞争的监管合规转型过程中，互联网新增流量红利减弱，互联网平台企业并购可能在未来一段时间内保持谨慎态度，交易相对放缓，互联网企业总体并购活跃度较低。同时，我国上市企业市值呈下降趋势，截至 2021 年年底，我国 198 家上市互联网企业总市值为 12.4 万亿元，环比下降 8.8%，共 9 家企业跻身全球互联网企业市值前 30 强；头部企业市值蒸发，截至 2021 年年底，我国市值排名前 10 位的互联网企业市值合计为 9.5 万亿元，较 2020 年年底下降 34.5%。头部企业市值占 198 家企业总市值的 77.1%，占比较 2020 年年底下降 4.1 个百分点。我国多领域的反垄断和反滥用市场支配地位的监管举措持续落地，将推动平台经济合规经营进入新的发展阶段。中央网络安全和信息化委员会印发的《“十四五”国家信息化规划》指出，“不断加强和改进反垄断、反不正当竞争监管，防止资本无序扩张，维护平台经济领域公平有序竞争，保障平台内经营者和消费者等各方主体合法权益”。

撰稿：白茹
审校：张姗姗

第 2 章　2021 年国际互联网发展综述

2.1　国际互联网发展概况

1. 受新冠肺炎疫情影响，全球域名注册市场规模小幅下滑

威瑞信（VeriSign, Inc.）最新发布的《域名行业简报》显示，截至 2021 年第三季度，全球域名注册总量为 3.64 亿个，较 2020 年同期（同比）减少 610 万个，降幅为 1.6%。其中，国家和地区代码顶级域（ccTLD）域名注册量为 1.53 亿个，同比减少 770 万个，降幅为 4.8%；通用顶级域（gTLD）域名注册量为 2.12 亿个，同比增长 160 万个，增幅为 0.8%；全球新 gTLD[1]域名注册量约为 2350 万个，同比减少 670 万个，降幅为 22.2%。全球排名前十位的顶级域依次是“.COM”“.TK（托克劳）”“.DE（德国）”“.CN（中国）”“.NET”“.UK（英国）”“.ORG”“.NL（荷兰）”“.RU（俄罗斯）”“.BR（巴西）”，合计约占全球域名注册总量的 73%。其中，排名首位的“.COM”域名注册量为 1.59 亿个，约占全球域名注册总量的 43.5%。

2. 近年来，全球新分配的 IPv6 地址数总体保持稳定，可供分配的 IPv4 地址已所剩无几

亚太互联网络信息中心（APNIC）发布的 2021 年 IP 地址报告显示，2021 年全球新分配的 IPv4 地址数约为 120 万个；剩余可供分配的 IPv4 地址数仅为 520 万个，主要集中在亚太地区（APNIC，353.3 万个）和非洲地区（AFriNIC，165.2 万个）；我国已持有的 IPv4 地址数为 3.44 亿个（排名第二），人均持有量为 0.24 个。2021 年，全球新分配的 IPv6 地址数为 28690 个/32，主要分布在欧洲地区（RIPE NCC，17329 个/32）和亚太地区（APNIC，10185 个/32），其中我国为 5424 个/32；我国已持有的 IPv6 地址数约为 39.4 亿个/48（排名居首位，占当前已分配 IPv6 地址总数的 17.4%），人均持有量为 2.7 个/48（见表 2.1）。全球 IPv6 平均部署率约为 30%（同比增长 3%），非洲、南欧和东欧、中东及中亚地区的部署水平仍然较低。

---

1 新 gTLD 为 2012 年互联网名称与数字地址分配机构（ICANN）启动新 gTLD 计划以后出现的 gTLD。

表 2.1　各国持有 IPv6 地址数 TOP10 排名

排名	国家	已分配 IPv6 地址数（/48）	占全球已分配 IPv6 地址总数的比例	人均 IPv6 地址数（/48）	其中已通告使用的 IPv6 地址数（/48）	占全球已通告使用的 IPv6 地址总数的比例
1	中国	3936092249	17.4%	2.7	1655222454	17.8%
2	美国	3807856200	16.8%	11.5	1022265534	11.0%
3	德国	1490944680	6.6%	17.8	1031211619	11.1%
4	英国	1458438378	6.4%	21.5	404885857	4.3%
5	俄罗斯	1073414454	4.7%	7.4	177953050	1.9%
6	法国	949227921	4.2%	14.5	160147671	1.7%
7	荷兰	802750772	3.5%	46.8	373539852	4.0%
8	日本	663101642	2.9%	5.2	508415880	5.5%
9	意大利	648744989	2.9%	10.7	408634242	4.4%
10	澳大利亚	618398908	2.7%	24.3	307830331	3.3%

资料来源：APNIC。

全球 5G 进入大规模部署期，各国稳步推进 5G 网络建设，积极推动 5G 应用探索落地，产业生态持续完善。根据 GSA 统计，截至 2021 年 12 月底，全球 187 家运营商已在 72 个国家/地区推出 5G 商用网络。全球 5G 系统设备市场保持连续增长态势。Omdia 数据显示，2021 年全球 5G 无线接入设备市场规模高达 283 亿美元，同比增长 32.7%。5G 终端型号数量大幅增加。根据 GSA 统计，截至 2021 年年底，全球共发布 1257 款 5G 终端，相比上年增长 125%，其中 5G 手机占比达 48.8%，同比增长 120%。5G 用户规模持续扩大。根据 GSMA 统计，截至 2021 年 12 月底，全球 5G 用户规模高达 6.38 亿人，在移动用户中的占比达 7.68%。

星链（Starlink）网络由美国太空探索技术公司（SpaceX）于 2015 年年初提出。总投资超过 100 亿美元的低轨宽带卫星通信系统，部署在多个轨道高度。由近极轨道和倾斜轨道混合组成的卫星星座系统，目标是为包括农村和偏远地区在内的全球用户提供宽带互联网接入服务。截至 2022 年 3 月，星链网络累计发射 2232 颗卫星，单颗卫星重量为 260 千克，天线覆盖范围是 64 万平方千米，卫星在轨寿命约为 5 年。其中，有超过 400 颗卫星具备星间链路功能。经过测试，用户的数据体验速率超过 100Mbps，可以满足基本的互联网业务需求。

2021 年被人们称为“元宇宙元年”。2021 年 3 月 10 日，Roblox 公司在纽约证券交易所上市。而后，Facebook 首席执行官马克·扎克伯格宣布 Facebook 进军元宇宙，并于 2021 年 10 月将公司名称改为“Meta”。这引发西方互联网巨头纷纷宣布向“元宇宙”进发。与此同时，国内互联网公司也纷纷提出转型“元宇宙公司”。元宇宙概念的热炒给资本提供了投资方向。

然而，呼吁理性看待元宇宙的声音一直在提醒人们思考：到底什么是元宇宙？它是未来发展的真方向还是资本炒作的伪概念？有学者指出，“元宇宙的提出，正是当下人们对未来社会形态的一种预判和想象，并且也是对目前社会形态的全方位的反思”。元宇宙概念的提出和热炒，既是资本推波助澜的结果，又预示着未来产业变革、技术变革的方向。它值得人们反思数字产业化、产业数字化及数字治理，进而反思人类社会如何进入数字文明。

2.2 全球数字治理概况

数字治理涉及诸多议题，包括关键资源管理、数据资源开发利用、数据跨境流动、网络和数据安全、算法与平台治理、隐私保护等。目前，美国、欧盟、日本、中国等全球主要经济体正竞相塑造数字化发展的未来，从法律法规、标准规则、监管政策、多边经贸协定等多个维度，加紧出台数字战略与数字治理及其规则框架，试图在全球数字竞争中占据一席之地。

2021 年，全球主要国家在数字治理领域持续开展行动。美国加大与盟友和伙伴的政策协调，共同推动数字领域新规则、新标准形成。2021 年，美国和欧盟成立“贸易和技术委员会”，旨在主导全球数字经济和技术标准，试图构建以意识形态划界的“民主技术联盟”，推动美欧数字领域协调从战略构想走向实践，围绕下一代移动通信技术、人工智能等领域成立全球性的技术和产业联盟，加快关键和新兴技术治理。2021 年 12 月，美国在民主峰会期间试图启动“未来互联网联盟”，意图分裂网络世界。欧盟继续强化新兴数字技术治理，2021 年 3 月，欧盟委员会发布《2030 数字罗盘：欧盟数字十年战略》报告，为欧盟数字化转型发展提出战略目标，提出将与成员国合作建立基于该战略的治理框架，旨在欧盟范围内实施关于提升数字技能、部署数字基础设施、优化企业数字化和公共服务的十年目标，并确定和实施欧盟层面和各成员国层面的大型数字项目。2021 年 4 月，欧盟发布《人工智能法提案》。此外，欧盟还发布了《欧盟印太战略》，提出要与日本、韩国、新加坡等国家达成新的数字伙伴协定，升级在新兴技术标准、技术产业供应链、数据保护与流动等议题上的双边合作。中国积极融入全球数字治理体系，《中华人民共和国国民经济和社会发展第十四个五年规划和 2035 年远景目标纲要》提出，促进发展与规范管理相统一，构建数字规则体系，营造开放、健康、安全的数字生态。同时，中国完成了《区域全面经济伙伴关系协定》核准程序，并先后申请加入《全面与进步跨太平洋伙伴关系协定》《数字经济伙伴关系协定》，以数字贸易规则为抓手推动深化国内改革和扩大高水平对外开放，积极参与全球数字贸易活动。

回顾 2021 年，数字规则和秩序的塑造正在国际舞台积极推进和展开。以二十国集团（G20）等为代表的国际组织大力推进数字议题，彼此间的联系更加紧密；世界贸易组织（WTO）与区域贸易协定为数字规则发展演进铺设多元化路径；数字基础设施建设与相关的制度供给正在成为全球治理新模式。而且，重点领域的数字规则也在快速构建。2021 年，人工智能治理向专业组织、具体场景和细化规则下沉；跨境数据流动规则历经国际贸易协定的不懈推动，规则加速整合；数字平台的民事责任已经开始出现在高标准国际贸易协定中，未来更可能囊括平台公共责任；全球企业税收改革取得历史性进展；数字货币的国际规则构建正在紧锣密鼓地展开，甚至可能先于实际产品或服务诞生与落地。

全球数字规则与秩序的构建将注定是一个长期且充满挑战与希望的进程。习近平主席在 2020 年 11 月举办的二十国集团领导人第十五次峰会上提出，面对各国对数据安全、数字鸿沟、个人隐私、道德伦理等方面的关切，要秉持以人为中心、基于事实的政策导向，鼓励创新，建立互信，打造开放、公平、公正、非歧视的营商环境，支持联合国就此发挥领导作用。习近平主席明确指出，中方愿以《全球数据安全倡议》为基础，同各方探讨并制定全球数字治理规则，将支持以开放和包容的方式，围绕人工智能加强对话，探讨制定法定数字货币标准和原则。

2.3　国际互联网资本市场概况

2021 年，全球互联网投融资规模明显扩张，投融资案例共 25262 起，同比增长 6.5%，披露的总交易金额为 4787.2 亿美元，同比大幅增长 127.8%，整体呈现大幅扩张的态势（见图 2.1）。这主要受到 3 个方面因素的驱动，一是新冠肺炎疫情蔓延使得线下经济活动受阻，但为线上服务提供了广阔的发展空间；二是世界各国政府为减小疫情冲击而广泛采取纾困政策，带来了全球性的流动性充裕；三是主要国家新冠肺炎疫苗相继推出和广泛普及，以及经济活动逐渐放开提升了投资者对市场的信心。

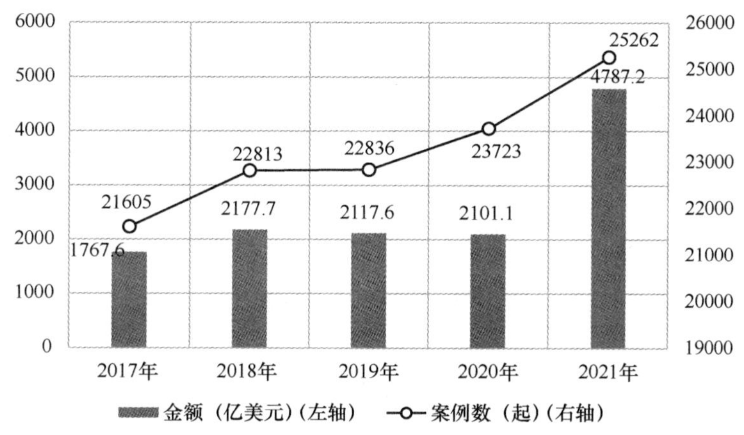

图2.1　2017—2021年全球互联网投融资总体情况

从季度表现来看，2021 年全年均保持在高位运行，各季度融资案例数持续走高至 6500 起以上，融资金额均保持在 1000 亿美元以上，其中第三季度融资案例数高达 6716 起，第二季度融资金额高达 1274.3 亿美元，分别为各季度最高（见图 2.2）。轮次方面，各季度早期融资（种子天使轮+A 轮）的占比维持在 75%以上，全年占比达 77.7%。年内美联储未执行缩表策略，保持了全球投资者的投资信心和风险偏好。

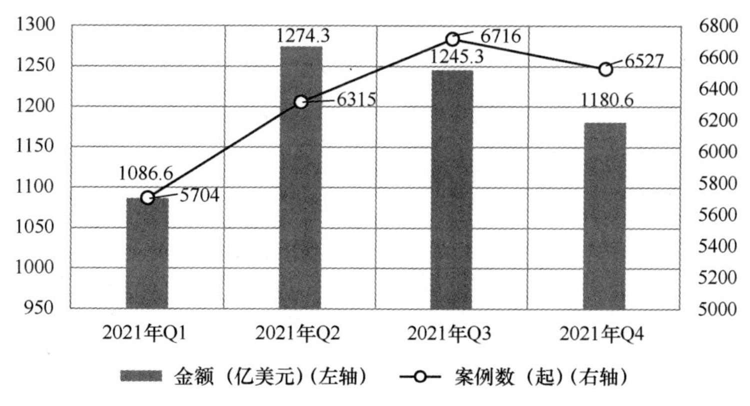

图2.2　2021年全球互联网投融资情况

从细分领域来看，企业服务、互联网金融和电子商务 3 个领域融资活跃度最高，占比分别为 19.14%、18.21%和 15.68%，其中企业服务、互联网金融的案例数均超过 4500 起（见图 2.3）。互联网金融、电子商务和企业服务 3 个领域融资金额最大，占比分别为 27.1%、18%和 15.95%，其中互联网金融领域融资规模接近 1300 亿美元，为唯一超过千亿美元的领域（见图 2.4）。在各领域中，年度平均融资金额最大的领域为搜索引擎，达到 4700 万美元。

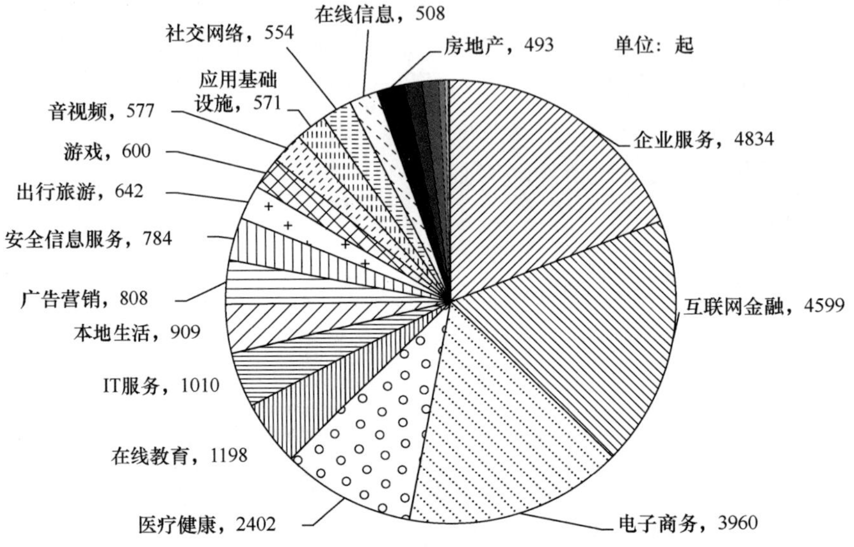

图2.3　2021年全球互联网投融资领域情况（案例数）

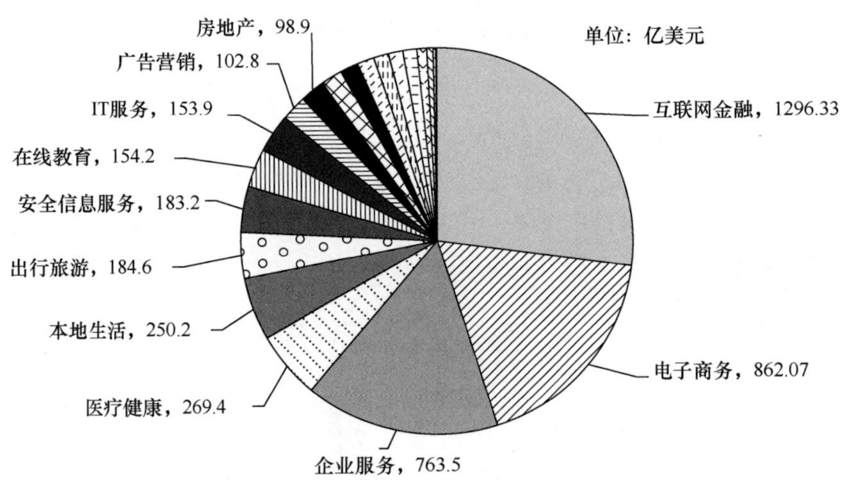

图2.4　2021年全球互联网投融资领域情况（金额）

从主要国家来看，美国为投融资最活跃的市场，总规模遥遥领先于其他国家，融资案例数为 8858 起，交易金额为 2187.1 亿美元；中国、印度和英国位于第二梯队，融资案例数分别为 2462 起、1655 起和 1700 起，总交易金额分别为 483.2 亿美元、323.1 亿美元和 318.4 亿美元。德国、加拿大和法国位于第三梯队，融资案例数分别为 618 起、725 起和 694 起，总交易金额分别为 168.6 亿美元、112.4 亿美元和 103.6 亿美元（见图 2.5）。

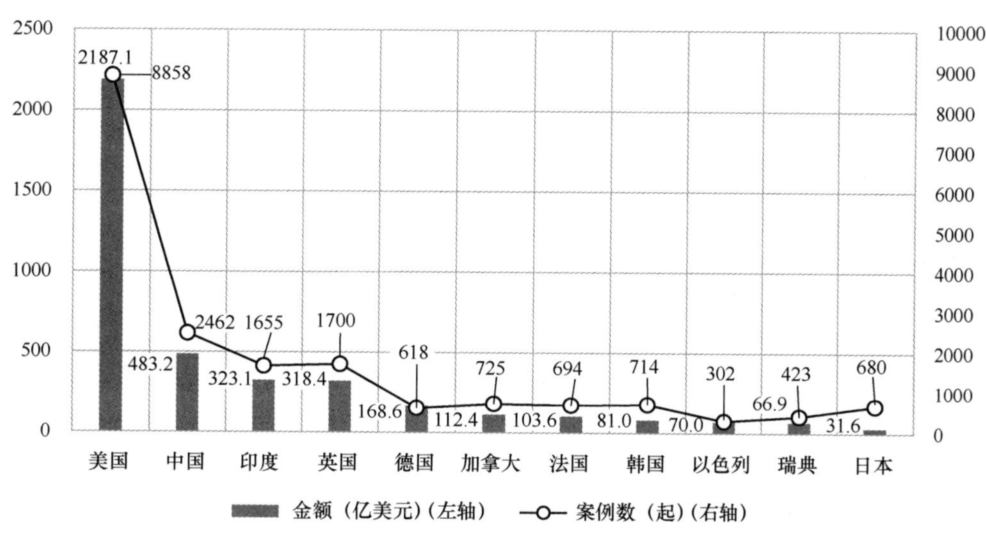

图2.5　2021年全球主要国家互联网融资情况

从重点案例来看，在融资额排名前 5 位的案例中，中国、美国各占据两席。其中，美国营运资本管理解决方案提供商 Taulia 完成 60 亿美元的融资，居首位，投资方为 JP 摩根、瑞银集团等，该公司已于 2022 年 1 月被 SAP 宣布收购。中国的社区生鲜电商企业兴盛优选完成了 30 亿美元的单轮融资，列第二位，该公司的最新估值已高达 120 亿美元。

2.4　全球数字经济发展概况

互联网是承载数字经济的平台、基础设施；数字经济是以互联网为载体的人类经济活动新形态。当今世界已经迈入数字时代，数字经济蓬勃发展，数字货币异军突起，跨境数据瞬息万变，经济发展模式、社会组织形态和人类生活方式由于“数字”的影响而日新月异。新技术革命对国家关系的塑造越来越强，数字经济领域正在成为大国战略竞争的新高地。

近年来，全球数字经济增长速度达到国内生产总值（GDP）增速的 2.5 倍左右，数字经济占 GDP 的比重不断上升。中国信息通信研究院测算，2020 年全球 47 个主要国家和地区的数字经济增加值规模达到 32.9 万亿美元。2020 年，发达国家数字经济规模达到 24.4 万亿美元，占全球数字经济总量的 74.0%，是发展中国家的 2.8 倍多；发达国家数字经济占 GDP 的比重为 54.3%，远超发展中国家 28.7%的水平；发展中国家数字经济同比名义增长 3.2%，略高于发达国家数字经济 3.0%的增速。

当前，美国、中国、德国、日本、英国数字经济领跑全球。2020 年，美国数字经济蝉联世界第一，规模达到 13.6 万亿美元；中国位居世界第二，规模为 5.7 万亿美元。德国、英国、美国的数字经济在国民经济中占据主导地位，占 GDP 的比重超过 60%；中国数字经济同比增长 9.7%，位居全球第一；立陶宛紧随其后，同比增长 9.3%；爱尔兰、保加利亚数字经济同比增长均超过 8%。

新冠肺炎疫情深刻改变了经济增长方式、国际分工合作态势及全球竞争格局。为应对经济下行压力、迎接国际格局重塑挑战，各国加快政策调整，全球数字经济正向全面化、智能化、绿色化方向加速前进。中国新型举国体制效能彰显，有效市场和有为政府相互促进；美国超前部署顶层战略，以技术创新赋能先进制造；欧盟高度重视隐私保护，以健全规则建设数字单一市场；德国全面进军工业 4.0，大中小企业协同打造高端制造体系；英国完善数字经济整体布局，以数字政府引领数字化转型；以色列构建创新生态系统，以研发投入强化技术领先优势。

各国围绕数据、人工智能、先进制造、金融科技、网络安全等数字经济典型领域的国际分工博弈更加凸显。在数据要素市场领域，美国、欧盟、亚洲国家围绕数据开发利用及市场化流通加快政策布局与实践探索。在人工智能领域，美国、中国、欧盟在人工智能研发实力、人才、投资等方面具备较强国际竞争力。在先进制造领域，美国、中国、德国、日本等世界主要国家全面布局，抢占先进制造发展新机。在金融科技领域，美国、欧盟等老牌金融强国凭借在金融科技机构数量、规模、生态系统的优势占据世界金融科技高地。在网络安全领域，北美、西欧、亚太地区网络安全部署领先，网络安全产业占全球 85%的份额。

展望未来，数字经济是全球未来的发展方向，创新为各国经济插上腾飞的翅膀。全球新一轮科技革命和产业变革深入推进，新冠肺炎疫情暴发以来，数字经济对促进各国经济复苏、保障社会运行、推动国际抗疫合作发挥了重要作用。各国加快推动数字化发展、带动经济走出疫情“阴霾”的愿望是相同的。充分释放数字经济发展红利，已成为各国的普遍共识，也成为推动数字经济发展成果更好地造福世界的必然选择。

撰稿：郭丰、嵇叶楠、王亦菲、李佚宇、尹昊智
审校：高新民

第二篇

基础资源与技术篇

2021 年中国互联网基础资源发展状况

2021 年中国互联网络基础设施建设状况

2021 年中国云计算发展状况

2021 年中国大数据发展状况

2021 年中国人工智能发展状况

2021 年中国物联网发展状况

2021 年中国车联网发展状况

2021 年中国虚拟现实发展状况

2021 年中国区块链发展状况

2021 年中国互联网泛终端发展状况

2021 年中国工业互联网发展状况

2021 年中国低轨宽带通信卫星发展状况

2021 年中国算力网络发展状况

2021 年中国智能运维发展状况

第 3 章　2021 年中国互联网基础资源发展状况

3.1　网民

3.1.1　网民规模

1. 总体网民规模

截至 2021 年 12 月，我国网民规模约为 10.32 亿人，较 2020 年 12 月新增网民 4296 万人，互联网普及率达 73.0%，较 2020 年 12 月提升 2.6 个百分点（见图 3.1）。

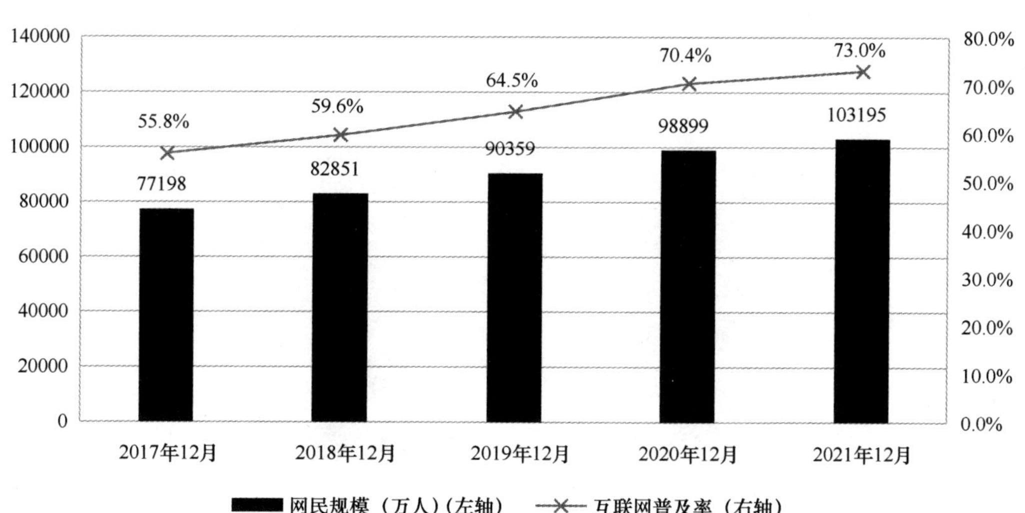

图3.1　2017—2021年中国网民规模和互联网普及率

资料来源：CNNIC。

2. 手机网民规模

截至 2021 年 12 月，我国手机网民规模约为 10.29 亿人，网民中使用手机上网的比例为 99.7%（见图 3.2）。

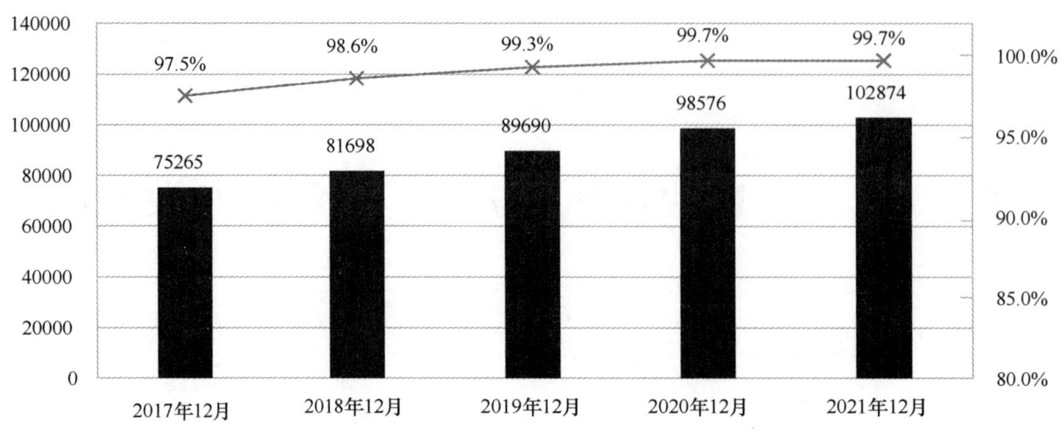

图3.2 2017—2021年中国手机网民规模及其占比

资料来源：CNNIC。

3. 城乡网民规模

截至 2021 年 12 月，我国农村网民规模为 2.84 亿人，占整体网民的 27.6%；城镇网民规模为 7.48 亿人，较 2020 年 12 月增长 6804 万人，占整体网民的 72.4%（见图 3.3）。

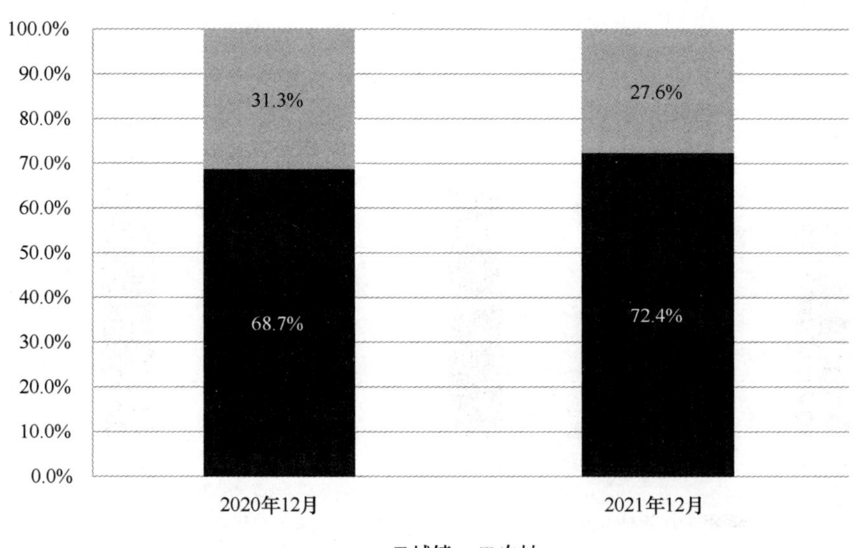

图3.3 2020—2021年中国城乡网民结构

资料来源：CNNIC。

截至 2021 年 12 月，我国城镇地区互联网普及率为 81.3%，较 2020 年 12 月提升 1.5 个百分点；农村地区互联网普及率为 57.6%，较 2020 年 12 月提升 1.7 个百分点。城乡地区互联网普及率差异较 2020 年 12 月降低 0.2 个百分点（见图 3.4）。

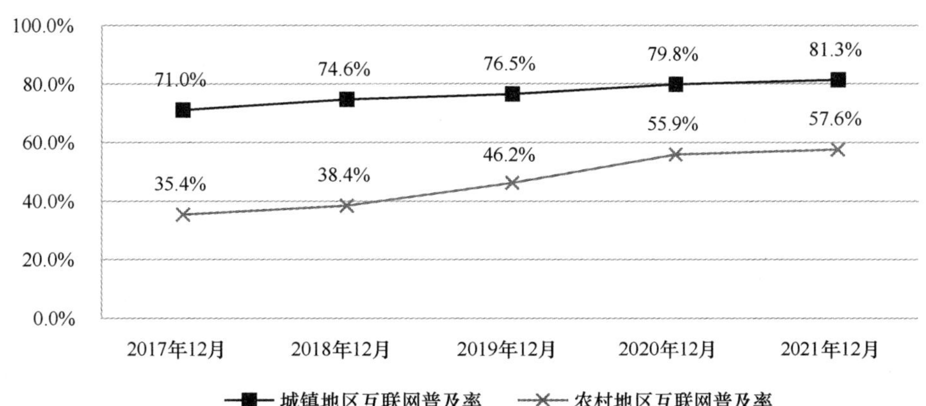

图3.4　2017—2021年中国城乡地区互联网普及率

资料来源：CNNIC。

4. 非网民规模

截至 2021 年 12 月，我国非网民规模为 3.82 亿人，较 2020 年 12 月减少 3420 万人。从地区来看，我国非网民仍以农村地区为主，农村地区非网民占比为 54.9%，高于全国农村人口比例 19.9 个百分点。

从年龄来看，60 岁及以上老年群体是非网民的主要群体。截至 2021 年 12 月，我国 60 岁及以上非网民群体占非网民总体的比例为 39.4%，较全国 60 岁及以上人口比例高出 20 个百分点。

非网民群体无法接入网络，在出行、消费、就医、办事等日常生活中遇到不便，无法充分享受智能化服务带来的便利。数据显示，非网民认为，在不上网带来的各类生活不便中，“没有健康码，无法进出一些公共场所”列首位，占非网民不上网不便比例的 28.4%；其次是“线下服务网点减少，办事难”，占非网民不上网不便比例的 25.6%；“无法及时获取信息，如各类新闻资讯”占非网民不上网不便比例的 23.9%；“无法现金支付”“买不到票、挂不上号”的占比均为 23.1%（见图 3.5）。

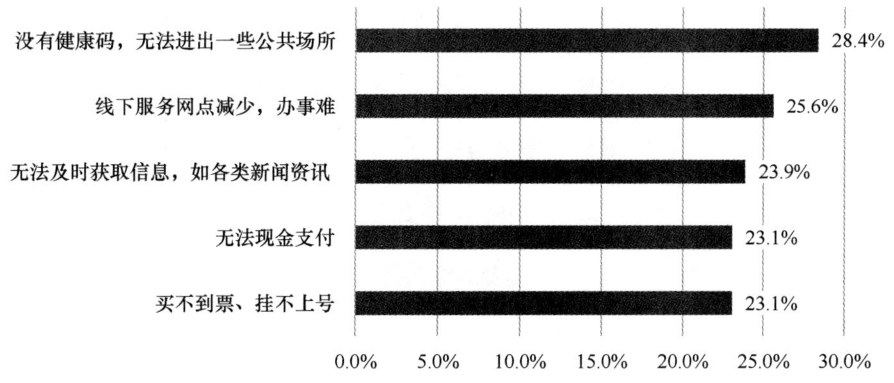

图3.5　2021年非网民不上网带来的生活不便

资料来源：CNNIC。

使用技能缺乏、文化程度限制、设备不足和年龄因素是非网民不上网的主要原因。因为不懂计算机/网络而不上网的非网民占比为 48.4%；因为不懂拼音等文化程度限制而不上网的非网民占比为 25.7%；因为没有计算机等上网设备而不上网的非网民占比为 17.5%；因为年龄太大/太小而不上网的非网民占比为 15.5%（见图 3.6）。

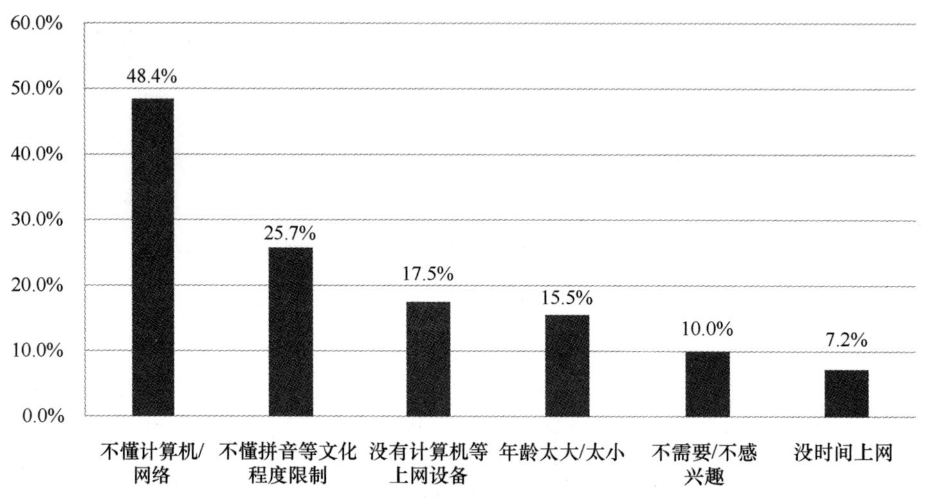

图3.6 非网民不上网原因

资料来源：CNNIC。

促进非网民上网的首要因素是方便与家人或亲属沟通联系，占比为 30.7%；其次是方便获取专业信息，如医疗健康信息等，占比为 29.4%；提供可以无障碍使用的上网设备是促进非网民上网的第三大因素，占比为 29.3%（见图 3.7）。

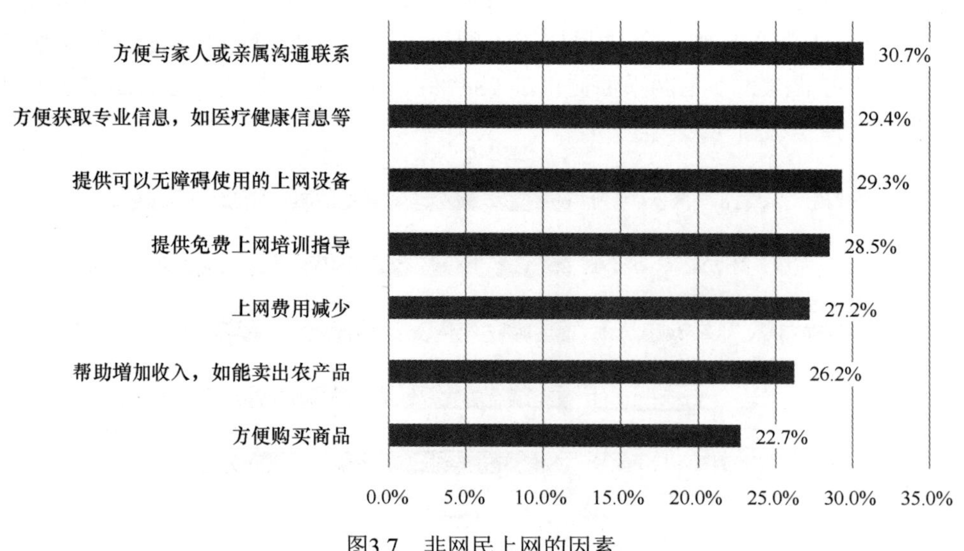

图3.7 非网民上网的因素

资料来源：CNNIC。

我国网民增长仍具有较大的发展空间，但也面临巨大的转化挑战。未来，要通过进一步提升互联网基础设施水平，提升非网民的文化教育水平和数字技术的使用技能，开发更多智能化、人性化的适老产品和服务，通过提升网络服务的便利化水平等多种方式，助力非网民群体共享数字时代的巨大红利。

3.1.2　网民结构

1. 性别结构

截至 2021 年 12 月，我国网民男女比例为 51.5∶48.5（见图 3.8），与整体人口中男女比例基本一致。

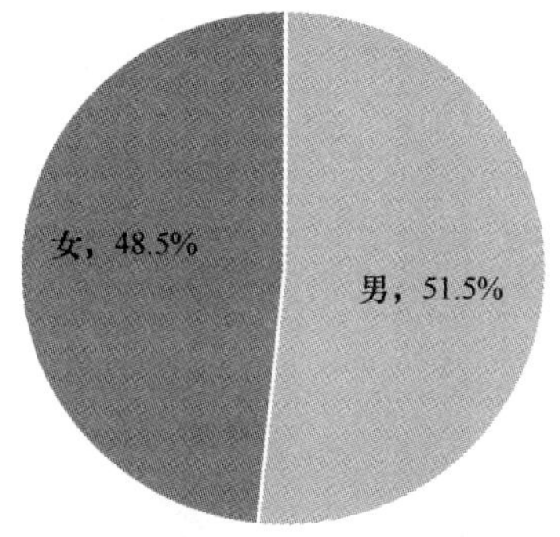

图3.8　2021年中国网民性别结构

资料来源：CNNIC。

2. 年龄结构

截至 2021 年 12 月，20～29 岁、30～39 岁、40～49 岁网民占比分别为 17.3%、19.9%和 18.4%，高于其他年龄段群体；50 岁及以上网民占比由 2020 年 12 月的 26.3%提升至 26.8%，互联网进一步向中老年群体渗透（见图 3.9）。

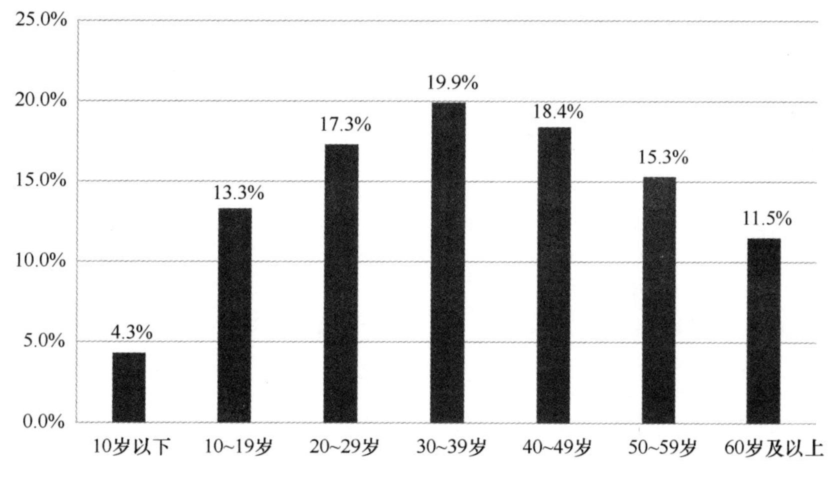

图3.9　2021年中国网民年龄结构

资料来源：CNNIC。

3.2 网站

1. 网站整体情况

2021 年，中国网站数量达 410.2 万个，较 2020 年减少 35.6 万个，降幅为 7.99%（见图 3.10）。

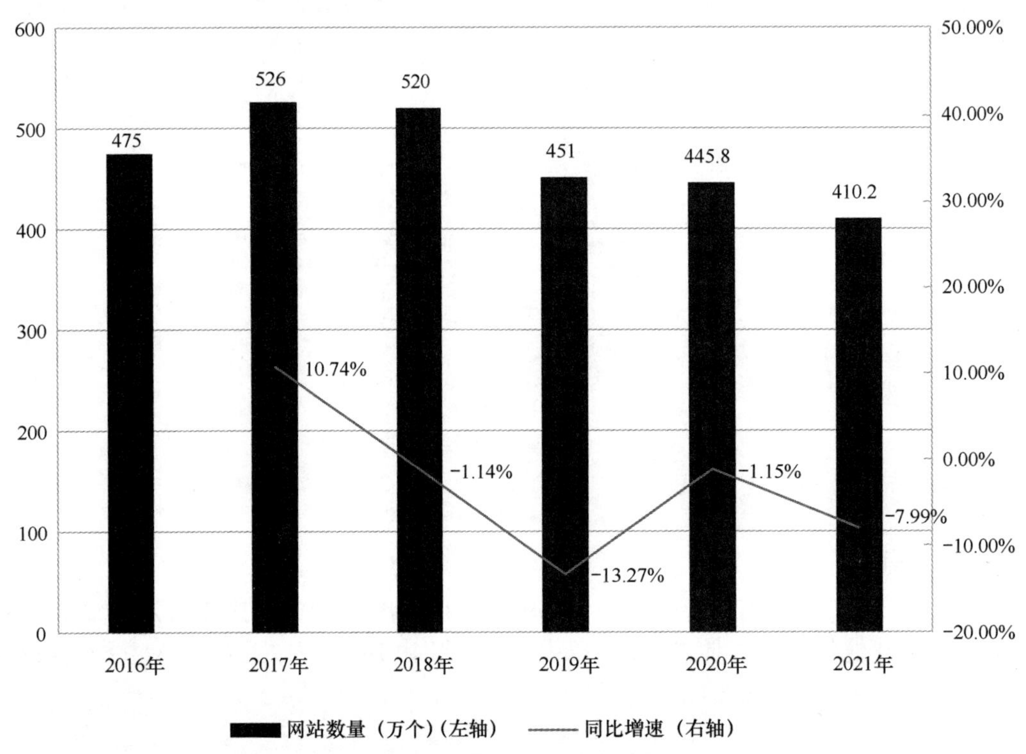

图3.10 2016—2021年中国已备案网站总量变化情况

资料来源：网站备案系统。

2. 各省份网站分布

从各省份网站总量的分布情况来看，广东以约 67.39 万个网站居首位，占全国网站总量的 16.43%；其次是北京和江苏，分别以约 41.13 万个和约 35.96 万个居第二、第三位，占全国网站总量的比例分别为 10.03%和 8.77%（见图 3.11）。

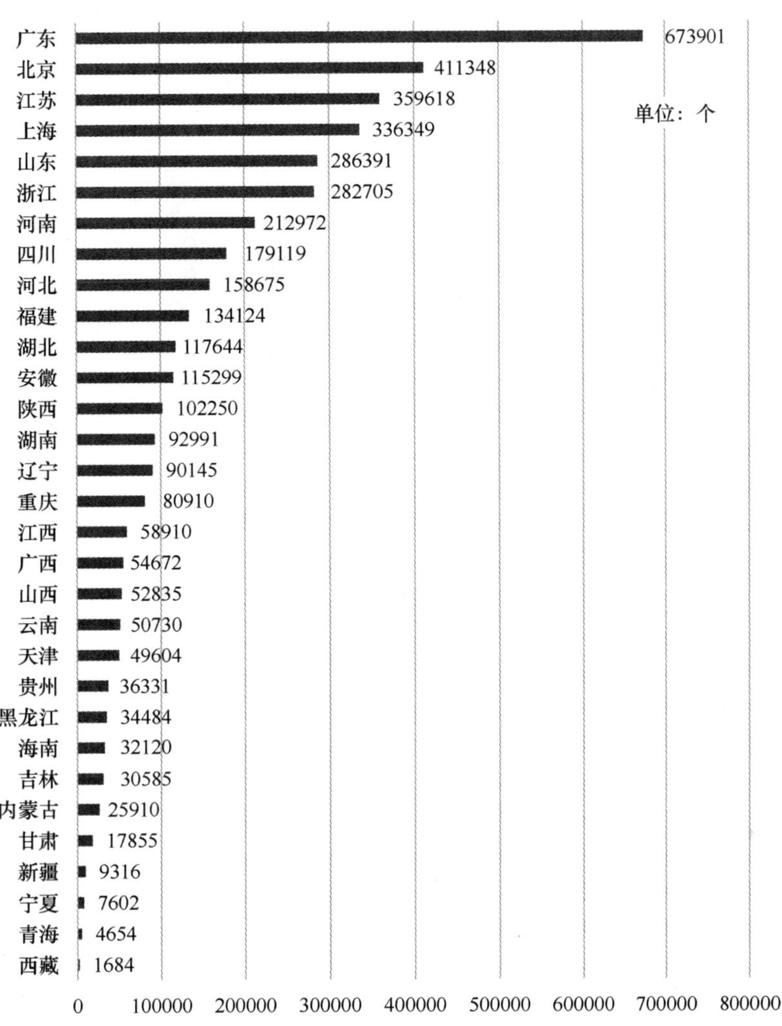

图3.11　2021年中国各省份网站分布情况

资料来源：网站备案系统。

3.3　IP 地址

1. 总体情况

2021 年，中国已备案 IPv4 地址数量达 3.58 亿个，IP 地址数量呈现下降趋势，较 2020 年年底减少 2.19%（见图 3.12）。

2. 各省份分布

从各省份 IPv4 地址数量的分布情况来看，北京以 10004 万个 IPv4 地址位居全国首位，其次是广东和浙江，分别为 3744 万个和 2539 万个（见图 3.13）。

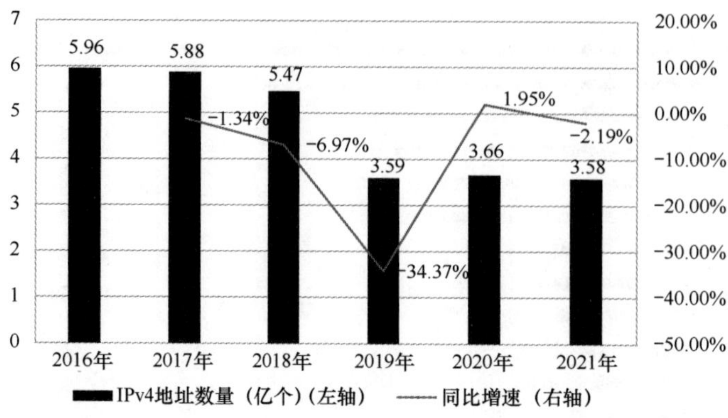

图3.12　2016—2021年中国已备案IPv4地址年度分布情况

资料来源：网站备案系统。

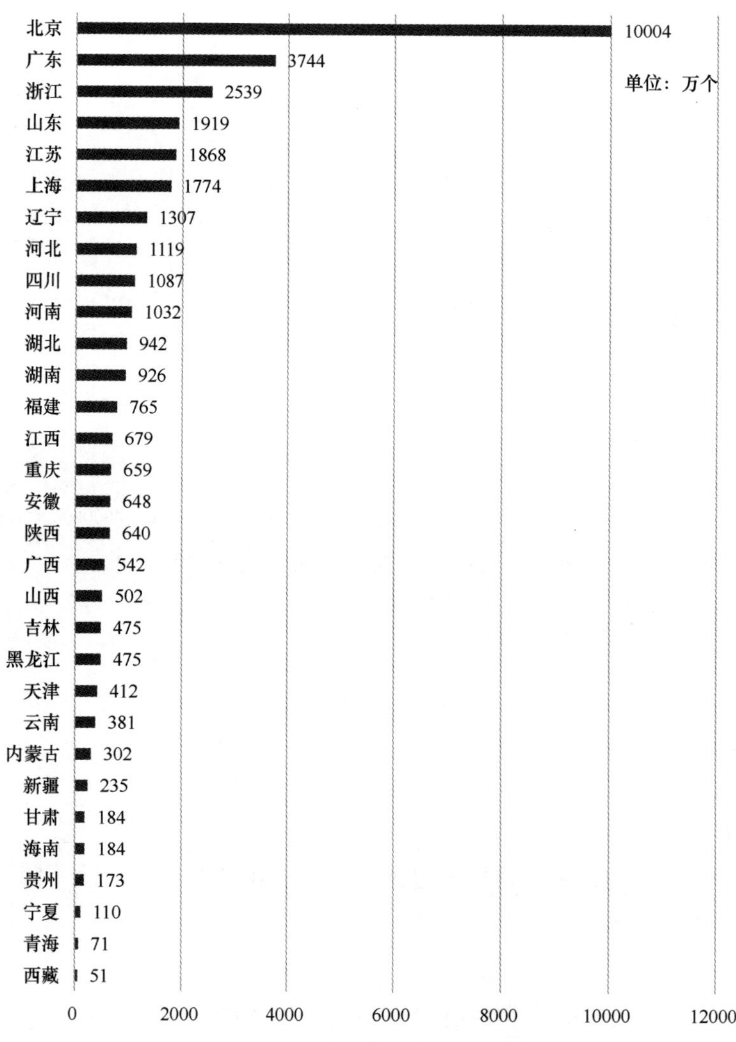

图3.13　2021年全国各省份已备案IPv4地址数量分布情况

资料来源：网站备案系统。

3.4 域名

2021 年，中国已备案域名数量达 420 万个，较 2020 年年底明显减少，近年来域名数量呈现波动态势（见图 3.14）。

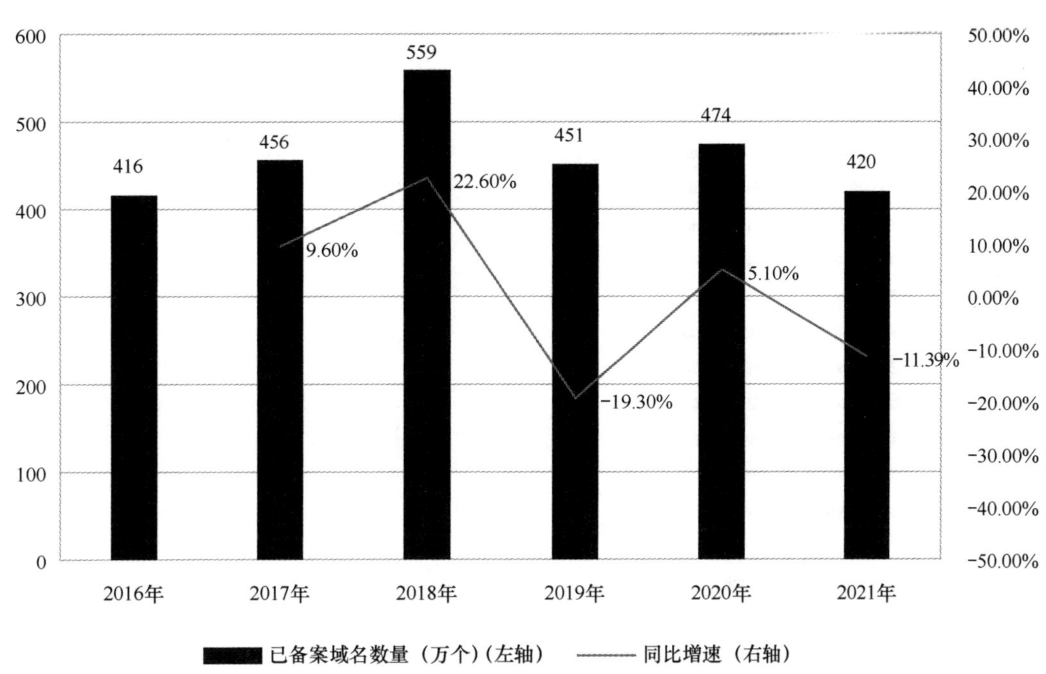

图3.14　2016—2021年中国已备案域名数量年度分布情况

资料来源：网站备案系统。

3.5 用户

1. 固定电话用户

截至 2021 年年底，全国所有电话用户总数为 182352.6 万户，其在各省份的分布情况如图 3.15 所示。其中，广东以 18340 万户居首位，山东、江苏分别居第二、第三位。

截至 2021 年年底，全国所有固定电话用户达 18070.1 万户，其在各省份的分布情况如图 3.16 所示。其中，广东以 2072.2 万户居全国首位，四川以 1918.6 万户居第二位。

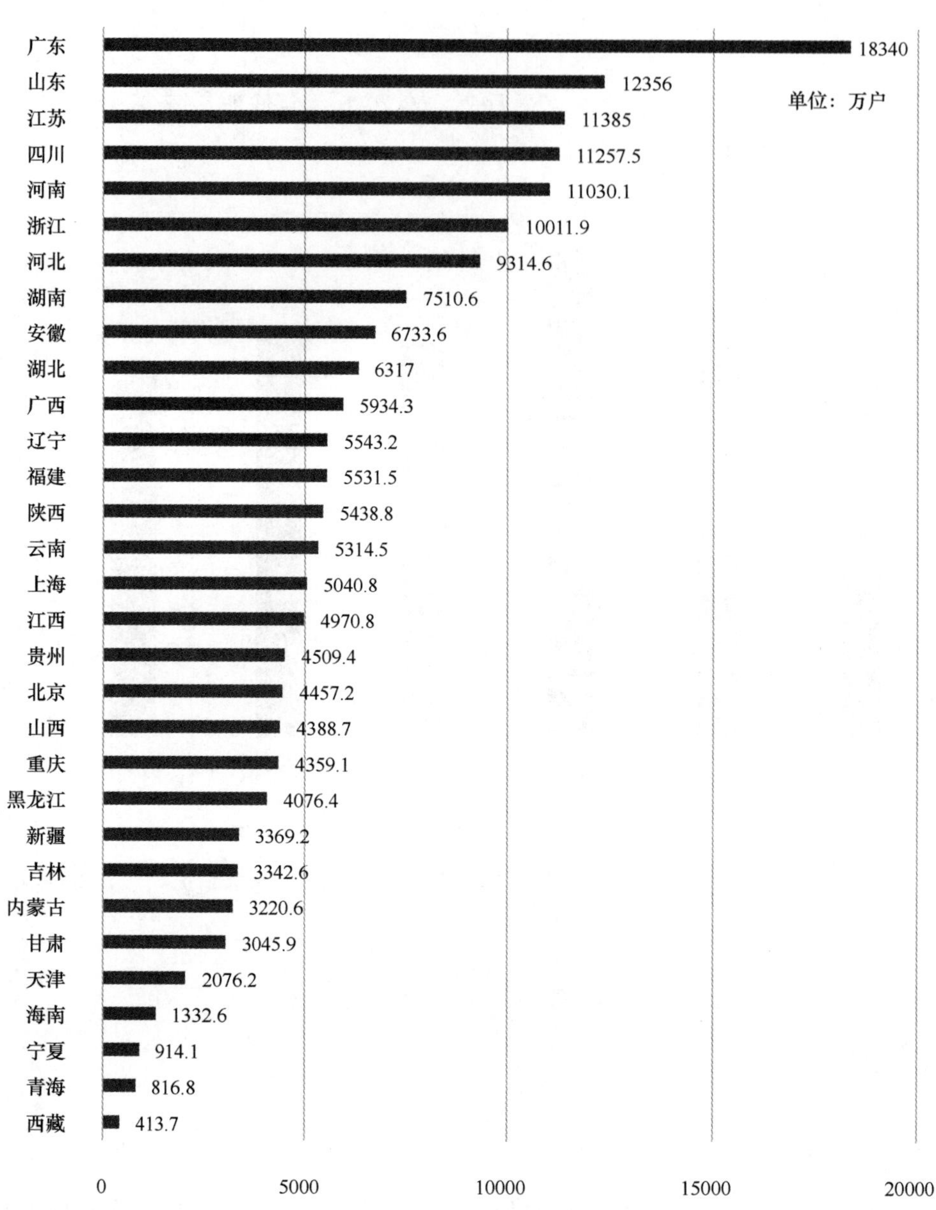

图3.15　2021年全国各省份电话用户数量分布情况

资料来源：工业和信息化部。

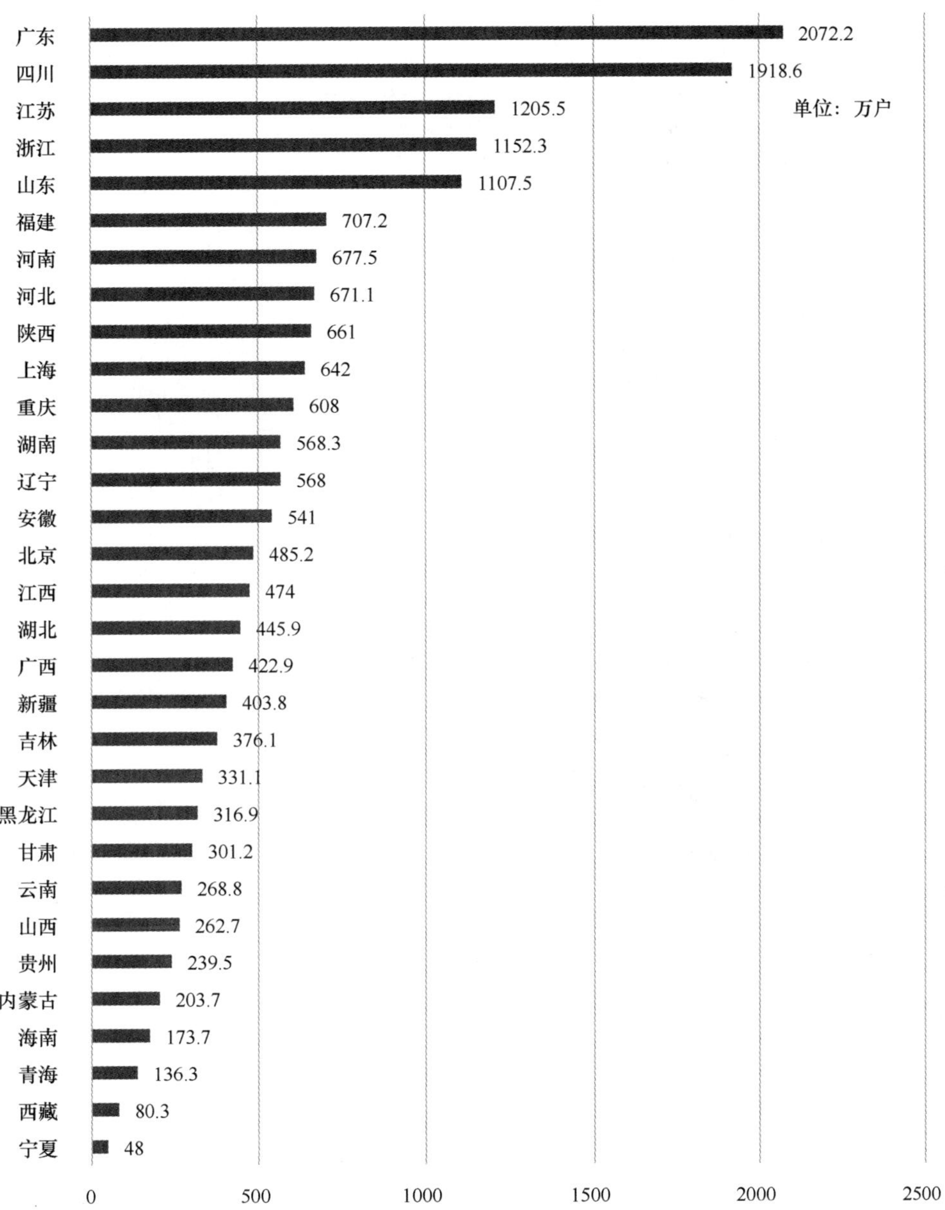

图3.16　2021年全国各省份固定电话用户数量分布情况

资料来源：工业和信息化部。

2. 移动电话用户

截至 2021 年年底，中国移动电话用户总数为 164282.5 万户，其在各省份的分布情况如图 3.17 所示。其中，广东以 16267.8 万户居首位，山东、河南分别以 11248.5 万户和 10352.6 万户居第二、第三位。

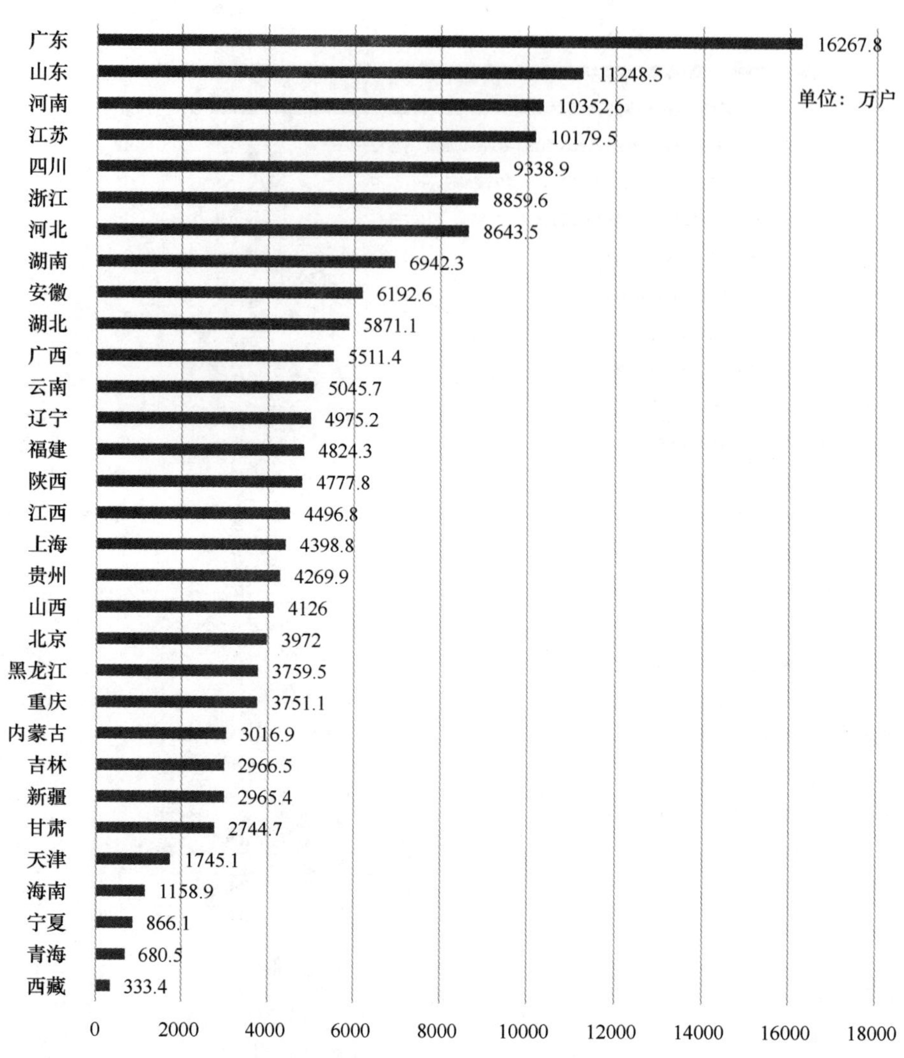

图3.17　2021年全国各省份移动电话用户数量分布情况

资料来源：工业和信息化部。

第 4 章　2021 年中国互联网络基础设施建设状况

4.1　基础设施建设概况

2021 年，我国各级政府与行业多方坚决贯彻落实党中央、国务院决策部署，克服新冠肺炎疫情影响，顺应数字经济的快速发展，在网络强国和数字中国战略的指引下，大力推进互联网络基础设施建设，高速泛在、天地一体、云网融合、智能敏捷、绿色低碳、安全可控的智能化综合性数字信息基础设施建设正当其时。我国全面进入全光网络时代，加速向千兆光网演进，骨干网与互联互通带宽扩容力度持续增强，国际传输网络全球布局稳步扩展，网络提速成效显著，固定宽带和 5G 网络“双千兆”建设力度加大，下一代互联网 IPv6 升级部署进入应用提升期，应用基础设施在“算网融合”助推下迎来建设新机遇，整体设施能力水平显著提高，网络综合服务水平不断提升，网络技术创新能力持续加强，国内网络与业务性能水平积极追赶发达国家。互联网络基础设施的建设带动了我国信息通信业快速发展，有力地支撑了全社会各行业数字化转型，成为经济高质量发展的重要基石。

2021 年，我国新增骨干直联点与新型互联网交换中心试点建设工作积极推进，“全方位、立体化”网间架构布局进一步优化。骨干直联点持续扩容，互联网带宽持续高速增长，骨干网络持续向扁平化和智能化方向演进。基础电信企业骨干网带宽规模达到 1000Tbps 以上水平。骨干网规模部署 800Gbps 与 1.6Tbps 平台设备，流量处理能力显著增强。国际互联网出入口持续扩容，2021 年新增带宽 13.85Tbps（含香港），增长约 28.54%。汕头区域国际通信业务局和樟木国际通信信道局获批建设，国际网络布局持续完善。长春、昆明等 6 地获批建设国际互联网数据专用通道，积极服务于企业国际化通信业务访问需求。

2021 年，基础电信运营企业深入推进“全光网”建设工作，全国新建光缆线路 319 万千米，总长度达 5488 万千米，同比增长 6.17%。FTTH 网络覆盖进一步增长，截至 2021 年年底，互联网宽带接入端口数量达到 10.18 亿个，比上年末净增 7180 万个。xDSL 端口总数持续减少，占比下降至 0.6%。光纤接入（FTTH/O）端口比上年净增 8017 万个，达到 9.6 亿个，占比提升至 94.3%。在光网建设的持续推动下，我国宽带接入网络能力在 2021 年显著提升，3 家基础电信企业的固定宽带接入用户净增 5224 万户，总数达 5.36 亿户。其中，千兆及以上接入速率用户数净增 2816 万户，达 3456 万户，百兆及以上接入速率用户总数达 4.98 亿户，占比达 93%，占比较上年末提高 3.1 个百分点。4G 和 5G 宽带用户总数达 14.24 亿户，占移动电话用户总数的 86.7%。

2021 年，移动网络设施建设显著加快，网络覆盖持续加强。全年新增移动通信基站 65 万个，总数达 996 万个。其中，4G 基站新增 15 万个，总数达到 590 万个，同比增长 2.6%；5G 网络建设稳步推进，新建 5G 基站超过 65 万个，已开通 5G 基站超过 142.5 万个，基本覆盖全国地级以上城市、县市和大部分城镇镇区。受新冠肺炎疫情影响和大流量应用拉动，移动互联网流量迅猛增长。2021 年，移动互联网接入流量消费达 2216 亿 GB，同比增长 33.9%。全年月户均移动互联网接入流量达 13.36GB，同比增长 35.5%。

我国 IPv6 网络规模部署行动持续推进，2021 年成果显著，IPv6 地址申请数量位居全球第一，IPv6 活跃用户数占比超过 60%，IPv6 流量持续大幅增长。新增骨干直联点全部支持 IPv6，网间 IPv6 流量疏导不断优化。我国各基础电信企业 LTE 网络、城域网网络、骨干网络 IPv6 业务承载持续加强。IPv6 骨干网网间平均时延、丢包率等性能指标趋同于 IPv4，网内性能指标已优于 IPv4，业务承载质量显著提升。应用网站 IPv6 支持改造力度不断加大，固定宽带终端网络设备支持度大幅提升。

2021 年，在国家的统一引导、推动下，我国互联网数据中心（Internet Data Center，IDC）建设持续高速发展。全国数据中心机架数突破 400 万架，第三方数据中心新增规模占比不断提升，超过 50%。在国家政策的引导下，数据中心逐步向西部资源丰富地区及一线城市周边地区集聚。内容分发网络（Content Delivery Network，CDN）市场合作竞争依旧激烈，大型 CDN 企业在业务与资源等方面持续开展深度融合合作，获得 CDN 牌照的企业持续增多。边缘侧业务应用驱动 CDN 加速向边缘计算演进，CDN 企业边缘节点数量迅速增加，通过开放网络和计算能力，服务多样化应用场景。为克服新冠肺炎疫情影响，我国云计算 SaaS 服务加速落地，企业数字化转型拉动基于云原生的 PaaS 服务需求持续增长，满足用户业务差异性需求及对大数据分析需求的快速增长。同时，在政策推动和数字经济的背景下，我国产业各方紧抓边缘计算机遇，推动边云深度融合。

网络性能方面，我国骨干网性能持续提升，据中国信息通信研究院统计，我国网内平均时延已优于国际主要运营商平均水平，网内丢包率已趋近国际水平。我国网间性能持续优化，网间时延接近 35ms。国际互联网平均访问时延为 249ms，与发达国家仍有一定差距。我国固定宽带接入速率大幅提升，据 Ookla 统计，2021 年 9 月，我国固定宽带接入速率超过 196Mbps，在全球 181 个国家和地区中排名第 15 位。主流在线视频平台的平均卡顿率约为 0.16%，用户体验良好。

4.2 互联网骨干网络建设

1. 骨干网持续向扁平化和智能化演进，网间互联架构进一步优化

在业务迅速开通和高效访问需求的驱动下，骨干网络架构持续演化，不断提升对业务服务的支撑能力。一是网络架构持续扁平化。各运营商持续新增各省骨干节点出省方向，网状化互联能力进一步增强；多数城域网直联省内骨干节点，部分城域网跨省上联多个骨干节点；同时，根据业务需求，区域内互联网数据中心跨地域接入其他省骨干节点。二是骨干网新平面增强云网支撑能力。中国移动建成大规模商用云专网，承载高价值业务；中国电信不断优

化提升 CN2-DCI 承载数据中心互联业务的能力；中国联通产业互联网全面完成软件定义网络（Soft Defined Network，SDN）改造，纳管自有 IDC 及主流云商。三是网络向智能化升级。运营商加快推进 SR/SRv6 部署，提升骨干网智能控制和服务化编排能力，打造具备时延保障能力的骨干网，为实现差异化的服务保障及快速业务发展奠定基础。四是“全方位、立体化”网间互联架构进一步优化。南宁和太原骨干直联点开通，全国已开通骨干直联点达到 16 个；哈尔滨、南昌、济南、青岛骨干直联点获批，正推进建设；2021 年全国骨干网网间带宽达到 21.75Tbps，与 2020 年相比，扩容近 50%。新型互联网交换中心试点深入开展，不断探索技术、模式创新，为各类网络的网间流量交换提供灵活、高效的疏导途径，经济与社会效益初步显现。

2. 我国稳中求进扩展国际通信网络布局

2021 年，工业和信息化部先后批复多个国际通信网络基础设施，持续布局国际通信网络建设。批复同意新增汕头区域性国际通信业务出入口局，疏导面向东盟、亚太方向的国际业务；批复同意新增樟木国际通信信道出入口局，开辟中尼方向第二路由；批复同意建设上饶、昆明、长春、合肥、九江及和林格尔共 6 条国际互联网数据专用通道，为当地外向型经济发展提供更优的国际通信性能和服务质量。文昌至香港海底光缆 6 月建成投用，实现了海南与香港通信的互联直达，将助推海南自贸港数据信息的高效流动。2021 年年底，我国国际互联网出入带宽达到 10Tbps，同比扩容超过 50%。

4.3　IPv6 规模部署与应用

经过“十三五”期间的大力推动，我国 IPv6 规模部署已基本实现“通路”“能用”。2021 年是“十四五”的开局之年，我国 IPv6 规模部署工作重点从前期的基础设施建设向提升 IPv6 服务能力转变，以“通车”“好用”为目标。

1. 分配 IPv6 地址的终端数迅速增加，IPv6 活跃用户数超过 IPv4

基础电信运营商网络 IPv6 改造基本完成，目前按照国家 IPv6 地址编码规划方案，向用户分配 IPv6 地址，使用 IPv6 地址的终端用户数大幅增加。截至 2021 年年底，国内获得 IPv6 地址的终端数达 16.65 亿人，占比为 77.39%。其中，获得 IPv6 地址的固定网络终端数达 3.37 亿人，占比为 66.81%；获得 IPv6 地址的移动网络终端数达 13.28 亿人，占比为 80.63%。IPv6 活跃用户数逐年上升，截至 2021 年年底达 6.07 亿人，占比为 60.10%（见图 4.1）。

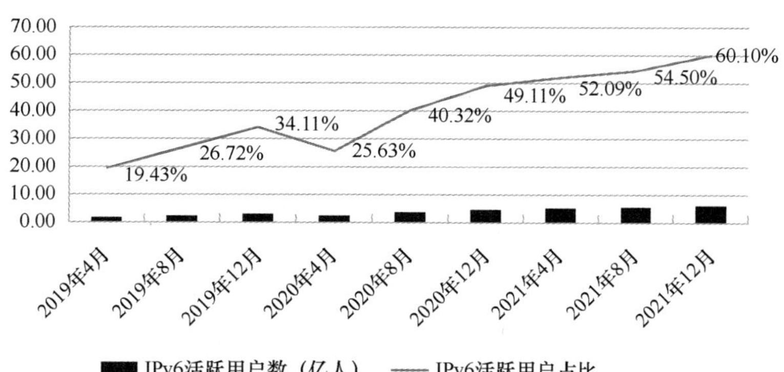

图4.1　近年来我国IPv6活跃用户数和IPv6活跃用户占比

2. 互联网应用 IPv6 升级改造力度加大，IPv6 流量占比大幅提升

截至 2021 年年底，我国中央部委政府网站、中央企业网站、中央重点新闻媒体网站、金融央企网站、国家“双一流”大学网站 IPv6 支持度分别达到 90.12%、95.79%、100%、95.65%、95.62%，国家 TOP100 App 的 IPv6 支持度达 99%。随着互联网应用 IPv6 升级改造力度的加大，城域网 IPv6 流量、移动核心网 IPv6 流量均大幅上升。截至 2021 年年底，城域网和移动核心网 IPv6 流量占比分别达到 9.95%和 35.15%（见图 4.2）。16 个骨干直联点全部支持 IPv6，IPv6 流量占比达 6.52%。国际出入口 IPv6 流量占比达 2.72%。

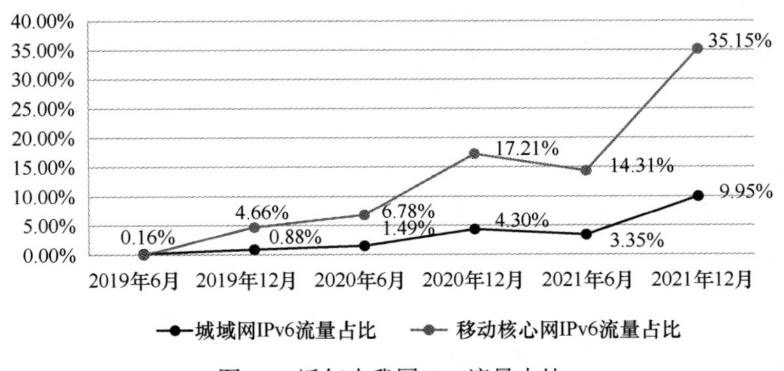

图4.2 近年来我国IPv6流量占比

3. 通告 IPv6 的自治域数量占比过半，IPv6 网络性能持续提升

截至 2021 年年底，我国通告自治域数量为 6129 个，其中通告 IPv6 的自治域数量为 4778 个，占比达 74.33%。运营商 IPv6 网间、网内质量持续提升，其中 IPv6 网间性能基本与 IPv4 趋同，时延为 36.98ms，丢包率为 0.34%；IPv6 网内性能已优于 IPv4，时延为 30.48ms，丢包率为 0.02%。骨干网（IPv6-IPv4）网络性能变化情况如图 4.3 所示。

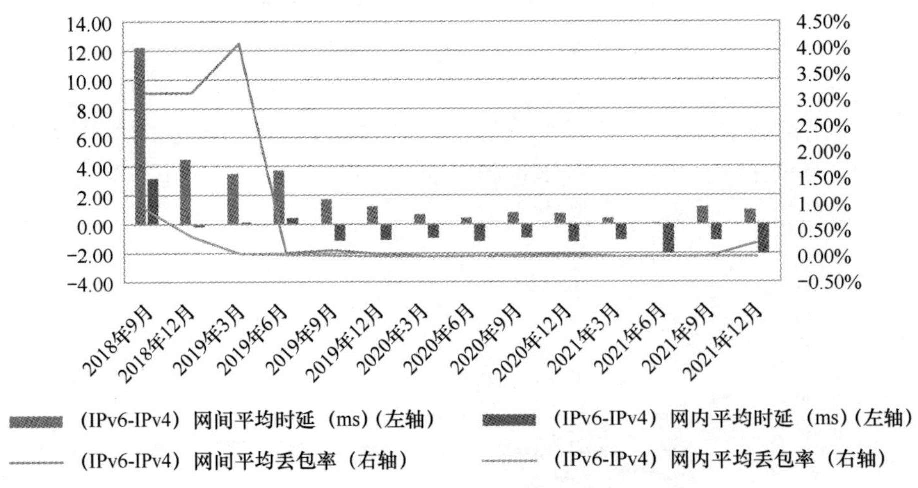

图4.3 骨干网（IPv6-IPv4）网络性能变化情况

4. 家庭路由器 IPv6 支持度较高，现网启用 IPv6 的占比较低

截至 2021 年年底，TP-LINK 的 15 款主流家庭路由器全部支持 IPv6，小米的 9 款主流家

庭路由器中有 7 款支持 IPv6，华为的 6 款主流家庭路由器全部支持 IPv6，华硕的 5 款主流家庭路由器全部支持 IPv6，NETGEAR 的 7 款主流家庭路由器中有 5 款支持 IPv6，D-Link 的 4 款家庭主流路由器中有 3 款支持 IPv6，IPv6 支持度总体较高。但之前大量的存量家庭路由器不支持 IPv6 需要升级，且支持 IPv6 的家庭路由器在出厂时并没有默认开启 IPv6，需要用户安装后自己启用，导致现网启用 IPv6 的家庭路由器占比较低，是 IPv6 下一步升级改造的重点。

4.4　移动互联网建设

1. 我国移动互联网用户渗透率继续提升，移动互联网流量增长迅猛

截至 2021 年年底，我国移动互联网用户规模超过 14 亿户，占移动电话用户的比重为 86.2%，用户渗透率持续提升，比上年增长 1.4 个百分点。其中，4G 移动电话用户为 10.69 亿户，5G 移动电话用户达到 3.55 亿户，5G 用户规模快速扩大。2021 年，我国移动互联网流量大幅增长，流量消费潜力进一步释放，我国移动互联网累计流量达到 2216 亿 GB，比上年增长 33.9%；全年移动互联网月户均接入流量（DOU）达到 13.36GB/户·月，其中 12 月当月 DOU 达 14.72GB/户，创历史新高。

2. 我国 5G 网络建设和应用加快推进，网络供给能力和行业协同不断增强

截至 2021 年年底，全国移动通信基站总数达 996 万个，全年净增 65 万个。其中，4G 基站达 590 万个，5G 基站为 142.5 万个，全年新建 5G 基站超过 65 万个，覆盖所有地级市城区、超过 98%的县城城区和 80%的乡镇镇区。持续推动共建共享，推进绿色低碳发展。2021 年，共建共享 5G 基站达到 84 万个，在 5G 基站中的占比为 58.9%。5G 应用在工业、能源、交通和教育等领域加快拓展深化，推进全行业深化协同，赋能成效显著。2021 年，工业和信息化部进一步推动“5G+工业互联网”深化发展，支持工业企业建设 5G 全连接工厂，推动 5G 应用从外围辅助环节向核心生产环节渗透，加快典型场景推广。2021 年，5G 行业应用创新案例超过 10000 个，10 个 5G 全连接工厂试点示范入选 2021 年工业互联网试点示范项目名单，109 个以 5G 为代表的融合创新应用标杆入选 2021 年“5G+智慧教育”应用试点项目名单；在 2021 年 12 月至 2022 年 1 月期间，中国电信、中国联通和中国移动均发布了《5G 城市白皮书》。

3. 移动物联网用户数快速增长，NB-IoT 和 Cat.1 规模化应用场景不断涌现

截至 2021 年年底，我国蜂窝物联网用户达 13.99 亿户，与移动电话用户规模差距进一步缩小，其中应用于智慧公共事业、智能制造、智慧交通等领域的终端数量分别达 3.14 亿、2.54 亿和 2.18 亿。中国电信、中国移动和中国联通 3 家电信运营企业以部署 NB-IoT 网络为主，中国电信已建成全球最大的 NB-IoT 网络。2021 年，全球 Cat.1 处于爆发期，出货量达 1.2 亿个，其中在中国市场上，Cat.1 出货量高达 1.1 亿个，较 2020 年增长了 5 倍以上。市场研究公司 Counterpoint 最新发布的《全球蜂窝物联芯片跟踪报告》显示，2021 年第四季度，全球蜂窝物联网新品出货量同比大幅增长 57%，其中 4G Cat.1，同比增长 154%。赛迪发布的报告显示，2021 年紫光展锐在中国 Cat.1 芯片市场的市场占有率达 70%以上。受国内通信

运营商、芯片厂商、模组厂商和终端厂商追捧，Cat.1 模组和芯片在共享电动车、充电桩、设备监控等领域广泛应用。中国移动、中国电信和中国联通 3 家运营商均推进 Cat.1 模组、芯片、智慧井盖和智能门磁等相关项目采购实施。

4.5 互联网带宽

1. 我国基础电信企业骨干网带宽能力进一步提升

为适应互联网业务快速发展，近年来，中国移动、中国电信和中国联通 3 家基础电信企业骨干网络持续升级演进。中国电信、中国移动公众互联网骨干网双平面建设继续推进，网络带宽能力进一步提升，800Gbps、1.6Tbps 平台部署成为主导。截至 2021 年年底，3 家基础电信企业骨干网带宽规模达到 1000Tbps 以上水平。

2. 我国 3 家基础电信企业网间互联带宽大幅增长

2021 年，随着互联网网间互通需求不断增长，在网间结算政策调整的带动下，我国网间互联带宽实现大幅增长。2021 年，我国新增南宁和太原国家级骨干直联点开通，各基础电信运营企业网间互联带宽大幅扩容，其中中国移动与中国电信、中国联通网间互联带宽分别达到 6.7Tbps 与 4.3Tbps，平均增长率高达 131%，骨干直联点网间互联总带宽增长达到 7.2Tbps，增长率达 49.3%，骨干互联单位网间互联总带宽超过 21.75Tbps。2009—2021 年互联网网间带宽增长情况如图 4.4 所示。

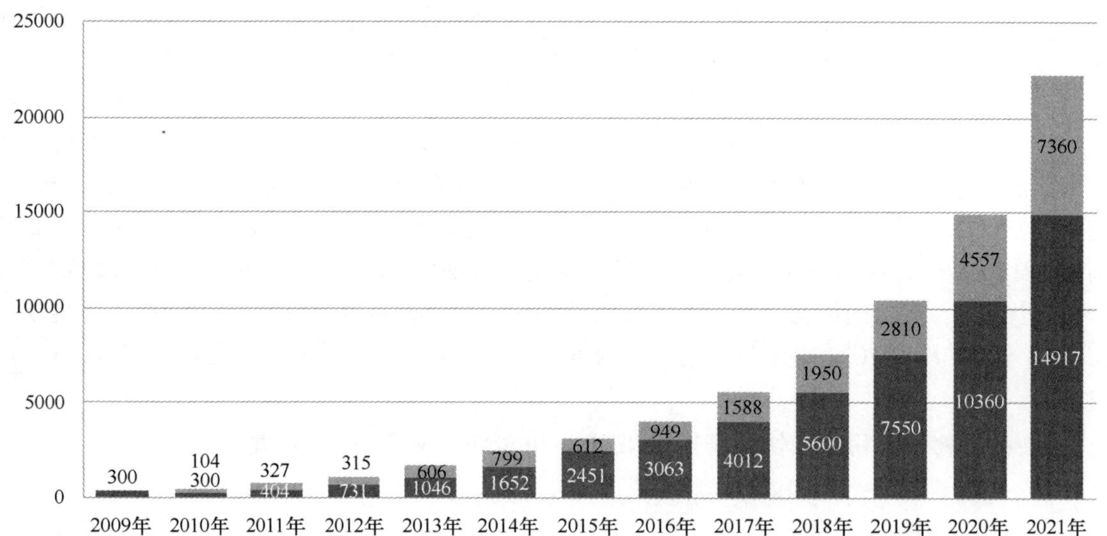

图4.4 2009—2021年互联网网间带宽增长情况

3. 国际互联网出入口带宽持续大幅提升

根据 Telegeography 统计，截至 2021 年年底，我国国际互联网出入口带宽（含香港地区）达 62.39Tbps，同比增长 28.54%，扩容 13.85Tbps，为历年最高，如图 4.5 所示。

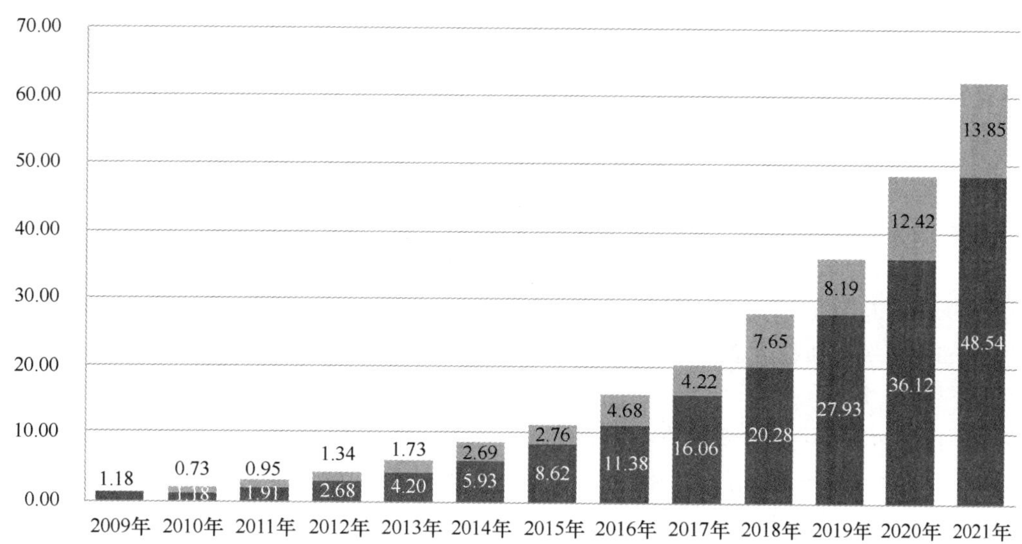

图4.5　2009—2021年我国国际出入口带宽增长情况（含香港地区）

4. 用户接入带宽持续向“双千兆”升级

《“双千兆”网络协同发展行动计划（2021—2023 年）》启动，5G 和千兆光网快速发展，截至 2021 年年底，我国已建成各具特色的“双千兆”协同发展典型城市 29 座。3 家基础电信企业的固定宽带接入用户总数达到约 5.36 亿户，全年净增 5224 万户（见图 4.6）。其中，固定宽带 1000Mbps 及以上接入速率的用户数达到 3456 万户，比上年末净增 2816 万户，增幅达 437.47%。已开通 5G 基站 142.5 万座，占全球的 60%以上；5G 用户数达 3.55 亿人，每万人拥有 5G 基站数达到 10.1 个，比上年末提高近 1 倍。

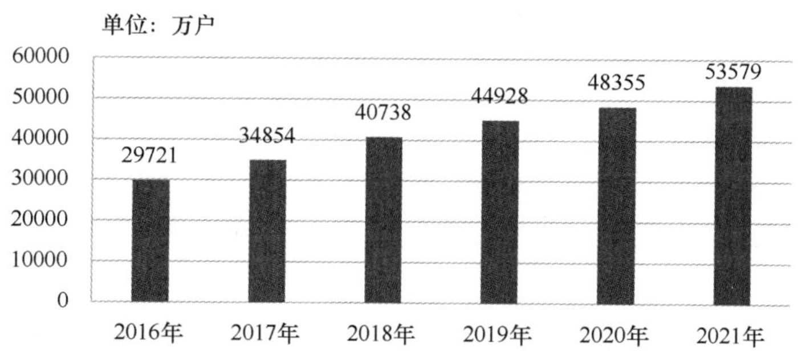

图4.6　2016—2021年固定宽带接入用户数

4.6　互联网交换中心（IXP）

1. 国际互联网交换中心交换流量创新高，全球网络枢纽地位凸显

新冠肺炎疫情在全球范围内持续蔓延，企业加速数字化转型，以视频会议、在线教育、视频游戏等为代表的互联网应用流量高速增长，国际主流交换中心流量规模保持 30%以上增

长。其中，全球最大互联网交换中心巴西圣保罗 IX.BR 峰值流量首次突破 20Tbps。截至 2021 年 12 月，全球 29 个互联网交换中心交换流量超过 Tbps 量级。同时，最新研究显示，目前国际主要交换中心可以通达全球近 80%的 IP 地址，互联网交换中心已成为自互联网诞生以来推动全球网络扁平化最为关键的网络基础设施之一，全球网络枢纽作用凸显。

2. 国内新型交换中心试点稳步推进，杭州达到国际中等规模

自 2019 年以来，我国先后批复了杭州、深圳前海、宁夏中卫、上海等多个新型交换中心试点。从运行情况来看，多地新型交换中心实现了建设运营、资源集售业务、配套监管手段、流量交换技术及新技术新业务融合等多项创新。采用“政府指导下的企业联合建设运营”中立公益模式，实现了产业主体的共同参与和各类网络的公平接入。截至 2021 年 4 月，杭州作为国内首个新型互联网交换中心，接入企业 90 家，接入总带宽超过 2.4Tbps，峰值交换流量达到 671Gbps，基本相当于国际中等互联网交换中心规模。深圳前海、宁夏中卫、上海等交换中心也处于稳步推进中。

3. 与算力枢纽协同发展推进网络互联互通，是新型互联网交换中心未来的重点探索方向

2021 年 5 月，国家发展和改革委员会等 4 个部门印发方案，规划建设 8 个国家算力枢纽节点。国家算力枢纽具备枢纽内、区域枢纽间及东西枢纽间多类型网络互联互通需求，分布式的交换中心网络是实现高效算力枢纽的理想方案。后续，新型互联网交换中心可充分发挥“一点接入，多点联通”的优势特色，重点在网络互通、算力调度等方面与国家算力枢纽建设开展协同创新，构建一体化交换中心算力网络，实现算力网络高效互通和云网一体化调度。

4.7 内容分发网络（CDN）

1. 数字化转型战略推动 CDN 市场快速发展，融合 CDN 成为竞合新模式

随着我国数字化转型升级深入推进和地方数字经济发展，CDN 建设发展日益成为提升数字服务质量的重要基础设施支撑，CDN 产业市场持续保持快速增长。2021 年，国内获得 CDN 经营许可的企业新增 1400 家，总量超过 2800 家，继 2020 年后再次实现翻番。同时，CDN 企业，尤其是中小企业也面临建设运营成本高的问题。近年来，大量企业纷纷探索融合 CDN 发展之路，通过技术平台手段，协调打通自有 CDN 节点和其他多个 CDN 厂商资源，实现资源共享，破解单一企业业务节点下沉成本难题，正在改变 CDN 行业竞合模式。又拍云、易凡云等企业整合多家 CDN 企业资源为用户提供统一调度，实现不同区域、不同运营商的全覆盖；阿里云、华为云等头部企业向中小 CDN 企业开放资源，在将后者转化为自身业务代理商的同时，也在吸纳中小 CDN 企业的资源，拓展区域覆盖能力。2022 年 1 月，工业和信息化部、国家发展和改革委员会联合印发《关于促进云网融合 加快中小城市信息基础设施建设的通知》，明确提出推动 CDN 边缘节点向中小城市延伸，预计我国 CDN 产业市场将在融合发展中进一步壮大。

2. CDN 发展迎来新机遇，CDN 企业加速向边缘计算转型

近年来，随着边缘计算的发展，基于技术理念的相似性，在 CDN 布局逐渐向全地市覆盖演进的形势下，CDN 加速与边缘计算融合，迎来新的发展机遇。传统 CDN、云 CDN 和基础运营商 CDN 都正加速转型布局边缘计算，将已有的存储、分发能力进一步拓展，与计算能力融合升级。以网宿科技、云帆加速等为代表的传统 CDN 企业，在研发新边缘计算业务的同时，也利用计算特性优化其传统 CDN 业务的服务能力；阿里云等云服务商依托自身云能力优势，将云端应用下沉到 CDN 边缘节点，实时处理终端设备计算需求，降低数据中心的计算压力和网络负载；基础电信企业也在积极推动自有 CDN 节点数据中心化改造，结合运营商 MEC（移动边缘计算）架构，实现边缘计算平台与边缘 CDN 共享资源，提升用户体验。

3. 可编程 CDN 正在重新定义 CDN 服务交付能力

随着开放网络和计算能力增强，海量的应用和各类型差异化场景要求 CDN 企业能够主动适配客户个性化需求，具备定制化服务和快速交付能力，CDN 从标准化服务向可编程化演进。目前，可编程 CDN 得到海外巨头企业阿卡迈、Cloudflare、Fastly、亚马逊的广泛支持，国内最主要的云 CDN 企业阿里云和传统 CDN 企业网宿科技等也已发布相关产品，通过开放边缘脚本方式，使用户可通过简单的语法编程，灵活调用庞大的函数功能库，以“搭积木”模式构建业务系统，最大限度地适配拟合业务需求场景。同时，可编程 CDN 能降低企业的运维成本，将客户业务开通交付周期由 2～4 周缩短至 1 周内，实现降本增效。

4.8　网络数据中心（IDC）

1. 全国一体化大数据中心战略发布，推动数据中心架构协调发展

随着各行业数字化转型升级进度加快，迫切需要推动数据中心合理布局、供需平衡、绿色集约和互联互通，构建数据中心、云计算、大数据一体化的新型算力网络体系，实现数据中心绿色高质量发展。2021 年 5 月，国家发展和改革委员会等 4 个部门联合印发《全国一体化大数据中心协同创新体系算力枢纽实施方案》，结合统筹布局、完善标准、一体化实施推进的思路，在京津冀、长三角、粤港澳大湾区、成渝、贵州、内蒙古、宁夏、甘肃八大区域部署国家枢纽节点，推进“东数西算”工程实施。2021 年 7 月，工业和信息化部印发《新型数据中心发展三年行动计划（2021—2023 年）》，推动新型数据中心建设布局优化、网络质量提升、算力赋能加速、产业链稳固增强、绿色低碳发展、安全保障提高，打造新型智能算力生态体系。

2. 数据中心规模持续快速增长，逐渐形成多元主体互促互补的生态

随着 5G、人工智能等新技术的快速发展，数据资源存储、计算和应用需求的不断提升带动我国数据中心规模持续快速增长。2021 年，我国数据中心新增机架总数约为 119 万架，全国累计数据中心在用机架总数达到约 520 万架。《新型数据中心发展三年行动计划（2021—2023 年）》提出，“到 2023 年年底，全国数据中心机架规模年均增速保持在 20%左右，平均利用率力争提升到 60%以上”。当前，多方主体共同构建数据中心服务生态，其中电信运营商依托先发优势仍处于主导地位，第三方中立 IDC 服务商提供差异化、特色化服务，云服务商创新行业应用，钢铁、房地产等传统行业企业成为新进入者。

3. “双碳”战略推动数据中心绿色高质量发展，数据中心能效水平持续提升

碳达峰、碳中和正式被纳入我国生态文明建设整体布局，上升为国家战略。为发挥新型基础设施“一业带百业”作用，助力实现碳达峰、碳中和目标，2021 年 11 月，国家发展和改革委员会等 4 个部门联合印发的《贯彻落实碳达峰碳中和目标要求 推动数据中心和 5G 等新型基础设施绿色高质量发展实施方案》明确提出数据中心能效目标，要求“全国新建大型、超大型数据中心平均 PUE 降到 1.3 以下，国家枢纽节点 PUE 进一步降到 1.25 以下，绿色低碳等级达到 4A 级以上”。在“双碳战略”的指引下，数据中心产业界积极探索高密度集成高效电子信息设备，新型机房精密空调、液冷、机柜模块化，余热回收利用等新型节能技术，我国数据中心能效水平不断提升。据 CDCC 统计，2021 年度全国数据中心平均 PUE 为 1.49，其中按照地区统计分析，华北、华东地区的数据中心平均 PUE 接近 1.40，处于相对较高水平。预计未来几年，我国数据中心 PUE 将进一步降低。

4.9 边缘计算与边云融合

1. 边缘计算产品加速落地，市场规模大幅增长

产业各方利用各自优势，推动边缘计算产品加速落地。电信运营商充分发挥 5G 自身优势，专注于推进 5G MEC 边缘云，如中国联通倾力打造 5G MEC 边缘云，聚焦行业需求，孵化出安防、远程协作等多项 5G MEC 创新产品；互联网企业继续深化从自身云能力到边缘的延伸，构建云、边、端一体化的产品体系，如阿里云 2021 年重点培育基于其分布式云平台 ENS 的 CDN、视图计算、云游戏及云智能终端 4 类应用，目前已完成 1500 多个边缘服务节点建设。CCID 数据显示，2021 年中国边缘计算市场规模达 325.3 亿元，同比增长 63.1%。

2. 云能力持续向边缘延伸，边缘计算平台构筑起边云融合的桥梁

随着云计算的深入发展，边云融合成为重要发展方向。近年来，云原生技术不断轻量化并持续下沉，产生了众多基于云原生技术的边缘计算平台，打造更为智能、敏捷、开放的边云融合架构。当前，国内外比较活跃的有 Rancher K3s、华为 KubeEdge、百度 Baetyl 及阿里巴巴 OpenYURT 等，其中 Baetyl 将创新 AI 模型、应用等知识以云原生的方式下沉至众多行业场景中，实现边缘和云的智能融合，助力众多行业实现智慧化转型。KubeEdge 作为云原生计算基金会（CNCF）唯一孵化级边缘计算项目，已经收到来自全球 800 多名贡献者和 60 多家组织（包括 ARM、华为云、联通等）的贡献，广泛应用于交通、能源、互联网、CDN、工业制造、智慧园区等行业。中国电信、中国移动和中国联通等电信运营商也纷纷借助 KubeEdge 等云原生计算平台强化边云协同服务能力。此外，三大电信运营商高度重视网络与边云融合协同发展，在各自网络架构发展愿景中对边云融合提出相关发展策略，加快构建云、网、边、端一体化协同能力。

3. Edge Native 技术概念加速孕育，极大地拓展边缘计算创新空间

自从 ETSI 在 2015 年提出 MEC 概念后，边缘计算在电信领域的应用已经得到了长足的发展，但当前边缘计算在实际应用中体现出部分不足，无法满足特定行业场景对时延、可靠性等多方面的实际诉求。为更好地服务于未来 5G 行业应用，5G 确定性网络产业联盟

（5GDNA）、EdgeGallery 开源社区、边缘计算产业联盟（ECC）和工业互联网联盟（AII）于 2021 年 2 月联合发布《Edge Native 技术架构白皮书 1.0》，提出 Edge Native（边缘原生）的产业理念，其通过边缘智能、边缘协同、边缘可信、算网融合等核心技术，满足各类应用敏捷连接、实时可靠、数据优化、应用智能等方面的关键需求。

4.10　卫星互联网

1. 国家和行业“十四五”布局卫星互联网

《中华人民共和国国民经济和社会发展第十四个五年规划和 2035 年远景目标纲要》明确提出，“要建设高速泛在、天地一体、集成互联、安全高效的信息基础设施”，同时还提出“打造全球覆盖、高效运行的通信、导航、遥感空间基础设施体系，建设商业航天发射场”。《“十四五”信息通信行业发展规划》明确指出，“加快推进卫星通信布局，推动高低轨卫星协同发展，推进卫星与地面通信的融合，鼓励卫星通信应用创新，开展卫星通信应用开发和试点示范”。

2. 中国卫星网络集团有限公司正式成立

2021 年 4 月，经国务院批准，中国卫星网络集团有限公司由国务院国有资产监督管理委员会（以下简称国资委）正式组建，列入国资委履行出资人职责的企业名单，是首家注册落户雄安新区的中央企业。中国卫星网络集团有限公司的成立是继 2020 年 4 月 20 日卫星互联网纳入新基建范畴地区又一重大利好消息。中国卫星网络集团有限公司是唯一一家从事卫星互联网设计、建设和运营的国有企业，有效地整合了天地一体、虹云、鸿雁等系统，成为我国卫星互联网事业发展的战略核心科技力量和组织运营平台。组建中国卫星网络集团有限公司，是立足国家战略全局、顺应科技产业变革大势的重大举措，标志着我国卫星互联网产业建设进入加速落地时期。

3. 卫星互联网纳入多地政策支持范围

各地政府纷纷将卫星互联网纳入政策支持范围。仅 2021 年，就有北京、上海、浙江、广东等多地发布相关政策支持卫星互联网产业发展。其中，《北京市支持卫星网络产业发展的若干措施》提出，抢抓卫星网络及相关产业发展战略机遇，加强政策支持，创新投融机制，发挥央企和头部企业的引领示范作用，优化产业空间布局，促进产业集聚发展，推动卫星网络产业成为北京经济发展的新高地。《上海市推进新型基础设施建设行动方案（2020—2022 年）》提出，推动卫星互联网基础设施建设。落实国家战略，推动技术创新、产业发展、市场应用、运维服务等，完成通信网络及基础配套设施建设，初步形成卫星互联网信息服务能力。实施智慧天网创新二期工程，建设网络运行控制中心，完成国内首颗中轨道技术验证卫星及相关配测卫星的研制、测试和发射。浙江省政府高度重视卫星互联网产业发展，《浙江省信息通信业发展“十四五”规划》《浙江省数字经济发展“十四五”规划》和《浙江省全球先进制造业基地建设“十四五”规划》等提出，未来 5 年，要推进卫星通信系统与地面信息通信系统深度融合，形成天地一体的信息网络，推进卫星互联网和北斗卫星导航系统在航空、航海、公共安全和应急、交通能源等领域的应用。

撰稿：李原、杨波、王珂、李向群、王智峰、沈辰、余文艳
审校：周晓龙

第 5 章　2021 年中国云计算发展状况

5.1　发展环境

1. 我国经济发展面临需求收缩、供给冲击、预期转弱三重压力，为了达到稳增长的目标，云计算是“新基建”投资建设重点之一

2022 年 3 月 5 日，在十三届全国人大五次会议上，国务院总理李克强作的政府工作报告中指出，“全球疫情仍在持续，世界经济复苏动力不足，大宗商品价格高位波动，外部环境更趋复杂严峻和不确定。我国经济发展面临需求收缩、供给冲击、预期转弱三重压力”。在我国经济发展面临巨大挑战和下行压力的情况下，政府通过加大基础设施建设投资拉动经济增长就显得尤为重要。

云计算作为“新基建”中“大数据中心、人工智能、工业互联网”的基础框架，是国家重点投资和建设的内容，并正在各省份加速落地。其中，北京加强算力算法平台等新型基础设施建设；贵州适度超前布局新型基础设施，加快全国一体化算力网络国家（贵州）枢纽节点建设；安徽适度超前开展基础设施投资、实施“新基建+”行动的发展目标。

2. 随着“双碳”工作推进，云计算向节能减排的绿色计算方向发展，国内正在形成新的云计算数据中心的战略布局

2020 年 9 月，我国明确提出 2030 年碳达峰与 2060 年碳中和的“双碳”目标。2021 年 10 月 24 日，中共中央、国务院印发《关于完整准确全面贯彻新发展理念做好碳达峰碳中和工作的意见》。2021 年 11 月 27 日，国资委印发《关于推进中央企业高质量发展做好碳达峰碳中和工作的指导意见》。

由于云计算数据中心能耗较高，现有经济发达地区（如北京、上海）已经将云计算数据中心建设列入禁限目录或负面清单，对存量进行节能升级改造，对增量严格控制准入。同时，充分利用中西部地区的风、电、水等绿色能源建设云计算数据中心。在此背景下，2022 年 3 月，十三届全国人大五次会议审查的计划报告提出，实施“东数西算”工程。

3. 数字经济、数字政府等数字化建设已经受到国家的高度关注，作为数字经济、数字政府的基础设施，云计算发展重点转变为服务于稳定国家经济增长和提升社会治理能力应用的需要

2022 年，第 2 期《求是》杂志刊发习近平总书记重要文章《不断做强做优做大我国数字经济》。2022 年 4 月 19 日下午，习近平总书记主持召开中央全面深化改革委员会第二十五次会议，审议通过了《关于加强数字政府建设的指导意见》。在发展数字经济方面，云计算服务于保经济稳增长；在发展数字政府方面，云计算服务于提升社会治理能力。因此，云计算将从技术探索和实现，转化为更大规模的实践应用，要充分体现其实际经济价值和社会效益。

5.2　发展现状

1. 新冠肺炎疫情影响拉动数字化需求，中国云计算市场规模保持迅猛增长

新冠肺炎疫情影响下，企业数字化转型需求快速增加，中国云计算整体规模持续快速增长，但增速有所放缓。根据中国信息通信研究院统计，2021 年中国云计算市场规模达到 3030 亿元，增速达到了 45%。其中，公有云由扩张阶段跨入稳定增长阶段，增速从上年的 85%放缓至 58%，市场规模达到 2022 亿元，私有云需求稳定，增速为 23%，市场规模达到 1008 亿元（见图 5.1）。预计在新基建、“东数西算”等政策影响下，中国云计算市场仍将保持快速增长。

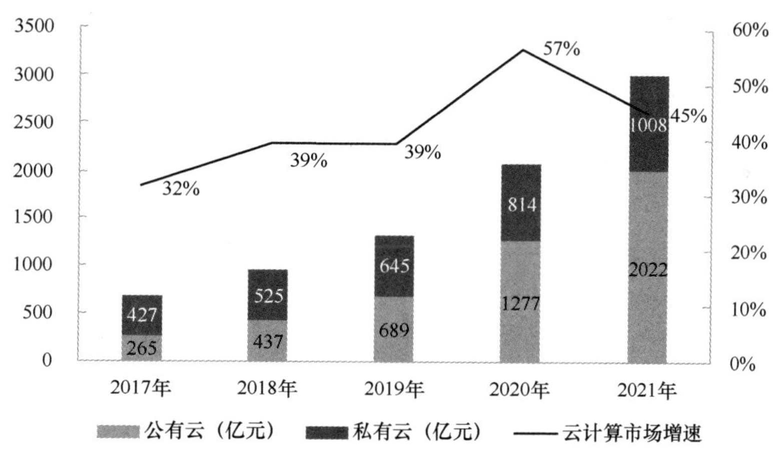

图5.1　2017—2021年中国云计算市场规模

资料来源：中国信息通信研究院。

2. 市场竞争持续激烈，头部厂商份额地位稳固

2021 年，伴随着中国云计算市场的快速发展，市场竞争日益激烈。最新企业财报显示，阿里云等头部厂商市场营业收入均实现了超过 40%的增速，其中腾讯云、华为云、天翼云的增速超过 60%。

根据 IDC 的统计数据，阿里云、腾讯云、华为云、天翼云、亚马逊云科技位居中国公有云 IaaS+PaaS 市场前 5 位，共占 75.8%的市场份额，整个市场继续维持“一超多强”的格局（见图 5.2）。

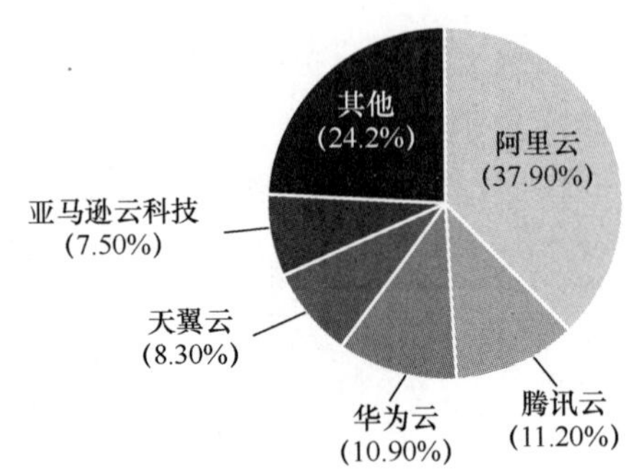

图5.2　2020年上半年中国前五大公有云IaaS+PaaS厂商市场份额占比

资料来源：IDC 中国。

中国移动、中国联通在 2021 年先后发布全新战略，将云计算列为公司战略要点，加大资金投入，打造算力、云网等专业领域技术实力，2021 年云计算业务收入增速均超过 100%，逐渐成为市场中的有力竞争者。

3. 云计算厂商持续发力，基础设施全球化布局态势明显

众多云计算企业开始逐步构建全球化资源和算力网络，开启由国内向全球辐射的业务布局。截至 2021 年年底，阿里云在全球 25 个地理区域运营 80 个可用区，除国内的 59 个可用区和 5 个超级数据中心外，还在法国、韩国、泰国等地新增了大量基础设施；腾讯云在全球 27 个地理区域运营 70 个可用区，除国内的 42 个可用区外，还通过合作等形式在英国、荷兰、澳大利亚等地运营多个数据中心。阿里云和腾讯云还分别在境外拥有 500 个和 800 余个轻量级节点，用于更广泛地输出云计算能力。

与此同时，运营商加速传统数据中心的云化转型和资源整合，电信天翼云数据中心已覆盖全球 37 个国家和地区，总数超过 700 个。移动云和联通云则主要分布在国内，均拥有超过 200 个数据中心。

5.3 关键技术

1. 云计算技术不断创新，云原生发展不断加速

数字经济大潮下传统行业的数字化转型成为云原生产业发展的强劲驱动力，“新基建”带来的万亿级资本投入，也将在未来几年推动云原生产业的发展迈向新阶段，云原生在我国的应用呈现以下几个显著特征。

用户在云原生技术领域建设的投资规模稳步提升。有相当体量的用户（用云企业）正在将 IT 建设的重心转向云原生，根据中国信息通信研究院发布的《中国云原生用户调查报告（2021 年）》（以下简称调查报告）数据，有近 10%的用户在云原生方向的建设投入已超过总体 IT 预算的 50%，部分企业正在从小范围试点应用走向深水区。其中，技术研发与测试成为用户云原生建设的主要支出方向。

在云原生建设支出中，资金投入用于技术研发的用户占比为 75.19%，用于测试的用户占比为 61.67%，用于运维、硬件采购、软件采购的用户占比分别为 40.19%、32.78%、28.89%。运维和测试支出费用的变化较大，一方面，用云企业侧多年来推广、实践 DevOps 理念与技术开始得到价值收益，运维支出占比同比下降近 20%；另一方面，业务系统的云原生化改造进程加速，系统测试压力陡增成为除研发外的最大支出，同比上升 25.67%。

云原生技术应用的价值认同同比大幅攀升，架构弹性与效能提升是重要的驱动因素。调查报告数据显示，通过使用云原生技术，90.59%的用户提升了基础平台资源利用率并节约了成本，76.98%的用户提升了业务应用弹性伸缩效率和灵活性，67.57%的用户简化了系统运维流程，66.83%的用户通过标准化交付提升了企业的交付效率，48.02%的用户基于云原生的开放架构在已有系统上进行了功能扩展，加速了业务创新。但是云原生技术在规模化应用时的安全性、可靠性和连续性等问题仍面临挑战，这在一定程度上制约了技术理念的快速落地。

云原生关键技术在用户生产环境中的应用占比再创新高。调查报告数据显示，容器、微服务、Serverless 作为云原生的代表性关键技术在用户侧的应用持续升高，其中容器技术在用户生产环境的采纳率已接近 70%，其中 45.48%的用云企业已用于核心生产环境，同比上升 2.48%，23.89%的用云企业用于次核心生产环境，同比上升 4.89%；微服务架构获得用户普遍认可，落地应用快速提升，已经使用及计划使用的用户已连续两年超过 80%；Serverless 技术持续升温，近 40%的用云企业已在生产环境中应用，其中 18.11%的用户已将 Serverless 技术用于核心业务的生产环境，14.26%的用户用于非核心业务的生产环境。

2. 云网边架构需求强烈，一体化成必然趋势

云网边一体化程度不断加深[1]。5G、物联网、工业互联网等技术的快速发展和云服务的推动使得云网边一体化的重要性不断提升，云计算和边缘计算与网络结合，通过紧密协同的方式满足各种场景中对网络性能、部署时延等方面的需求。未来，随着“新基建”的不断落地，构建端到端的云网边一体化架构将是实现全域数据高速互联、应用整合调度分发及计算力全覆盖的重要途径。

从云的一体化来看，分布式云满足了多样性计算需求。一方面，利用多种计算架构解决多样性数据处理的问题。另一方面，“云计算+边缘计算”的新型算力处理模式逐步代替集中式算力处理模式。**从网的一体化来看，**网络虚拟化技术加速云内、云间、入云网络的一体化构建，将原本分散的云内、云间、入云的网络资源进行协同，将算力连接以服务的形式开放给用户。**从边的一体化来看，**云边协同最大化体现云计算与边缘计算的应用价值。云边协同技术的使用，使得云计算与边缘计算发挥各自优势，在越来越丰富、越来越复杂的应用场景中落地实践。

云网融合实现各种上云场景的互联互通。云网融合是云计算发展过程中，为满足企业分布于不同云或数据中心的业务系统高质量互联需求而产生的技术模式，同时也是业务发展的新方向。随着上云进程的不断深入，不同云资源池、本地数据中心或企业分支间的高质量互联互通需求愈加扩大，云网融合已经成为企业上云的重要支撑。

---

1 云网边架构指的是云计算、网络、边缘计算三者在技术协同、数据流通、计算处理等方面统一协调、统筹考虑的一种技术架构，更聚焦于架构与技术层面的统一，而云网融合与云边协同指的是云计算与网络或边缘计算协同发展的一种概念模式，是逻辑上的统一，属于产业词汇。

云网融合的场景愈加丰富。首先，云网融合最主要的场景是本地数据中心与云资源池互联，说明云网融合是构建混合云网络最重要的手段。其次，随着服务商云网络的部署不断深入，利用 DCI（数据中心互联）及其他网络技术实现云资源池互联的需求也在不断提升。最后，利用 SD-WAN 等技术实现企业分支机构互联的场景持续增加。

企业选择云网融合服务的侧重点各有不同。中国信息通信研究院的调查显示，54.6%的企业在选择云平台网络产品时关注其网络性能；51.8%的企业认为云网服务的计费方式也是它们关注的重点；此外，“一站式”开通和配置、业务扩展性和可视化监控等也是企业在选择云网融合服务时关注的因素。

云网融合为“东数西算”建设贯通东西的“高速公路”。“东数西算”意味着数据与算力之间，需要一条云间“高速公路”架起跨区域数据桥梁，满足数据中心与各地区之间的通信需求。为此，基于云网融合构建的高带宽的数据中心互联专网网络，为“东数西算”过程中全网间的安全、高速、便捷的网络互联，以及数据中心间的数据高速互访提供了有力支撑。

云边协同推动分布式云落地实践。分布式云是云计算从单一数据中心向不同物理位置多数据中心部署、从中心化架构向分布式架构扩展带来的新模式。云边协同能够将部署在不同地理位置和网络接入条件的分布式云资源池进行打通和连接，满足中心、区域、边缘协同管理，并将算力扩展到更多边缘应用场景。随着分布式云的不断发展，中心与边缘、边缘与边缘、边缘与终端之间在资源、数据、服务、应用、安全等方面的协同不断增加，云边协同能力也将不断提升，成为各行业业务进行数字化转型的新型基础支撑。

云边协同全局管理加速计算资源分布式发展。通过在云端搭建云边协同全局管理平台，对边缘计算节点进行统一管理，从资源、数据、服务、应用、安全、运维等方面实现云端与边缘计算节点间的协同，将边缘侧算力与云端算力相结合，为分布式云时代下各应用场景提供更广泛的算力基础设施。

云边协同最大化体现分布式云的应用价值。利用容器、微服务等技术快速部署和升级应用，并对边缘应用进行管理和运维；通过云端训练–边缘推理的模式实现云边协同的 AI 处理，支持多种模型发布、更新、推进，形成完整的模型闭环；提供边缘业务高可靠性机制，保证边缘节点应用数据安全传输到云端等。云边协同技术的使用，使得分布式云的中心与边缘发挥各自优势，在越来越丰富、越来越复杂的应用场景中落地实践。

云边协同逐渐向云边端协同发展。随着物联网、工业互联网的广泛应用，智能终端设备凸显其在任务处理中的重要地位，“云边协同”已经发展成为“云边端协同”。云边端协同场景中，云边之间的协同涉及资源、数据、服务、应用、安全、运维等多方面的协同。云端需要通过适用的网络传输协议、消息协议等，实现对边缘侧及终端设备的多方位协同管理。

3. 云计算打破安全边界，零信任适应云上安全新需求

云计算的应用导致企业网络边界模糊，传统基于网络边界构建信任域的方式面临挑战，零信任理念秉持永不信任、持续验证原则，成为云上安全体系建设的趋势：一是安全策略随云资源粒度细化而细化，访问权限从虚拟机、容器、API 到数据按需分配；二是所有访问默认不可信，认证和授权通过后才可访问资源，既能抵御多云/混合云传输中资源暴露面增大面

临的未知威胁，又能有效阻断微服务分布式架构带来的内部（东西向）流量风险；三是有效保证远程办公安全，后疫情时代，SaaS 办公、自有设备（BYOD）访问成为趋势，身份和终端不可控性增多，零信任基于多源信息持续动态评估，用户身份、终端环境、行为信息等多方面影响信任评估结果，能够有效屏蔽终端和身份存在的潜在问题。

供应侧与应用侧双驱动，零信任迎来发展新高峰。一是技术不断成熟，供应生态初步建立。Gartner 2021 企业网络技术成熟度曲线指出，受云计算和数字化驱动，企业越来越倾向采用新的网络技术，零信任网络架构（ZTNA）处于稳步爬升的光明期，基于零信任理念的安全访问服务边缘（SASE）处于期望峰值，两者将在 2～5 年间达到实质生产的高峰。随着技术的不断成熟，我国云服务商、大型安全厂商、初创安全服务商等围绕自身安全技术优势形成各具特色的零信任解决方案，覆盖数字身份能力、网络安全能力、终端安全能力、工作负载安全能力、数据保护能力、安全管理能力等多个能力域，解决企业云计算场景下不同的安全需求。**二是用户重视度提升，逐步落地应用。**随着安全需求越发迫切，各行业企业纷纷开始探索利用零信任构建安全体系。IDC 预测，到 2023 年，因传统 VPN 方案在远程办公场景中逐渐暴露缺陷，企业采用基于零信任理念的软件定义安全访问解决方案的预算将翻 4 倍；《零信任发展与评估洞察报告》显示，政府机关、信息技术服务业、金融业、制造业作为上云和数字化转型的排头兵，零信任应用试点靠前，占所统计行业的 53%。

4. 云计算应用程度加深，优化治理需求强烈

企业用云程度加深引发新的问题。近年来，云计算技术不断创新发展，企业上云也由外围系统过渡到核心系统，企业云资源、架构变得越来越壮大。在此背景下，企业在云成本、业务性能和安全方面将面临新的挑战。云上支出浪费严重，Flexera 2021 年云状态报告数据显示，企业上云后平均浪费了 30%的云支出，云成本管理并不理想。企业上云后部分业务性能下降，中国信息通信研究院发布的《中国云使用优化调查报告》显示，接近 50%的企业在上云后存在系统性能下降的情况。深度用云引发安全问题，上云企业如何加强安全防护和治理成为难点。

在此背景下，越来越多的企业关注到云的优化和治理，成本优化需求最为迫切。《中国云使用优化调查报告》显示，超过 80%的企业有云优化的需求。企业云优化治理可以从两个维度展开，一是聚焦中台能力建设，搭建技术中台、数据中台、业务中台等，通过中台将技术、数据、业务进行能力组合，以实现增效、提质。二是对于企业用云全生命周期的成本、安全、流程方面的针对性优化与治理。成本优化是目前企业最为迫切的需求，优化云成本需要自动化的工具来提升效率，虽然产业界已有相关服务，但是云成本优化治理相关工具尚处于发展阶段。随着工具服务能力的完善和标准化，基于工具进行云优化治理将成为未来的发展趋势。

5.4　行业应用及典型案例

1. 政务云：为“数字政府”建设提供关键基础设施保障

目前，我国政务云已实现全国 31 个省级行政区全覆盖。整体来看，我国政务云的应用

和发展呈现以下 3 个特点：一是逐步走出“跑马圈地”的快速建设期，现阶段的新增项目以已建政务云的扩容、改造为主；二是业务支撑赋能作用不断提升，依托云平台有效推动各部门、各行业数据和服务的互联互通，支撑上层“一网通办”“一网统管”“一网协同”业务的实现，促进数字政府与智慧城市融合发展；三是政务云正在成为“数字政府”建设的关键基础设施，在政务云基础设施之上，结合大数据、物联网、人工智能、区块链等新一代数字化技术，为政府公共服务、政府决策和社会治理等各方面的场景化应用提供一体化的技术底座。

长沙市政务云通过打造我的长沙 App、数字人民币红包、智慧环保、政务区块链等政务应用，大力开展“移动互联网+政务”建设，切实推进惠民服务、智慧治理、生态宜居、产业经济等各领域的服务建设，让本地市民的安全感、获得感、幸福感显著提升；作为较早开展“数字城市”“数字政府”建设的城市，上海以上海市政务云作为载体，将“一网通办”作为其首要目标和任务，让数据跑路代替民众跑路，基于移动互联网、政务 App 的民生服务进一步完善。

2. 金融云：金融机构数字化转型的关键驱动力

中国信息通信研究院发布的《金融云行业趋势研究报告》相关数据显示，近 30%的金融机构受访者认为，云计算将是未来金融数字化实现技术突破的基础能力。在移动互联网技术、“金融+科技”趋势的推动下，众多金融机构纷纷将数据和应用迁移至云端，利用云计算基础产品与服务能力构建安全可控的一体化云平台，覆盖 IaaS 基础设施、统一云管平台、容器应用平台、DevOps 平台，以及容灾备份和云安全等多项能力，并在平台之上搭建移动中台、数据中台、AI 中台、业务能力中心等作为支撑体系，极大地提高了业务系统建设和扩展的效率。同时，深化融合大数据、区块链、人工智能、移动互联网技术为自身业务赋能，打造互联网金融服务，推动金融服务创新，转变经营模式，驱动自身数字化转型。

某商业银行打造金融云“一站式”移动研发平台（mPaaS），解决原有研发平台版本更新慢、CI/CD 持续部署能力弱、线上 App 监控分析能力缺失等痛点问题，有效支持手机银行 App、移动支付等各类移动互联网应用和小程序产品的快速研发上线，显著提升研发运营效率；某地方农商行依托金融云底座，沉淀电子合同、OCR 识别、移动支付、智能客服等共性服务组件，针对移动互联网业务开发面向用户和客户经理的微信小程序，实现数字农贷、企业小微贷、个人现金贷等多种财富管理和投顾方面的金融服务产品的全线上办理、审批和贷后跟踪等服务，在个人和企业征信、金融风险预警方面发挥了重要作用。

3. 媒体云：通过“云边协同+XR”增强服务能力，提升用户体验

伴随着移动互联网的快速发展，以及智能手机、平板电脑等智能终端设备的大面积普及，人们通过碎片化时间获取的信息越发多元化。相关调查数据显示，目前我国移动互联网用户超过 70%的碎片化时间“消耗”在以视频直播、短视频、游戏为代表的移动互联网应用中，数媒文娱产业进入爆发增长阶段。面对每日激增的用户流量，数媒文娱产业依托基于分布式云架构的云边端协同技术，结合 AR、VR 等技术的深入应用支撑，并逐渐在元宇宙领域加码探索和初步应用，实现业务模式的创新，增强服务能力，提升用户体验。

针对视频行业的火爆场景，某短视频服务企业集成使用云服务商提供的产品化软件开发工具包（SDK），通过服务商遍布全国的边缘计算节点及云端处理能力，实现视频“采集—

预处理—编码封装—边缘推流—云端处理—边缘分发—播放”的端到端“一站式”处理能力，并与相关 VR 视频平台和 360° 全景相机厂商合作，为用户提供高清、流畅、实时、互动沉浸式的视频体验；某游戏开发商通过使用云服务商提供的边缘加速内容发布网络（CDN）节点和云边端协同技术，实现玩家与游戏服务器之间的访问加速，为全球各区域玩家提供一致、稳定、低延时服务，以提升用户体验。

5.5　发展挑战

1. 基础设施发展问题

随着《全国一体化大数据中心协同创新体系算力枢纽实施方案》与“东数西算”工程的正式推进，云计算的定位不断变化，内涵也更加丰富，云计算越来越成为一种普惠化、标准化、泛在化的信息基础设施。当前，各层级云资源池节点部署、云专网基础能力建设尚不完善，与日益增长的多样性算力支撑和调度需求之间存在巨大矛盾。

建议：一是推动云边端一体化资源池建设。按照全国一体化大数据中心体系与“东数西算”整体布局，稳步推进云资源池、边缘云节点等云计算基础设施部署，并结合算力调度、算力服务输出等需求合理布局中心、边缘、端侧云计算服务，带动金融、政务、医疗、教育等领域的云化应用部署，有效推动各行业数字化转型。**二是加强云专网基础能力建设**。推动各体量 IP 城域网与云专网的深度融合，全面集成云、网、边算力资源。面向各行业用户上云场景，加快软件定义广域网（SD-WAN）、IPv6+等网络创新技术的部署，建设智能化端到端网络管控系统，提供支撑灵活组网、弹性随选、智能敏捷、安全可靠云网服务的专网能力，助力企业数字化转型步伐。**三是统筹云数据中心的布局**。协调东西部的数据中心建设，实现高效的云网融合、多云协同，既能服务于东部地区，又能发挥中西部地区的资源优势。

2. 技术发展问题

我国云计算开源技术生态和融合产业链条尚未形成，将直接影响云原生发展的广度。在技术生态方面，我国科技企业开源开放意识普遍不强，在国际云原生开源社区中仍处于跟随学习阶段，缺乏深度参与贡献。云原生国际开源社区统计数据显示，我国共有 74 家云服务商和行业用户企业成为社区会员。但从项目贡献度来看，仅以阿里云与华为云为代表的云服务商巨头排名前 10。在产业链条方面，我国当前云原生产业链以云服务商巨头为主导，带动相关产业链上下游发展。根据目前产业合作现状观察，产业链下游硬件设备商创新能力不足，上游独立软件开发商拥抱云原生意识薄弱，导致整条云原生产业链尚未深度融合，难以实现合作共赢。

建议：培育技术生态，持续提升核心技术国际影响力。鼓励优势企业持续加大技术研发投入，在云计算核心技术领域重点发力，通过技术攻关实现突破性进展，赶超国际领先水平。探索利用云计算技术实现节能减排，降低数据中心能源使用效率（PUE），推进绿色能源的应用，建设绿色数据中心。积极引导产业各方在开源社区贡献力量，提高我国在国际开源社区的影响力。

3. 应用赋能问题

传统企业的企业级应用数字化改造难度和安全风险巨大，一方面，云计算等新一代信息技术多源自互联网业务，传统业务系统自身架构繁杂、难以与新一代信息技术相匹配融合，数字化人才流动性大等原因，使得传统企业数字化转型推进工作难度巨大；另一方面，应用数字化发展促进了企业各环节数据和信息的整体贯通，信息的安全疏漏将引起更广范围的影响，致使部分企业数字化升级动力流失。

建议：企业在推进数字化转型和业务领域技术应用的同时，更要把握全局意识，制定“长短结合”的数字化发展顶层设计，形成短期成果向长期目标的改变。同时，根据企业自身的云应用特点找准安全参考系，保证数字化转型的每一步都有规可依、安全可控。在具体措施上，一方面，对原有数据中心进行升级改造，通过原有设备的改造升级，适应新的业务形态，如搭建 GPU、TPU、XPU 计算集群，建立 AI 训练平台，满足 AI 应用对算力提出的更高要求；另一方面，通过对原有政府信息化系统进行数据集成和服务集成，建立“数字政府”云平台。

撰稿：马飞、刘如明、苏越
审校：王焘

第 6 章　2021 年中国大数据发展状况

6.1　发展环境

自 2014 年大数据首次被写入《政府工作报告》以来，我国不断出台大数据相关政策。政策出台的思路也反映了各阶段大数据发展的特征及面临的关键问题。我国数据战略的布局历程如图 6.1 所示。

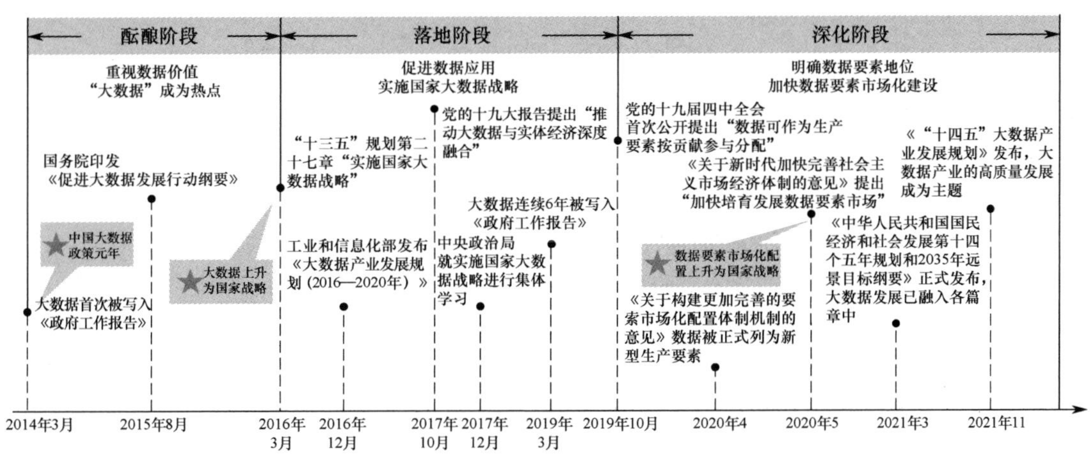

图6.1　我国数据战略的布局历程

资料来源：中国信息通信研究院。

在 2021 年 3 月正式发布的《中华人民共和国国民经济和社会发展第十四个五年规划和 2035 年远景目标纲要》（以下简称"十四五"规划）中，"大数据"一词出现了 14 次，而"数据"一词则出现了 60 余次。相对于 5 年前《中华人民共和国国民经济和社会发展第十三个五年规划纲要》中专门用一章"实施国家大数据战略"集中描述大数据发展，"十四五"规划中对于大数据发展的着墨已经融入各篇章之中。"十四五"规划对于大数据发展的布局，可以概括为**突出数据在数字经济中的关键作用、加强数据要素市场规则建设、重视大数据相关基础设施建设。**

将大数据作为数字经济的重要"原料"，加强供给能力。"十四五"规划"第十五章　打造数字经济新优势"从数据技术和产业的角度出发，逐步递进，紧扣数字经济发展主线。技术层面，提出加强关键数字技术的创新应用，加强大数据技术的外延供给，强调关键技术和前沿技术，并对开源社区的构建提出要求；产业层面，提出加快推动数字产业化是大数据发展的核心，培育壮大包括大数据在内的新兴数字产业，鼓励企业开放搜索、电商、社交等数据，发展第三方大数据服务产业，并且直指当前大数据发展面临的突出障碍，对促进共享经济、平台经济健康发展等提出要求。

针对数据要素市场目前面临的问题，提出加强规则。“十四五”规划“第十八章　营造良好数字生态”关注数据要素市场规则和政策环境，提出“放管并重，发展与规范管理相统一”的总原则。该章从“统筹数据开发利用、隐私保护和公共安全”“建立健全数据产权交易和行业自律机制”“加强涉及国家利益、商业秘密、个人隐私的数据保护”“完善适用于大数据环境下的数据分类分级保护制度”“加强数据安全评估”5 个层面出发，涉及数据资源产权、交易流通、跨境传输和安全保护等多方面，提出立法、制度、标准、自律、分类分级、评估等具体措施；同时对构建与数字经济发展相适应的政策法规体系进行论述，对加强大数据安全保障和国际合作提出了明确要求。

完善数据资源汇聚与流动的关键支撑底座，建设新型基础设施。“十四五”规划“第十一章　建设现代化基础设施体系”重点关注了与大数据产业息息相关的新型基础设施建设。作为新型基础设施上承载的主要资源，数据是新型基础设施的“血液”。网络、物联网、数据中心是大数据发展的重要基础设施，超算中心、工业互联网、车联网的发展建设也离不开对于数据的分析和处理。“十四五”规划中提到的“加快构建全国一体化大数据中心体系”对于深化政企协同、行业协同、区域协同，全面支撑各行业数字化升级和产业数字化转型具有重要意义。

“十四五”规划为今后 5 年大数据的发展作出了总体部署，为各部门、各地方进行大数据专项规划提供了重要依据。2021 年 11 月底，工业和信息化部印发《“十四五”大数据产业发展规划》，在响应国家“十四五”规划的基础上，围绕“价值引领、基础先行、系统推进、融合创新、安全发展、开放合作”六大基本原则，针对“十四五”期间大数据产业的发展制定了 5 个发展目标、六大主要任务、6 项具体行动及 6 个方面的保障措施，同时指出在当前我国迈入数字经济的关键时期，大数据产业将步入“集成创新、快速发展、深度应用、结构优化”的高质量发展新阶段。

配合政策落地，2021 年，我国围绕数据发展的相关立法工作也取得了突飞猛进的进展。备受关注的《数据安全法》和《个人信息保护法》先后出台，与《网络安全法》共同形成了数据合规领域的“三驾马车”，标志着数据合规的法律架构已初步搭建完成。在此基础上，工业、电信、金融、汽车等行业数据的基础性规范和指导性文件密集出台，关键信息基础设施建设、数据跨境和数据垄断等热点问题得到及时回应，着眼于人脸识别、算法等数据应用的规制也迅速跟进，为保护公民个人信息、保障国家安全的诸多难点热点问题提供了有力的法律保障。

6.2　发展现状

历经多年发展，大数据从一个新兴的技术产业，正在成为融入经济社会发展各领域的要素、资源、动力、观念。特别是我国提出“加快培育数据要素市场”后，大数据的发展迎来了全新的发展阶段。

根据中国信息通信研究院的统计，近年来，我国大数据产业规模呈持续增长态势，技术日趋成熟，产业基数持续扩大，赋能不断加深拓广。预计到 2022 年，大数据产业规模将达到 811.5 亿元，增速仍保持在 18%左右的水平（见图 6.2）。

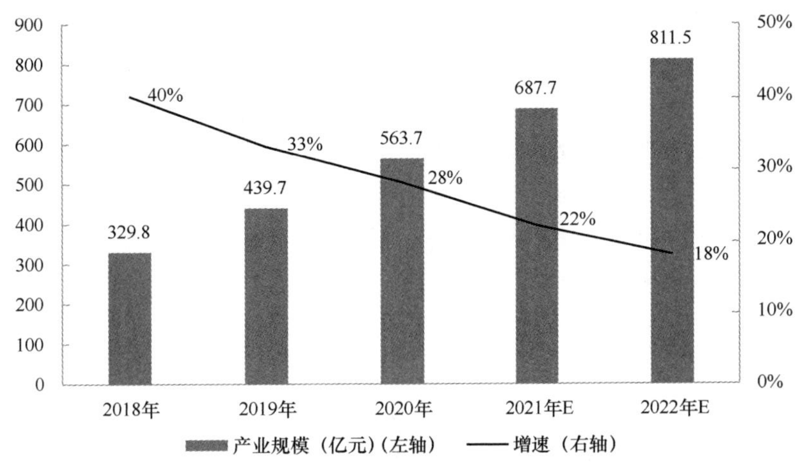

图6.2　2018—2022年大数据产业规模及增速情况

资料来源：中国信息通信研究院，2021 年 12 月。

自 2021 年以来，国内大数据产业围绕数据要素的各个方面正在加速布局和创新发展。在政策方面，我国大数据战略进一步深化，激活数据要素潜能、加快数据要素市场化建设成为核心议题；在法律方面，从基本法律、行业行政法规到地方立法，我国数据法律体系架构初步搭建完成；在技术方面，大数据技术体系以提升效率、赋能业务、加强安全、促进流通为目标加速向周边拓展，已形成支撑数据要素发展的整套工具体系；在管理方面，数据资产管理实践加速落地，并正在从提升数据资产质量向数据资产价值运营加速升级；在流通方面，数据流通的基础制度与市场规则仍在起步探索阶段，但各界力量正在从新模式、新技术、新规则等多角度加速探索变革思路；在安全方面，随着监管力度和企业意识的强化，数据安全治理初见成效，数据安全的体系化建设逐步提升。在提升大数据技术赋能业务的基础之上，对于数据资源本身的管理和流通成为领域内新的重要话题。

在数据管理方面，随着数据资产管理方法论的不断成熟，借助海量的数据规模和丰富的商业场景，各行业在数据资产管理实践道路上逐步探索出了新的发展思路，为实现数据要素市场化奠定了良好的管理能力基础和数据资源基础。在工业和信息化部的指导下，中国电子信息行业联合会组织多家评估机构开展《数据管理能力成熟度评估模型》（GB/T 36073—2018）（以下简称 DCMM）的贯标评估工作，截至 2021 年 10 月，共计 8 个批次 164 家企业完成评估，覆盖了制造、电信、金融、IT 等行业。中国信息通信研究院在对参评企业的评估结果进行分析后发现，大部分企事业单位还处于持续推进数据管理制度体系建设的阶段。其中，约有 46%的参评单位处于二级，在部门层级建立了数据管理制度并搭建了特定的平台工具，但制度和平台工具尚未上升到整个组织层面；约有 40%的参评单位处于三级，在组织层面形成了数据战略意识，并开始构建完整的组织级数据管理体系；约 10%的参评单位达到了四级要求，在构建了组织层面的数据管理体系后，依据量化评估体系，不断优化完善现有的管理流程。

在数据流通方面，近年来，中央及各地政府相继出台政策鼓励数据流通，但数据区别于传统要素的诸多特性使得数据的市场化流通面临不小的挑战，各界力量正在积极探索数据流通困境的破局思路。借鉴传统要素市场化的发展经验，自 2014 年开始，全国各地开始建设数据交易机构，但是，经过 7 年多的探索，各机构的运营发展始终未达到预期效果。“数据要素市场化配置”提出后，各地继续将设立数据交易机构作为促进数据要素流通的主要抓手，再次掀起建设热潮。新一批交易机构分别在山东、山西、广西北部湾、北京和上海成立，深圳数据交易所、西部数据交易中心等 10 家数据交易机构陆续启动建设，并有越来越多的地方政府把建设数据交易机构写入数字经济或大数据发展规划中。除此之外，数据经纪人、数据信托、公共数据授权运营、数据合规评估等一系列数据流通领域的新模式、新思路、新业态也成为很多地方政府推进数据流通生态培育的重要发力点，相关机构和企业正在积极探索数据流通的新方向。

由于直接交付的数据流通模式下仍有大量数据价值未被挖掘，未能形成充分的数据资源流通需求，国内外相关机构开始探索数据委托运营的新型流通模式，于是，数据信托、公共数据授权运营等数据资源的委托运营模式开始成为数据流通模式探索的新方向。

6.3 关键技术

大数据技术的内涵伴随着传统信息技术和数据应用的发展不断演进，而大数据技术体系的核心始终面向海量数据的存储、计算、处理等基础技术。支撑数据存储计算的软件系统起源于 20 世纪 60 年代的数据库；70 年代出现的关系型数据库成为沿用至今的数据存储计算系统；80 年代末，专门面向数据分析决策的数据仓库理论被提出，成为接下来很长一段时间中发掘数据价值的主要工具和手段。2000 年前后，在互联网高速发展的时代背景下，数据量急剧增大、数据类型愈加复杂、数据处理速度需求不断提高，大数据时代全面到来。由此，面向非结构化数据的 NoSQL 数据库兴起，突破单机存储计算能力瓶颈的分布式存储计算架构成为主流，基于 Google“三驾马车”理论产生的 Apache Hadoop 成为大数据技术的代名词，大规模并行处理（Massively Parallel Processing，MPP）架构也在此时开始流行。2010 年前后，移动互联网时代的到来进一步推动了大数据的发展，对于实时交互性的进一步需求使得以 Storm、Flink 为代表的流处理框架应运而生，对于庞杂的不同类型的数据进行统一存储使用的需求催生了数据湖的概念。同时，随着云计算技术的深入应用，带来资源集约化和应用灵活性优势的云原生概念产生，大数据技术完成了从私有化部署到云上部署再向云原生的转变。数据平台技术演变情况如图 6.3 所示。

从 2021 年开始，随着各行业数字化转型的推进、数据安全事件的频发，大数据技术的发展重点也从单一注重效率提升，演变为“效率提升、赋能业务、加强安全、促进流通”四者并重。

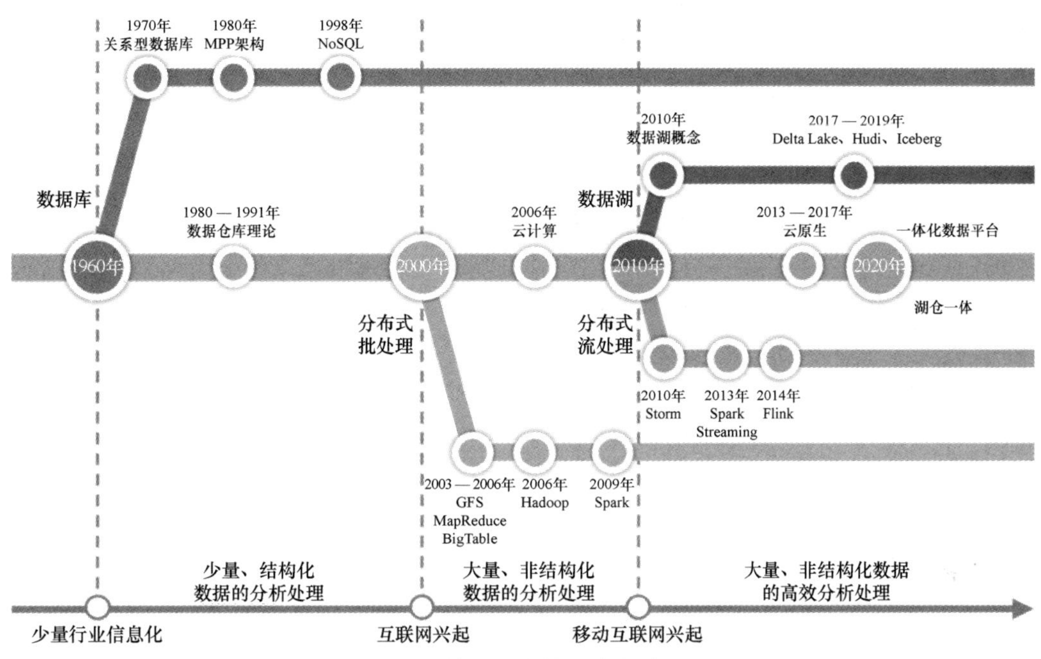

图6.3　数据平台技术演变情况

资料来源：中国信息通信研究院。

1. 效率提升：利用云原生思想进行能力升级

2006 年，云计算开始发展后，随着各单位上云进程的加速，传统大数据平台和数据库逐渐从私有部署转化为云上部署，但变化主要集中在部署模式的不同，并未充分利用云计算理论为大数据技术本身赋能。而随着云原生概念的兴起，大数据技术产品逐步迭代升级，云原生大数据技术产品开始成为产业变革的浪潮。2020 年 12 月—2021 年 10 月发布的云原生大数据技术产品如表 6.1 所示。

表 6.1　2020 年 12 月—2021 年 10 月发布的云原生大数据技术产品

时间	企业	产品
2020.12	阿里巴巴	云原生数据库 PolarDB
2020.12	腾讯	云原生数据库 TDSQL-C
2020.12	腾讯	云原生消息队列 TDMQ
2020.12	AWS	Amazon Aurora Serverless V2
2021.5.14	腾讯	云原生数据湖
2021.5	阿里巴巴	云原生数据仓库 AnalyticDB
2021.5.17	华为	云原生数据湖产品 FusionInsightMRS
2021.9.28	百度	云原生湖仓架构
2021.10.20	阿里巴巴	云原生湖仓一体产品 2.0

资料来源：中国信息通信研究院。

利用云原生，大数据技术产品从 3 个方面实现了效率提升：一是整体架构为实现弹性伸缩进一步解耦和改造，架构在以往存算分离的基础上，伴随调度、安全、解析等模块的进一步解耦，各模块与容器等底层资源单元适配，分别实现弹性扩缩容，从而实现资源利用率 30%～40%的提升；二是应用接口函数化，即利用 Serverless 的概念，让更多如统计、机器学习、流程处理等能力封装成函数接口，用户可根据实际业务需要，达到更细粒度的按需使用和按需付费，在提升 2～3 倍发布效率的同时，也有效降低了成本；三是支持多云部署，以 Snowflake 为代表的企业正尝试探索第三方云数据仓服务模式，即提升与各公有云的兼容能力，支持多云部署，方便客户在多云之间无缝迁移，从而解决客户被单一公有云绑定的问题。

2. 赋能业务：利用开发平台释放业务潜能

随着数字化转型的推进，各行业在完成数据基础设施建设后，为业务赋能的数据开发工作成为重点。传统数据开发工作大多通过直接调用种类繁多的大数据开源技术组件来进行，通常需要具备专业知识的技术人员来完成，业务人员很难快速上手，然而伴随业务对于数据开发的要求不断提高，不同部门间的高效协同成为完善数据开发工作、提高业务效率的关键。因此，数据开发工作逐渐从技术部门向各业务部门延伸，数据开发的门槛也亟须降低以使数据与各业务加速融合。

2021 年，头部科技企业纷纷投入力量，研发并推出数据开发平台用于解决数据开发门槛高的痛点，助力更多行业享受数字化转型的红利。典型产品包括阿里巴巴发布的 Data Studio，云徙发布的数据研发平台，腾讯发布的 WeData 及科杰发布的 Keen Studio 等。

数据开发平台是指利用低代码思想，通过抽象大数据开发过程中常用的技术和流程，屏蔽数据开发任务的技术细节及提供统一的集成开发界面来降低开发门槛。与此同时，数据开发平台将统一对各数据开发项目进行管理和资源整合，不仅可以提升数据开发流程的透明度和规范性，而且可以增强各组件在项目间的可复用性。根据统计[1]，数据开发平台能够将金融、零售、工业、医疗等不同场景下的开发组件复用率增至 85%，这将大大降低数据的开发成本。数据开发平台对数据开发工作的影响如图 6.4 所示。

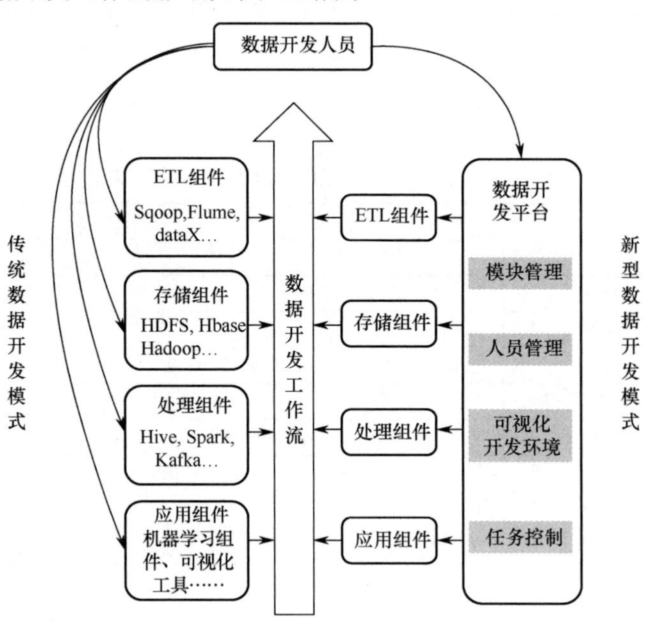

图6.4 数据开发平台对数据开发工作的影响

资料来源：中国信息通信研究院。

1 资料来源：中国信息通信研究院大数据产品能力评测结果。

3. 加强安全：利用“零信任”补足内生安全

随着物联网、5G、云计算的发展，数据生命周期涉及的节点数量变多、数据形式变新，信息泄露事件频发，传统安全防护的边界已被颠覆，各行业都需要延长针对数据各环节的防御纵深，并建立以数据为中心的新型安全防护体系。零信任理念旨在打破网络边界进行细颗粒度的访问控制，是目前针对数据安全体系的前沿探索。

零信任概念作为对传统网络边界保护方法的改进，背后的基本思想是在公司网络内、外部均不设置安全区域或可信用户，而是将企业内、外部的所有操作均视为不可信任。围绕零信任的概念、设计、实施，各界提出了多种解决方案，如轻量级零信任网络访问模型，所有网络访问均遵循最小资源原则，等等。

随着数据安全重要性的不断凸显，零信任概念也逐渐被引入数据安全技术体系中。2021 年，零信任解决方案厂商 Ericom Software 调研发现，超过 80%的企业计划在 1 年内向零信任安全架构迁移。此外，各技术厂家也陆续推出数据安全零信任体系，2020 年 12 月，Gartner 在综合评估了目前各厂家的零信任体系后发布报告[1]，推荐了部分优秀零信任解决方案，其中包括腾讯云与阿里云的零信任安全访问能力。企业数据安全技术体系如图 6.5 所示。

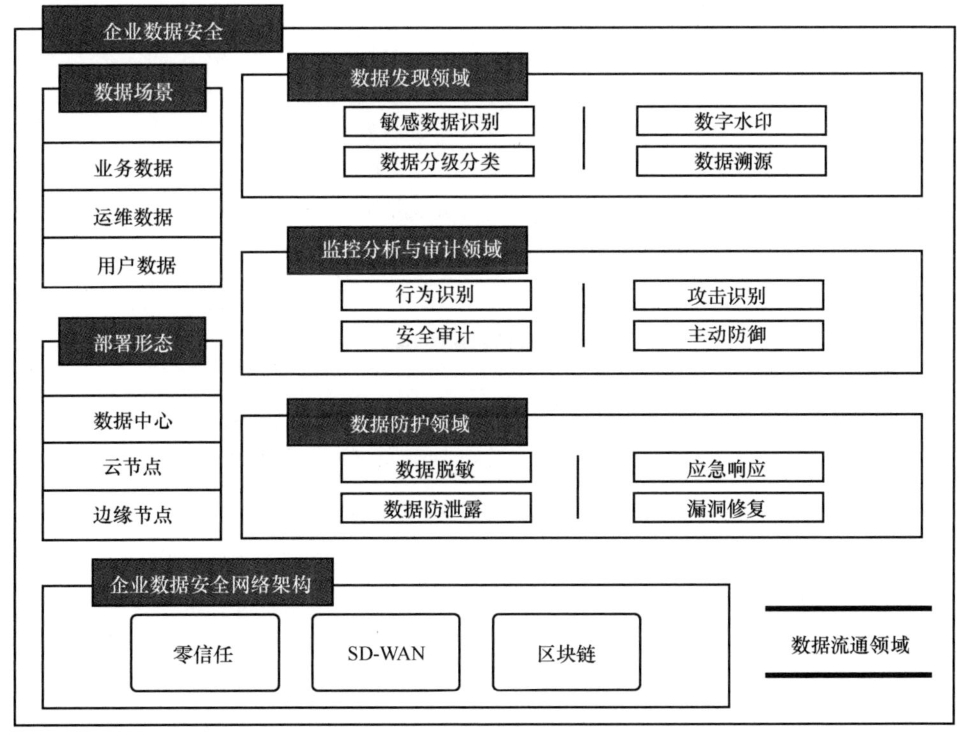

图6.5　企业数据安全技术体系

资料来源：中国信息通信研究院。

1 *SASE Will Improve Your Distributed Security Everywhere*，Gartner。

4. 促进流通：利用隐私计算保障数据流通

传统大数据技术对于数据在机构间的流通场景缺乏支撑，导致对外的数据融合应用与对内的数据安全保护总是难以兼顾。当侧重数据应用时，黑市交易猖獗、个人信息外泄的情况严重；而当侧重数据保护时，可流通的数据范围和数据对象受到限制，数据的价值难以发挥。近年来，隐私计算被认为是最有希望解决跨机构间数据有序流通问题的一类关键技术。Gartner 发布的 2022 年重要战略技术趋势中，继续将隐私计算列为未来几年科技发展的重要趋势之一。

从技术原理讲，隐私计算融合了密码学、人工智能、计算机工程等众多学科。从 20 世纪 70 年代发展至今，隐私计算已逐渐形成了以多方安全计算、联邦学习、可信执行环境为代表，混淆电路、秘密分享、不经意传输等作为底层密码学技术，同态加密、差分隐私等作为辅助技术的相对成熟的技术体系。隐私计算技术体系如图 6.6 所示。

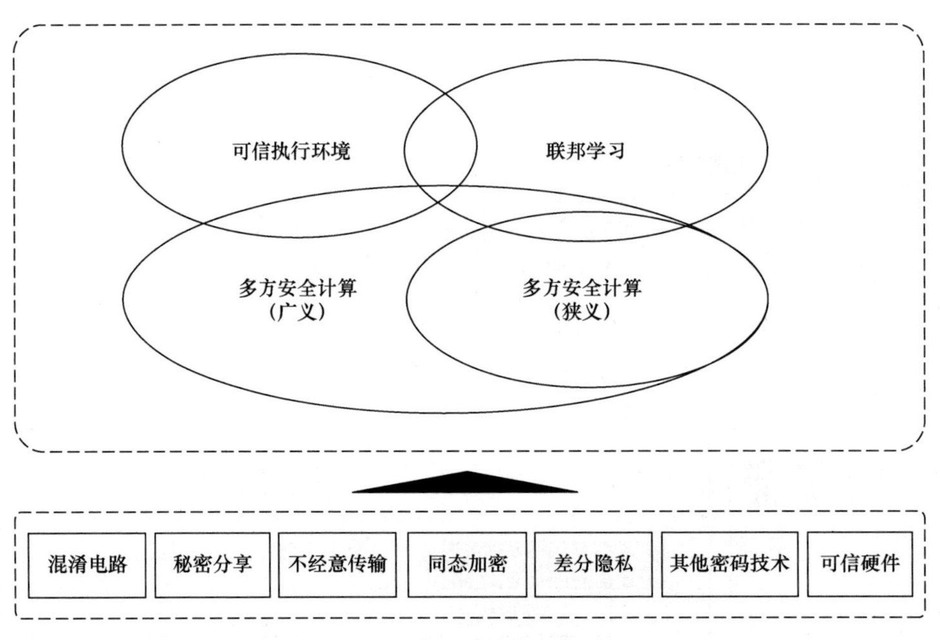

图6.6　隐私计算技术体系

资料来源：中国信息通信研究院。

2021 年，隐私计算正在迎来市场爆发期，在政府多部门发文鼓励使用隐私计算技术的背景之下，隐私计算的技术产品数量快速增长，在金融风控、互联网精准营销、智慧医疗、政务数据共享与开放等数据规模大、数据流通需求强烈的场景中孵化出典型应用，并在智慧能源、智慧城市、工业互联网等领域持续探索。行业火热发展的同时也应注意到，隐私计算技术本身尚未完全发展成熟，如何在强化安全的前提下不断优化产品性能、破除产品间的壁垒实现跨平台互联互通，将是进一步推广隐私计算应用的关键。国内隐私计算产品发展情况如图 6.7 所示。

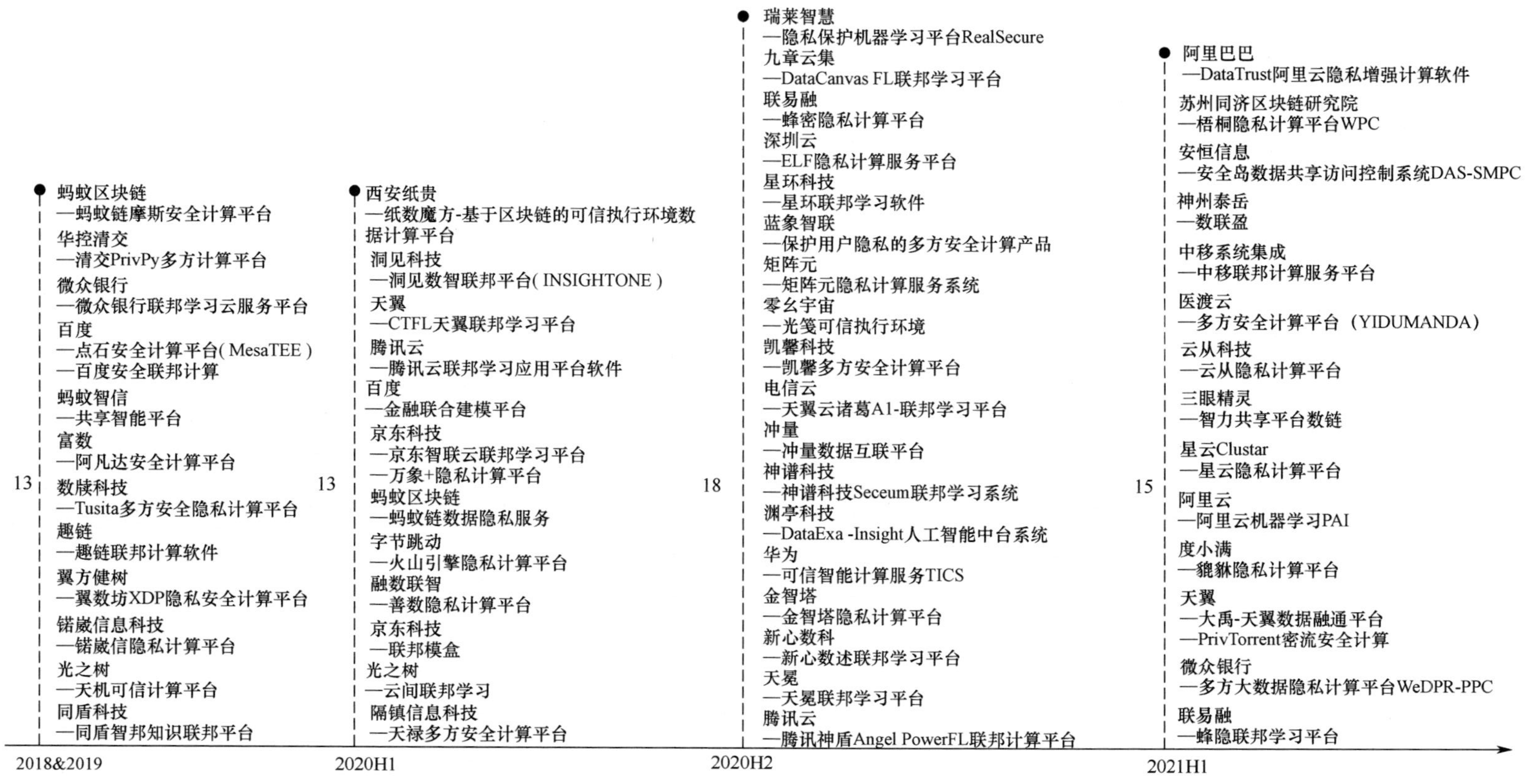

2018&2019（13）

蚂蚁区块链
—蚂蚁链摩斯安全计算平台
华控清交
—清交PrivPy多方计算平台
微众银行
—微众银行联邦学习云服务平台
百度
—点石安全计算平台(MesaTEE)
—百度安全联邦计算
蚂蚁智信
—共享智能平台
富数
—阿凡达安全计算平台
数牍科技
—Tusita多方安全隐私计算平台
趣链
—趣链联邦计算软件
翼方健树
—翼数坊XDP隐私安全计算平台
锘崴信息科技
—锘崴信隐私计算平台
光之树
—天机可信计算平台
同盾科技
—同盾智邦知识联邦平台

2020H1（13）

西安纸贵
—纸数魔方-基于区块链的可信执行环境数据计算平台
洞见科技
—洞见数智联邦平台(INSIGHTONE)
天翼
—CTFL天翼联邦学习平台
腾讯云
—腾讯云联邦学习应用平台软件
百度
—金融联合建模平台
京东科技
—京东智联云联邦学习平台
—万象+隐私计算平台
蚂蚁区块链
—蚂蚁链数据隐私服务
字节跳动
—火山引擎隐私计算平台
融数联智
—善数隐私计算平台
京东科技
—联邦模盒
光之树
—云间联邦学习
隔镇信息科技
—天禄多方安全计算平台

2020H2（18）

瑞莱智慧
—隐私保护机器学习平台RealSecure
九章云集
—DataCanvas FL联邦学习平台
联易融
—蜂密隐私计算平台
深圳云
—ELF隐私计算服务平台
星环科技
—星环联邦学习软件
蓝象智联
—保护用户隐私的多方安全计算产品
矩阵元
—矩阵元隐私计算服务系统
零幺宇宙
—光笺可信执行环境
凯馨科技
—凯馨多方安全计算平台
电信云
—天翼云诸葛A1-联邦学习平台
冲量
—冲量数据互联平台
神谱科技
—神谱科技Seceum联邦学习系统
渊亭科技
—DataExa -Insight人工智能中台系统
华为
—可信智能计算服务TICS
金智塔
—金智塔隐私计算平台
新心数科
—新心数述联邦学习平台
天冕
—天冕联邦学习平台
腾讯云
—腾讯神盾Angel PowerFL联邦计算平台

2021H1（15）

阿里巴巴
—DataTrust阿里云隐私增强计算软件
苏州同济区块链研究院
—梧桐隐私计算平台WPC
安恒信息
—安全岛数据共享访问控制系统DAS-SMPC
神州泰岳
—数联盈
中移系统集成
—中移联邦计算服务平台
医渡云
—多方安全计算平台（YIDUMANDA）
云从科技
—云从隐私计算平台
三眼精灵
—智力共享平台数链
星云Clustar
—星云隐私计算平台
阿里云
—阿里云机器学习PAI
度小满
—貔貅隐私计算平台
天翼
—大禹-天翼数据融通平台
—PrivTorrent密流安全计算
微众银行
—多方大数据隐私计算平台WeDPR-PPC
联易融
—蜂隐联邦学习平台

图6.7　国内隐私计算产品发展情况

资料来源：中国信息通信研究院。

6.4 行业应用及典型案例

近年来，我国大数据融合应用能力不断深化。大数据在工业领域的应用不断深入拓展，驱动网络化协同、个性化定制、智能化生产等新业态、新模式快速发展。互联网、金融等重点领域优秀大数据产品和解决方案加速涌现。而通信大数据在常态化疫情防控中继续发挥着重要作用。

1. 工业大数据

随着政策环境的铺垫和工业互联网基础设施的逐步完善，工业大数据迎来重大发展机遇。工业行业对大数据技术的认知和实践在几年间快速积累，技术基础设施和能力不断完善，工业大数据的关注焦点从建设工业大数据平台逐步转向数据应用解决方案；大数据在工业行业的应用场景从最初的生产监控到降本增效，逐步向支撑服务化转型探索。

即便制造业企业对工业数据传输时延、数据协同、数据分析、隐私和安全等指标的要求进一步升级，但是进行生产决策和优化的时候也面临数据无法追溯、多系统间数据无法互通等挑战，因此，很多工业大数据平台开始深入利用机器学习、深度学习和大数据分析等技术，与生产实时交互、沉淀数据资产、加速应用算法迭代，支撑工业制造场景中的精准分析、生产决策和工艺优化，已在家电产品异音检测、电机转子外观手眼协同视觉检测、生产车间智能作业感知等诸多场景有所应用。

2. 互联网大数据

互联网行业拥有的数据优势得天独厚。一方面，随着移动信息技术的不断进步，越来越多、种类各异的互联网应用迅速落地，使得互联网行业自身便可产生大规模、多维度、高价值的数据资源；另一方面，互联网为传输数据而生，在“互联网+”的新经济形态下，各行业产生的数据资源大多要借助互联网技术进行流通、共享与交互，互联网因此汇聚了大规模的数据，并极大地促进了数据要素的价值传导。

如今，互联网大数据已深入社会各行各业，在医疗、教育甚至农业种植等传统行业均有了重要应用。例如，在各地高校招生中已经开始应用互联网大数据对历届学生的考试成绩、报考情况等进行细化分析。

而基于互联网大数据的商业运作仍是其价值变现的重点。以精准营销为典型代表的互联网大数据应用正有力推动着企业升级思维、创新模式，以数据驱动重构商业形态。已往的营销主要依赖品牌推广，根据群体解析；而大数据分析挖掘通过用户数据分析、市场趋势解析、触达场景解析、营销推广产品评析，洞悉营销推广对象的诉求点，利用智能推荐技术，实现了真实意义上的人性化精准营销。同时，互联网大数据还实现了线下门店和线上营销渠道的结合，让传统意义的营销手段直接进入多屏时代。

3. 金融大数据

在全球数字化转型的热潮之中，金融行业一马当先。金融机构具有庞大的客户群体，企业级数据仓库存储了覆盖客户、账户、产品、交易等大量的结构化数据，以及海量的语音、图像、视频等非结构化数据。这些数据背后都蕴藏了诸如客户偏好、社会关系、消费习惯等丰富全面的信息资源，成为金融行业数据应用的重要基础。

随着金融业务与大数据技术的深度融合，数据价值不断被发现，有效地促进了业务效率的提升、金融风险的防范、金融机构商业模式的创新及金融科技模式下的市场监管。目前，金融大数据已在交易欺诈识别、精准营销、智能风控、黑产防范、信贷风险评估、供应链金融、股市行情预测等多领域的具体业务中得到广泛应用。以智能风控为例，据相关研究，近年来国内智能风控行业市场规模持续快速增长，2021 年市场规模超过 100 亿元，而到 2027 年，预计这一数字将增长为 327 亿元。

4. 通信大数据

新冠肺炎疫情暴发以来，社会和群众的生产生活都发生了翻天覆地的变化。从抗击疫情阻击战到疫情防控常态化，通信大数据在疫情监测分析、人员管控、医疗救治、复工复产等各个方面持续发挥着作用。

围绕着人员流动管控，各类健康码及通信大数据行程卡，为疫情防控中的高危人群识别、人员健康追踪等工作提供了强大支撑。其中，通信大数据行程卡的技术原理是分析手机“信令数据”，获取用户设备所在位置信息。信令数据的采集、传输和处理过程自动化，有严格的安全隐私保障机制，不与其他个人信息进行匹配，查询结果实时可得且数据全国通用。行程卡 App 2.0 版本还引入了低功耗蓝牙技术（BLE），为用户提供新冠肺炎密切接触者追踪提醒功能。截至 2021 年年底，累计查询量已超过 300 亿次。

6.5　发展挑战

“十三五”期间，国内大数据技术和产业取得了长足的发展，“十四五”期间我国将立足新发展阶段、贯彻新发展理念，进一步提升数字化发展水平，为数字经济发展提供持久的新动力，进而为构建现代化经济体系和新发展格局提供强大支撑。

利用好数据要素是驱动数字经济创新发展的重要抓手。站在“十四五”的开局之年，我们还需从进一步挖掘和释放数据价值、提升数据治理能力、促进数据充分流通等方面应对未来挑战。

一是数据要素的价值释放基础尚未筑牢。应提升政府和公共部门对数据的应用效能，促进公共服务的数字化和智能化发展；应以新一代数字化技术为依托，为数字经济的快速发展提供高质量的新型数字基础设施；要加速企业的数字化转型，用数字化、信息化手段重新塑造企业的竞争优势；要建立可信、高效的数据流通机制，实现端到端的数据流通全生命周期管理；要建立公允、规范的数据资产价值评估、计量机制，为数据价值的充分挖掘和释放打好坚实的基础。

二是大数据技术在数据价值挖掘中的效用发挥尚不充分。应提升大数据技术在不同场景、不同行业的适配能力，在保障数据合规性、保护数据安全的前提下促进数据价值的释放；要在保障平稳运行、满足业务需求的同时，控制整体成本，提升技术应用效率；应进一步提升大数据技术的智能化、自动化水平，有效支撑各种复杂业务场景下的即时、大规模决策；应发展去标识化、加密技术，平衡价值挖掘中的性能、合规性和业务可用性。

三是各行业数据治理制度体系尚未建立。应结合行业的实际，借鉴成熟的数据治理经验提升数据治理的专业性，以创新的管理经验助力数据价值的释放；要进一步推进平台工具建设，搭建数智化运营体系，改进企业业务决策、缩减成本、降低风险和提高安全合规性，提升数据的应用效能；需建立"用数据决策、用数据管理、用数据服务"的服务机制，提升政府公共管理能力和国家治理能力，促进国民经济社会的快速健康发展。

四是数据流通需求尚未充分激活。应鼓励地方先行先试，从地方立法入手逐步探索建立兼顾效率和公平的中国特色数据产权制度，完善符合产业需求的数据流通机制，为新技术手段和新流通模式的探索和发展提供良好的政策环境。发挥数据跨境流动试点作为特殊经济功能区先行先试的优势，探索构建与我国数字经济创新发展相适应、与我国数字经济国际地位相匹配的数字营商环境。

五是数据合规法律体系尚未成熟。在《网络安全法》《数据安全法》《个人信息保护法》三部法律框定的基础架构下，还应继续加快完善配套行政法规、部门规章和标准体系，完善数据合规框架和执法指引，为产业的发展提供更细粒度的合规指引与规则解析，促进产业实践与法律的良性互动发展。

撰稿：吕艾临、闫树、侯宁

审校：高丰

第 7 章　2021 年中国人工智能发展状况

7.1　发展环境

1. 人工智能产业政策环境持续优化

2021 年 3 月，我国发布了《中华人民共和国国民经济和社会发展第十四个五年规划和 2035 年远景目标纲要》，全文关于“智能”“智慧”的表述多达 57 处。以人工智能为代表的新一代信息技术，将成为我国“十四五”期间推动经济高质量发展、建设创新型国家，实现新型工业化、信息化、城镇化和农业现代化的重要技术保障和核心驱动力之一。之后，各地陆续推出人工智能方面的“十四五”规划。2021 年 7 月，上海市印发《上海市战略性新兴产业和先导产业发展“十四五”规划》，提出重点发展智能芯片、智能软件、自动驾驶、智能机器人，力争“十四五”期间人工智能产业规模年均增速达到 15%左右，一批独角兽企业加速成长，一批龙头企业持续落地，全产业链布局基本成形。2021 年 8 月，北京市印发《北京市“十四五”时期高精尖产业发展规划》，提出培育包含人工智能在内的 4 个千亿级产业集群，构筑全球人工智能创新策源地和产业发展高地。

人工智能创新应用先导区和工智能创新发展试验区等成为促进人工智能和实体经济深度融合的重要举措。工业和信息化部继 2019 年支持建设上海（浦东新区）、济南—青岛、深圳人工智能创新应用先导区之后，于 2021 年 2 月再次支持创建北京、天津（滨海新区）、杭州、广州、成都国家人工智能创新应用先导区。各先导区围绕自身技术优势、产业基础和资源禀赋，积极探索应用牵引的人工智能发展模式。近年来，科技部支持建设多个人工智能创新发展试验区，陆续批复北京、上海、天津、深圳、杭州等 17 个国家新一代人工智能创新发展试验区。

2. 人工智能治理工作稳步推进

在原则伦理层面，继 2019 年 6 月发布《新一代人工智能治理原则——发展负责任的人工智能》之后，国家新一代人工智能治理专业委员会又于 2021 年 9 月发布了《新一代人工智能伦理规范》，旨在将伦理道德融入人工智能全生命周期，积极引导全社会负责任地开展人工智能研发与应用活动。在法律进程方面，我国尚未从顶层设计的层面出台统一的法律法规，但是 2021 年 11 月正式实施的《个人信息保护法》，与《网络安全法》《数据安全法》共同形成了治理人工智能底层要素的法律体系。在地方层面，深圳市于 2021 年 7 月出台《深圳经济特区人工智能产业促进条例（草案）》，助力人工智能产业健康发展。

典型场景化治理加速推进，主要集中在自动驾驶、智慧医疗和人脸识别等领域。在自动驾驶方面，2021 年 5 月由国家互联网信息办公室会同有关部门起草了《汽车数据安全管理若干规定（征求意见稿）》，向社会公开征求意见。在智慧医疗方面，伦理原则逐步得到发展，监管层面注重规制医疗器械准入，我国于 2021 年 6 月发布了《人工智能医疗器械注册审查指导原则（征求意见稿）》，并推动人工智能医疗器械行业有序发展。在人脸识别方面，我国《个人信息保护法》针对包括人脸信息在内的敏感个人信息作出更严厉的限制，为规范处理人脸信息提出了具体要求；最高人民法院于 2021 年 8 月专门出台了人脸识别相关司法解释，重点针对经营场所、公共场所使用人脸识别技术作出规制。

产业界积极推动人工智能治理的落地与实践。2021 年 7 月，中国信息通信研究院联合京东探索研究院发布国内首部《可信人工智能白皮书》，提出了可信人工智能框架，从产业维度出发，围绕企业和行业的实践进行了深入剖析，在人工智能治理和产业实践之间搭建起了连接的桥梁。人民智库与旷视 AI 治理研究院第二次成立联合课题组，发布“2021 年度全球十大人工智能治理事件”，为业界理解人工智能治理提供参考，推动人工智能安全、可靠、可控、可持续发展。

7.2 发展现状

1. 人工智能产业规模平稳增长

随着人工智能技术在各垂直领域的加速渗透，人工智能产业规模不断增长。IDC 发布的数据显示，2022 年全球人工智能市场收入预计同比增长 19.6%，达到 4328 亿美元[1]，到 2023 年，市场总收入预计将超过 5000 亿美元。国内人工智能产业规模仍保持相对较高的增速，2021 年达到 4101 亿元[2]，同比增长 22.9%，相比于 2020 年 26.7%的增速有所下降，但总体上仍然保持相对较高的增长速度，具体情况如图 7.1 所示。

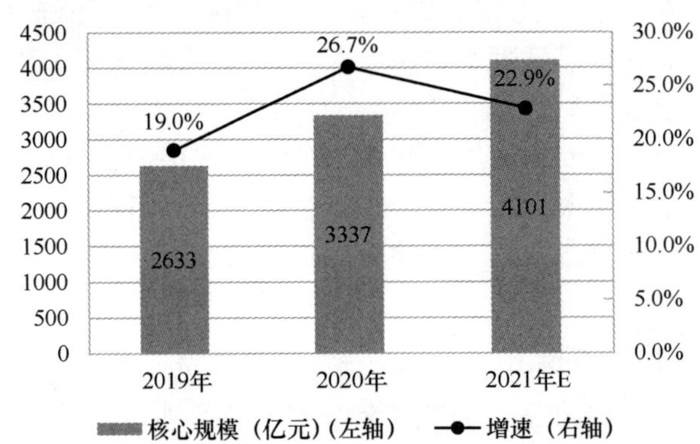

图7.1　2019—2021年中国人工智能核心产业规模及增速

资料来源：中国信息通信研究院。

1 资料来源：IDC 根据全球人工智能软件、硬件、服务市场收入统计，2022 年 2 月更新。

2 资料来源：中国信息通信研究院根据增加值口径测算。

2. 人工智能迈入新的发展阶段

人工智能的发展不再单纯聚焦技术创新，更加注重工程化实践和可信安全，正在形成技术创新、工程实践、安全可信“三维”发展新坐标，牵引人工智能技术产业迈向新的阶段。

追求特定场景下的技术创新一直是人工智能发展的目标和驱动力。以深度学习为代表的算法拉开了人工智能浪潮的序幕，在计算机视觉、智能语音、自然语言处理等领域广泛应用，相继超过人类识别水平。人工智能算力的多元化及算力的不断提升，有力地支撑了人工智能的发展。再到近期，超大规模预训练模型频繁涌现，不断刷新各个应用领域的榜单。未来，算法、算力等方面仍将持续变革，为迈向更加智能的时代奠定基础。

工程实践能力日益成为释放人工智能技术红利的重要支撑。在工程实践方面的努力，最早可追溯至 Caffe 等开源框架的诞生，通过屏蔽底层硬件细节，大幅降低了模型研发难度，有效地推动了人工智能技术的扩散。当前，人工智能与云计算、大数据等支撑技术的融合不断深入，围绕数据处理、模型训练、部署运营和安全监测等各环节的工具链不断丰富。人工智能研发管理体系日益完善，以 MLOps 为代表的自动运维技术受到越来越多的关注。随着工程实践能力的不断提升，“小作坊、项目制”的赋能方式正在成为历史，未来将会更加便捷、高效地实现人工智能落地应用和产品交付。

可信安全逐渐成为人工智能赋能过程中不可或缺的保障。可信人工智能最早由学术界提出，近年来围绕安全性、稳定性、可解释性、隐私保护、公平性等方面的可信人工智能研究持续升温。可信人工智能理念得到了国际组织的广泛关注，二十国集团（G20）在 2019 年 6 月提出的“G20 人工智能原则”中明确建议促进可信赖的人工智能创新发展。可信人工智能的理念逐步贯彻到人工智能的全生命周期之中，产业实践不断丰富，已经演变为落实人工智能治理相关要求的重要方法论。

从整体上看，我国新一代人工智能迈入“创新驱动、应用深化、规范发展”的新阶段。从人工智能自身产业化的角度来看，技术迭代升级是发展的重要动力，目前人工智能尚不完善，智能化路径还在加快探索，将有助于拓展新的发展空间。从人工智能赋能传统产业的角度来看，特别是新冠肺炎疫情暴发以来，数字化、智能化转型不断提速，推动人工智能应用迈入加速轨道，相关应用不断深化。从治理角度来看，技术和产业发展要领先于监管和制度，治理问题日益严峻，规范人工智能发展成为全球共同选择。这里面既有渐进的变化，也有结构性甚至方向性的调整，需要全面、系统地提升三维坐标方向的能力，从而推动人工智能持续、健康发展。

7.3　关键技术

1. 人工智能在追求极致创新方面不断突破

新算法层出不穷，技术融合成为重要趋势。超大规模预训练模型推动技术效果不断提升，继续朝着规模更大、模态更多的方向发展。华为、智源研究院、中国科学院、阿里巴巴等企业和研究机构相继推出超大规模预训练模型，包括盘古、悟道 2.0、紫东太初和 M6 等，不断刷新各榜单纪录。当前，跨模态预训练模型日益普遍，已经从早期只学习文本数据，到联合学习文本和图像，再到如今可以处理文本、图像、语音三种模态数据，未来使用更多种图像编码、更多种语言及更多类型数据的预训练模型将会涌现。

单点算力持续突破，新技术仍处于探索阶段。训练芯片创新加速，出现了摩尔线程、天数智芯、壁仞科技等一批专注 GPU 赛道的初创公司；训练芯片性能提升显著，寒武纪的思元 370、燧原科技的邃思 2.0 及百度的昆仑 2 等相对上一代产品均有 3~4 倍以上的算力提升。类脑芯片、存内计算、量子计算等依旧是重点探索方向。北京大学类脑智能芯片中心在 2021 年发布“超低功耗智能物联网芯片”等成果；新型人工智能芯片受到投资资金青睐，多家企业完成了亿元级 A 轮或 A+轮融资，包括专注神经拟态感存算一体芯片研发的九天睿芯、AI 视觉芯片研发公司爱芯科技等。

数据规模不断提升，领域知识集成为热点。数据服务进入深度定制化阶段，百度、阿里巴巴、京东等公司推出根据不同场景和需求进行数据定制的服务；企业需求的数据集从通用简单场景向个性化复杂场景过渡，如语音识别数据集从普通话向小语种、方言等场景发展，智能对话数据集从简答问答、控制等场景向应用场景、业务问答对等方向发展。各方积极探索建立高质量知识集，支撑未来知识驱动的人工智能应用发展。例如，阿里巴巴联合香港理工大学基于服装设计知识开发 FashionAI 知识集，加速了 AI 在服装设计产业落地应用。

2. 人工智能工具链成为工程实践能力核心

人工智能工程化涉及工具体系、开发流程、模型管理全生命流程的高效耦合。在工具体系层面，机器学习和深度学习等技术已相对较为完备，大幅降低了数据处理、模型开发和部署、运维管理等难度，Paddle、MindSpore、OneFlow 等国内开源框架正发挥越来越重要的作用。在开发流程层面，业界关注人工智能模型开发的生命流程，追求实现高效且标准化的持续生产、持续交付和持续部署，国内企业阿里巴巴、腾讯等纷纷布局 MLOps。在模型管理层面，随着企业智能化应用的逐步加深，模型种类和数量大幅增长，企业需要建设对模型生命周期的管理机制，对模型的版本历程、性能表现、属性、相关数据、衍生的模型档案等进行标准化的运维管理。

自动机器学习是提升工程化能力的重要技术。自动机器学习结合机器学习开发应用的全流程，主要包括自动数据预处理、自动特征工程、自动超参数搜索、自动模型网络结构设计、自动模型部署等内容。低代码开发、预训练模型等技术也与自动机器学习密切相关，并呈现融合发展的趋势。当前，头部互联网企业和创新企业已经开始积极布局自动机器学习技术，但受限于技术成熟度，自动机器学习的应用场景还停留在某些开发环节（如特征工程）或某些特定的技术领域（如计算机视觉/智能语音/自然语言处理等）。

云边端协同管理的技术需求逐渐凸显，人工智能上云进程不断加速。随着人工智能与各个行业的深度融合，人工智能边缘端和终端设备将得到越来越广泛的应用，同时开发者也将面临边端设备繁杂不易适配、运维管理难等问题。一方面，平台需要通过模型压缩、自适应模型生成等技术实现边端设备的模型适配和部署；另一方面，通过对编译优化、中间表示等的设计和配置，实现云边端设备的协同管理和运维。

3. 可信人工智能技术朝着一体化方向发展

随着社会各界对人工智能信任问题的不断关注，安全可信的人工智能技术已成为研究热点。研究焦点在于提升人工智能系统的稳定性、可解释性、隐私保护、公平性等，这些技术构成了可信人工智能的基础支撑能力。

人工智能系统稳定性技术逐步从数字域扩展到物理域。人工智能系统面临中毒攻击、对抗攻击、后门攻击等特有攻击，干扰的形式正在逐步从数字世界向物理世界蔓延。例如，通过打印对抗样本眼镜等能够直接对人脸识别系统造成物理层面的干扰，攻击者在路牌上粘贴对抗样本扰动图案，使得自动驾驶系统错误地将“停止”路牌识别为“限速”路牌等。围绕着人工智能系统的稳定性测试技术也成为关键，华为、百度等纷纷推出基于模糊理论的相关测试技术，致力于探索提高人工智能系统的稳定性。

人工智能可解释性增强技术仍处在初期阶段，多种路径持续探索。主要路径包括建立适当的可视化机制以尝试评估和解释模型的中间状态；通过影响函数来分析训练数据对于最终收敛的人工智能模型的影响；通过方法分析人工智能模型利用哪些数据特征作出预测；通过使用简单的可解释模型对复杂的黑盒模型进行局部近似来研究黑盒模型的可解释性等。

隐私计算技术助力人工智能数据安全、可信地进行协作。人工智能系统需要依赖大量数据，然而数据的流转过程及人工智能模型本身都有可能泄露敏感隐私数据。AI 结合隐私计算技术，可从数据源头确保原始数据真实可信。利用隐私计算技术，数据“可用不可见”，形成物理分散的多元数据的逻辑集中视图，可以保证 AI 模型有充足的、可信的数据可供利用。

提升人工智能公平性的关键在于从数据和技术两个方面入手。随着人工智能系统的广泛应用，其表现出了不公平决策行为及对部分群体的歧视。为了保障人工智能系统的决策公平性，从数据层面来看，主要通过构建完整异构数据集，将数据固有歧视和偏见最小化；对数据集进行周期性检查，保证数据的高质量。从技术层面来看，需要通过引入公平决策量化指标的算法，来减轻或消除决策偏差及潜在的歧视。

体系化推进人工智能可信安全技术将是重要趋势。当前相关研究多从稳定、隐私、公平等单一维度展开。已有研究工作表明，稳定性、公平性、可解释性等不同要求之间存在相互协同或相互制约的关系，若仅考虑某一个方面的要求则可能会造成其他要求的冲突。如何构建系统的研究框架，从而保持不同特征要素之间的最优动态平衡成为关键。

7.4　行业应用及典型案例

1. 人工智能在多个行业的应用持续深入

人工智能是推动行业智能化转型的核心动力，各个行业也在积极拥抱人工智能。从具体行业应用来看，互联网、金融等行业信息化水平高、人才储备充分、场景化需求强烈，全面引领人工智能应用发展。近年来，在医疗、制造、科学研究等领域体现出较高潜在赋能价值。

人工智能已融入金融业务多个场景。应用细分场景包括金融智能客服、智能风控、反欺诈等。未来，人工智能技术将与金融业务更加紧密地结合，在符合当前人工智能治理的要求下，提供更加安全、便捷的金融服务。

人工智能在医疗应用处在爆发前期。目前，人工智能在医疗领域的应用方向可划分为药物研发、基因组学、医学影像、智能医院和医疗仪器等。2020 年，国内实现医疗人工智能产品三类医疗器械注册证零的突破，截至 2021 年 8 月底，共有 28 款产品获批，医疗 AI 已走向了市场验证阶段。

人工智能制造领域应用将快速增长。人工智能在制造业的应用场景主要分为两类：一类是生产制造环节，用于提高产品质量和生产效率，如使用计算机视觉进行缺陷检测等；另一类是在供应链环节，如通过销量的预测来优化采购等。根据德勤发布的研究报告，我国制造业人工智能应用市场预计未来 5 年将保持年均 40%以上的增长率，并在 2025 年超过 140 亿元。

人工智能成为政府数字化转型的核心支撑。AI 政务在地方政府的数字化转型浪潮中日渐深入，随着城市大脑、云计算的普及，部门数据壁垒的逐渐破除，将推动多源非结构化数据的决策支持系统演进，助力政府决策的智能化。

人工智能为科学研究提供新方法。近年来，人工智能对海量数据的分析能力让研究者不再局限于常规的“推导定理式”研究，而是可以基于高维数据发现相关信息，推动研究进程。中美研究团队使用 AI 的方法，在保证“从头计算”（ab initio）高精度的同时，将分子动力学极限提升了数个量级，比过去同类工作计算空间尺度增大 100 倍，计算速度提高 1000 倍，也因此获得了 ACM 戈登贝尔奖。未来，人工智能有望在力学、化学、材料、生物乃至工程领域解决实际问题方面发挥更大作用。

2. 新技术的产业化应用仍处在探索期

大规模预训练模型产业化应用不断增多，但仍面临成本高、存在安全风险等挑战。随着超大规模预训练模型日益成熟，业界开始探索其产业化应用，目前主要有两种模式：一是通过 API 按时按次收费的方式对外开放能力。二是通过工具产品和解决方案打包对外提供服务。当前，大规模预训练模型一方面存在训练成本高、工程实现难等挑战，另一方面面临推理能力弱和安全风险等问题，如 GPT-3 无法回答“太阳有几只眼睛？”，也不时暴露出泄露隐私、存在偏见等风险，这些都是未来产业化落地过程中需要克服的挑战。

“生成式人工智能”技术引领内容产业加快向智能化方向发展。目前，“生成式人工智能”技术被广泛应用于智能写作、代码生成、有声阅读、新闻播报、语音导航、影像修复、人机交互等领域，通过机器自动合成文本、语音、图像、视频等，推动数字内容生产从劳动密集型向科技密集型转变，打造数字内容生成新范式。例如，京东通过文本生成技术基于关键词生成京东商城“发现好货”频道中商品的摘要，是人工创作内容曝光点击率的 1.4 倍；央视、新华社、光明网等均推出了数字人主播，支持从音频/文本内容一键生成视频，能够实现节目内容快速、自动化生产，数字人主播已在全国两会、春节晚会等大型报道、节目中应用。

基于知识的人工智能应用已经在多个行业探索落地。学术界和产业界都已经开始推出基于知识的人工智能应用平台或解决方案。例如，清华大学、浙江大学、华为云、智源研究院、百度、竹间智能、国双等推出的知识计算引擎、知识中台、知识工程平台、知识智能平台等解决方案。服务模式包括面向知识密集型行业共性需求提供知识学习、计算、推理等知识应用接口，以及针对企业核心业务提供定制化知识应用全生命周期解决方案。目前，基于知识的应用已经在多个行业探索落地，如华为云知识计算解决方案在油气勘探、智能配煤、汽车维修等场景应用，在油气层识别场景下可缩短 70%以上的时间，识别准确率接近专家水平。

7.5　发展挑战

我国人工智能技术和产业已经取得了长足的发展，我们相信未来人工智能技术创新将进一步加快，产业规模持续扩大，将涌现出一批发展潜力大的优质企业和产业集群，成为引领经济高质量发展的重要引擎。但我国在基础技术生态方面仍然存在薄弱环节，在产业化过程中还存在数据和人才等方面的不足。此外，人工智能技术不断演进、系统应用不断增多，必将持续冲击现有规范体系及伦理与社会秩序，人工智能治理工作也需要进一步加强。我国人工智能技术和产业发展所面临的挑战主要包括以下 3 个方面。

一是人工智能关键核心技术及生态仍需要培育。经过过去几年的努力，我国企业在人工智能芯片领域取得了显著进展，特别是涌现出一批训练用芯片产品，芯片性能大幅提升；在深度学习和开源框架领域，PaddlePaddle、MindSpore、OneFlow 等的活跃人数不断增多、影响力持续提升，开始了商业化探索。但总的来看，整个人工智能底层技术性能、易用性、工程化能力及生态体系方面，相比于国际领先水平还存在一定差距。

二是人工智能深入赋能面临数据和人才不足双重挑战。在数据方面，当前面向行业应用的高质量公共人工智能数据集仍然十分欠缺，不利于相关技术的演进和发展，难以支撑人工智能技术深入赋能行业。在人才方面，当前产业发展重心已经开始从“人工智能+”向“+人工智能”转变，传统行业数字化、智能化转型的需求不断提升，但既懂人工智能技术又懂行业应用逻辑的人才十分稀缺。

三是场景化的人工智能治理还有待进一步深化。人工智能治理是一项系统性工程，虽然目前已经形成了可信人工智能等体系化方法论，但人工智能在纷繁复杂、各具特点的场景下表现出不同的风险，同时又牵涉政府、行业组织、企业、社会公众等多类主体，不同的利益相互交织，使得不同场景需要具体考虑。未来，仍需要各界共同努力，针对典型场景，探索人工智能治理范式和实践路径。

撰稿：刘硕、安政、邹皓
审校：袁野

第 8 章　2021 年中国物联网发展状况

8.1　发展环境

1. 新一轮政策布局助推物联网全面发展

面向“十四五”加快数字化发展、建设数字中国新要求，我国持续完善物联网政策体系，大力推动物联网全面发展。2021 年 9 月，工业和信息化部等八部门联合印发的《物联网新型基础设施三年行动计划（2021—2023 年）》，进一步强调了物联网已成为新型基础设施的重要组成部分，提出了“打造支持固移融合、宽窄结合的物联网接入能力，加速推进全面感知、泛在连接、安全可信的物联网新型基础设施建设，加快技术创新，壮大产业生态，深化重点领域应用，推动物联网全面发展”的发展路线。2021 年 11 月，工业和信息化部发布《“十四五”信息通信行业发展规划》，对“推动移动物联网全面发展”作出任务安排，规划了优化移动物联网网络覆盖、加快移动物联网平台建设、拓展移动物联网应用、建立移动物联网发展监测指标体系和监测机制等一系列重点工程。2021 年 12 月，国务院出台《“十四五”数字经济发展规划》，将物联网列为优化升级数字基础设施的重点工作之一，明确要“提高物联网在工业制造、农业生产、公共服务、应急管理等领域的覆盖水平，增强固移融合、宽窄结合的物联接入能力”。随后，中央网信办发布了《“十四五”信息化发展规划》，将“建设物联数通的新型感知基础设施”列为重大任务，提出“推动将行业物联网纳入公共基础设施建设规划”“统筹建设物联、数联、智联三位一体新型城域物联专网”等重点工作。同时，各地陆续出台信息化、数字经济、新型基础设施、智慧城市等“十四五”专项规划，接力“十三五”进一步拓展物联网应用、布局物联网产业。

2. 物联网产业在疫情挑战中稳步发展

物联网标准工作取得新突破。更加聚焦物联网技术应用的 5G Rel-17 标准制定工作圆满完成，Rel-17 在 Rel-16 的基础上，进一步增强了网络和业务能力，可以满足新型轻量级终端低成本、低功耗、中等数据速率的物联需求，进一步拓展了工厂传感器、视频监控、可穿戴设备等应用场景。**物联网产业与设施基础日益扎实。**物联网产业不断完善，NB-IoT、LTE-Cat.1 等蜂窝物联网通信芯片、模组国产化能力不断提高，中低端传感器实现自给自足。高中低速协同、固移融合的“5G+LTE-Cat.1+NB-IoT+光纤网络”的物联网体系实现规模部署，可以满足千行百业物联网应用多样化需求。新冠肺炎疫情倒逼物联网产业创新发展，当前全球疫情仍处于大流行阶段，病毒传播能力更强、传播速度更快，从供给及需求两端压缩物联网产业发展空间，全球“缺芯”的局面进一步加剧，给我国物联网产业带来巨大冲击，但同时也促进了我国物联网企业技术和设计方式创新，并加速洗牌全球市场，为我国物联网芯片、模组、设备等产业环节做大做强带来了新机遇、拓展了发展空间。**多技术融合发展激发物联网发展潜力**。基础电信运营商、华为、新华三、阿里巴巴等企业积极推进边缘云及相关软件平台建设，全国多个地区谋划布局城市边缘计算设施，传统物联网的“云+端”架构正重塑为“云+边+端”分布式架构，将进一步满足车联网、工业互联网等领域发展需求，进一步拓展实时性、隐私性及轻量级应用等智慧应用场景。“人工智能+物联网”融合发展（AIoT）成为物联网未来发展的重要方向，语义理解、机器翻译、语音识别、机器学习、深度学习等人工智能技术开始深入应用在智能家居、智慧物流、智慧安防、智能网联汽车、智能质检等物联网领域，未来发展空间广阔。“区块链+物联网”融合应用具备安全可靠、可追溯等特点，在工业、农业、交通、物流、城市管理等诸多领域应用潜力巨大，正成为国内外物联网企业布局焦点。

3. 数字化转型共识驱动物联网应用需求全面迸发

新冠肺炎疫情进一步助推物联网应用纵深拓展。近年来，数字化转型逐步成为全社会共识，尤其在新冠肺炎疫情的影响下，人们的工作、生产、生活、学习已与数字技术及相关应用密不可分。当前，疫情严峻复杂、反弹反复，停产、停市、停运、停学等情况时有发生，给人民生活、企业发展、社会治理都带来了更大挑战，数字化战“疫”进一步凝聚数字化转型共识，同时也激发了各领域物联网技术深度应用需求，根据 *IoT Signals Edition 3*，2021 年 90%的受访公司已经应用了物联网，66%的受访公司计划在未来几年实施更多物联网项目，44%的受访公司因新冠肺炎疫情而希望增加物联网投资，以提高竞争优势。**数据要素价值化需要驱动物联网新一轮发展**。当前，培育数据要素市场，促进数据要素价值化成为“十四五”期间国家和地方政府的重点工作之一，物联网作为感知和识别物理世界、实现关键要素数字化的重要基础，千行百业应用需求正面临全面迸发。在智慧城市物联网方面，各地纷纷谋划加强物联网统筹建设，搭建城市级物联网平台，构建城市感知体系，夯实物联、数联、智联三位一体数字底座。水利、生态环境、交通、市政等行业领域加快健全完善实时动态监测感知体系，完善监测平台，推动数据跨领域、跨部门互通共享。在产业物联网方面，应用活力不断释放，智慧车间、数字工厂、5G 全连接工厂、黑灯工厂、农业物联网示范基地、电力物联网、智慧物流等加快推进建设，发展需求日益旺盛。在消费物联网方面，随着国内人均可支配收入持续提升，对精神享受消费需求更高，驱动可穿戴设备、智能家居等消费电子快速发展。IDC 发布的数据显示，2021 年中国可穿戴设备和智能家居设备市场出货量相比上年分别增长了 25.4%和 9.2%，预计 2022 年将继续保持快速发展，市场出货量将分别增长 17.1%和 18.5%。

8.2 发展现状

1. 物联网产业平稳健康发展，市场发展前景广阔

我国物联网产业规模保持平稳健康发展，已基本形成覆盖智能感知、信息传输处理、应

用服务的完整产业链，且产业规模不断扩大。2015—2020 年我国物联网产业规模及增长率如图 8.1 所示。前瞻产业研究院测算，2021 年我国物联网产业规模超过 2.6 万亿元。IDC 测算，2021 年我国物联网支出超过 1800 亿美元，预计到 2025 年我国物联网支出规模将超过 3000 亿美元。在政策支持和需求端应用市场的推动下，我国物联网连接数保持高速增长，根据 GSMA 预测，到 2025 年我国物联网连接数将达到 80.1 亿个。我国蜂窝物联网用户规模持续快速增长，我国 3 家基础电信企业发展蜂窝物联网用户已从 2016 年的 0.96 亿户，增长到 2021 年年底的 13.99 亿户[1]，年复合增长率达 71.0%（见图 8.2），其中应用于智慧公共事业、智能制造、智慧交通的终端用户占比分别达 22.4%、18.1%、15.6%。我国物联网 IPv6 升级改造取得初步成果，根据中央网信办监测数据，截至 2021 年年底，物联网 IPv6 连接数达 1.4 亿个。

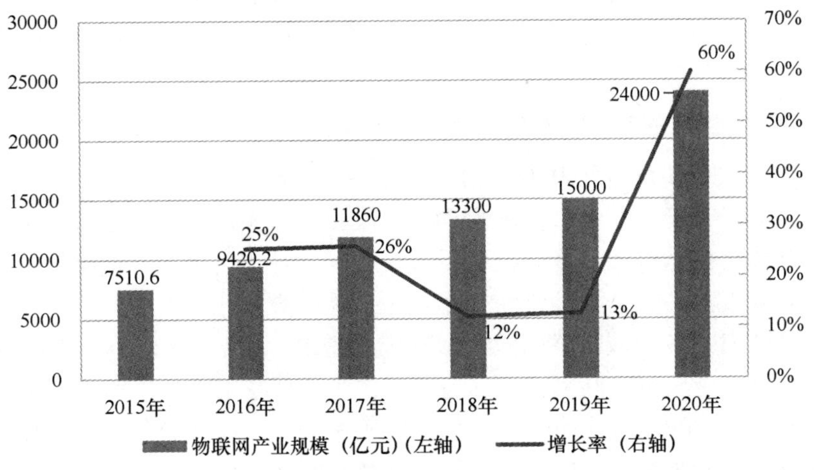

图8.1 2015—2020年我国物联网产业规模及增长率

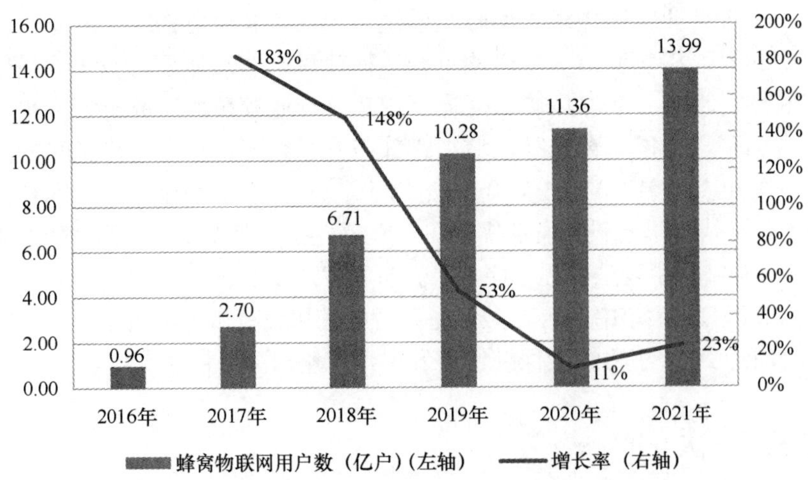

图8.2 2016—2021年我国蜂窝物联网用户数及增长率

1 资料来源：《2021 年通信业统计公报》，工业和信息化部。

2. 智能化促进物联网价值凸显，AIoT 产业规模高速增长

随着人工智能等技术与物联网的融合，智能物联网融合赋能实体经济，使智能物联网整体市场享有十万亿级市场空间。艾瑞咨询数据显示，2021 年中国 AIoT 整体市场规模达 6548 亿元，预计 2022 年将达到 7509 亿元。当前，AIoT 规模化应用主要集中在政策驱动和消费驱动应用市场。在政策的鼓励和支持下，AIoT 已在以智慧表计为代表的公共事业领域规模化落地，在路灯、安防等领域，AIoT 也在快速渗透。随着 AIoT 技术的成熟，智能门锁、智能小家电、智能灯等智能家居设备规模化应用，据 IDC 数据显示，2021 年中国智能家居设备市场出货量超过 2.2 亿台，预计到 2025 年中国智能家居设备市场出货量将接近 5.4 亿台，全屋智能化解决方案的推广将成为市场增长的重要动力之一。各地相继推出了支持智能网联化汽车应用发展的政策和措施，推动车联网应用规模化落地。另外，随着物联网联网数据的指数级增加，以服务为核心、以业务为导向的新型智能化应用将获得更多发展。据 GSMA 预测，到 2025 年物联网上层的平台、应用和服务带来的收入占比将高达物联网收入的 67%，成为价值增速最快的环节。

3. 领军企业构建生态合作圈，中小企业聚焦细分领域

近年来，各行业巨头从技术、平台及应用服务等层面积极布局，同时还通过构建生态合作圈，打造多样化物联网生态体系，实现共创共生共融。电信运营商充分发挥在网络方面的优势，大力发展物联网业务。中国电信全面整合自身的云、网和生态等优势资源，打造了智能物联网开放平台 CTWing，构建连接管理、应用使能和垂直服务三大板块，提供安全可信的端到端服务。中国联通围绕“物联网平台+”生态战略，着力构建平台能力、连接服务、物联网解决方案，打造以物联网平台为核心、覆盖物联网产业链“云管端芯”的生态系统。中国移动开发了专门面向物联网应用的操作系统 OneOS，联合上下游合作伙伴，通过软硬件协调，共同打造安全、可靠且高效的物联网应用生态。腾讯、百度、阿里巴巴等互联网公司也积极布局物联网领域。腾讯云物联网腾讯连连，面向消费和产业两大物联网赛道，提供包括云、端、应用一体化服务和“一站式”AIoT 能力，助力产业数字化升级。百度开发了智能云天工物联网平台，提供通用的物联网设备连接、设备管理、IoT 边缘及数据流转能力，赋能产业应用。阿里云 IoT 构建了云计算、大数据、人工智能、云端一体化、安全的物联网基础平台和内容服务能力平台。通信设备商华为提供从通信芯片（Boudica）、物联网生态系统（Harmony OS）到物联网平台（OceanConnect IoT）及生态建设的一系列解决方案，新华三开发了应用使能平台新华三绿洲物联网平台，小米开发了面向智能家居、智能家电、健康可穿戴、出行车载等消费类智能硬件领域的开放合作平台小米 IoT 平台，助力物联网产业发展。小匠物联、云智易、广云物联、机智云等物联网厂商为企业提供物联网软硬件开发服务，助力企业快速接入物联网。另外，在智慧工业、智慧交通、智慧城市、智慧物流、智慧能源等垂直领域，中小企业积极推出一批聚焦应用的综合解决方案和个性化服务。

8.3　关键技术

1. 传感器技术

物联网通过传感器对物理世界与数字世界进行关联，实现物与物、物与人的泛在连接和

对物品与过程的智能化感知、识别和管理，目前已经在智能制造、智慧家居、智慧城市、智慧交通出行等众多领域广泛应用。其中，MEMS 传感器具备高性价比、高灵敏度和可扩展性能等优势，正在工业物联网生产数据跟踪、机械监控等方面发挥不可或缺的重要作用。2021 年 7 月，美新半导体在绍兴建设 MEMS 磁传感器生产线及加速度传感器工艺开发实验线，该生产线预计年产 6 亿颗 MEMS 芯片。在基础研究方面，清华大学、中国科学院、南京工业大学等在单体电池传感器无接触电阻式柔性大应变传感器、等离子体压力传感器、泡沫式柔性应变传感器等方面取得了重要进展。

2. 通信技术

物联网通信技术包括 NB-IoT、LTE-Cat.1、5G、LoRa 等广域通信技术，以及 WiFi、蓝牙、ZigBee 等多种短距离通信技术。在 NB-IoT 技术方面，Counterpoint IoT 的最新数据显示，全球物联网蜂窝连接数将在 2025 年突破 50 亿大关，其中 NB-IoT 的贡献比将接近一半，其在水/电/气/热表、应急/消防/烟感、智能门锁、防盗/定位、环境监测和智慧农业中将有巨大的市场前景。LTE-Cat.1 技术性能不断提升，落地的场景越来越丰富，尤其是随着 Cat.1 bis 技术落地到芯片和模组平台，全新的 Cat.1 技术真正焕发活力，成为颠覆市场格局的一匹“黑马”，蚕食共享经济、手表手环、云喇叭、公网、POS 机、定位器等市场。在 5G 技术方面，2021 年 7 月紫光展锐联合中国联通实现全球首个 5G R16 Ready，成功完成了全球首个基于 3GPP R16 标准的 eMBB+uRLLC+IIoT（增强移动宽带+超高可靠超低时延通信+工业物联网）的端到端业务验证，这是 5G R16 标准迈向商用的重要里程碑。在 LoRa 技术方面，LoRaWAN 标准在 2021 年 12 月被国际电联（ITU）正式认可为全球物联网标准，这将会是 LoRa 发展进程中重要的里程碑。

3. 物联网操作系统技术

物联网操作系统主要由操作系统内核、外围功能组件、物联网协同框架、通用智能引擎和集成开发环境等几大子系统组成。操作系统内核是计算机操作系统的最内部部分，用于实现线程管理、任务管理、内存管理等核心功能，其中宏内核和微内核是操作系统内核的两大分支，宏内核能够实现操作系统的所有功能，是在相同的地址空间中实现用户服务和内核服务；微内核在内核空间只保留了最基本的进程间通信、内存管理、调度功能，是在不同的地址空间中实现用户服务和内核服务，通过尺寸伸缩可以做到极小体积，其他功能可以通过拓展实现。外围功能组件包括文件系统、图形界面、网络接入等，在 PC 端，外围功能组件往往会整合进内核，但是在物联网场景，根据不同场景的功能和功耗需求一般会进行裁剪，外围功能组件与操作系统内核一起提供基本的网络连接功能；协同框架则实现设备交互与协同，往往由多个面向设备、云、手机的不同组件组成；未来物联网操作系统将向以下几个方面发展，一是微内核多终端操作系统（鸿蒙、Fuchsia）实现跨终端无缝协同体验，有望持续带动软件应用生态丰富和芯片格局集中。例如，谷歌的下一代物联网操作系统 Fuchsia 架构，能够适用于 PC、手机、物联网终端的各种物联网设备，采用 Zircon 微内核，使用 Flutter 作为开发框架，能够实现高度的模块化和可伸缩性，能够通过上层模块兼容安卓应用。二是端、边、云多层次操作系统协作，提升资源配置和调度效率。三是 PaaS 云平台持续向不同物品、应用场景延伸，加强网络效应。四是 AIoT 平台方通过整合供应链、渠道、技术，向消费者提供横跨不同场景的统一交互方式的完整体验。

4. 物联网平台技术

物联网平台在物联网体系结构中处于关键地位，根据功能可以将物联网平台分为连接管理平台、设备管理平台、应用使能平台和业务分析平台 4 个部分。其中，设备管理基本由通信模组、通信设备提供商主导，网络管理平台由电信设备商、运营商主导。当前领军企业纷纷构建开放的物联网平台，并将重要组件开源，持续提升开放性以更好地聚合产业合作伙伴和开发者资源，向各行各业赋能；水平化通用平台通过合作伙伴生态深化重点垂直领域应用；垂直行业巨头与互联网企业通过战略合作加强平台互联互通，完善平台服务功能，共享行业资源，提升行业竞争力。在物联网平台建设中，物联网低代码平台以部署快、灵活性高、节省项目成本、可二次开发等特点，成为近两年来物联网服务的新生力军，AIRIoT 作为低代码快速搭建物联网系统的平台型产品的代表，是私有化部署的技术底座型工具平台，能够赋能物联网项目服务商、集成商，以及统一平台管理的 IoT 设备厂商，具有低成本、高效率、易操作、可扩展的特点，兼容 90%以上的物联设备接入，已广泛应用于智慧油田、智慧能源、设备管理、数字化工厂等行业领域。

5. 物联网安全技术

物联网网络安全的威胁已经超越信息安全本身，直接关系到人们的财产、人身安全甚至国家基础设施和社会服务的安全。为了保障物联网安全，国家和行业对关键联网设施、设备安全、数据安全和个人隐私保护日益重视，逐步出台了安全相关的法律法规和标准规范，以保障物联网安全。物联网安全涉及关键数据、隐私数据、关键操作的安全保护，传输数据的防窃取、防篡改，云端用户数据和根密钥的保护，以及设备身份的合法性认证，等等。物联网安全防护主流技术以密码算法为基础，结合不同的安全硬件和软件对设备、通信和云端进行安全防护，常见的有以下几种：一是物联网设备端和云端均采用软加密算法，敏感数据、隐私数据和根密钥等信息被加密存储在通用存储器中；二是物联网设备端和云端采用软件沙箱、可信执行环境（TEE）等安全技术，再结合密码算法进行数据保护、关键操作的控制、端云身份的认证和数据的加密传输等；三是物联网设备端和云端分别集成安全芯片和安全加密机/卡等安全硬件，保障设备端和云端的数据、控制、传输的安全和身份的合法性校验。随着技术发展，近年来出现了集成硬件安全特性的通用 MCU 产品，可直接替代现有的物联网设备主控芯片，同时提供类似于安全芯片的硬件安全特性。

8.4　行业应用及典型案例

家居全场景联动的物联网应用打造深度智能生活服务。物联网应用使智能家居不再局限于某一设备的单品智能，而是将各类设备连接起来，实现系统智能、全屋智能乃至室内外全场景联动，提供主动、深度的智能生活体验。京东、小米等 ICT 头部企业、TCL 等家电设备制造龙头企业凭借自身的技术能力和生态汇聚优势，与房地产商、家装零售企业开展跨界合作，面向老年人、儿童、上班族及特殊群体打造千人千面的智能生活解决方案，提供包括智能门锁、智能开关、智能窗帘、智能音箱、智能床垫等涵盖居家生活全场景的智能产品，并通过 AIoT+SaaS 数字化运营服务平台为住户提供家政维修、物业服务、打车服务等定制化智能生活服务。京东云打造的“京鱼座”全屋智能解决方案已经服务 2600 万个家庭，接入 4000 多种智能家居产品，通过京东物联网平台与 1000 多家行业企业合作。物联网与人工智能、大数据等技术在生活领域融合创新，催生出一批深耕智能家居领域的科创企业，欧瑞博公司开发出具有自主知识产权、支持跨品类互联互通的全屋智能操作系统 HomeAI，以及带屏智能语音开关 Mixpad、智能无主灯等百余款 AIoT 产品，满足了多元化智慧生活的需求。特别是在新冠肺炎疫情常态化的背景下，物联网技术成为社区管理、居家隔离的智能化手段，基于 5G、NB-IoT 等技术的智能门磁、电子封条、红外热成像门禁等产品被广泛应用于社区防疫抗疫前线。

物联网应用带动产业数字化转型升级进入新阶段。物联网技术快速向一、二、三产业渗透，并贯穿产业全流程、全环节。在制造业领域，针对企业普遍面临的设备和人员效率低、能效管理水平低、数据应用不足等痛点和难点，ICT 企业和制造业企业合作打造出一批智能车间、智能产线、无人工厂等智能制造示范案例，通过在生产现场部署传感器、RFID 标签、机器人、高清摄像头等智能感知终端，实现设备全连接，并将采集到的设备运行状态数据和生产线生产控制数据上传到企业内部管理系统、工业云平台，实现对数据的综合分析和推演预测，为企业管理者优化业务和工艺流程、提高设备使用效率、加强能耗管控等提供数据支撑，充分释放数据潜能，赋能企业提质提效、降本、增产增收，助力企业数字化转型和产业链现代化水平提升。在农业领域，针对农牧场地域广阔、野外环境复杂等实际情况导致监测设施部署难度大、成本高等问题，深耕智慧农业领域的 ICT 企业面向农业种植、养殖、灌溉、病虫害治理等生产环节，以及销售、产品追溯环节开发出一批智慧农业监测系统和智慧农业物联网平台，通过部署即插即用、安装简易的数据采集设备实时采集环境要素数据和作物生长数据，并通过 4G/5G 网络接入农业物联网云平台，实现对农作物的精准监测、智能管理和智能决策。在服务业领域，以物流行业为例，物联网技术的广泛应用给物流行业带来了巨大变革，针对人工效率低、误差大、业务管控难等问题，将物联网与 RFID 标签、条码扫描、实时定位等技术融合，围绕出入库管理、仓库盘点、中转分拣、车辆和人员管理、物品追踪等场景，使用智能感知设备采集数据，基于智慧物流运营管理平台的人工智能数据处理能力，实现海量数据分析和预测，提高仓储管理效率、运输效率和客户服务体验，助力实现物流全链条降本增效。

物联网应用高效支撑智慧城市和数字社会建设。物联网全面赋能市政设施升级、智慧社区建设及智慧交通、智慧水务等发展，为城市治理和公共服务水平提升提供了新的发展模式。随着智慧城市建设持续深入，基于物联网、大数据等技术的智慧城市应用场景日益丰富和成熟，ICT 企业积极参与智慧城市领域物联网场景建设，搭建标准规范、能力开放的城市物联网管理平台和 CIM 平台，通过 4G/5G 等通信网络接入各类感知终端，并将数据汇聚到城市大脑，为不同领域的智能化应用系统提供数据支撑，助力提升城市规划建设、运行管理等环节的精细化、智能化水平。中国联通物联网公司自主研发建设的雁飞智联平台和雁飞格物平台，连接规模已达 3 亿，可满足智慧城市全场景的差异化连接需求。在智慧交通领域，物联网与卫星定位、云计算、边缘计算等技术实现融合应用，基础电信运营商、设备商和互联网地图企业积极参与交通领域物联网应用场景建设，在路侧部署高清摄像头、激光雷达、毫米波雷达等感知设施和数字化交通监控设施，实时采集人、车、路信息，通过有线、无线通信网络将数据上传至车路协同云平台和交通管理平台，提供车辆定位识别、路段流量监测预警等功能，助力交通秩序管理和公众出行服务水平提高。在智慧水务领域，为加强城市道桥、立交桥、隧道等部位的积水监测，避免人民生命安全和财产损失，ICT 企业积极参与建设道路积水监测预警系统，通过安装液位传感器等设施实时监测低洼路段积水和排水情况，并基于 NB-IoT 网络将数据传输到平台进行分析预警，助力提高城市安全运行水平。

8.5　发展挑战

1. 物联网核心技术研发能力不足

我国物联网产业核心基础能力薄弱、高端产品对外依存度高、原始创新能力不足等问题长期存在，物联网的核心技术，如 RFID 关键技术、计算与服务技术及网络通信技术等的研发亟待加强。因此，应聚焦突破关键核心技术，推动技术融合创新，构建协同创新机制，鼓励一批掌握核心技术、具备较强创新能力的科研机构对智能感知、新型短距离通信、高精度定位等创新技术开展集中攻关，重点打造一批技术先进、性能卓越、应用效果好的物联网终端、平台和服务，为产业界创新发展树立标杆和方向；同时，要重视企业的主体地位，鼓励企业加强对物联网核心技术的研发和创新，为创新性发明成果进行专利申请保护，并予以政策和资金的倾斜，共同推动物联网的长效发展和进步。

2. 物联网行业发展标准缺失

当前，我国研制了一批物联网关键技术与应用相关的标准，但是从总体来看，物联网标准化还存在以下问题：一是技术标准碎片化严重，无线通信技术标准、感知技术标准、网络传输技术标准亟待完善，相关支撑类标准则仍在探索中；二是行业标准亟待制定，物联网产业涉及多领域的多个企业，行业跨度较大，技术标准和应用需求各不相同，缺乏统一的行业组织标准；三是产品标准亟待制定，当前物联网产品尚难以实现大规模标准化推广，行业发展破碎化、竞争效率较低，用户需求分散而多样，缺乏成熟的标准化产品。因此，要加快优化完善物联网标准体系，加快新技术产品、基础设施建设、行业应用等国家和行业标准制修订工作，加强重点标准的验证和应用，推进物联网规范化发展。

3. 物联网安全问题日益突出

随着 5G、人工智能、区块链等新兴技术的快速发展和逐步应用，以及智慧城市、工业互联网、车联网等新应用的快速落地，物联网和移动互联网进一步深度融合，正进入“跨界融合、集成创新、规模化发展”新阶段。在物联网快速发展的同时，通用传输协议和通用操作系统的出现，致使安全问题日益凸显，特别是物联网终端设备安全、物联网网络安全、物联网数据安全、物联网各类应用安全方面的问题。针对物联网存在的安全问题，一是积极贯彻落实《物联网基础安全标准体系建设指南（2021 版）》，加快推进物联网安全标准的研制工作，提升标准在细分行业及领域的覆盖程度，提高跨行业物联网应用安全水平，保障消费者安全使用；二是加快推进加密、认证算法等安全关键技术研究，实现从物联网感知、传输、存储到应用的全过程安全保障；三是加快推动形成物联网安全生态体系，加强安全技术与物联网在智能制造、智能交通等垂直行业的有效衔接和融合物联网安全产业生态，联合传感器元器件制造商、设备生产集成商、网络安全服务提供商、销售商等产业链各方力量，共同构建开放合作的物联网安全产业生态圈，培育多元化市场主体，加强产业聚集发展，共同促进物联网安全。

撰稿：宁越、霍娟娟、邵小景、田娟、郜蕾
审校：吴双力

第 9 章　2021 年中国车联网发展状况

9.1　发展环境

2021 年以来，我国持续为车联网产业发展营造良好的规模化的部署环境。“十四五”规划中明确指出，要统筹推进传统基础设施和新型基础设施建设，积极稳妥发展车联网。国家制造强国建设领导小组车联网产业发展专委会第四次全体会议强调，要加快车联网部署应用。

为落实“十四五”规划要求，我国聚焦车联网新基建做了集中细化部署。中共中央、国务院印发《国家综合立体交通网规划纲要》，明确加强交通基础设施与信息基础设施统筹布局、协同建设，推动车联网部署和应用。国务院印发《新能源汽车产业发展规划（2021—2035 年）》，要求促进新能源汽车与能源、交通、信息通信深度融合，协调推动智能路网设施建设，推进交通标志标识等道路基础设施数字化改造和互联。工业和信息化部印发《关于推动 5G 加快发展的通知》，提出促进“5G+车联网”协同发展，推动将车联网纳入国家新型信息基础设施建设工程，促进 LTE-V2X 规模部署，建设国家级车联网先导区。交通运输部出台《关于推动交通运输领域新型基础设施建设的指导意见》，提出协同建设车联网等要求。工业和信息化部发布《“十四五”信息通信行业发展规划》，提出加强基于 C-V2X 的车联网基础设施部署的顶层设计，“条块结合”推进高速公路车联网升级改造和国家级车联网先导区建设，推动 C-V2X 与 5G 网络、智慧交通、智慧城市等统筹建设，加快在主要城市道路的规模化部署，探索在部分高速公路路段试点应用。

同时，我国在车联网安全管理方面加大力度，《网络安全法》《数据安全法》《个人信息保护法》等顶层法律相继出台，工业和信息化部、中央网信办、公安部等部门先后出台了《关于加强车联网网络安全和数据安全工作的通知》《关于加强智能网联汽车生产企业及产品准入管理的意见》《汽车数据安全管理若干规定（试行）》《网络产品安全漏洞管理规定》等管理规定，旨在加强车联网和智能网联汽车网络安全、数据安全管理力度，统筹发展和安全。

9.2　发展现状

1. 车联网核心标准制定取得积极进展

在国家制造强国建设领导小组车联网产业发展专委会的指导下，汽车、交通、通信和智能运输系统 4 个标准化技术委员会积极落实《国家车联网产业标准体系建设指南》及 C-V2X 标准合作的框架协议，已完成 LTE-V2X 相关的空口、网络层、消息层、安全机制和测试标准等核心通信技术标准制定，汽车网联功能应用、智能路侧基础设施、网联车辆道路运行管理及协同管控服务的相关标准也已发布或积极制定中。工业和信息化部近期发布了《车联网网络安全和数据安全标准体系建设指南》，国内多个相关标准化机构积极推进汽车网络、信息安全标准制定。

2. 车联网先导区和双智试点城市建设突出示范作用

2019 年至今，工业和信息化部先后批复江苏（无锡）、天津（西青）、湖南（长沙）、重庆（两江新区）4 个国家级车联网先导区，积极推进车联网基础设施建设、互联互通验证、规模化应用推广等，形成了广泛布局、重点突破、具有地方特色的发展格局。同时，推动京沪“1 号”高速公路车联网升级，打造车联网先导性应用示范高速公路，赋能干线物流。2021 年，住房和城乡建设部、工业和信息化部确定北京、上海、广州、武汉、长沙、无锡、重庆、深圳、厦门、南京、济南、成都、合肥、沧州、芜湖、淄博 16 个城市为智慧城市基础设施与智能网联汽车协同发展试点城市，不断提升智慧城市基础设施智能化水平，实现不同等级智能网联汽车在特定场景下的示范应用。

3. 车联网身份认证和安全信任试点项目跨行业参与度高

2021 年 9 月，工业和信息化部启动了车联网身份认证和安全信任试点项目，包括新能源和智能网联汽车车联网身份认证、安全信任体系建设等 61 个试点项目，有逾 300 家单位参与到试点项目建设中，涵盖汽车、通信、密码、互联网等跨领域企业及地方车联网建设运营主体等，跨行业企业参与热情非常高，试点项目地域分布广泛，应用场景丰富多样，呈现出多元化、多层次、分布广的特点。项目启动会上发布了《车联网身份认证和安全信任试点技术指南（1.0）》，分别针对“车与云安全通信”“车与车安全通信”“车与路安全通信”“车与设备安全通信”4 个试点方向提出指导意见。

4. 车联网市场规模增长明显

据调研，截至 2021 年 11 月底，路侧单元（Road Side Unit，RSU）部署总量 4000 余台，其中重点城市道路 RSU 部署 3500 余台，高速公路 RSU 部署 500 余台，已对接车联网基础设施与应用监测平台 1888 台。2021 年新增 RSU 部署 2500 余台，其中城市道路新增 RSU 部署 2000 余台、高速公路新增 RSU 部署 500 余台。先进驾驶辅助系统（ADAS）成为大量新车标配，ADAS 与网联化融合成为发展趋势，LTE-V2X 功能正受到汽车厂商的高度关注。广汽、上汽、一汽红旗、蔚来等国内汽车厂商陆续发布搭载 LTE-V2X 的量产车型，并基于车联网实现前方碰撞预警、盲区/变道预警、逆向超车预警、左转辅助等功能[1]。全球研究咨询机构埃信华迈（HIS Markit）发布的《中国智能网联市场发展趋势报告》指出，2020 年全球市场搭载智能网联功能的新车渗透率约为 45%，预计至 2025 年可达到接近 60%的市场规模。

---

1 《车联网白皮书（2021 年）》，中国信息通信研究院。

9.3　关键技术

路侧感知与计算关键技术是路侧融合系统的核心。路侧融合系统正向硬件功能集成化、建设部署敏捷化的方向演进。一方面，路侧传感器不断向感知与计算功能一体化的形态升级，另一方面，路侧融合系统向软硬件解耦发展的趋势初现。近两年来，车联网路侧项目的建设需求主要来自行业用户和政府用户，定制化程度相对较高，导致路侧融合系统的算法设计与前端传感器耦合紧密。当前路侧融合系统产业链处于快速发展阶段，但现有技术与产品成熟度有待提升，核心关键技术亟须攻关，当前主流产品在真实工况下的系统性能、稳定性及与场景需求的匹配度仍有提升空间。同时，路侧融合系统上游供应链仍面临较高技术壁垒，如毫米波雷达 MMIC 芯片和天线 PCB 板受国外厂商垄断、固态激光雷达产品尚未成熟、融合感知算法的泛化能力（面向新场景的适应能力）不足等，芯片、传感器、算法等共性支撑领域亟须重点布局。

车联网业务分类平台分级关键技术有待进一步测试验证。车联网多层级平台在横向维度上可按照“边缘”“区域”“中心”3 个维度进行解构，在纵向维度上可按照“业务面”与“管理面”进行分解。在业务面上，各层级平台联合承载车联网综合数据底座、车路协同事件与消息服务等业务类功能，支撑车路协同辅助/自动驾驶应用、公共交通出行、交通管理管制等服务。在管理面上，各层级平台协同负责路侧基础设施运维管理、车联网用户管理、平台安全管理等管理类功能，为产业可持续化运营提供基础支撑。平台的业务面与管理面联动配合，支撑实现车路协同场景。目前，互联网企业、智能交通集成商等依托其在城市大脑、传统智能交通平台等方面的积累，快速开发出车联网与智慧交通融合的平台产品并不断迭代。面向车联网行驶安全、大数据流量等业务的边缘平台仍处于验证阶段。

LTE-V2X 与 5G 融合组网关键技术支持提高用户触达率，扩大车联网业务服务范围。在 C-V2X 直连通信方面，LTE-V2X 已形成较为完善的技术标准体系和产业链；NR-V2X 技术有待验证，国内标准化工作还未正式启动，未分配频谱资源，相关产品尚未成熟。3GPP 于 2018 年 6 月启动 NR-V2X 标准化工作，于 2020 年 6 月冻结 R16 版本，完成第一个版本的 NR 直通链路机制标准化。目前，3GPP R17 针对直通链路特性进一步增强，支持车辆间协调、功耗节约机制等，R18 针对车联网商用场景、新频段使用，以及 LTE-V2X 与 NR-V2X 设备共存进行立项研究。在蜂窝通信方面，随着 5G 关键性能指标的显著提升，5G 网络从支持车载 AR/VR 等多元化信息服务，逐步向支撑车路协同应用、远程遥控驾驶等方向演进。路侧回传网络从以有线网络为主的承载架构，不断向有线/无线网络并存的回传架构演进。部分城市探索在光纤网络上叠加 5G 网络回传方案，研究并验证通过 5G 网络将路侧感知数据传输至车联网服务平台，并探索基于 5G 网络实现限速预警、匝道汇入提醒、闯红灯预警等安全效率类辅助驾驶应用。

9.4　行业应用及典型案例

1. 车联网 C-V2X 先导应用实践更加丰富

2021 年 10 月，IMT-2020（5G）推进组蜂窝车联（C-V2X）工作组联合多家单位举办了

2021 C-V2X“四跨”（沪苏锡）先导应用实践活动，共有 20 余家国内外整车企业、近 30 家终端企业、近 10 家芯片模组企业、近 10 家信息安全企业参与，覆盖汽车、通信、交通、地图和定位、信息安全、密码等各个领域，实现了跨省域的“车–路–网–云”间协同，促进路侧基础设施等的标准化建设和统一应用，在验证二阶段应用功能场景过程中，也发现了一些问题需进一步验证完善。C-V2X 工作组还在 2021 年分别于北京、合肥、武汉、柳州 4 个分站开展 4 期车联网 C-V2X 大规模应用实践，并组织验收了第一批 MEC 与 C-V2X 测试床。

中国信息通信研究院组织开展了国内首次车联网路侧感知系统级评测活动，实现了一次产业“摸底”，发现目前传统智能交通的感知类设备仅适用于以自车感知为主，路侧感知作用相对有限的部分安全预警类场景，而对于其他车路协同场景，尤其是协作式通行、高级别自动驾驶等复合功能场景，技术及产品成熟度仍有提升空间。

2. 车联网应用落地实际效果显著

当前，车联网应用服务体系日益丰富，并且与汽车、交通等行业加速融合。从应用场景角度出发，车联网应用服务体系可以分为城市道路、高速公路、特定区域（矿区、港口等）道路三大类。

城市车联网应用成功触达用户。长沙车联网先导区打造了基于 LTE-V2X 的智慧公交应用，在智慧公交 315 号、3 号、9 号线上实现了商用运营，日均服务乘客约 3 万人，实现了公交信号优先、交通灯穿透等多项功能。经统计，315 号线平均行程时间优化 12.6%，平均行程车速提升 14%。无锡车联网先导区大力推广智慧出行服务，在 600 余个点位上建设了车联网路侧基础设施，打造车联网大数据应用服务平台，并开发了面向个人用户的“智行无锡”App，既可通过终端 App 为用户提供车内标牌、绿波车速引导等服务，同时也与图商等第三方合作为用户提供智慧出行服务。

智慧高速车联网应用推广加速。重庆 G5021 石渝高速涪丰段所处区域地质、气象条件复杂，包含隧道群、特大桥、急弯、急下坡、多雾等多种影响交通安全的不利因素，其中桥隧比高达 47%以上，交通场景复杂。该路段通过智慧高速建设，基于路侧融合感知和计算实现道路动态风险的快速发现；基于 LTE-V2X 车路通信实现公路异常感知；基于空口同步和定位实现隧道定位不丢失，进而实现重点车辆全程监控。

特定区域车联网应用逐步实现商用。国家能源集团宝日希勒露天煤矿自动驾驶矿卡、挖掘设备、云平台通过 5G 网络进行交互，明确整个装载协作流程。矿卡根据云平台路径规划和对周围环境的感知，自动行驶至装载区，同时将自车的实时状态信息和任务信息实时发送至装载设备，装载设备也将自身的位置、朝向等信息同步发送至矿卡，实现多车协同作业。截至 2021 年 8 月，该矿区已累计编组运行 5 万余千米，土方运输量达 60 余万立方米，运输综合效率不低于有人驾驶。

9.5 发展挑战

尽管我国车联网产业整体发展势头良好，但由于车联网天然的跨行业、跨地域属性，在技术落地应用方面仍存在跨行业应用落地时间表未对齐、技术路线选择尚未明确等步调不一致，以及各地基础设施建设尚未实现完全互联互通等问题，导致 C-V2X 车辆渗透率和路侧基础设施覆盖率还比较低等挑战。具体如下：

一是需进一步加强顶层规划，推进标准和实施路径协同。需制定跨行业协同的产业发展规划和技术路线图，促进交叉融合技术的协同创新、标准协同和应用实践，以“应用场景牵引、基建适当先行”，打破“网等车、车等路、路等网”的局面，协同推进具有中国优势的车联网技术应用与落地。

二是需强调并加快标准化的车联网基础设施建设，注重跨行业、跨区域合作。应充分发挥车联网先导区、双智试点城市等的先试先行重要作用，通过快速迭代总结可复制推广的经验案例。促进车联网 C-V2X 与 5G 网络、智能交通、智慧城市基础设施协同建设等方面形成统一共识，坚持采用标准化的建设方案，打破跨平台数据和业务的边界与壁垒，建立跨行业协同的身份认证和安全信任体系，确保各地车联网基础设施的互联互通和能力互等。

三是需加强应用场景拓展与规模化推广，加速提升 C-V2X 车辆渗透率。推动基于 C-V2X 的绿波通行、超视距感知等重点场景更快地在先导区落地推广，在公交车、出租车、网约车等营运车辆装载车联网 C-V2X 终端，支持前装量产车联网 C-V2X 终端，拓展车联网应用的多价值空间。

为积极有效应对挑战，应充分发挥我国在体制机制方面的制度优势，以及在信息通信方面的技术、产业优势，抓住跨行业协同发展的机遇，持续发挥好车联网产业发展专委会的重要协调作用，同时保证战略定力，坚持国内选定的 C-V2X 技术路径的演进，绝不轻易改弦更张，给产业树立“积极稳妥”发展的决心和信心。

撰稿：林琳、鲍叙言、毛祺琦、雷凯茹、龚正
审校：李先懿

第 10 章　2021 年中国虚拟现实发展状况

10.1　发展环境

虚拟现实技术由来已久，是指采用新一代信息技术，旨在获得身临其境、虚实互动的新型人机交互体验的产品及服务。在当前全球经济形势复杂多变和新冠肺炎疫情的影响下，人类社会生活和生产方式面临新的挑战，信息消费与产业数字化转型也随之迎来新的机遇。互动视频、无界办公、智慧教育、沉浸会展、工业互联网等应用场景的多样化，用户需求的多级化与数据类型的多元化急需以虚拟现实为核心的新型智能终端与人机交互平台。根据工业和信息化部印发的《关于加快推进虚拟现实产业发展的指导意见》中的广义界定，虚拟现实包含了 VR、AR 等类型，本章中沿用该定义。

1. 政策环境

国家各部委及地方政府积极推动虚拟现实产业发展。国务院从“十三五”规划开始把虚拟现实视为构建现代信息技术和产业生态体系的重要新兴产业。2020 年相继出台《关于进一步激发文化和旅游消费潜力的意见》《新时代爱国主义教育实施纲要》和《关于推进对外贸易创新发展的实施意见》等文件，进一步明确虚拟现实在文化旅游、教育宣传、商贸会展等领域的创新应用。2018 年，工业和信息化部出台《关于加快推进虚拟现实产业发展的指导意见》，从核心技术、产品供给、行业应用、平台建设、标准构建等方面提出了发展虚拟现实产业的重点任务。2020 年，工业和信息化部办公厅印发《关于推动工业互联网加快发展的通知》，提出引导工业互联网平台增强增强现实/虚拟现实等新技术支撑能力，强化设计、生产、运维、管理等全流程数字化功能集成。2022 年，工业和信息化部计划开展编制《虚拟现实与行业应用融合发展行动计划》，强化 VR/AR 在大众及行业应用的规模化发展。2019 年，国家发展和改革委员会将虚拟现实列入《产业结构调整指导目录》中的鼓励类产业。2020 年《关于促进消费扩容提质加快形成强大国内市场的实施意见》中指出，要加快发展超高清视频、虚拟现实等新型信息产品，助力形成强大国内市场。文化和旅游部在 2020 年发布的《关于推动数字文化产业高质量发展的意见》中明确指出，要引导和支持虚拟现实、增强现实等技术在文化领域应用，推动现有文化内容向沉浸式内容移植转化。教育部在 2018 年发布的《普通高等学校高等职业教育（专科）专业目录》中增设“虚拟现实应用技术”专业。在 2020 年出台的《教育部关于加强“三个课堂”应用的指导意见》中提出，将虚拟现实等新一代信息技术应用于专题课堂、名师课堂和名校网络课堂，推动以自主、合作、探究为主要特征的教学方式变革。**此外，各地政府积极推进本地虚拟现实产业发展。**自 2018 年工业和信息化部出台《关于加快推进虚拟现实产业发展的指导意见》以来，南昌、青岛、成都、福州、沈阳、上海、北京等地随之出台新一轮适配本地情况的扶持政策，比之 2016 年产业元年的概念热潮，此轮地方产业政策更加聚焦终端设备规模上量、优质内容制作聚合、行业应用落地实践、云控网联平台支撑推广、融合创新中心建设运营等具体切实的痛点问题。

2. 产业环境

除我国在智能终端产业积累与国内应用市场容量等既有优势外，新型基础设施建设也驱动虚拟现实产业发展提档升级。作为影响业务体验的关键因素，5G+F5G 构筑虚拟现实双千兆网络基础设施支撑。我国移动宽带突出技术创新与生态培育，实现了从 3G 追赶到 4G 同步、5G 引领的飞跃，光纤宽带建设突出公平竞争和普及渗透，实现了从铜缆接入到光纤入户的快速升级、从城市到农村的深度下沉。当前，我国已建成近 70 万个 5G 基站，5G 终端连接数超过 1.8 亿个。光纤接入（FTTH/O）用户达 4.3 亿户，全国所有地级市均已建成光纤网络全覆盖的“光网城市”，百兆及以上接入速率的固定宽带用户超过 4 亿户，占比为 86.8%。移动数据流量资费为 4.3 元/GB，同比下降 23.3%，用户月均移动数据流量为 10.1GB，同比增长 29.2%，3G/4G 用户普及率超过 94%，超额完成宽带中国战略 85%的预期目标。

3. 社会环境

元宇宙概念的兴起在一定程度上回应了未来数字世界发展的必然趋势。元宇宙（Metaverse）一词源于 1993 年科幻文学作品《雪崩》里对下一代互联网的畅想。在 2018 年斯皮尔伯格执导上映的科幻电影《头号玩家》中，人们通过虚拟现实眼镜进入这个名为“绿洲”的虚拟世界。随着信息技术的迅猛发展，人们生活在一个虚拟和现实日渐融合的进程中，生活重心不断地向虚拟世界转移。“元宇宙”概念的流行，是对这一趋势的回应。当前，业界对元宇宙含义未有明确界定，广泛共识是元宇宙概念呈现多元宽广的技术图谱，其未来发展愿景具备极大的想象空间。一些互联网产业的先行者和布道者竭力让人们相信，元宇宙就是未来互联网的新形态。继微信（2011 年）、手游（2014 年）、共享经济（2017 年）、短视频（2018 年）、电商直播经济（2019 年）等相关新市场生态逐步成型后，元宇宙热潮映射出业界对后移动互联网时代的思考与探索。此外，大众对美好生活的进阶需求对数字信息的体验形态提出了新要求，分辨率、帧率等视听质量维度的常规迭代难以带来用户体验的增量跃升。在元宇宙中，人们不仅可以输出文字、图片、2D 视频，还能通过 3D 沉浸影像，完成面对面互动体验，即在新的互联网里构建一个“真实”的“虚拟世界”。

10.2　发展现状

全球虚拟现实市场规模逾千亿元，AR 与内容应用成为首要增长点。据 IDC 等机构统计，2021 年全球虚拟现实市场规模约为 1400 亿元，其中 VR 市场规模为 800 亿元，AR 市场规模为 600 亿元。预计 2021—2024 年全球虚拟现实产业规模的年均增长率约为 54%，其中 VR 增速约为 45%，AR 增速约为 66%，2024 年两者份额均为 2400 亿元。从产业结构看，终端器件市场规模占比居首位，2021 年规模占比超过 40%，随着传统行业数字化转型与信息消费升级等常态化，内容应用市场将快速发展，预计 2024 年终端器件市场规模将超过 2800 亿元。

虚拟现实终端出货量稳步增长，AR 终端与一体式终端增速显著，不同终端形态间的融通性增强。据 IDC 测算，2021 年全球虚拟现实终端出货量为 900 万台，VR、AR 终端出货量占比分别为 93%、7%，预计 2024 年终端出货量将达到 3850 万台，其中 AR 终端占比升至 40%，2021—2024 年虚拟现实出货量的增速约为 62.3%，其中 VR、AR 增速分别为 40%、195%（见图 10.1）。比之 2018—2020 年相对平缓的终端出货量，随着 Meta Quest2、微软 Hololens2、Pico Neo 3、华为 VR Glass 6DoF 版等标杆 VR/AR 终端迭代发售与电信运营商虚拟现实终端的发展推广，以及终端上游供应链的恢复，2021 年成为虚拟现实终端规模上量、显著增长的关键年份，以 53%的年增速远超 2020 年的 4%。从终端结构占比看，当前 VR 终端品类以一体式为主，占比超过 80%且未来 4 年中将保持主导形态，而 AR 终端品类中当前虽然一体式占比约 70%，但预计未来 4 年随着以手机伴侣为定位的消费级分体式 AR 终端上量，到 2024 年分体式 AR 终端占比将超过 65%。从终端市场规模看，2021 年全球 VR、AR 终端平均售价分别为 2600 元、10200 元，全球终端市场规模合计约为 280 亿元。

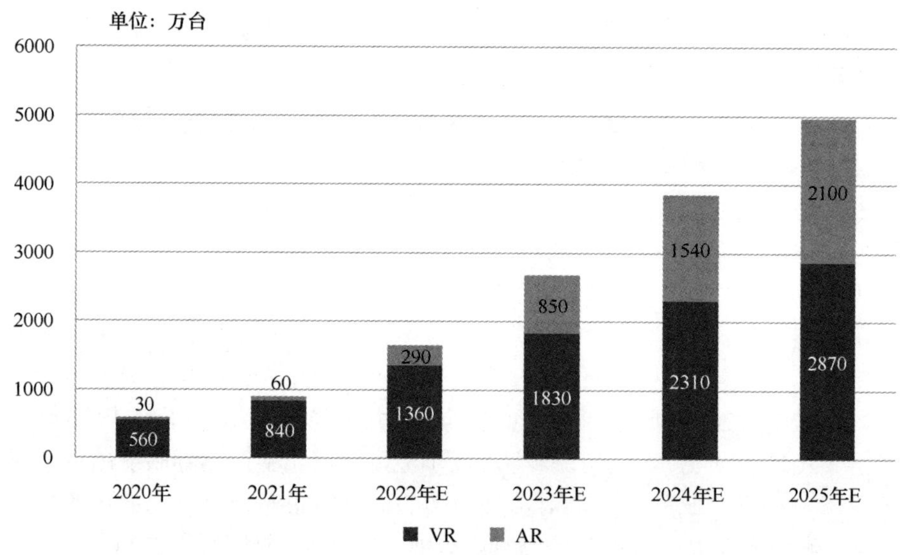

图10.1　2020—2025年全球虚拟现实终端出货量

资料来源：IDC。

10.3　关键技术

虚拟现实“五横两纵”的技术体系初步成型。针对虚拟现实跨界复合的技术特性，结合业界热点动态，虚拟现实“五横两纵”技术框架日趋完善。其中，“五横”是指近眼显示、渲染计算、感知交互、网络传输与内容制作，“两纵”是指 VR 与 AR（见图 10.2）。通过梳理五大领域下辖的各细分关键技术，可归纳总结如下。虚拟现实技术体系及各技术点的发展成熟度：在近眼显示方面，快速响应液晶屏、折返式（Birdbath）已规模量产，Micro-LED与衍射光波导成为重点探索方向。在渲染计算方面，云渲染、人工智能与注视点渲染等技术进一步优化渲染质量与效率间的平衡。在内容制作方面，WebXR、OS、OpenXR 等支撑工具稳健发展，六自由度视频摄制技术、虚拟化身技术等前瞻方向进一步提升虚拟现实体验的社交性、沉浸感与个性化。在感知交互方面，内向外追踪技术已全面成熟，手势追踪、眼动追踪、沉浸声场等技术使能自然化、情景化与智能化的技术发展方向。在网络传输方面，5G+F5G构筑虚拟现实双千兆网络基础设施支撑，传输网络不断地探索传输推流、编解码、最低时延路径、高带宽低时延、虚拟现实业务 AI 识别等新兴技术路径。

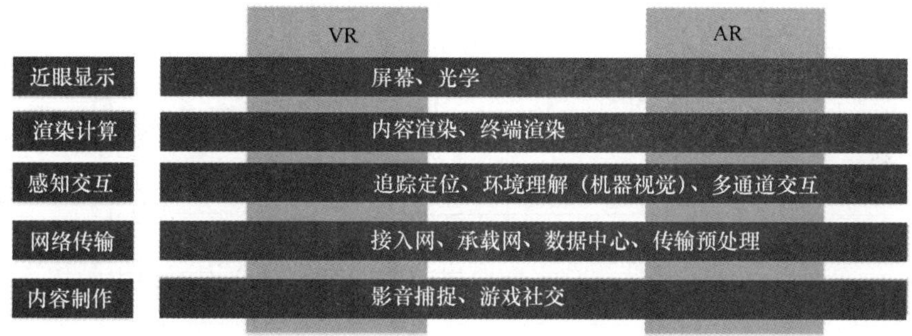

图10.2　虚拟现实技术“五横两纵”技术架构

资料来源：中国信息通信研究院。

近眼显示。快速响应液晶屏成为多数 VR 终端的常用选择，我国京东方等厂商已规划量产响应时间小于 5 毫秒，且以超高清（5.5 英寸 3840×2160 分辨率）、轻薄（2.1 英寸 1600×1600 分辨率）、成本（5.5 英寸 2160×1440 分辨率）为产品特性的 VR 用液晶面板。硅基有机发光二极管（Organic Light-Emitting Diode，OLED）成为新近发布 AR 终端的主流技术选择，2019 年年底京东方在昆明量产，并向国内 AR 终端规模供货。Micro-LED（微型发光二极管）显示技术正处在量产突破的前夕，业界正在规划的规格以 1.3 英寸 4K×4K 分辨率为主。此外，**光波导在 AR 领域的技术发展前景明确，**相比其他光学架构，光波导外观形态趋近日常眼镜，且通过增大眼动框范围更易适配不同脸型用户。其中，我国珑璟、灵犀等厂商已实现阵列光波导量产，并储备规划表面浮雕光栅波导相关能力。对于全息体光栅波导，微软、Magic Leap 等多家 AR 标杆企业的规模量产证明了该技术路线在经济成本上的可行性，但当前国内有条件建设该产线的厂商相对有限。

渲染计算。在跨越了沉浸体验的初始门槛后，渲染质量与效率间的平衡优化成为时下驱动虚拟现实渲染技术新一轮发展的核心动因，人工智能、注视点与云渲染技术触发虚拟现实渲染计算 2.0 开启。其中，**我国虚拟现实企业在人工智能与注视点技术方面以技术跟随为主，**多采用 Facebook、英伟达等国外标杆企业的解决方案。在云控网联的技术架构下，**云渲染聚焦“云–网–边–端”的协同联动，我国电信运营商对此积极投入。**通过边缘计算等创新服务，旨在降低网络连接和终端硬件门槛，加速虚拟现实业务在 5G 网络和固定宽带网络的规模商用，开发基于体验的新型业务模式，释放投资红利。

感知交互。追踪定位、沉浸声场、手势追踪、眼球追踪、三维重建、机器视觉、肌电传感、语音识别、气味模拟、虚拟移动、触觉反馈、脑机接口等诸多感知交互技术百花齐放，共存互补。**相比产业元年，我国在该领域与国外差距总体呈现扩大趋势。**究其原因，一方面，感知交互尤为强调与近眼显示、渲染计算、内容制作等关键领域间的融合创新。另一方面，国外 ICT 巨头在感知交互领域重仓投入，且与诸多细分方向的初创公司密切协作。例如，苹果、Facebook、Google、微软等国外企业在该领域技术积累时间长，投资兼并活动尤为密集，且开展了大量的专利布局。相比之前，我国在该领域缺乏具备规模体量的牵头人，表现为研发资源投入力度与对诸多特色技术产业化敏感程度不足。由于该领域技术门类众多且尚未定型成熟，我国在特定重点领域存在一定产业基础（眼球追踪、机器视觉、语音识别等），若规划投入得当，预计该领域产业发展成效将较为显著。

内容制作。从用户与内容间的交互程度看，虚拟现实业务可分为弱交互与强交互两类。前者通常以被动观看的全景视频点播、直播为主，后者常见于游戏、互动教育等形式，内容须根据用户输入的交互信息进行实时渲染，自由度、实时性与交互感更强。**在弱交互内容制作领域，**Insta360 等本土 VR 全景相机品牌国际影响力日益上升，相比基本成熟的三自由度 VR 全景视频，国内企业在交互性与技术难度更高的六自由度 VR 视频摄制技术上储备不足。**在强交互内容制作领域，**VR 社交成为游戏以外的战略高地，虚拟化身技术正在拉开虚拟现实社交大幕。受限于感知交互领域的现有积累，我国厂商在虚拟化身制作上以跟随套用国外代表性企业的技术方案为主。**此外，在网页类虚拟现实内容制作规范、内容与终端互联互通标准、虚拟现实操作系统与开发引擎等内容制作支撑性技术方面，**我国企业除采用由美国企业牵头的标准规范与开发工具外（如 OpenXR、WebXR、Unity 等），开始探索构建中国版的开发环境。

网络传输。我国在面向适配虚拟现实业务的网络传输领域总体处于领先水平。当前，5G 与 F5G 构筑虚拟现实双千兆网络基础设施支撑，IP 架构简化、全光网络、端网协同等成为虚拟现实承载网络技术的发展趋势，精细化运维技术成为云化虚拟现实业务质量的重要保障。我国在 5G、新型 WiFi、网络简化、拥塞控制、自动运维等方面处于领先位置，国外高通、Facebook 等在虚拟现实投影编码等方面具备一定优势。

10.4 行业应用及典型案例

在元宇宙概念的影响下，业界积极探索各具特色的虚拟现实应用场景，旨在面向生产生活诸多领域形成一批规模化、可落地、有产出的商业实践。

虚拟现实为工业生产制造的智能化升级带来新动能。针对在工业生产领域中产品复杂度的不断提升、技能娴熟工人的紧缺、设计开发与规划生产的协同、营销与销售绩效的压力等问题，元宇宙可助力现实世界工业流程中研发设计、生产制造、营销销售、运营维护、售后服务等环节在数字空间中的部署和协作，通过深度打通数字空间和现实空间，实现工业流程的改进和优化，达到降低成本、提高效率、强化协同的效果，促进工业高质量发展。相比于数字孪生帮助构建了从现实世界向数字世界的 1∶1 映射，工业元宇宙进一步增强了在数字世界中交互和协同的能力。在研发设计环节，工业元宇宙一方面可实现虚拟环境中产品模型及零部件更直观与精准的模拟；另一方面可打破地域限制，提升多方协同设计的便利性。在生产制造环节，通过元宇宙平台能够沉浸式体验智能工厂的建设和运营过程，与虚拟智能工厂中的设备、生产线进行实时交互，以即时可见的方式更加便捷地优化产线布置、设备结构、人员动线等生产流程。例如，宝马公司借助英伟达 Omniverse 平台推动构建了全球 31 座工厂的工业元宇宙示范，通过模拟整座工厂模型中的所有元素（如工人、机器人、建筑物等），为执行虚拟工厂规划、自主机器人、预测性维护和大数据分析等大量用例提供了支持，将工厂规划流程的效率提高 30%（见图 10.3）。在营销环节，比之传统图片视频等营销工具，元宇宙带来了更具互动性、个性化与差异化的营销体验，通过身临其境的交互式数字产品体验，可降低营销过程中如用于评估/展示产品的运输、差旅等非差异化方面的开支，进而缩短销售周期，提升购买意愿与营业收入效率。

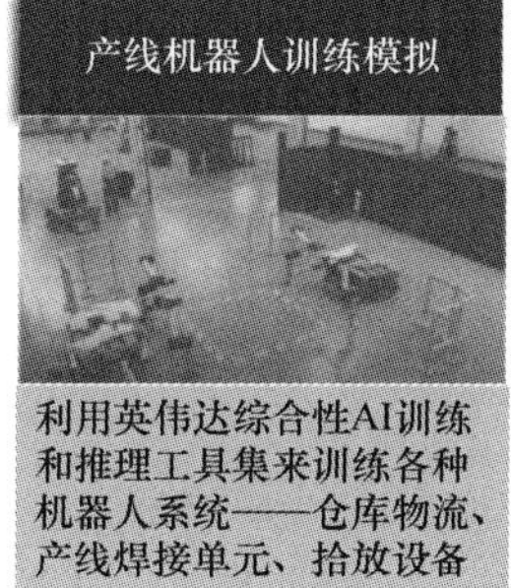

图10.3　宝马–英伟达工业元宇宙实现功能

资料来源：英伟达、宝马。

虚拟现实有望催生后疫情时代的会议办公新常态。针对线下会议办公参与可行性与便利性、固有组织成本、传统线上活动感官认知与互动体验受限等现状问题，元宇宙有助于实现会议组织由以活动议程为中心向以与会体验为中心的方向转变，将成为未来会议办公的新动能与新常态。从技术支撑看，沉浸声场成为元宇宙会议办公的刚需技术，听音辨位、背景降噪、定向增强与空间混响有助于营造线上会议的临场感。此外，云上会展的业务架构有助于实现交互终端瘦身，并将自拍抠像、虚拟化身、环境渲染、视频融合、沉浸声场、6DoF 定位追踪等计算处理任务向云边卸载。从布局企业看，微软、Facebook、AT&T 等大力打造可适配办公软件、团队管理工具的生产力平台，旨在构建线上线下虚实融合、体验高度沉浸、多人深度协作的元宇宙办公空间。Meta 于 2021 年 8 月发布了远程办公软件 Horizon Workrooms，其支持用户不受物理空间限制、以虚拟化身的形象参加线上会议，并可通过 Oculus Touch 手柄及罗技蓝牙键盘在虚拟白板中进行手写与打字。为进一步触达更广泛群体，该应用在 2022 年开始与知名远程办公软件 Zoom Meetings 进行了集成。微软于 2021 年 12 月在 Ignite 上发布了 Mesh for Teams 解决方案，结合微软 Mesh 的混合现实功能，允许不同位置的人们通过 Teams 加入协作，召开会议、发送信息、处理共享文档等，共享全息体验，该解决方案计划于 2022 年正式商用。

虚拟现实成为传统医学与健身手段的有效补充。针对医疗资源分布不均、诊疗与健身方式单一等现状问题，元宇宙带来的高沉浸性、高可重复性、高定制化性、远程可控性等特点，有助于丰富教学和诊疗手段、降低治疗风险、促进医疗资源下沉、提升健身运动吸引力，推动医疗健康准确性、安全性、趣味性与高效性的持续进阶。现阶段元宇宙尚无法完全取代传统诊疗及健身过程，但已被视为传统医学及健身手段的有效补充，具备规模推广的条件。元宇宙在医疗健康的应用场景主要涉及虚拟健身锻炼、医学教育培训、心理/精神疾病治疗、强化临床诊治和远程医疗指导等业务。虚拟健身锻炼包含有氧与无氧、单人与多人、休闲与竞技等多元化元宇宙健身体验，通过运动器材、健身软件、VR/AR 终端间的有效适配，使得运动健身体验更具互动性和趣味性。例如，虚拟现实产业推进会联合顽鹿、华为、迈金等推出了元宇宙 XR+数字骑行体验，通过协同适配的头戴式显示设备与单车设备，用户可在高度接近实景的数字空间中进行“环法”“环青海湖”骑行体验，同时系统通过采集玩家的位姿、踏频及心率等数据，可对骑行训练给出优化建议。将元宇宙用于医学教育培训，将便于医学用户以更加直观、高效、安全的方式学习专业知识，实践专业技能，同时有助于节省医学教育成本。心理/精神疾病治疗采用元宇宙疗法可免于创建真实治疗环境，通过为患者模拟不同的环境场所，提供认知行为刺激或进行暴露疗法，刺激病患大脑中相关的感应区，提供了一种治疗心理精神类疾病的无药物方法。远程医疗指导通过超高清回传再现的全景视频，结合反馈设备为远程支援医生提供更真实的病况，可为病人提供高阶会诊服务，提高手术成功率。

虚拟现实应用推动教学模式由被动接受向自主体验升级。针对传统教学过程中部分课程内容难于记忆、难于实践、难于理解等现状问题，元宇宙沉浸式教学有助于强化学习能力，提升教学质量与行业培训效果，“过度拟合”记忆式教学将被淘汰。在面向大众的学科教育方面，依托元宇宙技术，学生通过与各种虚拟物品、复杂现象与抽象概念进行互动，得以身临其境地沉浸体验现实世界中难以实现的“实操”机会，进而激发学习热情，提升注意力水平，提高知识保留度，降低潜在安全风险。此外，元宇宙有助于辅助教师高效授课，释放新一代信息技术带来创新潜力。在面向企业的职业培训方面，根据各类企业培训目标定位的差异，通常可分为面向任务过程的培训、多人协同设备设施培训与基于 AI 的软技能培训等。与 K12 等具备标准课程设置的教育市场不同，企业市场中元宇宙培训在各垂直行业呈现高度定制化、情景长尾化的特点。例如，在面向石油化工行业的职业教育领域，依托元宇宙技术平台可为石化企业员工提供设备操作演练、工艺流程模拟、安全事故还原、结构原理讲解、智能巡检、技能考核等多场景的垂直行业 VR 培训解决方案，旨在增强培训效果与提高效率。

虚拟现实触发基于个人实时位置的全息生活助手。传统的信息资讯推荐无法充分考虑用户所处的环境与场景而精准推荐合适的内容，而基于用户地理位置服务（LBS）的 AR 个人生活助手可为用户提供交通出行、餐饮购物、文娱休闲和社交传播等场景的应用服务，打造虚实融合、智慧高效的服务体验。在交通出行方面，元宇宙增强现实生活助手覆盖了重点商圈的室内及室外、地上及地下的视觉导航服务，用户可通过手机或 AR 眼镜上的摄像头即时识别当前所在位置，并通过屏幕上虚实叠加的路线进行引导。在餐饮购物方面，元宇宙增强现实生活助手可基于用户行为特征、消费习惯等标签及所处位置推送相关促销信息，在优化顾客逛商场体验的同时，也提升了商圈坪效。在文娱休闲方面，通过将景点名胜的历史信息与风景融合呈现，可实现自动识物的自助讲解、文物复原、场景再现等功能，帮助游客对景观概要“知其然，亦知其所以然”（见图 10.4）。在社交传播方面，元宇宙增强现实助手将虚拟社交功能引入线下商圈消费场景，用户可在与现实世界相锚定的数字空间中与身边亲友互动游艺。

图10.4　华为河图莫高窟游览体验

资料来源：华为。

虚拟现实应用推动农业发展全要素数字化转型。针对当前农业试验成本高昂、周期过长、设备与场地限制等问题导致我国农业技术发展受限的现状，通过元宇宙技术的加入，能够降低对场地的要求，最大限度地节约试验材料，同时提高试验的准确性，得到精确的试验数据。在农业科研方面，借助立体显示和传感器技术、系统集成技术等，可以实现实时二维图像的生成，了解作物长势及病虫害问题，以便及时应对，并且通过调整不同的参数，可以得出不同的模拟结果，最大限度地节约农作物试验成本，缩短试验周期，大大提高实验效率。在农业体验方面，利用元宇宙的虚拟世界，结合现在流行的认养模式、农旅休闲等项目，可以让消费者体验到虚拟农场、虚拟种植基地中的沉浸式乐趣，通过立体化、可视化的虚拟世界体验亲自耕种、喂养等田园乐趣。在农产品质量安全方面，元宇宙农业可以链接消费者和生产者，消费者通过终端就可以看到产品产地的所有情况，然后根据个人所需选择购买相应产品，产品从采摘到快递到家全程可控。并且可以通过沉浸式 VR 视频体验，让消费者“全程参与”食物的种植生产过程，大大降低了对农产品质量信息的获取成本，提升了消费者对品牌的信任度。同时，元宇宙利好农村电商发展，可解决传统农村电商成本高、拓客难、消费者信任度低等行业痛点。例如，通过“虚拟主播+直播带货”，可以带来业务营业收入、客户体验的双重提升；通过“场景拟真+质量溯源”，可以让消费者直观获取数据信息、解决信任危机等。2021 年 12 月，广东也实现了农业元宇宙的“破冰”，在广东省农业农村厅的指导下，南方农村报推出了首个农业虚拟人物“小柑妹”，正式探索构建农业元宇宙。

10.5 发展挑战

虚拟现实产业链条关键环节仍需突破，产业协同与融合创新程度有待加强。参考中国信息通信研究院的国内虚拟现实产业图谱，我国企业主要围绕终端整机、内容应用环节开展布局，从事核心零部件、底层软件和内容制作工具等关键环节的企业相对不足，产业上下游之间有机衔接不够充分，如 XR 主控芯片、渲染引擎等供给主要依赖海外企业。高校与企业的生态配比有待优化，技术产业化进展速度相对受限，一定程度上影响了产业发展活力。

虚拟现实技术研发缺乏针对性，对关键技术产业化进程与技术断点敏感性不强，研发效能有待提高。由于虚拟现实与手机产业链参与主体相近，部分企业简单裁剪移植手机解决方案，缺乏针对感知交互、近眼显示、渲染处理等虚拟现实技术特性的研究，且研发模式以对 Meta、微软等国外标杆企业的技术跟随为主。此外，多数虚拟现实企业存在以技术方案作为技术趋势的问题，片面追求单一性能参数，缺少对重点发展路径的投入储备与技术产业化进程的前瞻预判，致使企业发展容易受到短期市场环境波动的冲击。在现阶段技术体系初步成形的情况下，单点突破所带来的研发效能释放有限，对跨产业链条、面向特定场景的虚拟现实应用性技术断点的识别、拉通工作尚需加强，避免出现“研发孤岛”。

虚拟现实内容应用处于“展厅级、孤岛式、小众性、雷同化”的发展现状，存量内容还不足以支撑终端普及。目前，多数虚拟现实应用示范停留在“看上去很美”的状况，即缺少规模化、产业级应用，内容雷同程度较高，用户体验以单机版、孤岛式为主。高流行度游戏和杀手级应用尚未出现，不能满足消费者高品质消费升级需求和行业客户大规模应用需求。目前，国内一些热点区域已经具备一些产业链骨干企业，同时举办虚拟现实赛会活动，在虚拟现实产业发展初期具备良好开局优势，但从长期可持续发展来看，产业最终需要依托强大的应用市场带动，规模化应用将成为产业发展中后期具备长久竞争力的关键因素。

虚拟现实产业资源保障程度须进一步加大。从全国范围看，北京、青岛、南昌、成都、福州已成为引领我国虚拟现实产业发展的先锋城市，江西在全省、成都与福州在全市层面投入虚拟现实产业发展的相关资源。但由于虚拟现实产业兴起时间不长，需要大量专业复合型人才，高等院校和企业对虚拟现实产业关注不足，没有建立专业人才培养和科研体系，导致人才缺乏，科研成果少。虚拟现实重点领域具有领先自主技术、国际市场竞争力产品的龙头企业少，多数企业是跨专业小微团队，专业技能无法匹配项目运营需要，自主技术创新难度大，无法构建起专业的人才梯队。

撰稿：胡可臻、陈曦

审校：罗钰

第 11 章　2021 年中国区块链发展状况

11.1　发展环境

2021 年是“十四五”开局之年，我国加快对区块链未来发展作出顶层设计。在 2021 年 3 月公布的《中华人民共和国国民经济和社会发展第十四个五年规划和 2035 年远景目标纲要》中，区块链被列为七大新兴数字产业之一，明确提出了区块链技术创新、应用发展、监管机制完善的三大重点任务，特别强调了以联盟链为重点发展金融科技应用。2021 年 6 月，工业和信息化部、中央网信办联合发布《关于加快推动区块链技术应用和产业发展的指导意见》，聚力解决制约区块链技术应用和产业发展的关键问题，进一步夯实我国区块链发展基础，加快技术应用规模化，明确指出要建设具有世界先进水平的区块链产业生态体系，实现跨越式发展。

各地方政府对区块链技术的重视程度也进一步提升。统计结果显示，2021 年 1 月至 9 月，全国各地方共发布区块链相关政策多达 39 项，其中广东、山东、河北、北京等省份出台了区块链专项政策，浙江、陕西、上海等省份将区块链技术写入地方“十四五”规划，着力推进当地区块链产业体系健康发展。截至 2021 年 11 月底，我国各省、直辖市、自治区等地方政府共出台区块链产业发展及配套措施 554 项，产业政策环境持续利好发展。我国区块链政策数量统计如图 11.1 所示。

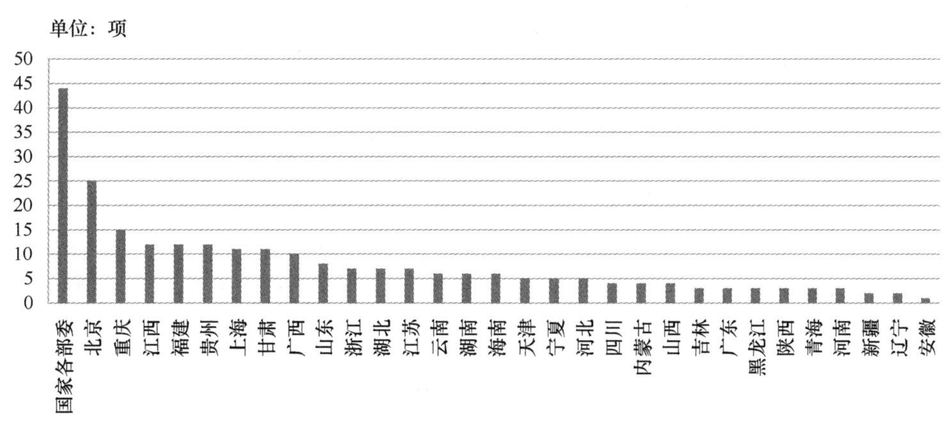

图11.1　我国区块链政策数量统计

资料来源：中国信息通信研究院，2021 年 9 月。

2021 年 9 月，中央网信办、中央宣传部等 17 个部门和单位组织开展国家区块链创新应用试点工作，试点主要包括综合性试点和特色领域试点两类，计划到 2023 年年底形成一批可复制、可推广的区块链创新应用典型案例和做法经验，进一步发挥区块链在促进数据共享、优化业务流程、降低运营成本、提升协同效率、建设可信体系等方面的作用，助力网络强国、数字中国建设。2021 年 12 月公示的 15 个综合性试点地区名单中，覆盖了我国东部、西部和中部的广大地区。创新应用试点工作对推动国产区块链技术创新发展，鼓励各行业、各地区加速培育形成区块链产业生态，提升我国区块链技术整体应用实践经验，构建多层次区块链产业梯队，优化区块链产业空间布局等方面具有重要意义。

11.2 发展现状

区块链作为底层信息技术，应用范围广，在实际落地中各地充分结合自身资源禀赋，因地制宜，开启区块链产业发展新阶段。截至 2021 年 9 月，我国共有区块链企业 1064 家。从企业分布来看，北京、广东、上海区块链企业数量居全国前三位，行业布局主要集中在金融、供应链金融、溯源等领域。从项目分布来看，中央网信办公布的 917 个区块链信息服务备案清单中，北京、广东、上海、浙江、江苏、山东等省份依旧保持领先。五批次备案区块链企业地区分布如图 11.2 所示。

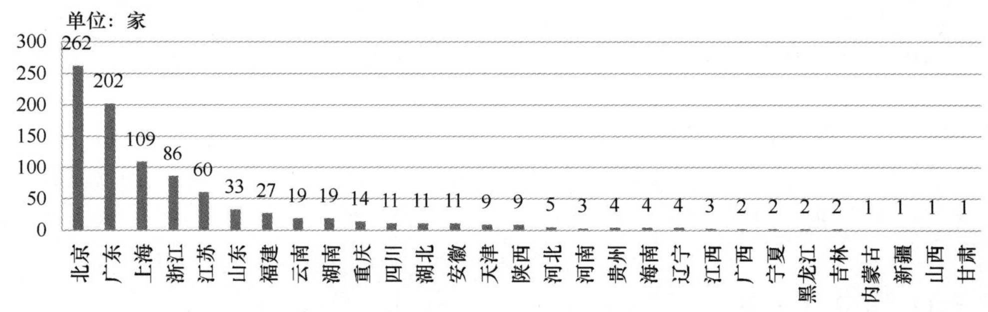

图11.2 五批次备案区块链企业地区分布

资料来源：中国信息通信研究院，2021 年 9 月。

应用覆盖范围不断拓展。近年来，我国区块链产业环境持续改善，区块链应用步入高速发展阶段。随着区块链技术和要素融合趋势的加强，其金融属性逐渐向多产业属性转化，区块链赋能数字经济的边界也在不断延展。区块链技术通过共享数据、流程和规则，以可信信息流为基础，能够实现数据要素的可信互联，促进参与主体之间的可信协作，目前已覆盖数字金融、电子政务、能源电力、公共服务等多个领域，各类行业应用纷纷涌现，产业生态蓬勃发展。五批次备案区块链企业技术及应用分布如图 11.3 所示。

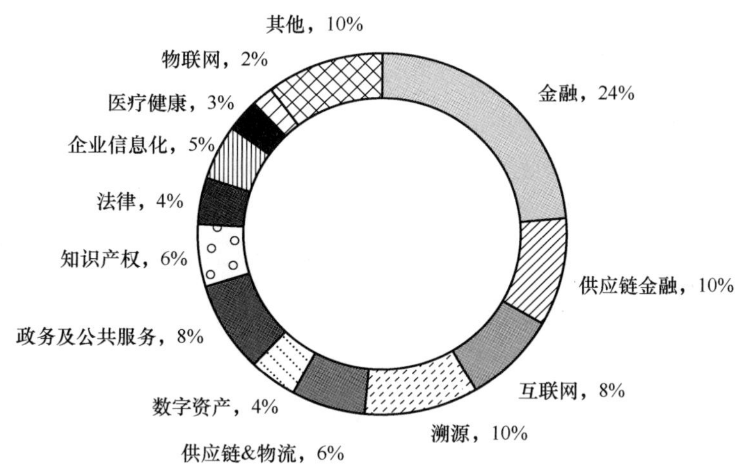

图11.3　五批次备案区块链企业技术及应用分布

资料来源：中国信息通信研究院，2021 年 9 月。

11.3　关键技术

区块链经过十余年的发展，其参考架构已趋于稳定，相关技术沿“高效、安全、便捷”持续演化。

1. 联盟链技术发展重视性能、弱化共识

当前，联盟链技术发展重视性能、弱化共识现象明显，导致联盟链存在向分布式数据库发展的趋势。在联盟链场景中，通常参与协作的多方之间有一定的信任基础，因此对异常情况下的共识容错能力需求不高。例如，拜占庭容错（Byzantine Fault Tolerance，BFT）、故障容错（Crash Fault Tolerance，CFT）等容错能力在部分链系统中支持能力不足。性能不足作为区块链系统的一个标签，已经引起行业的重点关注，甚至是恐慌性关注。例如，在部分应用实践中，实际个位数的每秒确认交易数（Confirmed Transactions Per Second，CTPS）并发量，却对底层链提出万级 CTPS 的性能要求。但区块链系统性能受限于去中心化程度、共识容错能力、密码算法等客观事实，使得部分链系统过分追求性能，而忽视了去中心化程度、共识容错、密码安全等问题，导致部分链系统逐渐趋向分布式数据库。

2. 异步共识算法或成共识优化方向

共识算法对区块链性能、安全和场景适应性具有重要影响。异步共识算法能够保证共识算法的安全性或活性指标不再依赖节点同步假设，能够容忍网络通信故障、抵抗拜占庭敌手针对网络的恶意攻击，是保障区块链在互联网环境下健壮运行的理想共识技术。目前，国内异步共识算法的赛道已获得诸多成果，代表有小飞象拜占庭容错算法（DumboBFT），它是中国科学院软件所张振峰团队与美国新泽西理工学院唐强团队共同提出的国际上首个完全实用的异步共识算法，遍布全球四大洲的 100 个共识节点的测试网络中，它的确认延迟时间为 24 秒，不到 HoneyBadgerBFT 的 1/20，交易吞吐量为每秒近 1.8 万笔，是“蜜獾算法”的 9 倍多。

3. 性能指标已成联盟链产品竞争热点

区块链诞生以来，性能问题始终是争论的焦点，公有链交易性能普遍为每秒数十笔，通信网络和共识算法是制约性能的主要因素。联盟链将使用范围缩小至特定用户组，在一定程度上减弱了去中心化的程度，因此性能获得了较大的提升。而且在小规模组网条件下（共识节点数小于 10 个），点对点（P2P）网络通信规模明显下降，联盟链性能扩展空间较大。中国信息通信研究院可信区块链性能评测显示，2021 年参测区块链产品平均 CTPS（每秒钟确认上链交易数）达 35531.6（见图 11.4），已远超公有链系统所能达到的水平，为区块链进一步深化应用提供了有力支撑。

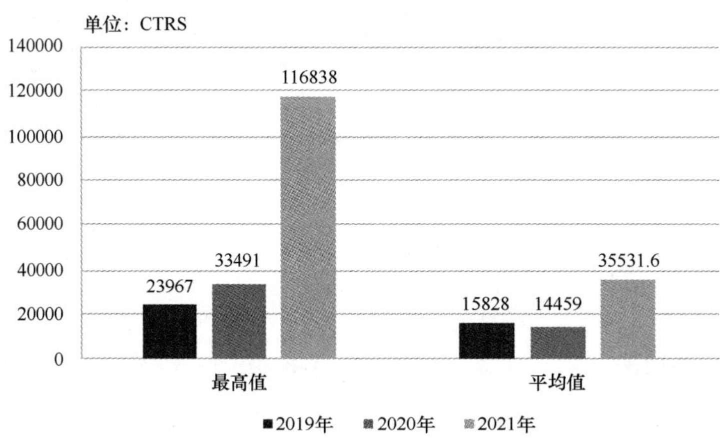

图11.4 2019—2020年可信区块链性能评测结果统计（4节点）

资料来源：中国信息通信研究院。

当前，区块链性能优化的主要思路包括交易并行执行、优化网络结构、减少数据传输、提升 IO 效率、改进共识算法、加速密码运算等方面。从整体资源占用情况来看，在实验室环境下多数系统达到性能高峰时，服务器的 CPU、内存、磁盘、网络等资源仍未充分利用，特别是 CPU 多核利用率不高、磁盘 IO 优化不足等，区块链系统性能仍存在提高空间。

4. 智能合约安全性持续增强

智能合约以区块链技术为基础，为大规模的企业级应用提供了可能性，主流区块链平台基于智能合约迸发出多种行业应用生态。目前，智能合约的应用仍存在安全漏洞、选型不规范、法律定位模糊、追责困难等问题。厂商从技术角度推出了诸多解决方案，以保证合约从编写、执行到异常处理等过程的安全性。

5. 链间互操作有望率先突破

区块链互操作包括应用层互操作、链间互操作和链下数据互操作 3 个方面。其中，链间互操作可以打破链级孤岛，实现不同链系统之间互联互通，其最新进展已成为行业共同关心的问题。

为解决链间互操作难题，不同主体持续进行研发探索，并形成了一系列解决方案，如 WeCross、BitXHub、ODATS、Cactus、Cosmos、Polkadot 等跨链项目，其主要技术路线包括哈希时间锁定、中继链、公证人、分布式私钥控制 4 类。其中，中继链采用“以链治链”的思路，以及使得中继链上不同参与方地位平等，便于快速达成协作共识及协作联盟推广的优势，已成为多数跨链方案的共性选择。以上跨链项目从技术层面验证了链间互操作的可行性，但现有方案在互通范围、效率及易用性方面仍有改进空间。

6. “区块链+隐私计算”赋能数据安全共享

区块链与隐私计算融合，保障数据流通全过程隐私安全，为实现数据价值共享提供了新的技术路径和解决思路。区块链为多方协作流程增信，可以解决资料来源可信、计算结果可追溯、可验证问题，隐私计算可以解决计算过程可信问题，实现数据可用不可见、用途可控可计量。二者相辅相成，既能保障数据全流程可验证、可追溯、可审计，还能有效防止数据免遭泄露。随着行业对数据可信可控共享的需求持续释放，区块链结合隐私计算技术将逐渐成为各行业数据流通的标配，解决多方协作过程中的信任和隐私问题。

11.4　行业应用及典型案例

我国企业、政府等实体依托联盟链，深挖实际需求，持续拓展区块链创新应用边界，不仅在多个行业领域成功实现应用落地，也在国家重点关注的新兴发展方向提供有力战略支撑。

1. 区块链助推智慧农业，打造数字兴农新模式

区块链正高效助力智慧农业领域，为我国“三农”的数字化、品牌化、现代化发展提供技术支持。2020 年 2 月，中央一号文件《中共中央 国务院关于抓好“三农”领域重点工作确保如期实现全面小康的意见》发布，区块链作为数字时代的前沿技术首次被写入中央一号文件。目前，区块链已逐步渗透到农业、农村、农民相关领域，并在农产品溯源、农业金融、农民精准扶贫等细分环节应用落地。政府侧，多地政府积极部署全面推进农业农村现代化，抢占区块链产业发展先机。2021 年 7 月，农业农村部信息中心牵头在山东省潍坊市开展“区块链+韭菜”试点。企业侧，腾讯、淘宝、京东等电商平台推出区块链数字助农战略。2021 年 8 月，腾讯安全发布战略新品“腾讯安心平台”，通过一物一码、区块链等技术，实现商品生产过程、流通过程、营销过程的全链路数字化管理，计划在未来 3 年挖掘甄选 100 个优秀原产地农产品品牌。

2.司法证据上链进度加快，可信存证助力法治中国建设

司法上链发展路径逐渐明晰，最高人民法院（以下简称“最高法”）强化顶层设计。最高法于 2018 年 9 月印发《关于互联网法院审理案件若干问题的规定》，首次认定链上数据可以作为司法采信的依据。2021 年 5 月，最高法发布的《人民法院在线诉讼规则》中进一步明确了基于区块链平台存储的电子证据的有效性判定规则。此外，最高法牵头搭建了“人民法院司法区块链统一平台”，以期实现电子数据全节点共识可见证、全链路安全可信、全流程留痕记录、数据难以篡改，解决诉讼实践中存证难、取证难、认证难、鉴证难等痛点，目前已应用至江苏、浙江、天津、河南等地方高级人民法院，以及中级人民法院、互联网法院等 30 余家司法单位，在线采集数据超过 1.8 亿条，处理存证业务 4300 万次。

司法存证应用逐步成熟，多地探索司法应用实践。杭州互联网法院于 2018 年 6 月支持了原告采用区块链作为存证方式并认定了对应的侵权事实，成为全国首例区块链存证在司法领域的落地实践。随后，杭州互联网法院于 2018 年 9 月上线了区块链司法系统，成为国内首家将区块链技术应用于司法案件定纷止争的互联网法院。截至 2021 年年底，已采集 20.19 亿条数据，为网上购物、网络服务、金融借款等引发的诉讼案件提供了重要支撑。区块链与司法的结合，强化了司法体系对电子证据存证、固证的能力，简化了取证、认证与质证过程，优化了线上诉讼处理流程，助力司法公开与智慧法院建设。

3. 区块链助力联防联控，开创科技防疫应用新局面

区块链打通疫情信息流，搭建起数据共享和信任传递链路。目前，区块链已逐步应用于疫情防控领域，主要在公共预警、溯源、身份互认等细分应用领域取得进展。公共预警领域，基于数据实时上链，可及时、快速地掌控疫情动态，打通医疗机构间的数据孤岛，实现医疗信息数据共享，提升疫情信息传达效率。例如，山大地纬推出的“济南疫情防控平台”已在济南实现应用落地，链飞科技推出的“区块链疫情监测平台”在全国开始推广应用。溯源领域，依托区块链从源头开始对全链条跟进追踪，严把物资质量，实现上链不可篡改，保证溯源数据可信。例如，蚂蚁集团、CityDo 联合推出的“防疫物资信息服务平台”已在浙江全省落地应用，北京微芯研究院推出的“北京冷链溯源平台”，以冷链食品为切入点实现了对疫情的高效精准防控。身份互认领域，基于区块链的可信身份信息管理，结合分布式身份标识和零知识证明等技术，可在确保身份信息可信的同时，避免数据泄露。例如，微众银行推出的“粤康码”已在广东全省 21 个地市推广开来，纸贵科技开发的“个人健康信息登记平台”已在西安实现落地，助力当地疫情防控。

4. 链上政务简化办事流程，助力政务服务数字化

政府率先提供政务区块链应用场景，开辟区块链创新试验田，驱动政务服务应用落地。当前，越来越多的政府部门看到了区块链技术在政务方面的价值，率先提供政务服务的应用场景，作为区块链应用的需求方，对接企业进行各类型政务系统的建设，驱动区块链在政务及公共服务领域的落地，成为创新的试验田。各级政府既包容试错又指导建设，在有序竞争中为区块链技术产业打开广阔的应用空间。在事项管理应用场景中，济南政务区块链平台“泉城链”借助区块链技术实现政务数据的链上可信流转，实现了“一窗受理、一网通办、一次办成”政务服务，“一次办成政务服务”累计开办企业 17076 家，实现企业开办最短用时 35 分钟，平均开办时长 114 分钟，比承诺时间压缩 75%以上，群众提交材料数量平均减少 61%，大幅压缩了业务办理时间，减少了材料提交数量，真正做到让数据多跑路，让群众少跑腿。在电子证照应用场景中，“赣服通”是全国首个全省统一的“区块链+政务服务”基础平台，实现了全国首批电子证照上链运行，以及授权记录随时可查、用证记录全程可追溯，在户政、交管、卫健、医疗、社保等 56 项全省性服务领域可实现“区块链+电子证照+无证办理”，用户只需刷脸认证，无须再提交任何材料，在建筑工程、交通运输、户政交管、农林牧渔、卫生医疗等领域 116 个省级事项实现不见面审批，提升了部门之间的协同效率，赋能政务服务便捷化。政府通过释放更多公共职能，赋能政务服务便捷化，推进数字政府建设。

5. 区块链赋能“双碳”战略，推动绿色可持续发展

建立完整的碳足迹追溯体系和透明的碳交易市场机制是实现碳达峰、碳中和目标的有力抓手。区块链具有不可篡改、全程可溯的技术特性，能够有效支撑碳足迹全生命周期的可信记录、碳排放全要素的可信流转，可以为碳交易提供更安全、更高效、更经济的市场环境，以及可视、可信、可靠的监管环境。北京电力交易中心和国网电商公司等建设的区块链“绿电”交易平台，将参与交易电厂发电数据、“绿电”交易数据、所有场馆用电数据接入区块链，实现全流程溯源，为 2022 年北京冬季奥运会 100%使用“绿电”提供可视、可信、可靠证明。依托可信碳排放数据和碳交易，也将培育碳金融模式创新，形成覆盖生产端、流通端的碳普惠机制，为我国“双碳”目标顺利实现提供有力支撑。国家电网积极探索“区块链+碳交易”模式，以期建成可信区块链碳排放权管控及交易支撑平台，旨在实现碳交易全生命周期溯源管理，解决碳交易多主体身份认证效率低、数据确权难等问题，并保障碳交易数据可信共享，提升业务效率。

11.5　发展挑战

区块链技术在多个行业领域的应用已经取得了一些进展，但是仍然存在诸多困难和挑战，限制了应用的深入发展。

一是场景选择仍不明确。区块链应用主要面向由多个参与方组成的联盟业务，如何结合联盟业务开展情况，从众多的场景中选择适合使用区块链技术的应用场景，尚有一定门槛。

二是分散建设缺乏整体规划。由于缺乏顶层规划，各行业主体、各地方正在分别建设区块链应用，导致平台重复建设、过度投资，引发业务碎片化等潜在风险，易形成新的“数据孤岛”和“价值孤岛”。

三是数据开放体系有待完善。数据分级分类体系尚未成熟，多方协作场景下，如何确定共享数据的范围、保障共享数据的权责、保证共享数据的安全，仍是难点。

四是跨链互通亟须解决。不同区块链系统采用的数据结构、加密算法、共识机制等技术不尽相同，导致各地的区块链系统之间的数据难互通、信息难交互、身份难识别。

五是技术瓶颈有待突破。随着区块链系统中业务量的快速增长，对于并发量要求高、存证信息多的应用场景，系统延迟交易、吞吐量低等性能问题凸显。

六是区块链治理与监管挑战。随着区块链系统在行业应用中的不断普及和发展，行业监管同区块链隐私保护间的矛盾也逐渐凸显。在实现区块链隐私保护的同时，提供对交易内容的监管、实现监管机构对数据传输的全程可追溯和审计、面向跨链体系的治理与监管技术、面向联盟链以链治链分布式监管技术等方面亟须突破。

七是行业标准引领水平有待增强。现阶段，我国区块链行业标准较多聚焦于国内标准，在国际标准上存在一定欠缺，同时标准多集中于应用侧，在底层技术端略显不足，行业标准丰富度与覆盖范围有待拓宽。

撰稿：张奕卉、庞伟伟、康宸
审校：李勇

第 12 章　2021 年中国互联网泛终端发展状况

12.1　智能手机

1. 发展现状

中国信息通信研究院于 2022 年 1 月发布的《2021 年国内手机市场运行分析报告》显示，2021 年我国国内手机市场总体出货量累计达 3.507 亿部，同比增长 13.9%。其中，5G 手机出货量 2.66 亿部，同比增长 63.5%，占同期手机出货量的 75.9%。2021 年国内手机市场出货量及 5G 手机占比如图 12.1 所示。

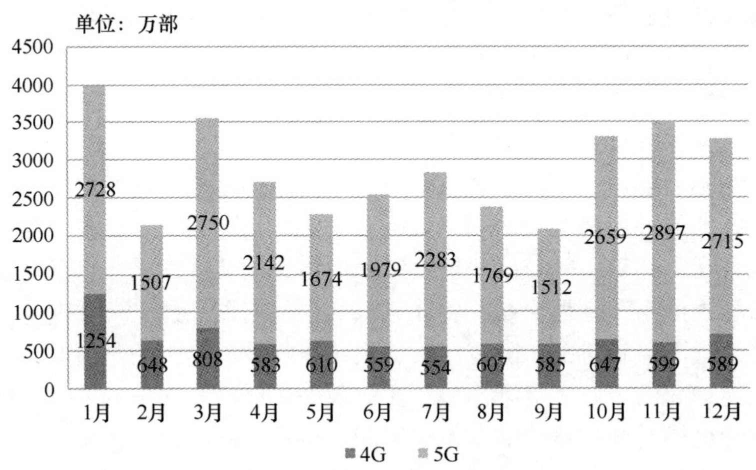

图12.1　2021年国内手机市场出货量及5G手机占比

资料来源：CAICT《2021 年国内手机市场运行分析报告》。

2021 年，国内市场上市新机型累计 483 款，同比增长 4.3%，其中 5G 手机 227 款（2021 年国内手机上市新机机型数量及 5G 机型数量占比详见图 12.2），同比增长 0.9%，占同期手机上市新机型数量的 47.0%。相比 2019 年，国内手机市场全年上市新机型 573 款，2020 年国内手机市场全年上市新机型为 462 款。2021 年有小幅增长，终端类型更加丰富。

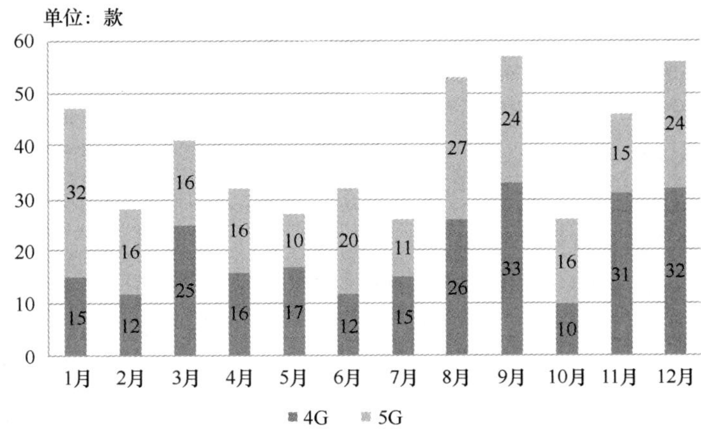

图12.2　2021年国内手机上市新机型数量及5G机型数量占比

资料来源：CAICT《2021 年国内手机市场运行分析报告》。

关于 5G 在行业中的应用，5G 行业终端是连接网络基础设施和行业应用的桥梁，而 5G 行业模组是实现终端设备入网的重要载体。行业模组是未来 5G 市场发展的新蓝海市场，据麦肯锡的研究预测，2025 年 5G 物联网模块的销量将接近 2800 万个，到 2030 年销量将达到 2.5 亿个。

在品牌构成方面，2021 年全年，国产品牌手机出货量为 3.04 亿部，同比增长 12.6%，占同期手机出货量的 86.6%；上市新机型累计 438 款，同比增长 6.3%，占同期手机上市新机型数量的 90.7%。此外，国际数据公司 IDC 在 2022 年 2 月公布的手机市场跟踪报告显示，2021 年中国智能手机市场出货量排名前 5 位的厂商分别为：vivo、OPPO、小米、苹果和荣耀（见图 12.3）。华为因为芯片、Google GMS 服务等限制影响，手机总体出货量和市场占有率下降。

厂商	2021年 全年出货量 （百万台）	2021年 全年 市场份额	2020年 全年出货量 （百万台）	2020年 全年市场份额	同比增幅
1.vivo	71.0	21.5%	57.5	17.7%	23.3%
2.OPPO	67. 1	20.4%	56.7	17.4%	18.3%
3.小米	51.1	15.5%	39.0	12.0%	31.0%
4.苹果	50.3	15.3%	36.1	11.1%	39.5%
5.荣耀	38.6	11.7%	36.8	11.3%	4.9%
其他	51.3	15.6%	99.6	30.6%	-48.5%
合计	329.3	100.0%	325.7	100.0%	1.1%

注：数据为初版，存在变化可能；数据均为四舍五入后取值

图12.3　2021年中国智能手机市场出货量排名前5位的厂商出货量数据

资料来源：IDC 中国季度手机市场跟踪报告，2021 年第四季度。

2. 关键技术

芯片：国际分析公司 Counterpoint 公布的数据显示，因为全球 5G 智能手机需求的快速增长，2021 年全球智能手机 AP（应用处理器）/SoC 芯片出货量同比增长 3%。联发科以 37%

的份额引领全球智能手机芯片组（SoC）市场，而高通则以 30%的份额引领全球 5G 智能手机芯片组（SoC）市场。2021 年，7nm、6nm、5nm 工艺芯片占智能手机出货量的近一半。在 4G 智能手机方面，台积电和三星的 11nm、12nm、14nm 制程工艺产能在 2021 年持续提供服务于主流 4G LTE 的芯片组。

屏幕：2021 年，大部分智能手机都使用了 OLED 屏幕，这种屏幕有很多优点，如激发亮度高、对比度高、屏幕厚度更薄等。除一些中低端手机仍在使用 LCD 屏幕作为手机屏幕外，LCD 屏幕已不再是主流手机的标配。据安兔兔公布的 2021 年用户偏好榜显示，6.6 英寸屏幕及显示屏分辨率 1080P 是最受用户青睐的屏幕主流尺寸和分辨率。在手机创新方面，折叠屏被视为手机创新的新突破口，手机厂商也集中押注该产品方向。2021 年，除之前较早推出折叠屏机型的华为、三星、小米等品牌进行了产品更新外，OPPO、荣耀等品牌也相继进入折叠屏市场。三星是业内最大的 AMOLED 屏幕供应商，市面上大多数折叠屏手机上都是三星提供的 AMOLED 柔性屏。目前，国内布局柔性 AMOLED 的企业主要有京东方、维信诺、深天马、柔宇科技、TCL 科技旗下华星光电。从手机行业整体来看，折叠屏手机仍属于小众市场。

操作系统：头豹研究院发布的《2021 年中国手机操作系统行业研究报告》显示，目前我国主流手机操作系统可分为开放型平台和封闭型平台，具有代表性的系统是 Android 系统、iOS 和鸿蒙系统（Harmony OS）。当前，我国主要使用 Android 系统的手机终端厂商分别为华为、OPPO、vivo、小米和荣耀。由于芯片封锁及 Google 停止向华为手机提供 GMS 服务，导致华为手机的销量下滑。2019 年 8 月，随着华为鸿蒙系统的正式加入，标志着新一轮手机操作系统市场的角逐拉开帷幕。华为在 2021 年 12 月冬季新品发布会上正式宣布搭载 HarmonyOS 2.0 的华为设备数超过 2.2 亿台。

3. 行业应用

在垂直行业应用领域，基于 5G 的快速发展，工业和信息化部统计数据显示，截至 2021 年年底，我国累计建成并开通 5G 基站 142.5 万个，全年新建 5G 基站超过 65 万个。据中国信息通信研究院 2022 年 1 月发布的数据，2021 年我国 5G 手机出货量 2.66 亿部，同比增长 63.5%。

结合 5G 技术的核心技术特性，5G 手机终端及配套解决方案与各个行业不断融合，一些极具先导性行业的重要场景，如港口、矿山、方舱医院、工厂已经率先进入了规模化应用和批量复制阶段。而有些领域正在进行适配和磨合，如物流运输、无人驾驶、智慧园区、文娱等场景。随着重点行业对 5G 技术及 5G 手机终端的应用场景逐渐清晰，以及技术和产业不断成熟梯次落地，逐步丰富。相信 5G 手机伴随 5G 技术将应用到更多行业领域，助力传统行业实现数字化转型和产业升级。

4. 发展挑战

芯片：全球芯片短缺已成为半导体行业亟待解决的问题，它不仅涉及供应侧芯片代工厂商的产能和扩厂计划，更关系着广大手机、家电和新能源汽车企业需求端的产品研发和销售。2021 年芯片短缺的原因有以下几方面：首先，部分芯片企业在新冠肺炎疫情暴发时主动缩减生产规模，出于安全性考虑，在疫情期间关闭了工厂，导致产量大幅下降。其次，供应链中断对产能进一步造成阻碍，如全球半导体短缺对手机、电子产品、家电和汽车等消费品造成重大影响。再次，全球航运业经历了集装箱短缺、苏伊士运河“塞船”和港口拥堵等问题，运输速度减缓，运输成本大幅增加。另外，为应对新冠肺炎疫情检测，医疗专用检测设备对芯片需求的加大及智能汽车产业对芯片需求的加大，也相对增加了芯片供应的压力，对手机芯片供应产生了一定影响。

屏幕：虽然市面上的折叠手机越来越多，但是折叠手机还有很多技术升级需要突破，如折叠次数、折痕处理、铰链技术、面板柔韧性等。当前，折叠屏行业成熟度还远远不够。无论是内折、外折还是上下翻盖的折叠屏手机，都带着良品率低、折痕明显、闭合有缝隙、配套生态不完善等瑕疵，“高价”“缺货”亦始终是与折叠屏手机关联的高频词汇。

用户体验：由于创新乏力，同质化的外观、操作界面、交互方式，使得用户对于手机的使用缺少新鲜感和新奇感。全面屏手机和折叠屏手机的发布虽然给用户带来了创新的操作体验，但因为价格偏高，目前还未能被主流消费者群体接受。

价格：受到新冠肺炎疫情对全球供应链的影响，核心元器件价格的升高也推动手机价格逐步提高。据 Counterpoint 的数据显示，中国市场手机的平均售价已由 1500～2000 元价位上涨到 2700～3000 元价位。当前的手机在性能、配置等方面的整体提升，使得手机的使用寿命持续增长，间接促使换机动力进一步减弱，换机周期变得更长。

12.2　可穿戴设备

1. 发展现状

根据 IDC 发布的《中国可穿戴设备市场季度跟踪报告，2021 年第四季度》，2021 年中国可穿戴市场出货量近 1.4 亿台，同比增长 25.4%。从细分市场看，智能手表、智能手环和智能耳机仍为出货量占比最高的 3 类终端，其他形态的终端包括智能眼镜、智能服装、指环、纽扣状防丢器等。在垂类方面，主要包括儿童手表、健康监测手表和老年人可穿戴设备等。

智能手表：2021 年，中国智能手表市场出货量为 3956 万台，同比增长 21.4%。其中，成人手表为 2013 万台，同比增长 31.0%。2021 年以实时操作系统（Real-Time Operating System，RTOS）为代表的轻智能手表发展迅速，对手表市场发展起到重要推动作用；智能手表市场整体上仍然由苹果、华为和三星领跑。儿童手表出货量为1943 万台，同比增长12.8%；相较于 2020 年，儿童手表市场具有明显复苏迹象，但依然面临潜在用户基数增长放缓和技术创新缓慢、产品同质化等挑战。

智能手环：2021 年，中国智能手环市场出货量为 1910 万台，同比下降 26.3%。受到厂商策略、市场需求及价格上浮等方面因素影响，智能手环市场出现显著下滑。2020—2021 年智能手环市场平均价格从 27 美元涨到 34 美元。智能手环市场需求不仅受到价格上涨影响，还受到佩戴功能有限的抑制，厂商在可穿戴设备的产品策略上也逐渐向具有更高用户留存能力和利润的智能手表类产品倾斜。部分定位低端市场的智能手表产品，价格上已靠近智能手环价格，势必会对智能手环市场产生影响。

智能耳戴设备：2021 年，中国智能耳戴设备市场出货量为 7898 万台，同比增长 55.4%。随着智能语音交互、健康监测、骨传导和助听等功能不断发展和完善，蓝牙耳机设备的智能化进程推动了智能耳戴设备的快速发展；智能耳戴设备市场在受到入门级市场极大推动的同时，也在通过提升产品品质逐渐向中端市场拓展，该趋势在线上市场尤其明显。各大手机企业积极布局智能耳戴设备市场，已经对传统音频品牌企业构成严重的市场威胁。

2. 关键技术

智慧物联网（AIoT）：人工智能（AI）技术利用各种传感器发送的数据流，通过准确的分析与详细显示，判断佩戴者的运动状态与身体状况，并给用户提供健康建议。通过 AI 技术可以系统地集成不同应用和自然环境中各种类型活动的个人行为特征，从而驱动系统软件提高智能终端的输出精度。由于运动场景对计算能力需求具有特殊性，同时受限于无线通信技术、功耗、续航能力和发热等问题，具备独立计算能力和一定的存储能力的新型智能可穿戴设备成为与 AIoT 技术融合下的新的产品形态，这也意味着 AI 技术系统软件应该运行在微处理器上，而不是运行在传统的 AI 技术图形控制单元（GPU）上，也不再需要传输到云上，从而降低成本，并保护用户的隐私数据。

电池：为了收集佩戴对象的运动体征数据，智能可穿戴设备必须持续戴在身上，因此，它们必须小巧而舒适并能长时间连续工作。如何为这些设备供电成为一个关键问题，理想的情况是，可穿戴设备可以直接从所处的环境中或通过机械运动获得能量以此保持长期待机。虽然厂商已在降低功耗和改善能量采集上取得了很大进步，但距离实际所需仍有较大差距。目前，用于智能可穿戴设备的电池主要有锂离子电池、能量收集器、薄膜电池、石墨烯电池 4 类。其中，石墨烯电池被认为是当前所有电池类型中能量密度最高、电量存储能力最强的电池，目前仍处于开发阶段。另外，为了支持柔性屏幕在可穿戴设备上的使用，柔性可穿戴光伏电池、可拉伸电池也在研发中。

人机交互：智能可穿戴设备由于屏幕尺寸和佩戴方式受限，其交互方式成为使用体验的关键因素。由于智能可穿戴设备与日常生活关联紧密，人机交互频率高，更需要关注用户在日常使用中的便利性，目前基于语音识别技术和语音合成的语音用户界面逐渐被广泛应用，除此之外，眼控交互、体感交互、骨传导交互和脑波交互技术等也受到关注。

无线通信技术：主流的智能可穿戴设备仍依赖手机进行数据接收和分析，智能可穿戴设备作为一种基于移动互联网传输且具有高性能、低功耗特点的智能终端，主要依靠以蓝牙、NFC、RFID、WLAN 为代表的短距离通信技术，进行用户之间、智能可穿戴设备与其他便携式电子设备间的数据通信和信息共享。由于 NFC 具有短距离、高频、非接触式、点对点的技术特征，被广泛应用于移动支付，因此更多的手环、手表集成 NFC 芯片。近期，蓝牙技术联盟（SIG）推出了低功耗蓝牙（BLE）技术，并将其作为功耗最低的短距离无线通信标准，其低数据速率的技术特性，理想适用于只需要交换状态信息的应用。BLE 协议能够在固定时间间隔内突发地传送简短信息，在不发送信息时主机处于低功耗模式，因此将成为未来智能可穿戴设备通信的首选。

3. 行业应用

医疗：智能可穿戴设备被广泛应用于医疗领域，目前，医用级智能可穿戴设备主要包括慢性病监测和干预治疗两类。与消费级智能可穿戴设备相比，慢病监测类智能可穿戴设备更聚焦某一种特定慢性病，具备相对专业的监测数据和预警能力，可以满足部分慢性病患者的日常医疗需求，但更多仍是扮演健康管家的角色。关于干预治疗类智能可穿戴设备，早在 10 年前，智能硬件初创企业和部分医疗器械厂商就以血压、血糖、心率等慢性病治疗领域为切入点，研发出间歇式震颤监测系统、人工胰腺系统等，帮助人们缩短诊疗流程，节省医疗成本。当前，该类设备已经延展到术后康复监测、人体运动健康（关节活动）监测等应用中。

养老：我国的人口老龄化问题日益严重，智慧养老成为家庭和社区对老年人进行保护的重要方向。智能可穿戴设备是养老服务的重要入口，除健康监测外，智能可穿戴设备可以为居家或外出的老年人提供定位跟踪、紧急呼叫、日常生活照料等服务。

4. 发展挑战

我国智能可穿戴设备领域面临的挑战如下。

功耗方面：智能可穿戴设备需要携带无感，产品功能和算力也需要再强化，实现低功耗、长续航是穿戴产品的元器件供应商的重要研发方向之一。随着穿戴设备功能越来越强大，耗电速度也在增加，而且穿戴设备技术进步速度远快于电池技术，在电池技术没有革命性的突破前，若需要较长的待机和使用时间，那么如何实现尽可能低的系统功耗是面临的主要技术挑战。

产品集成度方面：随着穿戴产品内置的智能化功能越来越丰富，产品设计的体积空间、电源的功耗都面临着较大挑战。目前，智能穿戴产品已朝体积小、质量轻方向发展，特别是针对真无线蓝牙耳机（TWS）行业，整个产品的体积空间很小，导致组装难度进一步加剧。

新冠肺炎疫情对供应链的影响方面：受到新冠肺炎疫情的影响，工人复工速度减缓，而且关键元器件的物流运输受到影响，导致芯片、IC 元器件面临断供或严重供应不足的风险。

佩戴体验方面：由于当前导电纤维的耐用和耐水洗性问题尚未解决，如何在加入导电线的同时保证织物弹性、舒适、耐汗、耐磨损的性能仍是一个挑战。

12.3 智能家居

1. 发展现状

根据 IDC 于 2022 年 3 月发布的《中国智能家居设备市场季度跟踪报告，2021 年第四季度》，2021 年中国智能家居设备市场出货量超过 2.2 亿台，同比增长 9.2%。当前，中国智能家居设备市场处于需求和技术交织发展及不断的优化中。随着我国消费者生活水平的不断提升和对智能家居认知度的提高，在智能家居领域与 AIoT 技术紧密融合的智能化单品和全屋智能解决方案均迎来了广阔发展前景。IDC 预计，2022 年中国智能家居设备市场出货量将突破 2.6 亿台，同比增长 17.1%。

2021 年，中国智能家居市场出货量最高的单品品类为：智能灯、智能门锁、智能摄像头、智能大家电、智能音响、智能大屏和智能小家电等。集成类产品包括家庭自动化设备、智能灯泡、智能温控、智能插座等。随着边缘计算和 AI 芯片在全屋智能和智慧社区的场景中被广泛应用，更多的新型终端和解决方案被应用。

2. 关键技术

AIoT 技术：目前，智能家居行业从终端产品到传感器均已实现了物联化，随着 AI 技术的加速渗透，AI 与 IoT 相互融合，通过物联网产生、收集来自不同维度的、海量的数据存储于云端、边缘端，再通过大数据分析，以及更高形式的人工智能，可实现对室内活动的人的需求的预测和预判，并及时作出反馈。AIoT 是目前智能家居和家电企业最重要的技术发展方向之一，AIoT 作为一种新的 IoT 应用形态存在，与传统 IoT 的区别在于，传统 IoT 是通过有线和无线网络，实现物–物、人–物之间的相互连接，而 AIoT 不仅实现设备和场景间的互联互通，还要实现物–物、人–物、物–人、人–物–服务之间的连接和数据的互通，以及人工智能技术对物联网的赋能，进而实现万物之间的相互融合。

短距离通信技术：无线网络（WLAN）在智能家居的多种场景中得以广泛应用，无线通信协议是智能家居领域的关键技术，是连接设备、实现信息传输的通道，是实现智能产品之间互联互通互控与协同的“桥梁”，已经渗透到全屋智能的各类传感器、智能终端产品中。目前，行业中应用比较广泛的短距离无线通信技术中，以 WiFi、Bluetooth、ZigBee、NFC 和 RFID 的应用最为广泛，适用于不同的智能家居产品。目前，WiFi 已经发展到了第七代 802.11be。

边缘计算：随着全屋智能的普及，在家中、办公室中的联网终端和传感器越来越多，为了进一步提升设备和传感器的响应速度，减少计算对带宽的压力，边缘计算及相关联的 AI 芯片、云边协同技术的重要性得到凸显。边缘计算在全屋智能中的关键作用是，将计算转移到边缘设备侧，提升本地的生产力，不需要上云的命令，在边缘侧执行。其中，AI 芯片可通过对人工智能算法进行特殊的加速设计处理，使得算法能够直接在边缘设备上准确、实时地输出结果。AI 芯片的发展极大地促进了边缘终端设备的发展，推动了数据采集手段的增加及计算能力的极大提升，对用户的使用信息和隐私数据的采集大为减少。

3. 行业应用

养老产业：随着出生率的降低和老年人口的逐年增多，中国人口逐步迈入重度老龄化是摆在我们所有人面前的严峻课题。2021 年 10 月底，工业和信息化部、民政部、国家卫生计生委 3 个部门联合发布的《智慧健康养老产业发展行动计划（2017—2020 年）》对数字化技术如何应用在家居和社区场景指出了方向：“智慧健康养老利用物联网、云计算、大数据、智能硬件等新一代信息技术产品，能够实现个人、家庭、社区、机构与健康养老资源的有效对接和优化配置，推动健康养老服务智慧化升级，提升健康养老服务质量效率水平。”

当前，我国养老护理机构严重不足和服务水平参差不齐严重影响着老年人、残疾人的生活质量。随着科技的进步，越来越多的智能家居产品和智能化的生活方式正在逐步走进家庭生活中，协助未失能老年人、协助子女照顾、看护半失能或失能老年人，让他们的生活变得安全、简单、自主、有尊严。中国信息通信研究院泰尔终端实验室从 2021 年开始，推动移动终端适老化技术要求和移动终端适老化测试方法的制定，引领头部家电、手机企业，针对老年人的生理特征和使用习惯，有针对性地对带屏智能终端和 App 的交互界面布局、操控方式、AI 交互方式进行改进，以适应老年人视力、听力、认知能力和运动能力的变化。

智慧酒店：酒店的智慧化升级主要体现在客房的智慧化方面，通过智能网关实现对室内智能灯光、窗帘、电视、音箱等智能化设备的管理，为用户提供便捷的居住体验。通过智能门锁的使用，酒店可以方便地进行管理和维护，也可以方便地向预订客房的用户分发密钥。后疫情时代，酒店通过使用无人柜机、接待机器人等无接触式智能设备，为客人提供了全新的酒店入住体验，而智能门锁的规模使用不仅提升了酒店的科技感，还使得酒店便于对客房进行管理。

智慧办公：在新冠肺炎疫情肆虐期间，居家办公成为常态。通过各种新式智能终端参加远程会议成为很多职场人士的必选项，支持 WiFi 6 的智能无线路由器、智慧大屏、会议系统、智慧白板等被大量采购，随着疫情的缓解，很多会议也陆续"搬到"了线上举行，在提升办公效率的同时还降低了差旅成本。

4. 发展挑战

互联互通：智能家居行业尚不能实现跨平台、跨终端的互联互通，行业标准仍待统一。经过了十多年的快速发展，智能家居行业的通信协议间不统一的问题依旧存在，这也是困扰不同品牌家电产品之间实现互联互通的主要问题，虽然技术上可以通过中转设备，如网关及云平台来解决设备间互联的问题，但用户体验欠佳，而且操作、配置较为麻烦。面临互联互通的问题，国际上由 ZigBee 联盟和 Google、苹果、亚马逊联合成立了 CHIP（现名 Matter）来推动智能家居连接标准制定，Matter 协议支持以太网、WiFi 和 Thread 共 3 种底层通信协议，并且可以让不同协议的智能家居设备互相通信。国内，在工业和信息化部的指导和支持下，由中国信息通信研究院等几十家行业头部研究机构、企业发起成立了开放智联联盟（OLA），致力于制定万物智联的相应标准，实现与全球标准互认互通，促进相关科技和产业的安全发展等。

安全防护：在智能家居中涉及的安全问题主要包括数据安全（用户使用习惯数据、个人生物信息等）和设备安全两部分。随着 WiFi 的普及，越来越多的传感器和智能设备被连接到网络中，用户在享受科技服务的同时，也面临个人生活习惯信息、生物信息被过度采集的风险。而且随着接入网络的传感器和终端数量增多，容易被攻击的网络节点越来越多，具备摄像头功能的设备是重点被入侵的对象，对个人信息形成了很大的风险。

12.4　智能机器人

1. 发展现状

根据 IDC 于 2020 年 4 月更新的《IDC 全球机器人与无人机支出指南》，中国是全球最大的机器人（含无人机）市场，2021 年，中国机器人与无人机市场规模超过 600 亿美元，预计到 2024 年，规模将超过 1200 亿美元。在 2021—2024 年的预测期内，机器人将是两大类别中支出较高的，但无人机市场的增速比机器人市场要快。

2020 年以来，随着新冠肺炎疫情对各行各业的持续影响，对无接触配送、消杀测温等各类型号服务机器人的需求快速提升；另外，随着我国人口老龄化趋势加速，人力成本上涨，直接推动了服务机器人市场的快速增长和对各行各业的渗透速度加快。在技术方面，即时定位与地图构建以下（以下简称 SLAM）、毫米波雷达、人工智能等技术的助力，使得服务机器人可以服务更多垂直行业和应用场景。

2021 年中国服务机器人产量统计情况如图 12.4 所示。其中，1—2 月中国服务机器人累计产量 95.63 万套，同比增长 132.3%；3—6 月中国服务机器人产量每月都维持在 70 万套以上；7 月跌破 60 万套，8 月服务机器人行业开始回暖，产量稳步提升，12 月产量突破了 90 万套。

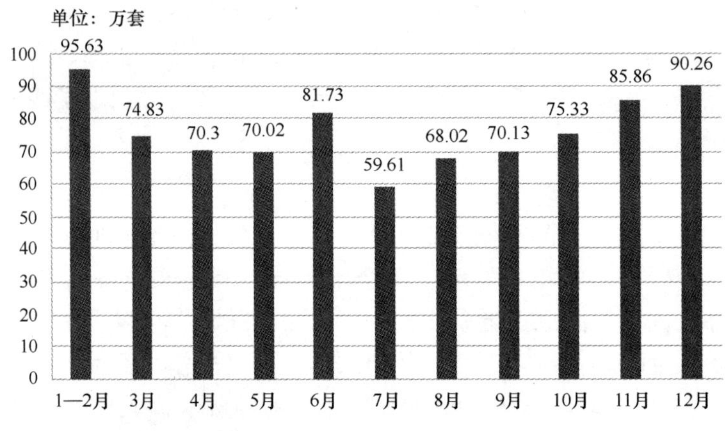

图12.4　2021年中国服务机器人产量统计情况

近两年来，商用服务机器人出货、投融资领域都呈现较热状态，相比前些年百台级别的年出货量，主要厂商出货量开始呈翻倍式快速增长，部分厂商的年出货量达到数千台，累计出货量超过 1 万台。领先服务机器人创业企业的融资也已达到 C 轮级别，部分厂商融资已经超过 10 亿元。

2. 关键技术

服务机器人的关键技术主要涉及定位导航技术、人机交互与识别和运动控制。

定位导航技术：定位导航技术是实现机器人智能行走的前提，是协助机器人实现自主定位、建立地图、路径规划和避障的基础能力。激光雷达是实现机器人自主移动的重要传感器，通过激光雷达来帮助机器人对周围环境进行扫描，并配合相应的 AI 算法，构建环境地图数据，完成运算，实现机器人的自主定位和导航。在机器人定位导航技术中，主要涉及激光 SLAM 及视觉 SLAM。

人机交互与识别：人机交互与识别即人和机器人在进行交互的时候，通过语音语义、手势动作、视觉、屏幕等方式来控制机器人按照用户的意图完成任务。友好的人机交互方式是实现人机互动的重要前提。当用户发出语音指令后，机器人通过麦克风接收声音，通过语音识别技术（ASR）把声学语音转换为服务机器人能够识别的文字、字母信息。用户与机器人交流得越多，意味着有更多的语音指令用来训练机器人的声学模型和语言模型，以提升识别的准确率。

运动控制：运动控制是提升机器人性能的关键因素，服务机器人的运动控制方式比较多样化，主要包括位置控制、速度控制、加速度控制、转矩和力矩控制等。在机器人内部，运动控制主要由运控模块来实现，运动模块包含步态与非步态移动两种。运动控制按照动力实现方式不同，又可分为电机传动、气动传动和液压传动。电机控制机器人主要应用在移动机器人平台和小型机器人平台。而中型和重型机器人则使用液压和电机的混合应用方式进行运动控制。

3. 行业应用

随着 AIoT、边缘计算等技术的快速发展，加之“用工荒、招工难、用工贵”等人力短缺问题日益严峻和疫情期间“非接触式服务”需求的推动，服务机器人产业迎来了一个快速发展的阶段，开始频繁出现在餐饮配送、医院消杀、酒店导引、园区巡检、景点介绍等场景中，正快速改变着人们的生活方式。在疫情期间，为了尽可能地阻隔“人传人”，服务机器人被大量应用，智能接待、无人配送、无人零售等需求增加，为接待机器人、物流机器人、新零售机器人等服务机器人带来新的发展机遇。

医院：疫情间接推动了机器人的规模应用，为缓解病区医护人员严重不足的情况，医院已规模化使用消杀机器人和配送机器人。以配送机器人为例，平均每台机器人可为 20 个病房提供免接触式配送服务。当隔离区的病患提出送药、送餐或其他物品的需求后，医护人员把物品放到配送机器人上，机器人可以自行前往病房门口。配送机器人还支持语音交互，当患者听到机器人语音后即可领取物品，无须与机器人接触。完成配送后，机器人会自动回到护士站的充电桩，经消毒后可继续执行配送任务。

其他公共场景：服务机器人具备路径规划、自主运动及人机交互能力，提供问询、引导、巡检、配送、清洁等服务。根据不同应用场景、应用环境、运动方式和被服务行业的特点提供服务，除医院外，服务机器人还被规模应用于车站、港口、机场、酒店、场馆等公共环境区域。

家用：随着技术的发展和智能终端产品价格的降低，家用机器人逐渐成为数字家庭的主要成员。按应用场景和用途的不同，家用机器人可分为清扫类机器人、陪护类机器人、娱乐机器人、厨师机器人、搬运机器人和静止机器人（智能音箱）等。目前，应用在家中的智能机器人属于弱人工智能机器人，仅能处理非常有限的计算需求。随着老龄人口的不断增长，护工、养老机构等养老资源匮乏，在实际应用中，养老服务智能机器人除了可以配合护工对老年人进行智能看护、帮助老年人和远方的亲人视频互动等，还可以完成基本的食物药物配送、安全巡视等工作。

4. 发展挑战

尽管服务机器人市场发展迅速，但市场发展仍存在诸多挑战。

产品方面，整体市场呈现大而不强的局面，产品同质化、低端化严重，个性化服务的产品稀缺。

市场方面，一些机器人企业通过低价补贴的方式实现了大规模出货，但自身收入和盈利情况仍有待改善。在一二线城市，一些服务机器人的应用场景已实现了较高的渗透，但向更下沉的三四线城市的推广速度则不及预期。

技术方面，在核心技术的原创性和创新性方面严重缺乏，运动的精确控制、机电一体化技术、多传感器信息融合与智能控制、精密减速器和伺服驱动器等核心部件、加工装配工艺等技术与国外领先产品仍存在较大差距，长期依赖进口。另外，因为与服务机器人配套的软件和功能较少，当前市场上的服务型机器人只能具备一些主要的功能和计算能力，在实际使用过程中不够方便。

供应链方面，服务机器人的供应链配套不完善，以电机为例，市场上集中生产电机的供应商很少，因供应链主要提供批量化生产服务，在需求量不够大的情况下，大多数工厂的配合度低。除扫地、擦窗、问询、送物这几类常用的服务机器人外，其他类型的服务机器人普遍存在良品率低的问题。

12.5　无人机

1. 发展现状

根据德国汉堡无人机研究机构（DRONEII）于 2021 年 8 月发布的全球无人机市场的研究数据，全球无人机市场目前价值 263 亿美元，并将继续增长。DRONEII 发布的《2021—2026 年无人机市场报告》测算，2021 年全球无人机市场增长 9.4%，这在很大程度上是由商业无人机市场增长推动的，而不是由休闲无人机市场增长推动的。2021 年无人机市场的增速低于 2020 年的预期，主要原因是受到新冠肺炎疫情的影响。以 2021—2026 年为周期来看，无人机市场仍将保持相对稳定的增长，这将有助于无人机行业到 2026 年达到 413 亿美元的营业收入。

在全球无人机市场，拉动无人机产业发展的三大主要品类为：消费无人机、商用无人机和政府用无人机，政府用无人机主要用于军事和公共安全。其中，军用无人机市场是最成熟的市场。而消费无人机市场正在向更加经济型的玩具无人机方向发展，产品及配套控件以提供娱乐应用为主，这也促使无人机企业竞相降低成本，特别是可以用于航拍和直播的机型。

中国和美国在 2021 年仍主导着全球无人机市场，中国和美国的无人机市场将分别以 9.7%和 6.8%的复合年增长率增长。亚洲仍是无人机最大的市场，亚洲市场将增长到 165 亿美元。

2021 年 3 月，DRONEII 对美国市场排名前 10 位的无人机生产企业进行了分析（分析数据剔除了价格低于 700 美元的无人机），中国无人机企业大疆创新仍然保持着在美国无人机市场排名第一的位置，市场占比高达 76%，远远超过了排名第二位的 Intel（4.1%）。

据 IDC 预测，在 2020—2024 年期间，中国无人机市场的支出在行业内将主要集中于消费级市场，市场占比将接近全行业的一半。在新冠肺炎疫情的影响下，虽然 2021 年所有行业的增长预期都有所下降，但物流、医疗、零售、政府、救援等行业的增长预期仍然强劲。中国无人机市场的支出也将以硬件采购为主，占比将超过 90%，集中在无人机主设备和配件及无人机硬件售后市场。得益于政府陆续出台政策对无人机市场进行监管，以及自主导航等新技术的不断发展，未来中国无人机市场的发展前景更加广阔。

2. 关键技术

无人机软硬件技术的持续发展，降低了无人机的技术门槛和成本，是推动行业发展的重要驱动因素之一。

在硬件生产和供应链方面，中国是无人机产业链各部件均可自产自足的国家，借助国内完善的 IC 产业供应链体系，可以以较低的成本生产无人机的关键电子元器件等零部件，芯片、传感器、电池等技术得以提升，成本不断降低，为无人机各硬件的规模化生产和制造成本的降低创造了良好的条件。

在无人机的产业链方面，我国无人机产业链由上游设计测试、中游整机制造和下游运营服务环节构成。上游设计测试包括总体设计和集成测试两个部分，这是对技术要求较高的部分。中游整机制造包括飞行系统、地面系统和任务载荷 3 个部分，这是竞争最激烈的环节；在未来，仅能进行集成和组装，但缺少生产飞行控制系统等关键零部件的企业将逐渐被市场淘汰掉。下游运营服务包括飞行服务、租赁服务和培训服务 3 个部分；消费级无人机的运营与服务相对简单，若不涉及硬件维修，则不收取额外费用。

在无人机的软件方面，由于近年来飞行控制和图像传输技术的快速发展，大幅度降低了无人机行业的技术门槛。以飞行控制系统的开源化为例，使得高校、研究机构的研发人员、个人开发者等群体能利用开源的技术资源，参与到无人机飞行控制技术的开发中来。无人机开源平台的发展进一步推动了飞控软件的智能化，为企业的研发生产提供了技术支撑。国内以大疆创新、亿航智能、极飞科技、零度智控、中科遥感等为代表的无人机企业凭借在软件与算法技术方面的储备，不仅在技术上领先国外企业，而且保持了硬件上的成本优势，使得中国无人机产业在 2021 年全球无人机产业区域结构中的占比仍大幅领先于美国与欧洲企业。

3. 行业应用

近年来，无人机的发展进入了“快车道”，与众多垂直行业跨界融合。目前，无人机已成为消费级应用、商业应用和政务治理的重要工具，广泛应用于抗击疫情、建筑、农林、救援、石油和公用事业等领域。

抗击疫情：新冠肺炎疫情已对我国的各个产业造成不可忽视的影响，但危机中也蕴含着新的机遇。随着疫情升级，无人机产品和相关技术的潜在作用越来越明显。疫情期间，无人机在疫情管控、宣传、消杀、安防巡检、医疗救援、舆情监控、建筑照明等应用场景中发挥了重要作用，通过无人机减少了人员接触，且不受地理环境的限制可快速移动。在后疫情时代，无人机也被用以日常运营来减少人与人之间的接触，减少运营成本，提升运营效率，提高效益。疫情期间对无人机的应用，也间接为无人机运营的 AI 算法模型提供了大量的训练数据，成为无人机产业快速发展的催化剂。

建筑：无人机测绘技术是一种新型的技术，目前发展的时间还很短。无人机测绘技术在建筑工程测量中具有非常明显的应用优势，通过将无人机测绘技术应用到工程测量中，可以快速对复杂建筑工程进行测绘测量，通过评估挖掘土方量、地面情况，预估租用使用工程车辆的数据。在施工期间，施工方或客户可以根据具体情况进行实时监测，在工程项目出现问题时能够第一时间发现问题并及时采取有针对性的措施解决，提高建筑工程应急事故的处理能力，保证工程建设能够顺利进行，促进建筑行业的发展。

农林：目前，无人机在农林植保领域应用广泛。无人机在林业中的应用主要分为对林场（火灾）事前的预防、事中解决控制和补救 3 个方面。无人机在农业领域的应用主要涉及农作物的播种（授粉）、洒药、施肥、病虫害监测和防盗等方面，无人机与传统人工和机械的方式相比，具有明显优势，而且极大地提升了效率、降低了药物对人员和环境的损害。在农林植保领域应用的无人机主要以固定翼、单旋翼、多旋翼为主。

4. 发展挑战

无人机行业处于快速发展的阶段，而且与众多行业实现了融合，但是因为电池续航能力低、监管机制不够完善、专业飞手培训水平参差不齐等问题，仍存在一些发展挑战。

技术挑战：无人机的电池续航能力及有效载荷仍需提升，由于目前电池技术尚未实现实质性突破，多旋翼无人机的滞空时间普遍在 20～30 分钟，而且通过无线电、WLAN 或 4G/5G 蜂窝网络控制，均存在可靠性低、抗干扰能力弱、稳定性不足等问题。另外，无人机及配套产品的开发和系统集成与垂直行业的融合还有待提升。

监管挑战：无人机行业监管不足的问题仍然存在，无人机行业在标准体系、适航管理规定和飞行空域管理等方面仍存在监管空白。目前，我国无人机行业由于应用领域广泛，无人机体积、质量和规格等差异较大，管理法规缺失，标准体系尚未建立，致使无人机产品及关联配件的质量保证体系欠缺，技术要求难以统一，制约了行业的发展。

专业人才缺乏：无人机产业的迅速扩张，导致专业飞行控制和应用开发、维护保养人员的严重不足，尤其是某些垂直行业的专用无人机，对操作人员的技术要求和专业素养要求极高，普通人员无法有效操控，亟须培养专业人才。

12.6 卫星终端

1. 发展现状

卫星终端又称卫星便携通信终端，是一种便携式的多业务卫星通信平台。通过卫星终端，用户无论身处何地，都能够通过地面段接入移动卫星通信网络中进行移动通信，将现场的语音、图像和数据回传。用户段的卫星通信终端有多种不同的设备形态，如手持终端、可穿戴设备、头戴设备、车载终端等；卫星终端的作用是通过安装无线收发天线实现终端用户对通信状态进行设置、获取，完成通信。

中国卫星导航定位协会于 2021 年 5 月发布的《2021 中国卫星导航与位置服务产业发展白皮书》显示，2021 年我国卫星导航与位置服务产业总体产值达 4033 亿元，较 2019 年增长约 16.9%。其中，包括与卫星导航技术研发和应用直接相关的芯片、器件、算法、软件、导航数据、终端设备、基础设施等在内的产业核心产值同比增长约 11%，达 1295 亿元，在总体产值中的占比为 32.11%，增速略高于 2019 年。由卫星导航应用和服务衍生带动形成的关联产值同比增长约 19.9%，高达 2738 亿元，在总体产值中的占比达到 67.89%。

另据华西证券于 2021 年发布的《卫星行业深度报告》，预计到 2025 年，卫星通信终端销量在 300 万台左右，市场空间约 300 亿元，并且整条产业链相对成熟，从芯片到终端都有成熟产品。

2. 关键技术

移动卫星终端的关键技术主要集中在通信系统、卫星技术和卫星终端（地面）3 个方面。移动卫星通信系统由空间段、地面段和用户段 3 个部分组成。其中，空间段即卫星转发器，可以由单一卫星构成，也可以由多颗卫星构成；地面段采用分布式管理或集中管理，包括地面主站、网络控制中心和卫星控制中心，其中地面主站也称网关站或信关站，负责共用电话交换网、蜂窝通信网和移动卫星通信网的转接。

移动卫星通信系统需要具备与其他网络互联互通的能力，卫星通信系统在与其他网络的互联互通方式上，通常采用由网络层面完成的松耦合的方案。移动卫星通信网络与其他地面网络的互联互通仅在网络中形成，而各自的无线接入网络则保持独立。采用辅助地面组件 ATC（用于卫星移动通信的地面辅助基站）技术的卫星移动通信系统，可以构成天地一体化的无缝覆盖移动通信系统，卫星终端可以在地面网络和卫星之间自由无缝切换。

2020 年年初，我国首个移动卫星通信系统“天通系统”正式面向全社会提供服务。天通系统中的卫星、芯片、终端都由国内自主研发生产，摆脱了我国用户长期以来，对国外卫星移动通信服务的依赖。2021 年 1 月，我国成功发射天通一号 03 星，发射入轨后将与地面移动通信系统共同构成天地一体化移动通信网络，为中国及周边、中东、非洲等相关地区及太平洋、印度洋大部分海域用户，提供全天候、全天时、稳定可靠的语音、短消息和数据等移动通信服务。

移动卫星通信系统包含了多种终端类型，如单模或多模，甚至能实现卫星网络和地面网络的兼容。终端的形态主要是移动终端、手持终端和车载终端。卫星终端的各主要单元包括卫星传输单元、图像编码单元、语音编码单元等，全部组合在一个便携箱内，终端提供丰富的数据接口供计算机、摄像头等外部设备接入。卫星终端的射频输出和输入可分别为不同的频段，可适配国内外各种主流天线单元。

在卫星终端芯片方面，卫星终端专用芯片作为移动卫星通信产业的核心，是实现用户终端易用性和小型化的决定性因素，也是实现系统自主可控的核心环节。

但国内卫星通信终端专用芯片的研发和应用一直较少，据互联网公开信息查询，中国电子科技集团公司第 54 研究所研发成功我国卫星通信领域的首套芯片，从材料到设计，再到制造工艺，完全自主可控。2021 年，中国电子科技集团公司公布的信息显示，第 54 研究所承担的“多模卫星导航终端基带 SoC 芯片研发与产业化”项目通过了河北省科技厅的验收。

3. 行业应用

与地面通信相比，卫星互联网的覆盖范围更广，可实现全球覆盖组网，建设与运营成本均较 5G 网络显著降低。当前，受限于卫星通信领域的产品、技术的发展情况和使用成本，卫星终端的应用领域仍以政府和商用领域为主，通常应用在商用蜂窝网络无法有效覆盖的场景，主要包括：远洋运输、捕捞、钻井平台作业、海警巡逻；山区、林区等采矿作业、护林防火巡查；地质灾害应急救援；户外运动、极限探险；侦察、反恐领域。卫星互联网能有效弥补互联网接入空白。

联合国国际电信联盟（ITU）于 2019 年公布的研究报告显示，由于基础设施缺乏等原因，全球 76.74 亿人口中的 49%依然未接入互联网，仍有 37.6 亿人无法联网。而未接入互联网的区域大多地处偏远，光纤铺设成本高昂，在互联网人口红利接近饱和的背景下，通过低轨卫星互联网等新兴方式触及庞大的、分散的尚未接入人口也成为互联网发展的蓝海。

4. 发展挑战

低轨道卫星轨道：卫星轨道是一种有限的使用资源，卫星公司需采取申报的方式向相关机构申请使用资格。目前，国际规则中的轨道资源主要以“先占先得”的方式进行分配，后申报方不能对已申报的卫星产生不利干扰，申报者还必须在申报资源后的一段时间内发射卫星，启用所申报的资源，否则预定的资源会失效。

卫星频谱资源：低轨卫星轨道和频谱资源是不可再生的稀缺战略资源，是卫星通信系统的两大核心资源要素，也是实现商用的前提条件。随着卫星通信、地面通信及探测业务对频谱资源需求的持续增加，以及各种应用对于高速移动通信需求的不断提升，频谱资源短缺现象十分严重，特别是对于低轨卫星，较宽的信道频率带宽有助于提升系统通信容量。近年来，国外的卫星企业纷纷推出规模庞大的低轨卫星系统，以抢占有限的低轨卫星轨道和频谱资源，争取先发优势，争夺太空优势，“跑马圈地”现象十分明显。

供应链：我国卫星通信目前尚处于行业起步阶段，由于受到资金、技术、研发力量、品牌等方面的限制，我国卫星通信天线市场主要被日本、韩国、美国、欧洲等国外品牌所占据。

用户需求：由于目前卫星通信终端的渗透率较低，用户习惯尚未形成，行业的发展需要产业链各参与方的持续投入和培育。

撰稿：葛涵涛、金岩、杨飞、郭涛、苗佳宁、陆烨晔

审校：尹艳鹏

第 13 章　2021 年中国工业互联网发展状况

13.1　发展环境

自 2017 年习近平总书记提出“深入实施工业互联网创新发展战略”以来，党中央、国务院将工业互联网作为新型基础设施的重要组成，多次作出明确部署。“十四五”规划中明确要求加快工业互联网、大数据中心等建设，积极稳妥发展工业互联网。《2022 年政府工作报告》中再次提出要“加快发展工业互联网”。各主管部门和地方贯彻落实党中央、国务院决策部署，不断建立健全工业互联网发展政策体系，为产业稳健发展提供全面支持。

1. 着力引导行业规范化发展

经过 4 年多的发展，我国已基本建成了支持工业互联网创新发展的政策体系，为产业从夯基垒台的起步发展期迈入全面推进的快速成长期奠定了良好基础。随着基础设施建设的稳步推进和新模式、新业态的快速普及，产业界对于工业互联网相关政策诉求不断细化。2021 年以来，主管部门在保持工作延续性的基础上，积极回应产业界的各项诉求，聚焦分级分类管理、行业标准规范、无线电频率应用等方面，加大对行业规范化发展的引导。2021 年 1 月，工业和信息化部发布了《关于开展工业互联网企业网络安全分级分类管理试点工作的通知》，在上海、江苏、浙江、河南、湖南、广东、广西、重庆、四川、新疆等 15 个省份开展分级分类管理试点，加强工业互联网网络安全管理和企业网络安全水平；先后批准公布《工业互联网平台应用管理接口要求》等 563 项行业标准和《工业互联网综合标准化体系建设指南（2021 版）》，发挥好标准对推动工业互联网高质量发展的支撑和引领作用；发布《工业互联网和物联网无线电频率使用指南（2021 年版）》，引导行业用户合法使用无线电频率、依法设置和使用无线电台（站）。

2. 着力促进融合应用快速普及

加速推动应用发展是当前及未来一段时期内我国工业互联网创新发展的重要内容。2021 年以来，各级政府主管加强协同，积极配合，以技术为手段，行业为重点，加速工业互联网的实践推广。工业互联网专项工作组发布的 2021 年工作计划中，明确了 15 项任务共 90 条举措，将新技术应用推广纳入年度工作重点，包括打造 5G 全连接工厂示范标杆、推进 5G 在工业互联网领域应用创新、推动企业设备和业务系统云化迁移等。在重点行业的实践和应用也加速落地。2021 年 4 月，应急管理部印发《积极推动“工业互联网+危化安全生产”试点建设》的通知，在危险化学品领域推动工业互联网与安全管理深度融合，力争通过 3 年时间的努力，构建“工业互联网+危化安全生产”的初步框架。2021 年，工业和信息化部围绕网络集成创新、平台集成创新、安全集成创新、园区集成创新四大类 17 个具体方向，启动了新一批的工业互联网试点示范项目遴选，并先后在全国范围内征集和遴选平台创新应用和工业 App 优秀解决方案，加强典型经验总结和优秀案例推广，全面支撑制造业数字化转型和产业链现代化建设。

3. 加强联动促进区域协同发展

在国家顶层政策体系指引下，各地竞相布局工业互联网，截至 2021 年年底，31 个省份和部分地方政府先后将发展工业互联网写入本地“十四五”规划，不断创新政策工具，探索差异化、特色化发展路径。在基础设施方面，河南、山东、云南等 26 个地区对“5G+工业互联网”作出专题部署，28 个地区支持建设标识解析二级节点。在融合应用方面，天津、辽宁加快探索化工、民爆等行业安全生产管理新模式，深化工业互联网和安全生产融合应用。在技术创新方面，上海、重庆、江西等 13 个地区探索“揭榜挂帅”模式，组织攻关核心技术。在资金支持方面，深圳市启动 2021 年工业互联网发展扶持计划资助项目，安排资金 7257 万元对 43 个项目给予资助。在产业生态方面，北京投资约 90 亿元规划建设中关村工业互联网产业园，成熟后园区年产值预计达 500 亿元，产业集聚效应逐步显现。在安全保障方面，河北、黑龙江、安徽等 19 个地区明确提出支持建设并加快投用省级工业互联网安全态势感知平台。

4. 提升要素资源保障水平

在数据方面，2021 年 6 月 10 日，第十三届全国人民代表大会常务委员会第二十九次会议通过《中华人民共和国数据安全法》，成为我国数据安全领域的首部法律。该部法律首次对数据进行了定义，对规范数据处理活动，保障数据安全，促进数据开发利用，保护个人、组织的合法权益，维护国家主权、安全和发展利益制定等作出了全面规定。在资金方面，2021 年 11 月 5 日，工业和信息化部、中国人民银行、银保监会、证监会 4 个部门联合发布《关于加强产融合作推动工业绿色发展的指导意见》，明确提出要推动工业绿色发展的产融合作机制建设。工业互联网作为实现工业绿色发展的重要工具和途径，产融服务水平将不断提升。2021 年 11 月 15 日，北京证券交易所正式开市，不断完善多层次资本市场体系，构建错位发展新格局，持续拓宽包括工业互联网企业在内的直接融资渠道。在人才方面，自 2020 年工业和信息化部人才交流中心发布《工业互联网产业人才岗位能力要求》以来，工业互联网人才培育逐渐向规范化方向发展。创新中心、产业联盟等也积极探索和丰富工业互联网专业人才的培养方式，2021 年，工业互联网产业联盟遴选了 6 家实训基地并培育了 7 家实训基地，着力打造工业互联网高素质人才培育平台。

13.2 工业互联网网络

1. 网络基础设施加快建设

面向全产业的工业互联网高质量外网建设初见成效，已覆盖全国 374 个地级行政区（或直辖市的下辖区），覆盖率达 89.7%。时间敏感网络（TSN）、5G、边缘计算等新技术加快在企业内网改造中应用部署，全国各地在建“5G+工业互联网”项目超过 1800 个，覆盖航空、矿山、钢铁、港口、电力等 22 个国民经济重要行业。以产业园区为基础载体的“5G+工业互联网”融合应用先导区在苏州、武汉、长沙等地区的建设初见成效。

2. 网络体系架构进一步完善

2021 年 9 月，工业互联网网络架构 2.0 版本[1]发布，在充分继承网络架构 1.0[2]中网络互联、数据互通两大网络功能模块的基础上，网络架构 2.0 升级了功能架构，新增业务架构和部署视图，形成面向不同利益关系者的完备架构体系，形成了可复制、可推广的网络部署视图。同时，首次将园区网络纳入工业互联网网络体系业务场景中，园区网络成为工厂内、外网区域化部署的重要方式。5G 全连接工厂成为“5G+工业互联网”深度应用的热点方向。

3. 网络关键技术持续快速发展

时间敏感网络（TSN）已成为工厂内网有线网络演进的产业共识技术方向，电力、车载、轨道交通等领域的 TSN 技术应用需求逐步显现，行业头部企业加大面向垂直行业的 TSN 技术应用研究。2021 年 12 月，《5G+TSN 融合部署场景与技术发展白皮书（V1.0 版）》正式发布，5G+TSN 成为解决“5G+工业互联网”深度应用的关键技术。边缘计算从概念普及加速走向务实部署，孕育出边缘原生（Edge Native）[3]的概念，边缘原生技术将与云原生技术、边缘网络技术协同化演进，夯实边缘计算技术体系。信息模型成为工业设备互操作的关键技术，面向机床、机器人等领域的信息模型库建设初见成效。华为牵头发布《工业网络联接 IP 化技术实践白皮书》，推动 IPv6 在工业网络中的深度应用。

4. 标准体系建设取得突破

2021 年 4 月，中国信息通信研究院主导的工业互联网领域第一个 ITU 国际标准 ITU-T Y.2623《工业互联网网络技术要求与架构》发布，首次明确了工业互联网（Industrial Internet）的定义，并写入 ITU-T 名词术语数据库。国家标准《工业互联网 总体网络架构》报批，TSN、边缘计算、工业 SDN、“5G+工业互联网”等领域新立项 10 多个行业标准项目，关键技术标准体系进一步完善。

5. 网络产业生态逐步活跃

2021 年 11 月，2021 中国 5G+工业互联网大会在武汉召开，国务院副总理刘鹤作书面致辞。9 月，工业互联网网络创新大会连续第四年在北京召开，200 余名产、学、研、用各界专家参加会议，会上中国信息通信研究院联合中国移动、华为、诺基亚贝尔等单位建设的国内首个“5G+TSN”联合测试床正式发布。国内首个 TSN 产业活动“时间敏感网络（TSN）产业链名录计划”全面推进，先后在南京、北京、深圳召开 TSN 系列研讨会，并发布了首批名录产品名单。中国信息通信研究院、中国联通、华为、施耐德等联合主办首届边缘计算开发

1 《工业互联网网络连接白皮书（版本 2.0）》，工业互联网产业联盟，2021-09。

2 《工业互联网网络连接白皮书（版本 1.0）》，工业互联网产业联盟，2018-10。

3 《Edge Native 技术架构白皮书 1.0》，工业互联网产业联盟，边缘计算产业联盟，5G 确定性网络产业联盟，EdgeGallery 开源社区，2021-02。

者大赛，吸引了来自全国 120 家单位的近 500 支团队参赛。工业信息模型联合实验室建设的信息模型库全面提供服务，200 个入库模型涉及环保、物流、机床、水务、园区、机器人等多个领域。工业互联网产业联盟联合中国钢铁工业协会、中国金属学会研究编制了首个行业级工业互联网融合应用指南——《工业互联网与钢铁行业融合应用参考指南（2021 年）》，为钢铁行业工业互联网建设过程中的需求场景识别、应用模式打造、关键系统构建和组织实施路径提供参考借鉴，加快工业互联网与钢铁行业融合应用，推动钢铁行业转型升级。

6. “5G+工业互联网”行业应用加速推进

2021 年 5 月，工业和信息化部组织采矿行业“5G+工业互联网”现场工作会在山西召开。5 月、11 月，工业和信息化部发布两批《“5G+工业互联网”十个典型应用场景和五个重点行业实践》，形成了电子设备制造业、装备制造行业、钢铁行业、采矿行业、电力行业、石化化工行业、建材行业、港口行业、纺织行业、家电行业十大重点行业，以及研发设计、生产制造、检测和监测、物流运输、服务管理等领域的二十大典型应用场景。

13.3 工业互联网标识解析体系

1. 新型基础设施建设运营同步推进

（1）工业互联网标识解析体系建设进一步完善，节点对外服务规模快速提升。五大国家顶级节点持续稳定运行，南京灾备节点上线服务，顶级节点获得工业和信息化部签发的首张工业互联网标识服务机构许可证。截至 2021 年 12 月 31 日，全国累计接入国家顶级节点的二级节点达 168 个。已接入国家顶级节点的二级节点分布于 26 个省份，涵盖 32 个行业，标识注册总量超过 768 亿个，累计接入的企业节点数量达 61902 家，国家顶级节点日解析量超过 7800 万次，累计主动标识载体已部署超过 493 万枚。

（2）星火 • 链网区块链基础设施推广建设初见成效。中国信息通信研究院已与沈阳、重庆、北京、济南、武汉、厦门 6 地签署超级节点协议，底层链在五大国家顶级节点部署试运行，武汉超级节点正式上线。同步推动国际超级节点布局，中国信息通信研究院已与马来西亚、新加坡等地达成合作建设意向。在建骨干节点达 19 个，覆盖超过 30 个城市、14 个行业、20 类应用场景。联通链、蜀信链、桂链、人民链等 10 余条地方和行业性区块链完成接入，区块链基础设施的核心功能和产业价值显著提升。

2. 加快推进关键核心技术攻关突破

（1）关键技术研究成效显著，标准化工作稳步推进。依托全国通信标准化协会和工业互联网产业联盟，新增行业标准 22 项、报批 3 项、送审 14 项，新增联盟标准 6 项、送审 20 项，组织多场标准宣贯，强化标准落地应用；围绕星火 • 链网，编写发布《区块链基础设施蓝皮书》，在体系架构、分布式标识、跨链互操作等 6 个方面发布《关键技术系列报告》。

（2）强化核心软件自主研发，夯实创新发展根基。推进国家顶级节点核心系统适配兼容国产 CPU、操作系统和数据库，研发标识解析融合递归平台、标识解析灾备系统平台、标识解析大数据平台，优化标识运行监测平台，进一步提升标识解析体系核心服务能力。自主研发区块链底层系统（BIF-Core），完成以太坊、超级账本的跨链对接及华为鲲鹏处理器的适配认证，区块链交易性能突破 2.6 万 TPS，链交易查询达百万级 QPS；开放超级节点 API 接口 100 余个，制定《星火·链网骨干节点接入开发规范》，支持骨干节点快速、规范接入。2021 年新增发明专利 36 项，新增授权专利 9 项，新增软件著作权 15 项，为核心技术实力提升打下坚实基础。

3. 推动产业生态体系裂变增长

（1）标识规范化发展不断完善。中国信息通信研究院获得工业和信息化部颁发的 VAA 注册管理机构服务许可证，发布《工业互联网标识解析 VAA 编码导则》并上线管理服务平台，引导标识编码规范化发展。制定发布《二级节点建设规范》和《工业互联网标识解析二级节点建设导则（2021 年）》，依托 CNAS、CMA 资质，完善节点测试流程和规范，2021 年完成 108 家企业二级节点建设可研评估。

（2）初步构建多方共赢的产业生态。依托应用体系，遴选发布 26 家“工业互联网标识第二批应用供应商”，面向电力、汽车、材料、石化、船舶、白酒和光纤 7 个重点行业发布第一批《工业互联网标识行业指南》，梳理发布《工业互联网应用案例集》，提炼细化九大标识应用模式。面向仪器仪表、环保、服装、家电、药品、物流、建材、食品、肥料、煤炭启动第二批《工业互联网标识行业指南》编写。联合烟草、船舶、酒类等多个重点行业主管部门推动标识规模化部署，联合工商银行、医疗器械行业协会等开展标识产融结合新模式探索，扩大在垂直行业领域的专业影响力。启动“中国工业互联网标识应用大赛”，以赛促产，以赛聚人，以赛兴城。

（3）多方联动，围绕星火·链网基础设施构建的开放生态体系取得初步成效。围绕星火·链网基础设施建设，聚拢一批企业加入超级节点核心技术合作伙伴、超级节点关键服务商、骨干节点技术供应商体系。发布区块链公共服务平台“星火台”，面向社区和公众完全开源星火 BID，推进区块链的生态发展与规模化应用。中关村区块链产业联盟开展常态化运营，服务会员数量达 270 余家，与国内外 10 余个行业协会建立合作，获批联盟团体标准发布资质，组织全球“星火杯”区块链应用大赛、“区块链星火汇”沙龙、“链接世界”区块链中外对话等系列活动，联盟平台作用和集聚效应日趋显著。

13.4　工业互联网平台

工业互联网平台未来发展前景广阔，我国工业互联网平台发展快速增长，正逐步走向成熟阶段。目前，全球工业互联网平台市场规模处于持续扩大状态，据 IoT Analytics 报告统计，2021—2026 年全球平台市场规模将达到 34%的年复合增长率，平台应用市场前景广阔。同时，国内平台整体仍处于发展初期，平台市场处于快速增长阶段，2021 年国内平台所占全球市场份额相比 2019 年增加了 7%。在此背景下，各平台企业加快平台技术创新，持续探索平台发展布局路径，在技术、产业、应用方面均取得一定进展，推动我国工业互联网平台市场向成熟发展。

在平台技术方面，平台企业加快技术创新，云化技术与边缘技术创新并举。一是工业软件云化步伐加快，形成云化迁移和云原生两类模式。在云化迁移方面，蓝卓工业互联网平台提供工业软件的快速集成、改造与迁移工具，提供浅集成、深度集成、微服务改造等方式，实现传统工业软件微服务化和 App 化迁移；航天云网针对较难云化的研发设计类工业软件，通过将 CAD 软件虚拟化，以远程桌面访问软件的形式实现软件“上云”。在云原生应用开发方面，云原生工业 App 开始涌现，未来将成为主流方向。浪潮云洲等平台全面支持云原生架构，聚合基于机器学习和深度学习的基础算法和建模工具，研发云原生开发平台，实现面向工业场景快速搭建工业互联网应用；云道智造开发 SimCapsule 云原生仿真软件，实现了仿真软件在线运行和快速开发。二是边缘层成为平台技术创新热点，边缘硬件向开放化、智能化、边云协同和边边协同发展。以华为为代表的 ICT 企业通过构建实时操作系统，并不断与各类工业硬件适配，优化操作系统对硬件的执行能力，推进边缘架构走向开放化，实现由“软硬一体”专用架构向“软硬解耦”通用架构发展。东土科技、新华三在路由器中集成网关协议解析能力，航天大道在网关中叠加可编程逻辑控制器（PLC）控制能力，推动边缘网关由“功能机”走向“智能机”，边缘功能由分散化走向集成化，实现由简单数据采集向集数据采集、网络路由、实时控制等多功能于一体的方向发展。研华、华为等企业构建边缘框架以支持边缘云原生开发，推动传统由工业现场进行软件开发向远程云端开发的转换，进而提升边缘协同效率，实现更加深入的边云协同。

在平台产业形态方面，我国平台分类布局逐渐清晰，正在形成多元化的平台形态。目前，我国工业互联网平台立足自身优势，形成工业操作系统型、项目解决方案型、通用管理软件型、专业技术领域型、工业电子商务型和工业互联网金融型六大类型平台。一是工业操作系统型平台，以阿里云、腾讯、华为为代表，此类平台立足信息技术基础优势和互联网基因，以打造数字化底座与工具，强化产业生态伙伴聚集为特色，共同为行业用户提供设备数据接入、边缘节点部署、建模分析等服务，成为支撑各类主体应用创新的底座平台。二是项目解决方案型平台，以宝信软件、卡奥斯、东方国信为代表，此类平台依托自身领先的技术能力，面向具体项目的关键痛点，聚焦项目行业及领域特色，打造行业级及领域级高质量解决方案，以满足用户场景化需求，基于行业知识积累提供平台落地实施应用。三是通用管理软件型平台，以用友、浪潮为代表的平台企业以自身云平台为基础，面向制造、交易、管理、服务等管理业务领域，打造云化的 ERP、SCM 等通用业务软件，抓住中小企业数字化转型蓝海，抢占工业互联网平台市场份额。四是专业技术领域型平台，以黑湖科技、蒲惠智造等企业为代表，将人工智能、大数据等新一代信息技术创新应用于工业领域，基于平台的微服务架构、轻量化部署、灵活配置等特性，面向关键工业生产场景打造云化的生产管控通用工具软件，降低中小企业数字化转型的成本和门槛。五是工业电子商务型平台，如找钢、找砂网、百布、陌贝网、奇化、易工品等平台面向产业链上下游，连接需求方与供应方，实现资源共享交易，降低采购成本，提升资源利用效率，以更大的交易规模降低工业品采购成本。六是工业互联网金融型平台，如航天云网、新余带钢、攀国投、工商银行、前海泽金等连接中小企业和银行、保险等金融机构，采用工业物联、大数据、区块链等技术发展订单授信、仓单授信、实时生产运营数据增信等方式创新供应链金融，解决中小企业融资难、融资贵问题。

在平台应用方面，平台应用价值、业务场景、平台能力相互交织，形成平台应用赋能体系。工业互联网平台应用重点围绕企业使用平台的价值需求，以重点业务场景的应用为价值实现的切入口，以平台相关基础技术能力支撑相应业务场景实现应用价值。对工业互联网平台应用状况分析重点围绕平台应用价值、业务场景和平台能力展开。从应用价值来看，降低成本是平台最广泛实现的应用价值，占比达 63%，其次是基于平台实现扩大收入、提升质量、安全及可持续，此 3 类价值占比相对均衡，分别达到 12%、11%和 14%。以设备联网和数据打通为基础的工业互联网平台，带来的最直观表现是工厂透明化、高效化管理，进而降低生产运营、资产管理等成本。未来，随着我国“碳达峰、碳中和”战略的实施，以及消费互联网与工业互联网紧密结合，“安全及可持续”和“扩大收入”两类应用价值有望进一步凸显。从业务场景来看，与工业生产紧密相关的生产管控领域应用最多，占比达 62%，经营管理和运维服务类业务次之，占比分别达到 14%和 11%，研发设计和资源协同领域的占比相对较少，分别是 8%和 5%。其中，研发设计的应用场景较少与研发工具相对难以云化部署息息相关，而资源协同场景虽然较少，但是作为技术门槛低、收益见效快的典型应用，未来有望进一步扩大应用规模。从平台能力来看，工业数据服务能力、平台边缘能力、工业模型服务能力需求较大，占比分别为 29%、26%和 24%，通用 PaaS 能力和工业应用开发及人机交互能力则需求较少，占比分别为 18%和 3%。对于边缘能力和数据服务能力的需求旺盛，说明当前制造用户对于“边缘数据接入+工业大数据服务”的“短平快”解决方案较为青睐，而对长远来看支撑企业敏捷创新的“通用 PaaS+应用开发”服务则不太敏感。

13.5　工业互联网安全

1. 工业互联网安全影响越发突出，问题与挑战依然严峻

新一代信息通信技术加速向工业领域渗透融合，工业领域成为勒索病毒、网络攻击、数据窃取等威胁的重点目标，网络攻击事件影响范围和程度日益扩大化。据统计，2021 年公开发布的工业领域勒索事件达 50 起，同比增长约 51.5%；2020 年全球数据泄露事件达 3950 起，其中制造业受影响程度名列前三。2021 年，美油管运营商科洛尼尔、肉类制造巨头企业 JBS 遭勒索软件攻击，导致管道网络被迫关闭和工厂停产，严重影响当地成品油和肉类供应。同时，我国工业领域网络和数据安全风险日益突出，一方面，勒索病毒、高级可持续威胁（APT）攻击持续向工业行业渗透蔓延，监测发现，2021 年我国工业领域企业勒索病毒感染行为 11.9 万次，同比增长超过 11 倍。另一方面，我国工业系统高危漏洞、违规外联等现象较为突出，据统计，2021 年发现工业互联网产品漏洞 1504 个，其中高危漏洞占比为 64.1%，涉及常用工业软件、SCADA 等。据东北大学据谛听网络安全团队统计，2021 年我国暴露在互联网上的工业控制系统数量达 5766 个，仅次于美国，居全球第二位，涉及市政、能源和智能制造等关键领域。

2. 工业互联网安全监管体系与行业实践互为促进

我国工业互联网安全工作进入规模期、“快车道”，相关部门、产业界协同推进，政策、标准等管理体系不断完善，技术、产业同步发展。一是政策体系逐步迈向落地实践。2021 年，工业和信息化部在 15 个省份的原材料、装备、消费品和电子信息制造等 14 个行业、230 余家企业开展工业互联网企业网络安全分类分级管理试点。以“分类施策、分级防护”的管理模式，针对联网工业企业、工业互联网平台企业、工业互联网标识解析企业 3 类主体，建立健全与差异化的管理、防护、评估、监测等要求相关的措施。新疆、广东、安徽等地纷纷出

台分类分级管理实施及工业互联网安全相关政策文件，国家引导、地方落地的安全政策体系进一步完善。二是标准体系初步建立。工业和信息化部指导发布《工业互联网安全标准体系（2021 年）》，细化分类分级安全防护、安全管理、安全应用服务 3 个类别、16 个细分领域及 76 个具体方向，联合国标委设立“工业互联网企业网络安全”系列国家标准并推动 4 项分类分级防护标准立项研制。这对加快建立分类分级管理制度、强化企业安全防护能力、推动网络安全产业高质量发展具有重要支撑作用。三是示范引领效应不断显现。网络安全技术应用试点示范和工业互联网试点示范持续推进，涌现出一批面向能源、交通、水利、船舶等重点行业的工业零信任、工业行业时序数据安全、工业互联网安全分析溯源等创新项目。分类分级试点遴选出 25 个优秀实践案例，钢铁、有色、轻工等行业企业创新应用人工智能、大数据分析、可信计算等新技术，提升企业安全防护水平，带动“5G+工业互联网”、数字化车间、设备上云等应用安全落地。

3. 工业互联网安全技术、创新和产业多点突破

当前，全球融合领域网络安全对抗不断升级，我国产业数字化转型蓬勃发展，对适用于工业场景的安全产品服务的需求日益扩大。在内外双因素驱动下，工业互联网安全技术保障、应用创新和产业供给能力不断提升。一是技术服务体系不断完善。国家—省—企业三级联动的工业互联网安全监测服务体系基本建立，覆盖 31 个省份和汽车、电子、航空、钢铁等重要行业，初步具备风险感知、预警、研判等能力。中国信息通信研究院建成全国分类分级管理服务平台，对 7 个省的主管部门、134 家试点企业提供分类分级全环节工作的支撑服务，保障工作规范化、流程化、便捷化开展。二是公共服务能力逐步增强。工业互联网创新发展工程带动千余家企业协作攻关，推动实施 80 余项安全方向项目，拟态防御、内生安全、数据流动监测等多项核心关键技术和工业互联网时序安全网关、移动边缘计算网络防护等多类防护产品得到突破。20 余个工业互联网安全公共服务平台为数千家企业提供万余次测试验证、安全众测等安全服务，产业供给及服务能力大幅提升。三是人才培育体系逐渐形成。人力资源和社会保障部将工业互联网安全人才纳入智能制造工程技术人员新工种目录，中国信息通信研究院、工业互联网产业联盟等持续开展工业互联网安全人才培训与认证，累计培育 1000 余名安全评估师和近 100 名安全工程师。新疆、福建等地建成本地工业互联网安全人才培训中心，安全人才培育体系纵深推进。工业互联网安全大赛连续 4 年举办，累计吸引近 2 万名选手参赛，重庆、湖南、江苏等地纷纷举办基于工业生产场景的网络安全实战演练，切实提升广大安全从业人员的实战技能。

13.6 工业互联网产业

1. 工业互联网产业规模持续快速增长

2021 年，我国工业互联网核心产业规模达 10749 亿元，增速为 18.1%。其中，工业互联网网络与标识解析领域规模达 2496 亿元，增速为 19.5%；工业互联网平台与应用领域规模达 2814 亿元，增速为 28.2%；工业互联网安全领域规模达 264 亿元，增速为 13%；工业互联自动化领域规模达 3115 亿元，增速为 15.7%；工业数字化装备领域规模达 2060 亿元，增速为

12.5%。

2. 我国初步形成了完整的工业互联网产业体系

我国形成了涵盖工业互联网网络与标识解析、平台与应用、安全等细分领域的完备的工业互联网产业体系。其中，工业互联网网络与标识解析领域涉及网络设备、网络终端、工业企业的网络接入服务及标识解析服务；工业互联网平台与应用领域包括连接与边缘计算平台、工业数据分析与可视化平台、业务 PaaS 平台，以及面向研发设计、生产控制、经营管理等环节的各类工业软件与工业 App。工业互联网安全包括边界防护类、数据保护类、安全检测类的设备和系统，以及工业互联网安全集成、运维、评估服务。工业互联自动化包含工业控制、工业传感器、边缘计算设备等传统产品的数字化改造升级部分。工业数字化装备指在传统工业装备基本功能以外，具有数字通信和配置、优化、诊断、维护等附加功能的设备、模块或装置。此外，工业互联网领域还呈现行业解决方案、数据衍生服务等新兴业态。

我国各领域企业供给能力持续提升，特别是在工业互联网平台、边缘计算、工业大数据等融合性领域，产业发展态势良好。例如，在工业互联网平台领域，我国平台类产品发展迅猛，在工程机械、石化、钢铁等行业的应用已取得了初步成效，同时树根互联、天正、徐工信息、生意帮等企业探索出了“平台+保险”“平台+金融”“平台+租赁”“平台+订单”等特色应用模式；在边缘计算领域，我国阿里巴巴、华为等企业凭借云计算、大数据、5G 等技术积累积极布局，相关产品与解决方案加快在工业实际场景落地；在工业大数据领域，已出现数百家初创企业，部分领先企业年收入超过 10 亿元。

3. 工业互联网产业呈现智能化、开放化等发展趋势

一方面，智能化引领产业升级与价值创造。大数据、人工智能等技术与工业互联网细分产业的结合日趋紧密，带来现有产品与解决方案的升级，部分场景下甚至能绕过机理知识，实现跨越式突破。例如，宝信软件建立全局模型，包含几十个工艺参数和近千个成分体系，成功优化数十个钢种；华中数控通过基于大数据的误差建模与补偿，将机床加工精度提升 10 倍至微米级。同时，产业新兴裂变的趋势愈演愈烈，工业智能、数字孪生等新兴领域快速发展。例如，百度依托自身 AI 技术优势不断向工业领域延伸布局，已形成工业视觉智能、工业数据智能、工业知识智能等使能平台，为企业提供十余个 AI 应用场景赋能。另一方面，封闭的产业结构走向开放，带动产业格局变革。例如，东土科技、联通、电信等纷纷推出融合 5G、边缘计算的云 PLC，有望变革专用封闭的工控产业；开源化在工业互联网平台与应用领域的重要性日益凸显，在平台框架、几何内核、有限元分析软件、网格生成、前后处理器、过程模拟等方面，已出现了一批开源项目。

13.7　工业互联网应用

工业互联网走过了“从 0 到 1”由概念到实践的第一阶段，如今正迎来“从 1 到 100”推动高效应用的第二阶段。工业互联网应用场景不断丰富，解决问题的能力不断提升，生命力不断增强，逐步推动工业数字化转型进程。

从应用价值来看，一是助升级，加快传统行业效率提升与模式创新。例如，上汽大通推

出 C2B 智能定制模式，通过“蜘蛛智选”平台，为客户提供包括外观、内饰、动力总成、科技装备等共 771 个大类、2296 个高感知项的配置选择。通过互联互通与应用集成，打通冲压车间、车身车间、涂装车间、总装车间，实现基于用户需求的个性化定制生产新模式，产品上市时间缩短 35%，生产周期降低 20%。二是促融通，推动大中小企业资源对接与协同。例如，云工厂面向订单碎片波动、交期难以控制的痛点，在设备上云的基础上，整合产业链各工序分散产能并进行优化配置，提升上下游中小企业协作接单与交付能力，已连接采购商 21 万个、工厂 11000 家，撮合采购数十亿元。三是保稳定，优化保障产业链供应链。基于平台挖掘市场与企业大数据价值，有效增强产业链供应链韧性，如中石化基于平台开展熔喷布原料和设备产线资源调度优化，保障口罩等防疫物资生产与供应。四是增绿色，推动“双碳”落实落地。工业互联网显著提升高耗能行业企业用能效率，如京东数科研发电厂锅炉燃烧智能优化控制系统，面向全国推广后预计每年减少 160 万～210 万吨碳排放。

从应用进展来看，一是当前主要集中在装备制造、原材料、消费品、电子信息及能源电力等领域，其中，装备制造行业案例占比近半，是工业互联网赋能最广泛的行业领域，占比超过 40%（数据均来源于中国信息通信研究院），原材料与消费品行业不断开展数字化转型深度应用探索，能源电力成为非制造业领域工业互联网应用最活跃的行业，占比超过 10%。二是工业互联网仍以生产运营与经营管理为主，同时协同优化、新模式新业态等新型应用不断涌现。除产品研发、生产管控、经营管理等传统业务优化外，工业互联网不断向运维服务、新模式新业态等高价值环节领域深度渗透，总体占比达 21.8%，同时推动企业多环节协同与更大范围的优化创新。三是行业根据自身特点纷纷开展差异化应用探索。例如，汽车行业生产管控与用户需求响应的工业互联网齐头并进，轨道交通、航空航天、船舶等公共交通类装备更加关注复杂产品的设计与运维，石化化工与钢铁等侧重生产制造过程，消费品行业则注重满足多样化的市场需求，开展规模化订制、用户直连制造等新模式探索。

从发展趋势来看，融合应用不断向多行业多环节深入拓展。一方面，应用范围快速扩大，工业互联网已在原材料、消费品、装备等超过 35 个工业重点大类广泛应用，并逐步向金融、建筑等国民经济重点门类延伸，形成平台化设计、智能化制造、网络化协同、个性化定制、服务化延伸、数字化管理六大新模式，有力促进实体经济提质、增效、降本、绿色、安全发展。另一方面，应用深度持续提升，从企业生产的单点局部、外围环节向生产制造深层次、产业链全局延伸，如美的基于工业互联网打通企业生产、订单和销售，打造家电行业“T+3”定制化生产模式，营业收入提升 113%，净利润增长 310%；智布互联基于平台为中小纺织企业导入上游成衣厂订单，并为中小企业提供数字化工具，接入企业的有效开机时间和利润平均提升 50%以上。

撰稿：王欣怡、张恒升、池程、朱斯语、巩高铄、吴诗雨、袁林、李亚宁、王润鹏
审校：周晓龙

第 14 章　2021 年中国低轨宽带通信卫星发展状况

14.1　发展环境

自 2012 年《关于鼓励和引导民间资本进入国防科技工业领域的实施意见》发布以来，我国低轨宽带通信卫星产业开始步入高速发展的“快车道”。2020 年 4 月，国家发展和改革委员会将卫星互联网纳入“新基建”范畴，我国低轨宽带通信卫星产业迎来重要发展机遇。2021 年 3 月,《中华人民共和国国民经济和社会发展第十四个五年规划和 2035 年远景目标纲要》明确提出了要建设高速泛在、天地一体、集成互联、安全高效的信息基础设施。

各地政府也纷纷将低轨宽带通信卫星产业纳入政策支持范围。仅 2021 年一年，就有北京、上海、天津、湖南、云南、浙江、江苏、江西、四川、广东等地发布相关政策支持低轨宽带通信卫星产业发展。

14.2　发展现状

进入 21 世纪，伴随国际上通信星座发展的热潮，我国提出了一系列星座规划，包括航天科技集团的鸿雁星座计划、航天科工集团的虹云计划和中国电科的天地一体化信息网络等低轨宽带通信卫星系统建设规划，并开展了相关的发射和试验工作。同时，已有多家民营企业投入到低轨宽带通信卫星领域，包括国电高科、银河航天和九天微星等，在建设独立的卫星通信网络的同时，也在积极推动关键部组件的研制，拓展低轨宽带通信卫星相关应用，促进低轨宽带通信卫星产业链的协同发展。

14.3　关键技术

低轨宽带通信卫星通信具有广覆盖、强灾害抵抗能力和不易受到地面物理攻击的特性，可以为用户提供广覆盖、无差别的通信服务。5G 移动通信技术具有传输容量大、峰值速率高、传输时延低、业务范围广等特点，在人口相对密集的城区可以显著加快未来社会的数字经济化转型。但是在人烟稀少的偏远地区，难以实现地面 5G 基础设施的有效低成本部署，并且在灾害应急情况下，地面网络的抗毁性能较差，维护难度大。因此，卫星与 5G 之间的融合需求越发迫切。低轨宽带通信卫星与 5G 的融合发展能够延伸 5G 网络的覆盖能力，形成天地融合的一体化综合网络，满足用户无处不在的多种业务需求，是未来移动通信发展的重要方向。

随着 5G 技术的日益成熟，第三代合作计划（3GPP）、国际电信联盟（ITU）、中国通信标准化协会（CCSA）等国内外标准化组织也开展了关于低轨宽带通信卫星系统与地面 5G 移动通信融合的研究工作，包括应用场景、网络架构和关键技术等。

14.3.1 应用场景

针对卫星与下一代接入技术的融合问题，ITU 于 2019 年发布了报告书 *Report ITU-R M.2460*。该报告书中针对卫星网络与 5G 网络融合的应用场景、业务范围和关键技术等内容进行了定义和分析并提出了星地融合的 4 种应用场景，包括中继到站、数据回传及分发、动中通和混合多媒体。

1. 中继到站

利用低轨宽带卫星的高吞吐量卫星链路补充现有的地面连接，来实现视频、物联网和其他数据的高速中继到中心站点的通信连接，并进一步向本地小区站点（如 3G/4G/5G 蜂窝网络）等提供服务。中继到站的场景示意图如图 14.1 所示。

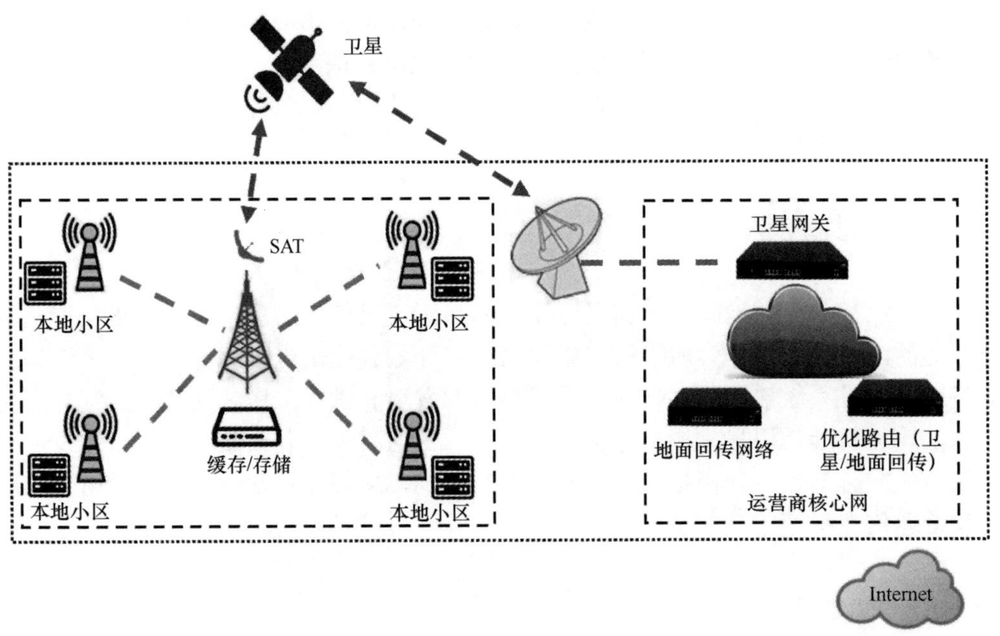

图14.1 中继到站的场景示意图

2. 数据回传及分发

利用卫星多播功能，将卫星链路直接连接到无线塔、接入点或云，补充了现有的地面连接，从而能够多播相同的内容，以及实现来自多个物联网聚合站点数据的高效回传。数据回传及分发服务场景示意图如图 14.2 所示。

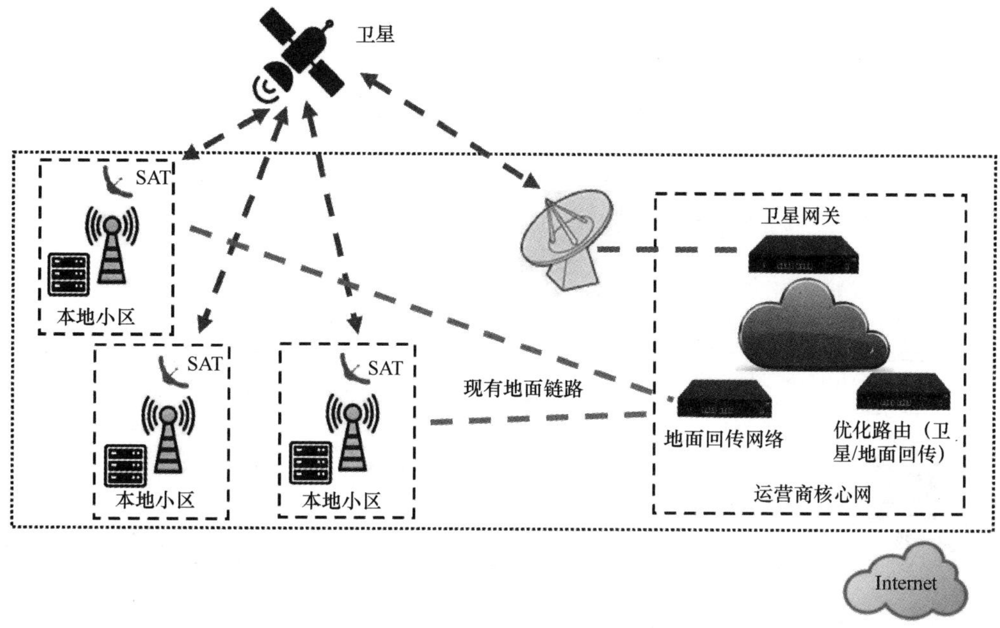

图14.2　数据回传及分发场景示意图

3. 动中通

卫星链路可以提供与高速行驶下的飞机、车辆、火车和船只的连接，并能够根据需要的内容在大覆盖范围内进行本地存储或播发，实现与用户设备或传感器的高效直接连接，以补充现有的地面连接。动中通场景示意图如图 14.3 所示。

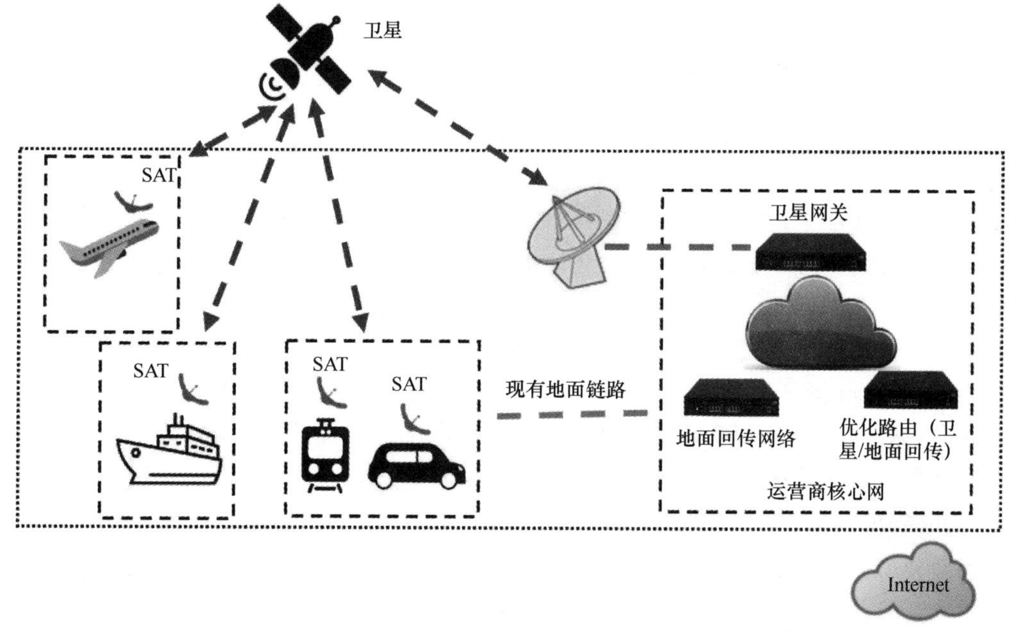

图14.3　动中通场景示意图

4. 混合多媒体

在混合多媒体通信应用场景中，卫星可以向家庭和办公室提供服务，补充地面宽带以外的内容，解决地面网络负载过重的问题，支持海量用户的宽带业务需求。混合多媒体场景示意图如图 14.4 所示。

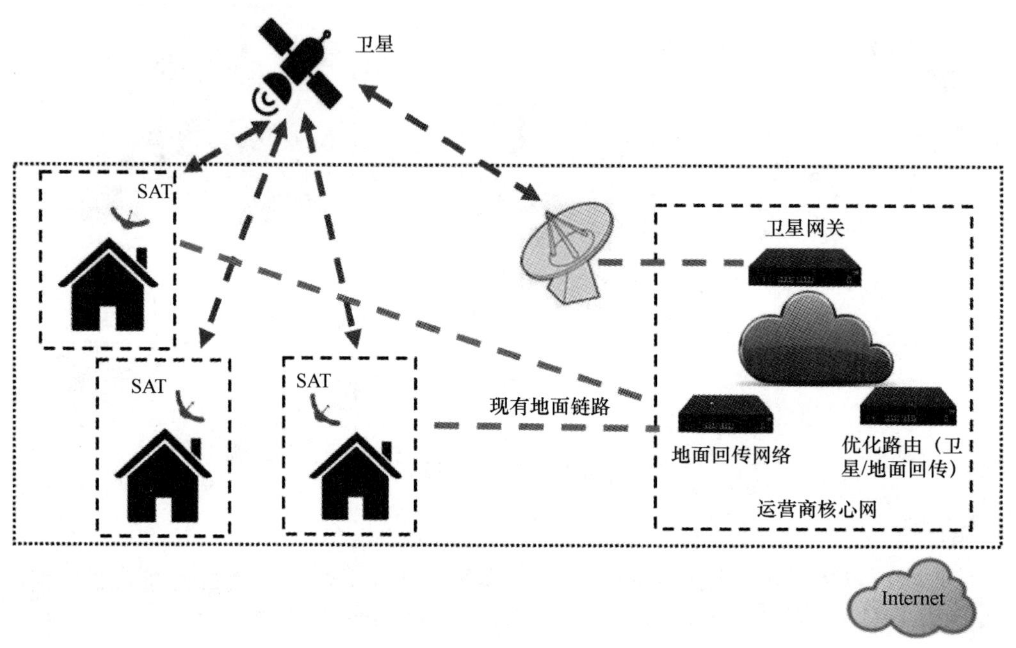

图14.4 混合多媒体场景示意图

14.3.2 网络架构

针对卫星通信业务，3GPP 定义了非地面网络（Non-Terrestrial Network，NTN）技术，利用通信卫星为空、天、地、海各类用户提供全域网络与信息服务。

在低轨宽带通信卫星与地面 5G 通信融合的系统中，用户终端通过卫星业务链路与馈电链路，经由信关站完成与数据网络的信息交互，根据卫星星上载荷能力可以适用于透明转发和星上再生两种典型模式。其中，透明转发模式是指卫星在通信服务中不会对信号、波形等进行处理，仅作为射频放大器对数据进行转发；星上再生模式是指卫星除射频放大外，还具有调制/解调、编码/解码、交换、路由等处理能力。对于基于可再生模式的卫星，由于其具有一定的星上处理能力，所以具备为终端提供接入网部分功能或接入网全部功能，甚至核心网功能的能力，在这种模式下卫星之间可通过星间链路进行星间信息交互。

1. 透明转发网络架构

在透明转发网络架构中，低轨宽带通信卫星在用户终端与地基接入网之间起到一个透明弯管传输的功能，不影响 5G 网络架构和传输协议及体制。如图 14.5 所示，卫星载荷仅实现频率转换，在上下行方向各有 1 个射频放大器。

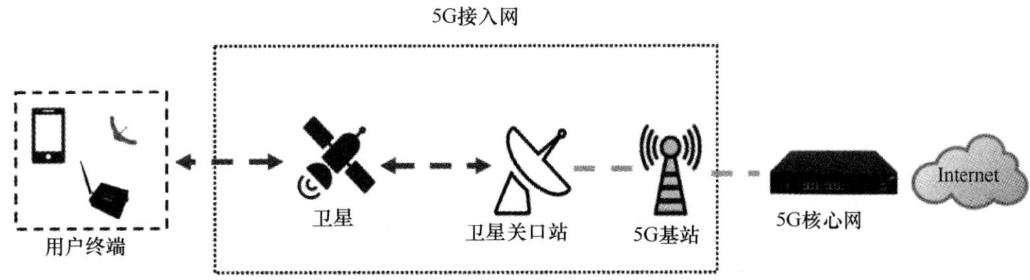

图14.5　基于透明转发的网络架构

2. 星上再生网络架构

如图 14.6 所示，星上再生转发的网络架构需要在卫星上增加部分或全部接入网功能。该架构可实现用户无感的统一接入认证，对网络资源、拓扑、功能和数据实现统一的、智能的灵活调度。但是该架构需要增加星上处理能力，对卫星载荷设计要求较高，且对于已经发射的卫星非常不友好，因为目前绝大部分卫星都不具备星上处理能力，该模式实现起来较难。

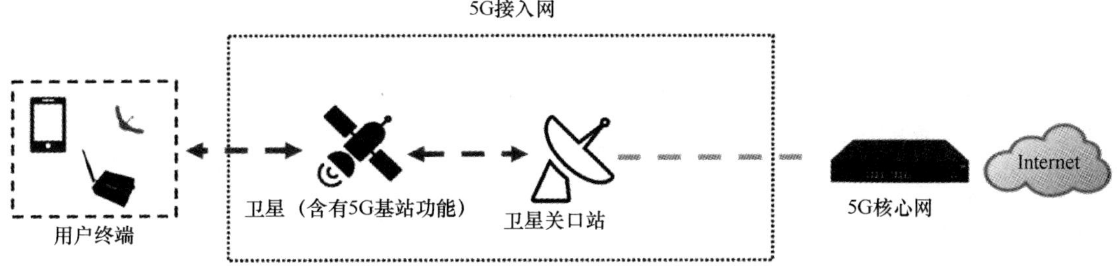

图14.6　基于星上再生的网络架构（卫星具有全部接入网功能）

14.3.3　关键技术

在低轨宽带通信卫星与地面 5G 移动通信融合的系统中，低轨卫星高度可达几百公里，导致传输时延远大于地面网络。而且低轨卫星具有很高的移动性，会带来显著的多普勒效应，使得频偏和时延变化率远大于地面网络。例如，LEO-600（600 km 低轨卫星）场景下卫星速度可达 7.56 km/s，在低仰角的情况下，多普勒频偏可以达到 20 ppm 以上。综上所述，为了实现低轨宽带通信卫星与地面 5G 移动通信的有效融合，需要针对性地在传输和组网等方面突破一系列的关键技术。

1. 时频同步技术

由于低轨道近地卫星的高速运动引起了较大的多普勒频偏，对同步信号的检测难度相比地面 5G 蜂窝网络较大。为了解决大频偏问题，一是可以对传统的同步参考信号进行增强；二是沿用传统的同步参考信号，用户利用 GNSS 信息和网络指示的辅助信息来估计卫星带来的大时延和大多普勒频偏，并进行预补偿。相对于第一种思路，这种思路不需要对传统同步过程进行显著的修改增强，但需要用户具有 GNSS 能力，且不适用于室内等 GNSS 信号受到遮蔽的场景。

2. 移动性管理技术

在低轨宽带通信卫星网络的部署中，卫星网络的传播时延比地面系统高几个数量级，这使得终端在切换时面临巨大的挑战，主要表现在以下三个方面：一是信令传输时延大，增大了切换中断时长。二是测量失效。测量报告的传输和切换命令的接收之间存在较大的时延，可能使得测量结果不再有效。三是远近效应不明显。由于卫星的高度较高，会导致重叠区域的两个波束之间的信号强度只有微小差异，终端用户无法根据信号强度确定是否在小区边缘。由于低轨卫星网络中远近效应不明显，且存在测量失效的风险，所以低轨卫星网络中的移动性管理并不能只依赖基于测量结果进行小选择和重选，需要进行必要的增强。

3. HARQ 增强技术

混合自动重传请求（Hybrid Automatic Repeat Request，HARQ）机制可保证信息完整性，降低误码率，提高传输可靠性。在低轨宽带通信卫星系统中，由于传输时延较大，会造成 HARQ 反馈不及时、HARQ 进程不足等问题，所需最小 HARQ 进程数远远多于地面通信网络支持的 16 个。因此，需要对 HARQ 技术进行增强和优化。

4. 波束管理技术

在低轨宽带通信卫星系统中，通常一个卫星通过多个波束对地面提供服务，多波束间共享卫星的带宽和功率，不同波束的覆盖区域一般有部分重叠。为了降低波束间的干扰，可以采用频率复用的方式，令相邻波束占据不同的带宽。当地面业务需求分布不均匀的时候，卫星需要对不同波束的资源进行调度，来动态地满足不同地区的需求，从而优化整体的资源配置。为了将传统卫星通信中的一些波束管理技术应用到 5G 卫星通信系统中，需要对信令和协议进行进一步优化。

14.4 行业应用及典型案例

目前，我国已有卫星应用企业约 11 家，典型企业包括：提供“动中通”解决方案和产品的中国卫星，为垂直行业提供综合信息服务和通信服务的中国卫通，为公安、军队、消防、石油等领域提供专网通信解决方案的亚太卫星，为军特用户提供卫星专网通信解决方案的海格通信，为公共安全、应急、能源、交通等领域提供解决方案的海能达，为海洋领域提供“海星通”服务产品的鑫诺公司，为车联网领域提供综合信息服务的四维图新，为智慧城市、应急通信、海洋工程提供系统解决方案的华力创通，为智慧安防领域提供解决方案的振芯科技，为交通、气象、海洋、环保、应急领域提供综合信息服务的中科星图，提供智慧城市、海洋探测、水文监测领域信息服务的中海达，等等。应用场景主要体现在海洋、航空、铁路、车联网、数字政府及智慧城市等垂直领域。

1. 海洋

地球表面 70%的面积是海洋，我国有超过 300 万平方千米的海域。当船只离开陆地 50 海里后，只有依靠卫星通信这一通信手段。低轨宽带通信卫星凭借其相对其他通信方式覆盖范围广、通信距离远等优势，成为海洋信息传输的主要手段，为包括渔船、客船、运输船在内的海洋船只等提供互联网接入服务。同时，利用海上低轨宽带通信卫星将推动海运业的快速发展。

我国现有渔船总数达 106 万艘，是世界上渔船数量最多的国家，约占世界总数的 1/4，其中海洋渔船总数达 31.61 万艘。另外，我国有 24.21 万家集装箱企业，海洋通信市场广阔。

2. 航空

随着 5G 手机、平板电脑等移动电子设备的普及，航空客舱宽带业务需求呈显著增长态势，对航空公司的通信服务提出了更高的要求。随着航空电子系统及通信系统抗干扰能力的提高，以及公众通信系统电磁骚扰的控制，再加上近年来对公众通信系统与航空电子、通信系统电磁兼容性的科学评估，国际上很多国家和地区都对机载公众移动通信，尤其是基于卫星的机载民用通信技术越来越有信心，纷纷开展试验研究工作。

由于具备网络部署快速和不受地面环境限制的先天优势，卫星方案已成为国际越洋航班开展民用航空通信业务的最佳选择，而且随着低轨宽带通信卫星技术的发展和应用，卫星方案也能提供与 ATG 方案相媲美的通信带宽。我国 2019 年商用航空飞机数量为 3818 架，消费型机载通信普及率约为 5%。预计到 2038 年，我国商用航空飞机数量将增长至 9330 架，低轨宽带通信卫星在航空领域具备较大的市场发展空间。

3. 铁路

高速铁路高速移动时频繁的越区切换及多普勒频移等也会造成通信无法正常进行。在高速铁路的运行环境下，卫星与地面通信网络相比，具有全球覆盖、接入简单和扩展性强等优势，其不受地理位置和终端运动状态约束的特点也是低轨宽带通信卫星系统具有发展前景的原因之一。截至 2020 年年底，我国铁路旅客发送量 21.67 亿人次，铁路运营里程 14.6 万千米，其中 3.8 万千米的高速铁路运营里程更是占据世界高铁运营里程的 2/3。

目前，已有不少低轨宽带通信卫星企业正在探索高铁运营场景。诸如中国航天科技集团公司与中国铁路通信信号股份有限公司达成战略，深入研究卫星通信在高铁移动通信上的应用，对于将航天卫星通信等技术嵌入高速铁路中的应用进行深入研究；中国中车公司与吉来特卫星网络有限公司达成合作，共同研制高速铁路车载卫星设备原型，并开发卫星装备及服务平台，研制适用于中国中车全球化运营的卫星网络管理平台，构建卫星通信生态圈。

4. 车联网

近年来，我国交通大发展、汽车大增长的态势持续深入推进，据公安部统计，截至 2021 年 9 月，我国机动车保有量达 3.90 亿辆，其中汽车保有量达 2.97 亿辆。目前，车载通信多以“动中通”业务模式为主，随着车联网相关技术的演进，低轨宽带通信卫星和平板天线等新兴技术为车联网、车载通信等提供了强大的动力。目前，低轨宽带通信卫星可为车辆提供应急通信、位置信息上报等基础通信能力。未来，随着我国高通量卫星和网络配套设施建设，低轨宽带通信卫星可为车辆提供车载影音、移动视频通信等大带宽应用，车联网应用市场前景广阔。

5. 数字政府及智慧城市

低轨宽带通信卫星在消防、防灾减灾、应急通信等领域也起到了非常重要的作用。在自然灾害等情况导致地面网络无法使用时，低轨宽带通信卫星可以为灾害现场提供应急通信，保障现场指挥调度，提供数据备份、异地灾备等能力。利用低轨宽带通信卫星，可以实现一点到多点传输，同时摆脱地域的限制，在采用双向传输链路的情况下，实现实时互动。

14.5 发展挑战

虽然我国已具备建设低轨宽带通信卫星系统的基本条件，但面对国际低轨星座网络的迅猛发展态势及日益激烈的国际竞争，我国建设自主可控的低轨宽带通信卫星系统，在频率轨道、频率干扰、技术体制、商业模式、产业化能力、核心元器件开发等方面仍存在亟待解决的问题和差距。

撰稿：李侠宇、刘硕

第 15 章　2021 年中国算力网络发展状况

15.1　发展环境

算力网络是算力设施和网络设施融合创新发展的重要形态，是社会算力供需结构动态调整的必然产物，同时也是算力设施不断向前发展的必经阶段。我国算力网络正处于发展阶段，相关技术研究仍在试点，产业生态尚在建立，但整体发展环境持续向好，具备长期稳定发展的潜力。

在政策环境方面，我国政府正在加强算力网络发展的顶层引导。在早期市场需求主导的算力网络发展环境中，北京、上海、广州、深圳等地区数字化转型进程较快，数字技术应用较多，算力需求及数据传输需求较高，促使北京、上海、广州、深圳等地区成为我国最早的算力网络设施发展区，数据中心规模大、上架率高，网络基础设施建设完善。以市场需求为主导的算力网络设施发展形式满足了热点地区的算力需求，但也在一定程度上造成我国东西部算力网络设施发展的差异，不利于我国数字化转型的发展。近年来，我国政府加速推动东西部算力设施的协同布局，并努力推动网络设施与算力设施的同步发展。2020 年 12 月，国家发展和改革委员会、工业和信息化部等 4 个部委发布《关于加快构建全国一体化大数据中心协同创新体系的指导意见》，提出形成布局合理、绿色集约的基础设施一体化格局，并根据能源结构、产业布局、市场发展、气候环境等，在京津冀、长三角、粤港澳大湾区、成渝等重点区域，以及部分能源丰富、气候适宜的地区布局大数据中心国家枢纽节点。2021 年 5 月，《全国一体化大数据中心协同创新体系算力枢纽实施方案》发布，明确提出要围绕京津冀、长三角、粤港澳大湾区、成渝、贵州、内蒙古、甘肃及宁夏 8 个国家枢纽节点开展全国一体化大数据中心建设，并在国家枢纽节点间打通网络传输通道，加快实施“东数西算”工程，提升跨区域算力调度水平。

在产业环境方面，需求不断演进，多方产业主体不断研究实践，共同促进算力网络向前发展。算力需求演进主要呈现三大趋势：一是需求类型更加多样。随着我国数字化转型进程的不断加快，各类数字技术应用场景不断涌现，传统单一通用算力服务已经越来越难以满足日益复杂的算力需求[1]。二是应用空间场景变得更加泛在。大量终端传感设备及移动电子设备的应用进一步提升了边缘侧的算力需求，传统云端算力难以满足边缘侧敏捷、及时的要求，以云、边、端为基础架构的算力服务成为发展趋势。三是算力供给更加灵活。在传统算力服

1　李正茂：算力时代三定律。

务模式下，算力供给是低效、固化、标准的，随着各类新兴业务的产生，用户对算力的要求更加灵活，敏捷、弹性、随需随取、按需付费成为当前用户算力需求的典型特征，灵活的算力供给同样需要算力网络支持。

算力网络的产业实践目前仍在积极探索阶段，包括运营商、云厂商、通信设备商在内的多方建设主体均在积极推动算网设施融合发展。在运营商方面，中国联通在算网融合建设过程中强调运营融合、管控融合、算力融合、数据融合、网络融合、协议融合的多维度融合；中国移动对算力网络的定义是以算为中心、网为根基，网、云、数、智、安、边、端、链等深度融合，提供一体化服务的新型信息基础设施；中国电信强调以“云”为核心，侧重网络、算力和存储资源相互融合，推进天翼云持续升级。在云厂商方面，阿里云通过构建云骨干网实现企业多数据中心高效互联，为算力调度打下了良好的基础。在通信设备商方面，华为、中兴等均在根据用户算力网络建设需求开展相应的网络设备研发。在社会环境方面，我国消费者对于数字技术应用场景依赖度逐渐提升，网上购物、移动支付、在线办公等数字化场景广泛融入社会生活的各个方面。同时，企业数字化转型已经成为全社会各行业的普遍共识，通过应用上云上平台，企业可进一步提升生产运营效率。数字消费及数字化转型场景的日趋丰富对算力网络服务提出了更高的要求，传统算力网络服务难以满足泛在、异构、随需的场景需求，社会需要更加敏捷、高效、泛在、随需的算力网络服务。算力网络是实现算网融合及算力服务升级改造的重要形式，既可满足传统 Web、视频、游戏等应用场景，同时也能更好地满足元宇宙、AR/VR、工业互联网等要求低时延、高可靠的应用服务，还可进一步拓展出算力交易、共享等新型服务，这将为数字化转型和数字技术应用场景落地提供重要保障，具备较高的社会认可度。

15.2 发展现状

算力网络的发展离不开学术界与产业界的研究实践，尤其是我国正处于大力发展基础科研的阶段，对算力网络的探索既能够带来算网技术升级，也能够为各行各业提供更加优质的算网服务。

从学术研究看，当前学术界正在积极开展算力感知、算力调度、算力交易等方面的研究，算力感知、调度及交易的研究对于算力网络的构建具有重要的作用，是整个算力网络构建的核心之一。

从业界研究看，三大运营商是算力网络的重要探索者。2019 年 11 月，中国联通在中国国际信息通信展览会上率先发布了《中国联通算力网络白皮书》，随后中国电信、中国移动分别发布《云网融合 2030 技术白皮书》和《算力网络白皮书》，三大运营商基于集团公司算力网络建设目标，梳理技术架构，明确技术要点，并划分了各自的算力网络演进路线。

从产业实践看，不同参与主体，包括运营商、云厂商、第三方厂商、行业客户等，对于算力网络的概念、建设目标、功能定位有所不同，且当前算力网络应用仍处于探索和验证阶段。根据应用场景不同，可以从国家、行业和企业三个层面进行展现，不同层面算力网络场景需要解决的需求有所差异。

国家层面算力网络重点解决全国性算力调度问题，由各类算力供给方、需求方构成，全国性算力调度场景主要以“东数西算”工程形式呈现，“东数西算”工程是继“南水北调”“西电东送”“西气东输”之后国家的又一项重大战略工程，“数”指数据，“算”是算力，“东数西算”就是通过构建数据中心、云计算、大数据一体化的新型算力网络体系，将东部算力需求有序引导到西部，优化数据中心建设布局，促进东西部协同联动。“东数西算”工程的实施不仅能够加速全国一体化算力网络的建设，还将有效推动东西部数据中心算力资源对接，并通过算力调度机制实现算力资源优化配置、精准供给。在推动实现“东数西算”的过程中，首先枢纽节点及集群自身算力设施、网络设施要进行技术改造和升级，以形成高效、弹性的算力资源池，以及云化可控、高效传输的算力传输网络。其次是进一步强化算力枢纽间网络传输链路建设，提升网络传输质量，推动枢纽节点之间算力调度技术不断创新突破，使算力枢纽间实现算力按需调度。目前，“东数西算”工程尚处于启动初期，算力枢纽节点及集群相关准入标准、技术应用、指标要求仍需进一步完善。在全国一体化算力网络建设过程中，中国信息通信研究院云大所数据中心团队基于多年的数据中心算力基础设施、网络设施测评经验，搭建了我国首个“算力大平台”（见图 15.1），该平台具备数据中心等算力基础设施的多维度信息采集、监测和供需对接等能力，能够实现对我国数据中心算力设施及网络设施相关指标的监测、展示，这将为“东数西算”工程实施及全国算力调度提供有效支撑。

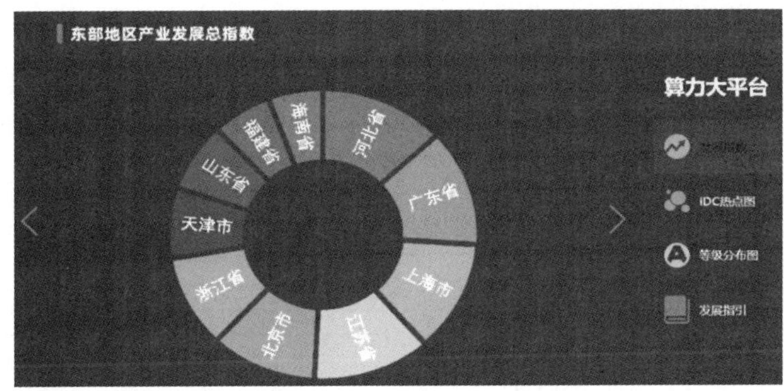

图15.1　数据中心算力大平台

资料来源：中国信息通信研究院。

行业层面算力网络由行业用户共同参与，面向行业应用的算力网络主要适用于某类特定行业算力服务需求。现有的行业应用平台大多基于云网协同技术开发，能够满足行业的业务应用需求，支撑行业内各企业生产经营。同时，各企业内部可实现多云高效互联，云间业务调度。但是，上述情况难以基于业务和应用需求，实现行业内多企业算力设施间的算力调度，行业数据流通及应用能力依然还有待提升。

企业层面的算力网络由企业定制建设，企业定制的算力网络主要是企业基于自身业务需求开展的算力网络服务优化升级，企业算力网络运维管控中心可基于用户业务需求对算力网络设施进行优化配置，从而提供更加专业、可定制的算力网络服务。

15.3　关键技术

作为算网融合发展的一种形态，算力网络关键技术包含算力关键技术、网络关键技术、算网调度关键技术等。在算力关键技术方面，算力基础设施完成算力的供给，包含通用算力、智能算力、超算、边缘算力等。底层算力基础设施可提供的算力主要由芯片类型、算力设施规模及其位置决定，采用 CPU、GPU、FPGA、ASIC 等不同底层芯片组合可以得到不同的算力供给。在网络关键技术方面，主要包括全光高速互联技术 SRv6、IPv6、5G、SD-WAN、确定性网络、无损网络、自动驾驶、网络切片等，通过网络技术创新为数据传输提供基本保障，并进一步提升网络的传输速率、云化能力、可靠性和智能化水平。在算网调度关键技术方面，主要包括算力的一体化管理和资源的编排调度。其中，一体化管理将更关注算力的标识、感知等，而资源编排则可以调度不同区域的算力，更好地服务不同算力的应用需求。

15.4 行业应用及典型案例

算力网络的发展仍处于研究试点阶段，业界尚没有成熟的算力网络行业应用及相关案例。中国移动、中国电信、中国联通三大运营商依托强大的网络运营能力及数据中心运营经验，率先发布算力网络相关白皮书，构建算力网络架构，开展算力网络试点。2019 年，中国联通发布《中国联通算力网络白皮书》，该白皮书明确提出算力网络是云化网络发展演进的下一阶段。在算力网络时代，AI 技术的引入将为网络智能运维管理提供保障，联网元素、云网元素及算网元素技术演进将推动算力网络发展，未来，算力网络的基本特性包括稳定、无损、智能、云化、可信、高效、随需（见图 15.2）。除此之外，中国联通还提出了包含服务提供层、服务编排层、算力管理层、算力资源层等功能模块的算力网络架构，这为算力网络建设提供了重要参考。

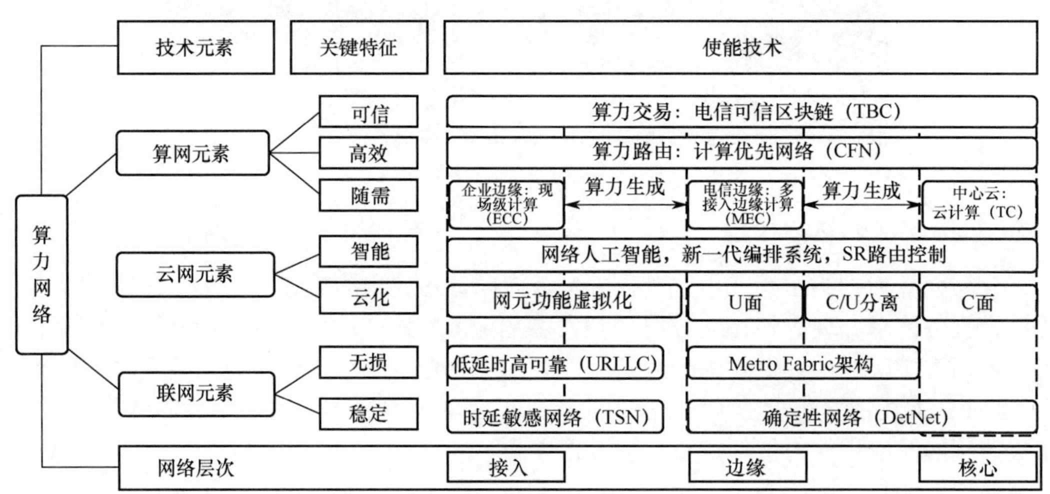

图15.2　算力网络关键技术元素

资料来源：《中国联通算力网络白皮书》。

中国电信对算力网络的研究主要从云网关系展开，在 2020 年发布的《云网融合 2030 技术白皮书》中明确提出云网融合的发展历程将从云内、云间和入云到多云协同、云边端协同不断深化，云网融合的最终目标则是云网一体，在其云网融合架构体系中，云网操作系统将借助数据湖和云网大脑实现对各类云资源的抽象管理、统一编排。中国电信云网融合目标技术架构如图 15.3 所示。

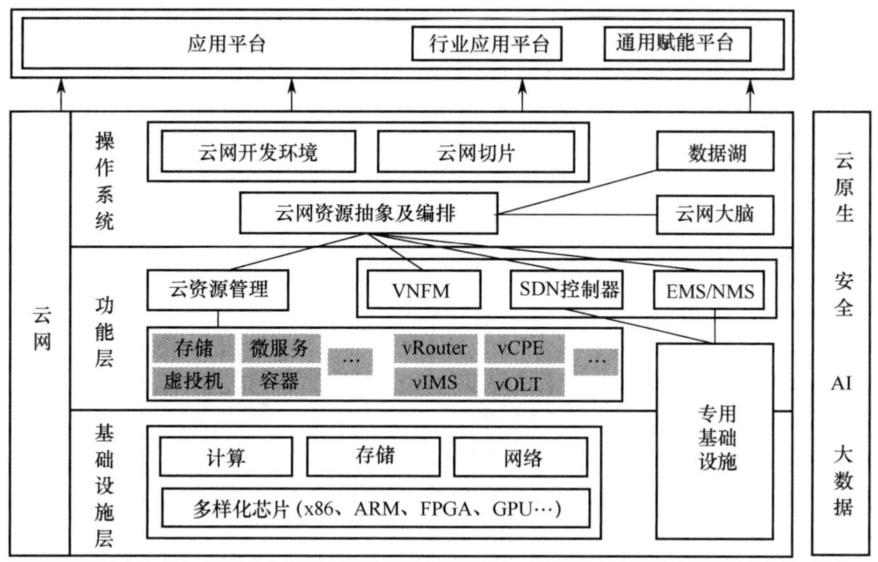

图15.3　中国电信云网融合目标技术架构

资料来源：中国电信《云网融合 2030 技术白皮书》。

2021 年，中国移动发布了《算力网络白皮书》，该白皮书对算力网络的定义是“以算为中心、网为根基，网、云、数、智、安、边、端、链等深度融合，提供一体化服务的新型信息基础设施”。中国移动算力网络建设的目标是实现“算力泛在、算网共生、智能编排、一体服务”，使算力服务向水电一样即取即用。中国移动算力网络架构主要由算网基础设施层、编排管理层和运营服务层构成（见图 15.4），在运营服务层，中国移动进一步强化了算力交易的概念，力图打造算网服务统一交易和售卖平台，实现“算力电商”等新的交易模式。

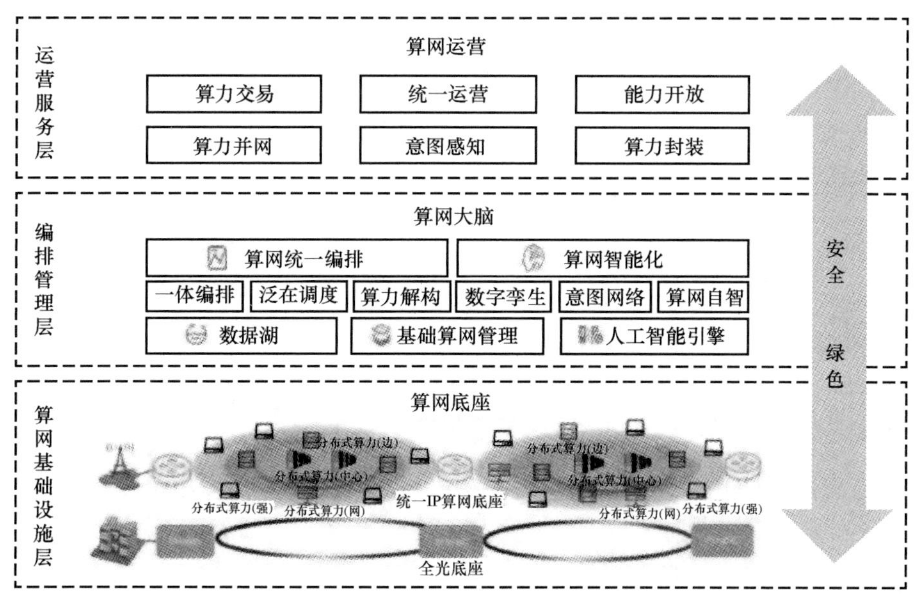

图15.4　中国移动算力网络架构

资料来源：中国移动《算力网络白皮书》。

2021 年，华为和中兴也发布了算力网络研究成果，华为在《人工智能计算中心发展白皮书》中提出构建区域内可感知、可分配、可调度的 AI 算力资源。中兴则在《IPv6 新技术创新孵化平台助力 IPv6 新技术研究和部署》中提出了以 IPv6 技术推动算力网络能力，并给出现有网络向 IPv6 算力网络的平滑迁移方案。

15.5 发展挑战

算力网络在发展过程中面临的挑战主要来自 3 个方面。一是算力网络概念及建设标准不统一，运营商、云厂商、行业客户是算力网络的主要参与方，不同参与方对算力网络的需求和理解有所不同，参与方往往会基于技术资源优势等考虑，提出各自的算力网络概念及建设目标要求，难以形成统一规范的面向整个行业的算力网络体系，尤其是在“东数西算”场景下，各个建设主体基于不同的理解和建设标准开展算力网络建设，将难以汇聚成一张全国统一的算力网络体系。二是我国算力设施和网络设施布局仍不均衡，尽管《全国一体化大数据中心协同创新体系算力枢纽实施方案》的出台及“东数西算”工程在一定程度上促进我国数据中心设施均衡布局，并促进网络设施与算力设施协调发展，但是目前我国数据中心算力设施整体布局仍不均衡，西部地区网络基础设施建设水平依然相对较低，网络环境相对较差，使得全国算力网络体系在短期内难以建成。三是算力网络运营机制尚未明确，算力网络需要实现多方主体算力的融会贯通和高效配置，但是具体的算力网络服务形式仍然不清晰，算力网络中的算力使用收费及数据安全责任认定问题仍然没有准确的衡量标准来解决。

撰稿：李洁、郭亮、王少鹏
审校：田东

第 16 章　2021 年中国智能运维发展状况

16.1　发展环境

随着互联网与信息技术的快速发展，企业信息基础设施、软件系统数量和规模持续攀升，IT 运维环境日益复杂，在现有人力与技术条件下，企业运维团队很难有效保证业务系统稳定性。利用大数据、云计算、人工智能等新技术，推动 IT 运维向智能化方向转型，提高 IT 系统可用性和运维效率，成为越来越多企业的选择。

1. 数字化建设动能强劲，运维保障促高质效发展

国务院印发的《“十四五”数字经济发展规划的通知》指出，数据的爆发式增长为智能化发展带来了新的机遇。加快推动智能化应用建设，促进各环节智能化升级，提升基础设施网络化、智能化、服务化、协同化水平，加快优化智能化产品和服务运营。“十四五”规划纲要中提出，未来将培育壮大人工智能、大数据、区块链、云计算、网络安全等新兴数字产业。此外，《关于推动平台经济规范健康持续发展的若干意见》中提出，鼓励平台企业加强与行业龙头企业合作，提升企业一体化数字化生产运营能力，推进供应链数字化、智能化升级，带动传统行业整体数字化转型。随着国家信息化建设的逐渐深入，信息系统已成为企业核心竞争力的重要组成部分，作为信息系统稳定、安全、高效运行的保障，IT 运维也变得越来越重要。

2. 服务模式多样，智能运维产业多点开花

近几年，随着 IT 投入在企业中的占比逐年增长，国内敏锐的创业公司和投资机构已经在智能运维领域快速布局，并且发展迅速。我国智能运维行业主要分为 3 类：第一类是以中大型互联网公司为代表的自有产品线研发，主要搭建自己的智能运维（AIOps）平台；第二类是以外包和项目为主的传统 IT 技术公司，在已有业务线的基础上融合 AIOps 平台能力；第三类是以中小型科技创业公司为代表的，专注 AIOps 系统工具与解决方案领域的 IT 技术产品服务提供商。其中，科技创业公司依托自身创新型智能运维产品和服务模式，一度战胜了国际大厂等竞争对手。例如，以业务为视角将指标、调用链、日志等多数据进行智能处理与分析，实现运维的可观测性。将机器学习算法用于故障链路跟踪、关联关系挖掘等方面，可提供数十种运维决策方案，为企业业务的高速发展提供有力保障。

3. 技术驱动叠加市场需求，IT 运维正在迈向 3.0 时代

在 IT 建设的深入和完善下，计算机软硬件系统运行维护的市场需求爆发，手工运维逐渐被自动化运维替代，随后 IT 运维进入 2.0 自动运维时代，但在自动运维时代中依然以人与自动化工具相结合的运维模式为主，并且由于信息获取方式与观测方式的局限性，无法持续地面向大规模、高复杂性的系统提供高质量的运维服务。而 AIOps 主要依靠人工智能技术对运维管理对象的海量的运维大数据进行建模分析，如对日志、监控信息、应用信息等进行提炼和规律总结，包含问题发现、分析、解决的全生命周期。在数字化业务要求 IT 运维提供更快的响应速度和更高的处理效率的环境下，智能运维的重要性逐渐显现，越来越多的企业已经开始布局智能运维能力，包括通过历史/实时数据采集、算法分析平台，整合 IT 数据和业务指标数据；告警消噪（包括告警抑制、告警收敛等），以消除误报或冗余事件；提供跨系统追踪和关联分析，有效进行故障的根因分析；设定动态基线，捕获超出静态阈值的异常，实现单/多指标异常检测；根据机器学习结果，预测未来事件，防止潜在的故障。IT 运维正在向 3.0 时代迈进。

16.2 发展现状

随着数据量的快速增长及大数据分析技术的成熟，全球IT运营分析市场正在稳步增长。通用 IT 和业务分析师越来越容易使用报告和查询工具，而无须数据科学家进行定制编程。与此同时，可分析的 IT 管理数据的范围和数量也在迅速扩大。根据 Gartner 预测，2023 年，40%的 DevOps 团队将使用 AI 增强应用程序和基础设施监控工具构建 IT 运营（AIOps）平台功能。

第一代 IT 运营分析软件专注于日志分析和搜索。IDC 的数据分析表明，基于用户、基础设施和应用程序性能数据的预测分析、异常检测和业务影响分析，越来越多地与机器生成的日志分析相结合，以实现全面的根本原因分析和主动容量优化。供应商需要为客户提供一整套具有成本效益且易于使用的智能运维分析平台，以保持长期战略供应商的地位。根据 IDC 的测算，全球 IT 运营分析软件市场在 2021 年已达到 42 亿美元，这在很大程度上是由于数据量和速度的增长，以及更易于使用、成本更低和更易于部署的解决方案的可用性增加。预计 2026 年全球 IT 运营分析软件市场将增长至 66 亿美元，并将在 2021—2026 年预测期内以 9.3%的年复合增长率增长，云服务部分，代表通过软件即服务模型交付的智能运营分析软件，预计到 2026 年将达到 37 亿美元，5 年复合年增长率为 17.5%（见图 16.1）。

我国智能运维具备长期增长潜力，随着下游渗透率的逐步提高，我国 IT 智能运维规模将持续扩大。数据显示，2021 年我国 IT 智能运维市场规模增长至 606 亿元，随着新冠肺炎疫情影响逐步消退及市场需求的持续增长，预计 2025 年我国 IT 智能运维市场规模将达到 1093 亿元（见图 16.2）。市场规模的稳步增长来源于 IT 运维刚性、持续的需求，也将进一步受益于数字产业化及产业数字化的协同互进。

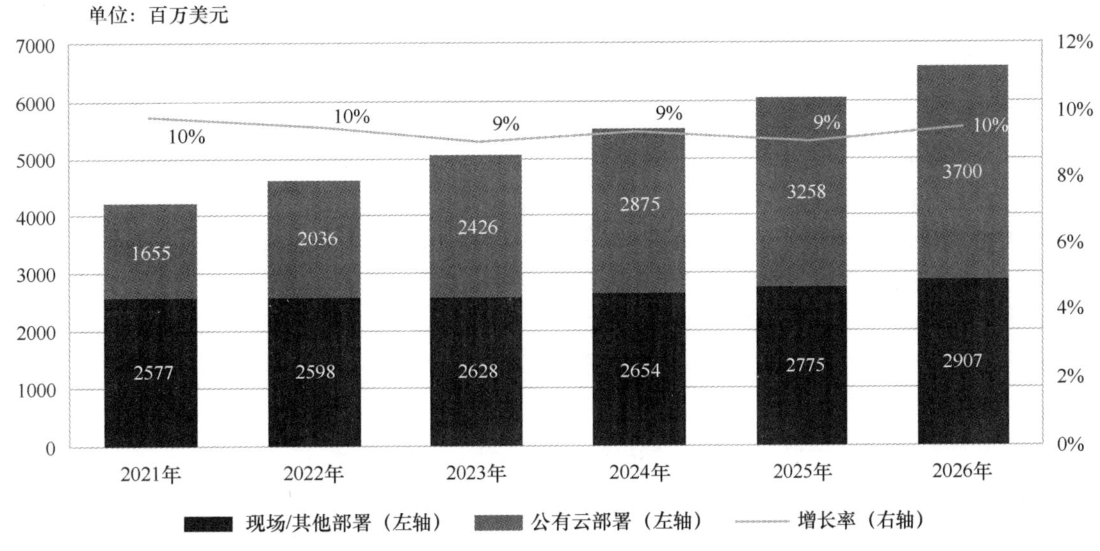

图16.1　2021—2026年全球IT运营分析软件收入概览（按部署方式）

资料来源：IDC，2022。

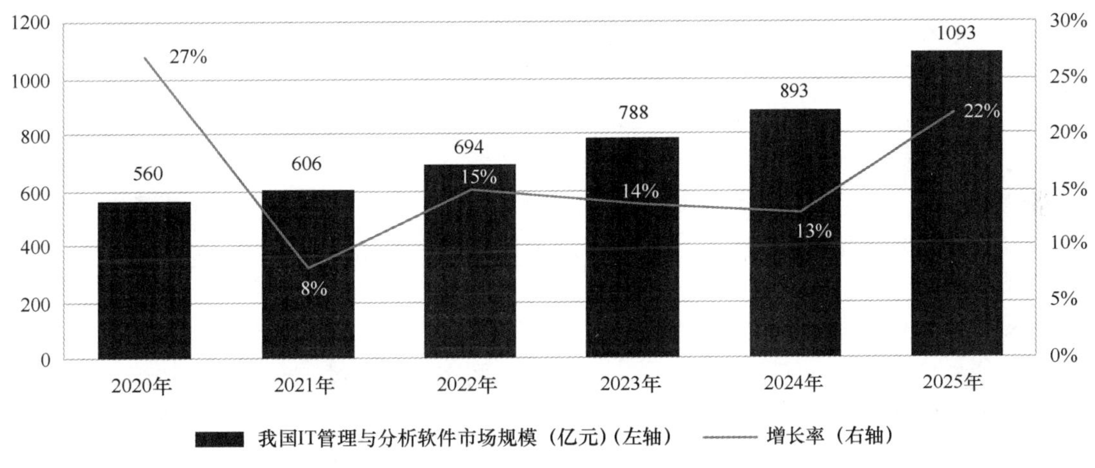

图16.2　2020—2025年我国IT管理与分析软件市场规模及增长率

资料来源：观研天下，2022。

16.3　关键技术

为了应对来自标准运维数据积累和运维业务发展的双重需求，智能运维的着力点在于赋能 DevOps，通过 AI 的能力进一步处理自动化运维不能解决的问题。智能化运维应用场景层与关键技术能力，可分为感知、分析、决策、执行、知识更新，即首先收集和监测原始输入数据，其次基于采集/接入的数据进行数据分析，并基于分析过程推理得到决策依据或选项，再次基于决策过程作出进一步运维操作，最后基于过往操作、决策经验进行知识迁移覆盖。

这一过程覆盖了以下应用场景及关键技术内容。

异常发现能力：包括业务指标异常检测和日志异常检测场景，指标异常检测是业务指标从功能适配的角度对业务可用性指标进行实时检测，如将指标粒度从分钟级提升到秒级来适配业务交易时效性高的特点。常用技术包括：①单指标异常检测。针对数据特征的不同，可使用静态阈值、统计性算法、时序性检测算法，包括 SARIMA、K-Sigma、TSD、GBRT 等。②时序 KPIs 指标异常检测。针对时间序列指标数据进行异常检测，将不同的指标时序转化为标准的 0/1 时间序列，表示在某个时刻某个指标是否异常。日志异常检测则是从日志数据中自动提取出不同的模板和变量，进而针对模板所覆盖的日志数量进行异常检测。此外，还可以采用聚类的方法处理日志数据，通过词嵌入（Word Embedding）与聚类的方式对日志数据进行压缩，进而提取真正关键的信息。

异常定位能力：包括业务明细多维定位和机器异常定位场景，业务明细数据中蕴含丰富的维度数据，可用于判断异常根因维度和故障影响范围，机器指标数据则用于判断 IT 基础设施对象的运行状态在故障时段是否存在异常。常用技术为异常机器指标定位，即通过运用聚类、核密度估计、极值理论等算法，快速判断并定位指标与历史数据及其他机器的波动差异情况。

根因问题分类能力：已知根因可能的若干类型，利用模型判断最可能的一个或多个根因类型，通常是在有监督训练场景下进行的。常用技术为因果推断，即利用指标间的因果关系和拓扑图，找到问题根因，结论通常是因果关系图上的某个节点（KPI 指标），并且事先定义了明确的根因类型或某条根因路径（Path）。

系统资源及容量预测能力：通过系统自动完成包括 CPU、内存、存储、数据库、Java 等应用所需的多维度指标、协同资源容量预测，此外，还可采用多种回归分析预测技术进行容量预测，常用技术包括 ARIMA、Prophet、LSTM 等，并根据资源容量预测的结论自动触发资源容量扩缩容操作。

知识图谱关联异常检测/根因定位/智能客服：知识图谱可以将运维工单中的重要信息通过三元组抽检出来，形成工单知识图谱。工单知识图谱可以通过向量召回、知识图谱召回相似工单，辅助解决相似故障，也可用于故障原因分析，通过图谱之间的连接找到故障问题根源，还可用于构建智能运维机器人，辅助甚至替代业务人员进行消息回复。

安全防护能力：实时分析网上数据流来监测非法入侵活动，结合资产测绘、漏洞发现、威胁情报等技术手段，及时感知网络安全风险态势，同时进行安全响应和处置，如进行告警分诊、关联分析、事件调查、威胁定级、安全联动、告警处置等。常用技术包括：①用户和实体行为分析（UEBA）。安全与分析模块针对各类用户行为和实体（主机、服务器、数据库等）行为数据，从合规维度及异常维度（时间/数量/时序），以规则或算法模型等方式对用户/实体行为进行检测分析，发现用户的违规行为或偏离个人基线的异常行为，从而及时发现内部威胁并进行响应处置和影响评估。②安全编排与自动化响应（SOAR）。安全响应模块针对不同的安全事件，为安全与业务提供自定义安全能力编排、风险自动化处置能力，最终实现针对风险的全生命周期智能化管理。

智能巡检机器人：以智能化技术为基础，具有可编程性，其在应用过程中模拟人工操作，替代了传统人工巡检。因其巡检方式灵活、稳定性高、环境适应性强等特点，被应用于各行业巡检工作。其中，无轨智能巡检机器人一般采用组合 SLAM 技术，对复杂环境进行实时自适应地图构建，实现高精度定位与导航，采用可见光相机、红外成像仪、拾音器等多传感器融合技术，实现表计识别、设备状态识别、红外测温及三相比对、环境检测等功能。无轨智能巡检机器人目前主要应用于室外设备巡检，以及室内环境复杂的设备巡检，在电力网络、数据机房、安防等场景中发挥着重要作用。

16.4　行业应用及典型案例

1. 浙江移动

浙江移动运维历程经历数次转变，经过了 2000—2015 年的标准化运维、体系化运维阶段，以及 2015 年年底开始的数字化升级转型期，历经 5 年，提出 AIOps 与 OpsDev 两翼齐飞新概念，在 2021 年正式推出了故障自愈支撑平台，将依赖人工处理的故障处理流程拆分成单个运维动作，再将单个动作实现自动化，形成运维能力集；根据故障场景和处理流程，即感知、分析、决策、执行的过程，对运维能力集进行编排重组，形成处理故障端到端流程自动化处理的原力链并组成原力矩阵，从而实现故障场景全覆盖。

智能运维平台具有以下特点："搭积木式"构建运维能力集，解决离散能力和数据的问题，萃取已有应用和平台中的运维自动化能力或将运维人员的经验规则进行沉淀，实现单个运维能力自动化，并按照规范的格式集中注入运维能力，形成网络运维能力资产库，从而实现运维知识的敏捷化沉淀和多场景复用。智能运维平台实践思路如图 16.3 所示。

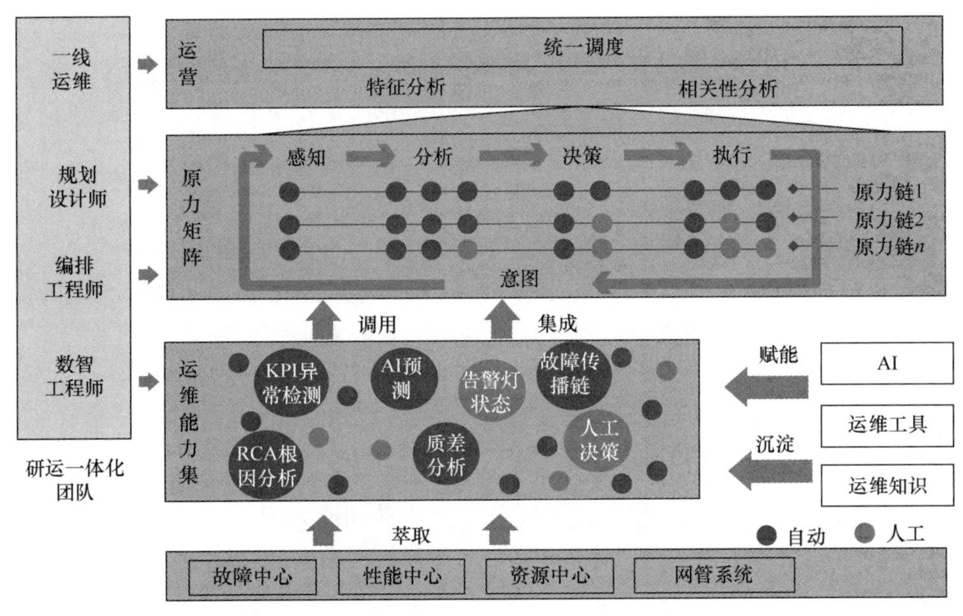

图16.3　智能运维平台实践思路

AI 升级运维能力：局限于通信网络数据规范性、样本数量等问题，AI 技术无法使能故障端到端处理过程，但可用于优化部分运维能力，如基于动态阈值和时序预测的 KPI 异常监测能力使感知更明显，基于历史真实故障的多维数据关联使故障分析更高效。

自动化能力端到端可编排：从分析、感知、决策、执行环节，拉通各专业数据和能力，构建可编排的运维能力，满足不同故障场景、处理过程的需求，并不断积累故障场景处理经验，从而实现故障场景的全覆盖。

2. 京东科技

京东科技从 2017 年开始搭建智能运维能力，基于京东多年一线运维经验，以大数据和人工智能技术为抓手，形成以应用为中心的一体化智能运维解决方案。利用京东内部历年大促场景的数据积累，对算法不断地进行优化训练，2021 年，扩充了超过 30 余种基线、根因定位、异常检测等自研算法学件，并在监控、数据库、网络、资源调度等多个纵向场景取得突破。京东科技智能运维平台结合指标数值和日志文本两大数据源特点构建“榫卯”型算法设计，在保证可迁移性的基础上增强算法匹配场景丰富度、算法自动编排准确度、算法定制拓展自由度。

故障检测模块：快速发现时序监控数据的异常。对于种类繁多、关系复杂的数值指标，指标异常检测学件组不仅可以实现快速自动编排、覆盖运维指标多特征突升突降等异常类型，对于周期性或隐性规律、节假日及突发事件等影响因素皆有自适应算法和既定策略安排。

故障定位模块：精准定位复杂系统的根源问题。采用的运维知识图谱是动态可拓展的，配置数据、日志、告警、变更等信息都已经接入其中。强化学习算法按照层次在全局可能关联节点进行搜索，确保了根因定位算法的准确性。当搜索过程结束时，算法会自动地对故障根因进行修正和排序，并调用日志分析系统计算推荐根因的置信度。

故障修复模块：结合运维知识图谱和运维专家经验，推荐智能的解决方案，快速修复故障。在故障智能修复阶段，结合运维专家经验对故障事件进行分析并给出可操作性建议和操作风险指标。运维知识图谱将根据调用链依赖进行全链路检查，给出故障修复建议和操作风险提示，对于部分场景已实现故障自愈。

3 个模块层层递进，共同提升运维体验和运维效率。整体流程可以快速发现故障并进行自动异常定位，对于异常事件提供解决方案并实现部分场景故障自愈，能极大地降低研发配置固定阈值和运维排查问题的成本，提升运维服务质量和业务可用率。

16.5 发展挑战

智能运维能力建设门槛高、投入大，需要一定的前期能力积累。

智能运维能力建设需要一定的基础能力和前置条件，如需要具备统一的监控体系建设助力数据采集，需要具备分析和计算能力以支持自动化决策，此外，还需要关注运维人员的意识培养，相关人员应具备较强的 AI 认知及数据分析、处理的能力。

企业 IT 架构复杂度持续提升，智能运维平台产品难与现有系统有机融合。

在数字化转型大背景下，运维升级势在必行，传统企业 IT 系统复杂庞大，引入智能运维的方式更多的是对原有系统架构进行升级。例如，自研工具集成原系统内或采购使用第三方智能运维系统工具，因此涉及不同系统间的架构融合与对接，需要自下而上地打通各系统数据与应用层，结合智能运维形成系统间的协同能力，以提升整体运维效率。

提供可靠的运维保障是智能运维平台的业务核心，将智能运维技术与差异化的业务需求相结合仍旧是挑战。

面临差异化的业务需求，需要从业务场景出发，根据业务的实际情况选择合适的算法。因此，在实际搭建过程中，需要在算法工程的基础上更多地考虑业务应用层面的功能实现。

撰稿：杨玲玲、牛晓玲、尚梦宸

审校：周晓龙

第三篇

领域应用与服务篇

 2021 年中国社交平台发展状况

 2021 年中国网络音视频发展状况

 2021 年中国搜索引擎发展状况

 2021 年中国农业互联网发展状况

 2021 年中国智慧城市发展状况

 2021 年中国电子政务发展状况

 2021 年中国电子商务发展状况

 2021 年中国网络金融发展状况

 2021 年中国网络游戏发展状况

 2021 年中国网络出行服务发展状况

 2021 年中国网络教育发展状况

 2021 年中国网络医疗健康服务发展状况

 2021 年中国网络生活服务发展状况

 2021 年中国网络广告发展状况

第 17 章　2021 年中国社交平台发展状况

17.1　发展环境

“十四五”时期，我国进入新发展阶段，信息化进入加快数字化发展、建设数字中国的新阶段。2021 年 12 月，中央网络安全和信息化委员会印发《“十四五”国家信息化规划》，部署包括建立高效利用的数据要素资源体系，建立健全规范有序的数字化发展治理体系等在内的 10 项重大任务，为解读 2021 年社交网络服务的发展环境提供指引。

1. 促进互联网行业互联互通高质量发展

2020 年《反垄断法》修订草案中新增针对互联网新业态的内容，2021 年互联网平台反垄断进入实质性阶段。其中，平台开放和互联互通是事关互联网反垄断和维护市场秩序的重要命题。2021 年 7 月，工业和信息化部启动为期半年的互联网行业的专项整治行动，屏蔽网址链接是重点整治的问题之一；9 月初，工业和信息化部召开“屏蔽网址链接问题行政指导会”，要求分步骤、分阶段地推动互联互通。专项整治取得积极成果，多家网络平台的外链屏蔽逐步解除，互联网竞争朝着更开放、更包容兼容的方向发展，有利于建构互联网平台经济持续健康发展的新格局。

2. 强化移动应用程序的个人信息保护治理

为规范移动互联网应用程序（App）个人信息收集行为和信息处理活动，2021 年 3 月，国家互联网信息办公室、工业和信息化部、公安部、国家市场监督管理总局 4 个部门联合发布《常见类型移动互联网应用程序必要个人信息范围规定》，明确包括即时通信在内的 39 类常见应用的必要个人信息范围，要求其运营者不得因用户不同意提供非必要个人信息而拒绝用户使用 App 基本功能服务；4 月，工业和信息化部、公安部和国家市场监督管理总局联合制定《移动互联网应用程序个人信息保护管理暂行规定（征求意见稿）》，细化了“知情同意”“最小必要”的认定标准，明确了违法行为的处置措施。

3. 整治“饭圈”乱象，净化社交网络生态

治理“饭圈”乱象是 2021 年网络社交平台的重点工作。中央网信办于 2021 年 6 月宣布在全国范围内开展“清朗·‘饭圈’乱象整治”专项行动，重点围绕明星榜单、热门话题、

粉丝社群、互动评论等环节，全面清理“饭圈”粉丝互撕谩骂、拉踩引战、挑动对立、侮辱诽谤、造谣攻击、恶意营销等有害信息；8 月发布《关于进一步加强“饭圈”乱象治理的通知》，压紧压实网站平台主体责任，提出取消明星艺人榜单、优化调整排行规则、严管明星经纪公司等 10 项措施；11 月印发《关于进一步加强娱乐明星网上信息规范相关工作的通知》，营造积极健康向上的网络环境。

4. 适老化改造助力老年人融入数字时代

新冠肺炎疫情背景下，老年人的数字鸿沟和数字排斥问题引发社会关切。为推动解决老年人在运用智能技术方面遇到的困难，让老年人更好地共享信息化发展成果，国务院办公厅于 2020 年 11 月印发了《关于切实解决老年人运用智能技术困难的实施方案》，工业和信息化部决定自 2021 年 1 月起在全国范围内组织开展为期一年的互联网应用适老化及无障碍改造专项行动，工业和信息化部在 2021 年 4 月接连推出《互联网网站适老化通用设计规范》《移动互联网应用适老化通用设计规范》。多家网络平台通过优化界面、简化程序、增加功能等方式，抓紧落实相关改造措施，改造成效显著。

17.2 发展现状

2021 年，社交网络服务进一步与社会经济发展、社会治理提升相联系，在探索科技创新应用、服务数字化转型、发挥社交网络产业链的经济价值及挖掘自身公共服务属性的社会价值等多个方面取得积极进展。

1. “元宇宙社交”赛道出现，底层技术瓶颈有待突破

2021 年，元宇宙这一新兴概念在全球范围内引发广泛关注，意指利用科技手段进行链接与创造的，与现实世界映射与交互的虚拟世界；受之影响，国内外网络平台积极布局元宇宙社交赛道。国际社交平台 Facebook 母公司更名为 Meta 后，以旗下 VR 设备为基础，开放了元宇宙社交平台“Horizon Worlds”，用户可以在平台上创建虚拟形象，并与其他用户交互。在国内，主打元宇宙概念的社交 App 亦以“虚拟社交”为发力点，打造用户的虚拟身份和虚拟形象体验，百度上线元宇宙社交 App“希壤”、腾讯的“超级 QQ 秀”和字节跳动的“派对岛”进入测试阶段。

现阶段的元宇宙社交发展尚处于初始阶段，相较于传统的线上社交方式，在 3D 视觉表现力和交互性上有所提高，但存在底层技术瓶颈。建构元宇宙模式下的社交网络生态体系，需要强化虚拟现实、增强现实、5G、人工智能、区块链等方面的底层技术积累，以期促成社交方式的创新与媒介发展的变革。

2. 办公社交平台强化生态协同能力，助力数字化转型

为把握数字经济发展机遇，2021 年中国传统企业加速数字化转型进程，移动办公成为网络平台积极布局的领域。腾讯的企业微信、阿里巴巴的钉钉、字节跳动的飞书等办公社交平台积极发挥连接实体经济和实体商业的作用，为企业管理数字化提供“入口”，并据此推进一系列数字化服务。

为适应后疫情时代发展需要，移动办公赛道就强化办公社交平台的生态协同能力达成共识，即由单一的办公社交平台升级为集成多种数字化工具的、支持全链路数字化的企业管理平台。例如，微信宣布融合打通企业微信、腾讯文档和腾讯会议 3 款产品，用户可从企业微信中的主页、工作台、群聊等多入口一键进入文档与会议，从而支持多人跨企业、跨软件地实时沟通与协作，实现腾讯产业互联网效率工具一体化；再如，钉钉推出“钉闪会”，通过文档连接视频会议、日程、项目等协作功能，串联会议的快速组织和信息的分享、讨论、决策环节。

3. “社交网络经济”促进产业链延伸，创造就业机会

中国 90%以上的网民使用网络社交平台，在此基础上形成的社交网络服务产业链助推“社交网络经济”向生活、生产、消费等多领域赋能，从而丰富社会生活、推动经济复苏、拓展就业形式。

以社交电商为例，社交关系发挥重要的驱动消费作用，社交生态繁荣成为中国网络零售市场的重要基础。2021 年，中国社交电商市场规模进一步扩大，这不仅有利于促进传统企业实现线上线下融合，也衍生个体经济新模式，助力乡村振兴和社会就业创业。其中，微信视频号在微信生态社交属性的加持下，直播带货成交总额在 2021 年年底较年初增长超过 15 倍，其中私域流量占比超过 50%。以游戏社交为例，伴随游戏和电竞行业迅速发展，相关社交需求增加，带动大量灵活就业机会。游戏社交的商业模式主要由游戏陪练订单和直播打赏两部分组成，在“比心”等游戏社交平台上，电竞陪练成为电竞人才全职或兼职从事的职业。

4. 开发应用社交网络的公共服务功能，释放社会价值

2021 年，网络社交平台协同建构高效的社会支持系统，使广大民众得以通过社交网络服务介入公共事务、参与社会管理，在抗击疫情和救灾抢险中发挥积极能动作用。

在抗疫工作中，网络社交平台一方面成为民众了解政府政令和疫情动态的主要渠道，协同主流媒体传播权威信息，有效促进信息传播的公开透明；另一方面快速普及与应用健康码等社交网络服务功能，以提供准确、及时的疫情资讯及抗疫服务，支持查看疫情数据、病例活动轨迹、疫情资讯及接入抗疫服务，助力同心抗疫、共筑防线。

在救灾工作中，“中国式”社交网络救援获得赞誉。这是指充分应用网络社交平台的公共属性，通过平台搜集传递救援信息的方式，突破了受灾群众被动等待救援的传统救援模式，一定程度上提高了调配救援物资与人员的效率。在“7·20 河南暴雨”事件中，微博、微信和在线协作文档等助力民间力量自发整理救灾信息。

17.3　市场与用户规模

1. 用户规模

中国移动社交用户规模庞大且逐年增加。2020 年，中国移动社交用户规模达到 9.24 亿人，预计 2022 年中国移动社交用户整体规模将突破 10 亿人。伴随网络技术的提升和用户需求的增长，中国移动社交平台市场有望得到进一步发展。

2. 用户时长

中国移动互联网快速发展，使用社交网络服务成为绝大部分用户的日常网络行为之一。2021 年上半年，42.5%的中国移动社交用户每日使用移动社交应用 2～3 小时，另有 34.9%的用户每日使用移动社交应用在 2 小时以内，15.1%的用户每日使用移动社交应用 3～4 小时，而每日使用超过 4 小时的用户占比最少，为 7.5%（见图 17.1）。

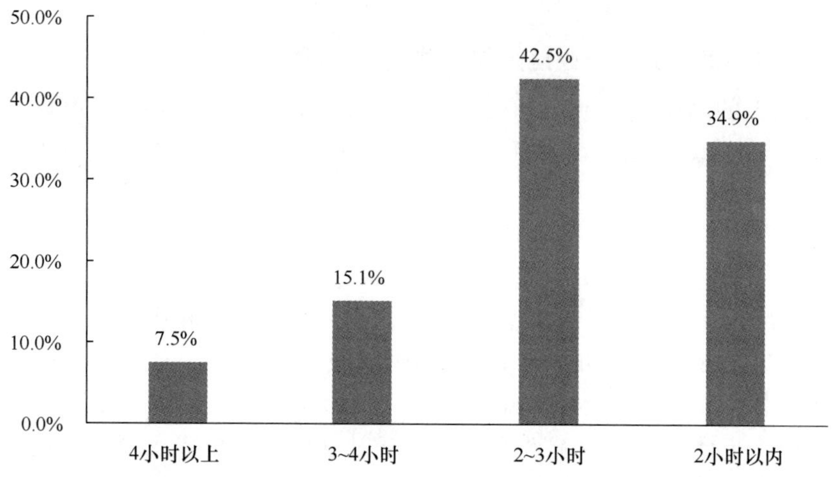

图17.1　2021年上半年中国移动社交用户每日使用移动社交应用时长分布

3. 用户分布

从中国移动社交用户的年龄分布情况来看，“85 前”用户占比达 36.8%，而“95 后”“00 后”占比分别为 14.1%和 18.8%（见图 17.2），两者合计占比超过 30%，且“Z 世代”（指 1995—2009 年出生的一代人）用户占全网活跃用户规模比例持续提升（见图 17.3），凸显社交用户年轻化趋势，“Z 世代”社交市场前景被看好。

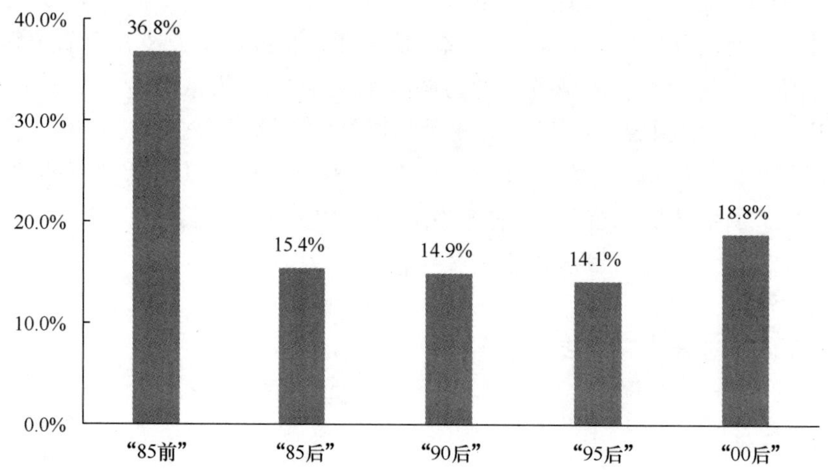

图17.2　2021年上半年中国移动社交用户年龄分布

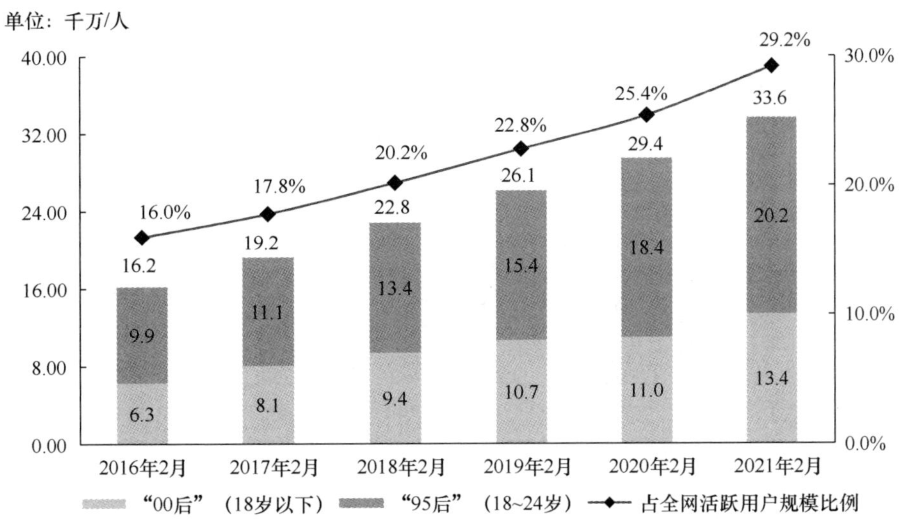

图17.3　2016—2021年中国“Z世代”移动社交用户规模

4. 用户偏好

从中国移动社交用户的使用需求来看，聊天需求和熟人通信仍然是社交软件使用的主要驱动力，两者占比均达到 50%以上，分别为 68.5%和 54.7%，显示熟人社交市场基础稳固；“分享生活或观点”“认识志趣相投的朋友”等占比在 40%左右，分别为 43.8%和 39.4%，说明这部分需求的潜力有待进一步挖掘，为发展陌生人社交提供了发展空间（见图 17.4）。

从中国移动社交用户的常用功能来看，文字聊天仍是最普遍的社交方式，有 58.7%的社交用户使用文字聊天功能；“观看直播”“参与群组”和“发现页面”功能均有超过 30%的用户偏好使用，凸显移动社交系用户获取并交换信息的主要方式；此外，“语音配对”和“视频配对”均占到 20%左右的比例，显示移动社交用户对直播和视频等多媒体社交形式的接受程度呈趋高态势（见图 17.5）。

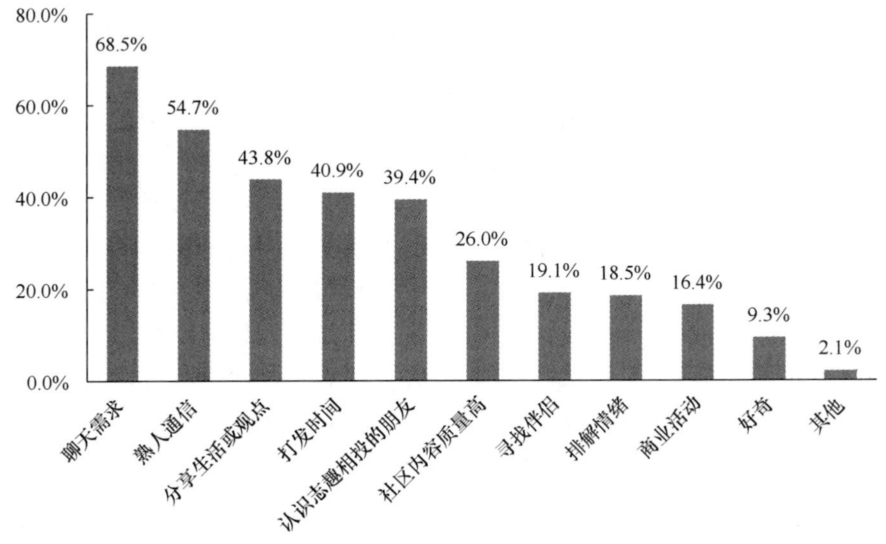

图17.4　2021年上半年中国移动社交用户社交需求分布

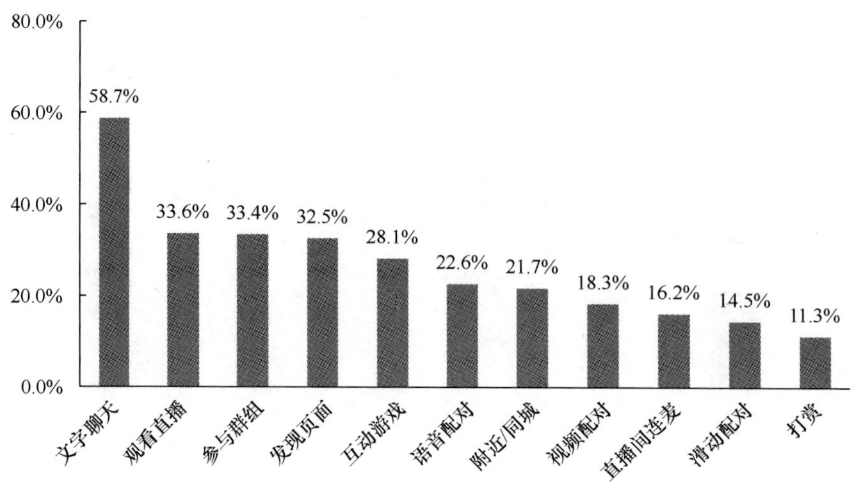

图17.5　2021年上半年中国移动社交用户常用功能分布

17.4　细分领域

1. 即时通信

即时通信是中国网民最常用的移动互联网应用类型。截至 2021 年年底，中国即时通信用户规模达 10.07 亿人，较 2020 年 12 月增长 2555 万人。

2021 年上半年即时通信的用户规模面临增长瓶颈。截至 2020 年 12 月底，中国即时通信用户规模占总体网民规模的 99.2%；然而 2021 年上半年中国即时通信用户规模占总体网民规模的比例首次出现下滑，较 2020 年 12 月底减少了 1.9%。

在个人即时通信领域，微信、QQ 和陌陌是具有代表性的社交平台。截至 2021 年 12 月 31 日，微信月活跃用户数为 12.68 亿人，QQ 移动端月活跃用户数为 5.52 亿人，陌陌 App 月活跃用户数为 1.141 亿人；其中，QQ 和陌陌的月活跃用户数相较 2020 年同期均出现下滑。

QQ 移动端月活跃用户数同比下降 7.2%，已经不及微信一半；其收费增值服务注册账户数为 2.36 亿个，同比增长 7.7%。QQ 建立 20 余年来保持了较高的用户存留水平，近年来将目标客群定位至年轻用户，自 2020 年起以每个月至少更新一次的频率丰富玩法、推进功能微创新，在兴趣社交模式上与微信形成差异化。2021 年年底，QQ 内测“超级 QQ 秀”，集成“虚幻引擎”的图像能力，通过实现实时渲染及物理模拟，为用户提供更具吸引力的视觉效果及逼真的互动体验，QQ 在网络虚拟社交领域的创新尝试受到行业期待。

陌陌开启了国内陌生人社交产品的先河，但近年来其月活跃用户数停滞在 1 亿左右，凸显“社交+直播”模式有待破局。一方面，陌生人社交赛道的营业收入模式尚不明朗，在用户存留上和获客竞争上亦存在难题；另一方面，直播服务是陌陌的主要收入来源，需要应对直播行业的激烈竞争及日趋完善的监管局面。从 2021 年第四季度的经营数据来看，陌陌的直播收入有所缩减，同时增值服务收入（含虚拟礼物及付费订阅）同比增长 5.3%，显示陌陌正在重振长尾内容生态，推进营业收入结构改革。

2. 微博

2021 年，微博用户量级、活跃度及营业收入均有所上涨。截至 2021 年第四季度末，微博月活跃用户数达到 5.73 亿人（见图 17.6），同比增长 10%，日活跃用户数达到 2.49 亿人，同比增长 11%。

微博在第四季度收获了用户增长的新高峰，用户数据提升主要来自视频号和社区业务。微博一方面通过优化视频推荐流的内容质量和分发能力，提升用户内容消费体验和频次；另一方面加强对渠道用户兴趣和特征的精准识别，逐步引导用户向超话社区转化，增加用户的主动访问意愿。截至 2021 年 12 月，微博视频号的开通规模已超过 2500 万人，月发布视频的视频号规模同比提升数倍，微博直播的日均观看人数同比增长超过 100%。与此同时，社区业务在微博生态中的重要性越来越高，截至 2021 年 12 月，超话日均用户发博量占全平台的比例接近 20%，体育、游戏和校园的社区用户规模同比显著提升。

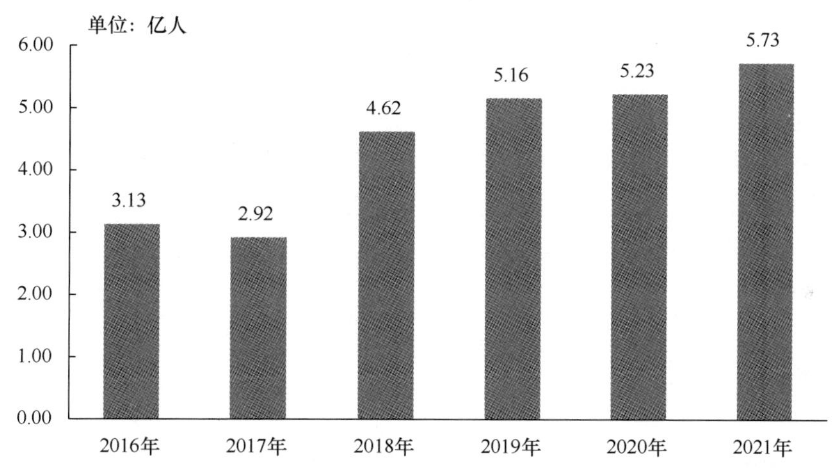

图17.6 2016—2021年微博月活跃用户规模

微博在 2021 年推出一系列产品和工具，帮助创作者增加商业变现能力、拓宽商业空间，主要从广告代言、用户付费、电商、平台补贴 4 个方面发力。广告代言方面，通过扶持优质账号成长，帮助创作者通过优质内容服务客户实现商业变现；用户付费方面，通过“V+粉丝订阅”、微博打赏、付费问答等产品帮助创作者建立与粉丝的深层链接以实现内容变现；电商方面，通过提供“一站式”电商解决方案，服务电商机构与博主，助力博主电商流水提升；平台补贴方面，通过广告共享计划及其他补贴计划，向创作者提供分成及补贴，尤其是针对优质内容进行重点激励。

3. 社交应用

2021 年，伴随声音社交和视频社交等产品形态的创新革新，移动社交市场保持稳健发展态势。

声音社交泛指以声音为核心媒介进行社交的互联网社交形式；语音交流介于文字与视频之间，声音社交是重要的移动社交场景。声音社交的主要形态包括语音直播、语音交友、语音聊天室等。2021 年年初，国外语音聊天室应用 Clubhouse 带起该赛道讨论热度，也带动一批相关应用跟风；音乐类应用中“在线 K 歌”平台用户社交意愿更强，系声音社交的重要渠道；以喜马拉雅、荔枝为代表的网络音频产品亦大力发展声音社交服务；音频直播是声音社交的重要方式，音乐与情感类内容系主要收听类型。目前，声音社交的主要商业模式为主播打赏与社交权益购买。

随着短视频渗透率的不断提升，视频社交赛道引发关注。相比于声音社交，视频社交的卷入程度更高，用户的沉浸式体验更强。其高同步度和强互动性的特征，将帮助行业扩大受众规模。然而，该赛道还处于探索阶段，视频的信息承载量更大，对于用户原创内容（UGC）存在一定的制作门槛。

现阶段泛娱乐社交赛道涵盖“社交+游戏”“社交+K 歌+版权”“虚拟直播”“互动竞猜”“虚拟形象”等多样化形式。从细分市场来看，游戏技能社交是主要组成部分，占据 50%以上的市场份额，并带动在线就业新形式，预计游戏用户将持续向游戏直播用户及游戏陪练用户转化。

2011—2021 年，陌生人社交赛道共计发生融资 474 起，披露总金额达 292.99 亿元；而 2021 年上半年，陌生人社交赛道共发生 7 起融资，披露融资金额达 0.87 亿元，暂处低位。

2021 年，陌生人社交领域以兴趣社交和婚恋社交两个细分方向为主。Soul 是基于兴趣图谱建立关系，并以游戏化玩法进行产品设计的新一代年轻人虚拟社交网络，其在 2021 年 3 月宣布构建“社交元宇宙”。与陌生人社交重在打造虚拟人设的玩法不同，婚恋社交则更偏向“真实社交”，重视以“真实信息”为准入门槛，以大数据作为支撑精准匹配，满足单身用户的真实交友需求。

17.5 典型案例

1. 微信小程序

随着微信生态日益完善，月活跃用户数已达 10 亿量级，承接服务功能的微信小程序与生态连接加深，渗透率达到 80%以上，在各年龄段用户中成为网民生活“标配”（见图 17.7）。其中，年轻群体最爱使用生活服务、效率办公、电商购物等，青年群体最爱使用政务服务、共享出行、物流快递等，中老年群体最爱使用视频娱乐、政务服务、超市团购等。

受疫情影响，新的消费习惯和需求不断涌现，小程序加速融入各行各业，特别是在数字化防疫、政务便民服务等方面贡献了自己的力量。2021 年，累计超过 7 亿人使用核酸检测和疫苗预约类小程序享受医疗服务，文档等协同工具类小程序累计服务 7.5 亿人，平均每天有超过 1 亿人在小程序上使用政务服务。

微信小程序亦成为企业品牌数字化转型“标配”，商业价值持续释放。小程序生态成为企业有效私域基建，助推企业数字化转型和精细化运营。在商业服务场景中，小程序帮助商户节省经营成本，实现增长复苏，2021 年小程序的商业化生态愈加丰满。有交易的小程序数量同比提升 28%，日均交易用户数同比增长 80%；小程序的开发者超过 300 万人，伴随着小程序广告能力的升级，促进流量主变现规模增长超过 90%。

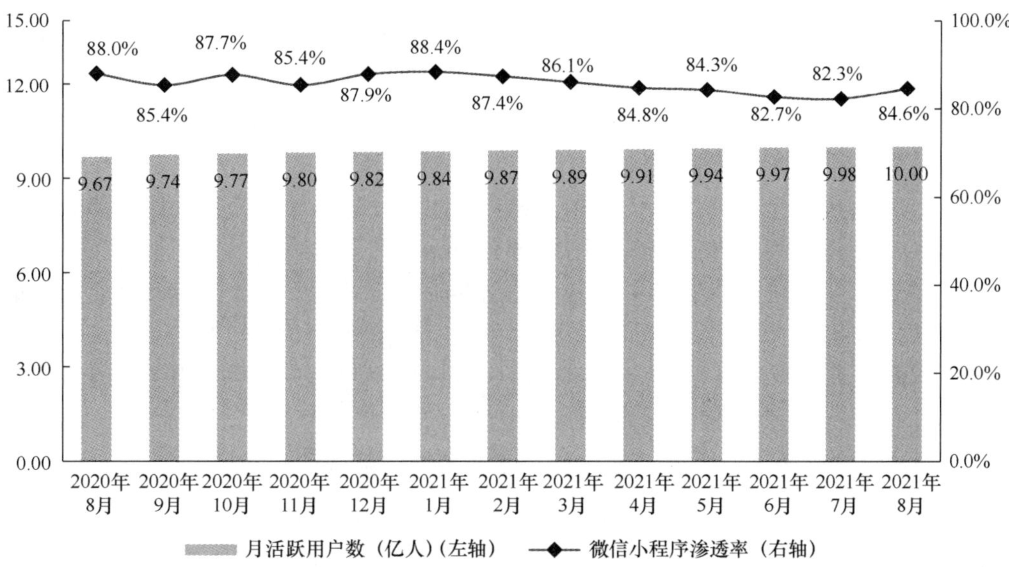

图17.7　2020—2021年微信月活跃用户数及微信小程序渗透率

注：微信小程序渗透率指在统计周期（月）内，微信小程序活跃用户数占微信 App 活跃用户数的比例。

2. Soul

截至 2021 年 3 月，Soul 的平均日活跃用户数为 910 万人；2019 年和 2020 年，Soul 的平均日活跃用户数分别为 330 万人和 590 万人，截至 2021 年第一季度净增 320 万人，同比增长 94.4%，增速迅猛。其中，Soul 的“90 后”用户占比高达 73.9%，说明 Soul 在年轻一代中具有高渗透力和深度影响力。

针对“Z 世代”用户的社交特性，Soul 推出了语音聊天、星球交友、视频聊天、群聊派对等功能，用户还可以通过浏览的信息寻找拥有共同爱好的人；Soul 平台沉淀了 1000 多个兴趣标签，无论用户的爱好大众或小众，都能找到志趣相投者。

当前，Soul 被认为系国内社交元宇宙的“先行者”。Soul 在 2015 年时就提出利用“灵魂匹配”方式和情感机器人技术构建新型社交关系，并在 2021 年总结提出了社交元宇宙的五大特征，即虚拟化身、社交资产、沉浸感、经济体系、包容性。针对虚拟化身特点，Soul 打造能使用于各种社交情境的 3D 捏脸；在社交资产方面，Soul 衍生出更匹配“社交元宇宙”特点的文化和功能，加强“Z 世代”集体意识的聚合；在沉浸感方面，Soul 创建灵魂宠物、Soul 狼人等多样的场景，让用户能够随时随地享受沉浸式的互动体验；在包容性和经济体系方面，Soul 借助社交电商 Giftmojis 和用户共创体系的构建展示设想蓝图。

17.6　发展挑战

相较于过去两年的高增速发展，2021 年社交网络服务发展节奏趋缓引发反思。事实证明，市场要求从用户需求出发打磨产品与服务，在新技术应用发展与年轻用户群体成长的过程中，兼顾安全基础保障与市场边界拓展，以期迎来社交行业破局契机，服务于日臻完善的数字化发展环境。

1. 杜绝“流量至上”思维，自觉维护社交安全与秩序

2021 年，部分移动社交应用接到下架和整改要求，主要原因在于不重视安全保障工作和内容生态治理，存在“流量至上”的发展导向问题。社交应用应视安全为社交“生命线”，建立长效治理机制，保障用户社交安全。

移动社交应用的安全问题集中于违规、超范围收集及使用个人信息，设置障碍、频繁骚扰用户，软件存在诈骗等多方面隐患，网络暴力充斥，破坏网络生态，危害个人及家庭等。同时，流量造假催生黑色产业链，不法分子使用的较为常见的“引流”手段为采用“群控”方式刷量及利用黑客技术攻击后台，其本质是个人信息泄露后的再次“变种”，或存在实施欺诈和诈骗的风险。社交网络服务应自觉提高社交安全保障水平，从源头上管控安全风险，优化平台体验，从而做到以安全谋发展，而非被动接受监管。

2. 把握关键群体的社交需求，强化社交服务可持续性

2021 年，一批移动社交应用停止更新或用户增速下滑，部分原因在于没有真正理解用户需求。社交应用需要洞悉用户社交需求趋势，拓宽社交场景和创新社交玩法，并打造健全的商业化模式，以维护产品的生命周期和业务发展的可持续性，而不是盲目抢占市场、“跟风”投入。

不同年龄层用户的社交需求各不相同；“Z 世代”群体的新生需求与传统社交产品之间的落差，为社交新势力异军突起创造了时代机遇。“Z 世代”是真正意义上的第一代网络原住民，其生活方式深受互联网技术和媒介环境影响。当前我国“Z 世代”人口数量达 2.6 亿人，探究这一人群的群体特征及消费方式，有助于更好地把握未来消费趋势，为我国经济、文化产业供给侧改革提供新方向。社交网络服务的发展，需要掌握“Z 世代”的社交需求，以良性消费观引导“Z 世代”，并由此焕发移动社交行业的新生机。

3. 泛娱乐社交服务积极布局海外，本地化经营成关键

2021 年，中国移动社交应用出海渐成趋势，尤以泛娱乐社交赛道的企业布局为主。海外市场的发展优势在于：一是全球社交市场的产品下载和用户支出保持高速增长，增量市场主要来自发展中国家的手机用户增长和新细分赛道；二是受新冠肺炎疫情影响，全球社交用户的网络行为向线上转移，线上娱乐需求大幅提升；三是中国的音视频社交及直播行业发展全球领先，契合海外新兴市场的多媒体社交诉求。

然而，中国移动社交应用出海面临着严峻的竞争环境，一是部分美国互联网平台构成强劲的海外竞争阵营；二是中东及东南亚等关键海外市场的本土社交应用亦跃跃欲试，其相较中国企业更了解本土需求，并占据当地运营优势；三是在海外市场环境、国际政策因素、当地人文特征及数据合规上存在一系列挑战，需要机动应对地缘政治变量，关注目标地国家政策，并适配当地用户习惯。

4. 社交服务发展突破科技应用创新“门槛”成必选项

科技应用创新驱动线上社交形态演进及数字经济发展。2021 年，不论是“元宇宙社交”概念的讨论，还是推进传统企业数字化的焦点，都事关社交网络服务的基础算力提升和系统稳定性问题，这也是社交网络服务深化发展的重要命题。

具体而言，一方面，技术进步催生社交关系演化，然而当前技术逻辑成立但技术发展不够成熟。5G、人工智能硬件、虚拟现实技术的持续创新发展有望重塑用户的社交行为，未来社交场景将更加丰富、社交入口也将更加多元，由此突破传统的网络社交方式，助推网络社交形式迭代升级。另一方面，作为数字工具的社交网络服务与传统企业深度融合，平台安全与稳定运行将直接与企业利益挂钩。其中，安全合规、数据安全、隐私保护和生态安全等都是必备条件；从数据传输到数据存储与使用，包括系统网络和物理环境，整个过程都需要得到高标准的安全防护。

撰稿：李思明

审校：田宇

第 18 章　2021 年中国网络音视频发展状况

18.1　发展环境

1. 政策环境

2021 年是“十四五”开局之年，我国迎来开启全面建设社会主义现代化国家新征程和推进社会主义文化强国建设的关键时期，网络音视频行业发展迎来重要的战略机遇期。以国家“十四五”规划提出的“繁荣发展文化事业和文化产业，提高国家文化软实力”为顶层设计依据，相关部门制定出台了《广播电视和网络视听“十四五”发展规划》，并对法治文化宣传、知识产权等法治领域，信息化、5G、IPv6 等社会和技术领域，以及非物质文化遗产、历史文化保护等重点领域作出细分规划，为未来一段时期网络音视频行业发展指明了方向。

在监管方面，随着行业快速发展，“天价片酬”、艺人失德、“饭圈”乱象等层出不穷，中宣部、中央网信办、国家广电总局等部门出台系列政策，保障行业健康发展。“清朗”系列专项行动由中央网信办牵头，多部门共同参与，治理范围覆盖各平台、各环节，2021 年的治理重点包括整治网上历史虚无主义、打击网络水军流量造假黑公关、治理算法滥用行为、整治未成年人网络环境、整治网上文娱及热点排行乱象、规范网站账号运营、整治 PUSH 弹窗等，是对网络空间的一次“大清理”“大扫除”。其中，自 6 月 15 日起开展的“清朗·‘饭圈’乱象整治”专项行动是重点任务，并取得了显著成效。随后出台的《关于进一步加强“饭圈”乱象治理的通知》《关于进一步加强文艺节目及其人员管理的通知》进一步巩固了治理的“长尾效应”。

在完善顶层设计和加强重点领域监管的同时，监管层对互联网行业的反垄断监管措施不断加强，网络音视频所处的互联网行业发生了深刻的结构性转折。2021 年 7 月 10 日，国家市场监督管理总局发布反垄断审查决定的公告，依法禁止游戏直播领域头部企业斗鱼与虎牙合并。7 月 24 日，网络音乐领域反垄断第一锤终于落下，国家市场监督管理总局发布公告，责令腾讯及其关联公司解除网络音乐独家版权等处罚，恢复市场竞争状态。2021 年中国网络音视频行业主要政策/规定如表 18.1 所示。

表 18.1　2021 年中国网络音视频行业主要政策/规定

时间	监管方向	政策/规定	主要内容
2 月 10 日	网络直播	中央网信办等 7 个部门《关于加强网络直播规范管理工作的指导意见》	进一步加强对网络直播行业的正面引导和规范管理，重点规范网络打赏行为，推进主播账号分类分级管理，提升直播平台文化品位，促进网络直播行业高质量发展
2 月 22 日	信息内容	中央网信办《互联网用户公众账号信息服务管理规定》	明确了公众账号信息服务平台应当履行信息内容和公众账号管理主体责任，加强对原创信息内容的著作权保护，防范盗版侵权行为
4 月 5 日	顶层设计	中共中央办公厅、国务院办公厅《关于加强社会主义法治文化建设的意见》	通过媒体报道、评论言论、理论文章、学习读本、短视频等形式，运用各类融媒体手段和平台，推动习近平法治思想深入人心
5 月 25 日	网络直播	中央网信办等 7 个部门《网络直播营销管理办法（试行）》	明确直播营销平台、直播间运营者、直播营销人员等不同主体权责边界，明确中央网信办等 7 个部门建立健全线索移交、信息共享、会商研判、教育培训等工作机制，与各地政府协同监管形成合力
6 月 15 日	顶层设计	国务院《中央宣传部、司法部关于开展法制宣传教育的第八个五年规划（2021—2025 年）》	加大音视频普法内容供给，注重短视频在普法中的运用
7 月 5 日	顶层设计	工业和信息化部、中央网信办等 10 个部委《5G 应用“扬帆”行动计划（2021—2023 年）》	大力推动 5G 全面协同发展，深入推进 5G 赋能千行百业
7 月 8 日	顶层设计	工业和信息化部、中央网信办《IPv6 流量提升三年专项行动计划（2021—2023 年）》	深化商业互联网网站和应用 IPv6 升级改造。视频类、社交类、直播类、教育类等大流量互联网应用企业要进一步提升应用 IPv6 浓度，带动全网 IPv6 流量提升
8 月 12 日	顶层设计	中共中央办公厅、国办国务院办公厅《关于进一步加强非物质文化遗产保护工作的意见》	推出以对外传播我国非物质文化遗产为主要内容的影视剧、纪录片、宣传片、舞台剧、短视频等优秀作品
8 月 27 日	“饭圈”治理	中央网信办《关于进一步加强“饭圈”乱象治理的通知》	出台 10 条措施治理“饭圈”乱象，包括加强对网络综艺节目网上行为管理，强化网站平台对明星经纪公司（工作室）网上行为的管理责任等，引导粉丝更多关注文化产品质量，降低追星热度，营造清朗网络空间
8 月 30 日	网络表演	文旅部《网络表演经纪机构管理办法》	加强网络文化市场管理，提高行业准入门槛，规范网络表演秩序，坚持正确价值导向，治理娱乐圈乱象
9 月 3 日	顶层设计	中共中央办公厅、国办国务院办公厅《关于在城乡建设中加强历史文化保护传承的意见》	创新表达方式，以新闻报道、电视剧、电视节目、纪录片、动画片、短视频等形式充分展现中华文明的影响力、凝聚力和感召力

（续表）

时间	监管方向	政策/规定	主要内容
9 月 15 日	信息内容	中央网信办《关于进一步压实网站平台信息内容管理主体责任的意见》	指导督促网站平台补短板、强弱项、提水平，确保网站平台始终坚持正确的政治方向、舆论导向和价值取向
9 月 22 日	顶层设计	国务院《知识产权强国建设纲要（2021—2035 年）》	打造传统媒体和新兴媒体融合发展的知识产权文化传播平台，拓展社交媒体、短视频、客户端等新媒体渠道
10 月 9 日	顶层设计	国家广电总局《广播电视和网络视听“十四五”发展规划》	从当前的形势与任务到规划指导思想、发展目标，从构建网上网下一体化舆论引导创新体系，到加强优秀作品创作生产传播，从科技创新、安全保障、公共服务、管理优化、国际传播等方面做了重要部署
12 月 15 日	短视频	中国网络视听节目服务协会《网络短视频内容审核标准细则（2021）》	提出 100 条网络短视频审核细则标准，引导短视频生产符合正确价值导向与公序良俗
12 月 27 日	顶层设计	中央网信办《“十四五”国家信息化规划》	建设泛在智能的网络连接设施。加快基于 5G 网络音视频传输能力建设，丰富教育、体育、传媒、娱乐等领域的 4K/8K、VR/AR 等新型多媒体内容源
12 月 31 日	信息内容	中央网信办、工业和信息化部、公安部、国家市场监督管理总局《互联网信息服务算法推荐管理规定》	规范互联网信息服务算法推荐活动，维护国家安全和社会公共利益

2. 产业环境

从投资金额来看，2021 年文娱行业迅速回暖。IT 桔子数据显示，2021 年国内文娱行业（不包括游戏）发生的融资事件共 227 起，涉及金额达 620.89 亿元。对比 2020 年，2021 年融资事件增加了 37 起，涉及金额增加了 356.8 亿元。相对于遇冷的影视投资，视频和直播领域堪称文娱行业的“新贵”，2021 年，视频和直播领域的投资达到 46 起，这与直播受资本青睐与直播电商的崛起不无关系。根据艾瑞咨询发布的数据，2020 年中国直播电商市场规模达 1.2 万亿元，年增长率为 197.0%，预计未来 3 年年均复合增速为 58.3%，2023 年直播电商规模将超过 4.9 万亿元。此外，“耳朵经济”行业独角兽蜻蜓 FM 于 2021 年完成两轮融资。

3. 社会环境

据国家统计局数据，受新冠肺炎疫情影响，2020 年我国 GDP 增速为 2.3%，人均文化娱乐消费支出下降。2021 年，我国确定“外防输入、内防反弹”总策略和“动态清零”总方针，精准处理、有效统筹了疫情防控和经济社会发展。2021 年，我国 GDP 同比增长 8.1%。我国居民人均教育文化娱乐支出为 2599 元，增速为 10.8%。消费者信心复苏，为网络音视频行业发展营造了有利的外部条件。

2021 年，国家大事喜事多。中国共产党迎来建党百年，我国全面建成小康社会，完成第一个百年奋斗目标。作为社会主义文化的重要组成部分和文化传播的重要载体，网络音视频在媒体深度融合的背景下，编织进入宏大家国叙事，把握重大历史节点，回应现实命题，网络剧、网络综艺、网络纪录片等唱响了新时代、新媒体环境下的“新主流”。

18.2　发展现状

1. 长短视频竞争激烈，业务逐渐融通

与往年综合视频内部竞争激烈之势不同，长视频在 2021 年陷入了与短视频的拉锯战，长视频平台抱团取暖、共谋发展。2021 年，用户线上服务需求继续扩大，爱奇艺、腾讯视频、优酷、芒果 TV、哔哩哔哩五大视频平台得到进一步发展，占据大部分市场份额，市场集中度也进一步提升。但因疫情常态化、短视频争夺流量等，长视频平台 2021 年发展态势并未超出预期，尽管难见盈利，但依旧增长的会员数量、会员付费模式的普及令盈利模式逐渐清晰，2021 年 4 月，爱奇艺、腾讯视频、优酷、芒果 TV、咪咕视频 5 家长视频流媒体平台，以及 53 家影视公司共同发布联合声明，呼吁“短视频平台和公共账号生产运营者尊重原创、保护版权，未经授权不得对相关影视作品实施剪辑、切条、搬运、传播等侵权行为”。自此，长视频平台频频发声，从版权入手进行自救。

在发展趋势上，长视频平台也寻求变“短”，与短视频平台形成竞争态势。2021 年 6 月，腾讯在线视频事业部公布长、中、短视频全景式布局及激励措施，完成战略升级，实现业务链条的融通。同时，短视频在变长。西瓜视频于 2020 年 6 月进军“中视频”领域，重点投入专业用户创作视频（PUGV）内容，2021 年不仅推出了中视频综艺，修复了《舒克与贝塔》《西游记》等 100 部经典动画，而且推出了“中视频伙伴计划”，招揽优质创作者。

2. “观看视频”变成人们最重要的信息获取方式之一，渗透到了学习和工作的日常生活场景

用户对于视频内容的需求不再局限于娱乐，更加注重自我价值的实现和提升，视频成为实现用户自我提升的重要渠道。在腾讯视频、哔哩哔哩上进行学习的用户增长迅速，知识类视频内容广受欢迎。2021 年，腾讯视频知识付费频道观看人数超过 3500 万人，同比增长 120%。哔哩哔哩知识区创作者规模在 2021 年增长 92%，涵盖生物、医学、历史、文学等多个专业领域，在哔哩哔哩学习的人数突破 1.83 亿人。

3. 短视频成为互联网底层应用，链接更多场景创造价值

视频化社会飞速到来，短视频、直播逐步拥有越来越多的市场并下沉到各个领域，在信息传播、文化传承、知识分享、生活服务、乡村振兴、国际交流中发挥了重要作用。短视频是吸引非网民触网的主要应用，拉新能力强劲。新网民中，20.4%的人第一次上网时使用的就是短视频。从生活记录到情感电台，从知识传承到趣事表达，越来越多的行业和内容进驻短视频，用新的视频传播与影响表达“语言规则”，“短视频+直播”“短视频+教育”“短视频+文化”向人们展现了各行各业的精彩瞬间。

18.3 市场与用户规模

1. 市场规模

目前，网络视频行业收入来源主要包括用户付费、广告、节目版权、技术服务等服务，以及网络直播、短视频等其他收入。根据国家广电总局发布的《2021 年全国广播电视行业统计公报》的数据，2021 年全国网络视听行业收入达 3594.65 亿元，其中用户付费、节目版权等服务收入大幅增长，达 974.05 亿元，同比增长 17.24%，占总收入的 27.1%。例如，头部企业爱奇艺 2021 年第三季度实现会员服务收入 43 亿元，同比增长 8%，广告收入 17 亿元，内容发行收入 6.27 亿元，内容发行收入同比增长 60%。网络直播、短视频等其他收入增长迅速，达 2620.60 亿元，同比增长 24.02%，占总收入的 72.9%。

短视频产业链成熟，平台端话语权最强。平台端连接内容生产与用户两个端口，集中度最高且控制内容分发与流量分配，头部短视频平台具备较完整的营销及电商体系，形成了完整的产业生态链条。目前，短视频行业产业链上的各环节发展迅速，均出现头部企业并形成相对完善的布局。短视频具备流量和广告位类型优势，成为数字营销的重要渠道。2020 年，短视频广告以 17.4%的市场份额超越搜索引擎广告，成为仅次于电商广告的第二大广告类型。根据 QM 数据，2021 年媒介行业互联网广告收入中，短视频广告增速达到 31.5%，遥遥领先。未来，视频场景的全网渗透率还将进一步提升，“短视频+”业务生态空间不断延展，将助力平台解锁更多商业变现模式。

2021 年，数字音乐市场规模达 790.68 亿元，相比 2020 年增长约 58 亿元。疫情影响了音乐演出、教育等线下模式的发展，但在疫情常态化的 2021 年，音乐节、小型音乐会等线下活动逐渐恢复正常，市场规模呈现上涨趋势。数字音乐市场的增速虽然面临放缓，但仍是音乐产业发展的主要动力。行业竞争重点已从版权争相布局，升级到用户产品体验和音乐人服务上。以“元宇宙”为代表的新技术催生了多元音娱形态。

2021 年，在线音频市场规模达 220 亿元，预计 2022 年将达到 312 亿元。疫情后，社会竞争将会加剧，激发人们自我提升需求，知识付费赛道潜力释放，催生在线音频市场增长。

2. 用户规模

从数据上看，当前网民规模持续增长，移动互联网成为主要终端；从用户群体看，除了年轻用户，农村及老年群体加速融入网络社会。在各类互联网应用中，网络视频仅次于即时通信，其用户规模和网民使用率排名第二位。

2021 年，短视频应用新用户带动网络音视频用户规模进一步增长，但增速持续放缓。截至 2021 年 12 月，我国网络视频（含短视频）用户规模达到约 9.75 亿人，较 2020 年 12 月增长 4794 万人，增长率为 5.2%，占网民整体的 94.5%（见图 18.1）。其中，短视频用户规模约为 9.34 亿人，较上年同期增长 6080 万人，短视频用户增长率为 7.0%，占网民整体的 90.5%（见图 18.2）。

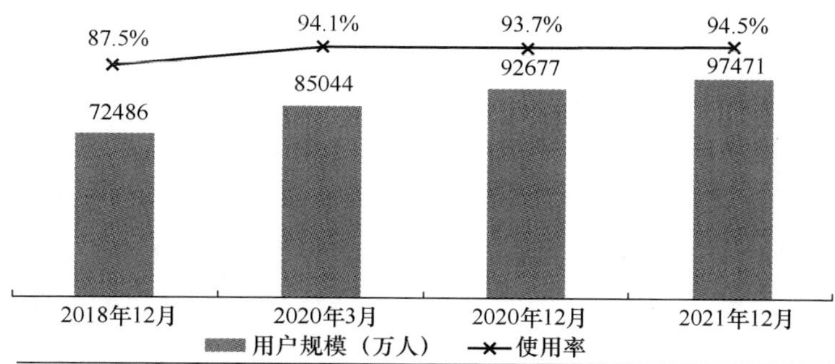

图18.1　2018年12月—2021年12月网络视频用户规模及使用率

资料来源：CNNIC 中国互联网络发展状况统计调查。

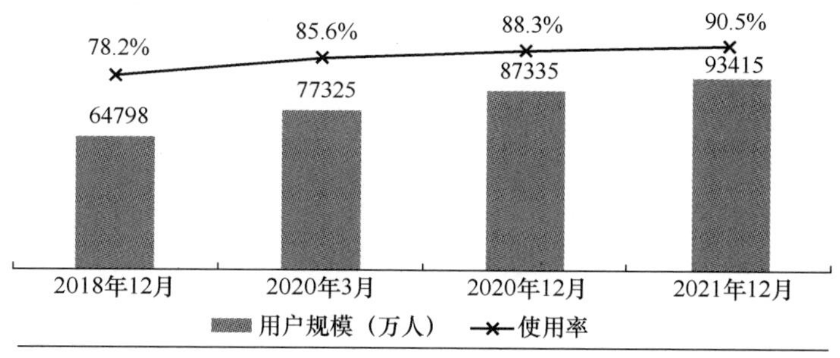

图18.2　2018年12月—2021年12月短视频用户规模及使用率

资料来源：CNNIC 中国互联网络发展状况统计调查。

2021 年，网络直播、网络音乐的互联网应用用户规模增长率均超过 10%。截至 2021 年 12 月，我国网络直播用户规模达到约 7.03 亿人，较 2020 年 12 月增长 8652 万人，占网民整体的 68.2%（见图 18.3）。其中，电商直播和体育直播用户数量增长最迅速，较上年同期分别增长 7579 万人和 9381 万人。网络音乐用户规模达到约 7.29 亿人，较 2020 年 12 月增长 7121 万人，占网民整体的 70.7%（见图 18.4）。艾媒咨询数据显示，2021 年我国在线音频用户规模达到 6.4 亿人，较 2020 年 12 月增长 7000 万人，保持连续增长，预计 2022 年将达到 6.90 亿人（见图 18.5）。

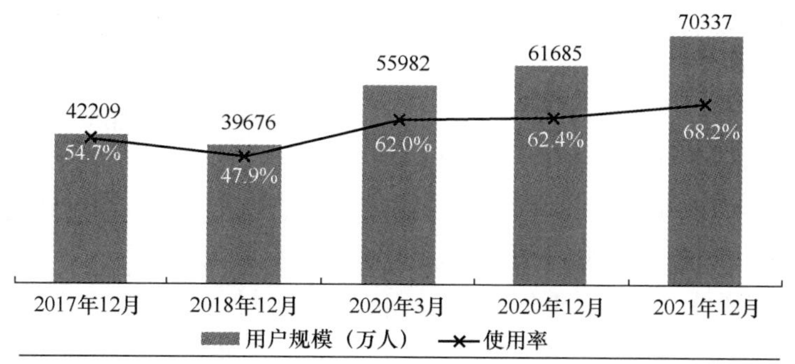

图18.3　2017年12月—2021年12月网络直播用户规模及使用率

资料来源：CNNIC 中国互联网络发展状况统计调查。

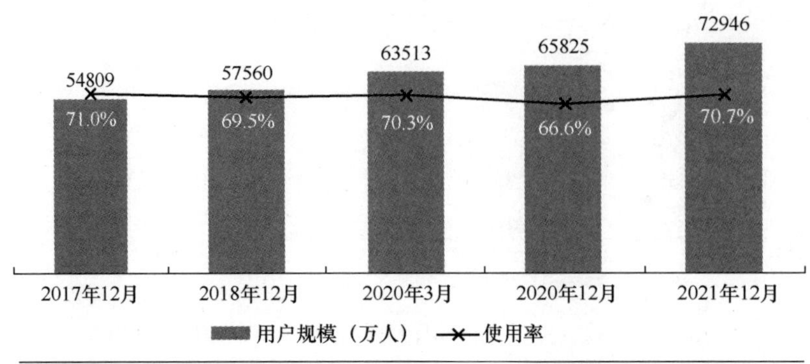

图18.4　2017年12月—2021年12月网络音乐用户规模及使用率

资料来源：CNNIC 中国互联网络发展状况统计调查。

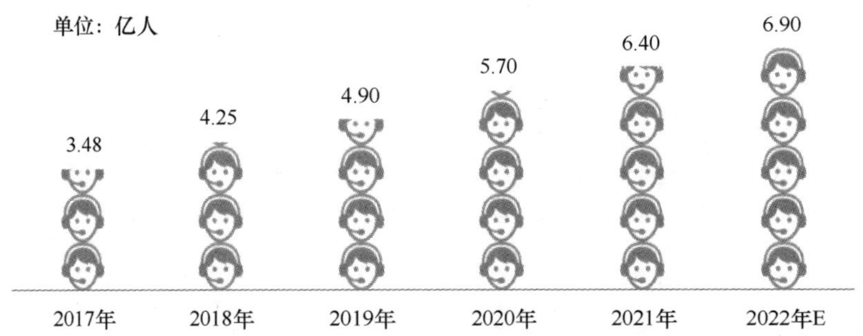

图18.5　2017—2022年中国在线音频用户规模及预测

资料来源：艾媒数据中心。

3. 用户行为

与传统的图文传播方式相比，视频内容更加生动丰富、门槛更低，用户的实时参与性、互动感更强，适合互联网碎片化的传播趋势。根据 Questmobile 发布的数据，2021 年 12 月短视频行业月人均使用时长增长至 53.2 小时，总时长占全网总时长比例达 25.7%，超过即时通信成为用户网络使用时长最长的领域，人均单日使用时长超过 2 小时。短视频的用户数量远超音乐、直播、游戏等其他泛娱乐方式，且网民使用率仍在提升，短视频已经成为人们非常重要的线上社交和娱乐方式。

在观看习惯方面，1/3 的用户出于效率和剧情因素选择不按原速观看视频，特别是 40%以上的“Z 世代”偏爱“倍速”观看。点赞、弹幕和分享是最常见的互动行为，大约 1/3 的用户会参与互动，并且在观看综合视频时会看弹幕。年轻的高学历用户倾向于“边看边买”“边看边聊”，并会主动搜索剧情、演员、周边产品等剧集周边信息。

在忠诚度方面，短视频应用的使用频率最高，其次是网络音频。《2021 中国网络视听发展研究报告》显示，53.5%的用户每天观看短视频，38.2%的用户每天使用网络音频应用。

在时长方面，网络音频的深度用户占比更高，每天使用 3 小时以上的用户占 14.2%。同时，拍摄上传短视频的用户规模大幅提升，由 2019 年的 17.5%增长至 46.1%，成为记录日常生活的重要工具。

在用户付费方面，近 50%的用户曾为网络视频节目付费，而优质内容、免除广告是用户付费的主要原因。国家广电总局《2021 年全国广播电视行业统计公报》数据显示，2021 年互联网视频年度付费用户数量达 7.1 亿人，互联网音频年度付费用户数量达 1.5 亿人。目前，连续包月、单月付费、超前点播是最常用的付费形式。网络电影是吸引用户付费的主要类型，这与疫情加速电影发行方式革新密切相关。

18.4　细分领域

1. 综合视频

从市场竞争格局看，爱奇艺、腾讯视频继续保持领先优势，第二梯队强势发力，优酷或被超越。哔哩哔哩近年来破圈成效显现，2021 第三季度财报显示其日活跃用户数量突破 7200 万人，已超越优酷。根据易观千帆数据统计，芒果 TV 月活跃用户数量已超过优酷。优酷现在的市场地位更多的是依赖以往的积累，一直以来综合视频平台“三足鼎立”的格局有望被打破。

从商业模式看，会员订阅仍为主要营业收入途径，头部视频平台维持亿级会员规模。超前点播模式从试水到常态化历时两年，最终戛然而止，爱奇艺、腾讯视频、优酷相继宣布取消超前点播服务，造成直接的收益下滑。面对会员规模红利见顶、多元付费方式发展受阻，腾讯视频、爱奇艺和芒果 TV 相继上调了订阅会员价格，开启了新一轮付费升级。平台内部依靠 IP 进行系列开发的“一鱼多吃”模式仍在继续，也使得商业模式向多元化发展。综合视频平台对外形成了从联合出品、制作到版权分销、置换等多种较为成熟的合作模式。

从内容看，剧集和综艺作为综合视频平台的基本盘，仍然是各大视频平台着力布局的主阵地，平台内部突出板块式布局理念，剧场化排播成为新常态。恋爱综艺在爱奇艺、优酷、腾讯视频、芒果 TV、哔哩哔哩五大平台全面开花，成为继音乐综艺后最能体现同类题材平台差异化与创新力的节目。

2. 短视频

2021 年，短视频行业保持稳定增长态势。抖音、快手“两强格局”延续，视频号依赖微信生态快速发展，央视频、哔哩哔哩、西瓜视频、腾讯微视等也成为用户较常使用的短视频平台。

在内容生产上，一方面在知识领域的布局不断加速，另一方面与传统产业不断融合，创造出更多经济价值、文化价值。在知识传播方面，短视频平台已经成为青少年获取知识信息的重要渠道。各大短视频平台通过推出视频合集功能、名校名师直播公开课等，促进知识体系化传播。2021 年，抖音上线 4 期“萌知计划”，投入百亿流量鼓励创作更多适合青少年学习的知识内容；快手推出两季大型直播活动“快手新直播”。在产业融合方面，短视频与农产品销售、文旅产业深度融合。源头农户、商家通过短视频宣介农产品。同时，平台为农民和乡村创业者提供专业培训，保障可持续发展。短视频通过流量扶持、打造开放平台、开展城市合作等方式不断培养挖掘年青一代对非物质文化遗产的了解和好奇心，加强与西安、重庆、南京等城市合作，吸引文旅项目、旅游景点入驻宣传，带动文旅产业发展。

3. 网络直播

电竞、电商、教育等新形态直播内容兴起为行业注入新的发展活力，各大平台积极推进“直播+”，更多内容形态出现，吸引了更广泛的用户群体。娱乐直播平台中 YY 直播的月活跃数量领先行业，而游戏直播平台则由虎牙和斗鱼占据头部地位。电商直播和体育直播用户规模增长最快，也是发展最突出的两类直播业态。

在电商直播方面，淘宝发行“点淘”App，将“种草”与直播转化相结合，缩短用户的购买路径，增加转化率；快手打造“直播 2.0”，以“内容+私域”增加用户黏性和渗透度；社交媒体和视频网站也通过内置商城等方式积极入局电商领域，拓宽后疫情时代的购物途径。直播主体日渐多元化，越来越多的中小商户以自建直播渠道为重点。直播商品本土化趋势明显，老字号、地方特色农产品等特色商品通过电商直播大放异彩，2021 年“双十一”期间超过 180 家老字号开通直播，央视联合拼多多开设大型直播带货，推介优质国货和农货产品。自疫情暴发以来，线下活动受制，多地采用直播形式帮助经济产业恢复，公益直播、助农直播等也逐渐被网民所关注。

在监管方面，电商直播监管体系逐渐完善，《关于加强网络直播规范管理工作的指导意见》《网络直播营销管理办法（试行）》等相关政策出台，电商直播逐步步入规范化、法制化轨道。

4. 网络音频

目前，网络音频行业仍处于高速发展期，近年来一直保持年均 30%以上的市场规模增长率。快速发展主要源于付费用户规模持续高速增长，有声书、广播剧、播客及音频直播备受欢迎，收听场景不断拓宽。特别是受疫情影响，中文播客数量自 2020 年呈现爆发式增长，声音带来的亲近感和陪伴感成为消除疫情期间孤独感的有力媒介。

网络音频头部效应显著，喜马拉雅、荔枝和蜻蜓 FM 3 家平台占据了 75%～85%的市场份额。从收入结构看，主打 PGC 和 PUGC 的喜马拉雅和蜻蜓 FM 的主要收入来源是会员和订阅收入，荔枝则以用户直播打赏收入为主，向用户收费逐渐成为综合音频平台主要收入来源之一。从融资情况看，有两家平台进入了 IPO 阶段。其中，荔枝于 2020 年 1 月在美国纳斯达克上市，月活跃用户数最多的喜马拉雅于 2021 年 9 月向港交所提交了上市申请。蜻蜓 FM 则于 2021 年获得多轮近亿级别和数亿级别的战略投资。

18.5 典型案例

1. 腾讯视频

在新爆款时代，腾讯视频经历了从版权购买、精品自制到全面深入行业的全流程，多年创新探索使其在 2021 年取得了不俗成绩。Vlinkage 数据显示，2021 年国产剧豆瓣评分 7.5 分以上的剧集，腾讯视频占 13 席，在长视频平台中居首位。猫眼数据显示，2021 年观众印象深刻的新剧和向他人推荐过的剧集 TOP5 中，腾讯视频自制剧《你是我的荣耀》《扫黑风暴》《雪中悍刀行》占 3 席。

腾讯视频在剧集题材方面“拓荒”，为内容蓝海中的新题材买单，用新题材打破受众圈层，用专业化、体系化的方法论指导创作、扶持推广，让小众走向主流。《你是我的荣耀》将爱情与手游、航天元素完美结合，在多位航天博士的专业建议下，舍弃了一些浪漫情节，把剧本修改得更加专业合理，打通了受众壁垒，成为复合题材的新标杆，刷新了腾讯视频站内单日流量、观剧用户量、首周流量等多个指标的新纪录。《御赐小仵作》定位为带着青春和爱情元素的古装探案剧，好评度在同期播出的剧集中排名靠前。

当 IP、流量不再成为万能定律后，口碑逐渐成为牵动观众的核心指标。之前，腾讯视频评价内容的标准更多的是数据类的硬指标，如播放量、会员拉新量等直白的客观标准。但现在，腾讯视频也会注重口碑性指标，如热议度、好评度、完播率等。高口碑剧《扫黑风暴》融合了刑侦、扫黑除恶、反腐等元素，为了让案件既符合真实情况又不失可看性，制作团队走访了全国范围内的督导组人员与公安干警，反复打磨剧本，将当代罪案剧又抬高到了一个新的高度。同属主旋律的《启航：当风起时》用青春化的轻盈叙事代替厚重的正统时代剧的色彩，在 20 世纪 90 年代改革开放深入的背景下，融入当下流行的桥段，刷新了人们对年代剧的传统认知，豆瓣开分高达 8.6 分。

2. 央视频

2021 年，在视频平台增长趋于平缓，单一的流量指标已经难以衡量行业发展的背景下，依托总台的原生视频基因与技术储备，成立两年的央视频平台升级提出“作品+产品”的双品发展战略，凭借在大型赛事、原创内容、技术创新等多方面的表现，成为短视频行业发展的一抹亮色。

借力体育融媒场景的系列赛事直播和年轻态的网综节目《央 young 之夏》，央视频平台频频以高热度话题出圈。数据显示，从 7 月 24 日启动会员制到会员数成功突破 100 万大关，央视频仅用时 7 天。与此同时，奥运期间央视频 App 的累计下载量成功突破 3 亿次，累计激活用户数突破 1 亿人，在苹果应用商店总榜和娱乐榜一度名列榜首。5G、AI 等技术的加速成熟，进一步打开了本土视频平台的应用场景。9 月 11 日，央视频特别策划的三星堆考古直播《12K 微距看国宝》节目中，央视频针对文物拍摄这一特殊的场景，首次尝试使用 12K 技术微距拍摄三星堆文物，让观众更直观地感知千年前的文明。

根据 CSM 发布的《2021 年短视频用户价值研究报告》，央视频登榜用户愿意推荐的头部短视频独立客户端，用户满意度保持较高水平。较之其他短视频平台，用户对于央视频积极向上的形象认知更深刻。

3. 蜻蜓 FM

蜻蜓 FM 近年来一直是音频行业头部平台。自《矮大紧指北》以来，社会文化类音频一直是蜻蜓 FM 的强项。目前，蜻蜓 FM 在“讲书”和“有声书”两个方向同步发力，推出了一系列高质量内容，进一步巩固了自己在这一领域的优势。

在讲书方面，邀请文化界知名人士对经典书籍进行解读。例如，《冯唐讲书》每期由冯唐选出一本书并解读，听众可以获得心灵滋养和启迪；在有声书方面，获得了大量网络小说和经典文学作品的有声书版权，通过有声化改编，制成有声书和广播剧。例如，打造莫言小说《生死疲劳》的有声版本，由周建龙、艾宝良二位声音艺术家领衔演播；将网络人气小说《万象之王》有声化，吸引大批粉丝进入有声书领域。同时，蜻蜓 FM 还在音频内容品类上尝

试突破，探索音频综艺内容模式，将视频综艺制作经验与音频特点相结合，瞄准用户喜好，制作音频综艺节目，推出《李静·静见》《傅菁|四分之一人生》等。

18.6 发展挑战

1. 综合视频盈利困难

当前，综合视频平台营业收入主要由会员付费、广告收入、版权分销构成。以爱奇艺为例，2019 年会员收入占比超过 50%之后，就一直是收入的顶梁柱。与此同时，广告收入的占比和规模由于受到短视频的冲击和广告整体市场萎缩的影响却在持续降低。因此，稳定且不断增长的会员付费是综合视频平台可能盈利的支柱，为此内容精品化已经是综合视频发展的共识，这也意味着包括自制内容生产运营、购买内容版权费等在内的成本居高不下。2021 年，付费用户增长乏力，为了平衡成本与营业收入、提质增效，爱奇艺、腾讯视频等均提高了会员订阅费用，并通过裁员缩减开支，但是提质增效的成果尚未显现，盈利的胜利曙光尚未出现。因此，如何能在确保优质内容输出的前提下有效控制内容成本，以最优回报率获取最合适的内容？如何平衡提升会员订阅费用与保持会员规模？如何从单纯活跃会员到提高用户黏性，增加用户可消费的场景继而形成新的增长点？这些问题可能成为下一阶段视频平台关注的重点。

2. 网络直播乱象需持续整治

2020 年，直播行业呈现爆发式增长，由于准入门槛低，行业鱼龙混杂、乱象层出。网络直播面临提升内容品质、扩大高品位文化产品供给的问题。直播平台、MCN 机构及主播需要从文化层面精耕细作，制作出更多质量上乘、内容积极的直播内容，以满足用户的需求。

随着直播间的流量逐渐分散，直播带货行业会慢慢趋于平稳。在黑暗下肆虐生长，终究是一时的。只有在阳光下、在监管下，受到法律、行政监管等有效社会制约机制的约束，直播行业才能够迎来长远发展。

撰稿：郑夏育、李达伟
审校：刘文燕

第 19 章　2021 年中国搜索引擎发展状况

19.1　发展环境

1. 互联互通推进改变移动搜索环境，个人信息保护趋严规范搜索广告发展

在移动互联网信息孤岛化的背景下，国家为激发市场活力、促进公平竞争提出互联互通。各平台陆续响应国家政策，互相开放内容、接入支付，实现部分互通，推动移动互联网流量及内容垄断的问题逐步改善，进而影响用户信息获取与搜索习惯。从长期来看，互联互通使得综合搜索引擎的信息源得到有效补充，有助于放大其信息获取及服务入口价值，改变被应用内搜索分流的局面。

此外，《数据安全法》《个人信息保护法》分别自 2021 年 9 月、11 月起正式实行，禁止过度收集个人信息、强制推送个性化广告，对搜索广告营销产生一定影响。个人信息安全与保护政策持续趋严，搜索引擎平台须重视营销服务合规性，在保护用户隐私和体验的前提下满足广告主的精准营销需求，或将推动行业规范发展和盈利模式升级。

2. 搜索广告需求随经济形势整体复苏

2021 年，中国经济全面复苏，GDP 达 114.4 万亿元，同比增长 8.1%（见图 19.1），为搜索行业广告市场规模增长提供了良好的宏观环境。同时，广告主营销需求在 2021 年全面提升，带动搜索广告回暖。主要利好因素体现在两个方面：一是多行业洗牌加剧市场竞争，企业更加重视品牌类营销，以国潮、新国货为代表的赛道形成旺盛的广告需求，提振相关搜索广告投放需求；二是数字化加速渗透，数字广告增长显著，搜索广告成为全媒体广告花费增长的重要驱动力。

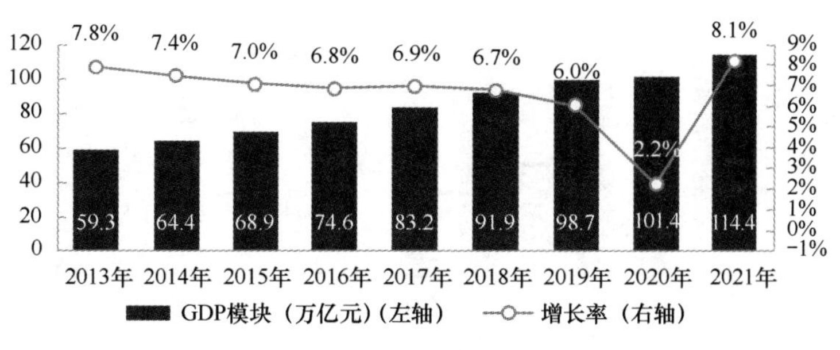

图19.1　2013—2021年中国GDP规模及增长率

3. AI、5G 时代下智能搜索与“搜索+服务”蓬勃发展

大数据、自然语言等处理技术的普遍应用和 AI 的加速落地推动搜索引擎智能化发展，搜索体验更趋便捷、高效。百度、夸克等搜索引擎平台进一步围绕智能搜索、智能推荐探索“搜索+服务”，将搜索引擎从信息检索平台发展为获取服务及解决方案的生活平台，推动行业升级。

5G 时代之下，搜索引擎使用行为变迁，语音和图片搜索等新型搜索方式得以更普遍地应用。搜索引擎企业积极打造 5G 时代新型搜索产品形态，探索媒体融合的新通道。预计随着 5G 部署的成熟化，还将催化更多搜索使用场景、方式及广告形式的创新。

19.2 发展现状

1. 移动搜索稳健发展，市场规模和用户增长需寻求新动力

CNNIC 数据显示，2021 年年底中国搜索引擎用户规模突破 8 亿人，使用率为 80.3%（见图 19.2）。用户增速放缓的同时，使用率在近年来整体呈现下降趋势。由于互联网红利见顶，搜索引擎行业发展已进入瓶颈期；同时，社交、视频、资讯等领域头部平台基于内容优势发展出生态内垂直信息搜索，进一步分流综合搜索引擎用户。

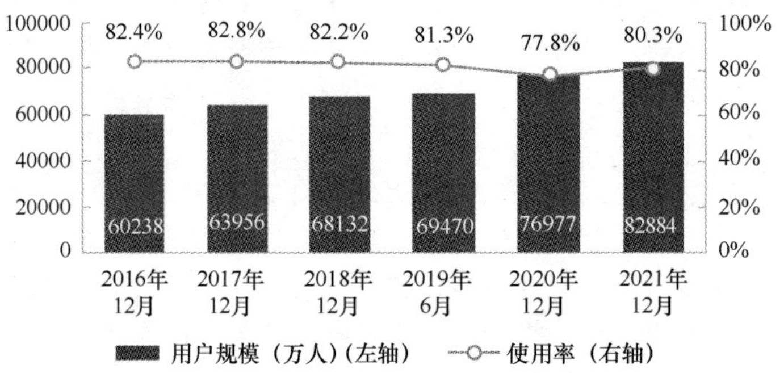

图19.2　2016—2021年中国搜索引擎用户规模及使用率

资料来源：CNNIC · 易观分析整理。

移动搜索发展稳定，用户已经完成移动端使用习惯的建立。易观千帆发布的数据显示，2021 年移动搜索行业的月度活跃用户数量保持在 5.3 亿人左右，波动幅度较小，表明市场进入存量竞争阶段（见图 19.3）。

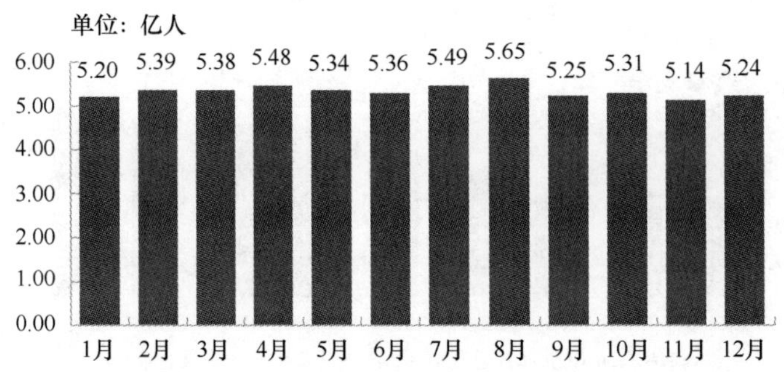

图19.3　2021年1—12月移动搜索行业月度活跃用户情况

在商业价值方面，2021 年中国移动搜索引擎广告市场规模为 830.1 亿元，同比增长 6.2%（见图 19.4）。自 2018 年以来，移动搜索广告收入增长乏力，市场营业收入随着搜索引擎产品及营销服务的高成熟度逐年放缓，新兴商业模式亟待开发。为寻求突破口，搜索企业在 2021 年持续布局内容生态和服务场景，加速发展人工智能、云计算技术，以构建多元化收入结构。

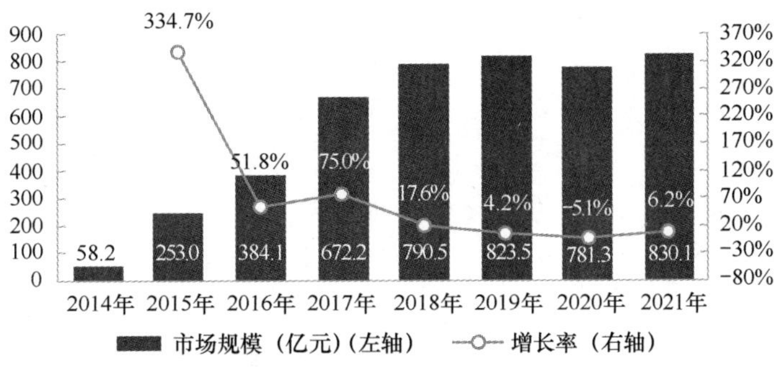

图19.4　2014—2021年中国移动搜索市场规模及增长率

2. 市场格局整体稳定，行业竞争持续升级

2021 年，高度成熟的搜索引擎行业仍有较多动作：腾讯完成对搜狗的收购；字节跳动调整组织架构，头条搜索由抖音事业部管理；快手主推视频搜索发展；夸克搜索纳入阿里巴巴智能信息事业群，聚焦信息服务方向的智能化创新；以华为自研搜索引擎为代表的新产品进入市场。总体而言，搜索引擎已经逐渐实现从“搜索工具”到“生态纽带”的转变，吸引各互联网大厂持续加码，赛道硝烟弥漫。

从市场份额来看，百度搜索优势依然显著，但一家独大的局面正在面临更多挑战，能否抓住互联互通趋势是影响其未来行业地位的重要因素。搜狗搜索 2021 年的营业收入在收购事件影响下变现不佳，导致市场份额下滑较多（见图 19.5），但随着双方内容生态和技术优势的整合，或将在 2022 年有更好的表现。未来，各头部企业将以自身差异优势强化搜索业务布局，围绕场景、服务、技术升级展开竞争。

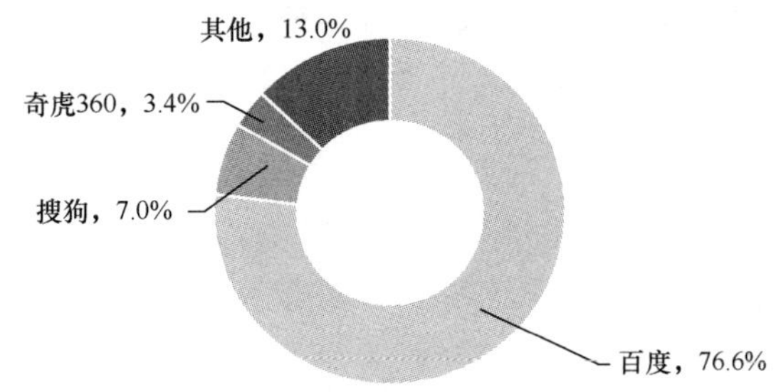

图19.5　2021年中国搜索引擎市场份额

3. 内容搜索与非商业搜索满足差异化需求，为行业注入新活力

当下，互联网巨头在建立生态及内容优势后，积极通过布局搜索业务盘活生态矩阵。腾讯、阿里巴巴分别基于微信、支付宝生态内搜索连接商业服务和用户；字节跳动旗下的头条搜索在快速切入赛道后，已上线系列营销服务，开启 B 端发力。同时，专注于真实结果呈现

和正向引导的非商业搜索引擎持续涌现，通过探索新搜索模式满足差异化用户需求，为行业带来新发展点。

19.3 商业模式

1. 商业搜索模式成熟，以关键词广告为主要变现方式

商业搜索是基于搜索流量进行商业变现的搜索引擎，以广告为主要变现方式，商业化影响搜索结果的呈现。目前，主要广告形式包括竞价排名、搜索信息流广告、固定排名和网络实名等。

（1）竞价排名：在广告主所购买的关键词搜索结果中以网页排名的方式呈现，购买了同一关键词的网站按出价高低排序。竞价排名与检索内容高度相关，推广定位性较强，按效果付费。

（2）搜索信息流广告：穿插于关键词搜索结果中出现，增加广告库存。通常基于用户搜索历史、用户画像进行匹配，能够激发用户潜在需求。随着媒体方的拓展及用户触媒习惯的变迁，信息流广告发展态势良好。

（3）固定排名：广告主购买关键词后，在用户关键词检索结果的固定位置出现，展示位及费用固定但灵活性较差。

（4）网络实名：广告主将自己的公司名、产品名注册为网络实名，用户通过输入实名直达相关网站。

随着市场发展成熟，单一广告模式难以支撑营业收入持续增长，搜索关键词与信息流广告相结合的商业模式逐渐发展为主流。长期来看，5G、AI 等技术虽持续融入搜索行业，但尚未对商业模式创新产生突破性助力。

2. 非商业搜索形成增值服务及生态入口

非商业搜索的特点在于呈现真实、可信的搜索结果，因此通常不以关键词广告为变现方式。一个方向是非商业搜索引擎在为用户提供权威搜索结果的同时，发展出诚信认证、舆情监测等增值服务，以及大数据、云计算、云存储等技术服务和创新模式；另一个方向则是发挥搜索入口价值，如夸克搜索发展为阿里集团生态入口之一，起到打通阿里经济体生态的作用。总体而言，非商业搜索不局限于广告变现，其对营业收入方式和搜索价值的探索构成搜索引擎商业模式的有益补充。

19.4 典型案例

1. 百度

1）发展情况

2021 年，百度通过构建更为丰富的移动生态寻求流量增长，提出信息服务化、搜索人格化、内容视频化的战略方向，以搜索场景切入用户生活、购物需求，提升搜索的需求满足能力并打通从搜索到获得服务的环节，以期形成“广告+知识付费+直播打赏+*X*”的多元收

入结构。

从营业收入表现来看，随着投放需求的复苏和新发展战略的落地，百度搜索广告业务在 2021 年回到正轨（见图 19.6），但季度环比增速持续放缓，且广告收入在整体营业收入结构中的占比进一步下降。未来，百度有望在互联互通的红利下巩固综合搜索引擎优势，强化需求场景服务能力，促进营业收入增长。

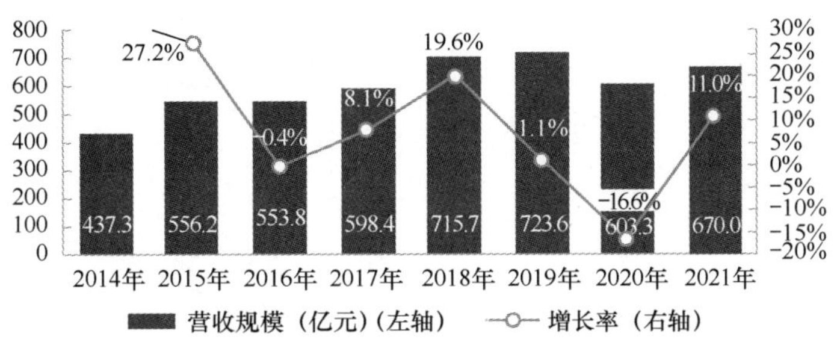

图19.6　2014—2021年百度搜索营业收入规模及增长率

在产品方面，百度 App 启动品牌升级，加大搜索的外延和内涵，基于移动生态打造生活服务能力，实现横向开拓用户规模，在一定程度上突破了增长瓶颈，活跃用户在 2021 年 12 月达到约 5 亿人，同比增速提升至 6.2%（见图 19.7）。2021 年年底，百度推出新应用产品 Wonder，提供搜索引擎并涵盖考研考公、娱乐等功能以吸引年轻用户，与面向老年群体的百度大字版 App 共同发力细分用户，寻求增量空间。

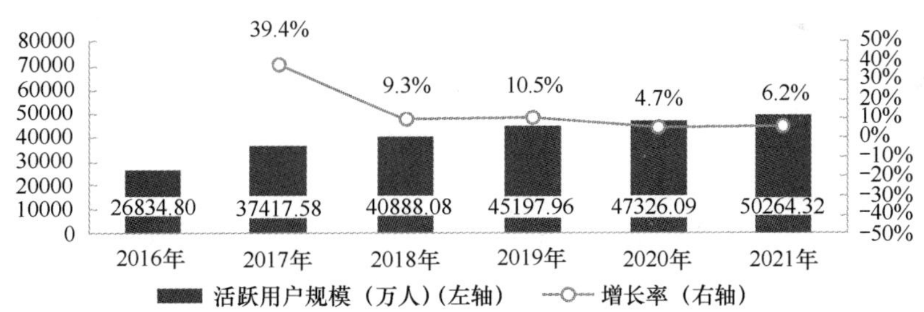

图19.7　2016—2021年百度搜索活跃用户规模及增长率

2）核心优势

（1）搜索营销业务布局完善，商业化能力成熟。

经过多年行业深耕，百度形成了丰富的搜索营销产品和“一站式”投放服务平台，由百度指数、百度统计、观星盘提供场景数据支持，以“信息流+搜索”双引擎驱动精准触达。基于移动生态优势和成熟的营销服务，百度搜索仍是广告主的重要投放选择，其营业收入占据搜索市场的大部分份额。从创新发展来看，随着托管页和搜索视频营销在多元场景的能力凸显，百度营销优势有望保持。

（2）互联互通下百度搜索迎来新发展机遇。

随着互联互通的推进，百度搜索信息源得到持续丰富，目前已经能够通过百度搜索获取哔哩哔哩、小红书等 App 中的内容，并能直接触达美团、猫眼等生活服务平台信息，有助于百度应对生态内搜索的挑战，为其连接服务场景带来红利。百度小程序有望成为更多手机品牌浏览器的搜索落地页，实现用户增长和黏性保持。随着“搜索+服务”的发展，百度营销价值也将得到提高，丰富营销场景与触达方式，深化广告主服务能力。

2. 搜狗搜索

1）发展情况

2021 年 9 月，搜狗公司宣布与腾讯完成合并，成为腾讯控股间接全资子公司，并完成退市。受收购事件和流量获取活动减少的影响，部分广告主对于搜狗的业务政策存在不确定性，导致其非核心业务收缩，基于竞价的按点击率收费服务收入下滑，第一、第二季度营业收入同比下降幅度均超过 40%（见图 19.8）。

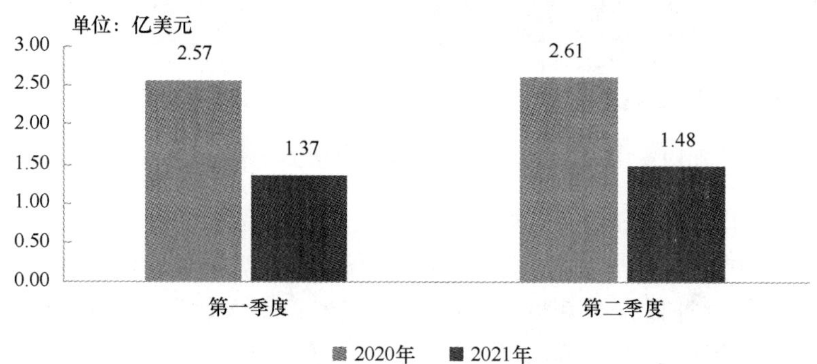

图19.8 搜狗搜索营业收入规模对比

资料来源：企业财报 • 易观分析整理。

从产品侧看，搜狗搜索活跃用户规模在 2021 年延续下滑趋势，以 30.9%的降幅跌至 1871.15 万人（见图 19.9）。由于公司业务调整，搜狗搜索 App 更名为 Bingo，保留原应用的搜索引擎与小说书架服务，新增大量学习与生活服务，主打新一代智能、极简搜索。根据易观千帆数据，此次应用大幅改版之后，部分老用户流失，活跃用户规模进一步下滑，但人均单日使用时长获得显著提升。

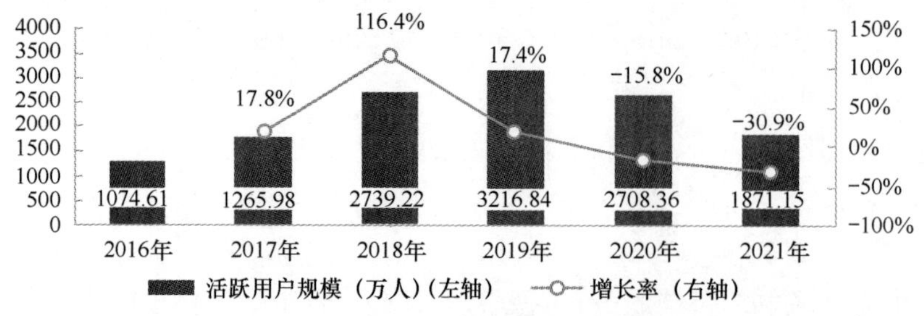

图19.9 2016—2021年搜狗搜索活跃用户规模及增长率

2）核心优势

（1）以 AI 技术赋能搜索，打造差异化搜索服务。

搜狗以语言作为核心，持续加大人工智能方面的研发投入，在语音、翻译、问答等多个应用领域形成智能化优势，基于 AI 技术持续升级搜索服务。2021 年，搜狗与清华大学、智谱 AI 联合发布“AI+”学术搜索产品、推出专业法律服务 AI 智能咨询问答平台，探索在教育和法律等垂直领域的发展，打造基于技术能力的差异化的竞争优势。此外，智能硬件作为搜狗 AI 技术的重要载体之一，能够将搜索服务通过硬件融入用户生活，满足不同场景搜索的需求，驱动智慧服务。

3. 头条搜索

1）发展情况

头条搜索自 2020 年全量上线搜索广告后，持续增强自身商业化能力，并于 2021 年上线头条搜索 PC 版。2021 年年底，字节跳动进行组织架构调整，将头条搜索并入抖音事业群，打通抖音与头条搜索结果，实现两大应用生态的流量互惠。此后，字节跳动进一步加码搜索业务布局，推出“悟空搜索”抢占下沉市场。目前，字节跳动已经形成“头条搜索+悟空搜索+抖音搜索”的搜索产品矩阵，预计将以“图文+视频”搜索模式探索新风口。

根据易观千帆数据，2021 年抖音、今日头条 App 活跃用户分别稳居短视频、信息流资讯行业第一，今日头条极速版 App 保持快速增长，为头条搜索发展奠定了可观的流量基础。2020—2021 年字节跳动旗下部分 App 用户规模如图 19.10 所示。

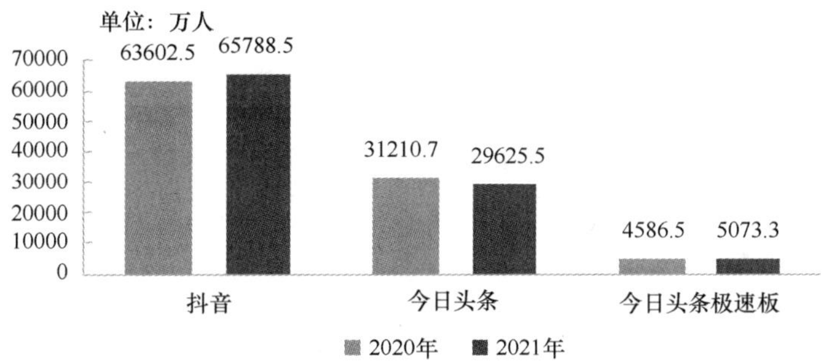

图19.10　2020—2021年字节跳动旗下部分App用户规模

2）核心优势

（1）形成“兴趣+看后搜”模式，基于用户“随看随搜”新需求发力 B 端。

头条搜索开创“兴趣+看后搜”模式，兴趣驱动看、看驱动搜、搜后产生兴趣，形成闭环，满足用户在综合信息环境下“随看随搜”的新需求。同时，头条搜索基于推荐和搜索技术整合字节生态内容资源，形成流量、链路、场景及生态四大商业侧价值，发展系列营销产品及解决方案，凸显整合营销、精准营销能力。

（2）头条搜索并入抖音，有望加速视频搜索发展。

从抖音在短视频领域的优势和对视频搜索的发力来看，头条搜索并入抖音事业群的调整或将有利于抓住视频搜索风口，连接以“短视频带货”为代表的场景，丰富搜索形式与价值。

19.5　发展挑战

1. 搜索习惯变迁叠加信息孤岛，应用内搜索持续挑战搜索引擎

目前，大量内容及生活服务类应用已具备内部搜索功能，头部互联网平台在近年来基于

内容生态积极布局搜索业务，成功提供了多样的搜索方式。同时，互联互通尚未完全实现，综合搜索的功能和价值被信息孤岛、生态封锁削弱，导致用户搜索体验下降。在以上因素的影响下，用户搜索习惯变化，综合搜索引擎需求已部分转移至垂直内容类应用中，对搜索引擎的发展带来挑战。

撰稿：付彪、李玥
审校：殷红

第 20 章　2021 年中国农业互联网发展状况

20.1　发展环境

1. 农业信息化迈入有法可依、依法实施新阶段

2021 年 6 月 1 日，《中华人民共和国乡村振兴促进法》正式施行，其中产业发展部分提出推进智慧农业创新、农业机械化信息化融合，加强农业信息监测预警和综合服务，推进农业生产经营信息化，支持电子商务发展，等等。这标志着我国农业信息化、现代化迈入有法可依、依法实施的新阶段。

2. 政策支持农业信息化、现代化的力度持续加大

自党的十九大提出实施乡村振兴战略以来，我国密集出台了一系列保障措施，支持引导农业信息化、现代化的发展，以促进乡村振兴战略落地实施。

2021 年春节后，进入 21 世纪以来第 18 个指导“三农”工作的中央一号文件《中共中央国务院关于全面推进乡村振兴加快农业农村现代化的意见》发布，提出要实施数字乡村建设发展工程，推动农村千兆光网、第五代移动通信（5G）、移动物联网与城市同步规划建设，加快建设农业农村遥感卫星等天基设施，发展智慧农业，建立农业农村大数据体系，推动新一代信息技术与农业生产经营深度融合，加强乡村公共服务、社会治理等数字化、智能化建设。

农业农村部在 2021 年发布了一系列政策文件，以支持农业信息化、现代化发展。

2 月印发的《乡村产业工作要点》提出，要以信息技术带动业态融合，促进农业与信息产业（ICT）融合，发展农村电商、数字农业、智慧农业等，让农民跨界增收、跨域获利。

4 月印发的《社会资本投资农业农村指引（2021 年）》鼓励社会资本参与建设智慧农业，推进农业遥感、物联网、5G、人工智能、区块链等应用，推动新一代信息技术与农业生产经营、质量安全管控深度融合，提高农业生产智能化、经营网络化水平。鼓励参与农业农村大数据建设、基础数据资源体系和重要农产品全产业链大数据中心建设。为新型农业经营主体、小农户提供信息服务。鼓励参与农村地区信息基础设施建设，提高乡村治理、社会文化服务等信息化水平。鼓励参与“互联网+”农产品出村进城工程建设，推进优质特色农产品网络销售，促进农产品产销对接。

7 月发布的《关于加快发展农业社会化服务的指导意见》提出，鼓励农业社会化服务主

体充分利用互联网、大数据、云计算、区块链、人工智能等信息技术和手段，推广应用遥感、航拍、定位系统、视频监控等成熟的智能化设备和数据平台，对农牧业生产过程、生产环境、服务质量等进行精准监测，提升农业的信息化、智能化水平。

12 月发布的《关于促进农业产业化龙头企业做大做强的意见》提出，要提高龙头企业数字化发展能力。鼓励龙头企业应用数字技术，整合产业链上、中、下游的信息资源，打造产业互联网等生产性服务共享平台，带动上、中、下游各类主体协同发展，实现产业链整体转型提升。引导有条件的龙头企业建设乡村产业数字中心，加强对生产、加工、流通和服务等全链条的数字化改造，提高乡村产业全链条信息化、智能化水平。鼓励企业应用区块链技术，加强产品溯源安全体系建设；采用大数据、云计算等技术，发展智慧农业，建立健全智能化、网络化的农业生产经营服务体系。

12 月发布的《"十四五"全国农业农村科技发展规划》提出，要优化布局农业大数据技术、智慧农业技术等前沿与交叉融合技术。

3．资本积极布局、参与农业互联网赛道

继头部互联网企业抢道农业互联网，纷纷打造生鲜电商平台，如京东旗下的京东生鲜、阿里巴巴旗下的盒马鲜生、苏宁易购旗下的苏宁生鲜等，后起之秀拼多多也在 2021 年继续重仓农业，在农产品上行、产品迭代等领域持续投入。

老牌农牧企业也积极进取，开疆拓土新领域。2021 年 11 月，大北农（股票代码 002385.SZ）公布成立北京大北农数字科技有限公司，秉承"数字让农业更强、让农民更富、让生活更美"的使命，打造"标准化、品牌化、科学化、生态化"数智新农村，对农业产业供—销两端进行产业赋能、数字赋能、科技赋能，推动农业产业数字化，发挥数字技术对农业经济发展的放大、叠加、倍增作用。

20.2 发展现状

1．新技术、新产品、新模式方兴未艾

在政策的大力、持续鼓励支持下，乡村振兴战略已深入全党全国，社会各界积极探索乡村振兴战略的落地实施。在农业产业方面，市场主体更是积极探索，应用新技术，探索新模式，形成新业态。

在新技术方面，物联网、人工智能技术在农业生产领域得到了积极有效的探索和应用，如智能养猪、智能牧场、大田遥感技术等；5G、大数据、云计算助力农业交易的数字化、生产决策的智能化、服务的多元化；区块链在追溯领域的应用对于农产品质量安全提升、农产品品牌的打造也有了成功案例；元宇宙可模拟动植物生长，因此在育种领域的探索应用空间巨大，在元宇宙空间中选育出抗性性状的核心参数，优化育种模型，然后通过物理空间培育，可以打破育种过程中动植物的生命周期限制，革命性地缩短了育种时间。

2021 年 6 月，农业农村部信息中心向社会推介发布了 205 个数字农业农村新技术、新产品、新模式优秀案例，这是信息中心面向全社会开展的征集工作，共收到 661 份申报材料，经专家评审推荐、集体研究审议并按程序报批公示后选出优秀案例，包括"生猪产业数字生态服务平台”“鸡智能育种与数字化养殖技术及装备创制”“作物商业化育种信息管理平台”等，这些新技术、新产品、新模式在让数据成为新生产要素，让信息技术成为新创新高地，让信息网络成为新基础设施，让信息化成为新治理手段，让数字经济成为新增长引擎等方面发挥着引领作用。

2．面向消费端的涉农电商竞争激烈

当前国内面向消费端的电商平台竞争激烈，基本属于红海市场。国内农业互联网 50 强企业中有 3/5 是面向消费端的电商平台，既有多多买菜、京东生鲜等生鲜平台类企业，也有每日优鲜、天天果园、美团买菜等生鲜电商类企业，还有世纪联华、永辉超市、掌鱼生鲜等生鲜零售类企业，这些电商平台多数是互联网企业及零售企业向农业领域的渗透，主要客群为城市消费者，在获客方面基本使用拉新（拉到新用户）、促活（促进用户活跃度）、每日低价爆品、送优惠等典型消费互联网的方式方法，在产品和商业模式等方面存在广泛的同质化现象。

3．农业产业互联网如日方升

自 2015 年“互联网+”在《政府工作报告》中被正式提出以来，业界已开始探索互联网在农业产业中的应用，从消费互联网大潮下的农产品电商，到现阶段打通全产业链、形成新的产业生态的农业产业互联网，中国农业互联网的发展进入成长黄金期，涌现出一批各有定位的企业，如信息服务型、综合平台型、全产业链型、技术创新型等企业。

产业互联网是数字时代各垂直产业的新型基础设施，由产业中的骨干企业牵头建设，以共享经济的方式提供给产业生态中广大的从业者使用。通过从全产业链资源整合和价值链优化，降低全产业运营成本，提高全产业的运营质量和效率，并通过新的产业生态为客户创造更好的体验和社会价值[1]。

在我国人口红利逐渐消失、工农产品全面过剩、供给侧结构深化改革的时代大背景下，产业互联网可以改变传统产业链中资源错配和浪费现象，用科技能力和要素配置、生态圈建设能力为传统产业链降本增效。

农业产业互联网将新一代信息技术与农业深度融合，既是新的农业生产方式、组织方式、运营方式，也是新的农业基础设施。农业产业互联网针对某一农业单品的垂直领域，使用互联网、物联网、人工智能、大数据、区块链等新一代信息技术，打通全产业链，搭建产业生态圈，不仅能够解决劳动力老龄化加剧，劳动力成本与日俱增，交易成本高、问题多，金融资源匮乏且成本居高不下等问题，以提升传统农业生产效率，降低生产、交易、金融等成本，还能够通过农业产业互联网平台将传统小农户、中间商等中小产业主体组织起来，对接大市场。

目前，我国农业产业互联网发展的关键在于生产端的数字化和智能化，生产端持续、有效的数据是保障农业全产业链打通的关键。不仅因为生产端的数字化、智能化能替代生产中大部分脏、累、危险的人工工作，还因为生产是产业存在的基础，提供基础的产品和服务，随后才有流通和消费环节。因此，生产端的数字化对于农业产业互联网而言至关重要，是第

1 王玉荣、葛新红，《产业互联网——全产业链的数字化转型升级》，清华大学出版社，2021 年。

一手的数据来源，可用数据对流通、消费环节提供信息服务、安全保障等服务，对产业链上的主体提供产品和服务，从而形成基于数字支撑的产业服务。

20.3 典型案例

在农业互联网的实践应用中，各企业深耕垂直类市场，涌现出一批典型案例，如北京农信数智科技有限公司打造的“4S 数智产品矩阵”，广州大气候农业科技有限公司打造的“互联网+数字农场”，一牧科技（北京）有限公司打造的“一牧智慧牧场”，云洋数据打造的“棚联网”，易牧网打造的“牛羊设备及大数据平台”等。

1. 农信数智：“4S 数智产品矩阵”

北京农信数智科技有限公司（以下简称农信数智）已建成一体化的企联网-IAP（Intelligent Agricultural Platform）数智农业管理平台。该平台借助 4S 数智矩阵，即智慧管理平台（MaaS）、智能物联平台（DaaS）、数智财务平台（FaaS）、数字交易平台（TaaS），赋能农牧企业数智化快速转型，从而实现降本增效，提档升级（见图 20.1）。

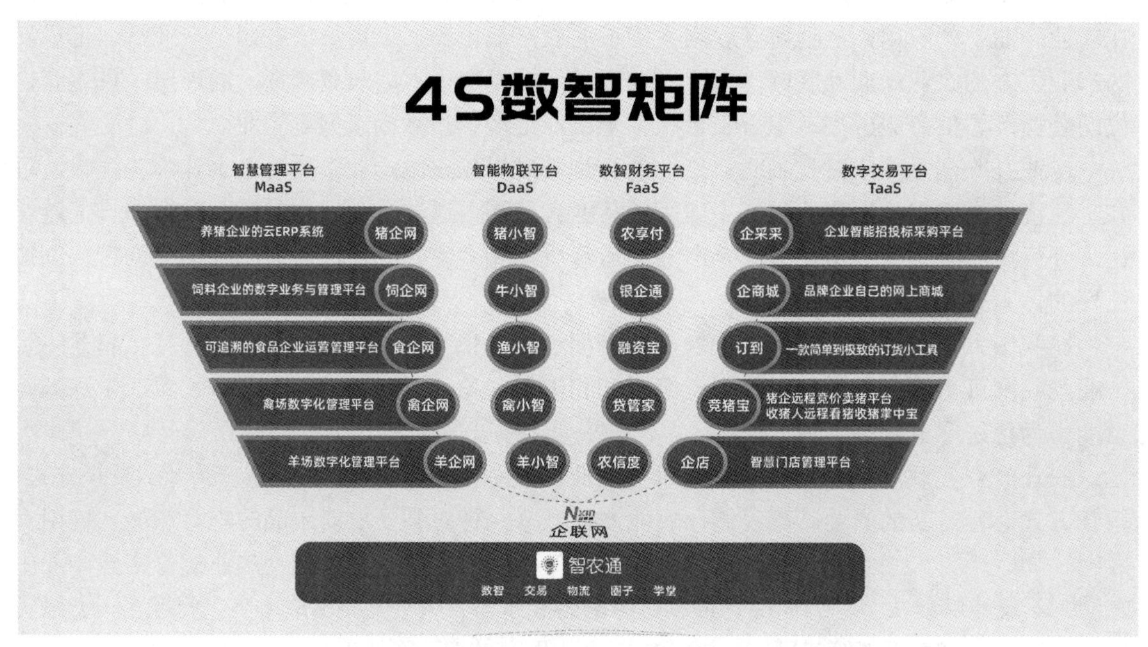

图20.1 农信数智“4S数智产品矩阵”

在企联网-IAP 数智农业管理平台架构的基础上，农信数智深耕生猪产业，打造了生猪产业数智生态服务平台“猪联网”。猪联网由猪企网（猪场企业数字化管理平台）、猪小智（智能猪场管理专家）、猪交易（三大交易渠道：农信商城，农牧人专属的网上采购平台；国家生猪市场，国家级生猪活体交易市场；农信货联，精准匹配人、货、车三方需求）、猪金融（以猪产业为核心，为金融机构提供金融 SaaS 服务；为农牧企业提供数智财务 SaaS 服务）、猪服务（行情宝、智农大讲堂、猪友圈、猪病通）五大核心部分构成，为生猪产业提供全方位、“一站式”的数智化服务，目前服务生猪 6000 万头。

与此同时，农信数智打通生猪产业链上下游，提供面向上游投入品企业的“饲联网”，面向中间商和零售商的“企店”，面向屠宰食品企业的“食联网”等，开创了数字经济时代智慧养猪新生态。

在深耕生猪产业的基础上，农信数智持续发力田联网、渔联网、蛋联网、羊联网等，将产业互联网延伸到涉农各产业，进一步打造农业产业互联网。

2. 广州大气候：“互联网+数字农场”

广州大气候农业科技有限公司（以下简称广州大气候）通过安装农眼智能监测管理系统和人工智能技术创建农场管理全流程数字化体系，实现全程可视化管理，从而提高农场管理水平和抗风险能力；基于农眼智能监测管理系统，通过物联网、区块链、大数据等核心技术，打造农产品全程可视化溯源体系，从而挖掘土地价值，提升优质农产品溢价能力和公信力；在实现标准化生产、监管与品牌打造的基础上，重新定义农产品分级标准，实现更合理、更有效的市场流通；通过产品线上线下统一运营，实现多渠道精准销售，进一步解决农场的农产品上行困境；与此同时，为保障农民增产、增收，提供农产品品牌策划营销配套服务，实现与经营主体的稳定利益联结和共赢发展。

截至 2021 年年底，广州大气候已服务农场 7944 个，服务土地 1429 万亩，打造数字化农产品品牌 150 余个，服务农民超过 60 万人，积累农业数据 25 亿条，实现品牌农产品销售近 130 亿元。

3. 一牧科技：“一牧智慧牧场”

一牧智慧牧场以牧场生产管理系统为基础，具备奶业数据的采集、更新、存储管理、查询和分析功能，实现牧场的牛只个体管理、繁育管理、精准饲喂管理、健康管理和产奶管理，并将各方面数据进行汇集，结合数据智能分析与决策系统和大数据可视化系统，全面实现牧场数字化、智慧化管理。

截至 2021 年年底，一牧云（YIMUCloud）已服务现代牧业等 45 个奶牛养殖集团、396 个牧场、100 万头奶牛。在过去一年帮助牧场提升生产人员工作效率 2～3 倍，饲料成本平均降低 9.3%，繁殖效率（21 天怀孕率）平均提升 3%，每头奶牛年总产奶量平均提升 937 千克。

4. 云洋数据：“棚联网”

云洋数据专注“棚联网”，以云洋物联网设备矩阵为基础，构建设施农业产业数字化基础设施。在产中环节，专为大棚种植户量身定制数字化整体解决方案，实现环境实时监测、智能决策、科学管理。通过各类传感器采集、监测环境数据和作物生长数据，将数据汇聚到边缘计算的智能网关设备并上传大数据云平台，通过大数据分析和农业专家系统决策，自动控制温室内卷帘、放风机、湿帘、补光灯、水肥一体机等设备，调节种植区内的环境参数至满足农作物生产的最佳值。同时，使用者可通过 App 展示实时监控信息、推送警告、终端对设备的远程控制命令，实现温室管理的远程化、信息化和智能化；在产地交易环节，以蔬菜产业链村头交易市场（代办）为切入点，通过软硬件一体化服务助推业务数字化升级，实现智能计重、在线账本、在线支付，解决了产业链交易、结算、记账等方式陈旧、数据碎片化、资金短缺等问题。

产中环节主要服务于番茄、黄瓜、茄子、辣椒、草莓、樱桃、羊肚菌等经济作物，覆盖

30000 个大棚，种植面积共计 100000 多亩；产后环节为数百个产地端交易市场提供服务，平台交易量达数十亿斤，为实现阳光菜价和产地交易效率提升发挥了积极作用。

5. 易牧网："牛羊设备及大数据平台"

易牧网打造的集采平台一方面借助 42 种传感器、可穿戴智能设备、物联网等装备回传的数据，对供应商基准价的偏差、货物延迟交付率、退货率等行为进行多维度评估，实现数据驱动采购决策，为牧场降本增效；另一方面通过物联网数据监测自动提醒相关人员补货，从而避免紧急采购。

易牧网 2021 年为 461 家牧场实现饲料成本总体降低 2%，并保证了近千家企业的物资供应稳定。数据驱动集采模式是指通过互联网、云计算、传感系统、物联网、大数据等先进技术，提升粗放低效的畜牧业生产方式，同时将对生产、流通、经营、金融服务、人才培养等产业链各环节进行深度改造，优化畜牧业供给侧，提升行业运营效率和质量。

20.4 发展挑战

1. 农业生产端的数字化难度高

虽然新技术、新产品层出不穷，但是农业生产端数字化的难度依然很大。

一是我国幅员辽阔，农业生产遍布于平原、丘陵、山谷等不同地貌，农业生产难以标准化，在某一地区适用的数字化产品和解决方案，在其他地区需要进行变更，气候、场景的变化导致需求的全然变化都是普遍存在的，因此农业生产端的数字化难度远高于工业生产。

二是当前我国农业产业中，畜牧业的规模化、集中化程度在提升，而其中以生猪产业的工业化程度最高，对于人工智能而言，依然面临换场就可能得换新算法的状况。而我国种植业生产主体依然以小农或小规模生产主体为主，生产方式整体上呈现小、散特征，导致生产端的数字化实施难度大、成本高。

2. 农业互联网人才短缺

农业互联网需要具备信息技术、应用场景、农业产业两栖甚至多栖的复合型人才，这类人才目前是匮乏的。一方面，教育体系中该类复合型专业匮乏，虽然 2021 年教育部批准了第一个"智慧农业"专业，但这对于产业发展需求来说是远远不够的；另一方面，信息技术人才在职业发展中往往会优先选择互联网化程度更高的工业、服务业等第二、第三产业。

撰稿：于莹

审校：张昭

第 21 章　2021 年中国智慧城市发展状况

21.1　发展现状

1. 政策环境现状

“十四五”期间，智慧城市成为现代城市重塑发展新优势的战略选择。2021 年是“十四五”开局之年，国家层面陆续发布一系列相关政策文件，对“十四五”时期我国智慧城市建设作出部署安排。2021 年 3 月，中共中央发布《中华人民共和国国民经济和社会发展第十四个五年规划和 2035 年远景目标纲要》（简称“十四五”规划纲要），提出要加快数字社会建设步伐，分级分类推进智慧城市建设，明确了“十四五”期间我国建设智慧城市的重要任务。《“十四五”数字经济发展规划》将新型智慧城市建设列为重点工程，提出遴选有条件的地区建设一批新型智慧城市示范工程，围绕惠民服务、精准治理、产业发展、生态宜居、应急管理等领域打造新型智慧城市样板。《“十四五”国家信息化规划》提出构筑共建共治共享的数字社会治理体系，推进新型智慧城市高质量发展。智慧城市已成为建设数字社会、数字政府、数字经济的重要载体，是城市重塑发展新优势的战略选择。

数字孪生城市、智慧县城成为各地智慧城市建设发力点。各地积极开展智慧城市顶层设计，涌现了数智杭州、上海城市数字化转型、济南数字先锋城市、新型智慧城市、智能城市等各类概念，但各类概念殊途同归，最终目的是全方位提升城市数字化水平。2021 年，北京、上海、深圳等地将数字孪生城市作为智慧城市建设的重要一环，北京提出要积极探索建设虚实交互的城市数字孪生底座；上海提出将加快推动城市形态向数字孪生演进，逐步实现城市可视化、可验证、可诊断、可预测、可学习、可决策、可交互的“七可”能力。随着智慧城市建设不断引向深入，智慧城市建设的浪潮已经从大城市逐步下沉到县域地区，各地加快开展智慧县域的创新建设，智慧县城建设将是未来重点。山东、河北和河南都明确遴选了数个县城列入智慧城市试点，力求通过试点带动更多县城数字化转型。

2. 产业发展现状

智慧城市总投资额持续增长，智慧交通项目金额、数量均为第一。中国信息通信研究院的数据显示，2021 年，智慧城市相关项目总投资预计为 2.79 万亿元，自 2015 年以来，复合年均增长率约为 85%（见图 21.1）；2021 年标的为 1 亿元以上的智慧城市相关项目达到 49 个，总金额为 121.86 亿元；在细分领域中，智慧交通项目数量为 16 个，总金额超过 42 亿元，占比均最高。智慧交通是智慧城市重要的落地应用之一，2021 年以来，我国相继发布《国家车联网产业标准体系建设指南（智能交通相关）》《关于确定智慧城市基础设施与智能网联汽车协同发展第一批试点城市的通知》《交通运输领域新型基础设施建设行动方案（2021—2025年）》等一系列重要文件，为智慧交通发展带来重大机遇。

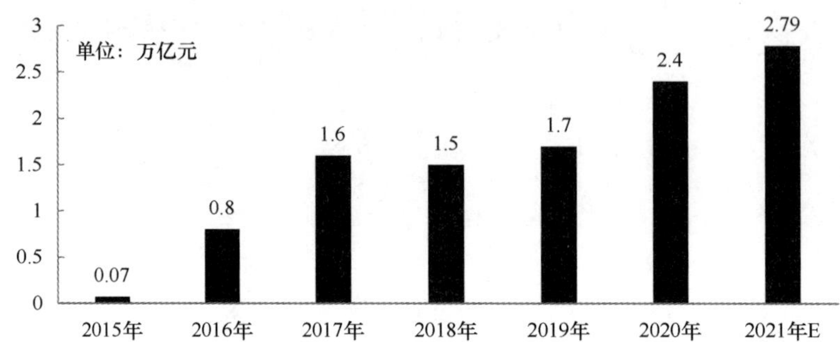

图21.1　2015—2021年我国智慧城市投资规模情况[1]

资料来源：中国信息通信研究院。

企业立足自身优势，着力构建智慧城市生态圈。智慧城市建设涉及范围大、领域广、链条长，随着建设的深入，单个企业难以满足智慧城市建设的所有需求，龙头企业纷纷以自身核心能力和产品为切入点，联合产业链上下游各个领域推进生态建设。华为、浪潮等 ICT 设备供应商以硬件设备为基础，通过搭建解决方案与构建生态双管齐下切入智慧城市建设。传统电信运营商从网络基础设施领域切入，持续拓展智慧应用领域，开放汇聚合作伙伴，为政府和行业客户提供“一站式”服务。神州数码、太极等系统集成商依托建设运营优势构建生态，将各类软件、硬件、垂直解决方案打包成总体方案，落地交付给用户。清华同方、软通动力等软件开发商以智慧应用为突破，聚合产业链伙伴，提供一体化解决方案服务。以 BAT（百度、阿里巴巴、腾讯）为代表的互联网企业以互联网入口为抓手，基于自身技术、用户、平台和创新能力等优势快速抢占市场份额，丰富新型智慧城市产业生态体系。万科、碧桂园等房地产企业进行了从开发商到城市运营商，再到产业运营商的角色转变，通过深度参与智慧城市的建设运营，培养房地产企业在内部管理、产业链协同、金融服务等方面更强的能力。

3. 技术发展现状

新一代信息通信技术推动智慧城市迭代演进，进入集成融合期。随着技术渗透率和应用成熟度的不断提升，中国信息通信研究院认为，我国智慧城市大致经历了数字城市、智慧城市、新型智慧城市和数字孪生城市 4 个阶段。第一阶段为 2008—2011 年，智慧城市进入概念导入期，重点技术包括无线通信、光纤宽带、HTTP 等信息分发技术，以及 GIS、GPS、RS 技术等。第二阶段为 2012—2015 年，2012 年住房和城乡建设部发布首批智慧城市试点，智慧城市进入试点探索期，以 RFID、2G/3G/4G、云计算、SOA 等新兴技术为驱动，在城镇化加速的大背景下试点建设。第三阶段为 2016—2020 年，新型智慧城市概念被正式提出，进入统筹推进期，NB-IoT、5G、大数据、人工智能、区块链技术融合发展，城市大脑落地应用。第四阶段为 2021 年至今，为集成融合期，数字孪生、隐私计算等技术快速发展，推

1 该数据为财政投资规模数据，未包含企业投资部分。

动城市同步可视、城市数据有序流动，未来将实现平台集约整合、资源融合共享（见图 21.2）。

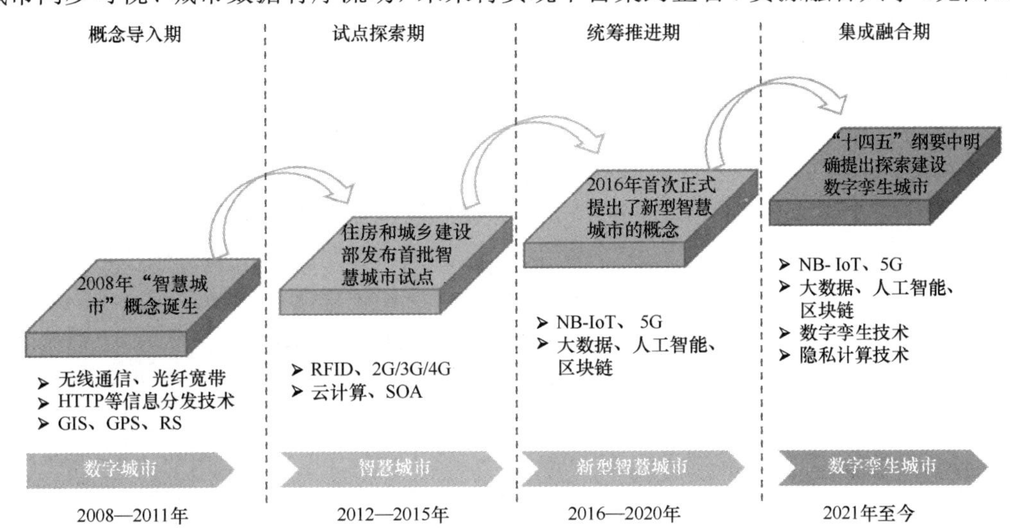

图21.2　智慧城市技术发展阶段

资料来源：中国信息通信研究院。

物联感知、空间测绘技术、建模渲染等数字孪生技术加速升级。随着数字孪生城市从概念培育期走向建设实施期，物联感知、空间测绘技术、建模渲染等相关基础技术加速成熟应用。新型基础测绘由尺度分级向实体分级转变，采集装备和能力进步，有利于构建一体化全息高清、高精的城市数字孪生体。物模型技术加速兴起，标准化、低门槛化的 IoT 服务平台推动物联网向多行业延伸发展。模拟仿真逐步向大尺度、跨学科、多维度进行转变，通过城市级、跨领域的因果交互分析和推演，反映城市整体发展趋势和演化问题，为城市的治理和规划提供数据化、科学化、综合化的决策支撑。此外，隐私计算技术的不断成熟，为破解数据保护与利用之间的矛盾，实现数据的“可用不可见、可控可计量”提供了解决方案。

21.2　应用场景

1. 智慧应急

智慧应急是指对管理资源进行统一整合优化，实现统一规划、统一建设、统一调度、统一使用，最大限度地发挥资源效能，实现“应急业务一网统管”。近年来，极端灾害性天气在全球呈多发、频发态势，安全生产隐患仍旧存在，智慧应急建设迫在眉睫。

场景一：打造应急管理智慧大脑，汇聚应急信息资源。通过整合应急管理各领域感知数据，推动跨部门、跨业务互联互通、信息共享和业务协同，横向上消除安全生产、危化品监管、自然灾害等相关应急救援信息孤岛，纵向上打通各级应急管理机构的信息传递链路，进一步延伸到企业，实现应急管理数据为各级应急管理部门、企业、民众所用。

场景二：实施智慧救援实战，提高应急救援能力和水平。宁波市通过应急管理综合应用平台，对 119、120、110 等特种车辆进行协同，动态调整特种车辆行驶规划，打通特种车辆 GPS 路径数据和使用 AI 能力的交警信控系统之间的壁垒，智能控制途经信号灯路口。通过

"一键护航"，车辆平均提速 50%，缩短时间 30%[1]。

场景三：实施智慧监测预警，提升防范化解重大安全风险的能力。宁波市应急管理综合应用平台通过对危险源评估实现四色图安全管理，利用物联网智能终端实现事件及时上报和及时预警，根据应急预案对不同应急事件进行不同处置，保证财物、人员安全，防控及时有效。

2. 智慧园区

智慧园区是指在园区全面信息化的基础之上实现园区的智能化管理和运营，是园区全面数字化基础之上实现智能化管理、服务和运营的新模式。智慧园区是智慧城市的组成单元，是传统园区、数字园区的跃升，标志着园区整体信息化由中级阶段向高级阶段迈进。

场景一：优化产业支撑环境，助力园区招商引资。北京 CBD 基于数字孪生底座，三维可视化展示各楼宇入驻企业名称、企业信用、企业分布，分析招商业务、招商项目类型，一览储备项目、在谈项目、签约项目、成功项目，方便管委会掌握阶段工作成果，有针对性地制定招商扶持政策，有效提高招商引资、项目促建的工作效率。

场景二：构建智能管控中枢，增强智慧运行治理水平。重庆 AI PARK 打造安防、通行、消防、碳中和、疫情防控五大治理模块。其中，在疫情防控模块，园区实时推送来访者信息，一旦发现从疫情地到来的访客，疫情防控系统将进行告警处理，对园区的大门进行封闭，同时下达指令到消杀机器人，对重点区域进行消杀处理，并对可疑群体进行管控。

3. 智慧社区

智慧社区是智慧城市概念之下的社区管理的一种新理念，是指利用信息技术，融合社区多种数据资源，提供面向政府、物业、居民和企业的社区管理与服务类应用。"十四五"规划纲要提出，推进智慧社区建设，依托社区数字化平台和线下社区服务机构，建设便民惠民智慧服务圈，提供线上线下融合的社区生活服务、社区治理及公共服务、智能小区等服务。

场景一：高空抛物管控。郑州市管城区平等街智慧社区通过 7×24 小时对楼宇外立面进行监控，动态抓取高空坠物、外墙脱落等突发事件，主动分析并智能告警，让事件响应时间缩短至 2 分钟内。同时，保存过程事件档案，方便复盘查阅。

场景二：AI 守护独居老人。平等街智慧社区通过搭建社区高龄及孤寡老人看护系统，使用智能门磁和智能猫眼等智能入户设备全面感知社区高龄老人群体行为数据，如老人 48 小时未出门，则会标记"异常事件"，并及时通知网格员和家属尽快上门查看，更好地守护老人的安全。

场景三：非机动车智能治理。平等街智慧社区通过建立非机动车乱停和机动车占道现象识别分析模型，实现对乱停占道等现象的自动识别和预警，并快速定位区域，方便物业人员有效监管。

21.3 运营模式

1. 多元化资金来源成为各地积极探索的重点领域

从当前智慧城市建设资金来源看，智慧城市投资主要有 3 种形式，分别是企业投资形式、

1 资料来源：数字宁波科技有限公司。

产业基金形式和专项债形式。

企业投资形式指通过成立智慧城市平台公司，以企业为主体投资建设智慧城市项目。优势在于体现政府意志、专业程度高、灵活性强，但投资收益存在大概率不确定性。例如，珠海城智公司依托当地的龙头国企华发集团，在项目建设上和其他公司的合作更具有话语权，但是珠海城智公司作为国企，需要承担注册资本金导致的折旧费及高审计风险。

产业基金形式指依托智慧城市平台公司与投资机构等联合成立智慧城市产业基金。优势在于审批手续快捷、门槛低、资金充裕、依托基金可承揽更多业务等，但付出资金成本较高。例如，2021 年 8 月杭州市钱塘区智慧城第二个合作子基金——杭州正德先丰股权投资合伙企业设立，基金总规模为 1 亿元，以基金投资带动优质项目、先进技术、高端人才向钱塘区智慧城集聚，吸引光电传感领域龙头型、总部型、基地型项目落地钱塘区智慧城，打造“光电传感”产业集聚区。

专项债形式指智慧城市建设项目通过设置民生服务、交通基础设施、产业园基础设施、形象基础设施等领域专项债，以保障项目建设。优势在于资金成本低、资金筹集周期较短、可在项目建设期融资，但审核流程较为烦琐，项目收益债不能超过项目收入覆盖范围，不能解决项目资本金之外全部的资金需求。例如，安徽成功公开招标发行 2021 年安徽省政府债券 221 亿元，每年可节约融资成本 13 亿元。

2. 平台型公司成为智慧城市建设运营发展趋势

智慧城市平台型公司是由政府授权成立，专责于智慧城市投融资、顶层设计、建设实施、运营运维等领域，围绕智慧城市提供综合服务的单位。平台型公司通过与政府建立利益共享、风险共担的新型合作伙伴关系，在智慧城市建设上把握整体局势，从平台建设到资源整合，从技术服务到创新应用，最后到整体运营、适度收益，实现智慧城市的长效化、可持续化发展。智慧城市平台型公司按国有资产控股比例分成 4 类，即国有全资型公司、国有控股公司（国有资本比例大于 50%）、国有参股公司和其他资本公司。

中国信息通信研究院收集了全国地市共 42 家智慧城市平台型公司的样本，分析得出，国有全资型公司占 42.55%、国有控股公司占 40%、国有参股公司占 12.45%，而其他资本公司仅占 5%（见图 21.3），可以看出，国有控股公司成为智慧城市平台型公司的主流模式。

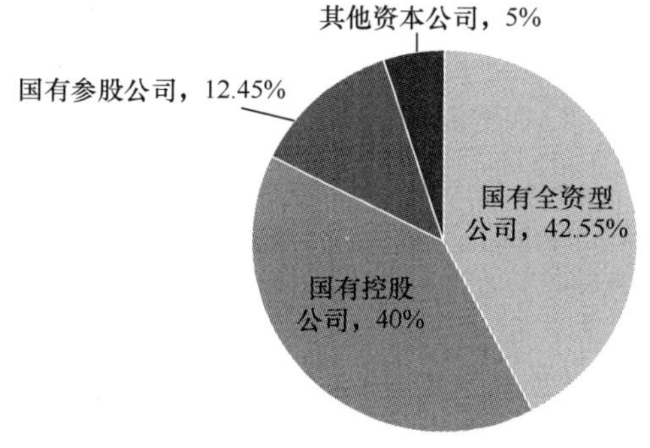

图21.3　平台型公司资本组成情况

资料来源：中国信息通信研究院。

国有全资型公司是国有资本（股本）100%控股的公司，优势在于项目建设运营过程安全可控、政府对项目决策和执行效率高，但存在政府负担全部投资、财政压力大、资金使用效率不高和民企合作“水土不服”的缺点。例如，深圳市智慧城市科技发展集团有限公司由国有全资成立，主要是整合国企资源，通过智慧城市引领国企数字化改革，但由于利益群体复杂，多方利益的统筹协调较为困难。

国有控股公司是国有资本（股本）所占比例大于 50%的公司，优势在于能够同时发挥政府和市场优势，既安全有序又发挥市场效率，可提升项目建设运营专业化程度，减小财政压力和投资风险，但机制设计复杂、存在制度性风险、融资成本较高。例如，数字广东网络建设有限公司由三大运营商控股 51%及腾讯控股 49%合资组建，在一定程度上能够消除数据孤岛，统一标准规范，避免重复建设，助力广东省智慧城市建设，但是项目来源依赖政府单一来源采购，影响当地正常市场生态，带有一定的强制性。

国有参股公司是国有资本（股本）所占比例小于 50%的公司，优势在于有利于引入新投资，激活企业发展的潜力和积极性，但也容易出现国有资本对社会资本的管理不到位导致权益损失等问题。例如，湖州市大数据运营有限公司由社会资本占主体（达到 77.5%），有利于带动培育本土大数据企业快速发展壮大，但公司项目经验和技术实力不及互联网龙头企业。

其他资本公司没有国有资本投资的模式，通常获得政府大额信息化项目单一来源采购。该模式的优势在于政府资金压力较小、大企业平台化和整体性优势较强、有利于加快区域协同发展，但政府控制力较弱、存在被大企业绑架的风险（见表 21.1）。

表 21.1　智慧城市平台型公司类型

类型	定义	代表地区/公司	优势	劣势
国有全资	国家单独出资，由国务院或地方人民政府委托本级人民政府国有资产监督管理机构履行出资人职责的企业	深圳：深圳市智慧城市科技发展集团有限公司	项目建设运营过程安全可控；政府对项目决策和执行效率高	政府负担全部投资，财政压力大；资金使用效率不高
国有控股	国有资本（股本）所占比例大于 50%的企业	广东：数字广东网络建设有限公司	同时发挥政府和市场优势，既安全有序又发挥市场效率 可提升项目建设运营专业化程度，减轻财政压力，降低投资风险	机制设计复杂，存在制度性风险；融资成本较高
国有参股	国有资本（股本）所占比例小于 50%的企业	湖州：湖州市大数据运营有限公司	有利于引入新投资，激活企业发展的潜力和积极性	容易出现国有资本对社会资本管理不到位导致权益损失问题
无国有资本	无国有资本参股的企业	大庆：大庆智慧城市运营有限公司	政府资金压力较小；大企业平台化和整体性优势较强，有利于加快区域协同发展	政府控制力较弱，存在被大企业绑架的风险

21.4　典型案例

1. 广州

1）重点举措

一是以“穗智管”为引领，探索超大城市治理新模式。2020 年以来，广州市围绕超大型城市精细化管理要求，全力攻坚建设“穗智管”城市运行管理中枢，运用大数据、云计算、区块链、物联网、人工智能等技术手段，建立“一图统揽、一网共治”运行模式，将“穗智管”建设成为城市运行管理的总枢纽、总平台、总入口，以及领导决策的指挥部、驾驶舱、调度台，努力探索一条符合超大型城市特点和规律的治理新路子。

二是以“穗好办”为抓手，打造公共服务新样板。围绕市民生活、企业经营的全生命周期服务需求，着力打造“一网通办、全市通办”的“穗好办”政务服务品牌，整合全市移动应用，再造业务办理流程，推出“穗好办”App 移动政务总门户，逐步实现一个 App 能办理所有政务服务事项。向群众和企业提供流程最优、操作最简、体验最佳的“一站式”移动办事服务。

三是以“数据要素”为牵引，打造数字经济发展新格局。为扎实推动数字经济高质量发展，广州积极推进数据要素市场化配置改革，加快培育数据要素市场，构建数据确权、流通、应用机制，促进数据要素流通规范有序、配置高效公平，通过城市智慧化应用建设与运营带动数字产业发展，支持中小企业“上云用数赋智”，推动产业数字化转型，形成“双向赋能、互动发展”的良性态势，为经济社会高质量发展提供新基座、新引擎。

四是以“数据赋能”为核心，建设数字技术新平台。围绕提升城市要素数据和互用能力，融合新一代信息技术，支撑智慧城市各业务领域，完善时空信息服务体系，形成市、区层面全面覆盖的城市一体化管理应用体系，提升城市数字化赋能水平。

五是以“数字基建”为基础，构造城市运管新骨架。为保障智慧城市高质量可持续发展，广州持续推进新一代信息基础设施建设，优化数据中心整体布局和边缘计算节点部署，部署全球领先和国际前沿的新型网络与智能感知设施，建立健全数据信息保密安全监管体系，全面提升城市感知能力、连接通信能力及网络安全水平，为城市高效运营管理提供有力支撑。

2）建设成效

一是城市精细化管理更高效。全面建成“穗智管”城市运行管理中枢，在全国率先建设“人、企、地、物、政”五张全景图，对接业务系统 115 个，汇聚数据超过 38 亿条，形成城市体征数据项 3258 多项，围绕城市运行的重点领域构建了生态、水务、交通、城建、城管、应急、经济等 24 个应用主题，建成“疫情防控”“羊城先锋”等 130 多个城市管理和社会治理应用场景，实现“一网统管、全城智治”，支撑城市治理智能化、精细化、科学化。

二是数字化公共服务更便捷。“穗好办”App 平台的持续推广建设，实现了进驻事项超过 2000 项，累计实名注册用户数达 1100 万以上。全市累计签发电子证照超过 8000 万张；超过 1.4 万个事项明确在业务办理中使用电子证照，累计用证 1600 万次[1]。“穗好办”App 平台实现了“一网通办、全市通办”，大大提高了市民与企业办事的便利程度。

三是数字经济营商环境更优质。广州深入推进智慧城市建设，充分应用数字技术，实现政务服务“线下进一窗、线上进一网”，同时结合数据与信用平台建设，加强针对性监管，有效提升了市场主体获得感和满意度。《2021 年广东省营商环境评价报告》显示，广州已连续 2 年在国家营商环境评价中排名位居前列，全部（18 个）指标均获评全国标杆。2021 年，广州入选首批全国营商环境创新试点城市，这意味着广州营商环境建设再上新台阶，有力地推动了数字经济高质量快速发展。

2. 日照

1）重点举措

一是建设泛在融合的数字基础设施。日照提出从加快提升通信基础设施能力、加快推进计算基础设施建设、积极布局融合基础设施建设、建设用数赋智的城市大脑、构筑可靠安全防护屏障等方面着力，支撑数字日照高效有序运行。

二是打造临港涉海的数字经济。以“数字产业化、产业数字化”为主线，日照加大园区政策支持，加快推进山东（高新区）电子信息产业、日照高新智慧谷、日照经济技术开发区电子信息产业园等园区创建省级示范数字经济园区。

三是建设用数赋智的“城市大脑”。搭建城市大脑运营管理平台，开发日照特色的数字驾驶舱，统筹构建城市大脑系统架构，形成集城市运行监测、精细管理、决策指挥等功能于一体的城市大脑运营服务中心。建设全市统一 App 服务平台，打造“指尖生活”城市。

四是打造惠民便民的数字社会。建成集基础教育、职业教育、高等教育、社区教育于一体的泛在的“终身教育学习大平台”。大力推动医共体建设，建设一批智慧医院、互联网医院、远程诊疗中心。开展智慧社区示范试点工程，以数字孪生创新社区网格化治理，打造“最后一公里”便民服务体系。

2）建设成效

信息基础设施持续完善。全市累计建设 5G 基站 5107 个，5G 用户数达 92.6 万，占比达到 31.36%。日照魏牌汽车 5G 智慧工厂项目获得工业和信息化部第四届“绽放杯”5G 应用征集大赛优秀奖。魏牌汽车、创泽机器人、移动公司远程现勘 3 个项目入选 2021 年 5G 省级试点示范项目[2]。

数据价值化不断推进。2021 年度中国开放数林指数已发布，日照名列全国地级市第 4 位，城市综合排名第 9 位，获得城市“数开丛生”奖；2018—2021 城市“数林匹克”累计分值进入全国 20 强，名列第 14 位[3]。

数字经济实现新突破。日照形成了以经开区、高新区、东港区“三核引领”，多个特色

---

1 资料来源：广州市政务服务数据管理局，广州市政务服务数据管理局 2021 年重点工作完成情况（下半年）。

2 资料来源：《数字日照建设发展评估报告（2022）》。

3 资料来源：日照市大数据发展局。

数字产业园区协调支撑的发展格局。全市已建成数字经济园区（平台）7 个，培育数字经济领军企业、成长型企业 10 家；引进了东华软件、能链集团、英锐半导体、越疆人工智能机器人等国内知名的数字经济领军企业[1]。

"城市大脑"建设效果显著。建成城市大脑运管中心和平台，已接入全市 31 家委办局的 135 个系统，推进城市运行"一网通管"和政务服务"一网通办"，归集管理系统 130 余个，建设场景系统 50 余个，项目荣获 2021 年度中国信息化数字政务创新奖。"爱山东 • 日照通" App 上线服务事项 1617 项，打造"24 小时不打烊"掌上政府[2]。

数字社会普惠高效。日照开展大数据创新应用突破行动，打造 62 项典型应用场景，数据共享支撑率达 90%以上。建设智慧社区（村居）29 个，日照市及所属的岚山区、莒县、五莲县，入选山东省新型智慧城市建设试点，实现新型智慧城市省级试点全覆盖[3]。

3. 天津滨海新区

1）重点举措

一是聚焦集约建设，统筹开发智慧滨海底层平台。围绕实现全方位感知城市的目标，滨海新区整合资源，统筹建设城市大脑、数据中心和共享交换平台。通过混合云、融合网、大数据中心、区块链平台、城市智能计算平台、数字孪生城市体、城市物联感知平台、安全保障体系"八个一"建设，打造世界一流、国内领先、功能完善的超级智慧大脑，夯实智慧城市数据底座。

二是聚焦数据资源，全面推进数据互联互通。滨海新区以城市大脑为数据汇集共享"总枢纽""总调度"，为推进大数据共享开放提供制度保障。整合已建软件系统和硬件资源，统一新建系统标准，推动实现"系统通""数据通""部门通"，支撑城市"治理"变"智理"。

三是聚焦实际体验，全面提升智慧应用系统功能。滨海新区围绕"善政、兴业、惠民"，持续拓展智慧城市应用场景，深化政务、经济、民生等领域智慧新应用，不断提升智慧滨海的体验感和人民群众的获得感。

四是聚焦业务创新，强化城市综合管理体系建设。滨海新区以提升城市治理精细化程度为目的，推进基础设施数字化升级，对人、物、地、事、情等城市管理要素实施精准定位，再造网格化、应急管理等业务流程，建设符合新区实际、体现滨海特色的城市运营管理综合体系，努力开创具有引领性、标杆性和示范性的社会治理新模式。

2）建设成效

一是数据归集共享成效初显。滨海新区 AI 城市大脑已累计汇聚 5 个开发区、39 个委办局和 21 个街镇的政务数据，总数据量逾 6.6 亿条。信用库整合市场、税务、发改、环境、交通等部门 72.2 万条数据。大数据平台具备 740 种信息能力、358 个维度标签，以及常用图谱和画像能力，为行政执法监督等业务提供 126 项查询服务[4]，有效支撑全区各部门数据的互联互通和协同应用。

1 资料来源：《日照：数字赋能，实现治理方式智慧化、生活方式便捷化》，齐鲁壹点。

2 资料来源：《"五新"路径探索新型智慧城市滨海模式》，金台资讯。

3 资料来源：同上。

4 资料来源：同上。

二是智慧城市新应用不断拓展。滨海新区已将行政执法监督、网格化、雪亮工程试点等全区各单位 28 个相对成熟的业务系统整合接入智慧大脑平台，全面覆盖智慧政务、智慧经济、智慧民生三大板块。在巩固存量应用的基础上，优化了数字孪生城市、危化品监管、智慧水务等 20 项增量应用建设[1]，通过持续拓展应用场景，不断完善实际应用效果，提升人民群众的体验感与获得感。

三是城市治理精细化能力显著提升。滨海新区已建成覆盖 302 个社区、139 个行政村的“三级确保、四级建设、多级完善”的网信体系。基本建成综治视联网系统，完成新区综治指挥中心、20 个街镇、1 个开发区、6 个试点村居视联网设备安装调试。建成视频监控、应急、安全生产、危化品监管和南港工业区安全风险管控等系统，归集了 300 余家危化品企业的基础信息。基本建成八大环保系统，建成中新天津生态城海绵城市管理监测平台与天津港保税区水务综合监管平台，海绵城市覆盖面积达到全区面积的 23.7%[2]。

21.5 发展挑战

1. 智慧城市法律法规体系有待完善

目前，数据资源的所有权、管理权、使用权、定价权等没有明确规定，部门政务数据的权责利益边界模糊，制约了数据要素的流动、共享和开放。随着数字经济新技术、新应用、新场景、新业态的发展，跨层级、跨地域、跨行业、跨业务的数据共享需求与日俱增，亟待制定统一的规则框架，完善涵盖数据、管理、监督、安全等方面的法规制度体系。

2. 智慧城市助力城市安全风险防控存在短板

当前，各地区数字基础设施建设参差不齐，数字设施抗冲击损毁能力、安全防护能力薄弱，风险防控各环节的技术手段有待进一步丰富，在新冠肺炎疫情等突发性重大公共安全事件面前，部分地区信息化手段和工具薄弱，应急反应相对滞后，网络安全防护能力有待提升，事件处置依然需要大量人力资源投入。此外，我国城市安全领域多数防灾减灾平台系统建设近针对单一灾种进行规划设计，综合性、叠加性安全风险冲击应对能力有待加强。

当前，各地区数字基础设施建设参差不齐，数字设施抗冲击损毁能力、安全防护能力薄弱，风险防控各环节的技术手段有待进一步丰富，在新冠肺炎疫情等突发性重大公共安全事情面前，部分地区信息化手段和工具薄弱，应急反应相对滞后，网络安全防护能力有待提升，事故处置依然需要投入大量人力资源。此外，我国城市安全领域多数防灾减灾平台系统建设仅针对单一灾种进行规划设计，综合性、叠加性安全风险冲击应对能力有待加强。

3. 智慧城市技术创新能力有待提升

虽然各地加快数字孪生城市、城市大脑等建设，但基于大型和超大型城市治理模型的虚实互动、仿真推演、辅助决策等能力仍不成熟，技术体系尚未健全，多元实体的动态关系、

1 资料来源：《“五新”路径探索新型智慧城市滨海模式》，金台资讯。

2 资料来源：梅传众、马坤、路熙娜等，《智慧之城“智”撑“滨城”》，滨城时报，2021 年 11 月 28 日第 2 版。

隐藏关系还有待挖掘，面向复杂应用场景的模拟仿真准确率不高，导致数字孪生城市应用深度不够，价值难以释放。此外，当前设计软件大部分由国外企业主导，建模渲染等核心技术自主水平不足，也制约了智慧城市业务场景的落地应用。

4. 智慧城市一体化项目管理服务模式缺失

由于我国项目长期以来咨询、设计、监理、交付彼此独立，未形成一体化集成、统筹管理的能力体系，因此面对顶层规划的理解落地、具体项目的支撑匹配、建设需求的调研分析、技术厂家的采购谈判、交付过程的质量把控，乃至最终产品的一致性检验，都需要政府作为主导方去面对和协调。这不仅容易导致责任模糊、流程脱节，而且由于实施主体之间缺少信息沟通、上游无法有效指导下游，在过程连贯性、高效性、及时性和全面性方面都存在风险。

撰稿：崔颖、孟楠、王素斌、马妍、黄思齐
审校：孙永革

第 22 章　2021 年中国电子政务发展状况

22.1　发展现状

近年来，我国深入推进“互联网+政务服务”，全国一体化政务服务平台持续优化并发挥作用，“互联网+监管”建设成效显著。《第 49 次中国互联网络发展状况统计报告》显示，截至 2021 年 12 月，我国互联网政务服务用户规模达 9.21 亿人，同比增长 9.2%，占网民整体的 89.2%[1]。

1. 电子政务体系化部署更趋完善

历经多年探索，我国电子政务逐步形成体系化推进路径。一是规划先行，加强顶层设计。2021 年，我国发布了《中华人民共和国国民经济和社会发展第十四个五年规划和 2035 年远景目标纲要》《“十四五”推进国家政务信息化规划》等政策文件，明确提出“将数字技术广泛应用于政府管理服务、推动政府治理流程再造和模式优化、不断提高决策科学性和服务效率”，从顶层深化部署全国政务服务“一张网”“一盘棋”。二是优化机制，加强统筹协调。2021 年，国务院办公厅印发《关于建立健全政务数据共享协调机制加快推进数据有序共享的意见》，全面推进组织机制保障，推动建立健全政务数据共享协调机制。在地方层面，截至 2021 年 11 月底，我国已有 21 个省级地方成立了数字政府建设相关领导小组，23 个省级地方设立了政务数据统筹管理机构。三是试点推动，树立创新典型。2021 年，国务院、公安部、民政部等遴选北京、上海、广东、浙江等地区为“跨省通办”“一网通办”等创新应用试点，按照“破解难题、总结做法、逐步完善”的思路向全国推广典型经验。

2. “互联网+监管”稳步推进

2021 年，各地区高度重视“互联网+监管”工作并将其纳入重要工作议事日程，编制“互联网＋监管”工作推进方案。全国 31 个省、自治区、直辖市和新疆生产建设兵团按照《国务院办公厅关于加快“互联网+监管”系统建设和对接工作的通知》要求，建设了省级“互联网+监管”系统，初步完成了省级“互联网+监管”系统与国家“互联网+监管”系统的互联互通，实现了事项管理、风险预警、执法监管、“双随机、一公开”监管、联合监管、信

---

1 资料来源：《第 49 次中国互联网络发展状况统计报告》，中国互联网络信息中心。

用监管、非现场监管、综合分析等功能。

3. 政务数字化服务水平持续提高

《2021 年数字政府服务能力评估》显示，我国数字政府建设成效明显，已进入全面改革和深化提升阶段。一是整体服务能力全面增强。近 3 年我国省级和重点城市数字政府服务能力整体水平不断提升，卓越级、优秀级、良好级、发展级 4 个级别都有不同程度的数量增加或级别提升。二是服务场景不断丰富。例如，北京、上海、长沙等地利用大数据开展金融专区场景应用，惠及广大金融服务机构和中小微企业。山东、湖北等地加快推进“互联网+医疗健康”，打造医疗健康场景应用。三是便捷化、智能化普惠服务效果显著。“跨省通办”、适老化改造、“无感申报”等服务已在上海、广东、浙江等地落地实施。

4. 电子政务全面支撑疫情防控

2021 年疫情防控进入常态化，电子政务在全面支撑疫情防控中发挥了重要作用。相关部门将大数据、人工智能等技术应用于疫情防控，实现了人流实时分析，核酸筛查统筹组织，风险人员识别、流调，抗疫物资有序调配等，快速切断传染链条，有效控制疫情蔓延。国家政务服务平台“防疫健康信息码”与各地区健康码信息系统稳定运行，全国基本实现健康码“互通互认”和“一码通行”。截至 2021 年 12 月，已有近 9 亿人申领了健康码，国家政务服务平台数据共享枢纽累计向各地各部门共享防疫相关数据 1811.05 亿次[1]。

22.2　政府网站建设

截至 2021 年 12 月，我国共有政府网站 14566 个[2]，主要包括政府门户网站和部门网站。其中，中国政府网 1 个，国务院部门及其内设、垂直管理机构共有政府网站 890 个；省级及以下行政单位共有政府网站 13675 个，分布在我国 31 个省份和新疆生产建设兵团。

清华大学国家治理研究院发布的《2021 年中国政府网站绩效评估报告》显示：各部委网站中，税务总局和商务部位列前两名，市场监管总局和国家林草局并列第三名，国家药品监督管理局和海关总署并列第五名，交通运输部、国家卫生健康委员会、教育部、国家发展和改革委员会、科技部、农业农村部/工业和信息化部、生态环境部、人力资源和社会保障部分列第七至十五名（见表 22.1）。省（自治区）政府门户网站中，广东和贵州并列第一名，四川和海南并列第三名，福建、安徽、浙江、湖南、内蒙古、河南/江西分列第五至十名，湖北、云南、江苏、山东/陕西分列第十二至十五名。直辖市政府门户网站中，北京、上海和重庆位列前三名。计划单列市政府门户网站中，深圳、青岛和宁波位列前三名。省会城市政府网站中，广州、济南和西安位列前三名，成都和南京并列第四名，贵阳、杭州、长沙、海口、南昌分列第六至十名。地级市政府门户网站中，佛山、东莞、郴州位列前三名，苏州/珠海、威海、宿迁/惠州、鄂尔多斯和无锡分列第四至十名。

1 资料来源：中国电子政务网。

2 资料来源：《第 49 次中国互联网络发展状况统计报告》，中国互联网络信息中心。

表 22.1　2021 年各部委网站绩效评估情况[1]　　单位：分

部门	信息公开	政策解读	在线服务	互动交流	展现标识	监督管理	传播应用	创新案例	综合得分	排名
税务总局	25.8	13.6	10.6	12.2	8.3	7.8	7.2	1.0	86.5	1
商务部	25.6	13.1	9.8	11.6	8.2	7.9	7.6	0.5	84.3	2
国家市场监督管理总局	24.5	12.2	10.0	12.0	8.6	7.2	7.2	1.5	83.2	3
国家林草局	24.5	12.3	10.2	11.8	8.2	7.6	7.6	1.0	83.2	3
国家药品监督管理局	24.6	12.7	10.4	10.6	8.0	7.9	7.2	1.5	82.9	5
海关总署	25.0	12.5	11.5	10.8	7.8	7.3	7.0	1.0	82.9	5
交通运输部	25.8	13.6	10.6	11.2	8.0	6.6	6.8	0	82.6	7
国家卫生健康委员会	25.5	13.2	10.0	11.2	7.8	8.0	6.6	0	82.3	8
教育部	25.2	12.5	10.1	11.5	7.8	7.2	6.4	1.0	81.7	9
国家发展和改革委员会	25.2	12.3	10.6	11.5	7.7	7.6	6.2	0	81.1	10
科技部	24.5	12.5	10.6	11.5	7.6	7.5	6.3	0	80.5	11
农业农村部	24.8	12.2	10.4	11.2	8.2	7.2	6.2	0	80.2	12
工业和信息化部	25.2	12.0	10.5	10.5	8.3	7.2	6.5	0	80.2	12
生态环境部	24.8	12.2	10.5	10.8	8.0	7.5	5.8	0	79.6	14
人力资源和社会保障部	24.2	11.7	10.8	10.9	7.9	7.8	6.0	0	79.3	15

整体来看，2021 年全国政府网站发展主要呈现以下 5 个方面的特点。

1. 全国各级政府网站绩效水平稳步提升

与 2020 年、2019 年相比，2021 年全国各级政府网站梯度分布呈现“优秀”和“良好”梯度占比提升，而“中等”和“待改进”梯度占比下降的特征[2]。其中，省级政府网站中，“优秀”梯度占比从 2019 年的 28%提升至 37%，“中等”和“待改进”占比由 2019 年的 28%降至 19%。地市政府网站中，“优秀”和“良好”梯度占比从 46%提升至 52%，“待改进”梯度从 18%降至 13%。县级政府网站中，“优秀”和“良好”梯度占比从 33%提升至 39%，“待改进”梯度从 34%降至 20%。

2. 地市政府网站成为政务信息发布主体

《第 49 次中国互联网络发展状况统计报告》数据显示：截至 2021 年 12 月，各行政级别政府网站共开通栏目数量 29.3 万个，主要包括信息公开、网上办事和政务动态 3 种类别。在各行政级别政府网站中，市级网站栏目数量最多，超过 13 万个，占比为 44.6%。在政府网站栏目中，信息公开类栏目数量最多，约为 22.5 万个，占比为 76.8%；其次为政务动态栏目，占比为 11.7%；网上办事类栏目数量占比为 11.5%。2021 年，各行政级别政府网站首页文章更新量均有所增长，截至 2021 年 12 月总量达 3084 万篇，较 2020 年 12 月增长 6.2%。其中，市级政府网站首页文章更新量增幅最高，达 6.8%。

1-2 资料来源：《2021 年中国政府网站绩效评估报告》，清华大学国家治理研究院。

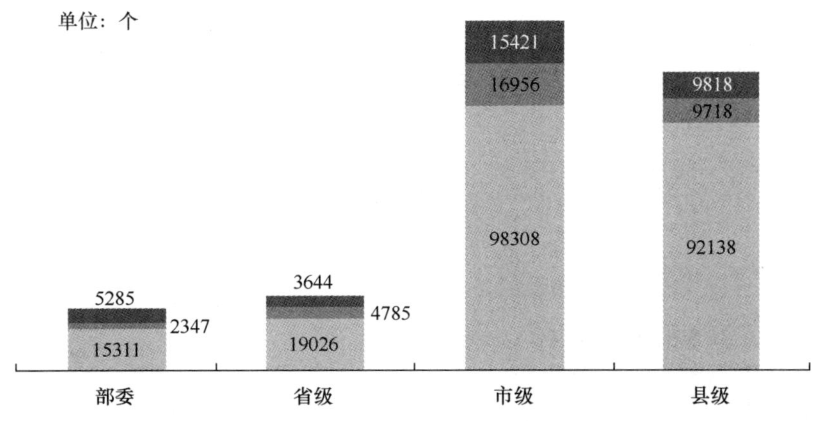

图22.1　2021年各行政级别政府网站栏目数量[1]

3. 适老化改造成各政府网站的普遍选择

为积极应对人口老龄化国家战略，《“十四五”国家老龄事业发展和养老服务体系规划》（国发〔2021〕35 号）明确提出，“持续推进互联网网站、移动互联网应用适老化改造”。适老化改造帮助老年人跨越“数字鸿沟”，普惠服务效果已经显现。中国软件测评中心[2]数据显示，80%以上的政府网站已经开展了不同程度的适老化改造。2021 年，国家发展和改革委员会将适老化与无障碍作为其互联网门户网站建设管理的一项重要任务，统一部署，着力推进，不断提高政府信息与服务的可用性、易用性。北京市网站老年办事专区，整合提供了老年人常用的热门服务、老幼健康码使用指南、福利津贴申领、养老保障、退休管理、养老机构等服务。深圳市南山区网站长者易用专区，整合了老年人常用的网站栏目、办事服务、主题服务，以适老化形式展现，打造适老版政府网站。

4. 政策精准化推送个性化服务成效显著

依托政府网站信息资源库，聚焦政策文件，实现政策文件的整合、汇聚和沉淀。海关总署和海南、深圳、佛山等地利用人工智能、自然语言处理、用户画像等技术，对政策文件进行深度加工，实现政策要点化、要点标签化、资源关联化，通过“政策直通车”“政策找企业”“智能化引导”“个性化推送”等多样化服务形式，实现政策服务的主动化、精准化、个性化。

5. 互动渠道深度整合，扩大公众参与范围

在国家层面，2021 年 4 月国务院“互联网+督查”平台留言入口升级拓展为人民群众、市场主体、基层政府 3 个留言通道。所有通道入口 24 小时开放，不设任何门槛，社情民意直达中央政府，为解决五级政府治理体系容易产生的信息层层过滤失真及治理盲区问题提供了有力工具。国家税务总局、商务部、广东省、济南市等多个部门和地区注重移动端建设和应用，将政策文件、办事服务、互动交流等拓展至移动端，在后台“业务统一、数据统一、

1 资料来源：《第 49 次中国互联网络发展状况统计报告》，中国互联网络信息中心。

2 资料来源：2021 年数字政府服务能力评估暨第二十届政府网站绩效评估结果发布会。

管理统一”的基础上，实现前台“渠道多元化、应用差异化、形式多样化”，扩大了传播范围，提升了传播深度，增强了传播效果。在地方层面，北京市等建立健全快速回复机制，实现政府网站和政务新媒体“简单问题 1 个工作日办结回复”，取得良好实效。自 2021 年 7 月以来，累计接收公众各类简单咨询问题 9 万余条，100%实现 1 个工作日办结回复，回复时效较以往提升 38%，群众满意度达到 93.8%，民众获得感显著提升。

22.3 数字化便民服务建设

1. 跨地域通办范围持续拓宽走深

“跨省通办”范围持续扩大。一是全国范围内更多事项实现“跨省通办”。国务院办公厅印发《关于加快推进政务服务“跨省通办”的指导意见》，提出 140 项全国高频政务服务“跨省通办”事项清单。2021 年公安部公开数据显示[1]，全国共办理户口迁移“跨省通办”业务 21 万余笔，办理开具户籍类证明“跨省通办”业务 14 万余笔，办理异地新生儿入户业务 1000 余笔，办理首次申领居民身份证“跨省通办”业务 1.2 万余笔，累计为群众节省往返费用约 4 亿元。二是重点区域“跨省通办”进一步提速。除全国范围的跨省通办外，京津冀、长三角、泛珠区域、川渝地区、西南五省、西北五省区、东北三省 7 个地区实现了区域内的跨省通办[2]，“多地跑”“折返跑”等现象得到缓解。三是省域内“跨市通办”不断深入。福建省依托网上办事大厅建设的全省异地通办审批系统，已累计入驻异地通办事项 636 项；依托全国一体化政务服务平台，上线省网上办事大厅“跨省通办”服务专区，其中“点对点”特色通办专窗上线通办事项 1131 项，累计办理 11420 件。

2. 个性化服务全面转型势头初显

当前，为深化“放管服”改革，我国政务服务正向全生命周期的个性化服务转型。部分省份以服务对象全生命周期为抓手，以数字化手段持续优化政务服务体验。《山东省政务服务“双全双百”工程实施方案》明确提出，“2021 年年底前，围绕个人出生、教育、工作、养老等阶段，各推出不少于 100 项企业和群众办事需求大、关联度强、办理频率高的事项，实现极简办、集成办、全域办，提升企业和群众获得感和满意度”。上海市围绕个人事项全周期服务，拓展和优化公共服务、便民服务，实现基本公共服务领域全覆盖。依托“一网通办”市民主页，上海市打造包括幼有所育、健康医疗、交通出行、学有所教、文旅休闲、住有所居、食品药品安全、绿化环保、弱有所扶、优军优抚、老有所养、公共法律服务共 12 项从出生到养老的数字生活服务体系。

3. 简洁化办理创新举措日趋极致

各地政府积极推进政务审批由“简化”向“极简”转变，打造一流营商环境。一是进一步精简审批环节，大幅压减办事材料。上海浦东新区根据“一业一证”改革规定，通过优化审批流程和集中审批程序，将市场主体进入特定行业涉及的多张许可证整合为一张行业综合

1 资料来源：2022 年 1 月 10 日公安部新闻发布会。

2 资料来源：2021 年数字政府服务能力评估暨第二十届政府网站绩效评估结果发布会。

许可证。通过扫码许可证上的二维码可获悉企业行业类别、许可证编号、发证机关、发证日期等信息。二是精简证明材料推行“免证办”。日照积极推进“无证明城市”建设工程，通过数据共享、部门核验、告知承诺等措施，将办事所需证明的提供主体，从办事人转换为服务对象。目前，日照已实现 1424 个事项“无证明”办理，7857 个证明材料免予提交，群众办事更方便、更快捷。

4. 基层数字化便民服务成效突出

数字化便民服务持续向社区汇聚下沉。2021 年 7 月，商务部办公厅等 11 个部门联合印发《城市一刻钟便民生活圈建设指南》，提出通过打造“百城千圈”，建设一批布局合理、业态齐全、功能完善、智慧便捷、规范有序、服务优质、商居和谐的城市便民生活圈。各地政府及相关部门积极开展以科技为支撑的“一刻钟便民生活圈”的建设。成都市委十三届七次全会明确指出，依托天府市民云“社智在线”应用，提升“社区小脑”民生服务功能，用数字化赋能社区，通过集成多样化社区服务、生活服务，提供查找停车位、查询实时公交、预约运动场馆、大件垃圾回收、菜价查询、挂号就医、人才供需服务等服务，打造富有成都特色的智慧社区生态圈。

22.4　数字化社会治理建设

1. “一网统管”加速布局

近年来，从中央到地方陆续出台相关政策，加快推进城市治理“一网统管”建设。一是国家层面初步明确了城市治理“一网统管”政策导向。国家“十四五”规划纲要明确提出要“提升城市智慧化水平，推行城市楼宇、公共空间、地下管网等‘一张图’数字化管理和城市运行一网统管”。住建部 2021 年部署的八大任务中明确提出加大城市治理力度，推进韧性城市建设。加快建设城市运行管理服务平台，推进城市治理“一网统管”。二是各地政府积极参与“一网统管”管理模式创新与机制流程的优化再造。上海市立足于“一网统管”的建设和实战应用，加快实现“观全面、管到位、防见效”，对城市体征进行全周期管理，用海量、多维、动态数据打造城市运行生态体征 1700 多项，接入全市 50 多个部门的 198 个系统，汇集应用 1150 个。

2. 数字化社会治理场景不断丰富

全面推进数字化转型是城市治理体系和治理能力现代化的必然要求。各地政府将数字技术应用于市场监管、城市建设管理、公共卫生、交通安全、住房保障、文物保护、社区精细化管理、智慧停车等多个领域，推动了政府治理模式创新，应用场景不断丰富。浙江省丽水市积极推进智慧停车数字化场景应用，升级改造市区原有 2604 个路面泊车位及 5 个停车场，新建 2105 个路面泊车位，推动车位的高、低位摄像头自动抓拍读取全覆盖，全面实现了市区路面泊车位“无人值守、先停后付”自助缴费，年均节省管理费用约 800 万元[1]。

1 资料来源：《丽水在全省率先开启“智慧停车”新时代》，处州晚报。

3. “互联网+监管”持续深化

建设“互联网+监管”系统是国务院部署“放管服”改革的重要任务之一，同时也是促进各地政府监管规范化、精准化、智能化，加强事中事后监管，激发市场主体活力和发展动力的途径之一。一方面，我国多数地方政府积极探索“互联网+监管”的建设路径，统筹推进“互联网+监管”系统建设。《2021 年浙江省政府工作报告》提出，大力推行“互联网+监管”，提升监管能力。浙江省通过打造以规范监管、精准监管、协同监管、信用监管为核心的“互联网+监管”体系，将实现执法平台统一建设、执法标准统一制定、执法部门统一应用、执法过程统一管理、执法数据统一归集、执法结果统一公示的“一网统管”新格局。另一方面，“互联网+监管”系统建设成效初显。多地依托省级“互联网+监管”系统，积极整合现有监管系统，实现各类事件全周期监管数据汇聚，在实现监管信息全程可溯、监管部门协同化办公和智能化决策等方面涌现出一批创新经验和做法。广西壮族自治区建立“1+14”的两级协同联动机制，推进“互联网+监管”建设。2022 年 1 月国家系统数据显示，广西壮族自治区监管事项认领率达到 86.9%，排名全国第一；市级检查实施清单编制率由 76%提升至 92.9%，县级检查实施清单编制率由 68%提升至 93.6%[1]。

22.5 全国一体化政务服务平台建设

随着全国一体化政务服务平台基本建成，国家级政务服务总枢纽地位日益提升。截至 2021 年 12 月，全国一体化政务服务平台实名用户超过 10 亿人，其中国家政务服务平台注册用户超过 4 亿人，总使用量 368.2 亿人次[2]。

1. 移动端建设进程加快

2021 年 11 月，国务院办公厅印发《全国一体化政务服务平台移动端建设指南》，强调要“进一步加强政务服务平台移动端标准化、规范化建设和互联互通，创新服务方式、增强服务能力，推动更多政务服务事项网上办、掌上办，不断提升企业和群众的获得感和满意度”。《全国一体化政务服务平台移动端建设指南》与 2018 年发布的《国务院关于加快推进全国一体化在线政务服务平台建设的指导意见》紧密衔接、遥相呼应，明确了政务服务平台移动端的目标定位、层级和技术架构、平台支撑、运营保障等内容和要求，指导各地区和国务院有关部门集约建设、规范管理。

2. 数据共享规模再创新高

全国一体化政务数据共享枢纽加速建成，打通了数据共享走廊，实现了中央和地方政府部门政务服务数据共享。46 个国务院有关部门、31 个省份和新疆生产建设兵团的数据共享交换体系基本建成，初步实现统一清单管理、统一身份认证、统一数据共享、统一应用管理。截至 2021 年 12 月，相关部门先后制定发布了 4 批近 4000 项数据共享责任清单，实现政务数据有效对接和共享应用。目前，全国一体化政务服务平台已发布 53 个国务院有关部门 9000

1 资料来源：《第 49 次中国互联网络发展状况统计报告》，中国互联网络信息中心。

2 资料来源：中共中央党校（国家行政学院）电子政务研究中心。

余项数据资源，支撑各地区、各部门共享调用超过 2000 亿次，成为全国政务数据共享服务的主要渠道；汇聚有关地方和部门 900 余种电子证照目录信息 42 亿余条，累计为各地区各有关部门提供电子证照跨地区、跨部门共享 22.35 亿次[1]，实现了电子证照全国互通。

3. 有效支撑惠民利企

国务院有关部门和各地区围绕企业和群众办事需求，提供更加便捷高效的政务服务。一是平台服务向乡村深度延伸。城乡共享“一张网”逐步建成，政务服务“网上办、掌上办、指尖办”成为乡村群众办事常态，村民办事更加便利。二是平台开通适老化服务。全国一体化政务服务平台推出了“老年人服务专区”，支持“语音找服务”“亲情服务”代办代查，可以查家政员的信用证书，并上线“关怀模式”服务。三是帮助中小微企业和个体工商户减负纾困、恢复发展。2021 年，全国一体化政务服务平台上线“助企纾困服务专区”，汇集地方和部门相关助企纾困政策 1262 条，各端累计接入办事服务 1154 项，推动助企纾困政策对企业的精准化匹配，形成助企纾困政策查询、办理、反馈、完善的管理闭环，推动各类办事服务好办易办，让企业更快速、更便捷、更精准地享受政策，直达办事服务。

4. 赋能地方平台持续创新

各省份以《“十四五”推进国家政务信息化规划》为指引，以全国一体化政务平台为依托，积极探索政务服务创新应用。广东省持续完善“粤系列”移动政务服务品牌，其中“粤省事”移动政务服务平台已上线 2170 项高频民生服务，为近 1.5 亿个用户提供便捷办事的服务体验。天津市“津心办”平台在 2021 年新增 10 余项市民生活和企业的常办事项，加速推动“一网通办”。重庆市 2021 年上线了“渝快办”3.0 版本，拓展了电子证照应用场景，电子证照库汇集了 238 种证照、1.2 亿条证照数据[2]，实现了营业执照、居民身份网络可信凭证、医保电子凭证、电子社保卡等多种电子证照在线办理，满足群众在医疗看病、酒店住宿、图书借阅、银行抵押贷款等场景的广泛应用。

22.6　发展挑战

1. 标准化、规范化建设仍然任重道远

我国电子政务服务标准不统一、线上线下服务不协同、数据共享不充分、区域和城乡政务服务发展不平衡等问题仍然不同程度地存在。一方面，同一政务服务事项在受理条件、办理流程、申请材料、法定办结时限等尚未形成全国的标准规范，部分电子证照在政务服务应用中仍未实现全国互通互认，成为推动政务服务事项“跨域通办”的重要制约。另一方面，部分地区政务服务存在线上线下“两张皮”现象，线上线下“要求不同标、信息不同步”，甚至个别地区在线下办理业务时，强制要求先到线上预约或在线提交申请材料，给业务办理带来了不便。

1 资料来源：《第 49 次中国互联网络发展状况统计报告》，中国互联网络信息中心。

2 资料来源：重庆市政府新闻办发布。

2. 数字化发展对管理体制提出了新要求

电子政务快速发展源于体制创新与技术创新的双轮驱动，同时也对管理体制产生了新影响、提出了新要求。一方面，健全上下一体、规范有序的电子政务管理体系亟须引起重视。现行的电子政务主管部门存在层级分化，不利于电子政务一体化部署实施。国家层面由国务院办公厅牵头负责，省份层面则存在分别由政府办公室、大数据管理部门、政务服务管理局等部门牵头的现象。另一方面，在数字化社会治理中，以治理场景导向、数字技术带动的多跨协同业务转型与多条线垂直分割管理矛盾突出，以“机关下沉、组团服务”为代表的大网格、扁平化管理模式创新诉求日趋强烈。

3. 政务数据合理有效利用仍需深入探索

伴随数字化快速发展，电子政务应用沉淀了大量“沉睡资源”，推动政务数据要素化、资源化、价值化成为大势所趋。一方面，政务数据质量是影响数据利用效率、利用深度和应用成效的关键因素之一。当前，我国各省份政务数据由各政务部门自行采集、存储和管理，由于各地信息化基础条件各异、政务数据管理工作约束力不强等，普遍存在数据碎片化、数据冗余、数据缺失、数据冲突、数据时效性不足等问题[1]。另一方面，如何妥善处理好数据安全保护与释放政务数据价值两者的关系，既要避免因政务数据泄露、违规开发利用造成的经济损失、社会安全风险，又要探索挖掘出更多政务数据开发利用场景，更好地服务于人民群众生活和实体经济发展，仍具有较大挑战。

4. 信息化专业人才队伍建设亟待加强

信息化、数字化发展不仅对公众的数字素养提出了更高的要求，同时也对公职人员，尤其是电子政务工作相关领导干部的数字化技能提出了更高的要求。一方面，信息化专业人才队伍建设仍不充分。我国信息化领域专业型、复合型人才资源明显不足[2]，既懂专业业务与行政管理，又懂信息技术与电子政务开发和管理的高质量人才“供不应求”，人才结构不够合理，缺乏高端技术专家、复合型人才和熟练技能人才。另一方面，专业人才分布极不均衡。在一些欠发达地区，“高水平人才难招聘、信息化技术跟不上、复合型人才极紧缺”是政府部门的常见难题。在这样的背景下，如何贯彻落实新时期电子政务工作要求、扎实推进政务信息化发展成为另一重要挑战。

撰稿：张佳宁、范杰文、闫钰丹

审校：孙永革

---

1 资料来源：《政务数据开发利用研究报告（2021 版）》，全国信息技术标准委员会大数据标准工作组、中国电子技术标准化研究院、国家信息中心。

2 资料来源：《数字政府蓝皮书：中国数字政府建设报告（2021）》，中央党校（国家行政学院）。

第 23 章　2021 年中国电子商务发展状况

23.1　发展环境

1. 政策环境

作为我国数字经济的重要组成部分，电子商务与经济社会发展之间的关联程度日益加深，新技术、新应用、新业态、新模式不断涌现。受新冠肺炎疫情反复影响，电子商务在引领产业转型、促进消费流通等方面的作用愈加凸显，支持电子商务健康发展的政策力度进一步加强。2021 年以来，国家政策层面加大了对电子商务发展的支撑力度，先后出台《进一步发挥出口信用保险作用 加快商务高质量发展的通知》《关于扩大跨境电商零售进口试点、严格落实监管要求的通知》《关于开展全国供应链创新与应用示范创建工作的通知》《商品市场优化升级专项行动计划（2021—2025）》《商贸物流高质量发展专项行动计划（2021—2025 年）》等一系列文件，对于充分发展电子商务在开拓国际市场、维护供应链稳定、“非接触”链接等各方面的优势发挥了重要作用。2021 年以来，电子商务领域建章立制步伐明显加快，政策体系更加完善，监管力度显著增强，覆盖范围更加广泛。2021 年 6 月 10 日，《数据安全法》审议通过，确立了数据分类分级管理、数据安全审查、数据安全风险评估、监测预警和应急处置等基本制度。《个人信息保护法》《数据安全法》《反垄断法》或将构成未来国内电子商务数据安全的三大重要法律支柱。2021 年电子商务领域主要政策如表 23.1 所示。

表 23.1　2021 年电子商务领域主要政策

政策类别	政策名称	发布单位	主要内容简介
市场监管	《关于扩大跨境电商零售进口试点、严格落实监管要求的通知》	商务部、国家发展和改革委员会、财政部、海关总署、税务总局、国家市场监督管理总局	进一步扩大跨境电商零售进口试点城市范围，明确主体责任严格监管，加强风控及时查处，促进行业健康持续发展
	《社交电商企业经营服务规范》	中国服务贸易协会	规定社交电商服务体系、社交电商服务要求、基础保障服务要求、交易过程服务要求和客户关系服务要求等
	《网络交易监督管理办法》	国家市场监督管理总局	对于网络社交、网络直播等网络服务开展网络交易活动的网络交易经营者，应当以显著方式展示商品或服务及其实际经营主体、售后服务等信息，或者上述信息的链接标识

（续表）

政策类别	政策名称	发布单位	主要内容简介
市场监管	《关于推动生活性服务业补短板上水平提高人民生活品质的若干意见》	国家发展和改革委员会	加快推动生活服务市场主体，特别是小微企业和个体工商户“上云用数赋智”，完善电子商务公共服务体系，引导电子商务平台企业依法依规为市场主体提供“一站式”、一体化服务
	《网络直播营销管理办法（试行）》	中央网信办、公安部、商务部等 7 个部门	按照全面覆盖、分类监管思路，将网络直播各主体、各要素均纳入监管范围，明确并细化各参与主体责任，对直播电商行业作出全面、具体的规范
竞争政策	《国务院反垄断委员会关于平台经济领域的反垄断指南》	国务院反垄断委员会	落实平台主体责任，完善反垄断相关法律法规，加强执法监管，维护各方合法利益。禁止达成实施任何形式的垄断协议，禁止经营者以任何方式实施滥用市场支配地位、任何可能具有排除或限制竞争效果的集中、任何滥用行政权力排除或限制竞争的行为
	《“十四五”国家知识产权保护和运用规划》	国务院	统筹推进电子商务法等相关法律法规的修改完善，完善电子商务领域知识产权保护机制
信息安全	《网络数据安全管理条例（征求意见稿）》	国家互联网信息办公室	建立数据分类分级保护制度，明确互联网平台和数据处理者所应承担的对个人信息的义务和责任，保证数据安全，保护公民信息
	《中华人民共和国个人信息保护法》	全国人民代表大会常务委员会	进一步细化、完善个人信息保护应遵循的原则和个人信息处理规则，明确个人信息处理活动中的权利义务边界，健全个人信息保护工作体制机制
	《常见类型移动互联网应用程序必要个人信息范围规定》	国家互联网信息办公室、工业和信息化部、公安部、国家市场监督管理总局	明确地图导航、网络约车、即时通信、网络购物等 39 类常见类型移动应用程序必要个人信息范围，要求其运营者不得因用户不同意提供非必要个人信息而拒绝用户使用 App 基本功能服务。相关部门应加强监督检查，及时查处违法违规行为
消费流通	《商务部办公厅关于推动电子商务企业绿色发展工作的通知》	商务部办公厅	综合运用规划、标准、资金、投融资等政策导向，推动电子商务企业绿色发展。建立健全绿色电商评价指标，通过示范创建、综合评估等工作，培育一批绿色电商企业，形成一批可复制推广的环保技术应用、快递包装减量化循环化推广新模式。指导电商企业积极参与财政资金支持的绿色技术研发项目，鼓励符合条件的电商企业在开展绿色、可循环快递包装规模化应用中申请绿色信贷
	《国务院办公厅关于加快发展外贸新业态新模式的意见》	国务院办公厅	扩大跨境电子商务综合试验区，完善配套发展支持政策，积极开展先行先试，进一步完善跨境电商线上综合服务和线下产业园区“两平台”及信息共享、金融服务等监管和服务“六体系”，加快自主品牌培育，建立综合试验区考核评估与退出机制
	《商务部等 17 部门关于加强县域商业体系建设促进农村消费的意见》	商务部、国家发展和改革委员会等 17 个部门	依托国家电子商务示范基地、全国电子商务公共服务平台，加快建立农村电商人才培养载体和师资、标准、认证体系，培育农村新型商业带头人

（续表）

政策类别	政策名称	发布单位	主要内容简介
消费流通	《关于开展 2021 年电子商务进农村综合示范工作的通知》	财政部、商务部、乡村振兴局	扩大电子商务进农村覆盖面，健全农村商贸流通体系，促进农村消费，培育一批各具特色、经验可复制推广的示范县。示范地区物流成本明显降低，农村网络零售额和农产品网络零售额年均增速高于全国平均水平，农产品进程和工业品下乡有效畅通，助力农民增收致富
	《关于拓展农业多种功能 促进乡村产业高质量发展的指导意见》	农业农村部	鼓励电商企业在产地建设一批田头市场，推动农产品线上批发、零售和产销对接，进一步拓宽农产品流通渠道
	《加快培育新型消费实施方案》	国家发展和改革委员会、中央网信办、教育部、工业和信息化部、财政部等 28 个部门	培育壮大零售新业态，推进电子商务公共服务平台建设应用，提升中小电商企业数字化创新运营能力。加强商品供应链服务创新、双边电商合作机制建设，促进电商企业对接合作，培育国家进口贸易促进创新示范区。畅通农产品流通渠道，扩大电子商务进农村覆盖面。降低平台交易和支付成本。完善和优化网络交易规范体系，维护网络交易秩序
	《国企电子商务创新发展行动计划》	央企电商联盟	提出深化联合采购集约共享、优化稳定产业链供应链、共建共享现代物流体系、推动跨境电商协同发展等共 10 项任务
国际贸易	《国务院办公厅关于做好跨周期调节进一步稳外贸的意见》	国务院办公厅	进一步扩大开放，加强财税金融政策扶持，进一步鼓励外贸新业态发展，缓解国际物流等外贸供应链压力。对重点产业重点企业给予支持，促进外贸平稳发展
	《交通运输部办公厅关于做好进口电商货物港航“畅行工程”有关工作的通知》	交通运输部办公厅	积极推进港航作业单证电子化，以上海港等 6 个沿海港口和芜湖等沿江港口为重点，应用港航区块链电子放货平台，加快推进主要进口电商货物集装箱单证上链办理。协同推进其他港口和班轮公司提升进口电商货物港航作业效率和服务水平，实现全程无接触的主要进口电商货物港航单证平均办理时间由 2 天缩短至 4 小时以内
	《中华人民共和国海关总署公告 2021 年第 54 号》	海关总署	制定《2021 年第四届中国国际进口博览会海关通关须知》和《海关支持 2021 年第四届中国国际进口博览会便利措施》，加强进出口交流
	《商务部关于加强“十四五”时期商务领域标准化建设的指导意见》	海关总署	加强农产品流通标准化和生产资料流通标准化。加强供应链物流标准化建设，完善流通设施标准化建设，健全现代服务业标准体系，完善商贸流通数字化标准，强化内外贸一体化发展
	《“十四五”对外贸易高质量发展规划》	海关总署	优化货物贸易结构、创新发展服务贸易、加快发展贸易新业态、提升贸易数字化水平、构建绿色贸易体系、推进内外贸一体化、保障外贸产业链供应链畅通运转、深化“一带一路”贸易畅通合作、强化风险防控体系、营造良好发展环境等
	《中华人民共和国海关总署公告 2021 年第 47 号》	海关总署	在现有试点海关的基础上，在全国海关复制推广跨境电商 B2B 出口监管试点

（续表）

政策类别	政策名称	发布单位	主要内容简介
国际贸易	《中华人民共和国海关总署公告 2021 年第 70 号》	海关总署	全面推广"跨境电子商务零售进口退货中心仓模式"
	《关于促进内外贸一体化发展的意见》	国务院办公厅	在试点地区内打造内外贸融合发展平台，完善内外贸一体化制度体系，增强内外贸一体化发展能力，完善内外联通物流网络，加强财政金融支持，促进内外贸融合发展

2. 经济环境

从国际经济环境看，2021 年，随着部分国家和地区疫情防控措施的放松，消费、投资和进出口等都实现了快速提升，受基数效应与各国财政与货币刺激政策影响，世界经济增速创下了最近数十年来的新高。与此同时，世界经济增长的不稳定性、不确定性明显增加，单边主义、贸易保护主义抬头，多边贸易体系遭受重创，全球经贸规则面临重塑，主要发达经济体货币政策调整负面效应逐步显现，大国竞争博弈加剧，奥密克戎变异毒株快速传播，全球供应链受阻，世界经济增长不容乐观。从国内经济环境看[1]，2021 年，我国 GDP 比上年增长 8.1%，两年平均增长 5.1%，在全球主要经济体中名列前茅；经济规模突破 110 万亿元，达到 114.4 万亿元，保持全球第二大经济体位置。2021 年货物进出口总额 39.1 万亿元，比上年增长 21.4%，连续 5 年蝉联全球货物贸易第一位。贸易新业态蓬勃发展，2021 年跨境电商、市场采购出口额分别比上年增长 24.5%、32.1%，2021 年实现平台服务收入 5767 亿元，同比增长 32.8%，两年平均增速达 23.5%。

3. 社会环境

2021 年，中国数字经济加速发展，大数据、云计算、人工智能等相关数字技术深度融入社会发展进程之中，并成为影响社会经济、文化、思想、生活方式的关键驱动力量。截至 2021 年 12 月，50 岁及以上网民群体占比由 2020 年 12 月的 26.3%提升至 26.8%，互联网进一步向中老年群体渗透，60 岁及以上老年人口互联网普及率达 43.2%[2]。随着互联网应用适老化改造等政策措施的持续推进，未来中老年群体将更加深度融入智能化生活，在我国人口老龄化发展的大趋势下，电子商务的消费群体结构也将发生显著变化。

4. 技术环境

2021 年，数字化新型基础设施进一步完善，5G、千兆光网等新型信息基础设施建设覆盖和应用普及全面加速，网络供给能力不断增强；用户规模持续扩大，行业综合价格下降，为电子商务发展奠定了坚实基础。在移动互联网快速发展的有力支撑下，移动电子商务用户消费习惯逐渐形成，数据显示[3]，移动购物月活跃用户规模超过 11 亿人，月人均使用时长突

---

1 资料来源：《2021 年国民经济和社会发展统计公报》，国家统计局。

2 资料来源：《第 49 次中国互联网络发展状况统计报告》，中国互联网络信息中心。

3 资料来源：《2021 中国移动互联网年度大报告》，QuestMobile。

破 10 小时，基于移动端的综合电商、数码电商、生鲜电商等用户规模都呈现两位数增长。伴随移动端视频快速发展，直播电商等业态呈现加速发展态势，截至 2021 年 12 月，我国网络直播用户规模达 7.03 亿人，较 2020 年 12 月增长 8652 万人，占网民整体的 68.2%，其中，直播电商用户规模为 4.64 亿人，较 2020 年 12 月增长 7579 万人，占网民整体的 44.9%[1]。农村数字化转型进一步加速，截至 2021 年 11 月，我国现有行政村已全面实现“村村通宽带”，贫困地区通信难等问题得到历史性解决[2]，为促进农村电商发展提供了坚实基础保障。以人工智能、大数据、区块链、虚拟现实为引领的数字技术加速经济社会向数字化、智能化转型。元宇宙作为虚拟现实、数字孪生、物联网、云计算等技术融合的载体，将进一步增强现实空间和数字空间的链接和互动，3D 化实景、虚拟主播、AI 数字人、数字货币等应用场景不断拓展，进一步提升了消费者的沉浸体验，为未来电子商务的未来发展提供了更加广阔的空间。

23.2　发展现状

1. 电子商务规范发展进入新阶段

随着大数据、人工智能技术的不断发展，加快构建与电子商务发展相适应的全链条监管体系成为推动电子商务高质量发展的重要方向。在竞争政策方面，2021 年，多起相关电子商务平台企业“二选一”等涉嫌垄断行为被立案调查，45 起平台企业未依法申报案受到顶格处罚，《国务院反垄断委员会关于平台经济领域的反垄断指南》等一系列具体法律法规正式出台，针对电子商务平台企业的反垄断和反不正当竞争的相关具体措施进一步完善细化，税务部门严打网络主播偷逃税的势头持续推进，处理多起网络主播偷逃税案件。在数据信息安全方面，《网络数据安全管理条例（征求意见稿）》《个人信息保护法》《常见类型移动互联网应用程序必要个人信息范围规定》等先后出台，各个层次的数据保护得到显著加强。在规范新业态发展方面，针对电子商务领域新业态新模式规范发展的要求，加强了对网络社交、网络直播的监管，《社交电商企业经营服务规范》和《网络交易监督管理办法》等相继发布，对网络交易活动进一步提出了透明化和公开化的要求。2021 年 4 月 23 日，国家互联网信息办公室等 7 个部门联合发布《网络直播营销管理办法（试行）》，对信息安全管理、营销行为规范、未成年人保护、消费者权益保护等作出了全面的规定。

2. 电子商务国际合作空间不断拓展

在新冠肺炎疫情的影响下，电子商务在全球更广范围内得到快速发展，为中国电商企业提供了更大的市场空间。联合国贸发会议数据显示[3]，由新冠肺炎疫情大流行推动的消费者电子商务活动在 2021 年持续显著增长，在线销售额显著增长，互联网用户在线消费的平均比

1 资料来源：《第 49 次中国互联网络发展状况统计报告》，中国互联网络信息中心。

2 资料来源：工业和信息化部新闻发布会。

3 资料来源：《新冠肺炎疫情与电子商务：全球回顾》，联合国贸发会议。

例从 2019 年疫情暴发之前的 53%上升到 2021 年的 60%。2022 年 1 月 1 日，《区域全面经济伙伴关系协定》（RCEP）正式生效，预计 RCEP 生效第一年对中国进口关税减让约 93.4 亿元，中国出口关税减让约 62.2 亿元[1]，RCEP 是亚太区域内达成的范围全面、成员最多的多边电子商务规则，也是我国迄今参与的水平最高的有关电子商务协定。针对电子商务，RCEP 在无纸化贸易、电子认证和电子签名、消费者线上保护、线上个人信息保护、国内监管框架、海关关税、透明度、争端等方面作出了相关规定，为区域内电子商务发展提供了有力的制度保障。RCEP 成员国所在的亚太地区在 2013 年已经成为全球电子商务最大的零售市场，调查显示[2]，2021 年境内平台对 RCEP 成员国出口已经开始增加，随着贸易便利化、自由化水平的逐步提升，跨境电商、互联网金融及数字相关服务业将迎来更大的发展机遇。

3. 电子商务成为推动消费重要渠道

2021 年，受到新冠肺炎疫情的持续影响，社会消费习惯的变化更加明显，消费从线下往线上迁移，线上化消费、健康化消费、便捷化消费、零触式消费显著增长。网络购物、移动支付成为日常消费习惯，线上消费内容也从以商品消费为主扩展到各种服务消费，在线娱乐、在线教育、在线医疗、短视频直播等日益普及，“云”模式对日常生活习惯的嵌入程度越来越高。基于居家隔离催生的“宅经济”，推动社交电商、社区团购、直播电商等消费模式快速增长。电子商务充分发挥了及时响应、灵活部署、接触可控的优势，在疫情保供过程中发挥了重要作用。随着中国综合国力的持续增强，中国创造、中国质量、中国品牌的知名度和美誉度不断提高，广大消费者对民族文化、制度、价值观的认同感和自信心显著提升，进一步催生了对当下具有强烈民族符号并融合时尚潮流元素的品牌和产品的青睐。2021 年，国潮文化的盛行成为一大亮点，产品在外观、质量和服务等方面推陈出新，进一步点燃消费者的国货情怀，国货国牌成为电子商务发展的新增长点。

4. 电子商务融合发展态势进一步形成

受到新冠肺炎疫情的影响，线下消费场景受到极大限制，促使国民消费行为加速转向线上，众多行业以此为契机加速了电子商务在不同场景下的渗透融合。传统互联网流量红利逐步消失、传统电商用户黏性不强、图文平台转化率较低等问题，推动商家逐步转向多渠道、多形式、多平台发展，以进一步提高用户留存率，降低获客成本，社交电商、直播电商、短视频电商、社区团购等新业态、新模式持续增长。直播平台进一步加速自身供应链布局，直播主体向前端转移，形成产地直播、工厂直播等新模式，带动线下行业的数字化转型，使用户触及更多垂直品类。各类平台加快线下布局，进一步向销售端、生产端延伸，传统线下企业加速供应链数字化，线上线下融合发展趋势更加明显。

1 资料来源：国盛证券研究所，专栏。

2 资料来源：2021 年主要国家进出口数据，海关总署。

23.3 市场与用户规模

23.3.1 总体规模

电子商务在稳住中国经济的消费支撑力基本盘的同时，有效地滋润着我国市场主体的发展。2021 年，电子商务平台直播带货、内容电商和社区团购等新模式、新元素不断规范发展，推动我国传统实体经济在数字化转型方面作出新的探索和尝试，在刺激消费升级、巩固新冠肺炎疫情防控成果和数字化链接全端产业链方面扮演了重要角色，为推动“十四五”良好开局奠定了坚实的发展基础。

根据国家统计局数据，2021 年全国电子商务交易额达到 42.30 万亿元，同比增加 19.6%（见图 23.1）。面对新冠肺炎疫情带来的冲击，内容电商和直播电商等新范式承担了洪流式增长的消费流量，为商家和企业逆势谋生提供了强大的消费支撑力。

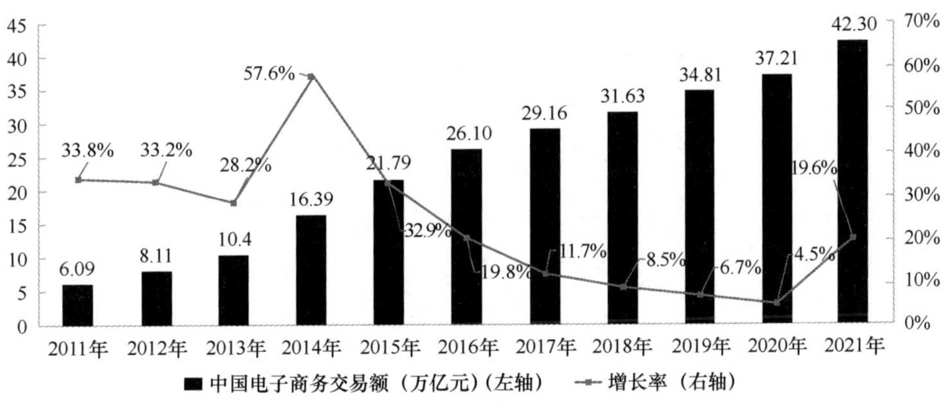

图23.1　2011—2021年中国电子商务交易额及增长率

资料来源：国家统计局、全国电子商务公共服务网。

23.3.2 网络零售

2021 年，网络零售市场规模保持稳步增长势头。国家统计局数据显示，2021 年全国网上零售额达 13.09 万亿元，同比增长 14.1%，全国网上零售额年增长率同比提升 3.2 个百分点（见图 23.2）。电子商务网络零售已经活跃在我国居民生产生活的各板块，成为推动人民生活品质效率提升和社会经济发展的关键力量。其中，实物商品网上零售额首次突破 10 万亿元达到约 10.8 万亿元，同比增长 12.0%；社会消费品零售总额再次突破 40 万亿元达到约 44.1 万亿元，同比增长 12.5%，实物商品网上零售额占社会消费品零售总额的比重在波动中有所下降，占比为 24.5%，同比下降 0.4 个百分点，对社会消费品零售总额增长的贡献率为 23.6%。

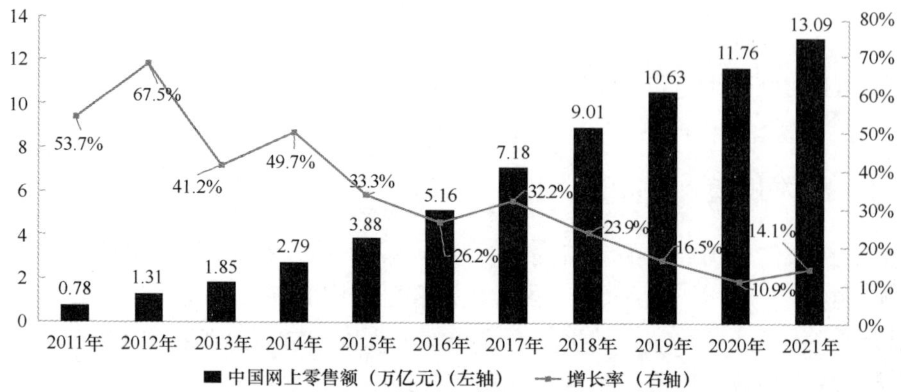

图23.2　2011—2021年中国网上零售额及增长率

资料来源：国家统计局。

23.3.3　网络支付

安全电子支付手段具有方便、快捷、高效、经济的优势，突破传统银行支付机构时间和空间的限制，赋能电子商务高效发展。中国互联网络信息中心数据显示，截至 2021 年 12 月，中国网络支付用户规模达到约 9.04 亿人，较 2020 年 12 月增加约 0.5 亿人，同比增加 5.8%，整体网民规模突破 10 亿人达到约 10.32 亿人，同比增长 4.3%（见图 23.3）；2021 年 12 月，我国网络支付用户规模占总体网民的 87.6%，同比提升 1.2 个百分点。数据显示[1]，2021 年，银行机构共处理网上支付业务 1022.78 亿笔，同比增长 16.32%；处理金额达到 2353.96 万亿元，同比增长 8.25%，网络支付业务量保持稳健增长势头，为促进网络零售消费扩容提质、推动我国经济繁荣发展提供了强劲支撑。数字人民币在商超、餐饮、长途客运、加油站等消费场景得到广泛应用，在跨境支付上迈出新步伐，深圳在全国率先顺利完成了面向香港居民在内地使用数字人民币的测试工作。

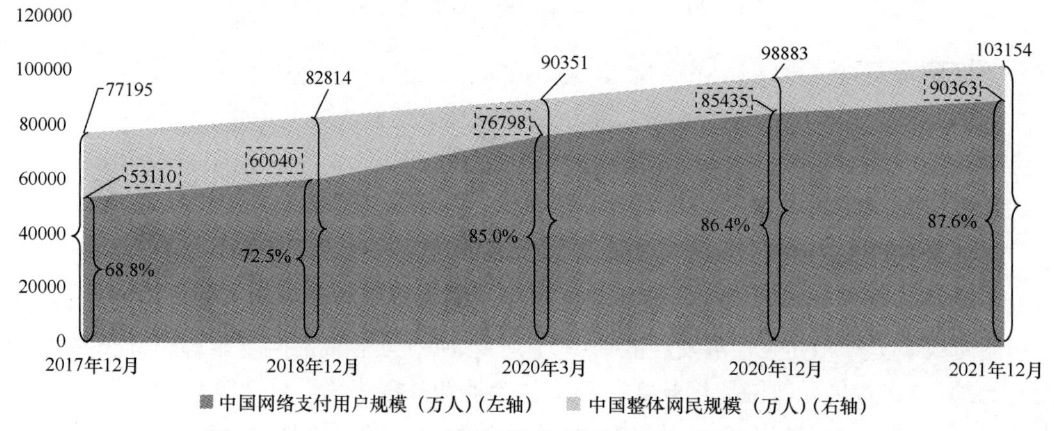

图23.3　2017—2021年中国网络支付用户规模及整体网民规模

资料来源：中国互联网络信息中心。

1 资料来源：《2021 年支付体系运行总体情况》，中国人民银行。

23.3.4　重点商品

商务大数据监测显示，2021 年我国重点监测商品网络零售额占比中，服饰鞋帽、针纺织品，日用品，家用电器和音像器材分别以 22.94%、15.23%和 10.43%的比例位列网络零售额前三（见图 23.4）；中西药品，五金、电料和金银珠宝分别以 45.4%、28.1%和 22.2%的同比增速位列前三。

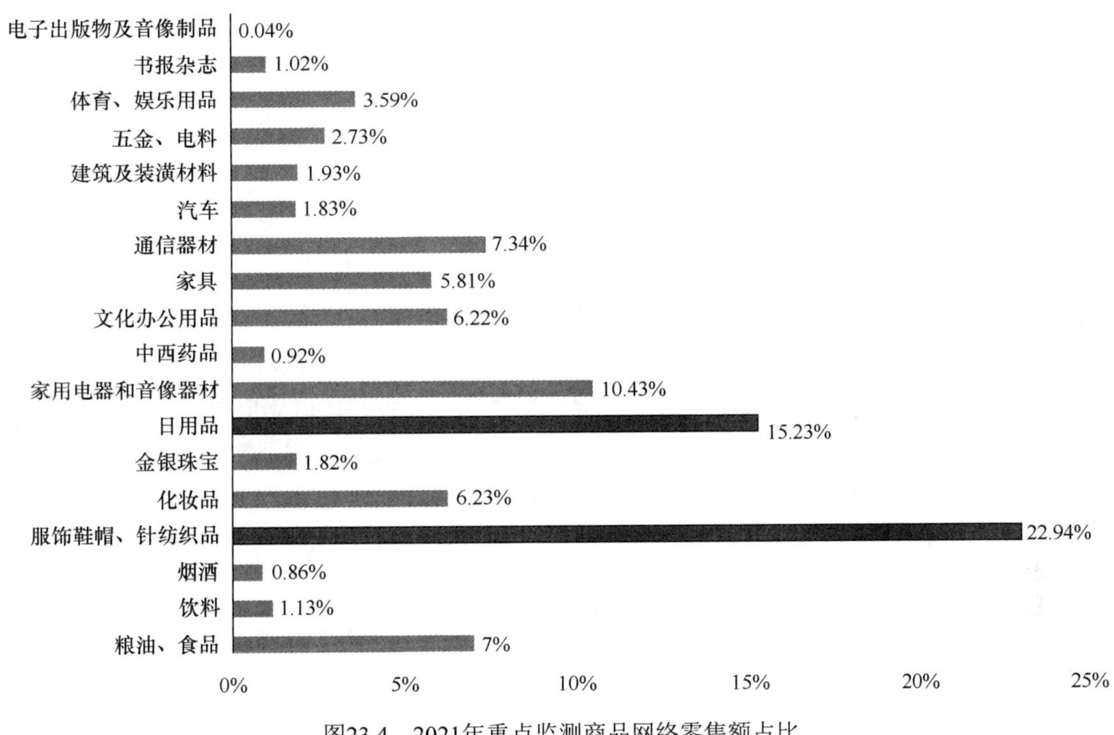

图23.4　2021年重点监测商品网络零售额占比

资料来源：商务大数据监测。

23.3.5　用户数量

截至 2021 年 12 月，我国网络购物用户规模达到 8.42 亿人，相比于 2020 年 12 月增加约 0.6 亿人，同比增加 7.63%；我国网络购物用户规模占整体网民的 81.60%，同比提升 2.5 个百分点（见图 23.5）。网络零售打通生产和消费全产业链关键环节，在构建新发展格局中不断发挥积极作用，消费呈现新发展，推动国内消费升级扩容。未来，随着互联网基础设施和通信技术的完善扩建与移动支付方式的日趋成熟，预计网民规模将进一步提升，也将为网络购物带来新的发展机遇。未来线上与线下购物结合的纵深发展将成为中国网络购物的重要发展趋势。

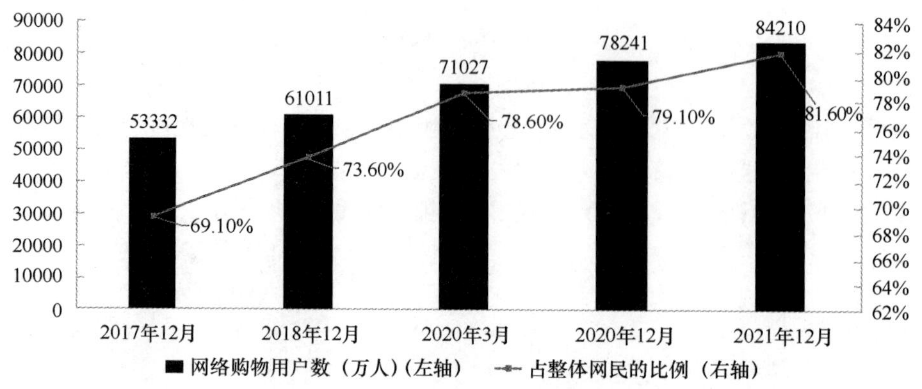

图23.5　2017—2021年网络购物用户规模及占整体网民的比例

资料来源：中国互联网络信息中心。

23.4　细分市场

1. 跨境电商

作为国际贸易新业态，跨境电子商务（以下简称跨境电商）近年来展现出强劲发展活力，在新冠肺炎疫情全球流行的情况下，跨境电商的优势更加凸显，一些传统贸易渠道企业加速向跨境电商等渠道拓展。海关统计调查显示，2021 年我国跨境电商进出口规模为 19237 亿元，比 2020 年（下同）增长 18.6%，占进出口总额的 4.9%。其中，出口为 13918 亿元，同比增长 28.3%，占总出口的 6.4%，占比扩大 0.4 个百分点；进口 5319 亿元，同比下降 0.9%，占总进口的 3.1%，占比减少 0.7 个百分点（见表 23.2）。跨境电商出口货物主要去往美国、英国、马来西亚、法国、德国、日本、西班牙及俄罗斯等。

表 23.2　2019—2021 年跨境电商进出口总体情况

年份	金额（亿元）			同比（%）		
	进出口	出口	进口	进出口	出口	进口
2019 年	12903	7981	4922	22.2	30.5	10.8
2020 年	16220	10850	5370	25.7	39.2	9.1
2021 年	19237	13918	5319	18.6	28.3	−0.9

资料来源：海关总署。

网经社“电数宝”电商大数据库显示，2021 年中国跨境电商交易规模为 14.2 万亿元，较 2020 年的 12.5 万亿元同比增长 13.60%，增速较上年下降 5.44 个百分点（见图 23.6）；中国跨境电商交易额占我国货物贸易进出口总值 39.1 万亿元的 36.32%。2021 年，在诸多跨境电商企业经营受损，以及中国货物贸易进出口增长 21.4%的背景下，跨境电商行业渗透率占比依然超过 35%。未来，随着行业规模不断增长，跨境电商行业渗透率也将不断提升。

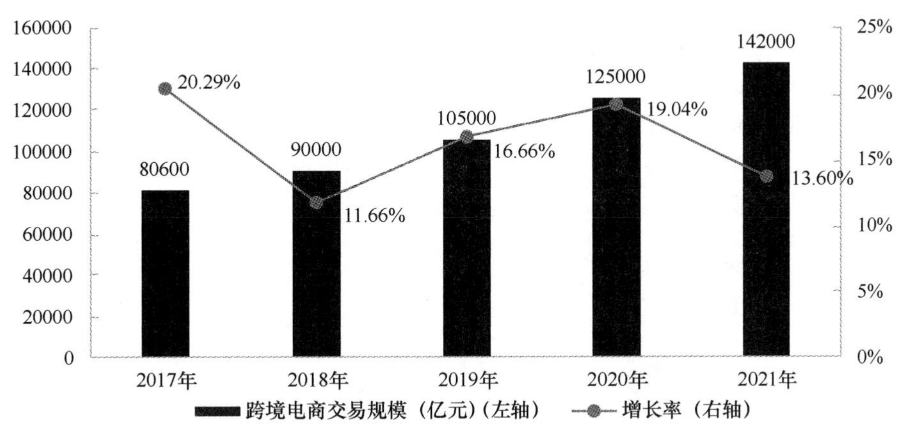

图23.6　2017—2021年中国跨境电商交易规模及增长率

资料来源：《2021 年度中国跨境电商市场数据报告》，网经社。

全球疫情使人们线上消费习惯进一步形成，为我国跨境电商提供了发展条件，跨境电商在全球贸易中的作用和影响进一步增强。全球市场需求的增加，也推动了跨境电商行业整体的发展。WTO 报告显示[1]，全球 B2C 跨境电商贸易总额不降反升，预计从 2019 年的 7800 亿美元上升至 2026 年的 4.8 万亿美元，复合增长率高达 27%。从国内来看，2021 年我国陆续颁布了一系列政策支持跨境电商发展，2021 年 7 月 9 日，《国务院办公厅关于加快发展外贸新业态新模式的意见》对外公布，截至 2022 年 3 月，中国跨境电商综合试验区已达到 132 个，跨境电商区域集聚态势持续发展，主要集中在珠三角、长三角及京津地区。

国内众多跨境电商平台开始尝试摆脱单纯依赖现有综合性电商平台的流量优势，转而引入自建独立商城的模式以形成自由的私域流量，节约交易成本，塑造品牌核心资产。随着近两年 SaaS 类建站服务及配套服务的成熟，跨境电商独立建站的比例大幅提升，调查显示[2]，调研企业中已有 31%布局独立站，而在尚未建立独立站的企业中，21%表示正在筹备建站。主打女性时尚产品的跨境电商平台 SHEIN，依托国内供应链面向北美、欧洲市场大获成功，similarweb 数据显示，2022 年 4 月 SHEIN 总访问量达 1.48 亿人次以上，全球网站流量排名第 150 位（亚马逊排名第 149 位），在美国网站总排名第 104 位，居时装服饰品牌排名第 2 位。目前，SHEIN 品牌业务线已遍布全球 150 多个国家和地区，注册用户 1.2 亿人，日活跃用户超过 3000 万人。东南亚电商巨头 Shopee 公开发布的财报显示，2021 年 Shopee 的一般公认会计原则（GAAP）收入为 51 亿美元，同比增长 136.4%；总订单数为 61 亿单，同比增长 116.5%；商品交易总额（GMV）为 625 亿美元，同比增长 76.8%，在境外市场上也保持较高的增长态势。

2. 农村电商

在“十四五”开局之年，农村电商建设力度不断加大。2021 年上半年，中共中央、国务

1 资料来源：*World Trade Report 2021*，世界贸易组织（WTO）。

2 资料来源：《2021 中国跨境电商发展报告》，亿邦智库。

院印发《中共中央 国务院关于全面推进乡村振兴加快农业农村现代化的意见》，对农村电商物流、农产品供应链、金融服务等领域农村作出部署规范，推动农村电商“软”“硬”件基础不断夯实。商务部电子商务进农村综合示范深入推进，新增 148 个示范县（第一批）。国家邮政总局“快递进村”工程深入开展，乡镇快递网点覆盖率已达 98%。商务部数据显示，2021 年全国农村网络零售额为 2.05 万亿元，同比增长 11.3%（见图 23.7），增速加快 2.4 个百分点。全国农产品网络零售额为 4221 亿元，同比增长 2.8%。

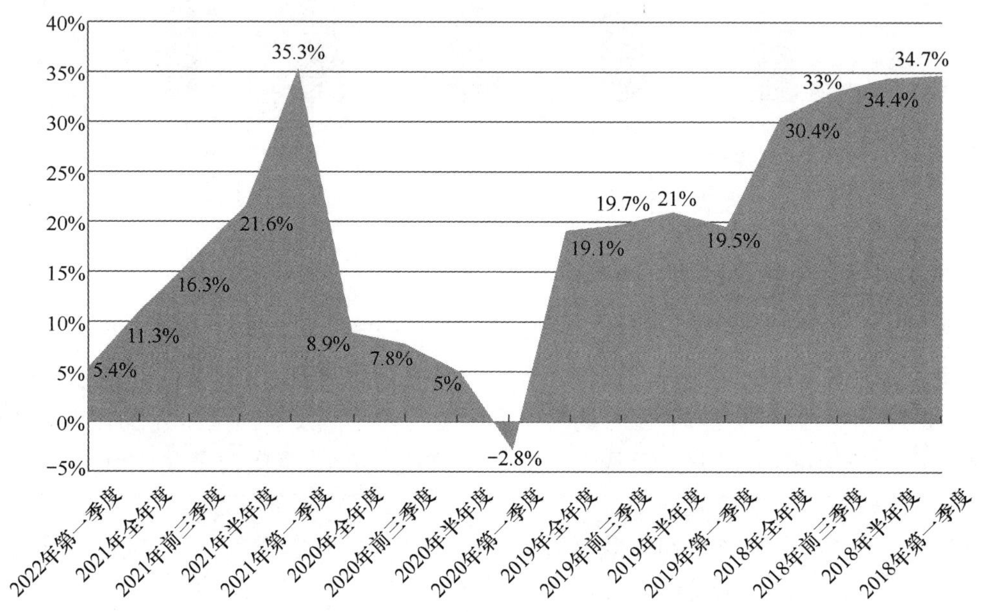

图23.7 中国农村网络零售额增速

资料来源：商务部数据。

电商平台企业加大对农村网点、站点的数字化改造，共同推动农村地区快递服务水平，畅通农产品上行通路，挖掘“下沉市场”潜力。拼多多通过首创“互联网+农业”（农地云拼）的新型商业模式，帮助中小微农企直连消费者，将消费端分散、临时的需求，在时间和空间上形成归集效应，以百亿补贴活动为窗口向中小微农企提供长期稳定的客户订单。拼多多发布的公开数据显示，平台上累计拥有农业生产者 1600 万人，农副产品成交额超过 2700 亿元，在总营业收入中占比达 16%。2021 年，拼多多凭借电商助农领域的创新模式，入选了《财富》杂志“2021 年度改变世界”榜单。2021 年，全国 28 个省（自治区、直辖市）共出现 7023 个淘宝村，较上年增加 1598 个，在淘宝村经历了十余年的发展且数量已达到较高基数的背景下，淘宝村 2021 年仍然实现了近 30%的较高增长。直播电商平台持续加强对细分品类和新兴品牌的推广渗透，鼓励品牌或素人进行直播，抖音发布的《乡村数据报告》显示，2021 年，78 万人发布了“乡村游”主题视频，视频累计播放 63 亿次；抖音乡村相关视频增加 3438 万条，获赞超过 35 亿次；全国网友累计打卡 122 万个村庄，万粉乡村创作者同比增长 10%。

在人民日报新媒体发起的乡村振兴传播计划中的助农直播中[1]，主播首场直播销售出的各类农产品达 110 多万件，售出农产品超过 25 万斤，其中销量明星产品新农哥甜糯板栗仁，在 5 分钟售出近 13 万袋；直播场地所在的浙江杭州特色农产品绍兴黄酒仅 3 分钟就售出 6 万多斤。

3. 生鲜电商

2020 年的新冠肺炎疫情（简称疫情）加速了生鲜的线上渗透，艾瑞监测数据显示，2020 年年初疫情发生期间，消费者使用生鲜电商 App 的次数显著上升，在疫情平缓后，消费者使用生鲜电商 App 的次数略有回落，但仍远高于疫情发生前，疫情培养了用户使用生鲜电商平台消费的习惯。受新冠肺炎疫情影响，2021 年中国生鲜电商市场快速发展，生鲜电商行业规模达 5640 亿元，较 2020 年增长了 39.4%[2]（见图 23.8）。随着生鲜电商的发展及模式的成熟、用户网购生鲜习惯的养成、生鲜电商用户覆盖数量越发广泛及技术越发成熟，预计未来一段时期生鲜电商仍将保持高速增长。

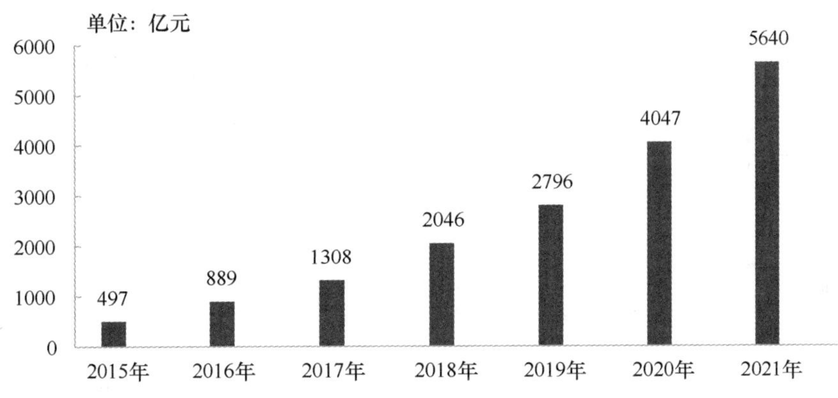

图23.8　2015—2021年中国生鲜电商行业规模

资料来源：Mob 研究院。

疫情持续影响加速了生鲜电商行业的发展。在后疫情时代，生鲜电商成为很多用户购买生鲜的习惯性渠道，消费频次也有所增加，未来生鲜电商行业仍将保持高速发展。目前，生鲜电商行业处于多种商业模式共存的局面，其中前置仓（如叮咚买菜、每日优鲜等）、店仓一体化（如盒马鲜生、大润发优鲜等）主要布局在一二线城市，消费人群主要以一二线城市白领为主，而社区团购模式（如美团优选、多多买菜等）则主要满足下沉市场用户需求。生鲜电商行业竞争不断加剧，部分企业逐步退出，头部效应初显，同时生鲜电商开始战略转型，由“规模优先”转向“效率优先、兼顾规模”。叮咚买菜在经营上转向致力于大力发展自有品牌产品，深耕全产业链条，调整商品结构，开创新型消费场景。叮咚买菜发布的财报显示，截至 2021 年第四季度，公司共拥有 10 个食品研发加工工厂，约 60 个城市分选中心和约 1400

1 资料来源：《人民日报开启直播助农首秀，4 小时带货超 25 万斤》，杭州日报。

2 资料来源：《2022 生鲜电商行业洞察报告》，Mob 研究院。

个前置仓，前置仓面积达 50 万平方米。2021 年，叮咚买菜加强前沿技术的研发投入，助力推动农业的数字化、科学化发展，直接或间接带动农户增收。每日优鲜则在战略布局上提出（*A*+*B*）×*N*［（前置仓+智慧菜场）× 零售云］的战略固化，其正在降低对重资产的布局，大幅削减前置仓的规模和数据量，从高峰期的 1500 个缩减到第二季度末的 625 个。财报数据显示，截至 2021 年 9 月 30 日，每日优鲜的极速达业务已进入全国 17 座一二线城市，极速达库存量单位（SKU）超过 5000 个，平均配送时长为 36 分钟，在智慧菜场侧，已与 18 个城市签约了 73 家菜场，其中 52 家已经开始运营；在零售云业务侧，已与 11 家客户签订了合作协议，未来收入来源相对更加多元化。

4. 直播电商

2021 年受疫情影响，消费者的消费行为更多转向线上，直播电商得到快速发展。对于消费者而言，直播形式弥补了商品展示时图文信息不足的问题，帮助他们更高效地进行消费决策；对于商家而言，直播增强了其与消费者的互动，缩短了消费链路，完成交易闭环。截至 2021 年 12 月[1]，我国网络直播用户规模达 7.03 亿人，较 2020 年 12 月增长 8652 万人，占网民整体的 68.2%。其中，直播电商用户规模为 4.64 亿人，较 2022 年 12 月增长 7579 万人，占网民整体规模的 44.9%。易观分析发布的《电商行业洞察 2021H1》显示，2018—2020 年，我国的直播电商交易规模从 0.14 万亿元增至 1.06 万亿元，年增速分别为 192.86%、158.54%（见图 23.9）。

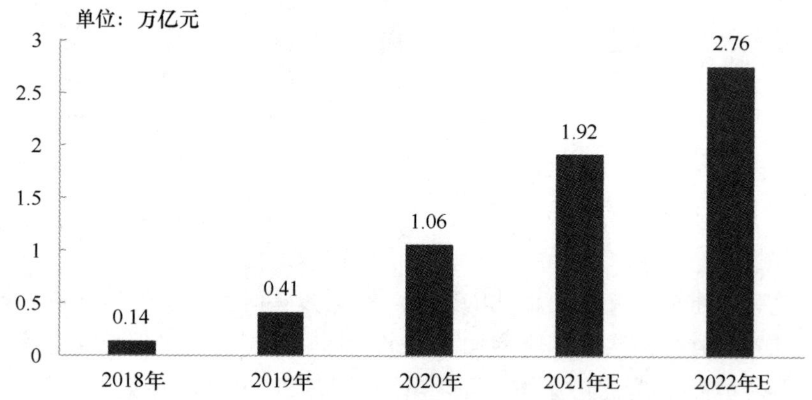

图23.9　2018—2022年中国直播电商交易规模

资料来源：易观分析。

《第 49 次中国互联网络发展状况统计报告》数据显示，截至 2021 年 12 月，我国直播电商用户规模为 4.64 亿人，较 2020 年 12 月增长 7600 万人（见图 23.10），占网民整体的 44.9%。

1 资料来源：《第 49 次中国互联网络发展状况统计报告》，中国互联网络信息中心。

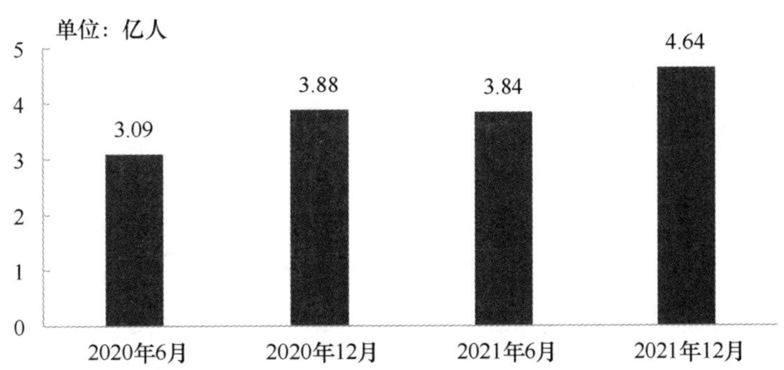

图23.10　2020—2021年中国直播电商用户规模

资料来源：中国互联网络信息中心。

2021 年，直播电商开始逐步转向规范化发展阶段。直播电商在快速发展的同时，假货、刷单、售后无保证等行业问题也日趋暴露，一定程度上扰乱了市场秩序，损害了消费者的切身利益。中国消费者协会发布的“618”消费维权舆情分析报告显示，2021 年“618”期间，消费者对直播带货类的吐槽信息有 11 万多条，主要集中在产品质量方面。对此国家市场监督管理总局、国家互联网信息办公室及国家广播电视总局等相关部门陆续出台管理办法和规定，为行业规范发展指明方向，促进相关网络平台和“网红主播”履行检测程序，最终达到全面动态提高产品质量的效果。针对近年来直播电商主播逃税等问题，相关部门进一步明确了纳税义务，加大了查处力度，依法查处偷逃税等涉税违法犯罪行为。

直播电商平台凭借庞大的日活跃用户和海量多元的内容生态，逐步转向建立平台独创直播间品牌，且不断加大扶持力度。日活跃用户超过 6 亿人的抖音推出“兴趣电商”新模式，通过“抖品牌专项扶持计划”“百大计划”等多个专项扶持活动，帮助品牌搭建自运营体系，以塑造良好的线上化运营生态。截至 2020 年 10 月底，在抖音开播的企业号有 120 万个，日开播企业号较 2019 年年底增长 400%[1]。快手则致力于打造“内容+私域”的信任电商，发布“商家全周期红利计划”，为主播、品牌和服务商提供包括系列产品红利、营销红利、广告红利等在内的一系列扶持，进而孵化出一批在快手专属直播间里为粉丝提供产品和服务的“快品牌”，其月估销售额最高达 1 亿万元以上。直播电商已成为品牌商家获取长期价值的关键，一方面品牌自播可以及时获取消费者反馈，实时迭代产品和内容策略，另一方面也使得品牌开始通过构建店群来进行更为精细化的渠道运营管理体系，推进品牌的数字化转型。

23.5　典型案例

1. 拼多多

面对电商行业竞争格局的变化，拼多多以“百亿农研专项”等农业研发项目为突破口，

1 资料来源：《2021 抖音电商商家自播白皮书》，抖音。

持续加大农业数字化转型，深耕电商基本盘，开拓农业市场新蓝海。在这一风向变化下，持续赋能智慧农业，以数字化转型持续推动农业降本增效。

依托“百亿农研专项”，深耕“三农”基本盘。2021 年 8 月，拼多多宣布投入 100 亿元设立“百亿农研专项”，将利润首先投入农业科技研发当中，并且不断加大对农产品仓储物流、农业商品价格补贴、农产品品牌建设、新新农人队伍建设等投入。平台涉农订单增幅显著，截至 2021 年第一季度，平台已拥有超 8 亿个消费者和 1600 万个农户，农产品占据了全品类中的较大比重，预计未来农产品供给和需求规模仍会继续扩大。

推动商业模式创新，赋能线上“三农”。拼多多独特战略优势的背后是融入社交关系的精准推荐算法与高效的供应链系统，重构高效供应链。拼多多商业模式具有“少 SKU、高订单、短爆发”的特征，通过拼团模式短时间聚集大量需求，有效链接需求和供给两端，零佣金、去中心化，给予农产品、白牌商品更多流量曝光机会，使得平台持续有极致性价比的商品，形成平台—商家—顾客的良性循环。得益于拼多多长期以来对农业的重视，该平台涉农订单增幅也较为明显。

促进数字化转型，打造智慧农业。自 2020 年起，拼多多连办两届的“多多农研科技大赛”已先后孵化了温室种植、无土栽培、AI 种植等多个前沿项目。2021 年，拼多多发布“百亿农研”的专项支持，也进一步从商业和社会的角度探索将大数据、人工智能、云计算、互联网等尖端实用科技运用于农业，实现农业数字化转型，从而提高农产品的产量，实现农业的降本增效。这些举措一方面通过科技促进农业数字化转型，提高农产品产量和品质；另一方面充分发挥了电商平台特有优势，有效提高了农产品的销售效率，增加了农业从业者的收入和利润，有利于形成一个正向循环的闭环。拼多多农产品供需解决模式如图 23.11 所示。

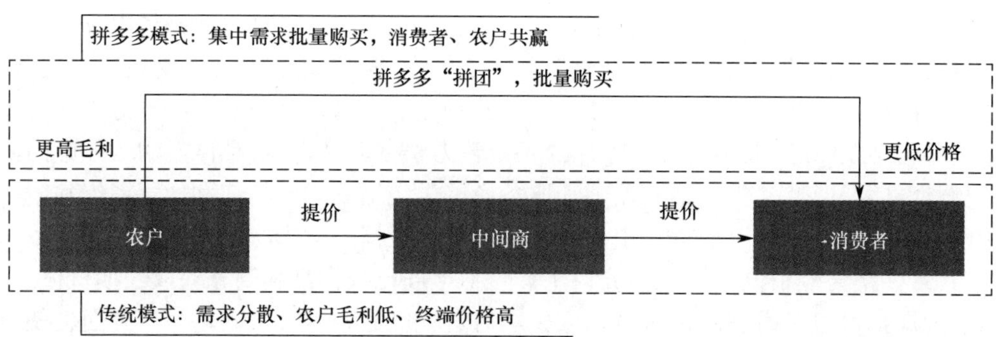

图23.11　拼多多农产品供需解决模式

资料来源：浙商证券研究所。

2. 乐信

乐信（NASDAQ:LX）成立于 2013 年 8 月，是中国专业的新消费数字科技服务商之一，以科技创新不断创造新消费方式，打造了以分期消费品牌分期乐、数字化全场景分期消费产品乐花卡、先享后付产品“买吖”为核心的新消费服务生态，通过科技助力商家提升经营能力，助力中国新商业文明加快建设，推动中国经济健康蓬勃发展。截至 2021 年年底，乐信用户数达 1.65 亿人，年交易额超过 2100 亿元。乐信在新消费战略下提出了一个核心业务两个增长极的“1+2”发展思路，即围绕消费金融核心业务，打造科技零售、金融数科两个新增长极。

基于技术驱动的精准风险识别与管理能力，存量信贷表现数据形成的相对信息优势，自建特色消费场景的内生引流，线上和线下双轮驱动的多触点获客，与金融机构长期合作的稳定融资渠道，分层分群的客户精细化经营能力等众多核心能力，乐信消费金融主业始终保持行业优势地位。

金融数科业务加速布局 To B 服务，通过为金融机构提供全面的科技及运营能力，帮助金融机构加速数字化转型，提升自营能力，已得到多家金融合作伙伴的认可。一个核心业务两个增长极的发展思路基于公司核心能力优势，使主业和双增长极互为依托、协同促进，发展后劲充足。

乐信围绕当前的新需求、新痛点，从“新市民”和中小微企业需求入手，拓展业务边界和增长空间。“新市民”客户群的开拓大幅拓展了乐信的业务边界。目前，乐信正在该领域加速发力，将推出专门服务新市民的分期电商 App，满足其在消费、就业和金融服务方面的需求；通过金融数科业务，帮助金融机构定制针对新市民细分人群的金融产品；实施用户关怀计划，打造有温度的服务；继续倡导有度消费，加强金融消费者权益保护。小微企业金融服务同样极富提升空间，是国家政策鼓励的方向，2021 年，乐信面向小微经营的信用借款业务达到 153 亿元。

3. 乐其

2021 年，中国电商行业的主要平台格局发生了比较大的变化，天猫、京东、拼多多三足鼎立的格局，随着抖音和快手的加入而被打破，形成五大平台并立的电商新格局。以抖音、快手为代表的内容电商是对传统货架电商的进阶，不仅导致平台流量的重新分配，更引发了电商平台与消费者之间在接触场景和互动关系上的一场变革。电商的运营从以商品为中心的流量思维进阶为以人为中心，通过内容互动激发兴趣进而产生购买行为的新购买关系。对于传统电商平台的销售也会产生溢出和加乘作用。乐其电商作为全价值链品牌数字及电商服务平台，现已形成了运营服务、渠道管理、新渠道探索、品牌孵化、数智解决方案、跨境电商六大核心业务板块，可以满足品牌不同阶段的业务需求；搭建了品牌策略中心、数据营销中心、顾客体验中心、仓储物流中心四大服务中心，从前端到后端为消费者提供优质购物体验；乐其的“数据+技术”双驱引擎，提供电商全链路数据和技术解决方案，包括智能运营平台、大数据系统、私域解决方案、交易系统平台及技术创新平台。乐其开启了多渠道运营、多平台协同的运营模式，不仅陪伴品牌做好传统电商的运营，更助力品牌接轨内容电商运营模式，用新的思维和运营方式实现与消费者的高效对接。

推动品牌协同。在抖音和天猫两个平台同步运营，品牌可以借力两个平台的客群优势，以及整合更多的主播和内容账号资源，扩大品牌触达消费者的覆盖面；抖音与天猫错峰运营，促使消费者对品牌的认知产生叠加效应，抖音先行策略营销或运营的商品，体现消费需求的搜索行为也在天猫上呈现了溢出效应。

实现差异营销。基于人群和消费行为的差异化，以不同的商品组合策略满足了不同的消费需求，优化了商品组合的表现；在抖音平台，以内容先行、场景驱动购买的方式推动了品牌营销战术的进阶，产生了大量场景化的商品内容素材，销售物料也成为新的品牌建设资产。

以联合利华集团旗下的美妆品牌 AHC（爱和纯）的经验为例，乐其电商不仅长期帮助其在天猫系平台开展全平台运营，提供从货品分层打造、人群精细化运营、内容营销到供应链履约的“一站式”服务，更是在后端一盘货的基础上，实现前端在不同平台差异化运营，在为品牌抢占市场先机获得叠加效应的同时，不断提高经营效率。

23.6 发展趋势

1. 合规化提出电子商务发展新要求

在经历了前一个时期的快速发展阶段之后，合规经营将成为今后电子商务发展的一个重要主题，也是我国电子商务转向高质量发展阶段的重要标志。目前，各国都普遍加强了针对电子商务的监管力度，围绕税收征管、消费者保护、知识产权保护、数据安全、个人信息保护等方面的法律法规陆续出台。欧盟此前颁布的《欧盟市场监管和商品合规条例》（EU2019/1020）于 2021 年 7 月 16 日正式生效，面向欧盟用户的跨境电商将受到《欧盟市场监管和商品合规条例》的约束。2021 年，美国加强了对虚假评论、知识产权违法等欺骗性手段的监管力度，先后提出了《诚信、通知和公平的网络零售市场消费者法案》（*INFORM Consumers Act*）、《商店安全法案 2021》（*SHOP SAFE ACT 2021*）等法案，进一步明确和强化了电商平台及平台内经营者的相关责任。

2021 年印发的《“十四五”电子商务发展规划》提出，坚持包容审慎监管，以监管促规范、以规范促发展的监管理念，围绕电子商务监管范围、方式、手段及争议解决等方面，构建适应电子商务高质量发展要求的数字化监管机制。从总体趋势看，今后一个时期，围绕电子商务事前、事中、事后的全链条监管将持续完善，部门之间的协同监管能力将进一步提升，电子商务平台及经营企业的主体责任将不断得到强化，进一步加强电商企业内部合规性审查，提升合规意识，厘清法律边界，防止无序扩张和野蛮生长，将成为今后电子商务发展的一个显著特征。

2. 融合化催生电子商务发展新路径

在技术与场景的双轮驱动之下，电子商务与实体经济之间的融合程度更加紧密，电子商务创新迭代进一步加速。电子商务不断向产业链和价值链的上下游延伸，电子商务与产业链、价值链之间的纵向关联更加紧密。2021 年年初，工业和信息化部印发了《工业互联网创新发展行动计划（2021—2023 年）》，提出进一步实现消费互联网与工业互联网打通，推广需求驱动、柔性制造、供应链协同的新模式。电子商务不断向生产、物流、融资、结算等各个运营环节延展，带动了数字供应链体系的发展，促进要素优化配置的作用进一步显现。阿里巴巴 1688、京东工业品“京东工采”等基于 B2B 的第三方工业电商平台等快速发展，为打造数字化供应链体系提供了新的解决方案。智能制造与数据赋能催生出用户直连制造（C2M）等新模式，进一步缩短了制造端与消费端之间的距离，实现了供应链的柔性化。

3. 国际化拓展电子商务发展新空间

2022 年 RCEP 生效，RCEP 电子商务章节成为目前覆盖区域最广、内容全面广泛的电子商务国际规则，目前在我国已达成的自贸协定中，设立电子商务章节的自贸协定达到 11 个。我国与 22 个国家建立了电子商务双边合作机制，“丝路电商”合作不断拓展。2021 年以来，我国已明确表示将积极考虑加入《全面与进步跨太平洋伙伴关系协定》（CPTPP）、《数字经济伙伴关系协定》（DEPA）等高水平区域自由贸易协定，但与相关高标准要求相比，我国在电子商务相关领域的开放水平和规则体系建设仍然存在一定差距。随着电子商务在全球范围内影响的日益广泛，围绕电子商务的国际规则体系越来越成为国际贸易规则体系的关注焦点，积极构建和对接高水平电子商务国际规则成为今后一个时期进一步拓展我国电子商务国际发展空间的重要基础。从电子商务国际竞争力来看，一方面，跨境电子商务已经成为拉动我国进出口贸易的重要方式，成为稳定外贸的重要力量；另一方面，产品市场单一，国际竞争力不强，缺乏自主平台渠道和品牌等问题仍然突出，经营高度依赖第三方平台。受 2021 年 4 月“亚马逊封号事件”影响，已经有越来越多的商家为规避平台风险开始大力建设独立站，塑造自身的品牌价值，预计未来独立站与品牌价值会成为跨境电商竞争关键所在。

4. 绿色化引导电子商务发展新主题

2021 年，我国确立了 2030 年前实现碳达峰、2060 年前实现碳中和的目标，这既是我国向世界作出的庄严承诺，也是一场广泛而深刻的经济社会变革，绿色发展将成为“十四五”时期的重要社会发展主题。2021 年，国务院印发了《2030 年前碳达峰行动方案》，针对交通运输、循环经济、绿色产品贸易等作出了一系列部署。2021 年，商务部印发了《关于推动电子商务企业绿色发展工作的通知》，针对电商领域物流成本能耗高、过度重复包装、引导绿色消费等问题，围绕持续推动快递包装绿色供应链管理等 4 个方面推出 12 项举措，支持电商企业绿色发展。在绿色低碳发展的大背景下，随着环境成本和环境意识的不断提升，绿色化不仅是电子商务企业履行自身社会责任和合规经营的重要体现，更是不断增强自身竞争力的必然要求，通过数字化、智能化手段，探索绿色数据中心建设，引导绿色新消费，打造绿色供应链体系，将不断提升电子商务企业绿色产品价值和品牌定位，进一步降低物流成本和能耗，从而进一步推动电子商务的绿色可持续发展。

5. 智能化注入电子商务发展新动力

随着云计算、大数据、人工智能等新兴数字技术广泛运用于消费、贸易、服务、生产、物流和支付环节，电子商务行业的效率将大幅提高，智能化也日益成为电子商务发展的重要方向。商务行为越来越多地依赖机器学习和人工智能，在电子商务交易过程中人的干预度日益降低，平台和系统自动服务的功能日益强大，人工智能将在营销、搜索、物流、服务、供应链等多个环节得到更广泛的应用，与人工作业相比拥有更高的效率和更好的效果。高盛预测，2025 年人工智能在零售业每年将节省 540 亿美元成本，创造 410 亿美元新收入。通过智能营销，可以更精准地进行用户画像，详细判断用户特征，以自身强大的处理能力对庞大的数据集合进行分类处理，快速识别目标用户群，基于深度学习追踪用户行为，同步用户习惯，提升营销效果。通过智能搜索，结合个人背景资料、历史交易、搜索记录、浏览记录、互动记录等，用户所看到的最终搜索结果将是由大数据分析和智能算法自动演算个性化兴趣内容。未来，以消费需求为导向的智能化转型将为电子商务发展注入新的动力，人工智能技术、大数据的广泛应用将进一步促进各主体与消费者之间的沟通交流，进一步挖掘、激发和满足用户需求，并以此形成新的商业模式。

撰稿：杜国臣、李凯、赵新怡、黄健斌、卢佳
审校：向坤

第 24 章　2021 年中国网络金融发展状况

24.1　发展环境

随着新一代信息技术的发展，金融服务数字化转型进程加速，5G、人工智能、大数据、区块链、物联网、云计算等多项金融科技技术与金融业融合程度也在不断加深。2021 年是中国人民银行《金融科技（FinTech）发展规划（2019—2021 年）》的收官之年，近一年来，在受新冠肺炎疫情持续影响的发展环境下，信息科技对于金融行业的作用日渐成熟，金融行业对于信息科技的应用价值有了更深刻的认识，金融业数字化转型在疫情影响下呈现不断加速的趋势。与此同时，在政策、市场和技术等多种因素的影响下，国内外金融科技发展环境和产业生态都在发生着深刻变化。

在监管导向方面，审慎创新和风险防控的监管要求进一步强化，尤其是针对大型互联网平台公司开展网络金融业务的监管趋严，从反垄断、数据安全、持牌经营等多方面出台了一系列重要政策。同时，传统金融机构对于科技的重视程度不断提升，发展战略从“科技赋能”向“科技引领”转变。金融科技跨界合作持续深化，网络金融业务场景化发展成为趋势。

在技术方面，ICT 技术持续演进，进一步推动金融科技关键技术应用的不断深化。从基础设施来看，金融数据中心建设不断向绿色与智能化方向升级，云原生架构和中台建设也得到更多的重视和投入。同时，以分布式架构转型和开源技术应用为代表，尤其是基础软硬件应用领域，金融科技自主创新成为发展共识。在网络层，“5G+物联网”的快速应用，显著提升了金融感知能力。同时，作为数据密集型行业，金融业的数据智能技术应用一直呈现领先态势，数据湖、DataOps、图计算等新理念在金融领域得到快速实践。金融区块链发展也不断成熟，进入更加规范化的发展阶段。此外，零信任架构、隐私计算、密码等在金融领域的应用也在加快，成为维护网络金融数据安全的重要技术保障。

24.2　发展现状

中国网络金融市场发展格局深刻变化，开放与生态合作成为主流趋势。随着网络金融产业发展不断成熟，在监管政策、市场环境、技术变革等多重因素影响下，传统金融机构在我国金融科技市场的角色不断强化，在产业竞争中更加主动地融入发展新格局。2021 年，中国工商银行、中国农业银行、中国银行、中国建设银行、中国邮政储蓄银行、交通银行在金融科技领域投入总额超过千亿元，其中多家银行的金融科技投入超过 200 亿元。

金融业务场景化是将金融服务与生活场景融合，实现由单一的金融产品向金融综合解决方案转变，这一转变有利于金融机构以低成本迅速拓展渠道和入口，也有利于精准营销获客和按需定制产品。当前金融机构利用数字技术进一步提升线上服务能力，不断建设和丰富场景生态，推进跨界互联。例如，通过技术手段将金融服务与医疗、交通、教育等场景互联，在网上银行、手机银行、直销银行、开放银行、服务 App 与网站等平台上引入“车主服务”“健康医疗”“住房安居”“培训教育”“生鲜购物”等服务内容，打造多场景“生活圈”，促进多渠道、跨渠道融合互补，为客户提供高效率、低成本、个性化的一揽子金融服务。

金融科技投融资规模逐步恢复，区域布局和投资水平在不断升级。2020 年下半年中国金融科技投融资市场开始回暖，到 2021 年年初已呈现强劲反弹趋势。数据显示，2021 年第一季度，中国金融科技投融资总额达到 126.7 亿元，而 2020 年同期仅为 55.9 亿元，增速 127%（见图 24.1）。整体来看，金融科技投融资仍然集中在北京、上海、深圳、广州、香港、杭州等金融业发达的城市。同时，金融科技产业逐渐走出“资本镀金”的风口，更加聚焦于支持金融业服务实体经济的本质。金融科技投资目前覆盖了包括保险科技、银行科技、证券科技、监管科技、跨境支付、风控管理、财税服务等领域的成熟标的。从投资主体看，产业投资机构侧重对自身主业的互补与提升，以互联网巨头为代表的科技企业多结合自身生态，对涉及业务相关的金融科技公司进行战略投资。

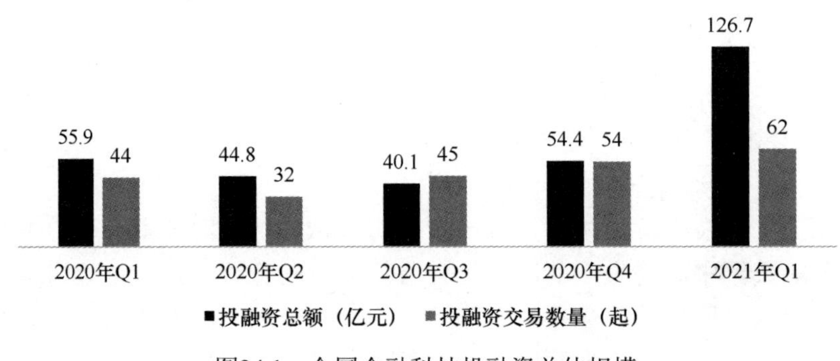

图24.1　全国金融科技投融资总体规模

资料来源：CB Insights。

24.3　移动支付

2021 年支付业务统计数据显示，银行账户数量基本稳定，非现金支付业务量快速增长，支付系统业务金额稳步增长，全国支付体系运行总体平稳。

1. 第三方支付发展迅猛，监管要求逐渐增加

中国人民银行于 2021 年 1 月发布关于《非银行支付机构条例（征求意见稿）》公开征求

意见的通知，该文件再次强调持牌经营、用户数据保护和反垄断监管。中国人民银行发布的《非银行支付机构客户备付金存管办法》明确提出，支付机构间开展合规合作产生的备付金划转应当通过符合规定的清算机构办理。断直连和备付金集中存管使得机构间的资金划转进一步实现合规化管理，有效防控风险。

移动支付平稳发展，有效地提供了便民服务。中国人民银行鼓励移动支付业务发展。支付宝、微信支付等支付工具为用户的线上线下消费场景提供了便利工具，有效地支持了移动互联网、电子商务、互动娱乐、产业互联网等互联网产业的发展，同时通过构建 B 端行业解决方案有效地赋能传统产业的数字化转型升级和高质量发展。与此同时，支付产业生态中的更多支付服务提供方从多个方向发力支付业务，中国银联、中国移动、中国联通、中国电信等旗下有支付牌照的机构依托产业生态发展创新支付产品，进一步丰富了支付产品，提高了支付效率，提升了支付体验。

2. 新技术应用不断深化，移动支付加速智能化升级

以 5G、AI 为代表的新一代信息技术加速应用，推动移动支付智能化升级。5G 具有低时延、高可靠、高速率等优势，带来“无限连接”；AI 具有智能并行计算、智能分析、智能决策等特点，带来“无限智慧”。两者在移动支付领域的深化应用和融合创新，使移动支付在方式与形态、支付安全等方面实现智能化升级。

一是在支付方式与形态智能化升级方面，基于 5G 消息技术和 AI 机器人的综合应用，实现移动支付与传统银行业务的更高质量融合，为用户提供多功能、轻量化、个性化的支付服务。例如，中国工商银行推出的 5G 消息平台，通过 5G 消息智能交互与文本自动分析能力，为用户带来更加便捷的移动支付新体验。二是在支付安全智能化升级方面，AI 为移动支付提供应对海量交易的智能并行计算能力、智能决策算法能力、智能分析处理能力，为其提供更加强大的智能化安全保障能力。例如，西安银行借助 AI 技术，在支付交易的数据收集、管理与监测、风险控制等方面构建智能化的监控“天网”，提升银行的支付安全保障能力。

3. 疫情影响下的跨境支付需求强劲，成为支付科技创新应用热点

新冠肺炎疫情背景下跨境交易规模持续攀升，跨境转账需求激增。近两年，在新冠肺炎疫情的影响下，跨境电商迅猛发展，跨境转账需求迅速增长，中国支付清算协会数据显示，截至 2021 年第一季度，境外外币支付系统处理业务 83.24 万笔，金额 5162.39 亿美元，同比分别增长 72.02%和 64.72%，日均处理业务达 1.39 万笔，境内外币支付系统业务量在全球疫情冲击下呈现逆势增长态势，跨境转账领域迎来新的发展机遇。

用户需求和市场规模的快速增长，进一步带动了跨境支付领域的科技应用与业务创新。当前，跨境支付面临的主要问题包括交易时间长、交易成本高、安全性差、自主性弱等多个方面，尤其是在市场交易规模不断攀升的背景下，如何通过科技手段快速提升跨境支付业务效率和改善用户体验，成为当务之急。对此，市场头部支付服务机构积极构建新型的跨境支付交易平台，实现跨境支付领域的“降本增效”。例如，蚂蚁集团推出的 Trusple 平台，以蚂蚁链为基础，运用区块链技术，实现了从订单到付款的全流程保障，解决了支付安全、贷款无法及时到账、无法保障供应商按时发货等阻碍跨境交易的核心障碍。

24.4 消费金融与互联网贷款

1. 消费金融进入稳定增长期，牌照价值凸显，转型推动增长

2021 年，新冠肺炎疫情在我国进入常态化防控阶段，居民消费能力及消费水平已恢复至疫情暴发前的水平。根据中国银行业协会发布的《中国消费金融公司发展报告（2021）》，截至 2020 年年底，消费金融公司资产规模首次突破 5000 亿元，达 5246.49 亿元，同比增长 5.18%；贷款余额 4927.8 亿元，同比增长 4.34%。同时，2021 年以来，多家消费金融公司增加了注册资本，如招联消费金融注册资本由 38.69 亿元大幅增至 100 亿元，苏银凯基消费金融注册资本由 6 亿元大幅增至 26 亿元，等等。在畅通国内消费需求的大环境下，消费潜力将进一步释放，同时随着行业监管的加强，市场准入门槛提升，传统商业银行和各持牌消费金融机构等参与主体将进一步享受消费贷款规模增长的红利。

2. 消费金融目前仍以银行系为主，科技助力实现绿色消费金融

商业银行、产业公司与互联网公司是消费金融股东的三大类型，其中银行系在其中占据相对优势，30 家消费金融公司中，银行系占据 19 家，其余公司中也有部分存在银行参股。伴随着行业的进一步发展，消费金融的股东类型走向融合趋势，“互联网+银行”“产业+银行”等模式逐渐出现。

移动互联网、云计算、大数据、人工智能、物联网和区块链等前沿技术的兴起带动消费金融行业数字化运营能力快速提升。后疫情时代，消费金融用户加速向线上渠道迁移，银行等机构加速数字化转型进程，在经营理念、产品服务、业务流程、用户体验等方面开启变革。在积累成熟的技术经验之后，消费金融公司开始从后台走向前台，支持开放金融体系建设，借助自身科技能力与合作伙伴形成互补，赋能上下游企业协同发展，在行业中已陆续涌现出先进案例。招联消费金融依托金融科技，着力提升绿色金融发展质效，通过技术革新实现了业务线上化、无纸化、智能化，进而达到节能减排的效果，深入践行了全流程数字化绿色金融服务。招联消费金融坚持创新驱动发展战略，于同业中率先打造了纯线上消费金融发展新模式，自主构建了以“云技术”为基础的消费金融系统，成为同业首家“去 IOE”的消费金融公司，不仅降低了设备和运维成本，而且积累了技术管理经验，为践行普惠使命提供了先发优势。通过在科研投入、前沿技术探索等领域的持续发力，招联消费金融优先提出了虚拟职场远程金融服务解决方案。虚拟职场建设所需要的资源环境，均可“一键”拉起，按需配置，30 分钟即可建立一个千人规模的虚拟职场。虚拟职场不需要现场办公，不仅解决了多个城市客服人员疫情期间的就业问题，还为超过 200 名残障人士提供了便利的就业岗位。而马上消费金融则采用另一种创新模式，聚焦“自营+开放平台+金融云”轻资产模式运营，通过科技能力和开放平台，灵活地链接资产端和资金端，形成闭环业务链，依托自身科技能力推进绿色金融发展，已通过线上无纸化、人工智能、金融云等方面减少二氧化碳排放 73.41 万吨。

3. 监管完善驱动消费金融与互联网贷款市场规范发展

2021 年以来，消费金融行业的监管规定密集出台，2021 年 1 月银保监会出台《消费金融公司监管评级办法（试行）》，从合规、风控、服务、资本、科技五大指标将消费金融公司分为 A、B、C、D 共 4 级，并进行分类监管。

2021 年 2 月，银保监会出台《关于进一步规范商业银行互联网贷款业务的通知》，明确商业银行与合作机构共同出资发放互联网贷款的，应严格落实出资比例区间管理要求，单笔贷款中合作方出资比例不得低于 30%；商业银行与合作机构共同出资发放互联网贷款的，与单一合作方（含其关联方）发放的本行贷款余额不得超过本行一级资本净额的 25%。相应文件的出台促进互联网贷款管理进一步实现规范化发展和可持续发展。

24.5　数字人民币

1. 试点城市和参与机构不断增加，覆盖范围持续扩大

数字人民币试点城市不断扩增，呈现“10+1”试点区域格局。数字人民币的试点充分考虑了实际应用场景、区域协调发展和各地区产业经济特点情况，截至目前选取了深圳、苏州、雄安、成都、上海、海南、长沙、西安、青岛、大连 10 个试点城市，覆盖了长三角、珠三角、京津冀和成渝都市圈等多个重点地区。同时，数字人民币试点还特别将 2022 年北京冬奥会场景作为试点区域，结合试点城市情况，数字人民币试点区域初步形成“10+1”格局。

试点参与机构覆盖多方主体，共同构建数字人民币发展生态。参与数字人民币试点的相关机构也覆盖了多个主体，既包括工、农、中、建、交、邮储六大国有银行在内的传统金融机构，其作为数字人民币试点的指定运营机构，在数字人民币的存、管、用等多个环节发挥着核心作用；也有大型互联网平台公司及旗下的互联网银行，如网商银行、微众银行等，为数字人民币试点提供电商、娱乐等多种渠道和场景；还有电信、移动、联通三大运营商参与，为数字人民币提供重要载体。多方主体发挥不同能力优势，共同推动数字人民币的试点应用。

2. 数字人民币应用场景日趋丰富，应用模式持续创新

数字人民币应用场景、用户数及交易额初具规模。中国人民银行数据显示，截至 2021 年 6 月底，数字人民币试点场景已达 132 万个，以日常政务、购物、交通等小额支付场景为主，未来还将持续向跨境支付、外汇管理等大额支付场景延伸。同时，数字人民币用户数与使用量渐增，已开设个人钱包 2087 万余个，对公钱包 351 万余个，交易订单 7075 万余笔，累计交易额度约 345 亿元，规模化试点取得初步成效。

随着数字人民币的功能和覆盖范围持续扩展，各试点机构积极结合外部场景，探索数字人民币应用新模式。例如，中国工商银行上线的成都天府通公交预付卡，实现公共出行领域智能合约应用创新突破；中国银行打造的“复兴壹号”，成为全国首家实现数字人民币缴纳党费的智慧党建平台。未来，数字人民币将聚焦政务、“三农”、教育、城市建设等领域，结合试点发展规划，积极打造多个“智慧+”“数字+”应用新模式。

24.6　供应链金融

1. 多政策驱动供应链金融数字化转型

近年来，供应链金融受到国家各层面的高度重视，国家政策作为行业的风向标，对于行

业发展战略、发展方向等具有重要的指导性意义。2020 年 9 月，中国人民银行等发布的《关于规范发展供应链金融 支持供应链产业链稳定循环和优化升级的意见》指出，“金融机构与实体企业应加强信息共享和协同，提高供应链融资结算线上化和数字化水平。”

2021 年，《中华人民共和国国民经济和社会发展第十四个五年规划和 2035 年远景目标纲要》（以下简称“十四五”规划）强调“聚焦提高要素配置效率，推动供应链金融、信息数据、人力资源等服务创新发展”。在国家的推动下，“金融+科技”的供应链金融发展已经被提上了日程。大型企业、互联网平台、金融机构供应链与金融产业链的参与方，纷纷开始推进供应链金融的数字化升级。以平安银行为例，平安银行的“技术+金融+产业”创新，一方面，让金融机构能够打通产融信息壁垒，深入产业链场景及生态，解决中小企业的授信难、融资难的问题；另一方面，对于产业链上众多没有实力进行数字化升级的企业来说，从某种程度上可推动企业的数字化、自动化、智能化转型。

在大宗商品仓储物流领域，利用物联网终端等信息化手段一方面能够进行实时数据采集，将大宗商品的动产属性转化为不动产属性，从而通过动产质押为大宗商品行业提供融资支持；另一方面可通过技术实现仓储场景信息透明可控，推动仓储行业数字化升级。供应链金融发展过程如图 24.2 所示。

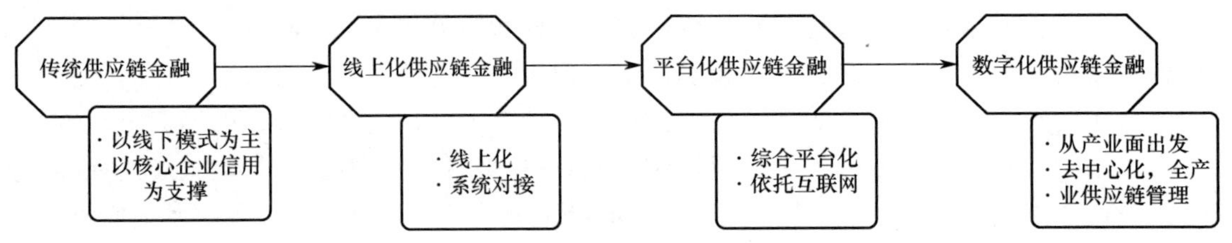

图24.2　供应链金融发展过程

2. 供应链金融助力产融合作平台发展

2020 年，国家数字化转型的政策文件中频频提及的“产融合作”，可以从两个方面理解：“由产而融”，即将产业资本投入金融行业，一般需要有一定规模的大型企业才有实力去做产业资本投资布局。“由融而产”，即金融资本进入产业，金融行业对于产业的金融服务与赋能。

国家产融合作平台是在工业和信息化部指导下，由中国信息通信研究院牵头负责建设运营的公共服务平台，旨在推进产业融合政策管理与政务服务线上化、数据分析与信息对接智能化、能力建设与多方合作生态化，将有助于构建产业与金融良好的互动生态环境，深化金融服务创新。

24.7　数字金融与开放银行

1. 金融科技加速银行业开放和数字化转型

数字金融是商业银行数字化转型的重要驱动力，由银行建立的开放银行平台和基于平台技术能力所实现的面向各行业的解决方案组成。

银行系的开放平台已迈入“Open API+”阶段，以客户为中心，以 API、SDK、H5 等技术实现方式为纽带，在输出银行自有金融产品与服务的基础上，对接来自保险、证券、资管甚至银行同业的产品、技术与服务，为客户提供多元化的服务。在“Open API+”阶段，银行开放平台将逐渐实现真正的接口标准化与业务规模化。由此，开放银行将具备尖端金融科技能力，实现多维产品、技术、服务的输出。

银行基于开放平台的技术能力，面向政务服务客群（To G）、零售服务客群（To C）、对公企业客群（To B）等客群提供专业的产品和服务，以客户需求为导向，灵活组合产品与服务功能，形成专业的行业解决方案，无缝融入客户的业务场景中。

2. 银行从开放银行向数字金融发展

我国银行业对于开放银行的探索，最早是在电子银行、直销银行等在线银行模式的基础上推出的开放式银行架构。截至 2021 年 12 月，已有近 100 家银行上线或正在加速发展数字金融业务。

以广发银行、浦发银行、平安银行等为典型代表的专业金融机构凭借信息科技实力和数字金融创新能力在多个行业的解决方案中实现了突破，促进了行业的数字化转型升级。例如，广发银行通过广发数字破产云平台数字金融解决方案破题司法破产清算这一专业领域的数字化难题，为行业的发展提供了成功的创新范例。专业金融机构通过对司法破产行业的深度研判，整合云计算、AI、区块链、大数据、移动互联网、实景角色演绎（RPA）、开放银行等核心技术，建设广发数字破产云平台，构建了办案处置线上化、资产执拍一体化、金融服务便捷化、监督评价透明化、产品部署云端化的先进数字金融模式，从而形成完善的行业级解决方案，实现破产处置流程由“传统线下模式”向“全流程线上操作模式”的数字化跃升，赋能司法破产行业高质量发展。

在金融科技、开放共享趋势背景下，金融机构争相依托开放平台并结合应用场景发展数字金融业务。一是银行的金融服务内容更加广泛，从传统理财等金融服务拓展至生活缴费、电商购物、出行等多个场景；二是 5G 时代资产数字化、用户数字化形态更加丰富，驱动金融服务范围进一步延伸；三是银行在金融服务能力建设中，从封闭自建到合作参与、共建共赢转变，开放银行与数字金融业务合作已成为银行抢占未来战略制高点的重要方向。

24.8　互联网理财

1. 互联网理财需求增加，推动理财产品供给创新

随着中国经济的快速崛起，中国居民的财富迅速增加，如何满足人民群众日益增长的财富管理需求，是新时代资本市场发展的重要使命，也是中国财富管理机构的历史性发展机遇。尤其是 2020 年新冠肺炎疫情暴发后，提供线下理财服务的营业网点暂停营业的情况时有出现，由于互联网理财服务拥有无接触性、便利性、普惠性、低成本和透明性等诸多优点，越来越多的传统财富管理业务向智能化与线上化转移。目前，互联网财富管理服务已经在中国居民理财投资活动中扮演着举足轻重的角色。中国互联网理财用户自 2015 年以来持续增加，从 2015 年的 2.4 亿人增加至 2021 年的 6.3 亿人，增长超过 1.6 倍[1]。互联网理财用户的持续

1 资料来源：艾媒咨询。

增加促使证券行业、银行理财子公司、财富管理机构意识到线上业务所蕴含的广阔市场空间，驱动各单位进行网络化业务升级，抓住互联网理财行业发展红利，以华泰证券、平安证券为典型代表的多家机构通过自建互联网理财 App 获取海量活跃客户，业务呈现快速增长趋势。

2. 互联网理财需求从固收类向权益类加速转型，深化科技应用

随着以“资管新规”为代表的新阶段财富管理监管政策的不断落实，刚性兑付型产品逐步淡出市场，盈亏自负净值型产品成为主流，用户需求也加速从固收类向权益类转型。结合服务需求和服务能力，要做好权益类产品服务，必须拥有更加精准的财富管理用户需求分析能力、市场趋势判断能力和资产配置决策能力。因此，通过深化科技应用，提升投研分析、资产配置和风控合规等主动管理能力，对财富管理机构而言显得更加重要。

具体来看，一是在投研环节，使用大数据、知识图谱等技术智能整合数据信息，自动生成投研报告供分析师、投资者使用，辅助决策；二是在资产配置环节，使用特定算法模式管理客户账户，结合投资者风险偏好、财产状况与理财目标，提供自动化的资产配置建议；三是在风控环节，利用机器学习发现市场交易中的异常行为，打击市场操纵并提前风险预警。

24.9 互联网保险

1. 数字化进程加快，科技深度赋能保险业成为明显趋势

政策方面，2020 年 12 月 7 日，银保监会正式发布《互联网保险业务监管办法》，该办法自 2021 年 2 月 1 日起施行。《互联网保险业务监管办法》对持牌要求、业务管理、跨区域保险、互联网平台从事保险业的要求等都做了相关规定，在保护消费者权益的同时，推动行业发展转向智能化和移动化。

面对全新需求，保险业重心向数字化能力建设转变。高质量发展要求促使保险业整体加大科技能力建设，保险业重心逐渐从营销扩规模向科技提能力转变。2020 年，保险机构科技总投入为 351 亿元，同比增长 27%[1]，各大保险公司不断增加资金投入与金融科技能力建设，服务质量和运营能力成为机构建立差异化优势的关键，科技能力作为重要输入越来越受到重视。

2. 多元化主体入局保险科技领域，进一步带动了保险业数字化变革发展

多元主体为保险业注入全新变革动力。第一类是互联网巨头等具有一定技术实力的主体开展保险业务，且已形成一定规模，带来保险业科技门槛“水涨船高”，进而推动全行业加大科技投入以提升竞争力。第二类是传统保险机构成立保险科技子公司，如中国太保已同意出资 7 亿元筹建金融科技子公司布局保险科技。第三类是行业核心企业，积极探索保险与主业的双向融合。一方面，传统行业巨头为补齐主业业务板块、完善商业链条，通过成立保险子公司等形式布局保险服务，如中石油成立昆仑保险、中国移动入股海达保险经纪，在获取收益的同时为主业赋能；另一方面，产业链核心企业的加入为保险产品的转型升级提供了新思路，如特斯拉成立保险经纪公司，基于车载智能设备和车联网，将收集到的客户行为和汽

1 资料来源：中国银保监会。

车状况的数据纳入风控模型，与保险公司合作推出定制化的车险产品。

24.10　金融征信

1. 国家出台多项征信法案，保证个人信息安全

2021 年 1 月，中国人民银行就《征信业务管理办法（征求意见稿）》公开征求意见，10 月中国人民银行发布《征信业务管理办法》，自 2022 年 1 月 1 日起施行，明确采集个人信用信息，应当采取合法、正当的方式，遵循最小、必要的原则，不得过度采集。切实履行对征信业的监督管理职责，从严督促征信机构、金融机构等各类市场主体，依法合规开展征信业务活动，促进我国征信业规范健康发展，为健全具有高度适应性、竞争力、普惠性的现代金融体系，有效防范化解金融风险提供征信支持。

目前，我国建立了以中国人民银行征信中心为主的监管背景征信机构和市场化征信的多层级市场，在个人征信方面，对百行征信和朴道征信等机构发放牌照支持业务合规发展；在企业征信方面，134 家企业征信机构和 59 家信用评级机构完成备案，形成人民银行征信中心与市场化征信机构优势互补的发展格局，在增加征信有效供给、服务中小微企业融资和支持实体经济发展等方面发挥了重要作用。

2. 互联网金融借贷服务监管加强，二代征信工作稳步进行

随着互联网金融服务快速发展，互联网信贷产品服务也开始逐步完善个人信用信息报送体系。例如，2021 年 9 月，花呗接入中国人民银行征信系统，其提供的庞大用户数据能够对整个信贷体系产生价值，使得商业银行及信贷类金融机构在评估用户资质时拥有更加丰富的维度，一些原先传统金融机构眼中的“信用白户”将因此拥有信用记录，整体而言，有利于完善金融信用体系。

此外，中国人民银行征信系统持续升级，2020 年 1 月 17 日，中国人民银行征信中心启动了二代征信系统切换上线工作，自 2020 年 1 月 19 日起，征信中心面向社会公众和金融机构提供二代信用报告查询服务。相较于一代征信系统，二代征信系统有多个方面的改进与变化，采集业务范围更广、数据项更多，使得二代征信系统被誉为史上最严的征信系统，二代征信系统能更精准地反映信息主体的信用情况。

在数字经济时代，随着数据的丰富和技术的发展，征信数据在信用评估等业务中作用愈加重要。商业银行应用好二代征信，意味着商业银行就个人信用信息的采集及报送流程更加系统化、规范化，既有利于提升金融信息的质量，也能够强化持牌金融机构的金融大数据能力，为后续充分运用大数据挖掘有价值的决策参考信息奠定基础。个人信用信息的呈现将更加丰富与详尽，数据的维度会逐步丰富。征信系统在支持疫情防控、复工复产、便民服务、支持实体经济发展等方面都发挥了积极作用。

24.11　互联网金融信息安全与监管

数字经济时代，数据要素已成为核心生产要素与推动经济发展的核心力量。数据要素价

值也正不断得到释放。金融业作为数据密集型行业，近年来，我国金融监督管理部门高度重视个人金融信息保护工作。2021 年，《个人信息保护法》第 28 条将“金融账户”等重要信息归类为敏感个人信息加以保护，推动了个人金融信息保护迈入新阶段。随着个人金融信息利用行为所隐含的技术风险增长，个人金融信息在技术迭代中被侵犯的事件也屡屡出现。同时，金融消费者在维护金融信息权益时，面临信息不对称致使数据有效性降低等诸多问题。2021 年部分信息安全相关政策如表 24.1 所示。

表 24.1　2021 年部分信息安全相关政策

发布时间	政策法规名称	主要内容
2021.1	《中国银保监会监管数据安全管理办法（试行）》	旨在建立健全监管数据安全协同管理体系，其中在数据采集和使用方面，明确监管数据的采集应按照安全、准确、完整和依法合规的原则进行，避免重复、过度采集。监管数据仅限于银保监会履行监管工作职责使用，监管数据的使用行为应通过管理和技术手段确保可追溯
2021.6	《数据安全法》	作为我国数据安全领域的基础性法律，涵盖总则、数据安全与发展、数据安全制度、数据安全保护义务、政务数据安全与开放、法律责任等方面，旨在规范数据处理活动，保障数据安全，促进数据开发利用，保护个人、组织的合法权益，维护国家主权、安全和发展利益
2021.8	《个人信息保护法》	涵盖总则、个人信息处理规则、个人信息跨境提供的规则、个人在个人信息处理活动中的权利、个人信息处理者的义务、履行个人信息保护职责的部门、法律责任等方面，旨在保护个人信息权益，规范个人信息处理活动，促进个人信息合理利用，标志着我国个人信息保护立法体系进入新的阶段
2021.10	《网络数据安全管理条例（征求意见稿）》	规范了网络数据处理活动，保护个人、组织在网络空间的合法权益，维护国家安全和公共利益，同时更加强调数据处理活动的边界，维护国家安全、数据主权的决心，界定了只要动作行为是在我国境内开展对个人或组织数据的利用、处理、分析、评估等行为，无论境内主体、境外主体都会受到此管理条例的约束
2021.12	《金融数据安全　数据安全评估规范（征求意见稿）》	规定了金融数据安全评估触发条件、原则、参与方、内容、流程及方法，明确了数据安全管理、数据安全保护、数据安全运维 3 个主要评估域及其安全评估主要内容和方法

金融领域信息安全风险时有发生，金融信息和相关系统安全防护仍需补强。近年来，伴随着 IT 基础设施的持续升级与革新，也带来了个人信息泄露、系统恶性攻击等信息安全事件的频繁爆发，严重威胁国家利益与公民隐私；尤其金融领域信息安全涉及公民关键身份信息和财产安全，金融信息基础设施安全防护备受关注。现阶段，金融信息和相关系统依然面临身份伪造、数据泄露等诸多安全风险隐患，为了进一步增强金融信息基础设施的内生安全水平，需要强化加密认证等安全手段的运用。

密码是保障网络和信息安全的核心技术和基础支撑，可有效推动信息保护和安全认证。我国持续积极推动金融领域密码应用，2019 年年底《密码法》颁布后，密码应用落地节奏进一步加快，取得阶段性成效。目前，智能 IC 卡、跨行交易、网上银行等传统业务的密码应用已相对成熟，如应用国密算法的银行卡累计发卡量超过 10 亿张，然而面向移动金融、数字货币等新业态的密码应用还需持续探索。未来，随着密码在银行、证券、保险等领域的持续广泛、深入应用，可进一步增强金融内生安全，有效实现保护金融交易安全、协助构建金融信用体系、发展数字货币技术等效果。

24.12　发展趋势与挑战

随着金融科技的普及，金融市场的进一步发展，金融科技的产业格局也发生了许多新的变化。5G、人工智能、大数据、云计算、区块链、物联网等金融科技手段正从多方面与传统金融服务相融合，推动金融机构加快数字化转型。

1. 金融科技监管趋严，监管框架和体系建设仍然任重道远

“十四五”规划中明确提出，要“探索建立金融科技监管框架，完善相关法律法规和伦理审查规则”。近一年来，针对金融科技的监管政策不断出台，尤其是在数据安全、反垄断等重点领域，监管措施得到有效强化，而从“十四五”期间的未来发展趋势来看：一方面，创新监管试点将持续扩大，应做好创新和风险的平衡，包括监管区域、监管领域、核心技术、参与主体将进一步扩大，全面覆盖科技赋能金融业的方方面面，让尽可能多的问题在试点中暴露出来，保证金融科技的创新不改金融的本质，同时在风险可控的前提下，鼓励科技手段在金融服务中深入应用。另一方面，系统化监管框架的建立是一个长期的过程。金融科技创新监管试点扩大，给系统化监管框架提供实践基础，通过各个层面的实践逐步探索建立系统化监管框架，而且这一框架也是要经历持续修订的过程。金融业现有系统的监管框架是在数十年实践中形成的，金融科技对于传统金融业在多个领域形成冲击，且金融科技依然处于快速发展过程中，一些基本原则性的监管规则可以稳定下来，但对于很多量化的和具体的监管指标要求也需要持续观察和修订，因此系统化的监管框架建设是一个长期过程。

2. 金融科技提升绿色金融供给，形成低碳经济“绿色共识”

金融科技拓展绿色金融服务边界，助力各行业绿色发展。传统绿色金融多聚焦交通运输、能源行业。随着金融科技的引入，绿色金融呈现多元化推进趋势，并向各行各业拓展。截至 2021 年第一季度末，传统产业如电力、热力、交通运输业绿色信贷余额占比为 58%，绿色农业、绿色制造、绿色建筑等非传统产业绿色信贷余额占比升至 42%，呈现逐年递增的态势。其中，金融科技发挥了重要作用，金融机构利用大数据、物联网等技术，高效采集行业环境效益数据并实时监测，为不同行业提供精准化、特色化绿色金融支持。在此基础上，金融机构联合企业建立管理信息平台，完善各行业绿色金融需求数据，从而解决绿色金融供需错配问题。例如，兴业银行创新构建包含企业金融、投行与金融市场在内的绿色金融集团化产品体系，为新能源、钢铁、造纸等多个行业提供多元融资服务。

3. 金融科技生态开放合作态势更加显著，合作广度与深度不断拓展

金融科技产业生态开放创新趋势显著，主要体现在以下两个方面：一是金融与科技双向互动合作愈加频繁，合作广度不断拓宽。金融科技产业生态参与主体开放意愿提高，范围逐渐由国有大型银行等大型金融机构拓展至区域性银行等中小型金融机构，银行业、证券业、保险业齐头并进，百花齐放。二是合作形式更加多样，合作内容更加深入。双向跨领域的合作模式不再仅停留于签订战略合作协议的阶段，而是深入发展至联合建立实验室、合作开发平台、合作成立合资公司等，合作领域也从移动支付、零售金融等消费场景拓展至云服务、OpenAPI、SDK、密码等新一代技术领域，以及普惠金融、绿色金融、综合金融等应用领域。

4. 金融科技与产业数字化双轮驱动，完善数字经济内生动力

一是金融科技将进一步助力金融服务深入产业场景。在金融科技加持下，数字化金融服务在一定程度上已成为产业数字化解决方案的有机组成部分，如多个工业互联网平台嵌入了基于区块链的金融服务方案，可以对上游供应商、下游采购商信用和信贷数据进行上链管理，将进一步提升工业互联网平台的服务能力，增加产业链黏性，尤其是对解决工业互联网平台上中小企业的融资难问题有明显作用。场景金融服务已成为很多产业数字化解决方案的有机组成部分，预计 2022 年金融服务会更广泛、更深入地嵌入各产业数字化转型场景中，助力工业互联网、智慧能源、智慧医疗、智慧农业发展。二是产业数字化带来的数据增信，将有助于推动金融服务的高质量创新转型。随着“上云用数赋智”行动的规模落地，各企业在研发、生产、流通等环节都将实现数字化，从而会产生大量的实体经济运行数据，为金融服务的创新提供重要输入，形成增信手段。预计 2022 年会形成一批产业数字化增信的金融产品创新，实现数字化和金融科技的深度融合，服务实体经济。

撰稿：李京、王梓岚
审校：柳文龙

第 25 章　2021 年中国网络游戏发展状况

25.1　发展环境

1. 政策环境

未成年人网络游戏发展保护进入新阶段。2021 年上半年，我国网络游戏行业加强事中、事后监管工作，压实防沉迷责任，落实《未成年人保护法》的相关要求，加快游戏实名验证平台的企业对接，加大对不良游戏的处罚力度，厚植绿色生态土壤，净化行业环境，游戏行业在落实社会责任和加大规范化管理的道路上持续前行。通过适龄提示等标准化手段的推进和企业自主落实防沉迷措施的实践活动，游戏生态更加健康规范，并为国家“繁荣发展文化事业和文化产业，提高国家文化软实力”的战略目标持续贡献自己的力量。

地方加大扶持力度，助力游戏产业发展。2021 年，北京、上海、江苏、浙江、福建等地区相继出台了推动数字出版、电竞发展及园区打造等发展政策，在增加城市辨识度的同时，拉动了当地旅游、文创等产业的发展，吸引了众多用户参与，这对游戏产业实现差异化发展、发挥区域集聚效应起到了明显的正向推动作用。此外，2022 年第 19 届亚运会的预期带动效果，以及电竞人才建设在专业教育和职业培训的全方位铺开，加速了城市的数字化转型，提升了全民参与的城市凝聚力。

2. 产业环境

产业发展稳定，细分市场成为新的增长点。2021 年，中国游戏产业呈平稳发展态势，社会影响力逐渐提升。作为数字文化产业的重要组成部分，游戏的市场细分持续分化，商业价值日渐凸显，成为拉动数字文化经济产业发展的新的增长点。技术的加速和产品质量的提升，拉伸了用户对游戏产业的产品认知，提升了社会关注度和参与度，用户付费意愿持续上升，ARPU 值（每用户平均收入）实现了高速增长的发展态势。在用户细分市场方面，游戏产业的人口红利逐渐减退，用户规模进入存量竞争阶段，消费习惯逐渐回归理性，产品质量成为甄选内容产品的重要准则。随着互联网技术的普及和数字乡村政策的大力推行，农村、偏远地区的移动互联网络普及率逐年提升，为游戏产业的区域辐射和业务拓展提供了新的发展机遇。2021 年上半年，游戏产业深耕潜在消费市场，区域业务持续下沉，女性用户、老年用户及三四线的城市用户注册率和体验率有了大幅度的提升。

25.2 发展现状

1. 游戏企业战略布局升级，双效合一践行高质量发展

游戏企业是产业经济增长和规模化发展的主体，也是国家文化产业政策的践行者，其承担的社会责任要求它们必须坚持把社会效益放在首位，通过规范发展实现社会效益和经济效益的有机统一，并为广大用户营造出绿色健康、风清气正的网络虚拟空间。2021 年，我国游戏企业的战略布局持续升级，研发投入占比不断提升，传承中国优秀文化和核心价值观的主题思想，深耕内容建设，并以研发为依托不断在技术、IP 运营等多个细分领域持续发力，通过建立“研运一体+投资+代理”的统筹发展模式，不断丰富多层次文化供给，推动了企业的持续健康发展。随着网络游戏市场增长逐年放缓，以及部分头部企业全力打造精品游戏所带来的市场竞争加剧，游戏厂商的买量成本随之逐渐上升，部分企业依靠单一发展模式增收不增利，这对企业的长久发展和综合运营能力提出了新的考验。

2. 游戏精品化发展，全方位推进长线布局

游戏精品化发展是近年来游戏产业前进的持续动力。加大精品游戏的技术、人才、资本的投入，提升具有自主知识产权的网络游戏核心技术的研发力度，加速精品游戏的规模化产出成为中国游戏企业提升核心竞争力的重要手段。2021 年，腾讯、网易、完美等多个头部企业均将多元化作为拓展游戏业务发展的核心战略之一，其中自主研发的游戏产品布局向着多类型、多模态、多覆盖、多渠道的方向不断前进，网络游戏与前沿技术不断地融合发展。在众多的游戏产品类型中，移动游戏依旧占据整个行业的核心赛道，部分 3A 体量大作实现了从 PC 端向手机端的渠道延伸，游戏种类也在不断丰富，大量突出社会服务价值的功能游戏、休闲品类游戏的比重逐渐提升，数字技术赋能及 IP 产品的价值深耕极大地拓宽了游戏产品的内容创作渠道，中国游戏拥有了更为广阔的市场上升空间。

3. 自媒体平台快速发展，私域流量搅动竞争格局

近年来，随着自媒体平台的快速发展，私域流量的积累为游戏的发行提供了新的投放基础。在精准营销技术的辅助下，自媒体平台的游戏投放取得了令人瞩目的效果。根据字节跳动公布的数据，目前抖音平台的日活跃用户数量已突破 6 亿人。同样，作为流量巨头的快手近两年在游戏领域也频频活动，业务涉及小游戏、代理联运、自研等。

4. 移动游戏市场高速迭代，创新产品表现突出

2021 年，中国移动游戏厂商新品储备丰富，且逐渐在更加细分的品类赛道上深耕，如在开放世界、末日生存及女性向恋爱互动等新兴赛道上，各厂商均有不同的探索。腾讯将陆续推出《光与夜之恋》《诺亚之心》《黎明觉醒》；字节跳动部署的朝夕光年继续在重度游戏上加快布局，《火影忍者：巅峰对决》的预约人数已超过 800 万人。

25.3　市场与用户规模[1]

1. 市场规模

易观分析数据显示，2021 年，我国网络游戏市场规模达到 3647.82 亿元，同比增长 7.10%。近年来我国游戏产品内容逐渐向精品化发展，无论是玩法创新、内容呈现还是技术水平都相较以往有着长足进步。与此同时，由于版号申请门槛提高，用户对游戏内容体验的口味更加挑剔，精品化内容的生命周期逐渐拉长，使得 2021 年居家红利消失后整体的游戏产业规模仍旧保持增长。未来，伴随着游戏产业从质量端、内容端及技术发展，如 AR、VR、云服务、人工智能等多个新兴领域的发展，将拉动游戏产业的新一轮增长。预计到 2022 年，我国游戏产业规模将达到 3838.60 亿元（见图 25.1）。

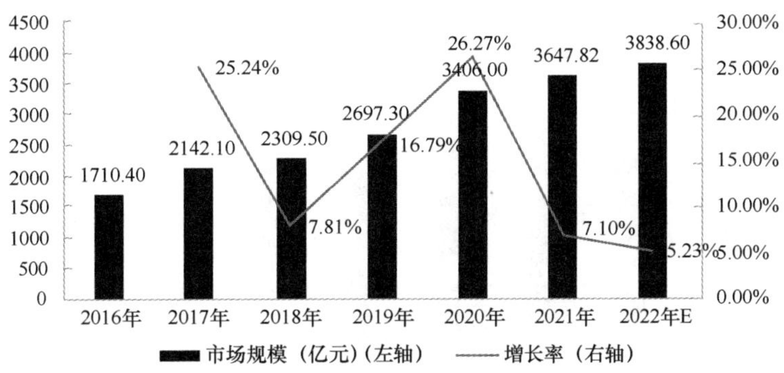

图25.1　2016—2022年中国网络游戏市场规模及增长率

2. 用户规模

易观分析数据显示，2021 年，我国网络游戏用户规模达到 7.1 亿人，增长率为 9.57%。受新冠肺炎疫情影响，2019 年、2020 年我国网络游戏用户人口增长的红利在 2021 年显现。同时，政策对网络游戏进行监管的同时，也对网络游戏在社会舆论方面带来了利好的正面影响。未来，随着电竞入亚及更多优质游戏内容产品的影响，预计到 2022 年我国网络游戏用户将达到 7.5 亿人（见图 25.2）。

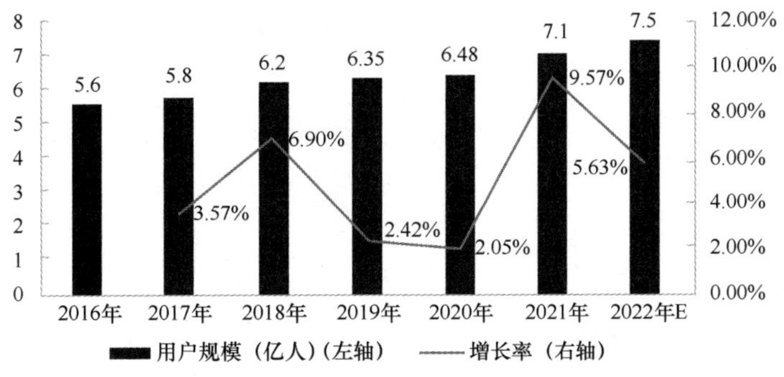

图25.2　2016—2022年中国网络游戏用户规模及增长率

1 资料来源：易观分析根据监测数据及公开资料整理。

25.4 细分领域

目前，我国网络游戏市场主要存在 3 类游戏产品：通过客户端形式在个人电脑中下载、安装和运行的客户端游戏；以网页形式在个人电脑中通过浏览器等工具直接打开和运行的网页游戏；在以手机为主、平板电脑为辅的在移动个人设备中运行的移动游戏。移动游戏得益于其广泛的受众规模和碎片化娱乐的特征，市场规模遥遥领先于其他任何平台类别的游戏，占整体市场规模比例达 79.20%。客户端游戏市场处于存量竞争阶段，发展速度放缓，但客户端游戏用户往往经验丰富、游戏忠诚度较高、且付费习惯稳定，所以客户端游戏仍将稳定占据一定的市场份额，占整体收入的 19.00%。网页游戏近年来受到移动游戏市场的冲击，相关企业纷纷将旗下网页游戏改变为移动游戏，网页游戏的市场份额逐年下降，2021 年在整体市场上的份额已不足 2%（见图 25.3）。

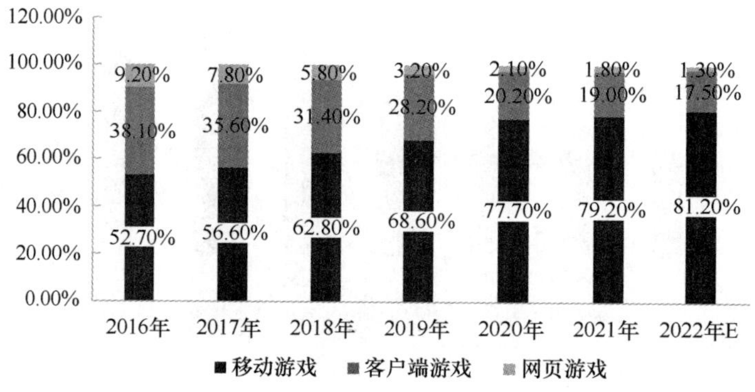

图25.3　2016—2022年中国网络游戏细分领域市场规模占比情况

25.4.1 移动游戏

2021 年，我国移动游戏市场规模达到 2889.08 亿元，增长率为 9.17%。2021 年，除《王者荣耀》《和平精英》等产品长期“霸榜”外，《原神》《最强蜗牛》等现象级产品持续发力，这些游戏从美术、玩法，以及营销等方面进行了不同程度的创新，为移动游戏市场增添了新活力。据测算，2022 年我国移动游戏市场规模将达到 3116.95 亿元（见图 25.4）。

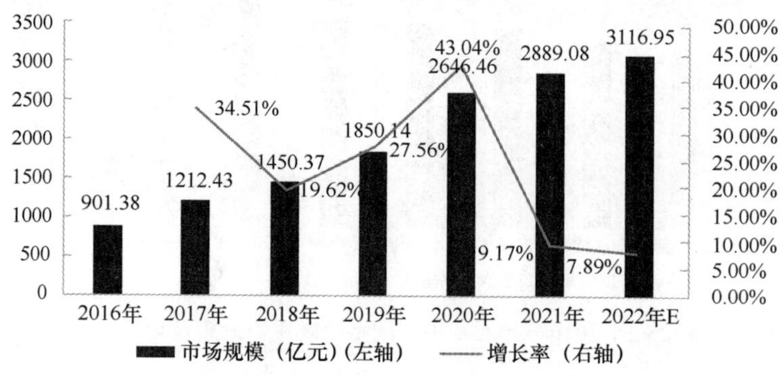

图25.4　2016—2022年中国移动游戏市场规模及增长率

相较于 2020 年，我国移动游戏产品类型流水格局分布差异不大，MMORPG/ARPG、MOBA、射击类、回合制、策略类等游戏仍旧是移动游戏产品的主流产品（见图 25.5）。相较于其他品类，此种品类的用户群体黏性较高，用户群体比较稳定，产品生命周期较长。未来一段时间内，此种格局仍会持续保持。随着虚拟现实、区块链等新一代信息技术与游戏行业的不断融合演进，网络游戏服务模式将迎来新的突破，产业格局也将随之革故鼎新。

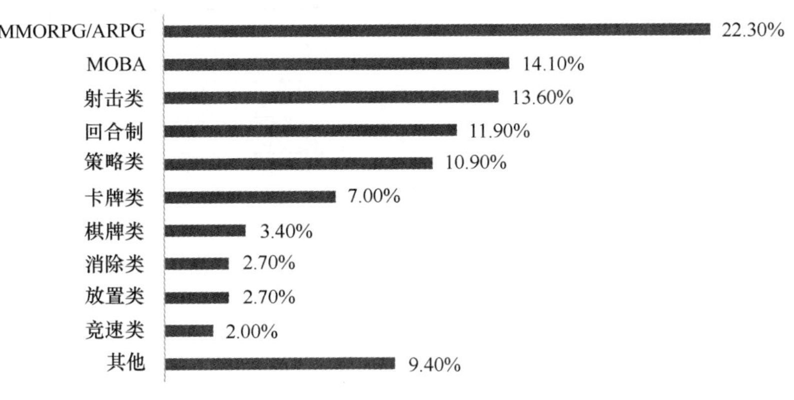

图25.5 2021年1—6月中国移动游戏主流产品分布

25.4.2 客户端游戏

近年来，移动游戏和云游戏的发展加剧了客户端游戏行业的内部竞争，2021 年中国客户端游戏市场实际销售收入 693.09 亿元，同比增长 0.74%。由于客户端游戏对娱乐时间及场景的制约，以及伴随着智能手机的普及，移动游戏市场对客户端游戏的市场份额必然有一定的掠夺。但是客户端游戏用户的黏性较高，并且具有一定消费能力，客户端游戏市场仍旧是主要的市场份额之一，预计在 2022 年，客户端游戏仍旧会被移动游戏市场所掠夺，市场规模预计在 671.76 亿元（见图 25.6）。

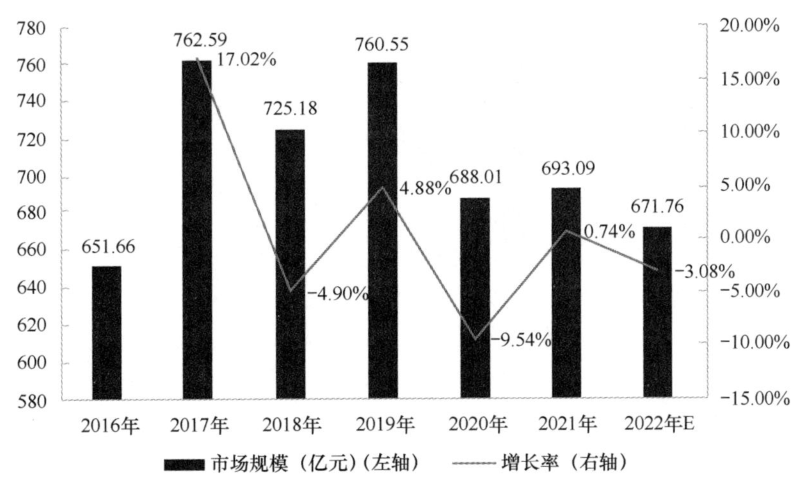

图25.6 2016—2022年中国客户端游戏市场规模及增长率

我国客户端游戏产品主要聚集在 MMORPG 与 ARPG 两种产品类型，由于客户端游戏用户的黏性较高，所有热门的客户端产品较为重度，对品质也有更高的要求，因此目前市场上的主流产品仍以经典老牌游戏为主，如《梦幻西游》《英雄联盟》等游戏运营已超过 10 年。客户端游戏研发成本较高的特征也是游戏厂商研发动力不足的重要因素。2021 年中国热门客户端游戏概览如表 25.1 所示。

表 25.1　2021 年中国热门客户端游戏概览

产品	研发商	产品类型
《英雄联盟》	拳头游戏	MOBA
《梦幻西游》	网易	MMORPG
《魔兽世界》	暴雪	MMORPG
《地下城与勇士》	Neople	ARPG
《逆水寒》	网易	MMORPG
《剑网 3》	西山居	MMORPG
《炉石传说》	暴雪	CCG
《新天龙八部》	搜狐畅游	RPG
《天涯明月刀》	腾讯	MMORPG
《最终幻想 14》	Squareenix	RPG

25.4.3　网页游戏

中国网页游戏市场近年来受到移动游戏市场的冲击，用户规模逐年下降，市场已处于衰退期。2021 年，网页游戏市场收入仅为 65.66 亿元，同比下降 8.19%（见图 25.7）。目前，网页游戏用户的偏好整体向移动端迁移；用户的迁移导致大批中小型网页游戏研发团队的转型，进入成长性更高的移动游戏市场，这也造成了网页游戏的新品数量不断减少，同质化严重，用户进一步流失；此外，由于网页游戏的营销依赖广告投放，而广告投放成本的持续上升使利润空间不断被压缩，从而导致网页游戏的盈利能力不断减弱。

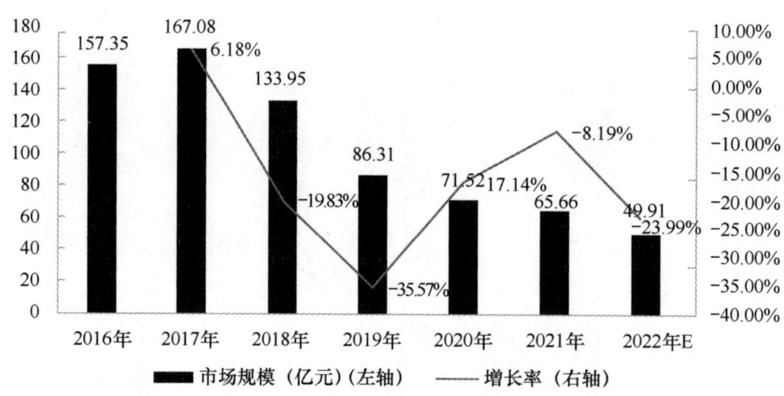

图25.7　2016—2020年中国网页游戏市场规模及增长率

25.4.4　电子竞技

1. 市场规模

受新冠肺炎疫情冲击，“宅经济”逆势大涨，受此驱动，2021 年电竞市场规模较 2020 年大幅增加，达到 1597.80 亿元。受电竞入亚、居民生活水平提升、5G 等新兴技术持续进步等因素驱动，未来中国电竞产业将继续蓬勃发展，市场规模逐渐扩大，预计 2025 年将达到 2231.50 亿元（见图 25.8）。

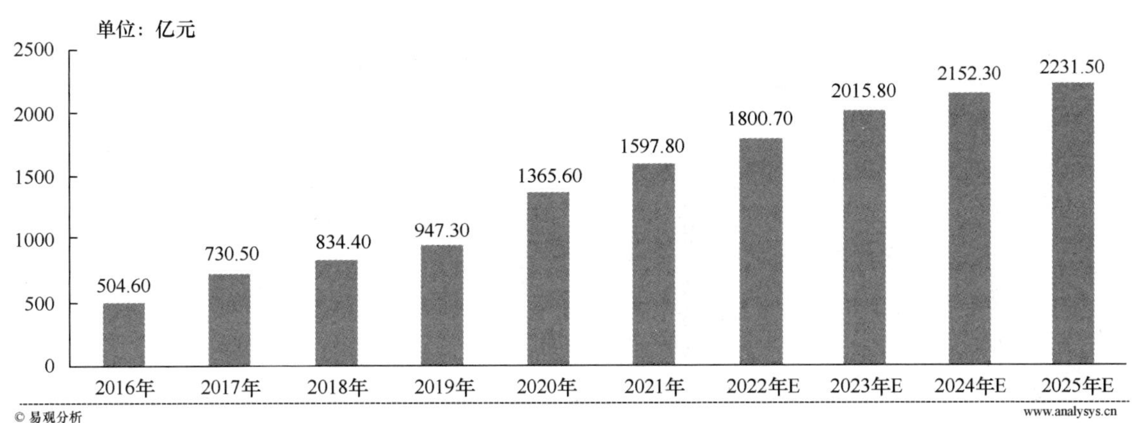

图25.8　2016—2025年中国电竞市场规模

2. 用户情况

2021 年，电竞用户以男性为主，多聚集于新一线、一线城市，整体呈现年轻化特征。易观分析推测主要原因在于主流电竞用户竞技性、对抗性更强，男性用户更喜欢在电竞游戏寻求成就感，其占比为 77.1%，远高于女性。同时，18～30 岁用户兴趣爱好广泛、对新事物接受度高且有更多空余时间进行电竞游戏或观看相关赛事内容，但该部分的年轻用户多在大学时期或初入职场，因而收入尚待提升。此外，新一线、一线城市是电竞赛事的举办场地，更容易培育用户，同时这些城市经济条件良好，用户有条件进行电竞游戏等娱乐活动（见图 25.9）。易观分析建议推动女子电竞环境的完善，以吸引更多女性用户。同时，加强下沉市场的开拓，也将进一步拓宽电竞用户覆盖范围。

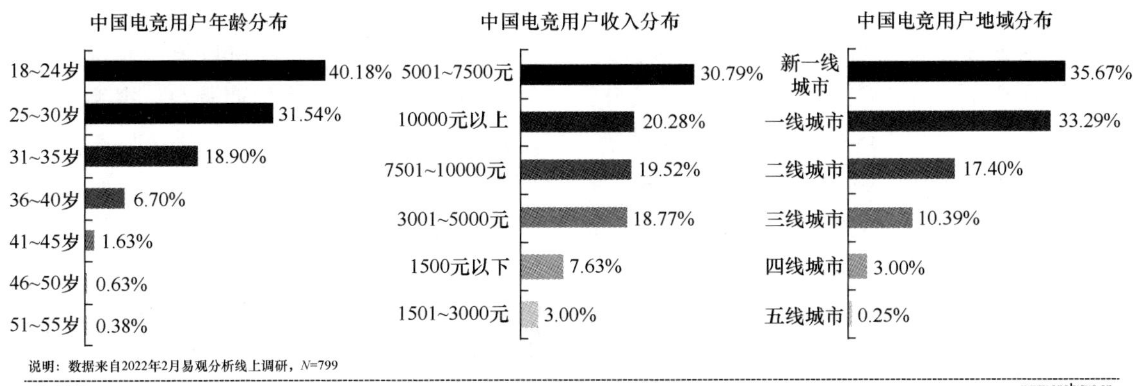

图25.9　2021年中国电竞用户年龄、用户收入、用户地域分布

3. 环境因素

中国在国家与地方层面均出台利好电竞产业的政策，以加快中国电竞产业向好发展。在

国家层面，《“十四五”文化产业发展规划》要求推动娱乐业转型升级、创新发展，实施阳光娱乐行动，开发健康向上、技术先进的新型娱乐方式，创新娱乐业态和产品，并促进电子竞技与游戏游艺行业融合发展。在地方层面，《福建省促进电竞产业发展行动方案（2021—2023 年）》提出发展壮大电竞产业，要求完善电竞产品研发制作、电竞赛事生态等，为加快电竞产业加快健康规范发展提供保障。

随着电竞行业的快速发展，官方和大众的认可度进一步提升。2018 年，电竞首次成为亚运会表演项目，入选项目包括《英雄联盟》《皇室战争》《实况足球》等。2021 年 5 月 13 日至 6 月 23 日，首届奥林匹克虚拟系列赛比赛举行，意味着电竞入奥成为比赛正式项目的可能性大幅增加。同时，此次赛事应用 5G、AI、超高清等技术，为用户提供更佳的线上观看体验，有效降低了用户参与门槛，进一步扩大了用户范围。2022 年，电竞将首次成为第 19 届杭州亚运会正式项目并被记入国家奖牌榜，共 8 个电竞项目入围，包括《英雄联盟》《王者荣耀（亚运版）》《和平精英（亚运版）》等。5G、AI、云计算、AR、VR 等新兴技术的持续进步，为电竞提供了良好的技术保障。

25.5 典型案例

1. 网易游戏

2021 年，网易旗下的旗舰游戏发展稳健，如梦幻西游和大话西游系列。同时，《永劫无间》《哈利·波特：魔法觉醒》等新作品进一步丰富了产品矩阵，展现了网易坚实的自主研发能力。其中，网易自研精品《永劫无间》上线后迅速席卷全球，代表国产游戏角逐国际市场斩获佳绩，入选权威游戏平台 Steam 2021“年度最畅销游戏（铂金）”“年度最热新品（铂金）”。同时，《永劫无间》加快电竞出海，为国产电竞发展增添新动力。《哈利·波特：魔法觉醒》手游上线后多次跻身榜单前列，不断推出重磅更新。

2021 年，网易游戏聚焦推动中国数字文化发展，不断创新游戏叙事中的文化传承方式，并推动中国文化走向世界。例如，《梦幻西游》电脑版持续开展非物质文化遗产传承项目，携手古琴斫琴髹漆非物质文化遗产工艺传承人、青花分水技艺传承人推出与游戏创新结合的内容，吸引更多年轻人加入守护非物质文化遗产技艺的队伍当中；《大话西游 2》携手秦始皇帝陵博物院，开启“国风赋新·秦”计划，在数字世界拉近新时代年轻化的受众与古老的秦文化的距离；《永劫无间》在游戏中开展了多项中国文化 IP 联动，在全世界年轻人群体中掀起东方文化的热潮；《哈利·波特：魔法觉醒》结合传统节日推出中国风时装，积极探索中国传统文化在游戏中的表现形式等。

网易自研 Messiah 全平台游戏引擎已拥有 20 多项独创性技术专利，2020 年在手机端上实现了全球首个高质量实时全局光算法并付诸应用，可为用户提供超越真实的画面效果；网易互娱 AI Lab 与《羊城晚报》携手，正式推出了广东媒体首个视频类真人 AI 合成新闻主播，通过面部运动捕捉、三维人脸模型重建、延迟神经渲染等技术，助力传统媒体融合转型，推动新闻生产的智慧化变革。

2. 三七互娱

2021 年，三七互娱持续稳健经营，坚持“研运一体”战略，推进战略目标实施，移动游戏业务品类更加多元，产品品质大幅度提升。新上线的《斗罗大陆：魂师对决》《荣耀大天使》《斗罗大陆：武魂觉醒》，以及全球发行的《Puzzles & Survival》《叫我大掌柜》《云上城之歌》等多款游戏表现优秀，不断推动产品精品化、多元化和市场全球化。

在国内移动游戏发行方面，三七互娱精细化运营的优势凸显，通过自研及代理发行的高品质精品游戏为玩家带来多元体验，坚持精细化运营思路，通过趣味性、有情怀的营销创意、游戏与 IP 的跨界联动等精准营销方式提升发行效率，取得了令人瞩目的成绩，在中国国内移动游戏发行市场占据优势地位。在海外移动游戏发行方面，其海外业务快速增长，出海步伐加快，采用“因地制宜”的策略，通过多元化的精品游戏开拓全球市场，旗下《Puzzles & Survival》《叫我大掌柜》《云上城之歌》《斗罗大陆：魂师对决》等多款产品海外收入全线增长。

伴随“元宇宙”等新概念兴起，三七互娱加快了其在元宇宙产业链上下游探索的步伐，基于主营业务，在核心研发能力及产业生态进行布局，并立足元宇宙技术与产业融合，进行外部投资与内部技术探索。在外部投资布局上，三七互娱早年前便已切入虚拟现实产业链上下游，涵盖光学、显示、整机、应用及系统等领域，投资了光学模组、AR 智能眼镜、VR/AR 内容、云游戏、空间智能技术、数字孪生技术、XR/GPU 芯片算力等产业链上下游的优质企业。同时，三七互娱也在不断地进行技术创新，积累关键技术，多维度探索元宇宙互动新玩法，先后推出了旗下《永恒纪元》等自研产品数字藏品，打造了全国首个元宇宙游戏艺术馆，创造“游戏+社交”互动玩法等。

3. 莉莉丝游戏

2021 年，莉莉丝游戏旗下产品《万国觉醒》《剑与远征》等游戏在全球多个国家均取得较好成绩。《万国觉醒》积极响应国家文化出海战略，以游戏作为弘扬中国文化的载体，采用“本地化”运营模式，将产品中的人物、场景与传统节日、历史故事相结合，全方位融入三星堆等中国文化元素，产品中加入了孙武、武则天、花木兰、曹操、关羽等历史人物，并打造了丝绸之路等关卡。这些融入中国文化元素的人物、关卡、活动均受到了国内外广泛好评，引发玩家积极探索人物背后的中华底蕴及历史故事，已成为国内出海策略类游戏的重点产品。《剑与远征》在美术创作创新方面充分发挥优势，在角色创作方面融入了中西方文化元素，并和中国美术学院达成校企合作，共同探讨研究非遗文化与游戏美术设计结合相关方向的美术课程，还开展了适合高校学生参与的设计大赛，积极培育美术类人才。两款产品上线后持续获得海内外用户广泛好评。

莉莉丝游戏将持续建立高效的游戏产品研发体系，将技术创新作为重要抓手，将玩法设计创新作为核心基础，在引擎、客户端、服务器、运营平台等核心技术领域投入大量技术研发力量。未来，为了满足用户对游戏品质不断提高的预期，莉莉丝游戏将持续聚焦全球市场，坚持“给全世界玩家提供超越预期的游戏体验”的战略目标，推动游戏行业工业化体系的建立，提升研发标准化能力。莉莉丝游戏拥有丰富的手机游戏研运经验，在此基础上，将持续关注产品的运营与再增长，积累底层技术，充分开发已有 IP，加强产、学、研合作，以内容、玩法、工业化为发力点，推动游戏行业持续发展，更好地发挥游戏对数字经济与中华文化“走出去”的正向作用。

25.6 发展趋势

1. 着力提升科技创新能力，持续拓展产业发展上限

科技创新对游戏产业发展有着密不可分的直接关联性。在用户体验方面，历史的技术已经在画面、游戏载体等方面带来显著的体验改善，现阶段 AR、AI、云计算等技术的快速发展，也使得拟真交互、跨设备游戏等新奇的游戏体验具备技术支撑的可能性。科技创新不仅在游戏产业得到提升，也使游戏作为媒介，为其他产业拓展创造更多的可能性。

2. AR、VR 未来或将带来游戏产业新的增长点

伽马数据调研显示，约 70%的游戏用户在关注沉浸式的游戏体验。随着用户对游戏内容品质的要求提升，更为逼真、全景式沉浸体验将成为未来游戏的发展方向。现阶段游戏是在画质、音质、剧情呈现等游戏内容方面塑造沉浸式体验。例如，AR、VR 等技术运用可以从游戏场景维度进行塑造，进而加速全景沉浸式体验的落地。当下，移动游戏整体增长放缓，未来 AR、VR 技术的突破或将成为游戏产业新的增长机遇。

3. 深耕本土特色文化，推动海内外市场多元拓展

创新是企业发展壮大的重要课题，中小企业为扩大国内用户规模、提升海外知名度，需要从自身的业务领域出发深耕特色、精准定位、加强独立游戏的开发与制作，提升游戏引擎的效率，协同线上流量媒体搭建企业服务交流平台，在保护国家网络安全的前提下，实现海内外市场的多元拓展。此外，内容质量提升是游戏产品口碑提升的重点，未来的游戏产品应当重视内容的专业化创作，以优质的内容提升市场占有率和行业口碑。未来，我国游戏产业的发展将继续坚持正确的政治方向和精准的市场导向，以用户为中心，加强市场调研和用户画像、建立专业化的发展基地，开发多类型、多层次、多场景的游戏产品，促进文化与科技深度融合，激发市场的生机活力，促进资本市场的活跃度，推动产业步入高质量发展新征程。

4. 持续探索元宇宙发展无限可能

虚拟社交空间一直是游戏的主要意义之一，2020 年受新冠肺炎疫情的影响，现实生活中聚会的机会大量减少，越来越多的游戏玩家将游戏用作“元宇宙”，在游戏世界里模拟真实世界的活动，如在游戏中进行时装秀、音乐表演、电影观看等，无论是 Travis Scott 在《堡垒之夜》中举办的音乐表演收入高达 2000 万美元，还是众多学生用户在《集合啦！动物森友会》中举办毕业典礼，都证明了消费者对于使用游戏作为模拟现实活动的平台很有兴趣。

撰稿：董振、叶国莹、虞洋、谈诗怡
审校：廖旭华

第 26 章　2021 年中国网络出行服务发展状况

26.1　发展环境

1. 政策环境

近年来，针对网络出行行业发展特点和存在的问题，相关部门采取了精细化管理举措，确保司乘人员权益和乘车安全，不断提升用户体验，服务质量得到保障。

完善全链条联合监管。2021 年 12 月，在国务院新闻办公室举行的 2021 年全国交通运输工作新闻发布会上，交通运输部相关负责人表示：网约车、共享单车都是交通运输出行新业态的典型代表，经过这些年的发展，为老百姓提供了更多的便利。在行业规范和监管方面，相关部门完善了网约车行业事前事中事后全链条联合监管体系。

网络信息安全备受关注。2021 年，《数据安全法》《个人信息保护法》《关键信息基础设施安全保护条例》等与网络出行相关的法律、法规相继施行，加之此前出台的《国家安全法》《网络安全法》等，出行数据、信息安全日益受到关注。

营造规范健康的发展环境。2021 年 9 月 1 日，交通运输部会同中央网信办、工业和信息化部、公安部、国家市场监督管理总局等交通运输新业态协同监管部际联席会议成员单位，对 T3 出行、美团出行、曹操出行、高德等 11 家网约车平台公司联合约谈。针对开展非法营运，扰乱公平竞争市场秩序，影响行业安全稳定，损害司乘人员合法权益的违法行为，监管部门要求各平台公司检视自身存在的问题，立即整改不合规行为，共同维护公平竞争的市场秩序，共同营造网约车行业规范健康发展的良好环境。

2. 经济环境

2021 年，中国持续巩固疫情防控和经济复苏成果，始终走在全球主要经济体复苏前列。GDP 规模相对美国的比重由疫情前的 2/3 大幅跃升至 3/4。下半年，中国宏观经济运行出现了一些新的重要变化，经济结构持续优化，但是整体景气度有所下降。“生产强、需求弱，外需强、内需弱”的供需失衡格局在第三季度发生了不利变异，导致出现“供需双弱”的局面，而非此前所预期的需求加速恢复进而匹配供给。随着下半年经济复苏势头放缓，中国经济总体步入了一个较为关键的时期，消费水平不仅没有进一步向长期增长趋势线回归，反而出现急转直下的态势。工业生产开始高位回落，服务业生产徘徊不前，下行缺口扩大。在此背景下，以共享经济为代表的新业态、新模式表现出巨大的韧性和发展潜力，在保障民生供给、推动复工复产、扩大消费、提振内需等多个方面都发挥了重要作用。

3. 技术环境

目前，我国网络出行主要以汽车和单车为主，依托各种高新技术，形成用户端、云端服务器、出行工具间的应用闭环。人工智能技术在网络出行行业中发挥着关键作用，相关数据可使平台公司准确了解用户需求产生的时间、地点，及时匹配相应车辆，优化用户体验。例如，滴滴出行基于人工智能技术首创的 3000 万个小绿点（推荐上车点），已达到在线机器学习的智能程度，可对实时数据进行学习、分析，实时完成模型更新，自动分析得出最适合的停车位置，完成小绿点在手机端上显示的实时更新。

随着科技创新，大数据、人工智能、云计算等新技术不断赋能共享单车等两轮网络出行行业，加速其迭代升级。企业通过增加智能锁、车身传感器、北斗导航芯片等智能化应用，为用户提供更高效、优质的出行体验，提升整体出行效率。对于自动驾驶产业来说，新冠肺炎疫情是一剂催化剂。疫情期间，全球多地的防疫措施并没有阻碍自动驾驶行业前进的步伐，反而推动了无人配送、自动驾驶物流、自动驾驶工业车辆领域的快速发展，很多自动驾驶车辆的测试工作也在疫情期间不间断地开展。与此同时，资本市场和消费市场同样看到了自动驾驶产业的潜力。

26.2 发展现状

随着数字技术的高速发展，人们的消费观念发生转变。依托共享经济平台、通过共享自己闲置资源使用权获得额外收入的共享经济蓬勃发展，现已涉及我们的衣、食、住、行，在我们的生活中无处不在。城市人口的快速增长给交通出行带来了巨大压力，结合共享经济，新的出行模式的出现是必然趋势，网约车的诞生，不仅满足了消费者便利的需求，也避免了车辆闲置资源无法被有效利用带来的浪费，网络出行逐渐成为人们日常出行的主要选择之一。

网络出行合规化进程加快推进。2021 年 9 月，交通运输部印发《关于维护公平竞争市场秩序加快推进网约车合规化的通知》，要求各地交通运输主管部门督促网约车平台公司依法依规开展经营，加快网约车合规化进程。多地监管部门不定期检查网约车是否合规运营，并对不合规的平台进行通报与行政处罚。各地规范的出台，对推动当地网约车市场健康、安全发展起到了重要作用，但网约车的跨区域经营条件限制、车辆合规化率要求提高等因素使得各地网约车清退数量短期内不断增加，网约车与巡游出租车的客运量比例也随之下降。

网络安全审查问题受到关注。头部平台企业受到网络安全审查，受到不小的冲击。2021 年 7 月，网络安全审查办公室对滴滴出行启动网络安全审查，随后滴滴出行、滴滴企业版、滴滴车主等 25 款 App 全部下架。头部企业的司机端和客户端的增量入口被切断，新的平台成长和顾客消费习惯建立需要时间，短期内造成网约车客运量减少。

行业竞争加剧商业模式创新。各大平台由过去 C2C 或 B2C 的业务模式向 B2C 与 C2C 相结合的模式演进，甚至一些自动驾驶公司入局网络出行。政策愈加规范，使得行业优胜劣汰，投资人的热度也有所下降，使得网络出行公司资金收紧。B2C 或 C2C 的经营模式已不再能满足激烈市场竞争下网约车平台的需求，B2C 与 C2C 相结合模式既能有效控制合规风险，又能够实现规模的快速扩张，适当减少平台的资金压力，是当前网约车平台实现盈利的必经之路。同时，B2B 模式能够在平台扩张的过程中补充部分自有运力，起到锦上添花的作用，多种商业模式的结合能够帮助网约车平台更好更快地发展。

自动驾驶入局网络出行。2021 年，“自动驾驶”是一个提及频次颇高的词语。车联网成为全球新型基础设施建设的焦点，各类 L2～L4 级的自动驾驶车辆开始走出封闭路测试验场，行驶在真实的城市道路上。资本的加持使多家自动驾驶的创业公司实现上市目标。同时，监管层日益重视数据安全，一些研发和数据存储利用不合规的公司急速转向以适应监管要求。主机厂和互联网巨头不断加深在自动驾驶领域的布局。在美国，随着微软的入局，美国 4 家市值超过 1 万亿美元的互联网公司（苹果、微软、亚马逊和谷歌）都已在自动驾驶领域布局；在中国，据零壹智库发布的 2021 年自动驾驶专利排行榜，进入前 10 位的企业有百度、华为、大疆、吉利、腾讯、博泰悦臻、滴滴、小鹏汽车、奇瑞汽车和比亚迪。

受技术应用难度和法律法规限制影响，自动驾驶的商业化应用通常遵循“先封闭后开放、先载货后载人”的原则，在不同场景逐步落地：首先，在自动泊车、封闭园区等具有封闭性质的限定场景内率先应用；其次，应用于干线物流、末端配送、固定线路的环卫、公交地铁、网约车等领域；最后，是私人场景的自动驾驶。这无疑为网络出行带来新的机遇和挑战。

26.3　市场与用户规模

网约车因其自身的优势，吸引了众多用户。中国互联网络信息中心发布的第 49 次《中国互联网络发展状况统计报告》显示，截至 2021 年 12 月，我国网约车用户规模达 4.53 亿人，较 2020 年 12 月增长 8733 万人，占网民整体的 43.9%。在交通出行领域，2021 年网约车用户普及率为 39.23%，2021 年网约车客运量占出租车总客运量的比重约为 31.9%。市场规模较 2020 年有小幅减少，主要是受疫情及宏观经济下行压力较大、市场竞争加剧、监管趋于规范、自动驾驶入局网约车等因素影响。

网络出行市场基本形成以滴滴为龙头的“一超多强”局面。从日单量和月活跃人群两个指标来看，滴滴出行的市场份额占比均在一半以上，其竞争对手包括曹操出行、T3 出行、首汽约车等车企或出租车公司；高德、美团打车等聚合平台；嘀嗒出行、神州专车等切入的垂直细分市场。业内人士认为，网约车市场竞争进入下半场，由增量竞争转向存量竞争，更快的订单接起速度和优质的运力成为订单留存与用户转化的关键，优质运力和完善的管理体系是未来网约车行业的长线竞争优势。

根据目前的市场情况，网络出行在一二线城市的用户增量不会有大的突破，盈利模式探索和产品功能丰富也需要一定时间。三四线城市和县域在出行消费升级的趋势下，需求量较为充足，增长空间较大。随着消费者越来越成熟理性，网络出行市场也在培育用户采用更低廉、便捷、安全、高品质的出行方式。出行市场和汽车流通领域也向经济高效、个性多元的方向发展。未来，汽车制造业、汽车服务业、交通运营服务、互联网、信息服务、智能交通等行业跨界融合发展是大势所趋。随着网络出行发展和城市交通日益拥堵，对居民而言，投入大量资金买车未必是科学、理性的选择。

26.4 细分领域

网络出行包括一系列以共享为目的的网约车、共享汽车、共享单车和电单车、其他公共交通等创新模式。

1. 网约车

网约车作为网络出行行业最成功、规模最大的细分领域，引来众多企业瓜分市场，竞争日益激烈。据全国网约车监管信息交互平台统计，截至 2021 年 12 月 31 日，全国共有 258 家网约车平台公司取得经营许可，环比增加 3 家；各地共发放网约车驾驶员证 394.8 万本、车辆运输证 155.8 万本，环比分别增长 2.2%、3.9%。2021 年 12 月，共收到订单信息 68123 万单，环比上升 9.3%。2021 年 12 月订单量超过 30 万单的网约车平台有 17 家。

网约车运营分为两种模式：一种是以滴滴出行、美团打车等为代表的 C2C 模式，公司提供独立的第三方服务平台，作为中介通过网站或移动端 App，将有用车需求的用户和汽车服务提供商（如私家车拥有者、汽车租赁公司等）进行匹配并形成交易。C2C 流程简单、运行高效，但安全问题是 C2C 模式的一个重大缺陷，C2C 下的轻资产模式导致供给侧组织与管理能力难以达成有效的监管和约束。另一种是以神州专车、首汽约车、曹操专车等为代表的 B2C 模式，公司自备车辆和专业驾驶员为用户服务，类似于出租车公司的线上自营，是城市交通体系的一环，平台自己购置车辆并聘请专车司机，为用户提供出行服务。相对而言，B2C 模式对车辆的高要求、司机的严把控、标准化的服务流程，使得政策风险较低，客户体验更好，但比 C2C 模式运营成本高。近年来，一些 B2C 先发平台向 C2C 轻量化转型。同时，滴滴出行从起初的“轻资产、重技术”模式逐渐转向“重资产、重运营”模式，开始采购车辆、雇用司机，以满足多样化的市场需求。

2. 共享汽车

共享汽车概念符合当代人绿色、环保出行的需求，且我国汽车租赁市场保持着高速增长。相较于买车，共享汽车不仅可以节省前期购置费用，用户还不必支付养路费、保险、维修等费用，也不需要操心车库、停车位等，可以按照自身需求租车，满足多样化的出行场景需求。同时，近年来国内一线城市纷纷限购、限行，也助推了租车需求激增。艾媒咨询数据显示，58.1%的中国共享汽车用户注重共享汽车的性能，其次是安全性和使用价格等。大部分共享汽车用户可接受的最远借还车距离小于 2000 米，其中能够接受 1000 米以内借还车的用户数量最多。

3. 两轮出行

2021 年，共享单车、电单车等两轮网络出行进入稳步发展期。随着碳中和、健康出行等理念的普及，其用户规模大幅跃升。在发展之初，共享单车企业以占领市场为目的在全国大量投放单车。在新冠肺炎疫情的冲击下，骑行成为部分市民首选，共享单车用户规模和骑行频率有所增长。北京市交通综合治理事务中心发布的信息显示，2021 年，全市共享单车骑行量为 9.51 亿人次，同比增长 37.6%；日均骑行量为 260.75 万人次，同比增长 38.0%。2021 年，企业端形成“哈啰”“青桔”“美团单车”三足鼎立的市场格局，行业逐步过渡到健康成长的盈利阶段。前瞻产业研究院的数据显示，从共享电单车用户构成看，一线城市仅占 1.8%，二线城市占 27.4%，三线城市占 36.2%，四线城市及农村占 34.6%。在公共交通尚不完善的三四线城市，共享电单车用户众多。易观咨询发布的《中国大县域共享电单车市场洞察 2021》提出，大县域用户逐渐养成了对共享电单车的使用习惯，整体满意度较高，共享电单车企业需要聚焦产研、供应链、安全、运维、政府事务等，以打造核心竞争力。

26.5　典型案例

1. T3 出行

自 2019 年成立以来，T3 出行一直保持高速成长态势。截至 2021 年年底，T3 出行已登陆 70 座城市，平台累计注册用户数超过 7700 万人，日订单量突破 300 万单，累计订单量突破 5.4 亿单。根据国内第三方数据机构 QuestMobile 发布的《2021 中国移动互联网秋季大报告》，T3 出行凭借 135.24%的增长率，登上 App 增长黑马榜 TOP 50 榜单。作为一家基于车联网架构的出行平台，T3 出行自主研发了 V.D.R（Vehicle.Driver.Road）安全防护系统，打通了出行场景下人、车、路三大元素的数据交互，平台可以对司机和车辆进行全时段监控和管理，若司机或乘客发生紧急状况，后台还可通过 V.D.R 安全防护系统进一步干预车辆，包括打开双闪、鸣笛或限制再次启动等。

T3 出行还针对网约车使用场景和功能需求，定制了专用车型。2021 年 8 月，T3 出行定制车型——奔腾 NAT 在深圳等城市上线，配置主驾驶位和乘客座位专属座椅、一键报警、一键换气、OTA 远程升级等，使 T3 出行更智慧。2021 年，T3 出行在苏州探索并推出了自动驾驶与非自动驾驶车辆混合派单的运营模式，既可以保障在区域外乘客的行车安全，又可以提高车辆营运效率，降低自动驾驶的研发成本，有效突破了自动驾驶出租车落地的难点和痛点。T3 出行不仅通过车联网系统驱动自身的发展，同时也对外赋能，输出整体的智能化解决方案，通过“巡网一体化”方案助力出租车行业升级，带动司机运营效率和收入水平提升，推动用户体验和出行安全性大幅提升。

2. 曹操出行

曹操出行是吉利控股集团布局“新能源汽车共享生态”的战略性投资业务，定位于绿色出行，将全球领先的互联网、车联网、自动驾驶技术及新能源科技，创新应用于网络出行领域，致力于重塑低碳、健康、共享的人车生活圈，打造全球领先的科技出行平台。目前，曹操出行已进驻 62 个城市。2021 年 3 月 1 日，曹操出行在行业内率先推出换电车型——枫叶 80V，最快 60 秒就能完成车辆换电。曹操出行通过流水、客诉、满意度、违章、事故、风控、拒载 7 个维度综合考评全平台司机，筛选出一批优质司机成为首批换电车辆的运营司机。9 月 6 日，曹操出行宣布完成 38 亿元的 B 轮融资，这不仅是 2021 年以来网约车企业获得的首笔国内股权投资，也是 2020 年以来网约车出行企业获得的国内最大单笔融资。

26.6　发展挑战

作为出行新模式，网络出行不仅解决了传统出租车打车难、打车贵等问题，还增加了灵活就业岗位，激发了交通服务业的市场活力，成为经济发展的新动能。在快速发展的同时，网络出行行业的问题也逐渐暴露，因此，要促进网络出行行业的良性发展，不断完善监管制度尤为重要。

1. 行业监管加速规范

在互联网行业大发展、政策环境整体向好的同时，消费领域网络平台垄断、不正当竞争等问题逐渐受到监管部门的关注。同时，网约车大量涌入，加剧了城市交通拥堵和环境污染，并对传统巡游出租车的经营者和从业者构成利益威胁。为规范网络出行的经营服务行为，保障运营安全和乘客合法权益，2021 年，国家层面不断出台行业法律、行政法规。地方陆续发布“十四五”交通规划，相继出台政策法规遏制网络出行的非法营运。未来，合规经营对网络出行企业至关重要。

2. 数据安全审查大幕拉开

《2021 年 App 个人信息使用态势分析报告》显示，在近万款活跃 App 中，约 56.3%的 App 疑似存在违规收集使用个人信息等问题，平均每款 App 存在 0.8 个违规风险。其中，手机游戏类 App、出行旅游 App、生活购物 App 的违规风险占比列前 3 位，均超过 60%，成为 App 违规风险“重灾区”。2021 年 5 月 1 日至 6 月 11 日，网络安全审查办公室先后公开了 17 类、351 款违法违规收集使用个人信息的 App 并要求整改。国家互联网信息办公室 7 月 10 日发布《网络安全审查办法（修订草案征求意见稿）》，第六条规定：“掌握超过 100 万用户个人信息的运营者赴国外上市，必须向网络安全审查办公室申报网络安全审查。”

撰稿：西京京、庄洪志、赵晶
审校：程超功

第 27 章　2021 年中国网络教育发展状况

27.1　发展环境

网络教育成为数字中国、网络强国等国家宏观战略的重要组成部分。网络教育在经济社会发展、数字经济、公共服务、信息化等国家层面“十四五”规划或中长期发展规划中均占有一席之地，是国家宏观战略不可或缺的重要组成部分。2021 年 3 月发布的《中华人民共和国国民经济和社会发展第十四个五年规划和 2035 年远景目标纲要》指出，将“发挥在线教育优势，完善终身学习体系，建设学习型社会”作为深化教育改革、建设高质量教育体系、提升国民素质、促进人的全面发展的手段。2021 年 6 月，国家统计局发布《数字经济及其核心产业统计分类（2021）》，明确了“智慧教育”的定义和内容，将其作为数字经济中产业数字化的构成部分。2021 年 12 月，国家发展和改革委员会等多部门印发《“十四五”公共服务规划》，明确强化教育数据信息交换共享，推动教育服务数据互联互通，提高教育公共服务便利共享水平。同月，中央网络安全和信息化委员会印发《“十四五”国家信息化规划》，将教育作为数字民生保障的重要领域，将教育数字公共服务均等化水平明显提高，多样化、便捷化的教育数字民生服务供给能力显著增强作为发展目标。2022 年 1 月，国务院印发《“十四五”数字经济发展规划》，指出要加快推动教育领域公共服务资源数字化供给和网络化服务，促进优质资源共享复用，提升教育社会服务数字化普惠水平。

信息技术与教育全面融合持续向纵深推进。2021 年是我国网络教育、教育信息化迈入新阶段的一年，各类推动信息技术与教育深度融合、夯实网络教育基础、创新教育技术应用场景、发挥教育信息化支撑引领教育现代化的重磅政策接连颁布。教育部、国家发展和改革委员会等 5 个部门联合印发《关于大力加强中小学线上教育教学资源建设与应用的意见》，提出加强平台体系建设、高质量开发资源、充分用好平台资源、提高师生应用能力、完善政策保障体系等 6 项重点举措，将信息技术在教育教学中的融合应用作为推进“教育+互联网”、深化基础教育育人方式改革、加快推进教育现代化的重大战略工程。教育部、中央网信办等 6 个部门联合发布《关于推进教育新型基础设施建设构建高质量教育支撑体系的指导意见》，提出了信息网络、平台体系、数字资源、智慧校园、创新应用、可信安全 6 个重点方向，将教育新基建作为国家新基建的重要组成部分，以教育新基建壮大新动能、创造新供给、服务新需求，促进线上线下教育融合发展。工业和信息化部、教育部等 10 个部门印发《5G 应用

“扬帆”行动计划（2021—2023 年）》，将推进实施“5G+智慧教育”作为“社会民生服务普惠行动”内容，加快 5G 教学终端和教学数字内容研发，实现场景化交互教学，打造沉浸式课堂，加大在智慧课堂、全息教学、校园安防、教育管理、学生综合评价等场景的推广。

多层次、多点位治理提升网络教育规范化发展水平。2021 年，网络教育治理深入推进，网络安全、数据安全、个人信息保护等和未成年人相关政策法规陆续发布出台。7 月 24 日，《关于进一步减轻义务教育阶段学生作业负担和校外培训负担的意见》（以下简称“双减”）正式向社会发布。各地把“双减”作为“一号工程”，将“减轻学生校外培训负担”“全面规范校外培训机构行为”作为对在线教育最直接、最严厉的治理目标。教育部等 6 个部门发布《关于做好现有线上学科类培训机构由备案改为审批工作的通知》，要求 2021 年年底前完成对已备案线上学科类培训机构的审批工作，并同步建立相应的监督管理制度，在依法获得办学许可证及相关证照前，现有线上机构应暂停新的招生及收费行为。教育部围绕“加强教育 App 管理推动与‘双减’政策衔接”进一步印发通知，要求各地教育行政部门完成中小学线上学科类培训机构审批前，暂停中小学线上学科类培训 App 的备案工作[1]。一系列监管组合拳产生了立竿见影的治理效果。教育部信息显示，截至 2022 年 2 月，原有 12.4 万个义务教育阶段线下学科类培训机构已压减到 9728 个，压减率为 92.14%；原有 263 个线上校外培训机构压缩到 34 个，压减率为 87.07%；“营转非”“备改审”完成率达 100%；25 家上市公司均已完成清理整治，不再从事义务教育阶段学科类培训。2021 年 6 月 1 日正式施行的新修订的《未成年人保护法》指出，以未成年人为服务对象的在线教育网络产品和服务，不得插入网络游戏链接，不得推送广告等与教学无关的信息。

27.2 发展现状

行业迎来史上最严厉、最密集系列治理。多年以来，在线教育行业中存在的卷款跑路、退费困难、师资不全、虚假宣传、扰乱正常教学秩序、制造升学焦虑等社会关注度高、影响面广、性质恶劣、屡禁不止等一系列顽瘴痼疾始终没有得到根治。2021 年 1 月，中纪委网站刊文《资本漩涡下的在线教育》，对上述乱象开展严厉批评，指出应当加强引导和监管，督促校外线上培训机构更好落实党和国家的教育方针，一场治理风暴开始酝酿。3 月，教育部办公厅发布《关于进一步加强中小学生睡眠管理工作的通知》，对面向中小学生的在线教育服务截止时间作出规定，要求校外培训机构培训结束时间不得晚于 20:30，线上直播类培训活动结束时间不得晚于 21 点。4 月，教育部办公厅发布《关于加强义务教育学校作业管理的通知》，明确严禁校外培训机构给中小学生留作业，避免校内减负、校外增负。6 月，教育部成立校外教育培训监管司，对校外教育培训进行专项管理，将相关监管工作摆在了重要位置，标志着校外教育培训监管工作的全面开启。7 月，“双减”政策正式发布，明确要求学科类培训机构一律不得上市融资，严禁资本化运作；已违规的，要进行清理整治。“双减”及密集出台的 32 个配套文件，从根本上改变了校外教育培训市场的格局和教培机构的纯市场属性，加速了整个行业洗牌转型，培训机构无序扩张和经营乱象得到有效遏制。

1 资料来源：教育部。

全行业断臂求生、全面收缩，主要企业营业收入、利润、股价遭遇断崖式下跌[1]。龙头企业纷纷关停校区、停止 K12 学科类在线培训。企查查数据发布的《双减 150 天：我国教育相关企业吊注销情况分析报告》显示，“双减”落地 150 天内，全国范围内共有近 7 万家教育相关企业吊销注销，平均每天超过 465 家。好未来、新东方、高途、网易有道等上市教育企业相继宣布于 2021 年年底前终止 K9 学科类校外培训服务。学而思、猿辅导、作业帮直播课 3 家机构小学初中秋季课程页面均显示“报名已结束”或“报名未开始”，高途课堂和有道精品课则直接下架了学科类课程[2]。截至 2021 年年底，北京市已审批 5 家中小学线上学科培训非营利机构，这 5 家机构分别为北京希望在线线上学科培训学校（以下简称希望在线）、北京猿辅导线上学科培训学校、北京志道线上学科培训学校（以下简称志道）、北京作业帮线上学科培训学校、北京乐学东方线上学科培训学校（以下简称乐学东方）。其中，希望在线、志道、乐学东方分别为好未来、网易有道、新东方新注册的非营利性单位[3]。央视及各大卫视全面下架在线教育广告，减少在线教育公司的冠名。财务数据方面，新东方发布的财报显示，截至 2021 年 11 月 30 日，上半年营业收入 19.67 亿美元，上年同期营业收入为 18.74 亿美元；经营亏损为 7.36 亿美元，上年同期的经营利润为 1.18 亿美元；净亏损为 9.07 亿美元，上年同期的净利润为 1.79 亿美元。好未来发布财报显示，截至 2021 年 11 月 30 日，第三财季净营业收入为 10.209 亿美元，较上年同期 11.191 亿美元下降 8.8%，这是好未来近 4 年来首次出现单季度营业收入下降；净亏损为 9940 万美元，较上年同期 4360 万美元同比扩大 127%。高途发布的未经审计财务报告显示，截至 2021 年 9 月 30 日，高途第三季度公司营业收入为 11.149 亿元，较上年同期的 19.658 亿元下降 43%；净损失为 10.45 亿元，同比扩大 12.02%。

电商、短视频等平台全面封禁义务教育学科类培训内容。依据“双减”政策精神，头部电商、短视频等平台纷纷开展自查自纠，发布合规指引，全面清理下架义务教育阶段学科类商品。9 月，淘宝作为最早响应政策的电商平台，严禁各商家在平台上架并售卖义务教育阶段及学龄前违规校外培训课程和违规电子教材，要求商家与平台共同打造合规、安全、可信的市场环境。随后，淘宝下架了校外培训机构旗舰店内义务教育阶段的全部课程。10 月，京东关停了所有 K12 学科类培训旗舰店。11 月，抖音电商平台发布公告，禁止发布面向学龄前儿童的课程及面向中小学（含高中）的学科类课程；面向中小学（含高中）的非学科类课程，只允许发布在“教育培训–中小幼培训–儿童兴趣”类目；面向中小学（含高中）的非学科类课程，不得以直播、视频形式推广相关商品。与往年的火爆相比，K12 学科类课程则彻底淡出了 2022 年的“双十一”，电商平台校外培训产品售卖均以图书、文具、教具、硬件为主。12 月，微信官方对校外培训内容的发布和传播进行了具体规定：一是不得在微信平台发布面向中小学生（含幼儿园学龄前儿童）学科类和非学科类校外培训机构的推广性、诱导性内容，以及“贩卖教育焦虑”、承诺迅速提高考试成绩的内容；二是不得利用微信平台面向中小学生（含幼儿园学龄前儿童）违规开展学科类和非学科类校外培训。同月，小红书发布公告，

1 资料来源：子弹财经。

2 资料来源：21 世纪经济报道。

3 资料来源：AI 财经社。

要求用户不得以直播、视频等形式，推广青少年相关校外培训（包含学科类和非学科类）课程产品及服务。

27.3 市场与用户规模

全球教育科技风投保持快速增长。2021 年，全球教育科技领域融资额为 208 亿美元[1]，较 2020 年的 161 亿美元增长了近 30%，是 2010 年 5 亿美元的 40 倍，增长幅度和增长率均创 20 年融资额历史新高。其中，美国教育科技领域融资额为 83 亿美元，是 2020 年 25 亿美元的 3.3 倍，约占全球总额的 40%，名列第一位。印度教育科技市场融资额约为 38 亿美元，是 2020 年 23 亿美元的 1.7 倍，约占全球总额的 18%，名列第二位。欧盟教育科技领域融资额为 30 亿美元，是 2020 年 8 亿美元的 3.8 倍，名列第三位，连续 10 年保持增长。我国教育科技领域风险投资总额为 27 亿美元，较 2020 年的 102 亿美元减少 74%，在全球风投总额中占比为 13%，名列第四位（见图 27.1）。

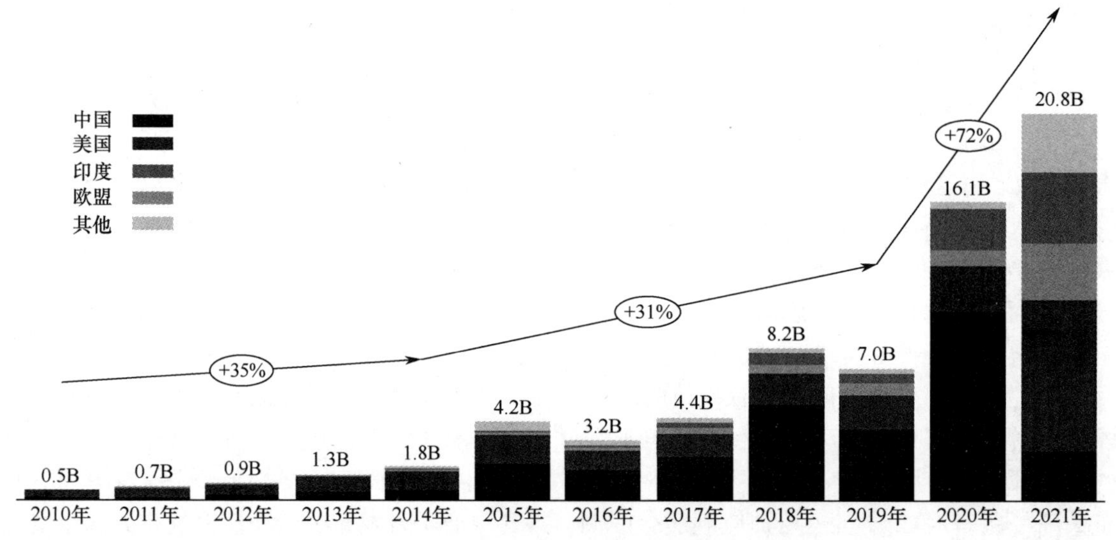

图27.1 2010—2021全球教育科技融资情况

注：B 代表 10 亿美元。

资料来源：HolonIQ。

在线教育行业用户规模呈现下降态势。2021 年上半年，由于针对在线教育，尤其是面向 K12 的学科类在线培训，出台了一系列市场监管政策，导致在线教育市场降温，在线教育用户规模约为 3.25 亿人，较 2020 年 12 月减少 1678 万人，占网民整体的 32.10%（见图 27.2）。

1 资料来源：HolonIQ。

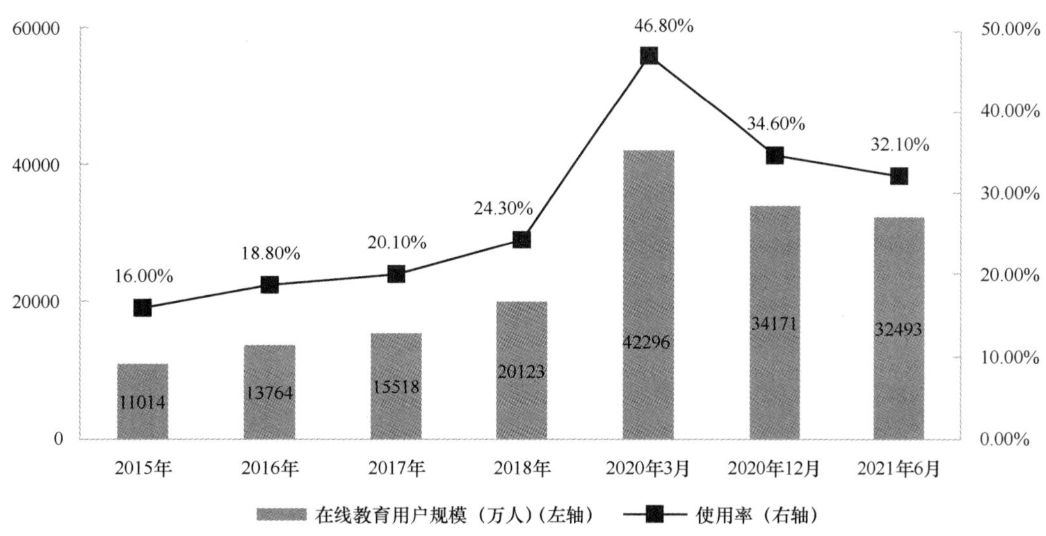

图27.2　2015—2021年6月中国互联网在线教育用户规模及使用率

资料来源：CNNIC。

在线教育市场规模和融资总额锐减，资本加速远离 K12 学科类赛道。网经社旗下大数据库“电数宝”数据和网经社电子商务研究中心发布的《2021 年度中国数字教育市场数据报告》显示，2021 年数字教育市场规模约为 3220 亿元，同比下滑 25.61%，而 2016—2020 年市场规模（增速）分别为 1872 亿元（28.21%）、2329 亿元（24.41%）、2855 亿元（22.58%）、3468 亿元（21.47%）、4328 亿元（24.79%）。2021 年，我国数字教育融资总额为 140.9 亿元，同比下降 73.88%；总融资案例数为 127 起，同比增长 14.41%。融资额度超过 1 亿美元的融资事件有 6 起：粉笔教育（3.9 亿美元）、核桃编程（2 亿美元）、云学堂（1.9 亿美元）、火花思维（1.5 亿美元）、小鹅通（1.2 亿美元）、LingoAce（1.05 亿美元）。在行业分布上，在线职业教育融资金额为 61.93 亿元，排名第一，其次为 STEAM 教育（33.68 亿元）、教育服务商（9.45 亿元）。在国家“双减”政策监管和职业教育、素质教育的政策加持下，资本对在线教育行业的投资风险保持高度警惕，正在加速离场 K12 赛道，加码职业教育和素质教育。在融资金额时间分布上，上半年融资占比为 72.6%，下半年融资占比为 27.4%，充分表明“双减”政策发布前后，资本对在线教育市场“冰火两重天”的投资态度。

27.4　细分领域

以 STEAM 为代表的在线素质教育成为行业转型重点。面向少年儿童的传统学科类校外培训受“双减”影响全面收缩压减，以 STEAM 为代表的在线素质教育迎来发展机遇。天眼数据显示，截至 2021 年 9 月，我国共有 37 万家艺术类培训相关企业、66 万家体育运动类培训相关企业。“双减”政策发布以来，以上两类培训相关企业新增了 3.3 万余家，较 2020 年同期增长 99%。网经社电子商务研究中心发布的《2021 年中国在线 STEAM 教育融资数据榜》显示，2021 年我国在线 STEAM 教育行业有 21 家平台获得融资，总额超过 33.6 亿元。少儿编程继续成为资本关注的热点。核桃编程完成 C 轮系列融资，融资额约为 2 亿美元，将持续投入 AI 教学产品建设、优质师资储备与教研体系等方面。“小码王”宣布完成新一轮数千万美元的 C 轮融资，将进一步扩大市场布局，扩大校区数量，重点提升教学品质、升级课程内容。少儿编程机构编程猫内部孵化的项目神奇代码岛 BOX，宣布完成 500 万美元天使轮融资。该平台提供编程相关课程，青少年可以在该平台构建 3D 世界、脚本游戏、在线发布及共创作品。在线音乐成为在线素质教育重点。在线音乐教育品牌“小叶子智能陪练”完成超过 2 亿元 C+轮融资，主打产品为壹枱（TheONE）智能钢琴，可以实现 iPad 和钢琴无缝配合，支持学琴、弹琴、打分、记录、分享等。在线少儿音乐教育 vipSing 宣布完成数千万元 A 轮融资，主要用于技术研发、课程研发、AI 课投入等方面，为儿童提供创新音乐启蒙及专业声乐教学的课程平台。科学素养教育融资异军突起。玩创 Lab 于 7 月完成新一轮战略融资，融资规模近亿元。玩创 Lab 是一家基于 STEAM 理念的游戏化教育机构，通过为学生提供一系列开放的、数字化的、实践性的、跨学科的科学主题课程，让学生置身于创造性、交互性及亲身实践的虚拟和真实的学习体验。该机构 STEAM 教育品牌“火星人”致力于 STEAM 课程设计及智能硬件研发，获新东方数千万元 B 轮融资。

政策支持和市场需求驱动在线职业教育保持稳步增长。2021 年 10 月 12 日，中共中央、国务院印发了《关于推动现代职业教育高质量发展的意见》，为推动职业教育高质量发展提供了内生动力和发展指引。同时，大量毕业生就业、职业技能提升、执业资格门槛等市场需求推动职业教育市场繁荣，促使在线职业教育市场规模继续扩大，获得更多资本关注。艾媒咨询发布的《2021 年中国职业培训市场研究报告》显示，2021 年我国职业教育培训市场规模达到 2310.5 亿元，同比增长 10.7%。网经社旗下电商大数据库“电数宝”监测数据显示，2021 年我国在线职业教育有 36 家平台获得融资，融资总额超过 61.9 亿元。职业资格考试、企业内训、专项技能提升是在线职业教育投融资的重点领域。粉笔教育于 2021 年 1 月 1 日宣布完成 3.9 亿美元 A 轮融资，主要领域为公务员考试、司法考试、考研等。企业内训平台“云学堂”完成 E 轮 1.9 亿美元融资，用于 AI 技术和软件产品创新、数据中台和 IT 中台建设、内容产品生态能力提升、客户交付和服务能力提升。企业在线学习平台“职行力”获 1 亿元战略融资，为用户提供企业在线学习平台、知识生态运营平台、人力资本运营解决方案。新职业教育公司“三节课”完成 B+轮和 C 轮累计超过 2 亿元融资，主要面向互联网行业从业者开展互联网行业职业培训。职业技能培训平台“润德教育”完成 2 亿元 B 轮融资，以医疗大健康职业教育为主，主要从事执业药师、职称药师、执业医师、中医技能、护考资格等资格考试、项目培训和管理咨询等服务。

互联网巨头与在线教培机构纷纷入局教育智能硬件赛道。新冠肺炎疫情和“双减”政策驱动互联网巨头和主要在线教培机构纷纷挤入智能硬件赛道，推出系列智能硬件产品，推动教育智能硬件市场持续增长扩容。多鲸教育研究院数据显示，2021 年教育智能硬件市场规模达到 654 亿元，2024 年预计超过 1318 亿元，年复合增长率达到 26%[1]（见图 27.3）。2021 年 K12 教育智能硬件市场规模达到 453 亿元，在教育智能硬件市场的占比为 69.2%；2024 年预计达到 953 亿元，在教育智能硬件市场的占比为 72%，年复合增长率达到 25.8%（见图 27.4）。艾瑞咨询发布的《2021 年中国教育智能硬件趋势洞察报告》显示，未来新兴品类（主要包括

1 资料来源：多鲸教育研究院。

学习打印机、智能写字笔、智能作业灯等）的增长速度将远远高于传统品类（主要包括学生平板、点读笔、早教机等）。预计到 2023 年新兴品类的份额将反超传统品类，两者的比例将由目前的 26:74 转变为 53:47。腾讯教育发布“AILA 智能作业灯”，面向小学生作业场景，具备智能对话、指尖点读、自动批改作业、AI 讲题、错题本自动生成等作业辅导功能。华为发布两款自研的面向学生、儿童人群的智能硬件产品——华为小精灵学习智慧屏和华为儿童手表 4Pro。百度推出小度智能学习平板产品，支持全科教材同步、全语音问答等功能。猿辅导推出错题打印机新品“小猿 A4 打印机”、可识别畅销绘本的 AI 指读机、引导孩子在情景中思考探究解决问题的斑马逻辑思维学习机、内置小学至高中学段教材配套练习的墨水屏智能硬件“小猿智能练习本”。网易有道继 5 月推出有道儿童词典笔之后，又发布了学习硬件新品——英语听说练习工具“有道听力宝”。其财报数据显示，2021 年不包含 K9 学科培训业务口径下实现净收入 40.16 亿元，其中智能硬件净收入 9.8 亿元，同比增长 81.6%。

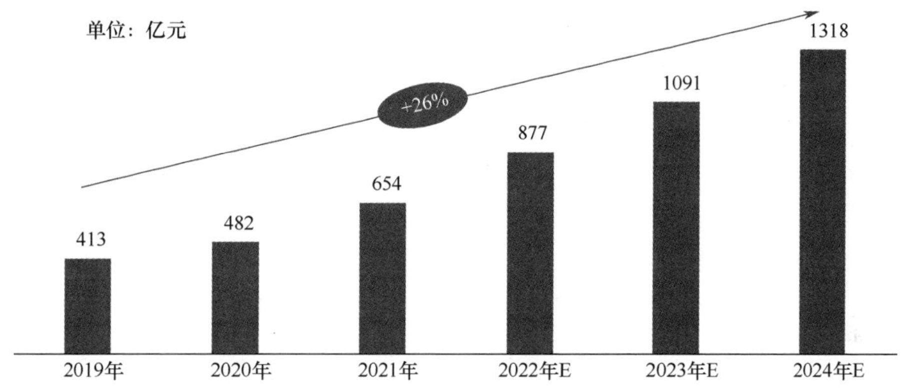

图27.3　2019—2024年中国教育智能硬件市场规模

资料来源：艾瑞咨询，多鲸教育研究院。

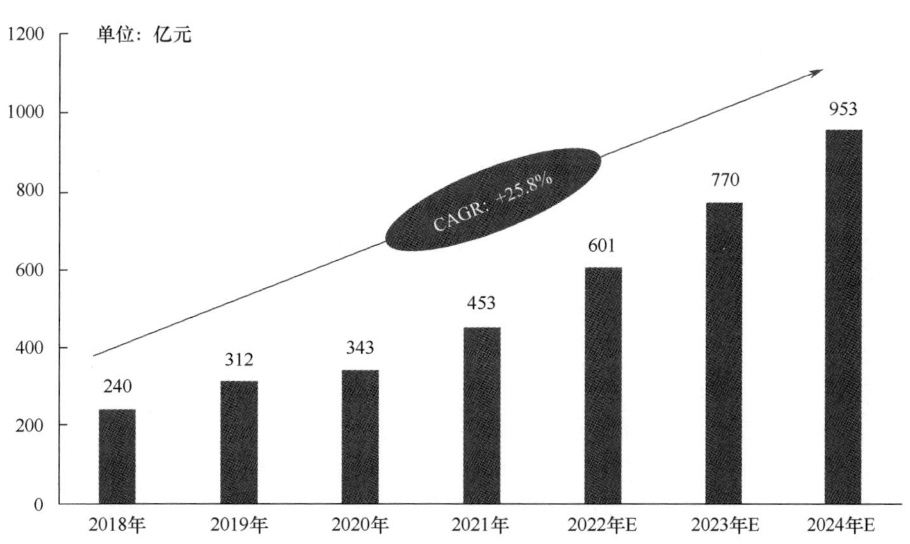

图27.4　2018—2024年中国K12教育智能硬件市场规模

资料来源：艾瑞咨询，多鲸教育研究院。

27.5 发展趋势

在线教育国家队正式入场，将发挥重要的主阵地作用。2022 年 3 月，国家智慧教育平台正式上线，这意味着在线教育国家队正式入场。该平台汇聚了国家中小学智慧教育平台、职业教育智慧教育平台、高等教育智慧教育平台及 24365 大学生就业服务平台，并将从 4 个方面发挥主阵地作用。

（1）优质资源的汇聚平台。该平台汇聚整合由名校名师、学者、院士参与设计录制的海量优质课程类和非课程类视频资源。

（2）服务公众的高效途径。该平台围绕不同学段教育特点设计版块和栏目，未来有望将静态的资源浏览拓展至动态的分析评价，从而为教师、学生、家长和有在线学习需求的社会公众提供方便快捷的个性化学习体验。

（3）双线融合的创新探索。该平台能够支撑教师开展微课、翻转课堂等多种形式的“线上”“线下”创新融合教研教学，满足常态和非常态（例如，疫情期间）教学需求，有利于加快变革教学组织形式、重构教育形态。

（4）弥合鸿沟的重要手段。该平台能够打破时空边界，实现优质资源的共建共享，扩大优质资源辐射范围，缩小城乡、区域、校际、群体之间存在的资源不均衡问题，促进教育高质量发展。

“双减”背景下在线教育治理向规范化、常态化推进。按照教育 App 备案与“双减”工作有关要求，截至 2022 年 2 月底，已有 1004 家企业的 2155 个教育 App 完成备案，共计 31.72 万所学校（不含学前）完成使用者备案，累计受理教育 App 相关投诉举报 1341 起[1]。继校外培训监管司全员取得执法证之后，教育部进一步提出要“推动校外教育培训监管立法”，为校外培训监管依法行政提供重要保障，推动校外培训监管纳入法治轨道。围绕“双减”工作，教育部把巩固深化校外培训机构治理效果作为“重头戏”纳入 2022 年工作要点，提出要着力巩固学科类培训机构压减成果，在法定节假日、休息日、寒暑假指导各地开展常态巡查，加大对隐形变异培训查处治理力度，针对非学科类培训，将细化区分非学科类培训机构，明确主管部门，体现公益属性，实现常态化监管，防止出现新的野蛮生长。

企业持续转型转轨，在线教育行业重启效果或将初显。2022 年年初，摩根士丹利发布 *K12 AST:Upgrading on New Sources of Growth*，该报告在分析新东方、好未来、网易有道业务情况后，指出当前我国国内对学习服务的需求仍然保持强劲，3 家公司在停止 K9 学科服务之后，正在各自领域建立优势，政策影响将继续，但最坏的市场情况已经过去。该报告预测，随着市场对以素质教育为主的非学科辅导需求的增加，尤其是年轻学生兴趣的增加，2022 年非学科辅导市场规模增速将达 25%，达到 7090 亿元（2021 年为 5680 亿元）。猿辅导继续拓展其素质教育业务“斑马”、编程业务“猿编程”和“南瓜科学”。作业帮开始将素质类教学内容延伸至写字、编程、素养等课程。除非学科类的素质教育、职业教育外，政府购买服务、

1 资料来源：中国教育和科研计算机网。

进校合作、教育智能硬件将继续成为在线教育企业转型的重点领域方向。部分上市企业已经过转型阵痛期，开始实现历史罕见的行业盈利。2022 年 3 月，一起教育科技、高途、网易有道线教育企业发布的最新财报显示季度净利润均为正。

撰稿：唐亮、高保琴

审校：姜昕蔚

第 28 章 2021 年中国网络医疗健康服务发展状况

28.1 发展环境

1. 政策环境

国家政策规划推动网络医疗健康服务体系完善。根据《中华人民共和国国民经济和社会发展第十四个五年规划和 2035 年远景目标纲要》，我国在“十四五”时期将全面推进医疗信息化建设，积极推进医院信息化、公共卫生信息化、医疗保障信息化、新兴技术应用和监管等方面的建设。2021 年 9 月，国务院办公厅发布《关于“十四五”全民医疗保障规划的通知》，提出要加快医保信息化建设，全面建成全国统一的医疗保障信息平台，形成比较完善的“互联网+医疗健康”医保政策体系、服务体系和评价体系。

行业措施促进新一代信息技术与医疗服务深度融合。2021 年 6 月以来，国家卫生健康委、国家医保局、国家医疗保障局、国家发展和改革委员会、国家中医药管理局、国家疾病预防控制局等相关部门，先后出台了《关于推动公立医院高质量发展的意见》《“十四五”优质高效医疗卫生服务体系建设实施方案》《关于优化医保领域便民服务的意见》《长期处方管理规范（试行）》等多项政策。在多部门的共同努力下，新一代信息技术与医疗服务深度融合取得实效，通过将医保管理服务延伸到“互联网+医疗健康”、互联网医院在医联体内开具长期处方、具备准入条件的互联网诊疗服务机构可申请纳入医保定点医疗机构范围、鼓励使用医疗器械类穿戴设备监测药物治疗效果指标等措施，使得远程医疗和互联网诊疗服务有效开展，医疗服务与健康管理信息化水平不断提高，提高了医疗资源可及性和整体效率。

各地明确将网络医疗健康服务能力建设作为重点政策和发展方向。从各省份“十四五”规划的内容来看，各地大多计划在“十四五”时期加速推进医疗信息化进程，尤其是互联网医院、5G 等新兴技术应用、远程医疗等多方面加快建设。虽然各地区因经济发展水平、医疗资源分布及实际需求不同，互联网医疗相关政策发布的数量及侧重点各有不同，但大多将利用互联网技术推进“互联网+医疗健康”、推动医疗费用异地结算、完善分级诊疗系统及互联网医保结算等方面列为近年来的重点政策和发展方向。

强化监管保障网络医疗健康服务规范发展。“互联网+医疗健康”在 2021 年连续第三年被写入政府工作报告中，提出促进“互联网+医疗健康”规范发展。2021 年 10 月，国家卫生健康委发布《互联网诊疗监管细则（征求意见稿）》，针对互联网医疗运营、发展制定规范细则，要求省级卫生健康主管部门应当建立省级互联网医疗服务监管平台，对辖区内开展互联网诊疗活动的医疗机构实现实时监管，进而推动互联网医疗行业从自由发展向规范发展迈进，从而严格推行回归医者本质，逐渐形成“以患者为中心”的服务体系。

2. 产业环境

互联网医院成为产业发展重点。在《健康中国 2030 规划纲要》战略方针的指导下，“互联网+医疗健康”相关政策环境不断优化，促使互联网医院建设成为投融资的重点领域。尤其是在当前新冠肺炎疫情防控的严峻形势下，互联网医院可以打破时间和空间的限制，不仅避免患者往返医院的麻烦，减少了感染的可能性，而且就诊时间、医生资源和药品质量都能有所保障。2021 年我国建成互联网医院 1900 家，同比增长将近 190%。

互联网医疗行业吸金能力凸显。2021 年，互联网医疗健康领域大额融资频现，阿康健康、有来医生、壹点灵等分别融资 2 亿元，好心情融资 3 亿元，海心智惠、良医汇、昭阳医生等分别融资数亿元。除吸引直接投资外，互联网医疗企业也迎来一波上市热潮，医脉通、鹰瞳科技分别在 7 月、11 月成功上市香港联交所，微医、叮当快药、智云健康、圆心科技等也先后向港交所提交上市申请。

互联网医疗健康服务机构持续加大投入。平安健康、阿里健康、京东健康 3 家上市企业持续加大对医疗服务的投入，不仅在医药电商领域深耕细耘，而且逐渐开始进行线上线下资源的协同整合，并把业务延伸到医、药、险等领域。

3. 社会环境

新冠肺炎疫情的持续使得网络医疗健康服务需求不断攀升。据统计，全球 2021 年累计新冠肺炎死亡病例报告约为 590 万例，新冠肺炎疫情仍然处于高发期。我国在新冠肺炎疫情防控方面也不敢有丝毫懈怠，行程码、健康码成为人们出行和进入公共场所经常使用的二维码，疫情暴发高危区等信息可以通过互联网进行查询，人们也参考这些信息精心守护自己的绿码。

“互联网+医疗健康”基础能力建设成效显著。近年来，在国家相关主管部门的推动下，“互联网+医疗健康”基础平台与系统建设取得了巨大进步，许多医院也通过互联网医院等为患者提供各种医疗健康服务，使得患者足不出户就能享受到高质量的医疗服务，北京、浙江等省份开发了全省统一的预约挂号平台，北京、上海、广州等大城市以外的患者，尤其是中西部省份，包括农村的患者，也可以不出家门就享受到北京、上海、广州等大城市的优质医疗资源，天津医科大学总医院已开通线上复诊、专病管家、数字胶片“云影像”等近 20 项线上服务，“互联网+医疗健康”成为人们获取医疗健康服务的首选方式和途径。

服务获取的便捷性使得网络问诊业务快速增长。受新冠肺炎疫情影响，许多患者无法及时亲身到医院就诊，而“互联网+医疗健康”可以使患者随时随地享受高质量的医疗健康服务，人们已经陆续尝到了网络医疗健康服务的甜头，因而通过网络获取医疗健康服务也就成了自然而然的选择。随之而来的是，患者通过网络获取健康与医疗信息的需求急剧增加，通过网上药店购买治疗所需的药品和器械，以及通过互联网医院进行问诊等行为也急剧增加。中国互联网信息中心最新数据显示，截至 2021 年 12 月，在线医疗用户规模同比增长 38.7%。

人口老龄化使得网络医疗健康服务成为发展的必然。据统计，2021 年中国 65 岁及以上人口突破 2 亿人达到 20056 万人，比上年增加 334 万人，占全国人口的 14.2%，中国 60 岁及以上人口约 2.6 亿人，占全国人口的 18.9%。按照国际标准，中国已经进入深度老龄化社会。人口老龄化问题进一步升级，对医疗健康相关信息和服务的需求进一步扩增，对医疗健康服务供给侧形成了巨大的压力，医疗健康服务的自动化、信息化、网络化、数字化、智能化逐渐成为解决医疗健康服务供需矛盾的主要抓手。

28.2 发展现状

1. 5G 支撑移动医疗广泛应用

5G 网络广泛覆盖为移动医疗奠定了坚实的基础。据统计，我国在 2021 年全年新建 5G 基站超过 65 万个，累计已建成并开通 5G 基站 142.5 万个，5G 网络已覆盖所有地级市城区、超过 98%的县城城区和 80%的乡镇镇区，每万人拥有 5G 基站数已达到 10.1 个，5G 移动电话用户数已达到 3.55 亿个。5G 具有高速率、低延迟、广联接、高安全等优势，解决了 4G 延迟、失帧、卡顿、堵塞等技术难题，能够较大程度地满足远程医疗、应急医疗、健康管理、移动护理、远程手术等医疗健康服务的高质量网络通信需求。

多部门政策协同推动“5G+医疗健康”成为发展热点。2021 年 7 月，工业和信息化部、中央网络安全和信息化委员会办公室等 10 个部门联合印发了《5G 应用“扬帆”行动计划（2021—2023 年）》，提出将“5G+智慧医疗”作为社会民生服务普惠行动之一，并提出了多项重点任务。一是要开展 5G 医用机器人、5G 急救车、5G 医疗接入网关、智能医疗设备等产品的研发。二是要加强 5G 医疗健康网络基础设施部署，重点优化覆盖全国三甲医院、疾病预防控制中心、便民医疗点、医养结合机构等场所，打造面向院内医疗和远程医疗的 5G 网络、5G 医疗边缘云。三是要丰富 5G 技术在医疗健康行业的应用场景，重点推广 5G 在急诊急救、远程诊断、健康管理等场景的应用，加快培育技术先进、性能优越、效果明显的智慧医疗服务新业态。在协同政策的推动下，全国上下掀起了一波“5G+医疗健康”发展热潮。

产业推动促进应用场景不断落地。一是 5G+医疗健康应用试点项目广受瞩目。为培育可复制、可推广的 5G 智慧医疗健康新产品、新业态、新模式，在工业和信息化部和国家卫生健康委联合发布《关于组织开展 5G+医疗健康应用试点项目申报工作的通知》之后，各地积极组织开展项目申报，经专家评审、公示等程序，最终有 987 个项目入选试点培育项目名单。二是 2021 年 5 月启动的第四届“绽放杯”5G 应用征集大赛医疗健康专题赛吸引了全国 681 个项目报名参赛，比 2020 年增加了 558 个，在应急救治、远程诊断、远程 ICU、远程治疗、医院管理、中医诊疗、智能疾控、健康管理等细分领域，涌现出众多创新性强、时效性大的“5G+医疗健康”应用项目，最终有基于“5G+AI”的眼耳鼻喉疾病远程诊断项目、基于“5G+区块链”的疑难危重新生儿急救转诊示范性创新应用项目等 30 个项目分获一、二、三等奖。

2. 人工智能促进医疗健康行业创新发展

积极推进医疗器械自主化和智能化水平。我国在医疗器械领域发展存在严重短板，尤其是高端医疗装备方面长期被国外企业垄断。工业和信息化部办公厅、国家药品监督管理局综合和规划财务司于 2021 年 11 月联合发布《关于组织开展人工智能医疗器械创新任务揭榜工作的通知》，旨在加快推动人工智能技术与医疗器械深度融合发展，补齐人工智能医疗器械的产业短板，更好地服务和保障人民群众生命健康。该揭榜任务设置了智能产品和支撑环境两个重点方向和智能辅助诊断产品、智能辅助治疗产品、医学人工智能数据库等 8 类揭榜任务，征集并遴选了一批具备较强创新能力的单位进行集中攻关，推动人工智能医疗器械创新发展，加速新技术、新产品落地应用。

智慧养老领域新技术、新产品和新模式不断出现。当前，我国人口老龄化程度不断加深，养老问题越来越突出，养老相关医疗健康服务需求越来越大。《中国老龄产业发展报告》显示，我国老年人口的消费规模预计将从 2014 年的 4 万亿元增长到 2050 年的 106 万亿元左右，成为最大的朝阳产业。在市场和技术的双重推动下，基于物联网技术的老年人健康管理与服务体系正在逐步建成，用于血压、心跳、运动量、睡眠等身体指标日常监测的可穿戴智能医疗产品，以及用于身体锻炼以保持健康体魄的智能器械也陆续投入使用，老年人医疗健康服务全流程线上流转与记录智能系统开始为居家养老、社区帮老、科技助老等养老模式提供有力支持。

3. “互联网+”为医保带来技术革新

依托互联网、云计算、区块链、人工智能等新技术的运用，以信息化为基础重构国家新医保体系，为医保工作带来新的机遇。2021 年，国家医保局不断完善“互联网+医疗服务”的价格和医保支付的政策，持续推进“互联网+医疗服务”医保支付的相关工作，“互联网+医保”政策环境优渥，发展开始进入“快车道”。

国家医疗保障信息平台陆续在全国各省份上线。国家医疗保障局自成立以来，致力于推动国家医疗保障信息平台全面建设与部署。2021 年 4 月，青海省医疗保障信息平台全面上线运行，成为国内首个正式运行的省级医保信息平台。截至 2021 年 12 月，国家医疗保障信息平台已在全国 31 个省（自治区、直辖市）和新疆生产建设兵团完成上线，实现所有统筹地区普通门诊费用跨省直接结算全覆盖，每个省份均至少有一个统筹地区启动门诊慢特病相关治疗费用跨省直接结算试点，医保信息化建设实现了从无到有、从一点上线到全面开花的飞跃式发展，为医保管理智能化、决策管理精准化、群众办事便捷化提供了有力支撑。

全国一盘棋的医保信息化系统取得了良好的社会效益。根据国家医保局发布的消息，接入国家医疗保障信息平台的医疗机构稳步增长，跨省结算取得显著成效。据统计，全国住院费用跨省直接结算定点医疗机构数量在 2021 年 12 月底已达到 52732 家，2021 年全国住院费用跨省直接结算 440.59 万人次；全国门诊费用跨省直接结算定点医疗机构数量在 2021 年 12 月底已达到 4.56 万家，定点零售药店数量为 8.27 万家，全国门诊费用跨省累计直接结算 1251.44 万人次，2021 年全国门诊费用跨省直接结算 949.60 万人次，异地就医直接结算工作取得显著成效。如今，“互联网+医保服务”已经渗透到人民群众医保咨询服务、异地就医结算服务、医保关系转移接续手续办理服务、医保基金监督管理等医保管理服务的方方面面。

4. 医药和医疗器械企业数字化转型热潮涌动

数字化转型能力建设成为医药和医疗器械生产企业的必要任务。《中华人民共和国国民经济和社会发展第十四个五年规划和 2035 年远景目标纲要》提出，要构建基于 5G 的应用场景和产业生态，在智慧医疗等重点领域开展试点示范。国务院办公厅印发了《关于全面加强药品监管能力建设的实施意见》，要求药品和医疗器械等形成信息化追溯体系。国务院国资委正式印发的《关于加快推进国有企业数字化转型工作的通知》提出，要促进国有企业数字化、网络化、智能化发展，增强竞争力、创新力、控制力、影响力和抗风险能力。工业和信息化部、国家卫生健康委等 8 个部委联合印发的《物联网新型基础设施建设三年行动计划（2021—2023 年）》提出，打造支持固移融合、宽窄结合的物联网接入能力，加速推进全面感知、泛在连接、安全可信的物联网新型基础设施建设。在国家大政方针和相关主管部门的指导下，医药和医疗器械领域各大企业积极提高企业数字化转型意识，开展数字化转型能力建设。预期在今后的几年里，医药和医疗器械生产企业数字化转型咨询和能力建设工具选型需求将会快速增长，网络服务、云计算服务、数字化解决方案服务及数字化安全与合规服务供应商也将会在技术、产品、服务等各层面努力提升自身的竞争力。

2021 年 11 月，工业互联网产业发展联盟发布了《生物医药企业数字化转型白皮书（2021 年）》，这也是关于生物医药生产企业的首份数字化发展白皮书，标志着医药和医疗器械生产环节的数字化开始进入行业关注的视野。该白皮书指出，物联网、云计算、大数据、人工智能等新一代信息技术与生物医药企业应用正在不断深度融合，并逐渐渗透到生物医药企业的研发、生产、流通、企业管理等各个环节，成为生物医药生产企业可持续发展的新的驱动力；由于西方发达国家数字化技术起步较早，信息化与工业化融合程度较深，强生、辉瑞等国际领先的生物医药企业数字化转型实践已经取得了显著的成效；中国生物、哈药、华仁药业、云南白药等国内生物医药企业数字化转型工作也初见成效，以保证企业能够在国内外市场激烈的竞争中站稳脚跟。该白皮书还提出了包括工艺设备层、网络通信层、采集控制层、平台层、业务应用层 5 层和安全管理、合规管理 2 列在内的技术框架体系，为生物医药企业数字化转型实践提供理论指导。

28.3 市场与用户规模

1. 用户规模

由于新冠肺炎疫情的持续影响，我国居民的诊疗习惯正在逐渐改变，对于医药电商、互联网医院的使用需求进一步提升，网络医疗健康服务的用户规模持续大规模增长。

从整体来看，新冠肺炎疫情持续推动线上诊疗需求增长。由于新冠肺炎疫情持续时间已有两年，大部分用户对网络医疗健康服务的使用习惯已经形成，线上医疗已经成为重要的医疗服务形态，互联网医疗月活跃用户峰值屡创新高，已经超过了 6000 万人。中国互联网络信息中心（CNNIC）发布的第 49 次《中国互联网络发展状况统计报告》显示，我国在线医疗用户规模已经从 2020 年 12 月的 2.15 亿人增长至 2021 年 12 月的 2.98 亿人，增长了 8308 万人，占网民整体的 28.9%。

从人群特点来看，加入网络医疗健康服务队伍中的老年网民规模保持了良好的增长态势。近年来，在工业和信息化部、中央网信办、国家卫生健康委等部门的共同推动下，我国信息通信行业积极打造老年友好型应用，医疗健康类的适老化改造网站和 App 得到了长足发展，许多产品及服务都在原来的基础上推出了关怀版、长辈模式、老年人模式等，以更加符合老年群体的习惯和需求。据统计，截至 2021 年 12 月，我国 60 岁及以上老年网民规模达 1.19 亿人，占网民整体的 11.5%，有 69.7%的老年网民能够独立出示健康码/行程卡，超过 33%的老年网民能够独立实现网上挂号、问诊。

2. 互联网医疗健康

2021 年，受新冠肺炎疫情的持续影响，互联网医疗健康服务成为医疗机构和患者的共同选择，市场规模持续稳步增长，互联网医院服务体系越来越完善，应用场景越来越丰富。

互联网医疗健康市场规模稳步增长。据中商产业研究院统计，我国 2021 年互联网医疗健康市场规模达到 2831 亿元，同比增长 44%，相比上年的增长速度已经有所放缓。从趋势来看，受规模发展和经济因素等影响，预期 2022 年我国互联网医疗健康市场规模将达到 3210 亿元，同比增长只能达到 13%左右，虽然互联网医疗健康市场规模持续增长，但增速还将继续保持放缓的态势（见图 28.1）。

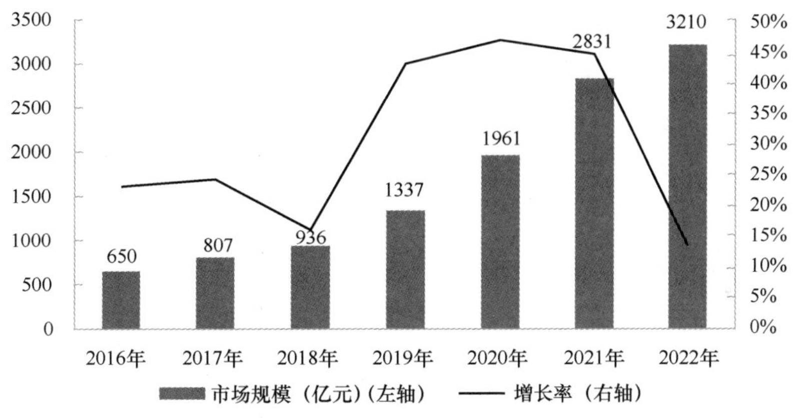

图28.1 2016—2022年中国互联网医疗健康市场规模及增长率

互联网医院服务体系持续完善。据不完全统计，截至 2021 年年底，全国已经建成互联网医院 1700 多家，远程医疗协作网覆盖所有的地级市的 2.4 万余家医疗机构。通过数字化、智能化、网络化建设在医疗、管理、服务三条线的有序推进，可以实现预约挂号、预约检查、在线复诊、远程会诊、在线支付、线上处方、药品配送等各环节“一站式”就医服务，涵盖诊前、诊中和诊后的全部流程，使得实体医疗服务得以有效延伸和下沉，优质医疗资源的地域及供需不平衡问题在一定程度上得到了缓解，提高了医疗服务效率和资源利用率。

3. 医疗信息化建设

2021 年，医疗信息化建设市场繁荣发展，不论是全民健康信息平台，还是各医疗机构内部系统建设，在平台和系统部署、互联互通等方面都取得了长足进步。

一是国家全民健康信息平台基本建成。截至 2021 年年底，国家全民健康信息平台已经初步建立了全员人口信息、居民电子健康档案、电子病历和基础资源等数据库，实现了医疗服务、医疗保障、药品供应等应用系统数据集成和业务协同，并基本实现了国家、省、市、县平台联通全覆盖，7000 多家二级以上公立医院接入区域全民健康信息平台，260 多个城市实现区域内医疗机构就诊“一卡（码）通”，基本实现了区域医疗系统互联互通。

二是“互联网+医疗服务”系统建设取得显著进展。全国医疗机构积极开展“互联网+医疗服务”系统建设，临床业务系统、资源管理系统与云计算、大数据、人工智能等新兴技术的结合，有效提高了精细化管理水平。国家卫生健康委的数据显示，全国已有 7700 家二级以上医院提供线上诊疗服务，三级医院网上预约诊疗率已达 50%以上，90%以上的三级公立医院实现了院内信息互通共享。

三是医疗信息化软件市场供需两旺。随着《公立医院高质量发展促进行动（2021—2025年）》《“千县工程”县医院综合能力提升工作方案（2021—2025 年）》等文件的颁布，加之互联网医疗健康服务需求的不断增加，各医疗机构信息化系统建设得以广泛开展，医疗信息化软件市场也迎来了春天。据有关数据测算，2021 年中国医疗信息化核心软件市场规模达到 323 亿元，预期 2021—2024 年的复合增速将达到 19.2%，2024 年总规模将达到 547 亿元。市场对医疗信息化软件市场前景也非常看好，尤其是临床信息化规模增速较快，三级医院对新兴医疗应用需求持续快速增长，预期 2021—2024 年的复合增长率将达到 24.7%。

四是医院管理信息化向纵深发展。随着 5G、云计算、大数据、人工智能、物联网等新一代信息通信技术在医疗领域应用的不断深入，医疗信息化系统的自动化、数字化、智能化发展趋势越来越显著，医疗设备及环境设施开始通过物联网、5G 网络等逐渐进入信息系统，并且正在从以 HIS 系统建设为主开始向数字孪生医院迈进。

4. 医疗器械

我国医疗器械市场规模在 2021 年继续扩大，并保持快速增长的趋势。据中商研究院统计，2021 年我国医疗器械市场规模已达到 9630 亿元，预计 2022 年将达到 12529 亿元，2025 年将达到 18414 亿元。在 2021 年我国整体医疗器械市场中，市场规模占比最高的前三大板块分别为体外诊断器械、医疗影像设备、低值医疗耗材，占比分别为 13.9%、13.2%、9.9%。

国内医疗器械市场之所以能实现如此良好的发展，主要有以下几方面的原因。一是随着新一代信息通信技术在医疗器械数字化转型中的作用越来越大，不仅医疗器械企业生产制造自动化、智能化发展趋势越来越明显，产品全生命周期数字化管理也开始陆续实施，智能化医疗器械正在加速发展。二是由于高端医疗装备不仅涉及患者生命安全和个人健康隐私数据安全，还可能涉及国家利益和医疗机构商业秘密，因此国产高端医疗器械越来越受到各相关机构的青睐，带动国内整个医疗器械行业步入高速增长阶段。三是受新冠肺炎疫情影响，群众越来越重视自身的健康，但远程医疗还没有完全无缝覆盖，因此家用医疗器械与运动器械一起都成为患者治疗和群众提升自身健康水平所喜爱选择的一项。

5. 医疗机器人

医疗机器人市场规模持续扩大。随着人工智能算法的不断完善和机器人技术的不断进步，我国医疗机器人也取得了越来越大的进步，不论是康复机器人、手术机器人、辅助机器人，还是医疗服务机器人，都已经开始进入商业化阶段，并取得了良好的市场业绩。中商产业研究院发布的数据显示，2021 年我国医疗服务机器人市场规模达 79.6 亿元，预计 2022 年我国医疗机器人市场规模将达到 97.1 亿元（见图 28.2），2025 年将进一步达到 151.7 亿元。

医疗机器人产业备受资本青睐。一方面，医疗机器人（尤其是手术机器人）在临床应用等各方面越来越受到各大医疗机构的重视；另一方面，新冠肺炎疫情给医疗健康服务带来了前所未有的压力，我国医疗机器人行业快速发展，医疗机器人相关企业注册量持续增加，2021 年医疗机器人相关企业注册量为 19502 家，同比增长 37.0%。2021 年国内医疗机器人的融资事件数达到 50 多起，融资总额超过 65 亿元，其中手术机器人融资总额更是超过 30 亿元。

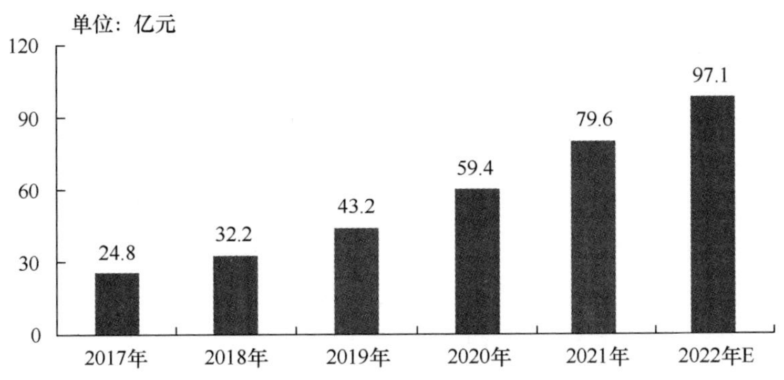

图28.2　2017—2022年我国医疗机器人市场规模

28.4　细分领域

1. 互联网医疗

互联网医疗的范畴非常广泛，涉及在线教育、在线查询、在线评估、在线咨询、远程会诊、远程康复等多种形式的医疗服务体系。其中，在线咨询、远程会诊、远程康复是行业比较热门的创新方向。2021 年，互联网医疗领域主要表现出以下几个方面的特点。

一是医生参与互联网医疗的比例越来越高。据统计，北京协和医院、复旦大学附属华山医院、中山大学附属第一医院在好大夫在线出诊的医生均有近千名以上，医生使用比例分别达到 56%、72%、64%。随着这些知名医院的知名专家加入互联网医疗队伍，患者互联网诊疗的获得感也大大提高。

二是医患互动次数日趋频繁。从京东健康互联网医院来看，医患平均沟通轮次在 2020 年为 6~7 轮，在 2021 年则增长为平均 8 轮，且沟通轮次达到 8 轮以上的占比超过 30%。从好大夫在线平台图文问诊数据来看，医生平均回复次数大幅提升，已经从新冠肺炎疫情前的 6~7 次增长至 2021 年年底的 9 次以上。此外，直播、抖音、小视频等医患互动手段的多样化、直观化、大众化，也使得患者对互联网诊疗的使用意愿不断提高。

三是新冠肺炎疫情推动患者利用互联网求医的需求快速增长。虽然互联网医疗的体验在多数情况下无法带给患者那种直接去医院就诊的身临其境的感觉，但新冠肺炎疫情期间由于各种限制给患者实地就医造成了诸多不便，有许多患者被迫选择了互联网诊疗方式，也有一部分患者认识到互联网医疗带来的不必舟车劳顿、网络支付便捷等诸多便利，主动选择了互联网诊疗方式。

四是监管政策给患者吃了“定心丸”。从国家层面来看，我国《2021 年政府工作报告》明确提出，要促进“互联网+医疗健康”规范发展，2021 年 6 月获得通过的《数据安全法》

也正式将卫生健康领域数据安全问题上升到法律层面，切实保障人民医疗信息数据安全。从部委层面来看，国家卫生健康委于 2021 年 10 月发布《关于互联网诊疗监管细则（征求意见稿）》，不仅延续了全程追溯、责任倒追的监管原则，还明确了互联网诊疗要回归医疗服务的根本定位，保障医疗质量和安全，同样体现了始终服务于人民健康需求的核心要义。

2. 健康管理

随着《健康中国 2030 规划纲要》的逐步落实，以及 5G、人工智能、大数据、云计算、物联网等新一代互联网技术在健康领域的应用，数字化终端越来越普及，2021 年我国数字健康管理行业核心市场规模达 2160 亿元，健康管理已经成为当前的一股潮流。

一是数字健康领域在上班族和专业人士中发展成效显著。艾媒咨询数据显示，公司职员、企业管理者及专业人士占数字健康总体用户的比例达到 60%以上，上班族人群和专业人士用户成为数字健康管理的核心群体。分析其中主要原因在于，这一类用户受教育程度较高，能够很好地使用数字健康类终端设备和 App 应用软件，且在各种运动场景和健康服务中有极高的使用热情。

二是老年人高端体检每付费用户平均收益（ARPPU）值高速增长。据统计，2021 年 60 岁及以上银发群体平均客单价比 2020 年上升了 20%左右，主要有以下两个方面的原因：一方面，老年人疾病预防意识整体提升，更加愿意在保健和体检方面进行投资；另一方面，晚辈将高端体检套餐作为礼物赠送给长辈的消费风潮兴起，为健康管理领域快速发展奠定了良好的用户基础。

3. 医药电商

2021 年，医药电商领域发展主要有以下几个方面的特点。

一是医药电商市场规模持续增长。2021 年，在医药购买渠道放开政策的推动及新冠肺炎疫情防控的影响下，人民群众的就医问诊和购药习惯发生了巨大的变化，使得医药电商逐步发展成了医药零售的热点窗口，医药电商发展也取得了长足的进步。据统计，2021 年互联网医药电商交易规模达到 2260 亿元，同比增长 15.5%，取得了令人瞩目的发展成绩。

二是医药终端配送体系的逐步完善。以京东健康为例，其全国范围内的药品仓库和非药品仓库数量分别增至 19 个和超过 400 个，80%的自营药品订单实现次日达。在完善的终端配送体系的支持下，京东健康的用户规模也获得了快速增长，年度活跃用户数量在 2021 年年底达到了 1.23 亿人，与 2020 年相比净增加了 3356 万人；总收入为 306.8 亿元，同比增长 58.3%。

三是店院结合成为医药电商发展主流模式。随着人民群众医疗需求发生转变，不仅诸多传统药店开启了数字化转型进程，互联网企业也在医药电商领域注入了更多的资源。更多互联网企业通过收购、合作等方式，开展了互联网医院业务并取得了非常可观的进展，如百度健康在 2020 年 6 月与沧州市人民医院合作共建互联网医院，而京东健康互联网医院日均咨询量已超过 19 万次。

4. 智慧养老

2021 年，我国人口老龄化问题继续加深。据统计，2021 年我国 60 岁及以上人口为 26736

万人，占全国人口的 18.9%，同比增加了 992 万人；65 岁及以上人口突破 2 亿人，达到 20056 万人，占全国人口的 14.2%，同比增长了 0.2%。为了解决日益严峻的养老问题，我国政府大力支持养老服务业的发展。截至 2021 年年底，全国养老服务机构和设施总数为 34 万个。

智慧养老支持政策进一步提升。中共中央、国务院发布了《关于加强新时代老龄工作的意见》，提出要加快推进老年人常用的互联网应用和移动终端、App 应用适老化改造，并实施“智慧助老”行动，加强数字技能教育和培训，提升老年人数字素养。工业和信息化部、民政部、国家卫生健康委 3 个部委共同印发了《智慧健康养老产业发展行动计划（2021—2025 年）》，提出进一步促进智慧健康养老产业发展，积极应对人口老龄化，打造信息技术产业发展新动能，满足人民群众日益迫切的健康及养老需求，增进人民福祉和促进经济社会可持续发展。国家发展和改革委员会、民政部、国家卫生健康委 3 个部委共同印发《“十四五”积极应对人口老龄化工程和托育建设实施方案》，推动养老服务的体系化、智慧化建设。

智慧养老产业发展进入“快车道”。在各级政府政策的积极引导下，智慧养老产业得到迅速发展。据统计，2021 年我国智慧养老市场规模已经接近 5.5 万亿元，同比增长 47%。预计随着老龄化程度的不断加深，智慧养老需求不断提升，智慧养老基础设施建设逐步加快，5G、云计算、大数据、人工智能、物联网等新一代信息通信技术与养老产业深度融合，推动养老产业向物联化、互联化、智能化发展，我国智慧养老产业规模到 2025 年将超过 15.6 万亿元，年增长速度将达到 30%以上。

5. 数字疗法

数字疗法在 2021 年的发展具有以下几个方面的特征。

一是数字疗法开始引起部分政府重视。杭州市于 2021 年 7 月发布《关于加快生物医药产业高质量发展若干意见》，在国内首次提到“支持本地医疗机构参与数字疗法产业购买服务试点”等政策，从政策层面明确支持和发展数字疗法。杭州市还在 2021 年 12 月成立了杭州市数字疗法产业园，以加速推动数字疗法领域新技术、新产品的研发应用和产业化。海南省于 2022 年 1 月在国内首次将数字疗法列入省级规划，将“探索数字疗法先行试用”列为《海南省数字健康“十四五”发展规划》的主要任务之一，提出要将海南建设成为全球数字疗法创新岛，推动“数字疗法+互联网医疗”聚合重构。

二是数字疗法产品不断丰富。目前出现的数字疗法产品已经覆盖行为与认知系统、神经系统、呼吸系统、眼科系统、内分泌系统、循环系统等各类疾病，具体适应证也逐渐拓展到肿瘤、心脑血管疾病等重大慢性病领域。北京嘉铖视欣的弱视斜视矫正系统、南京伟思医疗科技的认知功能障碍治疗软件、广州视景医疗的视觉功能训练治疗软件、杭州芝兰健康的乙肝母婴阻断辅助管理软件等先后获得了医疗器械许可证。

三是数字疗法成为投资领域的新宠。2021 年，数字疗法领域频现大额投资案例，表现出强大的吸金能力。杭州健海科技于 3 月获得夏尔巴投资、红杉资本、源码中国共 1.5 亿元 B 轮投资，凯联医疗于 5 月获得东方富海、乾道投资基金等逾亿元 C 轮融资，妙健康于 6 月获得金茂资本等数亿元 D 轮投资。

28.5 典型案例

1. 芜湖圣美孚科技有限公司的“5G+智能中医诊疗”整体解决方案

芜湖圣美孚科技有限公司（以下简称芜湖圣美孚）在传统中医学的基础上，将 5G、人工智能、大数据、云计算、物联网等新一代信息技术与中医行业深度融合创新，通过内置 5G 模组的医疗设备，搭建移动医疗模式，打造出一套“5G+智能中医诊疗”整体解决方案。

该方案利用 AI 智能技术、人脸识别技术、自动加压式脉象检测技术、多逻辑模式算法及深度机器学习等先进技术，全程引导问诊，自动给出问诊、面诊、舌诊、脉诊结论，将古今中医名家经验、临床大数据与 AI 完美结合，使系统持续自我学习，积累数据越多，诊断准确率越高。该方案具有快速智能推荐处方等功能，大大提升了诊断、开方精确度，减少了误诊率。

该方案能够提供个人原始影像及数据的云存储，检查后影像及数据无须人工参与直接上云，实现手机、PC 等多终端智能阅览和分享，且加载云端 AI 算法，第一时间帮助医生快速提高诊断效率，帮助医务工作者高效、精准地完成筛查诊断病况评估工作，有效提升诊疗效率和水平；形成患者个人的健康档案管理，方便进行病情追踪，提供健康关怀，提高医患黏性。

该方案具有部署灵活快速、诊断速度快、全自动量化对比、可视化数据统计分析、智能报告解读等特点，综合整体信息来分析检测人体的健康状况，从而达到防病、治病的目的。同时，该方案还具有智能远程会诊的能力，提供多终端移动阅片、人工智能辅助诊断、多方在线会诊、可视化数据统计分析等核心功能。

目前，该方案已应用于安徽芜湖医联体（41 家医院）、内蒙古锡林浩特医联体（26 家医院）、江西赣州医联体（10 家医院）、河南鄢陵医联体（13 家医院）等 10 余家中医四诊大数据医联体，得到行业用户的一致认可和赞扬，芜湖圣美孚基于该方案牵头申报的“基于 5G 的慢性病防医养全程的智慧中医应用”项目成功入选工业和信息化部和国家卫生健康委联合开展的“5G+医疗健康应用试点项目”名单。

2. 北京即鸿的 5G+医疗危废液源头智能化减量处置技术方案

北京即鸿的 5G+医疗危废液源头智能化减量处置技术是利用智能化识别技术和分级热解技术，针对医院、疾控中心等实验室的医疗危废液进行源头“精准”处置。

首先，该技术借助 AI 优化算法、大数据、物联网等技术，在危废液处理过程中，通过智能识别、性能评价，不断积累危废液性质与处理工艺参数数据库，处理的危废液种类越多，数据库越完善。不断优化、提升工艺算法，在处理危废液时，设备自动检测危废液的性质，并从数据库中自动匹配相应的处理工艺参数，对危废液进行源头精准处理。该技术可有效减少医疗危废液源头存储数量，并降低危废液存储和委外运输的安全隐患。

其次，利用 5G 网络技术，可以远程实时了解设备的整体运行状况和设备中每个部件的运行情况，就如同人亲自在现场一样，可以实现远程对终端设备的调试、操控、诊断和维修等。在新设备安装完成后，调试工程师和专家可以远程对设备进行操作或指导操作，完成调试；当现场设备出现故障等问题时，设备维修工程师和专家可以远程诊断出现问题的原因，及时排除故障。通过 5G 功能，可以远程对处理设备进行调试、操控、诊断和维修等，不用从一个项目跑到另一个项目，或从一个地区跑到另一个地区，大大提高了工作效率，省去了“舟车劳顿”，节省了大量的差旅费用及项目的运营管理成本。

最后，可通过搭建云端应用平台，把一个区域，如一个市或一个省，甚至全国范围内的分散危废液处理设备都纳入应用平台上，实现对区域内设备的实时监管、远程调试、远程故障诊断等。通过不同的权限授权，相关技术、管理、监管人员可以通手机、PC 等多终端实时分享授权权限内的数据。

该技术方案已在上海公共卫生临床中心、清华大学、北京师范大学等应用部署，大大降低了相关单位的医疗危废源头安全隐患和管理成本。

3. 北京凤凰医联社区互联网医疗平台

凤凰医联是一家在北京地区运营的大型社区化互联网医疗服务平台，管理着 15 家连锁基层医疗服务机构，拥有智慧互联网医院、网约护理 O2O、社区医疗及慢病管理平台、智慧养老系统四大核心业务。凤凰医联的互联网健康服务体系如图 28.3 所示。

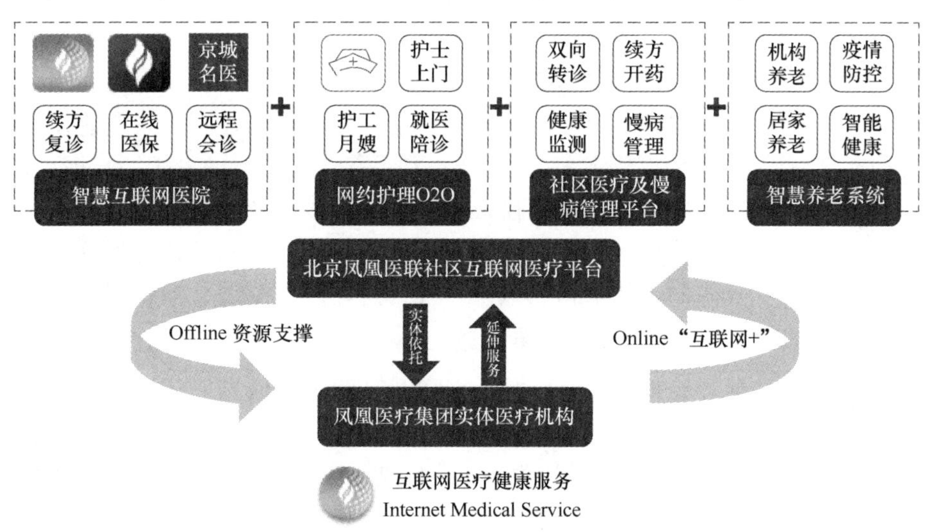

图28.3　凤凰医联的互联网健康服务体系

智慧互联网医院是由北京市卫健委批准的独立设置的互联网医院，服务覆盖线上分诊、问诊、处方、药品配送全流程，患者可在院外获取医疗资源，疫情期间大大降低了聚集感染的风险；App 支持无障碍浏览，经工业和信息化部推荐代表中国医疗行业在国际电信联盟大会上分享互联网助盲居家就医案例，贡献了无障碍就医 App 的“中国方案”。

网约护理 O2O 品牌“凤凰好护士”是国家卫生健康委网约护理试点单位，其从患者的高频需求出发，建立了一系列服务及质量安全标准，面向北京居民提供 30 余项上门护理服务；平台布局 19 家线下护理站和 8 家线上护理站，解决了老年用户及行动不便人群往返医院的实际困难，深受用户的广泛好评。

社区医疗及慢病管理平台是依托凤凰医疗集团丰富的医疗资源、面向社区基本医疗服务需求的实体医疗服务运营平台，年服务患者超过 50 万人次。通过运营管理的 15 家社区医疗服务机构，为社区居民提供品牌化、连锁式的高品质医疗服务，也为线上医疗服务提供支撑和保障；通过开发建设慢病专病管理平台，为社区医疗服务数字化赋能，为分级诊疗难题提供了凤凰方案。

智慧养老系统是凤凰医联将实体医院与智能检测设备融入养老服务的管理平台。该系统与实体医院 HIS 系统互联，可根据老人的健康状况办理入院和出院，老年人及家属可通过互联网续方复诊，实现药品快递上门；该系统连接凤凰医联自主研发的智能产品，包括监测睡眠的智能床垫、物联网智能血压计/血糖仪及防走失手环，为老人提供全方位健康保护。

通过线上互联网平台和线下医疗机构联动，凤凰医联建立起互联网医疗健康服务的全流程闭环服务体系。截至 2021 年年底，凤凰医联社区互联网医疗平台积累了 31 万注册用户，在线诊疗服务 2.3 万人次，上门护理服务 1.5 万人次，慢病管理会员 7819 人，为 283 家养老服务机构提供互联网助医服务。

28.6 发展挑战

1. 智能化疫情防控体系有待进一步完善

从新冠肺炎疫情暴发到 2021 年年底，我国新冠肺炎疫情防控网络系统建设取得了极大进展，行程码、健康码及智能化测温系统、生物识别系统、医学影像系统等发挥了重要作用，第一时间确定了新冠肺炎阳性患者、密切接触者、次密切接触者人群，为有效阻击新冠肺炎疫情扩散作出了巨大贡献。然而，在治疗药物发现、药物使用效果评估与推荐、疫情次生灾害监控及核酸疫苗监管等方面，所取得的效果差强人意，还需要进一步加强。

2. 部分医疗健康领域数字化转型亟待提速

随着 5G、人工智能、云计算、大数据、物联网等新一代信息通信技术在医疗健康行业的深度应用，医疗健康行业数字化转型步伐正在逐步加快，并取得了较大成绩。当前，我国医改正在从“以治疗为中心”向“以健康为中心”转变，中医中药、养老、保健等服务是“以健康为中心”的重要支撑，必须要优先发展才能满足人民群众健康发展的需要。但医疗健康行业各领域数字化转型的步伐严重不一致，中医中药、养老、保健等服务领域数字化程度存在显著差距，与云计算、大数据、人工智能、物联网等新技术结合还严重不足，创新型产品、系统化解决方案和相关技术标准尚未形成体系，具有自动化、数字化、智能化特征的新型基础设施还极度缺乏。

3. 互联网医疗平台标准体系亟待建立

互联网医疗通过“互联网+”技术，依托网络开放平台，重点解决老百姓的跨地域、跨时空的就医问题，特别是偏远地区和欠发达地区老百姓的看病难问题。然而，目前市场上存在很多分散、独立的互联网医疗平台，这些平台能力和服务质量参差不齐，相互之间没有实现互联互通，存在标准不统一、信息不共享等问题，形成了严重的信息孤岛，不仅显著降低了互联网医疗的作用，也增加了患者的就医复杂度，还给患者权益保障带来了诸多隐患。因此，从国家层面亟待建立互联网医疗平台的准入标准、信息建设标准、数据安全标准和信息共享标准，打破信息孤岛，从而发挥互联网医疗的最大效能，并最大限度地保障患者的权益。

4. 高端医疗装备的数据安全问题引起关注

高端医疗装备一般具备数字化、智能化等功能，能够为患者提供个性化、人性化、规范化的医疗服务。然而，随着高端医疗装备在医疗机构内的广泛部署，设备所采集、存储、处理的数据越来越多，形成了诸多医疗大数据。对这些医疗大数据进行充分挖掘，对于有效提高治疗质量和水平等具有极其重要的意义。但是这些数据不仅涉及患者隐私，也涉及医疗机构的商业秘密甚至还可能涉及国家机密。因此，这些数据的安全问题也备受关注。如何在保护隐私和不泄密的情况下存储、使用好这些数据，将会给医疗部门带来巨大的挑战。

5. 亟须建立以客户为中心的前—中—后健康管理闭环

目前，网络医疗健康领域还存在诸多问题，尤其突出的是患者对服务质量和体验质量的要求与网络医疗健康服务能力之间的不匹配。目前，很多网络医疗健康服务从业者主要是以用户规模和营业规模的增长为主要发展目标，而医疗的本质是人性化关怀和救死扶伤。因此，两者之间存在一定的差距和矛盾，亟须尽快弥补差距。此外，构建医疗健康服务前—中—后全周期健康服务和管理体系也是目前互联网医疗的短板。目前，“互联网+医疗”更多的是强调治疗，而对疾病的预防、康复和管理重视不够。为了践行习近平总书记提出的健康观，以人民为中心，以健康为根本，实现健康中国的伟大目标，亟须建立以患者为中心的前—中—后健康管理闭环，突出人性化关怀和健康管理的科学发展理念。

撰稿：徐贵宝、闵栋、李曼、李梅田
审校：彭勇

第 29 章　2021 年中国网络生活服务发展状况

29.1　在线旅游

29.1.1　发展现状

文化和旅游部发布的数据显示，2021 年，国内旅游总人次达 32.46 亿，比 2020 年同期增加 3.67 亿，同比增长 12.8%（恢复到 2019 年的 54.0%）。其中，城镇居民旅游总人次达 23.42 亿，同比增长 13.4%；农村居民旅游总人次达 9.04 亿，同比增长 11.1%。

国内旅游收入（旅游总消费）2.92 万亿元，比 2020 年同期增加 0.69 万亿元，同比增长 31.0%（恢复到 2019 年的 51.0%）。其中，城镇居民旅游消费 2.36 万亿元，同比增长 31.6%；农村居民旅游消费 0.55 万亿元，同比增长 28.4%。

从宏观数据来看，2021 年国内旅游业总体运行在复苏“轨道”上，但全年的复苏进程比较曲折，呈现出“前高后低”的走势。根据文化和旅游部公布的相关数据，2021 年的春节、清明、“五一”、端午、中秋和国庆的国内旅游人次和旅游收入的恢复比例存在较大波动。整体来看，旅游人次的恢复情况一致好于同期的旅游收入，主要原因在于新冠肺炎疫情抑制了人均消费相对较高的长线旅行的恢复，同时，大部分旅游企业选择大幅度折扣的方式拉动消费，而在防疫方面的额外投入等也增加了成本支出。在走势方面，“五一”和端午假期的恢复情况为全年假日中最优，尤其是“五一”假期的出游人次较 2019 年同期出现了 3.2%的正增长，旅游收入恢复到了 2019 年同期的 77.0%（见图 29.1）。

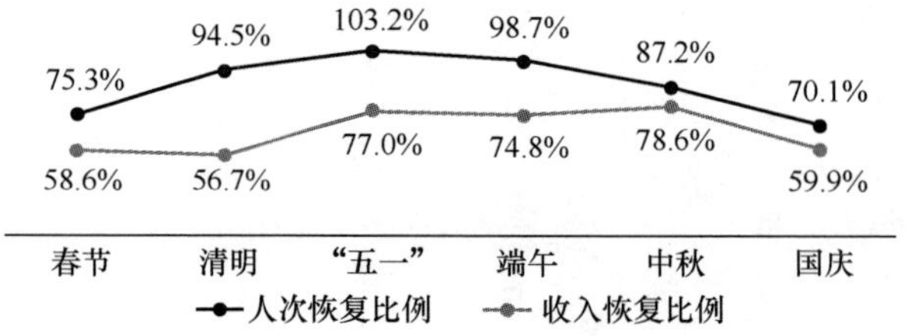

图29.1　2021年主要假期旅游经济恢复情况

注：根据国家文化和旅游部统计数据整理，恢复比例为相对于 2019 年同期的比例。

资料来源：文化和旅游部。

2021 年影响行业复苏的因素依然是局部疫情的反复，一方面是防控政策抑制了出行需求；

另一方面是居民家庭依然存在安全顾虑，对跨地区出行信心不足。2021 年，国内在线旅游行业的复苏轨迹基本上与整个旅游产业一致，上半年保持了强劲复苏势头，下半年则显著减弱。

从结构上看，旅行社业务恢复情况依然不佳，商务差旅及刚性出行市场的恢复情况相对更好，延续了 2020 年的结构特点。根据同程研究院、艾瑞咨询相关机构的研究测算，2021 年国内在线旅游市场的交易规模为 1.3 万～1.4 万亿元，恢复至 2019 年同期的 70%以上，但在线度假细分市场的交易额则仅能恢复至 2019 年同期的 40%左右[1]。在行业增长驱动力方面，非一线城市特别是疫情形势相对稳定的三四线城市成为主要在线旅游平台用户和交易额的主要增量贡献来源区域。在细分人群方面，在线旅游行业逐渐迎来了一个核心用户的世代更替周期，出生于 1995 年至 2010 年之间的“Z 世代”在各大平台新增用户中的占比快速扩大，从需求端推动着在线旅游行业的业态创新、产品创新和服务创新。

29.1.2　市场规模

综合同程研究院、艾瑞咨询等机构的研究，2021 年中国在线旅游市场的交易规模约为 1.35 万亿元，同比增长 39.2%，整体保持了较好的向上复苏势头。同时，基于 2022 年前 5 个月的疫情形势，预计 2022 年国内在线旅游市场仍然难以恢复至 2019 年同期水平，总交易规模预计在 1.4 万亿元左右，同比增幅降至 3.7%，恢复至 2019 年同期的 79%左右。同程研究院预测，2023 年旅游业将迎来全面复苏，预计国内在线旅游市场的交易规模将恢复至 2019 年同期水平或较 2019 年同期实现小幅增长（见图 29.2）。

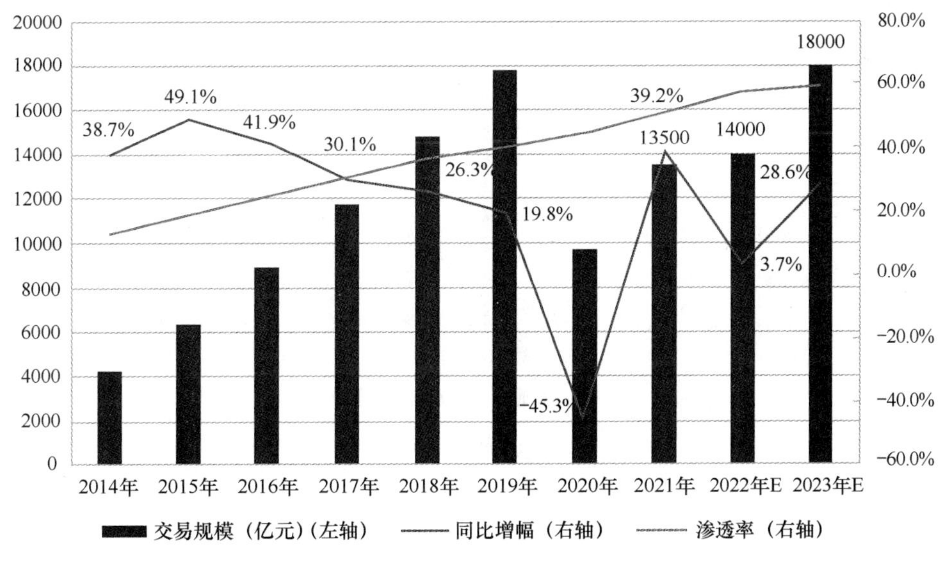

图29.2　2014—2023年中国在线旅游市场规模增长趋势与预测

资料来源：同程研究院等研究机构。

尽管整个行业的规模扩张暂时受到了疫情的严重影响有所放缓，但在线旅游渗透率却保

---

1 参考资料：《2021 年中国在线旅游行业研究报告》，艾瑞咨询；《2021 中国旅游业盘点与 2022 年展望》，同程研究院。

持了稳步上升的趋势。根据主要研究机构的数据，2021 年在线旅游渗透率从 2019 年的 40%左右提升至 52%，提升幅度在 10 个百分点以上，预计 2022 年度将进一步提升至 58%。渗透率在新冠肺炎疫情期间的稳步提升主要受益于以下 3 个方面的因素：一是疫情带来的不确定性及对非接触服务的刚性需求上升；二是在线旅游平台纷纷加大了对于“下沉市场”[1]的线上化布局，为行业带来了新的增量；三是产业端的数字化、线上化水平稳步提升，尤其是交通出行等标准化水平较高的领域加快推进基础服务的电子化和线上化。

在细分市场方面，标准化程度较高的交通票务依然是国内在线旅游市场的大头。自新冠肺炎疫情暴发以来，在线旅游行业的旅游度假板块遭受严重冲击，交易额占比持续下降至 2016 年之前的水平，而具有需求刚性支撑的交通票务的交易规模占比则上升至近 10 年来的新高，占比超过了 75%。住宿业务占比则略有下降。鉴于 2022 年上半年国内疫情形势带来的新一轮冲击，预计旅游度假板块的全年复苏进程依然曲折，整体的交易规模占比预计将与 2021 年持平，交通票务的交易规模占比将略有下降，住宿业务占比略有上升。随着国内外疫情形势逐步得到控制，预计 2023 年将迎来旅游度假业务的全面复苏，其交易规模占比有望提升至 12%或更高，但恢复至 2019 年同期水平仍有较大挑战。随着旅游度假业务的加速恢复，住宿业务将从中受益，整体占比有望保持上升势头，而交通票务市场的交易额占比则会相对下降（见图 29.3）。

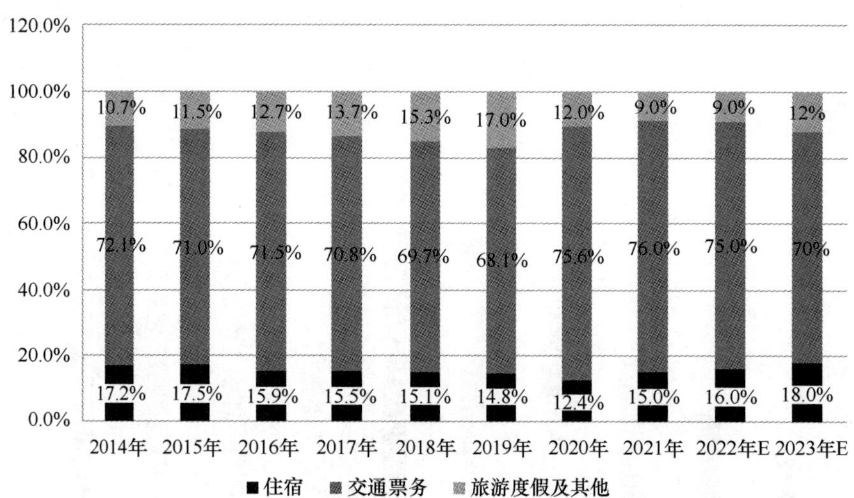

图29.3 2014—2023年国内在线旅游行业结构变动趋势

资料来源：同程研究院等研究机构。

根据同程研究院等研究机构的分析测算，2021 年国内在线旅游行业在线交通票务市场的交易规模约为 1 万亿元，同比增长约 40%，恢复至 2019 年同期的大约 85%；在线住宿业务 2021 年的交易规模约为 2025 亿元，同比增长 68.4%，恢复至 2019 年的大约 77%；在线旅游度假市场 2021 年的交易规模约为 1215 亿元，同比增长约 4.4%，恢复至 2019 年同期的约 40%。

1 按照 MBA 智库百科的定义，“下沉市场”是指三线以下城市、县镇与农村地区的市场，包括大约 200 个地级市、3000 个县城和 4 万个乡镇。

整体而言，旅游度假市场的恢复势头显著弱于交通和住宿。考虑到 2022 年上半年国内疫情形势严峻，预计 2022 年三大细分市场的增速将有所放缓，其中，在线交通的交易规模预计将达到 10500 亿元，同比增长 2.3%，在线住宿的交易规模预计将达到 2240 亿元，同比增长 10.6%，在线旅游度假的交易规模将达到 1260 亿元，同比增长 3.7%左右。2023 年，在线旅游行业的复苏驱动依然主要来自交通、住宿两个细分市场，在疫情防控形势全面好转的前提下，二者有望恢复至 2019 年同期水平或较 2019 年同期略有增长，但在线旅游度假市场预计仍然难以恢复至 2019 年的水平，主要由于消费信心恢复及度假产业链修复需要相对更长的时间（见图 29.4）。

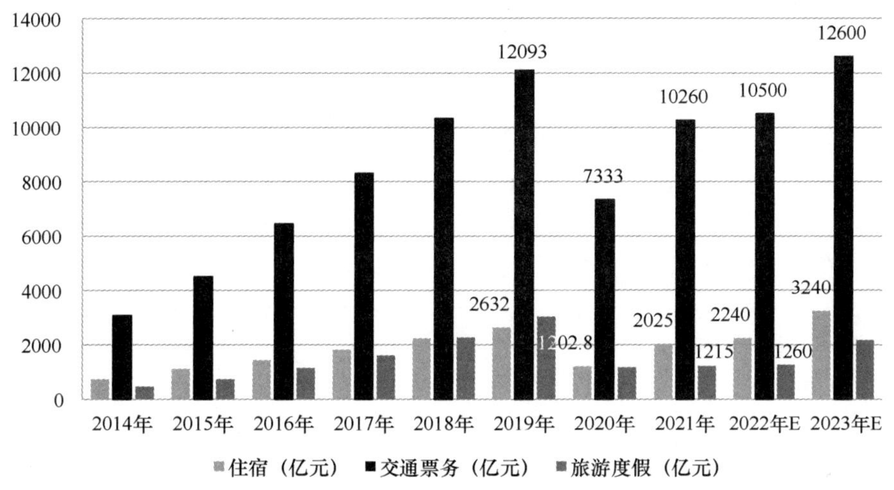

图29.4　2014—2023年国内在线旅游细分市场交易规模

资料来源：同程研究院等研究机构。

29.1.3　商业模式

目前，国内在线旅游交易型企业的商业模式大体可划分为代理模式（OTA）和平台模式（OTP），前者主要包括 OTA 和一些综合性的电商平台，后者主要以传统的垂直搜索平台为主。在代理模式下，OTA 及其他电商平台通过分销供应商的产品按约定的佣金率获取佣金收益，平台可以选择买断包销（承担库存成本和相应的市场风险），也可以选择代销（不承担库存成本）。在平台模式下，平台方类似一个大型“商场”，符合条件的商家可以在“商场”内开店铺，按照 CPC（点击付费）模式、年费模式或分成模式向平台支付费用，平台方主要向“店主”提供流量支持、运营支持、交易系统、支付结算系统、品牌展示等服务。随着在线旅游产业链的成熟，围绕交易型在线旅游企业衍生出了一系列支持类服务，如支付服务（微信支付、支付宝、银联等）、消费金融服务、目的地服务（百度地图、高德地图等）、出行信息服务等。以交易额占比衡量，OTA 模式依然是国内在线旅游行业的主流商业模式。

随着短视频平台的快速发展，粉丝规模庞大的 VLOG 博主及旅行相关博主逐渐成为旅游产品分销的新势力，部分博主可绕过中间商直接为上游商家带货，或者为主流在线旅游平台引流，从而形成了一个全新的 KOC（Key Opinion Consumer，关键意见消费者）模式。但是，由于旅游产品的非标准化属性，博主直接通过大型平台售卖还存在一些阻碍，提供广告及品牌引流是目前比较主流的业务模式。为应对流量新势力的挑战，以携程为代表的主流 OTA 平台开启了内容生态体系的建设，尝试打造一个涵盖内容生产者（博主）、品牌商家（品牌专区等）等参与者的全新体系，以视频、图文等为载体的内容是链接整个体系的重要纽带。

在国内互联网“人口红利”接近尾声的新阶段，私域流量建设成为在线旅游企业构建竞争优势的战略重点。一方面是自建内容生态体系和会员生态体系；另一方面是与上游产业链建立更加紧密的联系，加快整个旅游及出行产业的线上化步伐。在这一新趋势之下，在线旅游行业的产业图谱正悄然发生改变，既有行业边界的不断扩大，也有基于新一轮产业数字化浪潮的垂直一体化。

经历了 2015 年以来的行业格局调整后，从 2018 年开始，无论是 OTA 模式还是 OTP 模式都发生了一些变化。主流 OTA 平台纷纷引入了 OTP 模式以进一步提高 SKU（产品库存）规模，而飞猪等 OTP 平台也加大了对上游资源的拓展力度，引入了在线旅游生态（Online Travel Marketplace，OTM），邀请一些有影响力的品牌供应商开通“品牌号”，以弥补 OTP 模式下用户体验方面的不足。在线旅游龙头企业携程则从 2021 年开始大力推进“营销枢纽战略”，在产业链上全面推广“星球号”。2021 年中国在线旅游行业产业图谱如图 29.5 所示。

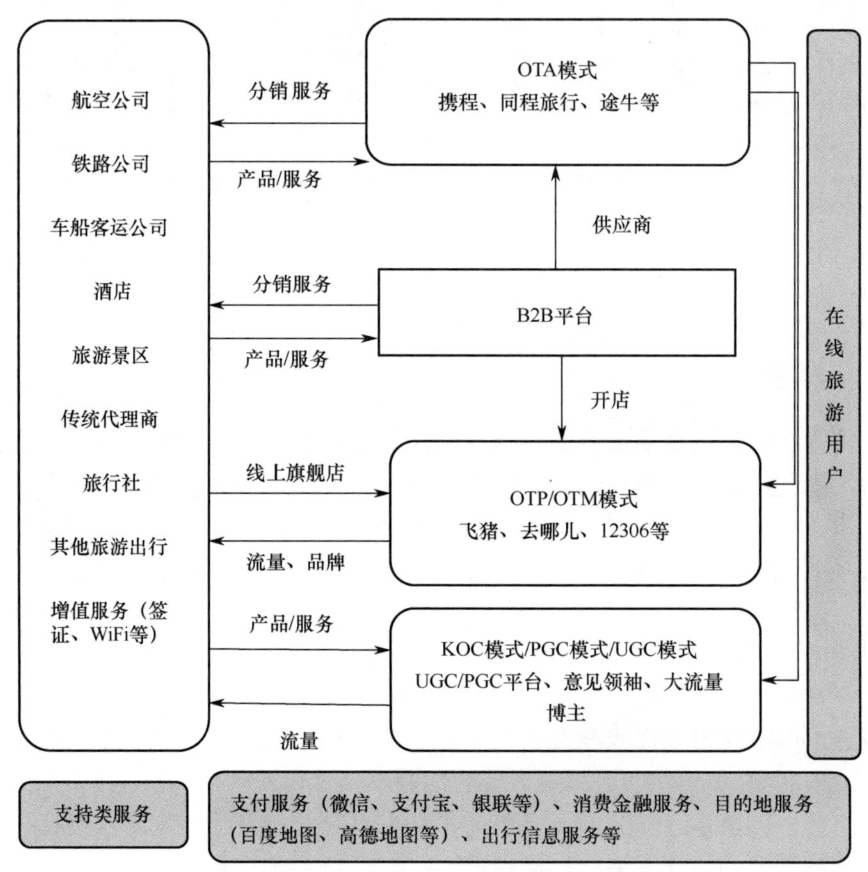

图29.5　2021年中国在线旅游行业产业图谱

29.1.4　典型案例

参考上市公司财报及公开报道，在此简要分析携程、同程旅行、美团、飞猪、途牛 5 个公司的特点及其 2021 年最新发展情况（见表 29.1）。受益于国内旅游业的复苏，2021 年国内主要在线旅游企业的经营情况较 2020 年均有较大幅度改善。

表 29.1　2021 年中国在线旅游行业典型企业分析

企业	商业模式	独特性	2021 年经营业绩概要	战略及未来趋势
携程	OTA+门店	全球布局的 OTA 平台，国内 OTA 行业龙头企业	2021 年营业收入为 200.29 亿元，同比增长 9%，恢复至 2019 年的 56%；全球净亏损为 5.5 亿美元，亏损幅度较 2020 年收窄 82.8%	基于资本布局的国际化；保持国内领先优势；基于内容生态的平台进化
同程旅行	OTA	以小程序为主阵地，多平台发展的 OTA 新锐力量	2021 年收入为 75.4 亿元，同比增长 27.2%，较疫情前的 2019 年增长近 2%；经调净利润约为 13 亿美元，同比增长 35.9%；全年交易额为 1502 亿元	品牌化战略、下沉市场战略、产业链赋能战略、酒店高增长战略和目的地战略五大战略
美团	OTP+OTA	领先的生活服务与零售 O2O 平台	2021 年到店、酒店及旅游业务收入同比增加 53.1%至 325 亿元；到店、酒店及旅游业务的经营溢利 141 亿元（美团到店业务包含餐饮、旅游、酒店、零售等线下消费类业务）	2021 年将“Food+Platform”战略调整为“零售+科技”战略，重组新到店事业群，组建大零售事业群，统筹生鲜零售、外卖、配送、餐饮 B2B 等业务
飞猪	OTP+OTM	OTP 平台及 OTM 平台	未公开财务数据	启动独立发展之路，未来可能单独上市
途牛	OTA+门店	聚焦于度假业务的 OTA 平台	2021 年营业收入为 4.26 亿元，同比下降 5.31%，归属于股东的亏损 1.22 亿元，亏损幅度收窄	“线上+线下”的旅行社，专注于旅游度假市场

资料来源：根据上市公司财报、媒体公开报道整理。表中收入利润等均为人民币。

携程 2021 年的净营业收入为 200.29 亿元，同比增长 9%，恢复至 2019 年的 56%；全年净亏损由上一年度的 32.5 亿元（归属于股东的亏损）收窄至 5.5 亿元。2021 年，携程以“深耕国内，心怀全球”及“旅游营销枢纽”为代表的长期战略，呈现出持续加速的“飞轮效应”。2021 年，携程平台上海外目的地玩乐产品的订单量较 2019 年增长超过 30%；携程海外市场的玩乐产品总量同比增长 3 倍，在线商品数量超过 20 万个，覆盖超过 2000 个目的地。

同程旅行 2021 年在业绩上继续保持恢复的同时，向下沉市场拓展并在产业链赋能及运营创新方面积极作为，既为当前的复苏提供动力，也为未来的长期发展谋篇布局。在业绩方面，2021 年同程旅行的收入为 75.4 亿元，同比增长 27.2%，较 2019 年增长了近 2%，从而在收入规模上恢复至疫情前水平。在战略方面，2021 年同程旅行继续坚持品牌化战略、下沉市场战略、产业链赋能战略、酒店高增长战略和目的地战略。在产业链赋能战略方面重点加大了住宿产业链的布局，成立了住宿产业赋能平台“艺龙酒店科技”，收购了中小酒店 PMS 供应商金天鹅等。在营销创新方面，同程旅行 2021 年推出了年度现象级产品“机票盲盒”。

美团到店、酒店及旅游业务 2021 年收入同比增加 53.1%至 325 亿元。到店、酒店及旅游业务的经营利润由 2020 年的 82 亿元增加至 2021 年的 141 亿元，而经营利润率则由 38.5%提升至 43.3%。美团到店业务包含餐饮、服务及零售等多场景的线下服务。在平台经济规范化发展的大趋势之下，美团在 2021 年重新调整了业务架构和平台定位，将原来的“Food+Platform”调整为“零售+科技”战略，重组了新到店事业群，组建大零售事业群，统筹生鲜零售、外卖、配送、餐饮 B2B 等业务。

飞猪是国内在线旅游行业领先的 OTP，也是阿里电商生态的重要一环，近年来通过发展 OTM 模式与 OTA 平台的关系呈现出竞争逐渐大于合作的趋势。2022 年年初，飞猪宣布了新一轮组织架构调整，阿里集团将在为飞猪注入资金和战略资源的基础上提供更大空间，让其推进一系列适应旅游业特性的制度变化。飞猪未来有望走向独立发展的方向，并可能独立进入资本市场。

途牛是国内在线旅游行业唯一聚焦于旅游度假板块的企业，其在 OTA 平台的基础上大力发展直营门店，形成了“线上+线下”的布局。2021 年，国内旅游度假业务依然是受新冠肺炎疫情影响最为严重的细分市场，专注于该领域的途牛 2021 年业绩依然相对低迷，但总体的亏损幅度有所收窄。财报数据显示，2021 年途牛的营业收入为 4.26 亿元，同比下降 5.31%，归属于股东的亏损为 1.22 亿元。面对疫情带来的冲击，途牛正聚焦于业务结构的调整和产品创新，寻找复苏的突破口。

29.1.5 发展趋势

进入“十四五”之后，提质增效将旅游业供给侧结构性改革推向更高水平，提升旅游业供给弹性，更好地满足人民群众旅游消费需求，建设旅游强国是核心目标。在这一总体目标之下，在线旅游被赋予了更大的使命，在产业融合发展、产业数字化等方面将有更大作为。展望未来两年，新冠肺炎疫情和宏观经济新形势将是影响在线旅游行业发展的两大决定性因素，值得关注的发展趋势主要有以下几个方面。

（1）新冠肺炎疫情的发展依然决定着整个旅游业及在线旅游市场的复苏进程，同时疫情对于供需两端的一些影响将出现长期化的趋势。

（2）在疫情影响之下，本地消费及周边旅游等在未来 1～2 年将成为行业复苏的主要支撑。

（3）私域流量建设、内容生态建设等将成为新时期国内在线旅游行业的流量新策略。

（4）产业端的线上化将为在线旅游行业提供新的机会，从智慧酒店到下沉市场旅游基础设施的数字化，在线旅游将迎来新一轮扩张，行业渗透率将提升至一个更高水平。

（5）对下沉市场和年轻客群（“Z 世代”）的挖掘将成为在线旅游平台挖掘新增长点的共同方向。

29.2 网络居住

29.2.1 发展现状

所谓居住服务行业，是指满足城镇居民使用、处置、维护住房的相关服务活动，涵盖住房交易、租赁、装修、住房金融、家政服务等居住服务。而网络居住服务，则指通过互联网进行居住服务交易的活动。随着十九大报告提出构建“多主体供给、多渠道保障、租购并举”住房体系，中国居住服务市场第三次大转型已经开启，居住服务业迎来数字化浪潮，网络居住服务是其中的关键环节。足不出户进行居住服务交易，正成为新一代购房消费者的诉求。

尤其是新冠肺炎疫情暴发以来，这一诉求的满足进程被迅速催化。

1. 消费者、服务者和流程全面线上化

消费者从线下走到线上，且越来越偏好从互联网上检索、筛选、购买居住服务，消费者的行为数据被广泛记录，反哺业务使洞察更为精准；服务者从线下走到线上，借助数字化工具增强专业技能、提升作业效率；流程从线下走到线上，经数字化工具打通多方参与者，逐步实现线上闭环。截至 2021 年 6 月，国内典型网络居住服务平台 App 端用户规模如图 29.6 所示。

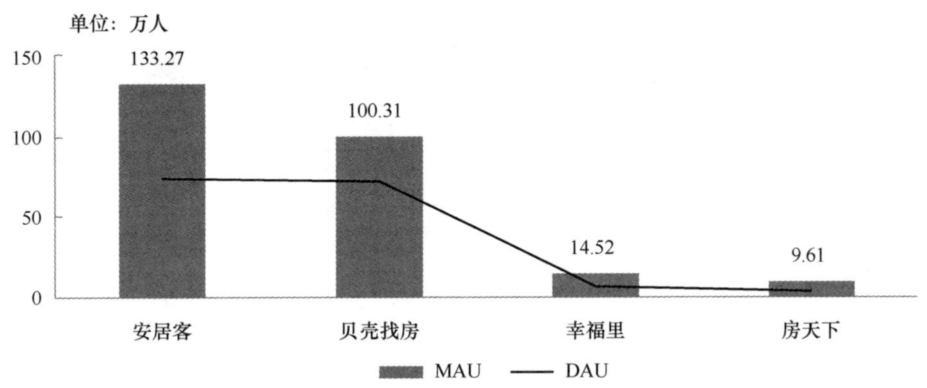

图29.6　国内典型网络居住服务平台App端用户规模（截至2021年6月）

资料来源：Quest Mobile。

2. 技术加持驱动居住服务线上化实现

在行业线上化的多维度创新下，技术手段正重构消费者认知渠道和交易模式。例如，VR 技术为消费者提供随时随地、沉浸式、交互式的看房体验，高效协助消费者对住宅做进一步了解和研究；在产品创新方面，地产从业者通过数字化技术更好地理解和预测客户个性化需求，提供如智慧家居、绿色住宅、共享住宅等新型产品；在服务创新方面，地产从业者利用数字化技术实现了更优质的客户体验、更完善的业务赋能和更敏捷主动的风险管理。以搭建数字孪生社区为例，运用物联网技术、人工智能、传感器等技术手段将社区的物理空间及业态转为数字化，以居民的动态需求为导向提供更安全高效的服务，持续提升居民的服务体验及从业者社区治理能力。

3. 政策指引居住服务线上化规范发展

习近平总书记 2021 年 10 月在中央政治局第三十四次集体学习中指出，要把握数字化、网络化、智能化方向，推动制造业、服务业、农业等产业数字化，利用互联网新技术对传统产业进行全方位、全链条的改造。其中，居住服务业是产业互联网对传统服务业深度改造的典型领域。此外，住房和城乡建设部等国家有关部门积极开展整治住房租赁中介机构的网络虚假房源信息问题，多次约谈相关互联网平台，重点打击发布虚假房源信息行为，下架违法违规房源信息，不断规范房源发布机制，保障房源真实性，肃清了网络居住服务市场的发展环境。

29.2.2 市场规模

根据贝壳研究院整理数据测算，当前中国居住服务业规模已近 30 万亿元，是全球最大的房产交易市场，拥有 5 个超万亿元市场规模的产业群。其中，住房市场是绝对的主力，2021 年总交易规模为 25.5 万亿元（见图 29.7）。

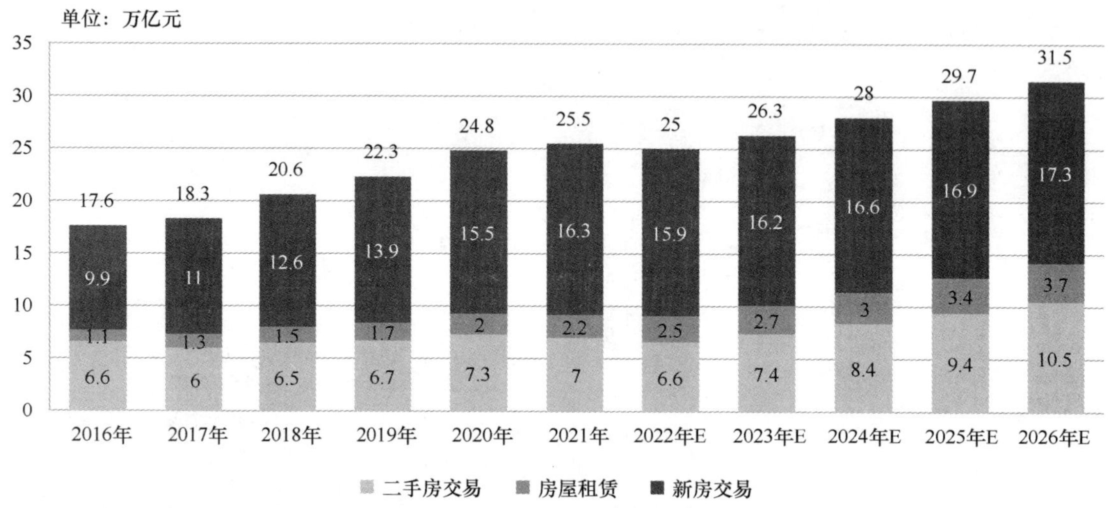

图29.7　2016—2026年住房市场交易规模

资料来源：贝壳找房集团 2022 年招股说明书。

29.2.3 商业模式

1. 信息平台模式

2003 年非典时期，搜房推出搜房帮，成为居住服务网络化的里程碑。其基本业务模式为：服务者通过购买端口在平台上露出，用户通过登录平台查询搜索，用户经平台与服务者建立联系，并展开交互、协商等一系列业务动作，最终在线下达成交易。居住服务信息平台以收取上市挂牌费（端口费）与营销费用为主要盈利模式。近年来，随着移动互联网的发展和交易平台的冲击，此类平台正经历从信息平台向信息+SaaS 服务平台的转型。居住服务信息平台如图 29.8 所示。

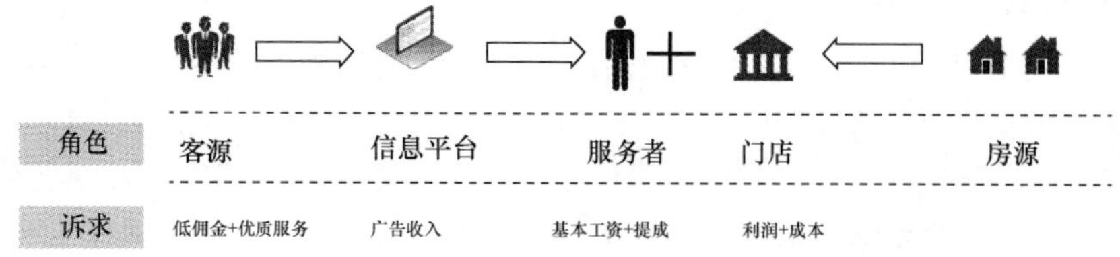

图29.8　居住服务信息平台

资料来源：贝壳研究院。

2. 交易平台模式

网络交易平台是指为各类网络交易提供网络空间及技术和交易服务的系统[1]，其本质上是网络环境下的商品交易市场[2]。传统的信息平台以提供信息为主，而居住服务交易平台除提供信息外，还切入线下服务，通过数字工具、职业培训赋能线下服务者，优化和改造供给端，其核心竞争力在于线上线下双优势，能保证用户线上线下、签前签后获得一致服务，提升 B 端作业效率和 C 端服务体验（见图 29.9）。目前，我国的交易平台正不断拓展服务边界，通过数字化基础设施加速产业链整合，重构居住服务业价值链条。

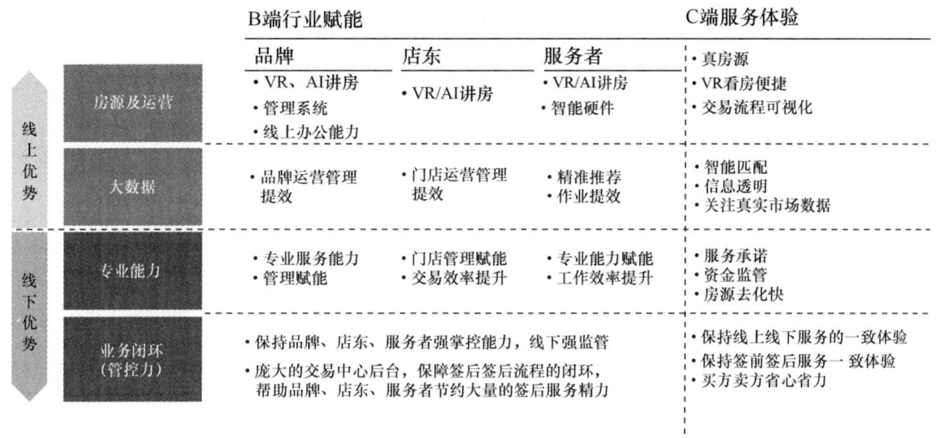

图29.9　居住服务交易平台的线上线下优势

资料来源：贝壳研究院。

3. SaaS[3]服务模式

居住服务 SaaS 服务通常包括房源管理系统、客源管理系统、交流工具、签后管理系统、数据分析系统等。居住服务 SaaS 企业以向经纪公司和服务者收取服务费用为主要的盈利模式，服务费用通常包括软件服务和培训服务，以平台模式开展 SaaS 服务的企业还会收取一定的佣金抽成。

29.2.4　典型案例

当前，主流的网络居住服务商业模式中，居住服务信息平台企业和 SaaS 服务企业主要聚焦于产业链的垂直领域，在各个细分领域均诞生出具有一定规模的代表性企业。由于交易平台对数字技术能力和线下管控能力的高要求，目前以居住服务交易平台为商业模式的企业数量有限，贝壳找房是其中的主要代表。

中国互联网居住服务图谱如图 29.10 所示。

---

1 阿拉木斯，《网络交易法律实务上册》，法律出版社，2006 年。

2 白昌前，《网络交易平台经营者民事责任研究》，重庆邮电大学学报（社会科学版），2015 年第 27 卷第 1 期，36-42 页。

3 SaaS：Software as a Service，通过互联网提供软件服务。

图29.10　中国互联网居住服务图谱

资料来源：贝壳研究院。

1. 交易平台——贝壳找房

贝壳找房 2018 年脱胎于链家，是科技驱动的新居住服务提供商。2021 年，贝壳平台全年成交额（GTV）为 3.85 万亿元，联网门店数超过 5.1 万家；同时，帮助平台上的不同品牌和门店招募经纪人、联网经纪人达 45.5 万人。

ACN[1]是贝壳平台的底层操作系统，即通过房源联卖和合作网络规则，将交易流程中的服务者分为多边角色；ACN 根据贡献分配业绩，帮助服务者高效合作，使其能为客户提供更优质的服务。2021 年，贝壳平台的二手跨店合作率已达到 75%以上。基于 ACN，贝壳找房构建了“数据与技术驱动的线上运营网络”和“以社区为中心的线下门店网络”两张网，通过数字化改造搭建行业基础设施，促进交易效率和服务体验的提升（见图 29.11）。

目前，贝壳找房持续发展的数字化产品体系支撑了规模的增长。

房源端，截至 2021 年第四季度，贝壳楼盘字典累计收集了中国 2.57 亿套房屋的动态数据、超过 1800 万套房屋的 VR 房屋模型。

服务者端，研发了“小贝二手训练场”系统，模拟经纪人与消费者在 VR 和线下带看的交互场景，实时对经纪人评价打分，截至 2021 年第三季度，超过 12 万名经纪人参与了小贝训练场培训，有效训练场次超过 124 万场。

消费者端，推出了签约服务中心，提升消费者在房屋交易尤其是签约环节的体验，保障交易安全，提升多方参与角色效率，截至 2021 年年底，贝壳找房已在全国 30 个城市落地运营 298 个签约服务中心。

1 Agent Cooperation Network，经纪人合作网络。

图29.11　贝壳找房“线上+线下”两张网

资料来源：贝壳研究院。

2. 信息平台——安居客

安居客业务领域涵盖新房、二手房、租赁、商业地产等，面向消费者提供房源信息，面向房产经纪品牌、经纪人及开发商提供在线营销服务。其盈利模式以面向服务者收取服务佣金为主，对用户免费。安居客在房地产信息平台领域维持优势地位，安居客招股书显示，2020 年第四季度平均移动月活跃用户量达 6700 万人，截至 2020 年年底，付费经纪人数达 72.6 万人，来自投资经纪品牌的经纪人数达 8 万人。2018—2020 年安居客收入及净利润率如图 29.12 所示。

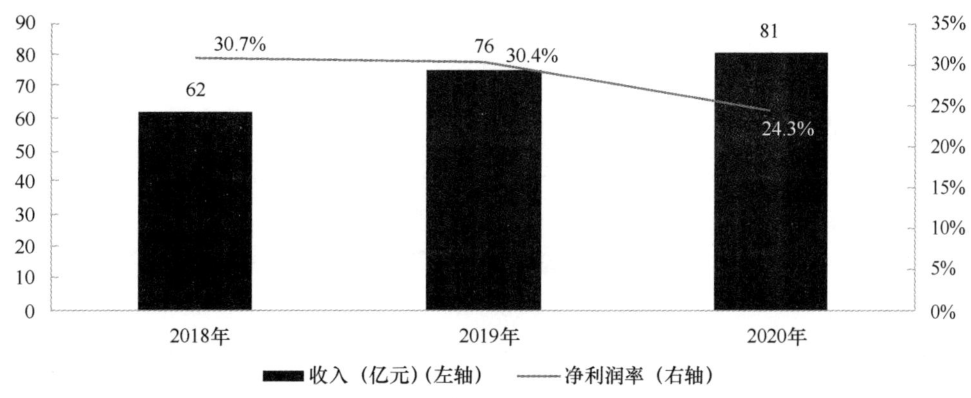

图29.12　2018—2020年安居客收入及净利润率

资料来源：安居客招股说明书。

3. 信息平台——幸福里

幸福里是字节跳动旗下的房地产信息平台，其 2019 年被字节跳动收购后，受惠于字节跳动旗下今日头条、抖音等国民级应用的导流，平台快速崛起。据 Quest Mobile 统计，2021 年 4 月，幸福里的月活跃用户数已经达到 887 万人，仅次于安居客（4415 万人）、贝壳找房（2916 万人）；幸福里的用户使用时长也已达到 24747 万分钟，仅次于安居客（135022 万分钟），贝壳找房（95567 万分钟）。幸福里业务领域以新房和二手房为主，除面向消费者提供房源信息外，还建立了自媒体平台幸福号，扶持房产创作者发布房源实际评测内容。与安居客类似，幸福里的盈利模式也是以向开发商、房产经纪品牌、经纪人提供在线营销付费服务为主。2018 年 10 月—2021 年 4 月幸福里平台用户规模及使用时长增长情况如图 29.13 所示。

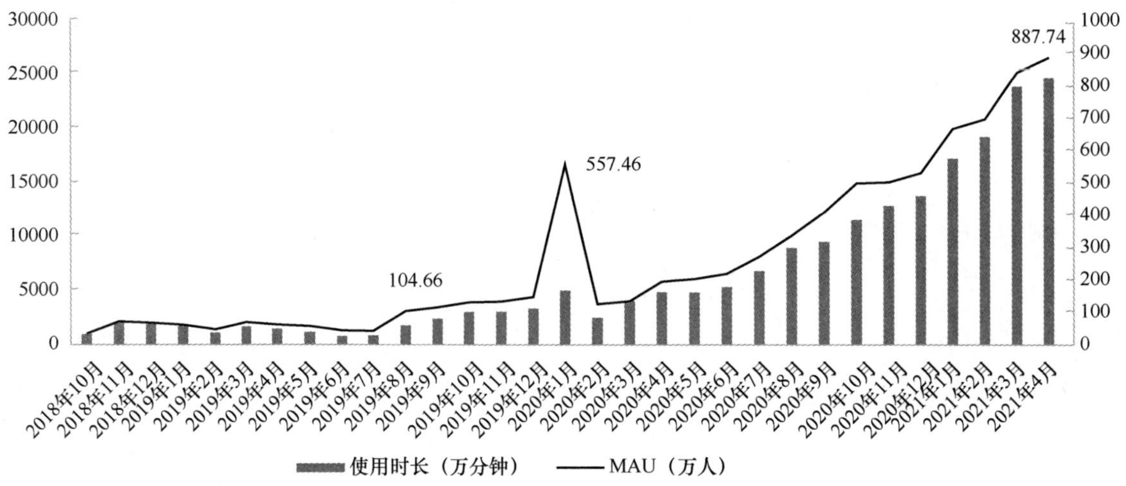

图29.13 2018年10月—2021年4月幸福里平台用户规模及使用时长增长情况

资料来源：Questmobile。

29.2.5 用户分析

居住服务在居民消费中的地位举足轻重，人们对于居住服务的需求层次呈升级趋势。尤其是在当前的市场供需关系中，客户的话语权不断加大，行业正在从卖方时代慢慢地向买方时代转化[1]。当前居住服务消费者呈现两大显著特征。

1. 一线城市置业年龄明显偏高，与其他能级城市差异性显著

对比不同城市置业年龄发现，一线城市置业人群年龄普遍偏高，与其他能级城市差异性比较显著。2021 年 1—10 月，一线城市购房平均年龄约为 36.9 岁，高出新一线城市 2.7 岁，高出二线城市 2.1 岁（见图 29.14）。受限于较高的“上车”门槛，一线城市客群购房压力较大，往往需要掏空“6 个钱包”才能实现“上车”梦想，因此，反映在置业年龄结构上，一线城市的置业年龄明显偏高。

1 《买方时代，营销要更关注购房者》，21 世纪经济报道。

2. “她经济”持续走强，女性租购房消费者数量连续 5 年呈上升趋势

近年来，女性强大的消费力在居住服务领域不断展现。埃森哲数据显示，中国拥有近 4 亿年龄在 20～60 岁的女性消费者，其每年掌控着高达 10 万亿元的消费支出，这样的消费能力也在引领中国的居住服务消费习惯和趋势。从租、购消费趋势看，女性消费者占比连续 5 年呈上升趋势。2021 年，贝壳 38 城交易数据显示，女性消费者比例仍呈上升趋势。2021 年女性购房者占比为 48.65%，相较于 5 年前（2017 年）的 45.54%，高出了 3.11 个百分点；在租赁领域，2021 年租房消费者中女性占比为 44.58%，相较于 2017 年高出约 2 个百分点（见图 29.15）。

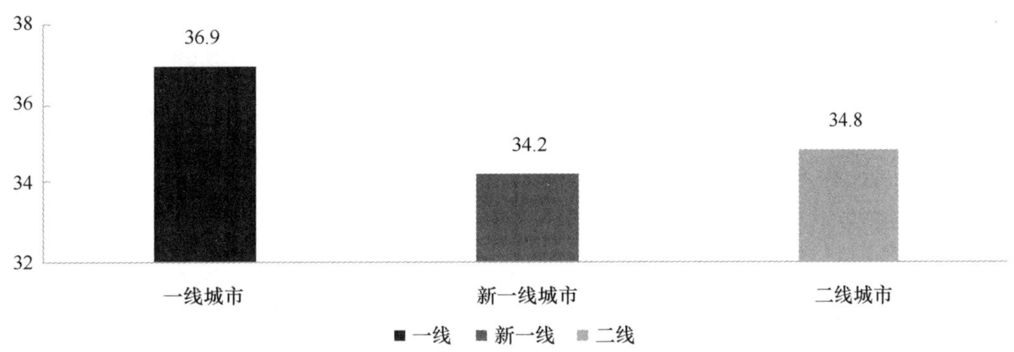

图29.14　2021年1—10月不同能级城市置业者平均年龄对比情况

资料来源：贝壳研究院。

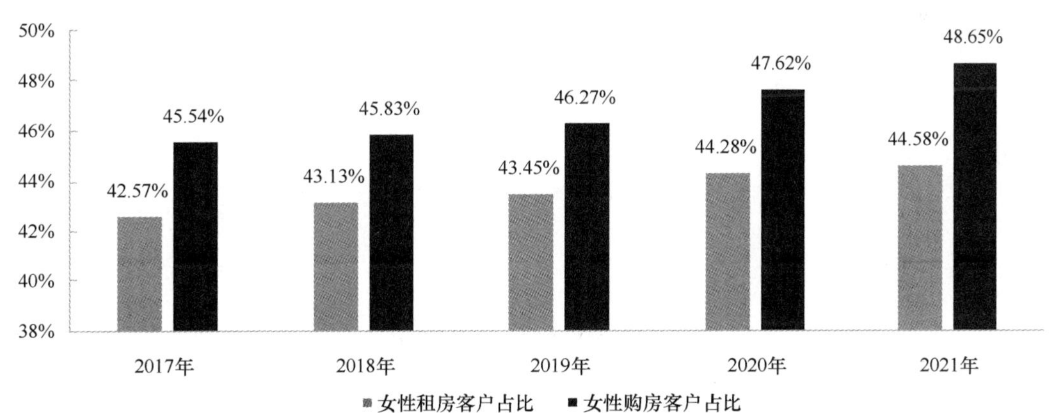

图29.15　2017—2021年租房、购房领域女性消费者占比

资料来源：贝壳研究院。

29.2.6　发展挑战

一是面临流程繁杂的挑战。居住服务交易链条复杂，参与方众多，通常需经过服务委托、发布信息、撮合谈判、交易签约等环节，数字化技术对居住服务作业流程的改造过程面临诸多现实挑战，物理世界和数字世界的紧密融合需要时间。以房产交易为例，居住服务线上化面临流程繁杂的挑战，如图 29.16 所示。

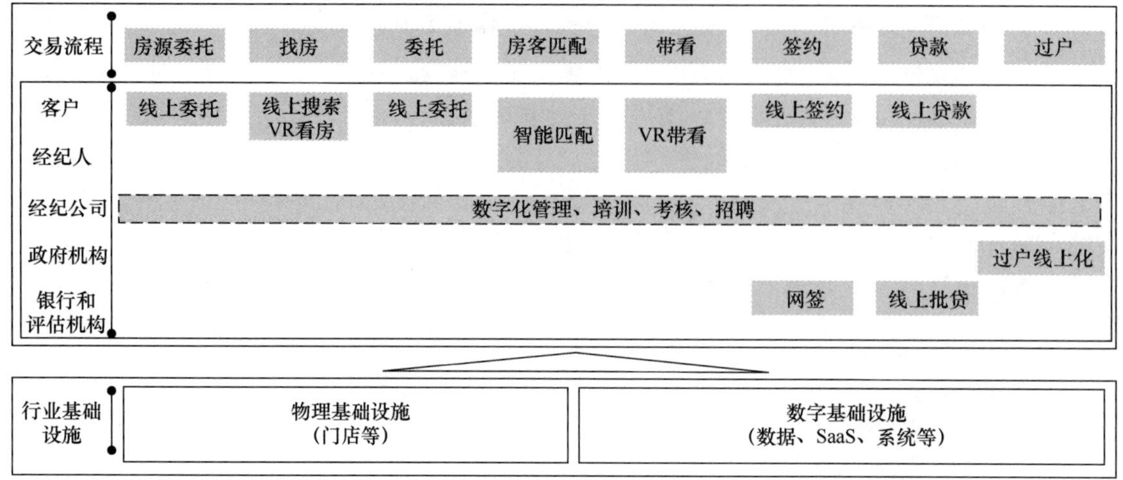

图29.16　居住服务线上化面临流程繁杂的挑战——以房产交易为例

资料来源：贝壳研究院。

二是面临防范金融风险的挑战。近年来，我国多个城市出现长租公寓“暴雷”事件，经营者通过“长收短付”“高收低租”的方式快速扩张，极易引发资金链断裂、企业无法履约的金融风险。监管部门需要整顿规范长租房市场，约束住房与金融的螺旋循环，防范金融风险，加固民生保障。

三是面临重构行业生态的挑战。行业恶性竞争由来已久，共同进化及建设互联网优质生态需要时间。居住服务平台需要时间来重构行业内各方服务者和消费者之间的关系，改变行业缺乏合作和恶性竞争现状，推动居住服务的健康发展。

29.3　网络外卖

29.3.1　发展现状

近年来，伴随着移动互联网、大数据、云计算等新一代信息技术大规模商业化应用，由数字技术与传统餐饮业深度融合衍生出的网络外卖，呈现出超高速增长势头，网络外卖已成为餐饮领域新模式和新业态的代表。目前，网络外卖流水已经接近整个餐饮业营业规模的20%，覆盖人群超过 5 亿人[1]。网络外卖是借助外卖平台的信息撮合完成的线上餐饮交易，本质上是传统门店堂食的线上化迁移。外卖平台以用户的即时洞察为核心，以大数据为驱动，围绕着本地生活服务平台打通线上和线下消费场景，线上实现交易闭环，线下通过即时配送完成交易履约，从而为更多消费者提供从餐饮需求发起到餐食到家完成交易的“一站式”服务。

2021 年以来，受新冠肺炎疫情影响，餐饮线上化进程明显加快。在疫情期间餐饮堂食阶段性受阻的背景下，网络外卖成为众多餐饮企业服务消费者的重要方式。国家信息中心数据显示，2021 年餐饮在线外卖收入整体规模为 8117 亿元，同比增长 22%，占餐饮行业大盘比

1　《2020—2021 年中国外卖行业发展研究报告》，中国饭店协会。

例提升至 21.4%，高于 2020 年同期增幅（见图 29.17）。

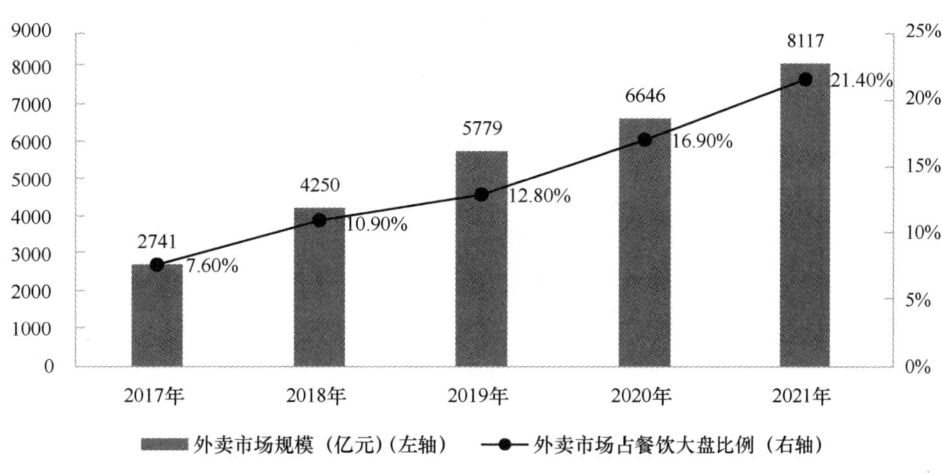

图29.17　2017—2021年中国外卖市场规模及占餐饮大盘比例

资料来源：第 49 次《中国互联网络发展状况统计报告》《2021 年中国连锁餐饮行业报告》。

在用户规模方面，根据中国互联网信息中心数据，截至 2021 年年底，我国网上外卖用户规模达 5.44 亿人，较 2020 年 12 月增长 1.25 亿人，规模同比增速达 29.9%。网络外卖用户占网民整体的 52.7%（见图 29.18），仅次于网络游戏，但与网络视频、网络购物等互联网应用相比，仍有很大提升空间。

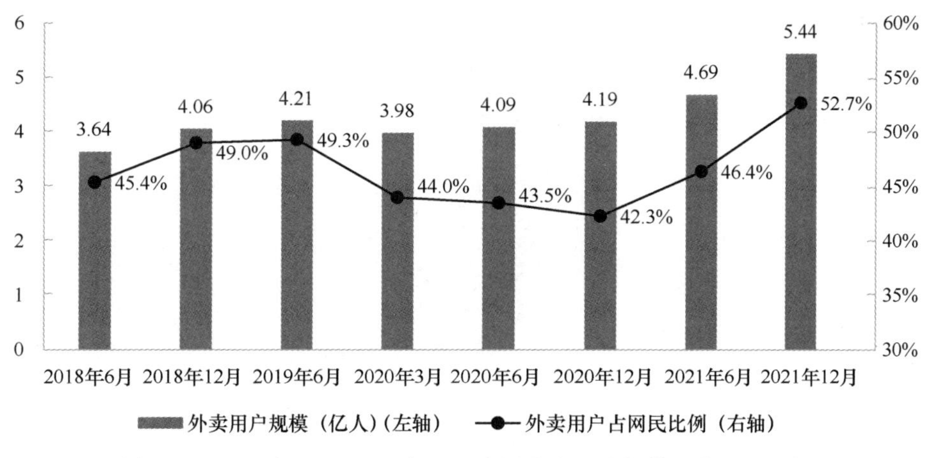

图29.18　2018年6月—2021年12月中国外卖用户规模及占网民比例

资料来源：第 49 次《中国互联网络发展状况统计报告》。

29.3.2　商业模式

1. 网络外卖是典型的 O2O 模式

网络外卖是典型的 O2O 商业模式。外卖 O2O 商业模式的行为主体包括商家、外卖平台、顾客及第三方支付平台。其中，商家是外卖 O2O 平台上餐品的提供者；外卖网站接受商家入驻，为其提供信息发布的平台；顾客是其他行为主体要服务的对象；第三方支付平台为商家和顾客提供了资金流动的平台。

商家是外卖 O2O 商业模式中餐品的提供者。商家为了增加销售额，通过外卖 O2O 平台发布产品信息，吸引顾客订餐，同时也为外卖 O2O 商业模式的存在和发展提供了潜在的动力。

外卖平台是连接商家和顾客的中间桥梁，其运营水平直接关系到外卖 O2O 商业模式的发展。外卖 O2O 平台的业务包括网站平台的运营维护、线下商家的寻找和谈判、顾客的吸引和留存。首先，需要专业人员建设和维护网站，保障外卖平台能够正常有序运营；其次，要拥有一批强大的线下拓展团队，寻找优质商家进行谈判合作；最后，要将商家的餐品信息整合发布在外卖平台上，不定期做优惠宣传活动，吸引顾客订餐，同时也要注重提高服务水平，使顾客能够持续消费。

外卖 O2O 商业模式的顾客是指通过外卖平台订餐的广大消费者。顾客对便捷和低成本的追求构成了外卖 O2O 商业模式的推动因素。以网上外卖、在线办公等为代表的互联网服务，帮助人们足不出户实现就餐与工作。需求端用户市场的扩大为整体餐饮行业提供了广阔的市场机会。线上餐饮外卖平台中，超过 80%的用户年龄在 35 岁以下；低线城市外卖用户规模超一线城市，三线及以下城市的用户占比超过 40%。根据美团外卖数据，“90 后”是外卖最大的消费群体，占比超过 50%，消费频次较高，最为集中的两个年龄段为 18～25 岁、26～30 岁，占比分别为 36.1%、22.5%。“70 后”“80 后”的消费能力更强，单均 30 元以上的外卖消费比例远高于“90 后”（见图 29.19）。

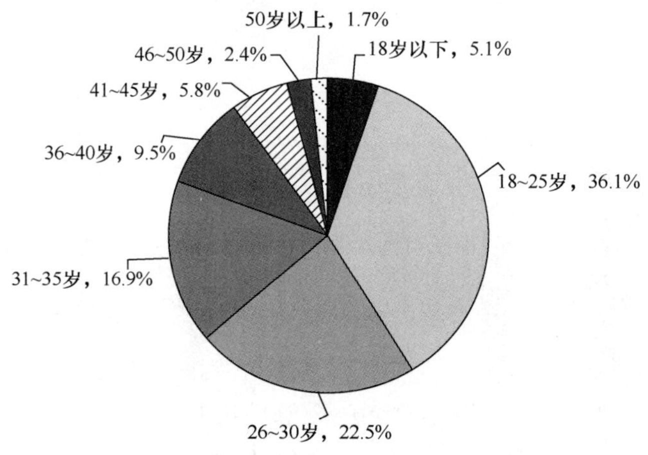

图29.19　中国外卖用户年龄分布

资料来源：美团外卖。

2. 外卖促进餐饮供应链转型升级

外卖促进餐饮供应链转型升级主要表现在餐饮外卖平台企业向上游延伸供应链。餐饮外卖的快速发展不仅改变了餐饮业C端市场的发展模式，也对餐饮业B端市场进行了改造升级。高新技术的大规模应用，使得餐饮外卖平台企业以全供应链为切入点，实现对 B 端餐饮企业提供直接采购原材料、配送上门等服务。例如，“美团快驴”作为全品类的餐饮供应链平台，面向餐饮商户推出的食材“一站式”采买渠道，根据餐厅采购需求选择食材，直接结算下单，次日送货上门，对众多中小型餐饮企业压缩成本、提高进货效率有较大的促进作用。

3. 外卖促进餐饮流通渠道扁平化

餐饮外卖的发展使一些餐饮供应链的上游供应商勇于打破 B、C 端壁垒，直接向消费者提供外卖服务。食品加工企业通过直接开发线上外卖业务，使其所参与的餐饮供应链链条变短，从食材供应商转变为餐饮消费者服务商，直接向消费者提供成品餐食，减少餐饮流通环节成本。

4. 外卖促进跑腿代购下游业务

随着餐饮外卖服务的发展，跑腿代购服务范围更加广泛。跑腿代购不仅扩大了消费者的消费半径，还丰富了消费者足不出户就能采购到的消费品类。传统餐饮外卖配送范围是 3 千米生活圈，跑腿代购则能够帮助消费者实现在家就能享受到全城内的美食、药品、生鲜、饮品等，进一步完善了商品、服务供给与消费者外卖需求之间的有效衔接。

5. 网络外卖拓展服务行业

外卖平台拓展了“即时零售”服务模式，提升了配送技术。一是外卖与零售电商围绕“即时零售”展开竞争。一方面，外卖平台以即时配送服务为竞争力，涉足“即时零售”业务，不断拓展配送品类，为消费者带来更多便利和选择，如美团“闪购”的鲜花及药品保持较高增长势头；另一方面，传统电商平台发展即时配送，开展“即时零售”业务，如京东和达达快递合作推出“小时购”业务，提供“线上下单、门店发货、小时级分钟级送达”的零售服务。二是配送新技术研发应用不断推进。企业探索无人配送场景，阿里巴巴、京东、美团的无人配送车相继落地；美团无人机配送正在探索建设城市低空配送网络，进一步减轻外卖送餐员负担、提高配送效率。

29.3.3　典型案例

1. 美团外卖

美团外卖是美团旗下网上订餐平台，于 2013 年 11 月正式上线，总部位于北京。美团外卖还提供送药上门、美团专送、跑腿代购等多种服务。

2021 年，美团餐饮外卖交易金额为 7021 亿元，比上年同期的 4889 亿元增长 43.6%。外卖交易笔数达到 144 亿笔，比上年同期的 101 亿笔增长 41.6%。2021 年，美团餐饮外卖业务的经营利润率由 2020 年的 4.3%升至 6.4%。

2021 年，美团外卖业务收入 963 亿元，相比 2020 年的 662.65 亿元增长了 31.4%，比 4 年前的 2018 年翻了 2.5 倍。超过 527 万名骑手通过美团平台获得收入，美团外卖骑手成本为 682 亿元，骑手成本占餐饮外卖收入比例达 71%。

受疫情影响，线下商家线上化进程加速，美团商家持续增加。2021 年，美团活跃商家数达 880 万家，比上年同期增长 29%。美团交易用户数达 6.9 亿人，同比增长 35.2%。

2. 饿了么

饿了么于 2009 年上线，并于 2017 年收购百度外卖，此举结束了“三足鼎立”的局面，饿了么也获得了来自百度外卖的用户资源、餐饮商户资源及百度流量和技术入口，百度外卖也正式改名为饿了么星选，专注高端外卖市场。2018 年 4 月，阿里巴巴以 95 亿美元的价格全资收购饿了么，同年 12 月，阿里巴巴将饿了么与口碑合并，打造成阿里本地生活公司，饿了么借助阿里巴巴的新零售生态体系优势和流量优势进一步抢夺市场用户。

29.3.4 发展趋势

自 2020 年新冠肺炎疫情暴发以来，针对餐饮行业的复苏与稳定，各级政府出台了有力的相关政策，涉及税收减免、社保费减免、金融贷款支持等多方面，全力保障中小餐饮企业顺利渡过疫情期，实现市场的可持续健康发展；在经济、社会、技术多重利好因素的作用下，我国餐饮外卖行业发展脚步依然稳健有力。

1. 配送新技术推动行业发展

企业探索无人配送场景，美团无人机配送正在探索建设城市低空配送网络，进一步减轻外卖送餐员负担、提高配送效率，截至 2021 年 6 月，美团无人机已经完成超过 22 万架次的飞行测试。外卖配送市场大，未来，越来越多的企业将参与配送新技术研发应用，这将推动行业发展。

2. 以外卖为代表的“隔离经济”加速发展

新冠肺炎疫情期间，众多餐饮企业受到了不同程度的影响，特别是堂食经营受影响巨大，迫使餐饮企业寻求其他提升营业收入、保障正常经营的销售渠道，包括外带、外卖、食品零售、社区团购等业务。

3. “万物到家”理念逐渐兴起

传统上外卖配送的产品以餐品为主。疫情期间，外卖配送延展到其他生活服务领域，“到家”产品的内涵和外延变得更加丰富。疫情期间，外卖骑手起到了“城市摆渡人”的重要作用，除餐饮外，还承担起配送生活日用品、药物、抗疫消杀产品等重要工作。

4. “无接触配送”不断推广

“无接触配送”即骑手通过与餐饮商户和用户沟通，将商品放置在商户指定取餐处，送到用户指定位置并由用户自行取餐，全程无人际接触的放心配送方式。美团外卖数据显示，疫情期间采用“无接触配送”方式的订单占到总量的 80%以上，每单外卖都使用“无接触配送”的用户占比超过 60%。

5. 数字技术驱动餐饮外卖产业生态持续扩张

随着互联网平台对餐饮外卖行业的持续渗透，并加快对下沉城市的覆盖进度，大数据等数字技术使餐饮外卖产业从供给侧到消费侧的上下游信息被彻底打通，实现整合优化；而随着产业上下游的整合，越来越多的服务模式加入餐饮外卖产业中，实现餐饮外卖产业的生态边界持续扩大、行业生态产业链日益庞大。

撰稿：程超功、许小乐、刘畅、王珺
审校：姜昕蔚

第 30 章　2021 年中国网络广告发展状况

30.1　发展环境

1. 行业环境

疫情拉低经济增速，对广告市场冲击明显。广告经营额增速受到整体经济环境的影响，在暴发疫情后明显下降。伴随着疫情防控的常态化，同时企业内部应对疫情不断优化自身结构、外部环境经济逐步复苏、数字化技术广泛普及，广告主开始尝试和应用更加多元的营销形式，更加侧重互联网属性的网络营销，实现营销效果的量化及运营的精准化，整体广告市场也走入深度精细化、高效化的阶段，有别于从前重规模、重速度的模式。

2. 经济环境

疫情催化数字经济发展，三大产业数字化全面升级。近年来，我国数字经济规模稳步增长，占 GDP 比重逐渐提升，在整体经济环境受疫情冲击的情况下，数字经济规模仍然保持积极良好的增长势态。同时，数字经济与实体经济加速融合，数字化渗透进入社会生活的各个角落，促进经济转型升级和增长方式转变。数字经济也推动了企业数字化转型，为企业发展提供新的动能与升级路径。

30.2　发展现状

1. 品牌目标和效果目标各有侧重，“拉新”与“留旧”成重点

在网络广告品牌目标的规划上，最多的广告主依旧把“提升品牌知名度和美誉度”排在首位，而疫情、极端天气灾害等社会事件的发生，也使得“提升品牌社会责任感”这一目标从 2020 年的最末位上升至第三位。在效果目标的规划上，以客户为导向仍是营销目标的核心，“拓展拉新业务，提升新客户的转化率”和“维护既有客户，提升客户留存率与活跃度”居前两位，单纯地扩大规模、提高声量不再是唯一选项，对于新客户的拓展和老客户的运营，保护高留存率和高活跃度成为新阶段营销工作的重点。

2. 营销预算高速增长，网络平台和营销技术投入成主力

相较于 2019 年，大部分广告主在最近一年（指 2020—2021 年，下同）都增加了整体营

销的预算投入，其中更有超过 12%的广告主在整体营销预算上的增长幅度突破了 50%，可见广告主在疫情暴发后对于营销工作的信心依然十分充足，在整体经济增长受疫情冲击的环境下，仍旧保持对于营销预算的增长态势（见图 30.1）。具体而言，76.6%的广告主表示增长的主要动力来自网络平台营销预算，包括搜索引擎、门户资讯、社交、短视频、电商等。除此之外，也有近半数的广告主增加对于营销技术的投入预算，随着客户数据管理、营销自动化等技术的不断完善与普及，越来越多的广告主认识到营销技术的价值。

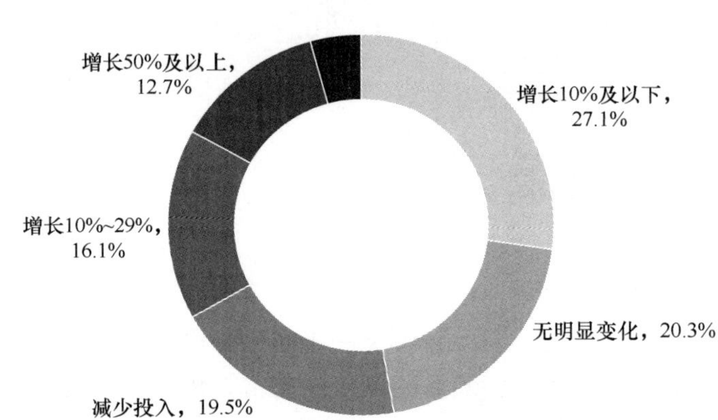

图30.1 中国广告主最近一年整体营销预算变化情况

注：以 2020 年全年为比较基准。

资料来源：艾瑞咨询。

3. 网络广告投放预算与企业整体营销预算变化情况基本一致

调研结果显示，中国广告主最近一年网络广告投放预算与企业整体营销预算的变化情况基本保持一致，呈高速增长态势。对于增加网络广告投放预算的广告主而言，认为网络广告成为当下获客的重要方式，并且在市场经济整体受冲击的情况下，增加在网络平台的品牌曝光能更及时抢占市场。而对于少数减少投放预算的广告主而言，疫情影响导致企业营销预算受限成为他们减少预算的最主要原因，除此之外，预算在产品和运营上的分配比例及费效管控等因素也是较为重要的影响因素（见图 30.2）。

4. 效果量化与效率提升乃最大价值点，营销效率问题为长期诉求

调研结果显示，近半数的广告主认为目前营销新技术的应用带来的最大价值是“营销数据可实时追踪”和“提升工作效率，节省人力成本”，“提升营销工作效率”这一诉求也是长期以来广告领域最希望营销新技术能解决的痛点之一。在营销成本不断上升、企业获客成本不断提高的背景下，因为营销新技术有别于传统的广告投放、活动策划，具有明确的指标和计费方式，广告主更希望通过营销新技术的应用实现营销工作的投入与产出最大限度的量化，进而在营销效率的问题上有所突破。

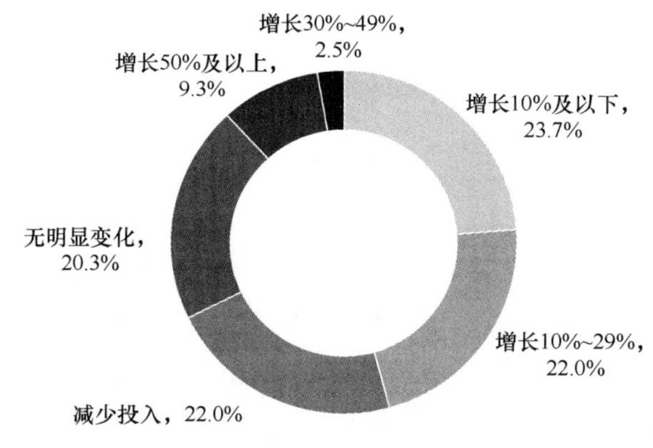

其中，增加网络广告投放预算的主要原因：
- 认为网络广告是当前阶段获客的重要方式
- 越是经济红利不明显的阶段，越应该增加品牌曝光，及时抢占市场
- 线下投放费用转移到线上广告投放

其中，未增加网络广告投放预算的主要原因：
- 受疫情影响，公司经营状况不利，企业营销预算受限
- 公司战略调整，预算更加专注于企业产品和运营创新
- 当前，网络广告费用足以支撑企业的营销目标和销售业绩的达成

注释：118个广告主参与调研。
样本：*N*=118；于2021年7月通过多方调研平台获得。

图30.2　中国广告主最近一年网络广告投放预算变化情况

注：以 2020 年全年为比较基准。

资料来源：艾瑞咨询。

30.3　市场规模

1. 广告市场

2021 年，中国五大媒体广告收入测算规模达 10075.1 亿元，其增长主要来自网络广告收入规模的扩大。受疫情影响，受众户外活动场景受限，居家和室内活动时段变多，媒介接触习惯进一步发生改变；同时，互联网技术的升级创新了网络广告的玩法，进而达到更优质的传播效果，因此网络广告的价值越发凸显，推动广告主将更多的广告预算向网络广告倾斜，使得网络广告成为疫情期间收入规模增长最为可观的广告形式。

2021 年，中国网络广告市场测算规模达 9343 亿元，同比增长率为 21.9%（见图 30.3）。未来两年，中国网络广告市场将继续以约 17%的年复合增长率保持稳定的增长态势，而品牌方对营销精细化、效率化和数智化的转型和追求，是网络广告市场产业链条中各方共同努力的方向，也是推动未来网络广告市场继续增长的核心驱动力。

2. 网络广告

2021 年，中国网络广告不同媒体的市场份额构成变化趋势越发清晰，电商平台和短视频平台市场份额继续保持增长，吸引更多的广告预算。2021 年，短视频平台是增长最为显著的媒体类型，其测算市场份额占总市场份额的 21.1%，继 2020 年后再次成为网络广告市场第二大媒体类型，而电商平台则以 40.1%的测算市场份额继续蝉联网络广告市场第一大媒体类型（见图 30.4）。

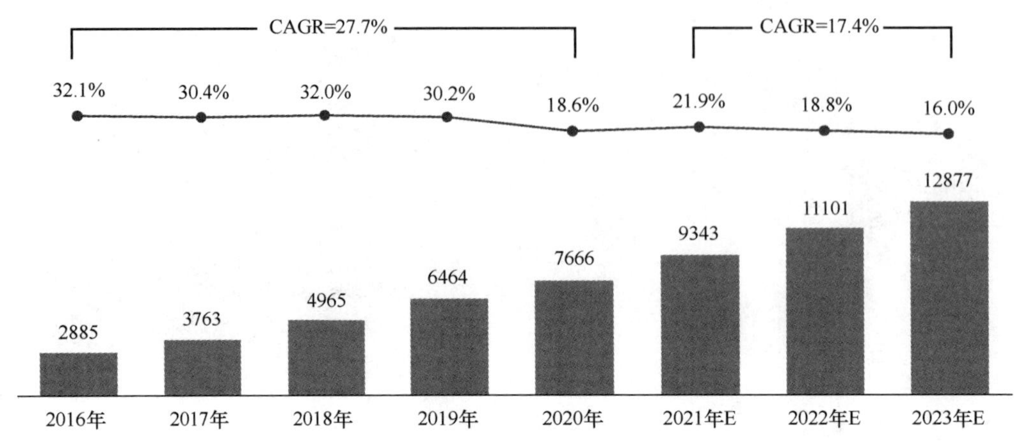

注释：1.网络广告市场规模按照媒体收入作为统计依据，不包括渠道代理商收入；2.此次统计数据包含搜索联盟的联盟广告收入，也包含搜索联盟向其他媒体网站的广告分成；3.此次统计数据结合全年实际情况，针对2020年前三季度部分数据进行微调。
来源：根据企业公开财报、行业访谈及艾瑞统计预测模型估算。

图30.3　2016—2023年中国网络广告市场规模及增长率

资料来源：艾瑞咨询。

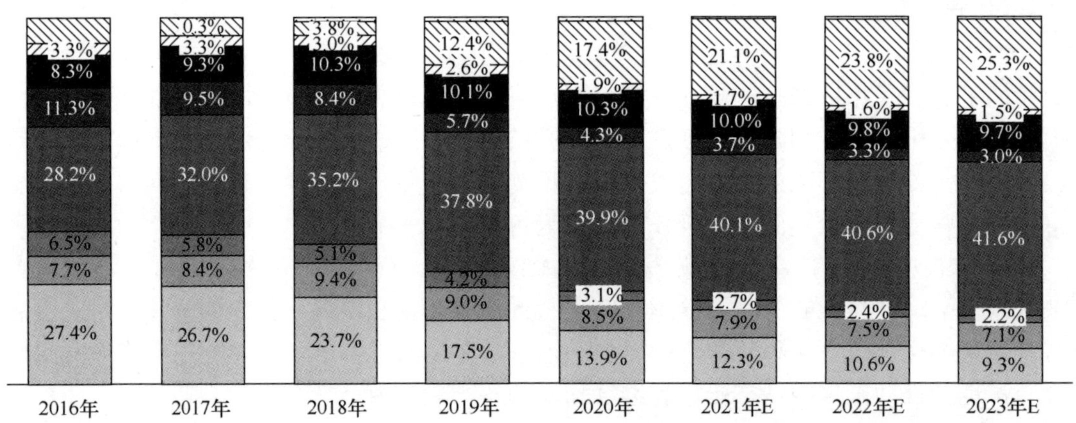

注释：1.搜索引擎广告包括搜索企业的所有广告形式；2.电商广告包括垂直搜索类广告及展示类广告，如淘宝、去哪儿及导购类网站；3.分类信息广告从2014年开始核算，仅包括58同城、赶集网等分类网站广告营业收入，不包含搜房等垂直网站的分类广告营业收入；4.其他包括音频、直播、游戏等媒体产生的广告营业收入，2018年含短视频，2018年后将短视频单独拆分。
来源：根据企业公开财报、行业访谈及艾瑞统计预测模型估算。

图30.4　2016—2023年中国不同媒体类型网络广告市场份额

资料来源：艾瑞咨询。

30.4　细分市场

1. 电商广告

2021 年，电商广告市场测算规模为 3745 亿元，增速约为 22.5%（见图 30.5）。电商广告形式丰富，又具有较为直接的转化链路，为广告主提供了多元且便于实现销售转化的营销玩法选择；同时，用户线上化消费习惯的加强，也进一步推动了广告主提升运营线上销售渠道、投放电商广告的需求。

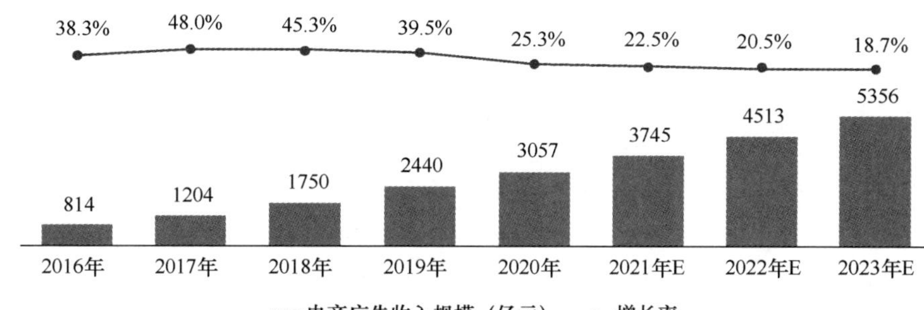

图30.5　2016—2023年中国电商广告市场规模及增长率

资料来源：艾瑞咨询。

2. 社交广告

2021 年，中国社交广告市场测算规模为 930 亿元，增速约为 17.7%，预计到 2023 年将接近 1250 亿元（见图 30.6）。预计在“Z 世代”年轻用户和新兴品牌的共同推动下，我国社交广告市场规模仍将持续增长。

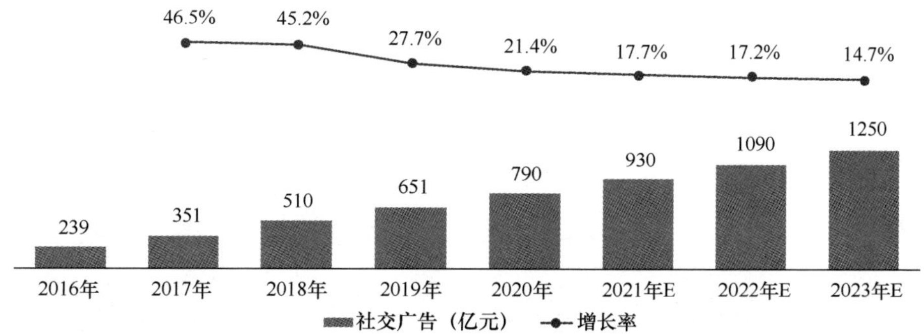

图30.6　2016—2023年中国社交广告市场规模及增长率

资料来源：艾瑞咨询。

3. 短视频广告

2021 年，短视频广告市场测算规模达 1970 亿元，增速降至 47.4%（见图 30.7）。从需求侧来看，短视频广告仍为各大广告主的投放重点，平台不断优化的内容生态持续拉升整体用户量和用户黏性，成为广告主营销增长的肥沃土壤。从整体来看，头部平台也在持续探索更多商业化可能，在广告形式方面逐步开放直播广告、搜索广告等。预计到 2023 年，短视频广告市场规模将突破 3000 亿元。

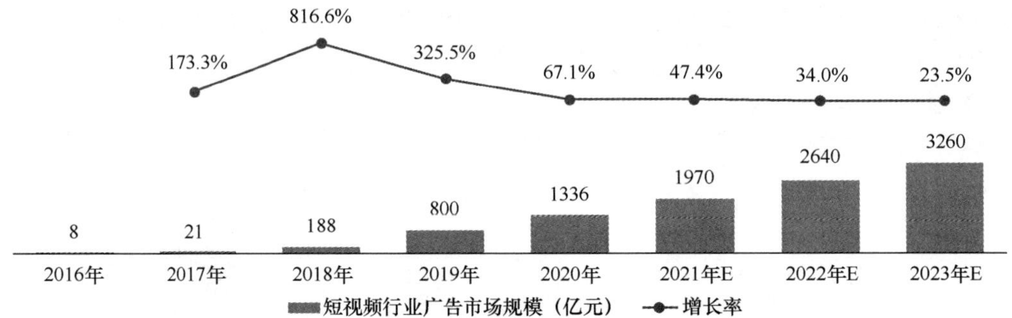

来源：综合企业公开财报及专家谈判，根据艾瑞统计模型核算，仅供参考。

图30.7 2016—2023年中国短视频行业广告市场规模及增长率

资料来源：艾瑞咨询。

4. 新闻资讯广告

2021 年，中国门户及资讯广告市场测算规模达 737 亿元，同比增长 13.5%（见图 30.8）。以新冠肺炎疫情为首的复杂形势，带动了群众对于新闻资讯的获取需求与关注度，亦推动了广告主于新闻资讯平台的投放水平提升。从长期来看，新闻资讯行业集中度预计持续提升，用户渗透率及广告加载量增量空间较为有限，预计互联网新闻资讯广告规模增速将整体呈放缓趋势。

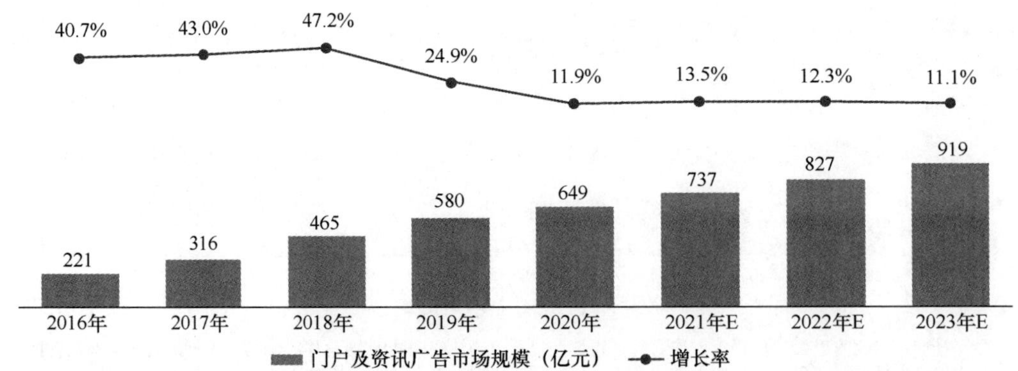

注释：门户及资讯广告包含五大门户及其客户端、独立新闻资讯客户端等媒体平台中纯门户业务的广告收入，不包含门户旗下其他业务如视频、社交、搜索等的广告收入。
来源：根据企业公开财报、行业访谈及艾瑞统计预测模型估算。

图30.8 2016—2023年中国门户及资讯广告市场规模及增长率

资料来源：艾瑞咨询。

5. 搜索广告

2021 年，中国搜索引擎广告市场规模测算达到 1531 亿元，同比增长 15.2%（见图 30.9）。2020 年受疫情影响，广告主缩减广告预算，搜索引擎企业广告收入也受到了较大影响。2021 年疫情有所缓解后，整体市场将迎来更好的发展。

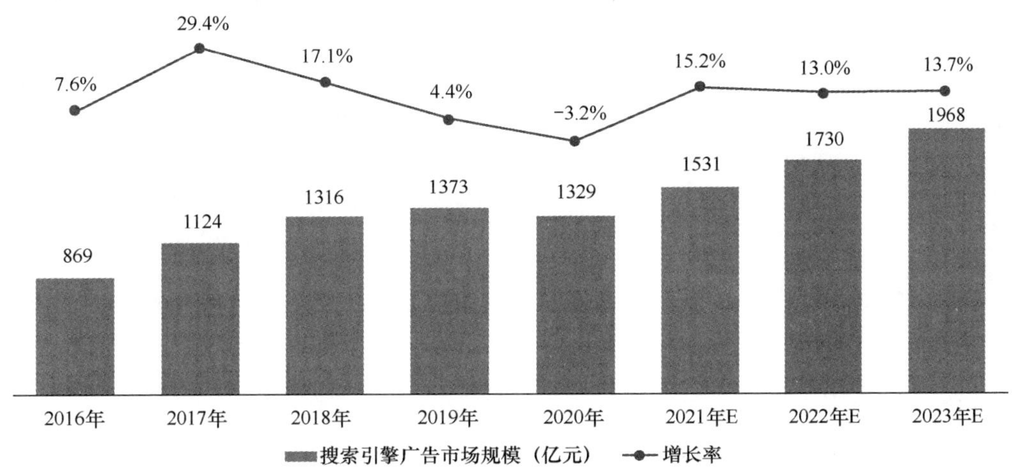

注释：1.搜索引擎企业营业收入规模为搜索引擎运营商营业收入总和，不包括搜索引擎渠道代理商营业收入；
2.从2013年开始，计入360搜索营业收入，从2017年开始计入360所有营业收入。
来源：综合企业财报及专家访谈，根据艾瑞统计模型核算，仅供参考。

图30.9　2016—2023年中国搜索引擎广告市场规模及增长率

资料来源：艾瑞咨询。

30.5　发展趋势

1. 营销新技术步入数据化深水区

在数据技术不断发展和完善的环境下，加强对于客户的数据管理，实现营销的精细化运作成为广告主未来最关注的营销新技术类型，私域运营因其特点价值被不断挖掘，也受到了许多广告主的青睐。对于广告主而言，最希望通过营销新技术解决的营销诉求分别是“广告投放的智能化与透明化”“流量自动导入和计算，构建私域运营矩阵”“与其他部门数字化业务打通，提升工作效率”。目前，网络营销新技术的应用尚在初期，随着技术的深入渗透，将进入新技术全面赋能的时代。

2. 创意内容与体验成为关注焦点

互联网的发展促使新经济形式不断涌现，也使得广告与营销的模式发生巨大的变化，广告主的偏好从传统 4A 创意与制作转向精细化运营的流量思维，更加看重广告投放的精准度和量化效果。随着广告技术在未来的迭代与升级，广告主对于效果导向的营销诉求得到满足后，很大程度上转向技术与内容高度融合的广告形式。近来逐渐发力的内容营销策略因承载更加深度与丰富的营销信息，更易结合内容产生更强的情感共鸣等特点，越来越得到广告主的关注。在广告主的看好度上，社交平台与短视频平台作为与内容结合最紧密的媒介，得到了最多广告主的青睐（见图 30.10）。

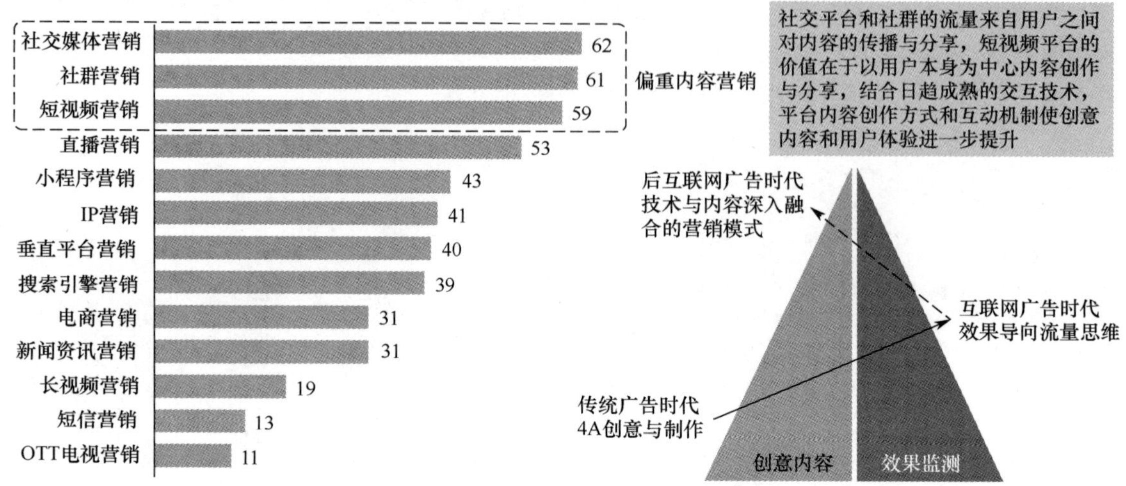

注释：118个广告主参与调研，图中方块的面积大小与广告主看好度有关。
样本：N=118；于2021年7月通过多方调研平台获得。

图30.10　中国广告主对各类网络广告形式发展的看好度

资料来源：艾瑞咨询。

3. 媒介融合联动实现全场景覆盖

伴随数字化对于各行业的深度渗透、线上线下渠道日渐多元化、消费者需求不断升级及零售场景的不断拓展，单一媒介在未来信息超载的环境下，越来越难以满足广告主的营销需求和消费者的信息需求，因此加强各类媒介的互联网属性，打通不同媒介之间的壁垒，通过媒体矩阵实现消费场景全面覆盖和用户体系的深度交互成为未来营销发展的主流。在未来的数字营销领域，广告主更加期待建立完善和丰富的全渠道体系，通过智能化决策，实现在线上、线下全触点和消费者的连接，实施有针对性的营销策略。

4. 营销数字化转型不断升级

在数字化浪潮大势所趋的环境下，企业数字化转型不断加速和深入，就目前的发展情况来看，其转型历程可分为点、线、面、体 4 个阶段，数字化理念从单一数字技术的应用到整体业务流程的优化，再到跨部门的数字化平台搭建，最后打破传统商业理念边界，实现企业营销模式的创新与变革（见图 30.11）。营销作为核心的业务部门，在数字化升级的过程中，将进一步加强与品牌、产品、财务等各部门的联动性，传统单一的业务板块分工逐渐消解，取而代之的是多部门联动协同发展的运营思维。传统的营销部门升级为以数字化驱动的市场团队、渠道团队、客户运营团队等，通过每个环节的数据采集、计算、应用与回流，使营销技术贯穿营销过程的全链路。同时，传统组织架构中存在的业务板块割裂、权责不清、沟通成本高等问题也将随着数字化理念的深入和转变得到改善，朝向业务流程化制度化、效果可量化可归因、KPI 考核清晰等方向升级。

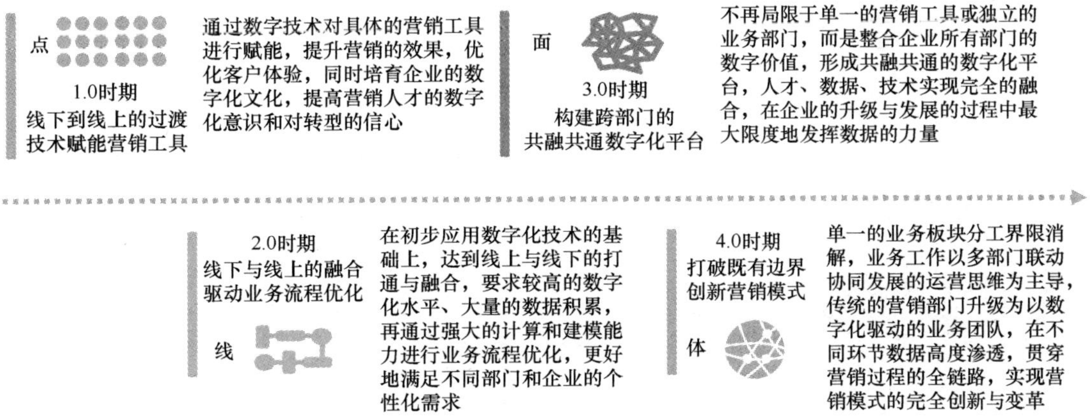

图30.11　营销数字化升级不同时期的特点

资料来源：艾瑞咨询。

撰稿：吕荣慧、冉桓宇

第四篇

治理与发展环境篇

 2021 年中国互联网政策法规建设情况

 2021 年中国网络知识产权保护状况

 2021 年中国互联网治理状况

 2021 年中国网络安全状况

 2021 年中国网络资本发展状况

 2021 年中国网络人才建设状况

第 31 章　2021 年中国互联网政策法规建设情况

31.1　中国互联网政策法规建设概况

随着信息技术发展日新月异，数字化、网络化、智能化深入发展，在推动经济社会发展、促进国家治理体系和治理能力现代化、满足人民日益增长的美好生活需要等方面的作用日益凸显。党的十八大以来，以习近平同志为核心的党中央着眼信息时代发展大势和国内国际发展大局，高度重视、系统谋划、统筹推进数字中国建设。党的十九大报告明确提出“建设网络强国、数字中国、智慧社会”战略目标。《中华人民共和国国民经济和社会发展第十四个五年规划和 2035 年远景目标纲要》（以下简称“十四五”规划纲要）设立专篇对“加快数字化发展建设数字中国”作出重要部署，2021 年是“十四五”规划开局之年，中国互联网行业朝高质量发展、网络强国建设迈出坚实步伐。“十四五”网信领域相关规划相继出台，擘画了数字中国建设的宏伟蓝图。互联网行业发展的新空间进一步打开，数字技术与传统实体经济深度融合，各行业数字化转型步伐不断加快。伴随着数字新基建的大规模建设，工业互联网平台将迎来跨越式发展，步入顶层设计更加清晰、市场规模持续扩大、融合创新更加活跃、产业生态更加繁荣的新阶段。与此同时，信息保护、反垄断等方面的立法监管不断完善，引导互联网企业走在健康规范发展的轨道。系统化、精细化、严监管、促发展正成为中国互联网发展追求的目标。面向新时代、新征程，我们要切实把思想和行动统一到以习近平同志为核心的党中央决策部署上来，胸怀大局、把握大势、着眼大事，加快推进互联网政策法规建设进而推动数字中国建设，为全面建设社会主义现代化国家、实现中华民族伟大复兴的中国梦提供有力支撑。

1. 系统化：互联网政策法规体系不断完善

移动互联网深入普及，社会组织结构、连接方式不断发生改变，人们生活、生产活动逐步向线上复制、转移，社会治理的主要对象由线下社会向网络空间转移。5G、物联网等技术进一步深入改变人与人、人与物、物与物之间的各种关系，中国高度重视互联网平台健康持续发展，提出要坚持发展和规范并重，明确规则、划清底线。

2021 年，我国网络信息化顶层框架加速构建，互联网政策法规体系不断完善。在制度建设方面，《数据安全法》的出台，对于数字经济时代相关法律法规滞后的问题带来了有效解决方案，数据安全也有了明确的法律边界，能够有助于规范市场秩序，整合数字资源，更好地推动数据产业的发展，为维护网络安全提供了坚强后盾。我国首部个人信息保护专门法《个人信息保护法》正式实施，以严密的制度、严格的标准、严厉的责任规范个人信息处理活动，全方位落实各类组织、个人等个人信息处理者的义务与责任。国务院反垄断委员会制定发布了《关于平台经济领域的反垄断指南》，以《反垄断法》为依据首次系统回应了平台垄断挑战，对维护消费者权益、保护市场竞争具有重要意义。国务院常务会议通过的《关键信息基础设施安全保护条例》建立专门保护制度，明确各方责任，提出保障促进措施，有利于进一步健全关键信息基础设施安全保护法律制度体系。国家互联网信息办公室、国家发展和改革委员会、工业和信息化部、公安部、交通运输部联合发布《汽车数据安全管理若干规定（试行）》，旨在规范汽车数据处理活动，保护个人、组织的合法权益，维护国家安全和社会公共利益，促进汽车数据合理开发利用。同时，各区域、各板块、各行各业有关互联网的规章制度都在有条不紊地下达，越来越严谨、越来越合规，不断推动我国互联网法治进程迈入新时代。

2. 精细化：政策措施和技术标准密集发布

在“十四五”规划纲要的指引下，2021 年发布的一系列互联网行业相关具体规划，如《“十四五”信息通信行业发展规划》《“十四五”软件和信息技术服务业发展规划》《“十四五”信息化和工业化深度融合发展规划》《“十四五”电子商务发展规划》《“十四五”大数据产业发展规划》等，聚焦通信产业、软件产业、电子商务等重点领域，制定量化目标，将为建设制造强国、网络强国、数字中国提供坚实支撑。

工业和信息化部出台多项政策，加强对网络产品安全漏洞、车联网安全、物联网安全、工业互联网安全、5G 网络应用安全等细分领域的管理，发布车联网网络安全、电信和互联网行业数据安全等标准体系，以及电信和互联网数据安全通用要求、分类分级方法、重要数据识别、治理能力评估等重点标准，同时发布实施 5G、工业互联网、物联网等领域网络和数据安全标准。

3. 严监管：网络安全保障能力全方位提升

网络安全是防线也是底线。随着数字经济的快速发展，网络安全、数据安全面临的形势也更加严峻。在“十四五”规划纲要中，“网络安全”和“数据安全”分别被提及 14 次和 5 次，“增强网络安全防护能力，提升数据安全保障水平”“聚焦关键信息基础设施安全、网络安全、数据安全”“加强网络安全保障体系和能力建设”等促进网络安全发展的部署也多次出现在各类规划中，国家层面对网络安全的重视程度可见一斑，因而全方位筑牢网络和数据安全堤坝，让人民群众放心享受美好数字生活，为国民经济高质量发展保驾护航是互联网行业发展必须要完成的使命。

面对技术的快速发展和安全形势的急剧变化，网络安全监管提前规划、因势利导。在新技术、新应用领域，《关于深入推进移动物联网全面发展的通知》《国家车联网产业标准体系建设指南（智能交通相关）》《关于加快推动区块链技术应用和产业发展的指导意见》等指导性政策都特别对网络和数据安全进行了规范和说明。《网络交易监督管理办法》《网络直播营销管理办法（试行）》等有助于促进直播营销等新业态有序发展。《关于进一步压实网站平台信息内容管理主体责任的意见》《互联网平台落实主体责任指南（征求意见稿）》等引导推动网站平台准确把握主体责任，明确工作规范，健全管理制度，完善运行规则，切实防范化解各种风险隐患，积极营造清朗网络空间。

4. 促发展：互联网相关产业持续稳中向好

互联网相关产业坚持开放共享、融合创新、变革转型、引领跨越、安全有序的基本原则，充分发挥我国互联网的规模优势和应用优势，坚持改革创新和市场需求导向，大力拓展互联网与经济社会各领域融合的广度和深度。基于互联网的新业态成为新的经济增长动力，也成为提供公共服务的重要手段。

利用互联网新技术对传统产业进行全方位、全链条的改造，提高全要素生产率，发挥数字技术对经济、社会发展的放大、叠加、倍增作用。工业互联网专项工作组办公室发布《关于印发〈工业互联网专项工作组 2021 年工作计划〉的通知》，扎实做好“十四五”工业互联网开局工作。《工业互联网专项工作组 2021 年工作计划》明确了 2021 年 15 项任务共 90 条具体措施，包括网络体系强基行动、标识解析增强行动、平台体系壮大行动、数据汇聚赋能行动等。国家医疗保障局发布《国家医疗保障局关于加强网络安全和数据保护工作的指导意见》，医疗保障信息化是医疗保障事业高质量发展的基础，是医保治理体系和治理能力现代化的重要支撑。《关于规范金融业开源技术应用与发展的意见》的出台，有助于规范金融机构合理应用开源技术，提高应用水平和自主可控能力，促进开源技术健康可持续发展。《网络表演经纪机构管理办法》有利于规范网络表演秩序，治理娱乐圈乱象。《互联网广告管理办法（公开征求意见稿）》进一步完善互联网广告监管制度，增强互联网广告监管的科学性、有效性，促进互联网广告业持续健康发展。

31.2　中国互联网政策法规进展

1. 互联网政策法规顶层设计加速推进，夯实网络强国建设法治保障

1）数据领域的基础性法律顺利出台

2021 年 6 月 10 日，十三届全国人大常委会第二十九次会议通过了《数据安全法》，确立了数据分类分级管理、数据安全风险评估、监测预警、应急处置、数据安全审查等基本制度，并明确相关主体的数据安全保护义务。该法案的通过，是我国在数据领域的基础性法律的重大成果，意味着国家从法律层面对数据安全管理和开发利用进行规定和约束，进一步提升国家数据安全保障能力。这不仅是落实依法治国的具体行动，也将为数字经济更好更快发展打下坚实基础。

2）网络交易监管制度体系规范明确

2021 年 3 月 15 日，国家市场监督管理总局出台《网络交易监督管理办法》，制定了一系列规范交易行为、压实平台主体责任、保障消费者权益的具体制度规则，对完善网络交易监管制度体系、持续净化网络交易空间、维护公平竞争的网络交易秩序、营造安全放心的网络消费环境具有重要的现实意义。《网络交易监督管理办法》共 5 章 56 条，对网络经营主体登记、新业态监管、平台经营者主体责任、消费者权益保护、个人信息保护等重点问题作出了明确规定。

3）反电信网络诈骗制度化建设提上日程

2021 年 10 月 19 日，《中华人民共和国反电信网络诈骗法（草案）》提请十三届全国人大常委会初次审议，草案规定了反电信网络诈骗工作的基本原则；完善电话卡、物联网卡、金融账户、互联网账号有关基础管理制度；建立电信网络诈骗反制技术措施，统筹推进跨行业、企业统一监测系统建设，为利用大数据反诈提供制度支持。此外，还加强对涉诈相关非法服务、设备、产业的治理，加强其他有关防范措施建设，明确法律责任，加大惩处力度。

4）关键信息基础设施保护制度要素完善

2021 年 4 月 27 日，国务院第 133 次常务会议通过了《关键信息基础设施安全保护条例》（以下简称《条例》），《条例》对关键信息基础设施保护系列制度要素作了具体规定，涵盖总则、关键信息基础设施认定、运营者责任义务、保障和促进、法律责任等诸多方面。《条例》上承《中华人民共和国网络安全法》要求，进一步明确关键信息基础设施安全保护范围、联动责任体系、供应链安全可控、安全内控和意识培养等方面重点内容，体现出 4 个鲜明的特点："大道至简"，厘清重点保护的范围和原则；"君子务本"，确立分层协同联动责任体系；"因地制宜"，发挥优势聚力聚焦自主可控；"以人为本"，强化安全内控和意识的培养。

5）个人信息保护专门法强化个人信息权益

2021 年 8 月 20 日，中华人民共和国第十三届全国人民代表大会常务委员会第三十次会议通过《中华人民共和国个人信息保护法》，自 2021 年 11 月 1 日起施行。我国首部个人信息保护专门法以严密的制度、严格的标准、严厉的责任规范个人信息处理活动。《中华人民共和国个人信息保护法》借鉴国际经验并立足我国实际，确立了个人信息处理应遵循的原则，强调处理个人信息应当遵循合法、正当、必要和诚信原则，具有明确、合理的目的并与处理目的直接相关，采取对个人权益影响最小的方式，限于实现处理目的的最小范围，公开处理规则，保证信息质量，采取安全保护措施等。

2. 网络安全制度进一步深化细化，保障互联网长期可持续健康发展

1）数据安全立法取得重大进展

2021 年 6 月 10 日通过的《数据安全法》是数据领域的基础性法律，也是国家安全领域的一部重要法律，标志着我国将数据安全保护的政策要求，通过法律文本的形式进行了明确和强化。2021 年 9 月 30 日，工业和信息化部公开征求对《工业和信息化领域数据安全管理办法（试行）（征求意见稿）》的意见，经修改完善后，于 2022 年 2 月 10 日再次面向社会征求意见，旨在规范工业和信息化领域数据处理活动，加强数据安全管理，保障数据安全，促进数据开发利用，保护个人、组织的合法权益，维护国家安全和发展利益。10 月 29 日，国家互联网信息办公室发布《数据出境安全评估办法（征求意见稿）》，这是《中华人民共和国网络安全法》生效以来，中央网信办第三次对数据和个人信息出境安全制定评估办法并公开征求意见。涵盖关键信息基础设施运营者（CIIO）、重要数据处理者及个人信息处理者的数据出境安全评估制度在法律层面明确确立。11 月 14 日，国家互联网信息办公室公布《网络数据安全管理条例（征求意见稿）》（以下简称《管理条例》）。《管理条例》操作性强，主要围绕个人信息和重要数据的保护、跨境数据提出管理措施，同时明确了互联网平台运营者的义务。

2）互联网领域个人信息保护立法相对完善

2021 年 3 月 12 日，由国家互联网信息办公室、工业和信息化部、公安部、市场监管总局 4 个部门联合印发的《常见类型移动互联网应用程序必要个人信息范围规定》（以下简称《规定》），于 5 月 1 日正式施行。《规定》明确为保障 App 基本功能服务的正常运行可以收集必要个人信息，不得因为用户不同意提供非必要个人信息而拒绝用户使用，科学地平衡了个人信息保护与促进 App 发展应用的关系。8 月 20 日通过的《中华人民共和国个人信息保护法》规范个人信息处理活动，全方位落实各类组织、个人等信息处理者的义务与责任。

3）互联网相关产业产品安全标准体系明确可行

2021 年 7 月 5 日，国家互联网信息办公室 2021 年第 10 次室务会议审议通过《汽车数据安全管理若干规定（试行）》，并经国家发展和改革委员会、工业和信息化部、公安部、交通运输部同意，自 2021 年 10 月 1 日起施行，旨在规范汽车数据处理活动，保护个人、组织的合法权益，维护国家安全和社会公共利益，促进汽车数据合理开发利用。9 月 15 日，工业和信息化部发布了《关于加强车联网网络安全和数据安全工作的通知》，对车联网网络安全和数据安全管理工作进行有关部署，要求各部门企业落实安全主体责任，采取管理和技术措施，及时发现并解决安全隐患，全面加强安全保护，保障车联网安全稳定运行。9 月 23 日，工业和信息化部办公厅发布关于印发《物联网基础安全标准体系建设指南（2021 版）》的通知，要求跟踪物联网新技术、新应用的发展趋势，主动适应物联网安全发展水平的不断提升，加强标准体系的动态更新和完善，有效满足产业安全发展需求。

2021 年 7 月 12 日，工业和信息化部、国家互联网信息办公室、公安部联合印发通知，公布《网络产品安全漏洞管理规定》，自 2021 年 9 月 1 日起施行。《网络产品安全漏洞管理规定》的主要目的是维护国家网络安全，保护网络产品和重要网络系统的安全稳定运行；规范漏洞发现、报告、修补和发布等行为，明确网络产品提供者、网络运营者，以及从事漏洞发现、收集、发布等活动的组织或个人等各类主体的责任和义务；鼓励各类主体发挥各自技术和机制优势开展漏洞发现、收集、发布等相关工作。

3. 重点行业的互联网立法不断创新，促进网络信息惠民便民和利民

1）互联网医疗健康制度推动医疗产业高质量发展

医疗保障信息化是医疗保障事业高质量发展的基础，是医保治理体系和治理能力现代化的重要支撑。2021 年 4 月 6 日，国家医疗保障局发布《国家医疗保障局关于加强网络安全和数据保护工作的指导意见》，涵盖了总体要求、加强网络安全管理、加强数据安全保护、保障措施四大部分。7 月 16 日，国家医疗保障局发布《关于优化医保领域便民服务的意见》，主要任务之一是推进“互联网+医保服务”。优化医疗服务，参保群众可自主选择使用社保卡（含电子社保卡）、医保电子凭证就医购药。依托全国一体化政务服务平台，推动医保经办服务网上办理，实现“掌上办”“网上办”。9 月 23 日，国务院办公厅发布《关于印发“十四五”全民医疗保障规划的通知》，明确了要建设智慧医保。医疗保障信息化水平显著提升，全国统一的医疗保障信息平台全面建成，“互联网＋医疗健康”医保服务不断完善，医保大数据和智能监控全面应用，医保电子凭证普遍推广，就医结算更加便捷。12 月 28 日，工业和信息化部、国家卫生健康委、国家发展和改革委员会、科技部、财政部、国务院国资委、国家市场监督管理总局、国家医疗保障局、国家中医药局、国家药监局 10 个部门联合发布《“十四五”医疗装备产业发展规划》，聚焦临床需求和健康保障，强化医工协同，推进技术创新、产品创新和服务模式创新，提升产业基础高级化和产业链现代化水平，推动医疗装备产业高质量发展，为保障人民群众生命安全和身体健康提供有力支撑。

2）互联网交通物流规范促进优质资源流动

2021 年 4 月 6 日，交通运输部印发《交通运输政务数据共享管理办法》，自 2021 年 4 月 15 日起施行，旨在规范交通运输政务数据共享，推动交通运输数字政府建设，加快建设交通强国。8 月 4 日，交通运输部办公厅发布《关于印发〈互联网道路运输便民政务服务系统业务办理工作指南〉〈互联网道路运输便民政务服务系统建设应用技术要求〉的通知》，深化“放管服”改革，推进政务服务“跨省通办”。10 月 25 日，交通运输部印发《数字交通“十四五”发展规划》，明确了未来 5 年我国数字交通发展目标。到 2025 年，实现交通设施数字感知，信息网络广泛覆盖，运输服务便捷智能，行业治理在线协同，技术应用创新活跃，网络安全保障有力的 6 个目标。

2021 年 7 月 29 日，国务院办公厅印发《关于加快农村寄递物流体系建设的意见》，提出强化农村寄递物流与农村电商、交通运输等融合发展，继续发挥邮政快递服务农村电商的主渠道作用，建设 100 个农村电商快递协同发展示范区，带动提升寄递物流对农村电商的定制化服务能力。11 月 26 日，国务院办公厅印发《“十四五”冷链物流发展规划》，以加强顶层设计和工作指导，推动冷链物流高质量发展。首次从构建新发展格局的战略层面对建设现代冷链物流体系作出全方位、系统性部署，提出一系列务实、可操作、可落地的具体举措，为我国冷链物流行业持续高质量发展指明方向。

3）互联网金融逐渐完成数字化转型

2021 年 1 月 15 日，中国银保监会办公厅、中国人民银行办公厅联合发布《关于规范商业银行通过互联网开展个人存款业务有关事项的通知》，指出加强对商业银行通过互联网开展个人存款业务的监督管理，维护市场秩序，防范金融风险，保护消费者合法权益。9 月 24 日，中国人民银行、中央网信办、最高人民法院、最高人民检察院、工业和信息化部、公安部、国家市场监督管理总局、银保监会、证监会、外汇局联合发布《关于进一步防范和处置虚拟货币交易炒作风险的通知》，进一步防范和处置虚拟货币交易炒作风险，切实维护国家安全和社会稳定。9 月 28 日，中国人民银行办公厅、中央网信办秘书局、工业和信息化部办公厅、银保监会办公厅、证监会办公厅 5 个部门联合发布《关于规范金融业开源技术应用与发展的意见》，有助于规范金融机构合理应用开源技术，提高应用水平和自主可控能力，促进开源技术健康可持续发展。

4. 互联网平台责任监管持续落实，推动网络市场整体运转有序

1）规范互联网领域反垄断、反不正当竞争的相关政策法规不断出台

2021 年 2 月 7 日，国务院反垄断委员会制定发布《国务院反垄断委员会关于平台经济领域的反垄断指南》，旨在预防和制止平台经济领域垄断行为，引导平台经济领域经营者依法合规经营，促进平台经济规范、有序、创新、健康发展。8 月 30 日，中共中央总书记、国家主席、中央军委主席、中央全面深化改革委员会主任习近平主持召开中央全面深化改革委员

会第二十一次会议，会议审议通过的《关于强化反垄断深入推进公平竞争政策实施的意见》有助于强化公平竞争政策实施和竞争监管。10 月 23 日，第十三届全国人大常委会第三十一次会议对《中华人民共和国反垄断法（修正草案）》进行审议，公开征求意见，增加了“经营者不得滥用数据和算法、技术、资本优势以及平台规则等排除、限制竞争”“具有市场支配地位的经营者利用数据和算法、技术以及平台规则等设置障碍，对其他经营者进行不合理限制的，属于前款规定的滥用市场支配地位的行为”等条款。11 月 1 日，中国标准化协会发布《平台经营者反垄断合规管理规则（征求意见稿）》，这是全球首个平台经营者反垄断合规管理标准，其中涉及平台经济中低价倾销、“大数据杀熟”和“二选一”等诸多竞争失序问题。

2021 年 6 月 29 日，国家市场监督管理总局、国家发展和改革委员会、财政部、商务部、司法部发布《公平竞争审查制度实施细则》（以下简称《实施细则》），《实施细则》在审查方式、审查标准、监督手段等方面细化、实化有关规定，以更高质量、更大力度推进制度深入实施，着力维护全国统一大市场和公平竞争，畅通国内大循环，助力构建新发展格局。8 月 17 日，国家市场监督管理总局就《禁止网络不正当竞争行为规定（公开征求意见稿）》向社会公开征求意见，直指超级平台间封禁、“二选一”等不正当竞争行为，明确要求经营者不得利用技术手段，通过影响用户选择、限流、屏蔽等方式，减少其他经营者之间的交易机会。8 月 19 日，《最高人民法院关于适用〈中华人民共和国反不正当竞争法〉若干问题的解释（征求意见稿）》向社会公开征求意见，就“互联网专条”而言，内容包括：其一，未经其他经营者和用户同意而直接发生的目标跳转将被认定为“强制进行目标跳转”。其二，经营者事前未明确提示并经用户同意，以误导、欺骗、强迫用户修改、关闭、卸载等方式，恶意干扰或者破坏其他经营者合法提供的网络产品或者服务，将依照《反不正当竞争法》第十二条第二款第二项予以认定。

2）互联网市场监管力度不断强化

2021 年 1 月 18 日，国家市场监督管理总局发布《关于印发〈市场监管信息化标准化管理办法〉的通知》，旨在加强和规范市场监管信息化标准化建设和管理工作，有效支撑全国市场监管信息化建设工作。2 月 24 日，银保监会办公厅、中央网信办秘书局、教育部办公厅、公安部办公厅、中国人民银行办公厅联合印发《关于进一步规范大学生互联网消费贷款监督管理工作的通知》（以下简称《通知》），《通知》以大学生互联网消费贷款业务为重点，从加强消费贷款业务监管、加大对学生的教育帮扶力度、强化网络舆情监测、加大违法犯罪问题查处力度 4 个规范校园贷最重要、最关键的方面，对各地金融监督管理部门、各地网信部门、各地公安机关、各银行业金融机构、各高校提出了更加明确的工作要求。3 月 15 日，国家市场监督管理总局出台《网络交易监督管理办法》，自 5 月 1 日起施行，《网络交易监督管理办法》是为了规范网络交易活动、维护网络交易秩序、保障网络交易各方主体合法权益、促进数字经济持续健康发展，根据有关法律、行政法规制定的法规，该办法制定了一系列规范交易行为、压实平台主体责任、保障消费者权益的具体制度规则。9 月 15 日，国家互联网信息办公室发布《关于进一步压实网站平台信息内容管理主体责任的意见》，旨在充分发挥网站平台信息内容管理第一责任人作用，引导推动网站平台准确把握主体责任，明确工作规范，健全管理制度，完善运行规则，切实防范化解各种风险隐患，积极营造清朗网络空间。9 月 17 日，国家互联网信息办公室、中央宣传部、教育部、科技部、工业和信息化部、公安部、文化和旅游部、国家市场监督管理总局、国家广播电视总局 9 个部门制定《关于加强互联网信息服务算法综合治理的指导意见》，该指导意见有利于加强互联网信息服务算法综合治理，促进行业健康、有序、繁荣发展。

2021 年 1 月 22 日，国家互联网信息办公室发布新修订的《互联网用户公众账号信息服务管理规定》，规定了公众账号信息服务平台和公众账号生产运营者主体责任、真实身份信息认证、分级分类管理、社会监督及行政管理等条款，旨在进一步加强互联网用户公众账号的依法监管，促进公众账号信息服务健康有序发展。10 月 29 日，国家市场监督管理总局发布了《互联网平台落实主体责任指南（征求意见稿）》，从竞争法、数据保护、知识产权法、价格法、广告法等多个角度全面归纳、细化了互联网平台的责任，其中反映的对互联网平台的监管思路，值得企业在合规中予以高度关注和重视。同时，国家市场监督管理总局对其起草的《互联网平台分类分级指南（征求意见稿）》向社会公开征求意见，旨在科学界定平台类别、合理划分平台等级，推动平台企业落实主体责任，促进平台经济健康发展，保障各类平台用户的权益，维护社会经济秩序。

5. 互联网政策法规和经济发展深度融合，促进经济发展新动能培育

1）工业互联网政策措施和具体标准创新性发展

2021 年 5 月 22 日，工业互联网专项工作组办公室发布《关于印发〈工业互联网专项工作组 2021 年工作计划〉的通知》，明确了 2021 年 15 项任务共 90 条具体措施，包括网络体系强基行动、标识解析增强行动、平台体系壮大行动、数据汇聚赋能行动等。11 月 17 日，工业和信息化部、国家标准化管理委员会组织编制印发的《国家智能制造标准体系建设指南（2021 版）》，对国家智能制造的基础共性标准、关键技术标准、行业应用标准进行了说明，提出到 2023 年，制修订 100 项以上国家标准、行业标准，不断完善先进适用的智能制造标准体系。到 2025 年，在数字孪生、数据字典、人机协作、智慧供应链、系统可靠性、网络安全与功能安全等方面形成较为完善的标准簇，逐步构建起适应技术创新趋势、满足产业发展需求、对标国际先进水平的智能制造标准体系。11 月 24 日，工业和信息化部、国家标准化管理委员会组织编制了《工业互联网综合标准化体系建设指南（2021 版）》，贯彻落实了《中华人民共和国国民经济和社会发展第十四个五年规划和 2035 年远景目标纲要》和《国家标准化发展纲要》要求，发挥了标准在工业互联网产业生态体系构建中的顶层设计和引领规范作用，以推动相关产业转型升级，加快制造强国和网络强国建设步伐。

2021 年 7 月 30 日，工业和信息化部发布《关于加强智能网联汽车生产企业及产品准入管理的意见》，指出要加强智能网联汽车生产企业及产品准入管理，明确汽车数据安全、网络安全、在线升级等管理要求，指导企业加强能力建设，严把产品质量安全关，切实维护公民生命、财产安全和公共安全。11 月 30 日，工业和信息化部发布《关于印发〈“十四五”信息化和工业化深度融合发展规划〉的通知》，提出到 2025 年，信息化和工业化在更广范围、更深程度、更高水平上实现融合发展，新一代信息技术向制造业各领域加速渗透，范围显著扩展、程度持续深化、质量大幅提升，制造业数字化转型步伐明显加快，全国两化融合发展指数达到 105。12 月 21 日，工业和信息化部、国家发展和改革委员会、教育部、科技部、财政部、人力资源和社会保障部、国家市场监督管理总局、国务院国有资产监督管理委员会联合发布《关于印发〈"十四五"智能制造发展规划〉的通知》，提出发展智能制造对于巩固实体经济根基、建成现代产业体系、实现新型工业化具有重要作用。12 月 28 日，工业和信息化部、国家发展和改革委员会、科技部、公安部、民政部、住房和城乡建设部、农业农村部、国家卫生健康委员会、应急管理部、中国人民银行、国家市场监督管理总局、银保监会、证监会、国家国防科技工业局、国家矿山安全监察局 15 个部门正式公布了《"十四五"机器人产业发展规划》。《"十四五"机器人产业发展规划》部署的主要任务之一是提高产业创新能力，推进人工智能、5G、大数据、云计算等新技术与机器人技术的融合应用。12 月 29 日，工业和信息化部、科技部、自然资源部 3 个部门联合发布《"十四五"原材料工业发展规划》，重点任务之一是加速产业转型数字化。推动工业互联网赋能，鼓励产业链"链主"企业打造企业级工业互联网平台，打造工业互联网平台，聚焦重点环节培育和推广一批流程管理工业 App 和解决方案，加快探索原材料工业与"5G+工业互联网"融合发展。夯实数字化支撑基础，分行业推进智能制造标准体系建设，搭建智能制造标准试验验证平台，形成一批数字化智能化系统解决方案，实施工业互联网网络安全分类分级管理。

2）电子商务政策法规推动电子商务高质量发展

2021 年 1 月 7 日，商务部办公厅发布《关于推动电子商务企业绿色发展工作的通知》，绿色发展是构建现代化经济体系的必然要求，是电子商务高质量发展的重要内容，要支持服务电商企业绿色发展，引导电商企业提高绿色发展能力，积极探索形成资源节约、环境友好的企业发展模式，推动塑料污染治理、快递包装绿色转型等取得实效。5 月 11 日，财政部办公厅、商务部办公厅、国家乡村振兴局综合司发布《关于开展 2021 年电子商务进农村综合示范工作的通知》，旨在以提升农村电商应用水平为重点，线上线下融合为抓手，健全农村电商公共服务体系，推动县域商业体系转型升级，完善县乡村三级物流配送体系，培育新型农村市场主体，畅通农产品进城和工业品下乡双向渠道，促进农民收入和农村消费双提升，巩固拓展脱贫攻坚成果，推进乡村振兴。8 月 18 日，商务部就《直播电子商务平台管理与服务规范》行业标准（征求意见稿）（以下简称意见）公开征求意见，意见规定了直播营销平台应该具备的资质、经营条件及合规性基本要求；规定了其应对商家和直播主体入驻及退出、产品和服务信息审核、直播营销管理和服务、用户及直播主体账号的管理和服务要求；规定了其应对消费者隐私保护、交易及售后服务等消费者权益保护的要求；明确了信息安全管理要求。10 月 9 日，商务部、中央网信办、国家发展和改革委员会 3 个部门印发《"十四五"电子商务发展规划》，为"十四五"时期电子商务发展作出全面安排，对指导我国电子商务高质量发展具有重要意义。10 月 13 日，经国务院同意，国务院办公厅转发国家发展和改革委员会《关于推动生活性服务业补短板上水平提高人民生活品质的若干意见》，提出加快线上线下融合发展，加快推动生活服务市场主体特别是小微企业和个体工商户"上云用数赋智"，完善电子商务公共服务体系，引导电子商务平台企业依法依规为市场主体提供信息、营销、配送、供应链等"一站式"、一体化服务。10 月 29 日，国务院印发《"十四五"国家知识产权保护和运用规划》，明确健全大数据、人工智能、基因技术等新领域新业态知识产权保护制度，完善电子商务领域知识产权保护机制。

2021 年 3 月 18 日，商务部、国家发展和改革委员会、财政部、海关总署、税务总局、国家市场监督管理总局发布《关于扩大跨境电商零售进口试点、严格落实监管要求的通知》，将跨境电商零售进口试点扩大至所有自贸试验区、跨境电商综试区、综合保税区、进口贸易促进创新示范区、保税物流中心（B 型）所在城市（及区域）。各试点城市（区域）应切实承担本地区跨境电商零售进口政策试点工作的主体责任，严格落实监管要求规定，全面加强质量安全风险防控，及时查处在海关特殊监管区域外开展“网购保税+线下自提”、二次销售等违规行为，以确保试点工作顺利推进，共同促进行业规范健康持续发展。7 月 2 日，国务院办公厅发布《关于加快发展外贸新业态新模式的意见》，指出要扎实推进跨境电子商务综合试验区建设，扩大跨境电子商务综合试验区试点范围。积极开展先行先试，进一步完善跨境电商线上综合服务和线下产业园区“两平台”及信息共享、金融服务、智能物流、电商诚信、统计监测、风险防控等监管和服务“六体系”，探索更多的好经验、好做法。鼓励跨境电商平台、经营者、配套服务商等各类主体做大做强，加快自主品牌培育。

3）数字内容产业管理不断优化

2021 年 11 月 3 日，国家市场监督管理总局会同中宣部、中央网信办、教育部、民政部、住建部、国资委、国家广播电视总局等 8 个部门研究出台《关于做好校外培训广告管控的通知》，进一步落实“双减”政策要求，就做好校外培训广告管控工作作出部署。11 月 26 日，国家市场监督管理总局网站发布《互联网广告管理办法（公开征求意见稿）》并公开征求意见，进一步完善互联网广告监管制度，增强互联网广告监管的科学性、有效性，促进互联网广告业持续健康发展，调整了适用范围，将以互联网直播等方式直接或者间接地推销商品或者服务的商业广告、跨境电商广告纳入《互联网广告管理办法（公开征求意见稿）》调整范围；细化对弹出形式发布的广告、植入广告的要求，明确以启动播放、视频插播、弹出等形式发布的互联网广告，应当显著标明关闭标志，确保一键关闭。

2021 年 2 月 9 日，国家互联网信息办公室、全国“扫黄打非”工作小组办公室、工业和信息化部、公安部、文化和旅游部、国家市场监督管理总局、国家广播电视总局等七部委联合发布《关于加强网络直播规范管理工作的指导意见》，旨在进一步加强网络直播行业的正面引导和规范管理，重点规范网络打赏行为，推进主播账号分类分级管理，提升直播平台文化品位，促进网络直播行业高质量发展。4 月 23 日，国家互联网信息办公室、公安部、商务部、文化和旅游部、国家税务总局、国家市场监督管理总局、国家广播电视总局 7 个部门联合发布《网络直播营销管理办法（试行）》，自 2021 年 5 月 25 日起施行，旨在规范网络市场秩序，维护人民群众合法权益，促进新业态健康有序发展，营造清朗网络空间。8 月 30 日，文化和旅游部印发《网络表演经纪机构管理办法》，规范网络表演秩序，治理娱乐圈乱象。从事网络表演的组织、制作、营销等经营活动及网络表演者的签约、推广、代理等经纪活动的经营单位都将纳入《网络表演经纪机构管理办法》规范范围。

2021 年 5 月 24 日，国家发展和改革委员会、中央网信办、工业和信息化部国家能源局研究制定《全国一体化大数据中心协同创新体系算力枢纽实施方案》，提出坚持新发展理念，坚持改革创新、先行先试，推动数据中心、云服务、数据流通与治理、数据应用、数据安全等统筹协调、一体设计，加快打造一批算力高质量供给、数据高效率流通的大数据发展高地。6 月 7 日，工业和信息化部、中央网信办发布《关于加快推动区块链技术应用和产业发展的指导意见》，明确区块链是新一代信息技术的重要组成部分，是分布式网络、加密技术、智能合约等多种技术集成的新型数据库软件，通过数据透明、不易篡改、可追溯，有望解决网络空间的信任和安全问题，推动互联网从传递信息向传递价值变革，重构信息产业体系。7 月 13 日，工业和信息化部联合中央网信办、国家发展和改革委员会等 9 个部门印发《5G 应用“扬帆”行动计划（2021—2023 年）》（工业和信息化部联通信〔2021〕77 号）（以下简称《行动计划》），标志着《行动计划》正式成为指导我国未来 3 年 5G 应用发展的纲领性文件。《行动计划》旨在大力推动 5G 全面协同发展，深入推进 5G 赋能千行百业，促进形成“需求牵引供给，供给创造需求”的高水平发展模式，驱动生产方式、生活方式和治理方式升级，培养壮大经济社会发展新动能。7 月 14 日，工业和信息化部印发《新型数据中心发展三年行动计划（2021—2023 年）》（工业和信息化部通信〔2021〕76 号），指出新型数据中心以支撑经济社会数字转型、智能升级、融合创新为导向，以 5G、工业互联网、云计算、人工智能等应用需求为牵引，汇聚多元数据资源，运用绿色低碳技术，具备安全可靠能力，提供高效算力服务，赋能千行百业应用的新型基础设施，具有高技术、高算力、高能效、高安全特征。

2021 年 11 月 1 日，工业和信息化部印发《“十四五”信息通信行业发展规划》。该规划一方面进一步凸显了信息通信行业的功能和定位：是构建国家新型数字基础设施、提供网络和信息服务、全面支撑经济社会发展的战略性、基础性和先导性行业；另一方面进一步强化了坚持新发展理念、坚持系统观念方面的有关要求。11 月 15 日，工业和信息化部印发《“十四五”软件和信息技术服务业发展规划》，其中“软件定义存储”占据了不少篇幅，明确提出：深化软件定义，加快发展软件定义计算、软件定义存储、 软件定义网络，重点布局工业互联网、云计算、大数据、人工智能、自动驾驶等新兴软件定义平台，引导企业制定相关体系架构和应用规范，推动创新应用。11 月 30 日，工业和信息化部发布《“十四五”大数据产业发展规划》，要求到 2025 年，大数据产业测算规模突破 3 万亿元，年均复合增长率保持在 25%左右，创新力强、附加值高、自主可控的现代化大数据产业体系基本形成；关键核心技术取得突破，标准引领作用显著增强，形成一批优质大数据开源项目，存储、计算、传输等基础设施达到国际先进水平。12 月 27 日，中央网信办正式发布《“十四五”国家信息化规划》，明确了“十四五”国家信息化的发展目标和主攻方向，部署了 10 项重大任务，明确了 5G 创新应用工程等 17 项重点工程作为落实任务的重要抓手，并确定了 10 项优先行动。

撰稿：董宏伟

审校：王磊

第 32 章　2021 年中国网络知识产权保护状况

32.1　发展现状

1. 着力提升知识产权行政执法效能，协调政府与市场关系

近年来，行政执法在营造良好的创新环境和营商环境中发挥了关键作用。尤其是针对 ICT 领域的互联网、电商平台等新领域、新业态出现的新型知识产权问题，监管部门通过“网剑”“双打”“护航”“雷霆”等专项行动集中整治一大批侵权盗版行为。执法部门利用“互联网+监管”模式，依托大数据风险防控平台，强化数据情报分析研判，实现事中事后精准监管、靶向执法。全国办理专利侵权纠纷行政裁决案件 4.2 万件，知识产权保护社会满意度得分首次超过 80 分。执法部门通过深入推进“一带一路”、京津冀协同发展、长江经济带等区域执法协作机制，不断拓展跨部门执法协作；通过深化与海关、公安、司法等部门的执法协作机制，加快形成协同打击知识产权侵权行为的合力，使得知识产权行政执法体系日趋完善。一流的营商环境需要协调好政府与市场、国内与国外的关系，随着新技术、新应用场景的涌现，ICT 产业在监管机制等方面需要积极应对。《知识产权强国建设纲要（2021—2035 年）》以提高行政执法效能为目标，在合理分配行政权限、统一执法标准、配备专业化智能化的人员和手段、构建多元化的行政调解机制、强化对外知识产权保护和国际知识产权执法协作等方面，构建便捷高效、严格公正、公开透明的行政保护体系。

2. 强化“全链条”保护向知识产权创造大国迈进

习近平总书记在主持中共中央政治局第二十五次集体学习时强调，创新是引领发展的第一动力，保护知识产权就是保护创新。“十四五”时期，我国将从知识产权引进大国向知识产权创造大国转变，知识产权工作将从追求数量向提高质量转变。针对知识产权创造、运用、管理、保护与服务全链条的制度创新与完善显得尤为重要。随着知识产权严保护的不断实施，2021 年，我国知识产权高质量发展取得新成效：2021 年我国专利商标质押融资登记金额首次突破 3000 亿元[1]，融资项目达 1.7 万项，惠及企业 1.5 万家，专利商标质押融资登记金额同

1 资料来源：国家知识产权局。

比增长 42%左右。其中，1000 万元以下的普惠性贷款惠及企业 1.1 万家，占惠及企业总数的 71.8%，充分显示知识产权服务中小企业力度不断加大。2021 年，全国累计建设 57 家知识产权保护中心和 30 家知识产权快速维权中心，设立国家海外知识产权纠纷应对指导中心及 22 家地方分中心。世界知识产权组织（World Intellectual Property Organization，WIPO）发布的《2021 年全球创新指数》显示，中国排名第 12 位，较 2020 年上升两位，排名连续 9 年稳步上升，成为 GII 前 30 名中的唯一中等收入经济体。从创新投入看，中国的贸易、竞争和市场规模、知识型工人等大类指标均处于全球领先地位，科技集群数量和发展情况、资本形成总额在 GDP 中的占比等细分指标排名靠前，体现出政府创新决策和激励措施对于促进创新的重要性。中国拥有 19 个全球领先科技集群，深圳–香港–广州和北京分别位居第二和第三，上海、南京、杭州、武汉等地排名均有上升，反映出我国科技创新区域的持续扩散。从创新产出看，中国的优势集中在市场应用创新，如专利申请量、商标申请量、创意产品出口在贸易总额中的占比等细分指标均实现全球领先。知识和技术产出指标整体增幅最大，高技术产品出口占比跃升至全球第一。随着创新驱动发展战略的实施及创新型国家建设的持续推进，我国整体创新实力不断上升，尤其在研发投入产出能力方面有显著进步，具备了向知识产权强国迈进的坚实基础。

3. 数字技术重构产业发展，助力知识产权保护手段升级

借助数字技术，文创产业正在经历新一轮产业变革。作为数字文创的主要类型之一，以区块链技术进行唯一标识的数字藏品受到了年轻人的喜欢。通过区块链技术，数字藏品等数字文创产品实现了发行、购买、收藏和使用等全生命周期的真实可信，在保护创作者权益的基础上有效激活了作品的衍生价值。2021 年，国家博物馆、故宫博物院、杭州亚运会等机构的优质 IP 与蚂蚁链合作，通过数字化技术探索数字藏品创新形态，把文化传播到更广泛的大众群体。腾讯、字节跳动也分别探索基于音频、视频的数字藏品内容。为强化行业自律，共建良性的数字文创行业发展生态，2021 年 10 月，国家版权交易中心联盟联合多家互联网企业共同发布《数字文创行业自律公约》，提出要坚守区块链技术服务数字文创产业发展初心，为数字文创作品确权及流转提供创新解决方案，让创作者的作品能更好地触达市场，促进原创文化行业繁荣发展。充分运用区块链技术保护链上数字文创作品版权，保护创作者合理权益。除了赋能新兴数字文创产业的发展，区块链等技术还广泛地应用于互联网环境中的知识产权保护。目前，区块链技术在版权登记确权、版权交易、涉版权案件司法审判、证据链保存等方面均有应用。北京互联网法院、杭州互联网法院利用区块链技术进行电子存证，司法区块链存证产品不断涌现。除了确权存证，区块链技术也广泛运用于授权交易环节，各大互联网内容平台通过区块链技术实现更加高效便捷的交易机制，如直播平台基于“区块链”技术，可以直接建立起社区内用户之间，用户与主播之间及主播与广告主之间的交易联系，改善了因直播平台、主播经纪公司等中间者存在而产生的不平等分账模式。随着新一代信息技术对版权治理进行系统的数字化改造，监管部门、司法机关和平台企业将区块链、智能算法、云计算等技术措施融入知识产权保护和管理。

32.2 细分领域

1. 专利

2021 年，我国发明专利有效量为 359.7 万件，授权量同比增长 21.6%。截至 2021 年年底，我国（不含港、澳、台）发明专利拥有量共计 270.4 万件，每万人口高价值发明专利拥有量达到 7.5 件，较上年增加 1.2 件。国内市场主体创新活力得到进一步激发，创新创造能力不断增强：截至 2021 年年底，我国国内拥有有效发明专利的企业达到 29.8 万家，较上年增加 5.2 万家。国内企业拥有有效发明专利 190.8 万件，同比增长 22.6%，高于全国平均增速 5.0 个百分点。其中，高新技术企业拥有有效发明专利 121.3 万件，占国内企业总量的 63.6%。数字经济、医疗领域等关键核心技术领域专利储备不断增强：截至 2021 年年底，我国国内发明专利有效量增长最快的 3 个领域分别是信息技术管理方法、计算机技术和医疗技术，分别同比增长 100.3%、32.7%和 28.7%。2020 年，全国专利密集型产业增加值为 12.13 万亿元，比上年增长 5.8%，占 GDP 的比重为 11.97%，比上年提高 0.35 个百分点。随着我国营商环境的进一步优化，外国企业对我国知识产权保护的信心进一步增强：2021 年，国外申请人在华发明专利授权 11 万件，同比增长 23.0%[1]。世界知识产权组织发布的《2021 年全球创新指数报告》显示，我国居世界第 12 位。从 2021 年专利相关的统计数据来看，我国高价值发明专利规模稳步扩大，发明专利的结构进一步优化，实现“十四五”良好开局。

2. 版权

中国版权产业努力克服新冠肺炎疫情带来的不利影响，延续了稳定恢复的态势，总体规模进一步壮大。最新数据显示，中国版权产业的行业增加值为 7.32 万亿元[2]，占 GDP 比重为 7.39%，与上一年持平。其中，我国网络版权产业市场规模达 11847.3 亿元，首次突破万亿元大关，同比增长 23.6%。相比 2016 年的 5003.9 亿元，“十三五”期间我国网络版权产业市场规模增长超过一倍，年复合增长率近 25%[3]（见图 32.1）。网络版权产业用户规模不断扩大，网络版权产业增长较快。截至 2021 年 12 月，网络视频、网络音乐、网络游戏和网络文学的用户规模分别为 9.75 亿人、7.29 亿人、5.54 亿人和 5.02 亿人[4]。网络版权产业成为数字经济的新引擎，2020 年我国数字经济规模近 5.4 万亿美元[5]，网络版权产业占数字经济的 3.4%。2021 年，我国共登记计算机软件著作权 228 万件[6]，同比增长 32.34%，登记总量连续 5 年年均增长超过 20 万件（见图 32.2），软件更迭速度快速提升，创新基础体系不断成熟。

1 资料来源：国家知识产权局。

2 资料来源：中国新闻出版研究院。

3 资料来源：《2020 年中国网络版权产业发展报告》。

4 资料来源：《第 49 次中国互联网络发展状况统计报告》，中国互联网络信息中心。

5 资料来源：《全球数字经济白皮书》，中国信息通信研究院。

6 资料来源：中国版权保护中心。

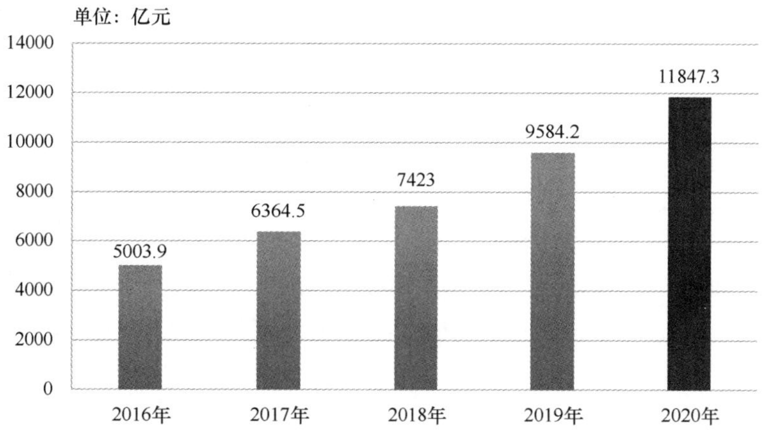

图32.1　2016—2020年中国网络版权产业市场规模

资料来源：腾讯研究院。

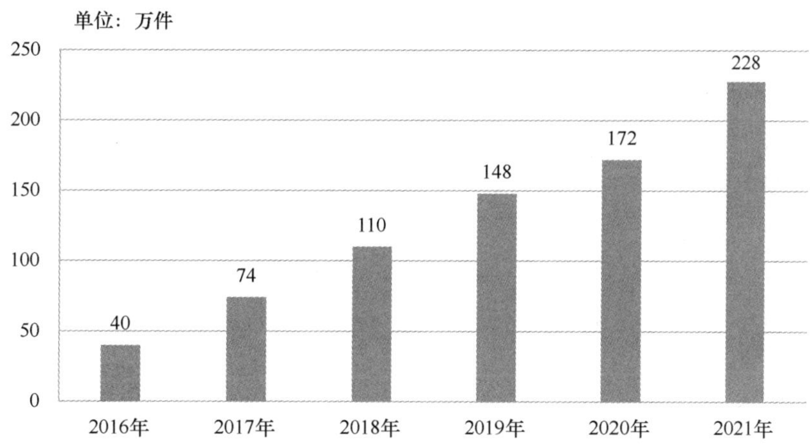

图32.2　2016—2021年我国软件著作权登记量变化

资料来源：中国版权保护中心。

3. 商标

2021 年，我国商标注册申请量为 911.6 万件，同比增长近 16.3%；商标注册量为 773.8 万件。截至 2021 年年底，有效商标注册量达 3724 万件。2021 年，我国申请人提交马德里商标国际注册申请 5928 件，国家知识产权局完成商标异议案件审查 16.4 万件，完成各类商标评审案件审理 38.3 万件[1]。

32.3　保护成果

1. 政策保障

2021 年是“十四五”开局之年，也是中国的知识产权制度建设走向新的历史时期和发展

1 资料来源：国家知识产权局。

阶段的一年。这一年中，国家出台了若干对知识产权领域影响深远的政策性、纲领性文件，确立了知识产权在今后一段历史发展时期的重要地位。为打造数字经济新优势，加强关键数字技术创新应用，我国知识产权顶层设计关注知识产权高质量发展，在知识产权的创造、保护、运用、管理等知识产权生命全链条上，对标高水平。

在深入实施国家知识产权战略方面，2021 年 3 月，《中华人民共和国国民经济和社会发展第十四个五年规划和 2035 年远景目标纲要》以专门章节“健全知识产权保护运用体制”为题确立了“十四五”期间国家知识产权的总体方略，将实施知识产权强国战略，实行严格的知识产权保护制度、健全知识产权侵权惩罚性赔偿制度，加大损害赔偿力度、保护和激励高价值专利等内容明确写入。9 月，中共中央、国务院印发《知识产权强国建设纲要（2021—2035 年）》，提出了我国到 2025 年和 2035 年的阶段性目标，并针对立法、执法、司法保护、行政保护、转化、社会环境、参与全球治理等方面作出纲领性规定。10 月，国务院印发《“十四五”国家知识产权保护和运用规划》，就开展知识产权工作的指导思想、基本原则、主要目标、重点任务和实施保障措施，对未来 5 年的知识产权工作进行了全面部署，提出了商业秘密保护、数据知识产权保护、知识产权保护机构建设、植物新品种保护体系建设、地理标志保护、一流专利商标审查机构建设 6 个专项工程。

2. 立法完善

知识产权法律生效实施。2021 年，多部知识产权基础性法律生效实施，为新时期、新业态的知识产权保护提供了更为清晰可行的法律依据。1 月生效的《民法典》第一百二十三条规定了我国知识产权保护的客体类型，并为数据和虚拟财产的后续立法留出了空间。6 月，新修订的《专利法》和《著作权法》开始实施，新《专利法》对于我国已经施行多年的专利制度作出了多处实质性的修订，对局部外观设计、专利权滥用、专利开放许可制度、惩罚性赔偿制度等方面作出较大调整；新《著作权法》顺应数字经济的发展趋势，扩大了著作权的保护客体和控制范围，将短视频、网络直播、游戏画面等新兴业态纳入著作权保护范围，并新增了著作权侵权的惩罚性赔偿的规定。

严厉打击知识产权犯罪。除民事保护外，于 2021 年 3 月实施的《刑法修正案（十一）》在第 3 章第 7 节对从严打击侵犯知识产权进行全节修改，值得关注。一是落实中美经贸谈判第一阶段协议，特别列出对电子侵入、贿赂的新规定，并将侵犯商业秘密罪的范围延及为境外组织或机构非法提供商业秘密，扩大了侵犯商业秘密犯罪行为类型。二是注重与新修订的《著作权法》的衔接，扩大对侵犯著作权行为的打击力度，强化对著作权或与著作权有关的权利的保护。三是严厉打击侵犯知识产权的行为，将量刑可能在 3 年至 7 年的法定刑提高到 3 年至 10 年。四是增加对“服务商标”的保护，将服务商标放到与商品商标同等刑法保护的地位。

积极推进反垄断立法工作。近年来，我国互联网平台经济蓬勃发展，与此同时，互联网领域垄断行为日益突显，影响市场公平竞争秩序。2021 年，我国反垄断立法工作积极推进。2 月，国务院反垄断委员会印发《关于平台经济领域的反垄断指南》，较为全面地梳理了平台经济领域反垄断执法的分析思路与特殊考量因素，表明了政府对平台经济领域加强反垄断执法的决心，对稳定市场预期、引导企业相关行为也起到了积极的作用。10 月，《反垄断法》修正草案首次提请全国人大常委会会议审议，为强化反垄断提供了更加明确的法律依据和更加有力的制度保障，有助于更好地维护市场主体利益、激发市场活力，促进我国平台经济规范、有序、创新、健康发展。

融入国际数字法律规则制定。2021 年，我国在推进国内知识产权治理的基础上，积极参与全球治理，将中国制度方案贡献于国际社会。4 月，中国向东盟正式交存《区域全面经济伙伴关系协定》（RCEP）核准书，RCEP 除规定了电子认证和签名、在线消费者保护、在线个人信息保护、网络安全等条款外，还首次在符合我国法律法规的前提下纳入数据流动、信息存储等规定[1]，RECP 的签署将对网游出海、经贸协作、文化交流等产生全方位的影响。9 月，我国正式申请加入《全面与进步跨太平洋伙伴关系协定》（CPTPP），为我国对接国际知识产权保护标准增加渠道；11 月，我国正式申请加入《数字经济伙伴关系协定》（DEPA），将探索开展数据知识产权保护立法研究。

3. 司法保护

强化新客体和新业态知识产权保护。面对数字经济下著作权保护的新挑战，各级法院积极探索对新客体、新业态知识产权保护的新举措：一方面，积极探索新客体保护规则，鼓励新客体创作，如在某短视频平台著作权案中，认定短视频是否具备独创性，与视频长短没有必要联系，保护新业态、新类型作品著作权；另一方面，加强网络游戏、视频、教育等新业态领域知识产权保护，引导新技术、新业态规范有序发展，如在“共享会员”著作权及不正当竞争案中，认定提供共享会员服务的平台恶意利用他人视频资源牟利构成不正当竞争，否定社交媒体平台恶意搭便车行为。

创新性裁判案件引领数字创意文化产业健康繁荣发展。2021 年，各级法院在审理涉网新类型知识产权案件中确立了同类案件裁判规则，注重保护创新与各方利益的平衡。杭州市余杭区人民法院审理了爬取抖音直播数据不正当竞争禁令案，该案中针对非法抓取直播数据类案件作出了首份禁令。在该份裁定中，法院对以技术手段获取其他经营者非公开数据的行为具有不正当性进行了论证，并对于互联网行业中数据的价值进行了肯定，强调对于数据的展示规则实际属于申请人商业模式的一种。上海知识产权法院审理安徽联通与咪咕公司 IPTV 平台接入直播频道体育赛事直播著作权侵权案，该案对体育赛事独创性认定、著作权归属、新媒体端口的传播界限等问题均进行了认定和厘清：一、从赛事性质来看，涉案赛事在机位设置、同类场景的不同镜头表达方式、慢动作回放、特写镜头表达人物情绪、现场精彩镜头捕捉等各方面，都符合类电作品独创性的要求。二、认可了赛事主办者享有所主办赛事的著作权。杭州互联网法院审理了首例短视频模板著作权侵权案，本案涉及短视频模板能否得到著作权法保护、给予何种程度保护等新类型法律问题的解决，对司法实践中如何平衡好创作与传播、权利人与网络服务提供者及社会公众的利益关系，提出了新的挑战。本案判决充分贯彻、合理确定不同领域知识产权的保护范围和保护强度的司法政策，根据著作权关于在作品特性、创作空间等方面的特点，合理确定了短视频模板独创性的判断标准，划分了著作权范围与公共领域的界限，为规范短视频模板的使用方式提供了借鉴。

4. 执法严格

在版权执法方面：2021 年 6 月，国家版权局、国家互联网信息办公室、工业和信息化部、公安部联合启动打击网络侵权盗版“剑网 2021”专项行动，严厉打击短视频、网络直播、体

1 资料来源：《互联网法律白皮书》，中国信息和通信研究院。

育赛事、在线教育等领域的侵权盗版行为，持续巩固新闻作品、网络音乐、网络文学、电商平台等领域专项治理成果。专项行动期间，各级版权执法监管部门查办网络侵权案件 445 件，关闭侵权盗版网站（App）245 个，处置删除侵权盗版链接 61.83 万条，推动网络视频、网络直播、电子商务等相关网络服务商清理各类侵权链接 846.75 万条，主要短视频平台清理涉东京奥运会赛事节目短视频侵权链接 8.04 万条，网络版权秩序进一步规范，网络版权环境进一步净化[1]。

在市场竞争执法方面：2021 年，国家市场监督管理总局在全国范围内开展重点领域反不正当竞争执法专项整治，加大网络不正当竞争行为监管力度，严厉打击组织专业团队、利用网络软文、网络红人、知名博主、直播带货等方式进行“刷单炒信”、虚假宣传等不正当竞争行为。截至 2021 年上半年，全国各级市场监管部门共查办各类不正当竞争案件 3128 件，罚没金额 2.06 亿元[2]。

5. 社会共治

行业协会与司法部门合作。为促进数字版权健康发展，北京互联网法院“天平链”与北京市版权局的数字版权登记系统“版权链”进行标准互通、数据对接、跨链互信，以促进著作权登记和司法审判“双标统一”，推动市场主体各方建立主动融入社会治理的矛盾纠纷预防化解机制。2021 年 3 月，首例跨链取证、验证的著作权案件正式宣判。

平台提升知识产权治理效能。2021 年，互联网平台知识产权保护成效显著。各平台企业切实履行平台义务，在技术上持续突破，不断提升知识产权治理水平。阿里巴巴保护全球超过 64 万项知识产权权利，发挥商标、版权、专利保护的组合效应。联合全球品牌权利人持续围剿线下制售假团伙，依法协助各地公安机关进行线下假货打击，累计依法协助侦办涉假案件 2685 起，抓捕犯罪嫌疑人 1968 名，涉案金额 38.87 亿元，完善了线上线下一体化保护[3]。抖音电商上线官方维权平台 IPPRO，实现从资质备案到投诉管理的“一站式”全流程覆盖，为权利人发起投诉提供便利。IPPRO 是业内首个实现同时对商品和内容进行维权的平台，也是电商场景覆盖最为全面的平台之一。截至 2021 年年底，IPPRO 已为 3900 个权利人和 6409 份知识产权备案维权提供了服务，受理侵权投诉超过 1 万次，删除侵权链接超过 4.8 万条[4]。2021 年已有超过 420 家全球知名品牌权利人加入了微信品牌维权平台，经过权利人与平台的共同协作，2020 年 7 月至 2021 年 6 月期间，微信累计向接入品牌维权平台的品牌权利人输送品牌侵权线索超过 36 万条，累计打击 6.5 万个侵权微信个人账号，微信品牌保护生态呈现持续优化的良好态势[5]。

撰稿：李文宇、冯哲
审校：冯骏

---

1 资料来源：国家版权局。

2 资料来源：国家市场监督管理总局。

3 资料来源：《2021 知识产权保护年度报告》，阿里巴巴。

4 资料来源：《2021 知识产权保护报告》，抖音电商。

5 资料来源：《2021 微信品牌保护报告》。

第 33 章　2021 年中国互联网治理状况

33.1　网络治理概况

2021 年，中国正处于“十四五”开局的关键阶段，中国互联网随着后疫情时代的到来逐步进入治理深化期。党和国家高度重视网络治理工作，围绕网络治理体系建设进行了一系列的规划和布局。党的十九届六中全会通过的《中共中央关于党的百年奋斗重大成就和历史经验的决议》，把“过不了互联网这一关就过不了长期执政这一关”“健全互联网领导和管理体制，坚持依法管网治网，营造清朗的网络空间”等重大论断写进决议，再次强调了网络内容建设和互联网治理的重要性。2021 年 3 月，《中华人民共和国国民经济和社会发展第十四个五年规划和 2035 年远景目标纲要》就“打造数字经济新优势、加快数字社会建设步伐、提高数字政府建设水平、营造良好数字生态”对“十四五”时期的数字化建设进行了通盘规划，同时，在网络治理方面，强调从建立健全数据要素市场规则、营造规范有序的政策环境、加强网络安全保护、推进网络空间国际交流和合作等方面加强治理。2021 年 12 月，《“十四五”国家信息化规划》指出，“十四五”时期，信息化进入加快数字化发展、建设数字中国的新阶段，将构筑共建共治共享的数字社会治理体系、建立健全规范有序的数字化发展体系等作为重大任务和重点工程，从战略规划和整体布局方面推进网络治理体系的建设。这些涉及网络治理的战略性规划不仅指导了 2021 年中国的互联网治理工作，也对未来的网络治理进行了全面布局。

除此之外，2021 年，党中央、国务院高度重视中国互联网治理效能的提升，从网络治理专项整治行动来看，党中央对涉及国家安全、民众利益的重要问题，如数据安全治理、个人信息保护、打击网络诈骗等进行了重点部署。尤其在 2021 年 4 月，习近平总书记对打击治理电信网络诈骗犯罪工作作出重要指示，强调要坚持以人民为中心，统筹发展和安全，强化系统观念、法治思维，注重源头治理、综合治理，坚持齐抓共管、群防群治，坚决遏制此类犯罪多发高发态势。从网络文明和数字素养建设来看，2021 年 9 月，中共中央办公厅、国务院办公厅印发《关于加强网络文明建设的意见》，提出加强网络文明建设的 6 项举措：加强网络空间思想引领、加强网络空间文化培育、加强网络空间道德建设、加强网络空间行为规范、加强网络空间生态治理、加强网络空间文明创建。《关于加强网络文明建设的意见》对加强互联网治理具有重要指导意义，是未来进行网络治理和网络文明建设的重磅指导文件。

此外，2021 年 11 月，中央网信办发布《提升全民数字素养与技能行动纲要》，围绕丰富优质数字资源供给、提高数字安全保护能力、强化数字社会法治道德规范等 7 个方面，部署了提升全民数字素养的主要任务，这些任务同样是提升网络治理水平与能力的重要方面。从国际交流来看，2021 年 9 月，习近平主席在向 2021 年世界互联网大会乌镇峰会致贺信中指出，中国愿同世界各国一道，共同担起为人类谋进步的历史责任，激发数字经济活力，增强数字政府效能，优化数字社会环境，构建数字合作格局，让数字文明造福各国人民，推动构建人类命运共同体。2021 年，国内国际“两个大局”仍互相交织、相互激荡。这一年是中国网络治理体系加快成熟定型的一年，总的来看，网络生态治理成效显著，网络传播秩序更加规范，网络法制化深入拓展，网络空间日渐清朗，为“十四五”开好局、起好步打下了坚实基础。

33.2 网络治理主体

33.2.1 政府监管

2021 年，我国政府继续优化对互联网重点行业和重要领域的监管治理，政府在网络空间治理中发挥的作用更加突出。

保障互联网行业健康发展。2021 年无疑是互联网行业的强监管之年，政府部门针对直播营销、推荐算法等新问题进行了相应治理。2021 年 3 月 15 日，国家市场监督管理总局发布《网络交易监督管理办法》，针对“社交电商”“直播带货”等网络交易新业态，界定了网络服务提供者的角色定位，明确了各参与方的责任义务，强化其内部治理。同月，国家互联网信息办公室、公安部指导各地网信部门、公安机关，加强对语音社交软件和涉“深度伪造”技术进行安全评估，完善互联网新技术、新应用的风险防控机制，督促 11 家互联网企业认真开展评估，并对安全评估中发现的安全隐患及时采取有效整改措施。5 月 25 日，《网络直播营销管理办法（试行）》正式施行，该办法对直播营销平台、直播间运营者和直播营销人员的营销活动及责任义务提出了明确要求，初步建立起直播营销的行业规范，有效打击了直播营销行业的乱象。11 月 16 日，中央网信办等 4 个部门联合发布《互联网信息服务算法推荐管理规定》，明确了算法推荐的信息服务规范，切实做好用户权益保护工作，全面规范互联网信息服务算法推荐行为，促进互联网信息服务健康发展。

加强互联网反垄断监管和打击力度。2021 年是互联网反垄断具有标志意义的一年，国家出台了多部平台反垄断和规范网络不正当竞争行为的政策和法规。2021 年 2 月，《国务院反垄断委员会关于平台经济领域的反垄断指南》发布，对滥用市场支配地位的 7 种行为进行了清晰界定，并对平台经济领域的经营者集中进行审查，对违法实施的经营者集中进行调查处理，并明确规定了调查方式、考量因素和救济措施等，有力打击了平台经济领域的垄断行为。4 月 13 日，国家市场监督管理总局会同中央网信办、税务总局召开互联网平台企业行政指导会，会议强调对强迫实施“二选一”、滥用市场支配地位、实施“掐尖并购”、烧钱抢占“社区团购”市场、实施“大数据杀熟”等问题严肃整治，并要求各平台企业自检自查，逐项彻底整改。8 月 17 日，《禁止网络不正当竞争行为规定（公开征求意见稿）》发布，该规定明确提出，互联网平台中直播带货、平台推荐等行为不得进行虚假或者引人误解的商业宣传；互联网平台不得虚构交易额、点赞转发量，更不得隐匿差评；互联网平台不得组织网络水军散布虚假或误导性信息，更不得利用算法影响用户选择等。这一规定的实施有力打击了网络不正当竞争行为。8 月 30 日，中央全面深化改革委员会第二十一次会议审议通过《关于强化反垄断深入推进公平竞争政策实施的意见》，强调要加快健全市场准入制度、公平竞争审查机制、数字经济公平竞争等监管制度。9 月，工业和信息化部要求即时通信软件解除屏蔽外部网址链接，进一步营造了开放包容、公平竞争的网络生态环境。11 月 18 日，国家反垄断局正式挂牌，完成了反垄断的体制机制、执法体系、监管力量建设，切实规范包括网络平台垄断在内的不公平竞争行为，标志着中国互联网行业反垄断进入新阶段。12 月召开的中央经济工作会议进一步强调，深入推进公平竞争政策实施，加强反垄断和反不正当竞争，有力保障市场公平竞争。

加强数据安全监管。2021 年，政府加大数据安全监管力度，制定并实施了一系列监管政策。2021 年 5 月至 8 月，中央网信办、工业和信息化部、公安部、国家市场监督管理总局在全国范围组织开展摄像头偷窥黑产集中治理，切实保护公民个人隐私安全。同月，中央网信办发布《汽车数据安全管理若干规定（征求意见稿）》，旨在规范汽车数据处理活动，加强个人信息和重要数据保护。7 月，中央网信办会同公安部、国家安全部、自然资源部等部门联合进驻滴滴出行科技有限公司，开展网络安全审查。这是自《网络安全审查办法》出台以来，我国公开实施网络安全审查的第一案，也是加强跨境数据流动管理的典型案例。7 月 23 日，工业和信息化部启动为期半年的整治行动，重点解决扰乱市场秩序、侵害用户权益、威胁数据安全等 4 个方面的 8 类问题，涉及 22 个具体场景，重点整治互联网平台屏蔽网址链接问题。10 月，《工业和信息化领域数据安全管理办法（试行）（征求意见稿）》发布，该办法全面对接《数据安全法》的要求，明确开展数据分类分级保护、重要数据管理等具体举措，进一步细化了工业和信息化领域对国家数据安全的管理制度。10 月 26 日，商务部、中央网信办、国家发展和改革委员会印发《“十四五”电子商务发展规划》，要求强化风险防控能力，探索建立电子商务平台网络安全防护和金融风险预警机制，保障网上购物的个人信息和重要数据安全，开展数据出境安全评估能力建设。11 月 14 日，中央网信办出台《网络数据安全管理条例（征求意见稿）》，对个人信息保护、重要数据安全及数据跨境安全管理进行明晰规定，并且对互联网平台运营者义务、监督管理和法律责任也进行了明确规定。11 月，在新出台的《“十四五”信息通信行业发展规划》《“十四五”大数据产业发展规划》《“十四五”智能制造发展规划》等多部规划中，都明确要求全面加强网络和数据安全保障体系和能力建设，完善网络数据安全治理体系。

深化网络生态治理。2021 年是深化网络生态治理的年份，党和国家出台了多部法规、召开了多次座谈会。2021 年 1 月 22 日，中央网信办发布新修订的《互联网用户公众账号信息服务管理规定》，进一步依法加强互联网用户公众账号的监管，促进公众账号信息服务健康有序发展。2 月 9 日，《关于加强网络直播规范管理工作的指导意见》发布，加强对网络直播行业的正面引导和规范管理，重点规范网络打赏行为，推进主播账号分类分级管理，促进网络直播行业高质量发展。4 月 20 日，中央网信办召开全国网络生态治理工作座谈会，会议明确了网络生态治理由治标为主向治本发力的工作定位，将压实网站平台主体责任作为工作主线，重点强化专项整治和基础管理，实现网络生态治理由局部治理、分散治理、应急治理向全面治理、系统治理、日常治理转变。5 月 17 日至 18 日，中央网信办召开全国网信系统网络综合治理体系建设现场交流会，会议要求以实现依法科学管网治网用网为目标，以充分发挥统筹协调职能和信息内容管理职能为着力点，建设多主体参与、多手段结合的综合治网格局。9 月 15 日，《关于进一步压实网站平台信息内容管理主体责任的意见》发布，该意见首次系统地提出网站平台履行信息内容管理主体责任的工作要求，有效推动网站平台准确把握治理主体责任。12 月 3 日，国家宗教事务局、国家互联网信息办公室、工业和信息化部、公安部和国家安全部 5 个部门联合制定的《互联网宗教信息服务管理办法》发布，有效规范了互联网宗教信息服务，拓展了网络生态治理的领域。

完善数字纠纷治理规则。数字经济的健康发展离不开完善的数字治理，在数字化转型过程中，数字经济带来的冲击、数字平台的监管、新技术引发的法律和伦理突破等都成为需要面对的普遍问题，数字治理已经成为保障数字经济健康发展的重要命题。2021 年，最高人民法院不断完善互联网司法模式。北京、杭州、广州互联网法院运用先发优势，推动技术创新、规则确立、网络治理向前迈进。浙江法院推进“全域数字法院”，福建法院融入“数字福建”，重庆法院探索“全渝数智法院”，司法紧跟数字时代步伐，为老年人、残疾人等积极提供辅助引导或线下服务，帮助跨越“数字鸿沟”。我国在全球率先出台法院在线诉讼、在线调解、在线运行三大规则，以人民为中心的互联网司法规则体系逐步建立起来。我国互联网司法从技术领先迈向规则引领，为经济社会数字化转型提供司法保障，为世界互联网法治发展贡献中国智慧和中国方案。

维护公民个人信息安全。信息时代，个人信息安全保护变得突出和紧迫。最高人民法院认真贯彻个人信息保护法，严惩窃取倒卖身份证、通讯录、快递单、微信账号、患者信息等各类侵犯公民个人信息的犯罪行为，2021 年，全国法院审结相关案件 4098 件，同比上升 60.2%。依法从严惩治行业“内鬼”泄露个人信息。严惩利用恶意程序、“钓鱼”欺诈等形式非法获取个人信息，审理“颜值检测”软件窃取个人信息案，惩治网络黑灰产业链犯罪。严惩通过非法侵入监控系统贩卖幼儿园、养老院实时监控数据的犯罪分子。对侵犯个人信息、煽动网络暴力侮辱诽谤的，依法追究刑事责任。出台人脸识别司法解释，制止滥用人脸识别技术行为，让公众不再为自己的“脸面”担忧。审理人脸识别第一案，明确人脸识别技术应用范围，守护公众重要生物识别信息安全。2021 年 7 月 28 日，最高人民法院举办新闻发布会，发布《最高人民法院关于审理使用人脸识别技术处理个人信息相关民事案件适用法律若干问题的规定》，对人脸信息提供司法保护。

33.2.2 行业自律

2021 年，互联网行业协会为保护互联网用户的合法权益，加强企业与政府的交流与合作，促进相关政策与法规的实施作出突出贡献。

1. 中国互联网协会

2021 年 4 月，中国互联网协会向广大互联网企业发出《互联网平台企业依法合规经营倡议书》，倡议获得了全国 150 家互联网企业的积极响应，共同推动平台经济为高质量发展和高品质生活服务。同月，中国互联网协会发布了《数据安全治理能力评估方法》团体标准，为企业数据安全治理能力建设提供了标准依据，为《数据安全法》的落地提供重要支撑。7 月，中国互联网协会联合互联网医疗健康产业联盟，组织相关企业、医疗卫生机构签署《医疗健康网络数据安全自律公约》，引导医疗卫生机构和企业提升医疗健康网络数据安全保障能力，努力营造健康、诚信、安全的网络生态环境。11 月，中国互联网协会发布《中国互联网协会个人信息保护倡议书》，该倡议提出了互联网企业在涉及公民个人隐私信息方面应遵守的各项原则，为保护个人信息权益、规范个人信息处理活动、促进个人信息合理利用打下了坚实的基础。

2. 中国网络社会组织联合会

2021 年 3 月 16 日，中国网络社会组织联合会在线教育专业委员会成立，该委员会发布了《促进在线教育行业健康发展倡议书》，从 5 个方面倡导在线教育行业企业加强自律、规范发展。3 月 22 日，中国网络社会组织联合会发布《关于自觉远离非法社会组织净化网络社会组织生态空间的倡议书》，针对各会员单位提出 4 项要求，分别是不与非法社会组织有关联、不参与非法社会组织活动、不宣传报道非法社会组织活动、不为非法社会组织提供活动便利。6 月，《未成年人网络保护“宁波共识”》发布，共同呼吁未成年人网络保护的“7 个强化”措施：强化政治引领、法治宣贯、部门监管、平台担当、学校作为、家庭引导、素养提升。11 月 19 日，中国网络社会组织联合会联合百家网络社会组织和互联网企业举办首届中国网络文明大会，会上向社会各界发起《共建网络文明行动倡议》。

3. 中国网络视听节目服务协会

2021 年 12 月 15 日，《网络短视频内容审核标准细则（2021）》发布，这一细则是中国网络视听节目服务协会组织有关短视频平台，对 2019 版细则 21 类 100 条标准进行修订完善的成果。这一细则为各短视频平台一线审核人员提供了更加具体和明确的工作指南，有利于进一步提高短视频平台对网络视听节目的把关能力与水平。

4. 中国演出行业协会

2021 年 9 月 10 日，中国演出行业协会联合微博、爱奇艺、腾讯视频等 14 家平台发起《构建清朗网络文化生态自律公约》，公约反对“流量至上”，注重文艺作品的质量口碑，不以数据流量作为主要评价标准，拒绝以重复刷量、刷单等方式进行虚假炒作，旨在携手共创风清气正的网络文化生态。9 月 17 日，在文化和旅游部市场管理司的指导下，中国演出行业协会正式成立“网络表演（直播、短视频）经纪机构委员会”，并发布了《网络表演（直播、短视频）经纪机构行业自律倡议书》，提出 6 项行业共识和自律举措。

33.2.3　企业履责

新时代的互联网企业，应将强化社会责任导向作为企业价值观的首要内容。

加强互联网企业履责方面。2021 年（第八届）中国互联网企业社会责任论坛围绕“合规经营，责任引领”主题，旨在探索互联网行业社会责任建设的新途径、新方法，交流行业经验，推动互联网行业健康有序发展。12 月 27 日，以“强化使命担当，践行社会责任，推动网信企业规范健康发展”为主题的 2021 网信企业发展和社会责任论坛以“线上+线下”形式举行，人民网、奇安信、京东等 8 家网信企业代表联合宣读了《中国网信企业发展和社会责任倡议书》，倡议书提出了“履行网络综合治理职责，严格落实企业主体责任”“自觉维护市场公平竞争秩序，实现规范健康发展”“坚持正确的网络安全观，筑牢网络安全屏障”“推动共享互联网发展成果，促进社会共同进步”等 7 点倡议。

加强平台自我监管方面。2021 年，百度、哔哩哔哩、凤凰网、快手、美团、搜狐、腾讯、网易传媒、微博、一点资讯、知乎、字节跳动等互联网企业均表示将进一步加强互联网用户账号、网络三俗内容、网络谣言等审查，加强内部管理，完善审查制度，维护良好网络生态。

33.2.4 社会监督

随着互联网的普及和快速发展，网络舆论监督在社会生活中扮演着越来越重要的监督角色。

举报平台：2021 年，违法和不良信息举报中心除了常设的九大类举报入口，还针对热点舆论事件设置了三大板块的举报专区，分别是北京 2022 年冬奥会和冬残奥会有害信息举报专区、涉历史虚无主义有害信息举报专区、涉疫情防控有害信息举报专区。2021 年，全国各级网络举报部门受理举报 1.66 亿件。其中，中央网信办（国家互联网信息办公室）违法和不良信息举报中心受理举报 357.6 万件，各地网信办举报部门受理举报 1247.7 万件，全国主要网站受理举报 1.5 亿件。在全国主要网站受理的举报中，微博、百度、阿里巴巴、快手、腾讯等主要商业网站受理量占 75.6%，达 1.1 亿件。2021 年受理来自微博的网络违法和不良信息举报量最多，累计达 5312.6 万件。7 月 14 日，工业和信息化部联合公安部正式启用 12381 涉诈预警劝阻短信系统。该系统可利用大数据等技术发现潜在受害用户，并通过 12381 短信端口第一时间向用户发送预警短信，可最大限度地为群众避免因网络诈骗带来的损失，为人民群众构筑起一道“反诈防火墙”。

社会舆论监督和民众维权。在社会监督方面，2021 年 3 月 12 日，“学习强国”学习平台与中国互联网联合辟谣平台共同打造的“辟谣平台”频道正式上线，“辟谣平台”设有 5 个栏目，并配套发布“每日辟谣”专栏。这一平台聚焦网络谣言治理工作，宣传网络安全及网络谣言治理的政策法规，提高广大读者辨别谣言和虚假信息的能力。在民众维权方面，有两个典型案例。一是杭州取快递女子被造谣案。2021 年 2 月 26 日，余杭区人民检察院依法对杭州取快递女子被造谣案中的偷拍者郎某、散播谣言者何某以涉嫌诽谤罪提起公诉，并最终于 4 月 30 日宣判。二是影视行业针对短视频侵权发布联署倡议。4 月 23 日，腾讯视频、爱奇艺等国内超过 70 家影视传媒单位及超过 500 位艺人共同发布了针对短视频侵权的联署倡议书，该倡议呼吁国家有关部门加强对短视频平台版权内容进行合规管理。这是继 4 月 9 日多家影视传媒单位发布联合声明，呼吁短视频从业者提升版权意识后，影视业的又一次集体倡议。4 月 25 日，中宣部回应，国家版权局将继续加大对短视频领域侵权行为的打击力度，坚决整治短视频平台，以及自媒体、公众账号生产运营者未经授权复制、表演、传播他人影视、音乐等作品的侵权行为。

33.3　网络治理手段

33.3.1　数字法治建设

2021 年，数字法治建设加快，在数据安全保护、打击网络诈骗、个人信息保护等方面颁布了多项网络治理相关法律法规。

数据安全保护方面。2021 年 6 月 10 日，《数据安全法》颁布，并于 2021 年 9 月 1 日实施。该法明确了数据分类分级管理、数据安全审查、数据安全风险评估、监测预警和应急处置等基本制度，要求相关主体依法依规开展数据活动，依法建立健全数据安全管理制度，通过严格规范数据处理活动，切实加强数据安全保护，是我国数据领域的基础性法律。

打击网络诈骗方面。2021 年 6 月，最高人民法院、最高人民检察院、公安部联合发布《关于办理电信网络诈骗等刑事案件适用法律若干问题的意见（二）》，依法严厉惩治、精准有效打击电信网络诈骗及其关联犯罪。10 月，十三届全国人大常委会第三十一次会议首次审议《反电信网络诈骗法（草案）》，对反电信网络诈骗工作的基本原则、管理制度、反制措施、救济渠道等方面作出了具体规定。

个人信息保护方面。2021 年 3 月 12 日，国家互联网信息办公室、工业和信息化部、公安部、国家市场监督管理总局联合制定了《常见类型移动互联网应用程序必要个人信息范围规定》，明确了移动互联网应用程序运营者不得因用户不同意收集非必要个人信息而拒绝用户使用 App 基本功能服务。4 月 26 日，《移动互联网应用程序个人信息保护管理暂行规定（征求意见稿）》发布，细化了 App 开发运营者、分发平台、第三方服务提供者、终端生产企业、网络接入服务提供者 5 类主体的责任义务，提出了投诉举报、监督检查、处置措施、风险提示 4 个方面的规范要求，切实加强了移动互联网应用程序个人信息保护力度。2021 年 8 月 20 日，《个人信息保护法》颁布，该法共 8 章 74 条，对“个人信息”的内涵、权利、处理的基本原则、保护与利用作出了详细规定，是我国关于个人信息保护最基础的综合性法律。

规范算法和反垄断方面。2021 年 7 月，国家市场监督管理总局等 7 个部门联合印发《关于落实网络餐饮平台责任切实维护外卖送餐员权益的指导意见》，明确要求不得将“最严算法”作为考核要求，通过“算法取中”等方式，合理确定订单数量、准时率、在线率等考核要素，适当放宽配送时限。8 月，中央网信办公布《互联网信息服务算法推荐管理规定（征求意见稿）》，将应用生成合成类、个性化推送类、排序精选类、检索过滤类、调度决策类等向用户提供信息内容的算法推荐技术均被纳入监管范围。9 月，《关于加强互联网信息服务算法综合治理的指导意见》发布，要求建立健全多方参与的算法安全治理机制，坚持风险防控，推进算法分级分类安全管理，有效识别高风险类算法，实施精准治理。10 月 23 日，第十三届全国人大常委会第三十一次会议对《中华人民共和国反垄断法（修正草案）》进行审议。10 月 29 日，国家市场监督管理总局发布了《互联网平台分类分级指南（征求意见稿）》《互联网平台落实主体责任指南（征求意见稿）》，明确了超大型平台的认定标准，并为超大型平台设立了与公平竞争相关的多重义务。

关键基础设施保护方面。2021 年 7 月 30 日，国务院公布《关键信息基础设施安全保护条例》，并于 2021 年 9 月 1 日起施行，该条例对关键信息基础设施的认定、运营者的责任义务、相关部门的保障和促进措施及相关的法律责任都进行了明确的界定，有利于进一步健全关键信息基础设施安全保护法律体系。

33.3.2 专项整治行动

清朗专项整治行动。2021 年，中央网信办深入推进“清朗”专项整治行动，2 月启动“清朗·春节网络环境”专项行动，集中整治群众反映强烈、影响上网体验的网络生态乱象，依法查处首页首屏生态不良、色情低俗信息引流、恶意炒作营销及不良网络社交行为、网络暴力等问题。6 月，为期 2 个月的“清朗·‘饭圈’乱象整治”专项行动开展，针对网上“饭圈”突出问题，重点打击“饭圈”乱象行为，全面清理“饭圈”有害信息。8 月 5 日，中央网信办发布《关于进一步加强“饭圈”乱象治理的通知》，进一步明确了治理“饭圈”乱象的 10 项措施。8 月，“清朗·商业网站平台和‘自媒体’违规采编发布财经类信息”专项整治行动开展，此次专项整治重点聚焦财经类“自媒体”账号、主要公众账号平台、主要商业网站平台财经版块、主要财经资讯平台 4 类网上传播主体，重点打击 8 类违规发布财经类信息的问题。同日，“清朗·移动应用程序 PUSH 弹窗突出问题专项整治”启动，重点整治新闻客户端、手机浏览器、公众账号平台、工具类应用 4 类移动应用程序，明确 6 项整改要求。专项整治期间，网信部门督促指导有关移动应用程序对照此次整治工作要求深入整改，并将专项整治工作要求固化为网站平台长效管理机制，从制度层面防止 PUSH 弹窗乱象发生。10 月，“清朗·互联网用户账号运营乱象”专项整治行动启动，本次行动紧盯 5 类账号运营乱象：一是违法违规账号“转世”；二是互联网用户账号名称信息违法违规；三是网络名人账号虚假粉丝；四是互联网用户账号恶意营销；五是向未成年人租售网络游戏账号。12 月，“清朗·打击流量造假、黑公关、网络水军”专项行动开展，此次专项行动聚焦流量造假、黑公关、网络水军问题乱象，重点开展 3 个方面的整治任务。一是分环节治理刷分控评、刷单炒信、刷量增粉、刷榜拉票等流量造假问题；二是持续整治网络黑公关乱象；三是坚决查处涉网络水军信息、账号及相关操控平台。2021 年“清朗”系列专项整治，积极回应网民关切，对症下药，成效显著。

针对打击网络犯罪的专项行动。2021 年，全国公安机关聚焦人民群众关切的网络违法犯罪和网络乱象，深入推进“净网 2021”专项行动。截至 2021 年 12 月，专项行动共侦办案件 6.2 万起，抓获犯罪嫌疑人 10.3 万名，行政处罚违法互联网企业、单位 2.7 万余家。在打击网络黑灰产方面，针对“黑卡”“黑号”“黑线路”“黑设备”4 类网络犯罪的重要“作案物料”，坚持追源头、挖内鬼，查厂商、断平台，抓获“卡商”“号商”等犯罪嫌疑人 3 万余名，扣押手机黑卡 300 余万张，查获网络黑号 1000 余万个。在打击网络淫秽方面，铲除涉未成年人淫秽色情网站 16 个，查获非法控制的网络摄像头、窃照器材及零部件 6000 余件。在打击侵犯公民个人隐私犯罪方面，2021 年共侦办侵犯公民个人信息案件 9800 余起，抓获犯罪嫌疑人 1.7 万余名。在依法严厉惩治黑客攻击犯罪方面，2021 年共抓获实施黑客攻击活动及为其提供工具、洗钱等服务的人员 3309 名，铲除制售木马病毒、开发攻击软件平台团伙 341 个。

针对网络诈骗的专项行动。2021 年，全国公安机关按照公安部统一部署，深入推进“断卡”“断流”专案行动，坚决打击电信网络诈骗犯罪。2021 年 1 月至 9 月，全国共破获电信网络诈骗案件 26.2 万起，抓获犯罪嫌疑人 37.3 万名，同比分别上升 41.1%和 116.4%；共紧急止付涉案资金 2770 亿元。2021 年 5 月起，公安部部署全国公安机关开展“断流”专案行动，通过斩链条、断通道，挖“金主”、打“蛇头”，向招募人员赴境外实施电信网络诈骗犯罪发起凌厉攻势。截至 2022 年 2 月底，在“断流”行动中，全国公安机关共打掉“3 人以上结伙”非法出境团 11079 个，破获刑事案件 5796 起，抓获犯罪嫌疑人员 48346 名，其中，组织招募者 2614 名、运送接应者等黑灰产人员 2466 名、非法出境人员 43266 名，串并破获电诈案件 1495 起，挖出境外窝点 167 个、“金主”80 名。

针对保护未成年人网络环境的专项整治行动。2021 年 6 月 1 日起，新修订的《未成年人保护法》正式施行，其中新增“网络保护”专章，要求网络产品和服务提供者不得向未成年人提供诱导其沉迷的产品和服务。网络游戏、网络直播、网络音视频、网络社交等网络服务提供者应当针对未成年人设置相应的时间管理、权限管理、消费管理等功能。8 月，国家新闻出版署下发《关于进一步严格管理 切实防止未成年人沉迷网络游戏的通知》，严格限制向未成年人提供网络游戏服务的时间。9 月，中央宣传部、国家新闻出版署有关负责人会同中央网信办、文化和旅游部等，对腾讯、网易等重点网络游戏企业和游戏账号租售平台、游戏直播平台进行约谈，要求其严格执行向未成年人提供网络游戏的时段时长限制规定，不得以任何形式向未成年人提供网络游戏账号租售交易服务。

针对应用程序的专项治理。2021 年，工业和信息化部进一步加大对 App 的治理力度。2021 年 4 月 26 日，工业和信息化部发布《移动互联网应用程序个人信息保护管理的暂行规定（征求意见稿）》，提出移动互联网应用程序不得通过欺骗、误导等方式处理个人信息，切实保障用户同意权、知情权、选择权和个人信息安全。2021 年，工业和信息化部累计开展了 12 批次技术抽检，通报了 1549 款违规 App，下架了 514 款拒不整改的 App，建成并持续优化全国 App 技术检测平台，累计对 208 万款 App 技术进行检测，基本实现了对国内主要互联网企业 App 的全覆盖。

33.3.3　网络宣教活动

网络宣教是网络治理的重要手段，通过宣传和教育提升公众安全认知，借助论坛、会议等形式吸引更多企业、个人参与到网络治理当中。2021 年，最引人注目的宣教活动有“全国网络法治工作会议”“首届数字化治理论坛”“第八届世界互联网大会”“2021 年国家网络安全宣传周”“2021 中国网络媒体论坛”“2021 第七届中国互联网法治大会”“首届中国网络文明大会”等。2021 年 4 月，全国网络法治工作会议召开，提出网络立法要提速增效，强化网络立法统筹协调，加快推进重点立法项目，健全网络法治研究与支撑。7 月，“首届数字化治理论坛”举办，论坛聚焦“科技赋能企业治理 治理护航数字未来”主题，为行业各方探讨数字化治理提供了重要交流平台，吸引了来自政府、协会、企业等多家单位近 500 名产、学、研代表和媒体参加。9 月，第八届世界互联网大会在浙江乌镇举办，本次世界互联网大会·乌镇峰会以“迈向数字文明新时代——携手构建网络空间命运共同体”为主题，在加强数字技术合作、释放数字经济红利、共享数字文明成果等方面形成广泛共识。会议期间，中国网络空间研究院发布了《中国互联网发展报告 2021》蓝皮书和《世界互联网发展报告 2021》蓝皮书。此外，峰会期间还举办了“互联网之光”博览会，吸引了300余家中外企业和机构参展。10月，国家网络安全宣传周在全国范围内统一开展，开幕式于10月11日在西安市举行。本届宣传周紧扣“网络安全为人民，网络安全靠人民”主题，以“融合展、会、赛，链接产、学、研”为导向，统筹线上线下，开展系列活动，实现了网络安全宣传教育、人才培养、技术创新、产业发展多元联动。11月，中国网络媒体论坛在广州市举行，大会以“发展与秩序•让大流量澎湃正能量”为主题，论坛聚焦当下我国网络媒体技术发展的前沿应用,通过项目路演形式呈现我国网络媒体发展的新成果、新气象，共同展望网络媒体行业发展的未来趋势。同月，中国互联网法治大会（第七届）在线上召开，大会围绕“守正创新 依法强网”主题，展示互联网法治前沿技术，总结互联网法治创新成果，共话互联网法治趋势热点。11月，首届中国网络文明大会在北京举行，习近平总书记致信祝贺大会召开，强调网络文明是新形势下社会文明的重要内容，是建设网络强国的重要领域。大会以“汇聚向上向善力量，携手建设网络文明”为主题，还以“网上内容建设”“网络生态治理的挑战与应对”“网络法治”“青少年网络文明素养”“数据与算法”“网络公益慈善发展与挑战应对”“平台经济诚信建设”为主题举办了7场分论坛。

33.4 网络治理实效

1. 网络治理向纵深发展，治理举措更加精细

2021年，网络综合治理格局继续完善，治理成效显著提升。随着互联网与经济社会各领域的深度融合，互联网治理日益向纵深发展。从治理主体来看，各主体充分发挥主动性，形成政府部门、行业协会、企业、社会、个人共管共治的治理格局。从治理内容来看，这一年加强互联网行业反垄断的监管和打击力度，加强算法规制，维护互联网平台的公平良性竞争，有力保障了互联网行业新业态的健康发展。从突出举措来看，在数据安全治理方面，出台了《数据安全法》，数据安全法治化进程加快，同时，强化对互联网企业的跨境数据安全监管，加强网络安全审查办法的贯彻落实。在网络生态治理方面，在网络生态治理经验总结的基础上，进一步规范互联网信息内容，开展网络乱象整治行动，压实网络平台信息内容管理主体责任。总之，2021年，中国的互联网治理向纵深发展，治理主体更加多元，治理举措更加多样，不断向精细化治理方向发展。

2. 网络治理回应民众关切，问题意识更加突出

2021年，网络治理聚焦民众关切，问题意识更加突出，尤其回应网民呼声较高的网络秩序维护、网络事件处置、网络安全保障等问题，注重提升包括老年人在内的民众用网幸福感。在维护网络秩序方面，围绕网民反映强烈的App违法违规收集使用个人信息、移动应用程序PUSH弹窗违规推送等问题，相关部门开展了多次清朗专项行动，重点解决了上述实际问题；对容易引发社会热议的网络舆情事件，监管部门联合司法部门对此类案件出台相应的司法解释，如杭州取快递女子被造谣案入选最高检指导性案例。在网络安全和个人信息保护方面，网络监管部门的治理举措聚焦民众用网安全，尤其重点打击影响较大的网络诈骗犯罪。加强个人信息保护，制定并出台了《个人信息保护法》，深化个人信息保护的法治实践；在提升

民众用网的幸福感方面，坚持传统服务方式与智能化服务创新并行，为老年人提供更周全、更贴心、更直接的便利化服务，解决老年人运用智能技术困难等问题。总之，2021 年，中国的网络治理更加突出以人民为中心的治理思想，回应民众的主要关切和热切期盼，在重点领域进行监管整治，不断通过网络治理提升民众用网的获得感、幸福感、安全感。

3. 网络治理领域继续拓宽，网络秩序更加公平

2021 年，网络治理领域继续拓宽，治理包括公众账号信息服务、直播营销管理、算法推荐管理、深度伪造技术等诸多新业态、新问题，同时，坚决打击网络不正当竞争行为，加强反垄断监管，重建网络公平秩序。此外，2021 年政府在网络秩序维护上着力不少，“清朗”系列专项行动贯穿全年，2 月“清朗·春节网络环境”专项行动、6 月“清朗·‘饭圈’乱象整治”专项行动、8 月“清朗·商业网站平台和‘自媒体’违规采编发布财经类信息”专项行动、10 月“清朗·互联网用户账号运营乱象”专项整治行动、12 月“清朗·打击流量造假、黑公关、网络水军”专项行动等。2021 年，“清朗”系列专项行动成效显著，累计清理违法和不良信息 2200 万余条，处置账号 13.4 亿个，封禁主播 7200 余名，下架应用程序、小程序 2160 余款，关闭网站 3200 余家。2021 年，中国的网络治理领域继续拓宽，在网络公平竞争、网络秩序维护上均取得了显著成效，切实净化了网络空间，维护了网络公平秩序。

4. 网络治理体系建设加快，综合治网实践更加深入

2021 年，我国准确把握信息化变革带来的机遇与挑战，开拓性探索网络治理规律，逐步建设具有中国特色的网络综合治理体系。在坚持人民利益至上方面，习近平总书记高度重视互联网的发展与治理，多次提出互联网治理必须坚持以人民为中心的指导思想，强调要在新的发展阶段抓住数字经济发展的历史机遇，重视网络文明建设，推动构建网络空间命运共同体。在法治方面，2021 年我国出台了多部涉及网络治理的法律法规，网络法治建设持续深化，网络综合治理法律体系进一步完善。同时，全国网信系统加大执法力度，依法查处各类违法违规案件，维护清朗网络空间。在德治方面，广泛开展各类宣教活动，宣教活动涉及网络安全、数字化发展、全球互联网治理等多个主题。通过网络宣教活动吸引更多企业、个人参与到网络治理当中，有效提升全民数字素养。总之，中国网络治理贯彻“以人民为中心”的发展思想，正构建起法治德治并行的综合治理模式，网络综合治理体系建设加快，逐渐形成多元共治的新型治理格局。

撰稿：安静、张永
审校：李文超

第34章　2021年中国网络安全状况

34.1　网络安全形势

1. 网络安全形势依旧不容乐观，网络攻击风险传导趋势更加明显

2021年以来，网络攻击事件多次引发网络服务中断、工厂停产，对社会稳定运行和民众生产生活产生深远影响。例如，5月，美国最大成品油管道运营商科洛尼尔（Colonial Pipeline）公司遭暗面（Darkside）勒索病毒攻击，严重影响美国东海岸成品油供应；7月，英国北方铁路公司自动售票系统遭勒索病毒攻击，导致售票网络瘫痪；9月，新西兰基础电信企业Vocus遭遇分布式拒绝服务（DDoS）攻击，导致奥克兰、惠灵顿等城市网络服务中断。

面对复杂的网络空间安全形势，网络攻击手段升级、强度提升，我国面临的网络安全风险加剧。例如，在公共互联网方面，DDoS攻击流量峰值长期保持增长态势，攻击者利用反射型、泛洪型等手段叠加，甚至伪装成正常网络访问的新型应用层DDoS攻击，加大了攻击防御的难度；在工业互联网方面，网络空间与物理世界加速融合，挖矿木马、僵尸网络、勒索病毒等典型网络安全威胁持续向工业互联网领域扩展延伸，一旦未能及时有效处置，其引发的网络攻击风险将直达工业生产一线，导致工业企业停工停产，甚至引发重大次生灾害。

2. 全球网络空间竞争激烈，关键基础设施与新领域安全成为焦点

2021年，各国致力于维护网络空间主权利益，持续深化各项关键基础设施安全举措，并强化新技术、新应用安全风险防范能力建设。

一是各国网络空间主权争夺日益加剧。网络主权、数字主权和技术主权已逐渐成为各国宣传战略自主权的工具，从2020年年底开始，芬兰等国家趋于强调网络空间主权的原则和立场。数字主权争夺也越发激烈。自2021年起，欧盟等纷纷通过网络安全战略维护数字权益。此外，欧盟自2020年提出技术主权概念后，于2021年进一步强调了其意义，突出了技术主权的重要性。

二是关键基础设施安全战略举措向深向实发展。当前，各国在国家战略层面扩展防护对象，加固安全能力，细化安全要求。其中，美国总统拜登于2021年签署行政命令及备忘录，旨在实现关键基础设施网络防御措施现代化。欧盟于2020年颁布《关键基础设施指令（修

正稿）》等战略文件，细化关键基础设施安全事件协调管理机制等。澳大利亚于 2021 年修改《关键基础设施安全法》，扩大关键基础设施行业范围，同时纳入供应链安全举措。

三是新领域安全实践持续深化扩展。各国持续推动 5G、人工智能等新领域安全实践，加快落地零信任等新安全理念。美国于 2021 年发布《5G 网络安全实践指南》草案，从案例层面指导安全风险应对；同时发布《联邦零信任战略》草案，加快指导民事机构落地零信任理念。欧盟于 2021 年发布人工智能规则提案和协调计划，增加投资促进人工智能技术应用创新。

3. 网络安全市场复苏回暖，细分领域积蓄增长动能

近年来，全球网络安全形势依然不容乐观，网络攻击风险传导趋势更加明显。为全方位保障网络空间安全、维护网络空间主权利益，各国网络安全战略加速落地部署，网络空间竞合博弈态势加剧。网络安全产业作为国家网络安全能力的重要组成部分，基础性地位凸显。从发展态势来看，2021 年国内外网络安全市场逐步从疫情影响下的低速增长中逐渐恢复过来，安全服务、数据安全等细分领域积蓄增长动能。

国际方面，网络安全市场迎来复苏，细分市场加速成长。Gartner 咨询公司发布的数据显示，2020 年网络安全服务市场规模占比达 47.6%，其中安全外包及托管服务同比增长 7.3%，远高于服务类平均增速，发展势头强劲。据测算，2021 年全球网络安全整体产业规模达到 1537.3 亿美元，同比增长 12.5%。同时，网络安全融资热度高。根据 Momentum Cyber 数据，2020 年网络安全融资额首次突破百亿美元，其中数据安全关注度上升，排名超越“网络与基础设施安全”，位居第二。国内方面，我国网络安全产业加速增长，数据安全领域备受关注，网络安全服务市场则有待拓展。

4. 我国网络安全领域法制建设持续推进，顶层制度设计不断完善

2021 年是我国网络安全领域法治建设取得重大进展的关键一年。在《网络安全法》的基础上，相关部门持续深入贯彻落实总体国家安全观要求，先后出台重点领域专门法律法规、不断落实监管要求、不断提升安全执法力度，推动我国网络安全顶层制度设计不断完善。

一是数据安全、个人信息保护、关键信息基础设施保护重点领域专门立法出台频率较高。2021 年 6 月，全国人大常委会审议通过《数据安全法》，首次界定了数据安全的内涵和外延，并提出数据安全保护和开发利用并重的基本原则。2021 年 7 月，国务院常务会议通过《关键信息基础设施安全保护条例》，提出建立专门保护制度，明确各方责任，提出保障促进措施，进一步健全关键信息基础设施安全保护法律制度体系。2021 年 8 月，《个人信息保护法》审议出台，系统规定个人信息处理规则，进一步强化了信息安全保护义务，加大了违法处罚力度。此外，2021 年 10 月，《电信网络诈骗法（草案）》提请十三届全国人大常委会初次审议，草案规定了反电信网络诈骗工作的基本原则，规定了各部门职责、企业职责和地方政府职责，加强协同联动工作机制建设。

二是国家网络安全监管更具效力。一方面，国家互联网信息办公室、工业和信息化部等部门先后制定出台《网络产品安全漏洞管理规定》《汽车数据安全管理若干规定（试行）》等联合规章和管理规定，进一步细化落实本行业、本领域安全制度。另一方面，针对社会高度关注的数据安全问题，各有关部门研究起草了《工业和信息化领域数据安全管理办法（试行）

（征求意见稿）》《数据出境安全评估办法（征求意见稿）》《网络数据安全管理条例（征求意见稿）等并向社会公开征求意见，持续推进相关领域安全制度建设工作。

三是网络安全执法力度更加严厉。2021 年，网络安全领域执法检查活动更加频繁，电信和互联网行业主管部门持续推进 App 专项治理活动，对侵害用户个人信息安全的 App 进行通报和下架处理；组织开展互联网行业市场秩序专项整治，对企业数据安全管理制度及技术措施配备情况进行检查。为防范国家数据安全风险，维护国家安全，保障公共利益，2021 年 7 月，国家网络安全审查办公室依据《国家安全法》《网络安全法》，按照《网络安全审查办法》对滴滴出行、运满满、货车帮等企业启动安全审查。

34.2 网络安全监测情况

1. 网络安全事件数量总体下降

一是 DDoS 攻击事件显著下降。2021 年监测发现 DDoS 攻击事件总计约 75.3 万起，较 2020 年减少 43.9%，各月发生量相对平稳，如图 34.1 所示。

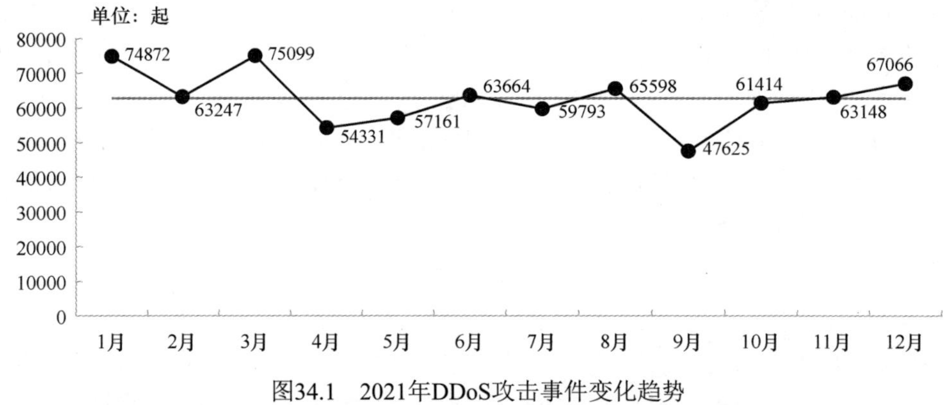

图34.1　2021年DDoS攻击事件变化趋势

从攻击特征看，短时高频攻击占比仍然较高，其中小于 5 分钟的短时攻击占比 31.6%，5～10 分钟攻击占比 28.8%，如图 34.2 所示。

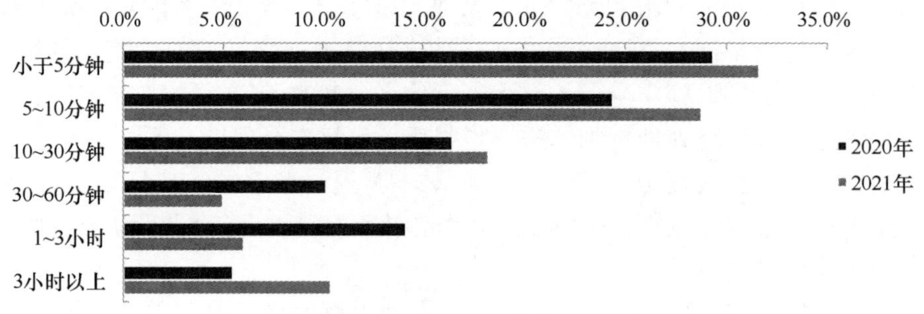

图34.2　DDoS攻击时长分布

从攻击流量看，1～5Gbps 攻击最多，占比为 37.9%（见图 34.3），其中 6 月达全年峰值，占当月攻击次数的 55.9%。

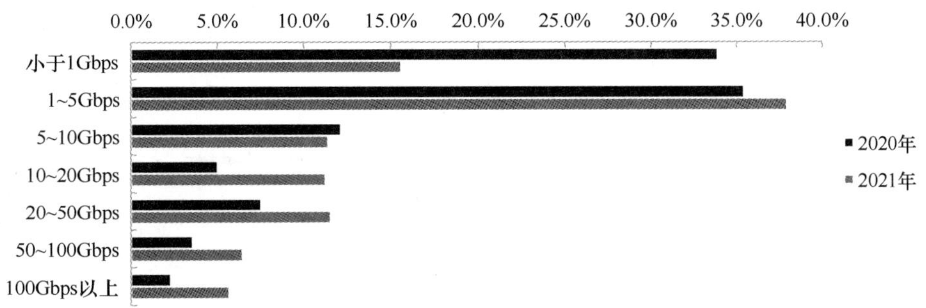

图34.3　DDoS攻击流量分布

二是主机受控事件大幅下降。2021 年监测发现主机受控事件 8.4 万起，同比减少 62%，其中 1 月最高，占全年总数的 22.1%，如图 34.4 所示。

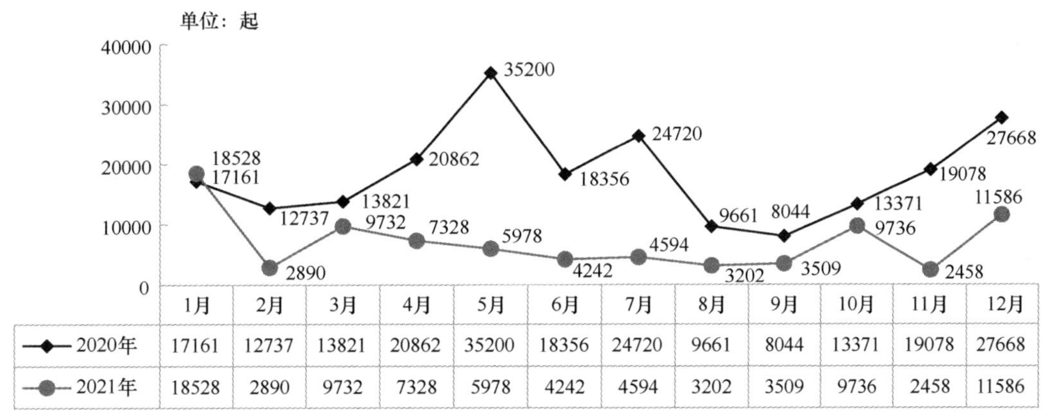

	1月	2月	3月	4月	5月	6月	7月	8月	9月	10月	11月	12月
2020年	17161	12737	13821	20862	35200	18356	24720	9661	8044	13371	19078	27668
2021年	18528	2890	9732	7328	5978	4242	4594	3202	3509	9736	2458	11586

图34.4　主机受控事件变化趋势

2. 恶意程序增幅变化

一是计算机恶意程序依然以木马程序为主。2021 年监测发现计算机恶意程序 2193 个，占恶意程序总数的 7%，同比减少 17.6%，如图 34.5 所示。

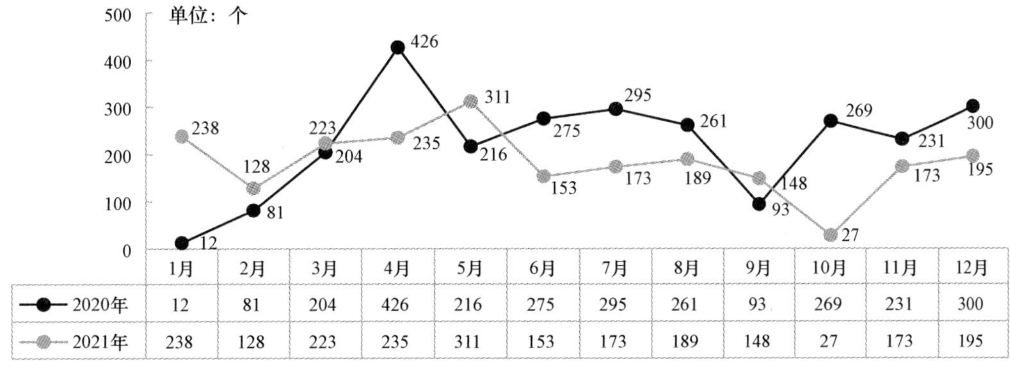

	1月	2月	3月	4月	5月	6月	7月	8月	9月	10月	11月	12月
2020年	12	81	204	426	216	275	295	261	93	269	231	300
2021年	238	128	223	235	311	153	173	189	148	27	173	195

图34.5　计算机恶意程序变化趋势

从家族分布来看，共涉及恶意程序家族 499 个，同比增长 36.3%，其中 Win32.Troj.Undef、

Trojan.Malware.300983、Trojan.Win32.Save 等数量较多，如图 34.6 所示。

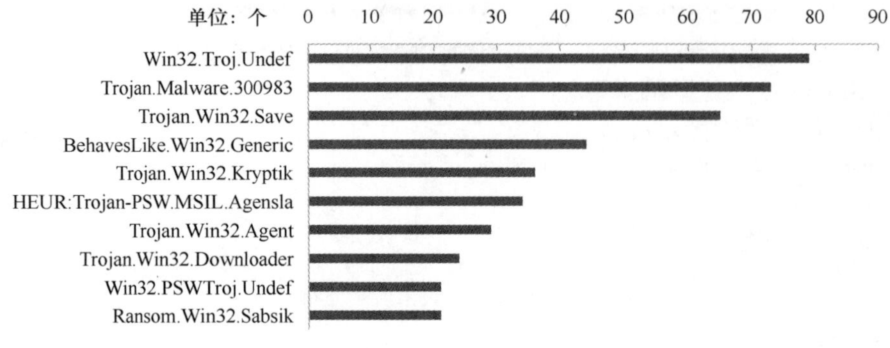

图34.6 计算机恶意程序家族分布TOP10

二是手机恶意程序同比快速增长。2021 年监测发现手机恶意程序 2.7 万个，同比增长 113.9%，如图 34.7 所示。

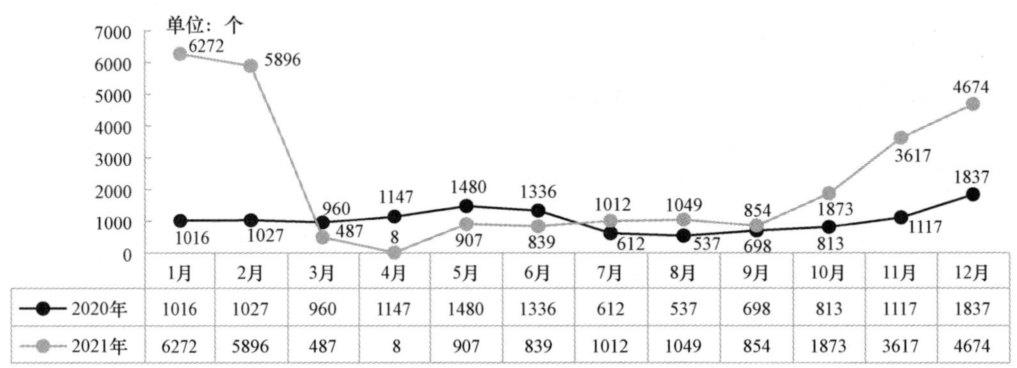

	1月	2月	3月	4月	5月	6月	7月	8月	9月	10月	11月	12月
2020年	1016	1027	960	1147	1480	1336	612	537	698	813	1117	1837
2021年	6272	5896	487	8	907	839	1012	1049	854	1873	3617	4674

图34.7 手机恶意程序数量变化趋势

从手机恶意程序种类来看，主要是 A.Rogue.sexyeyan.a，占比达到 71.6%，其次为 A.Rogue.Sexft.a、A.Rogue.badadapp.a 和 A.Rogue.sexsdd.a 等类型，如图 34.8 所示。

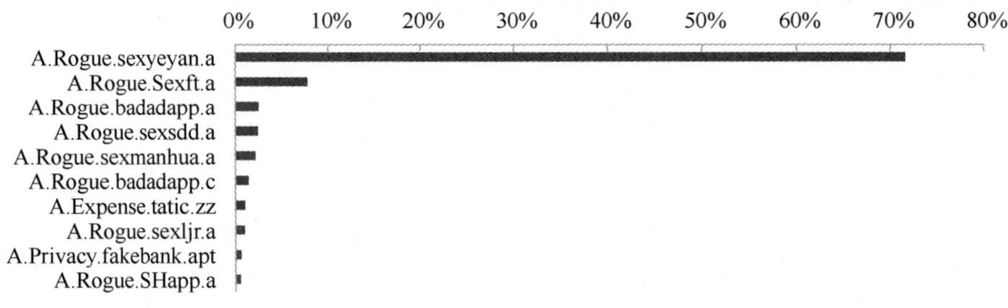

图34.8 手机恶意程序类型分布TOP10

3. 恶意网络资源数量同比降幅明显

一是恶意 IP 地址数量小幅下降。2021 年监测发现恶意 IP 地址 305.4 万个，同比减少 19.4%，如图 34.9 所示。其中主要以安全探测和恶意程序传播 IP 地址为主，分别为 42.2%和 11%。

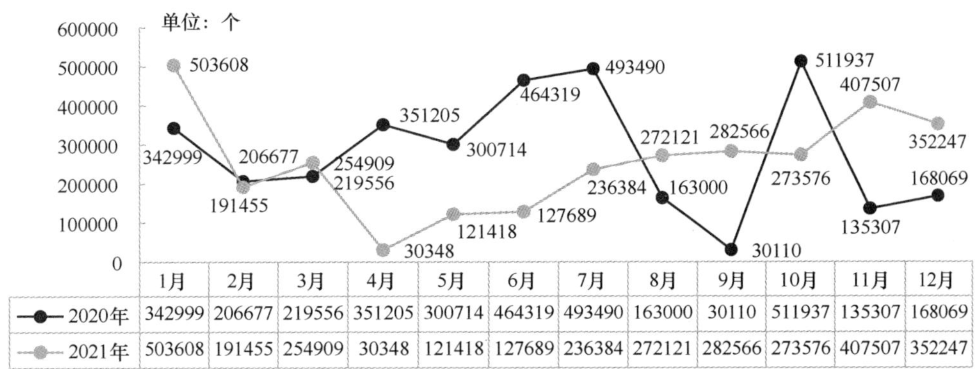

单位：个

	1月	2月	3月	4月	5月	6月	7月	8月	9月	10月	11月	12月
2020年	342999	206677	219556	351205	300714	464319	493490	163000	30110	511937	135307	168069
2021年	503608	191455	254909	30348	121418	127689	236384	272121	282566	273576	407507	352247

图34.9　恶意IP地址变化趋势

二是恶意域名数量大幅下降。2021 年监测发现恶意域名/URL 277.4 万个，同比减少 41.3%，如图 34.10 所示。其中主要为恶意程序传播域名/URL，占比达 93.5%。

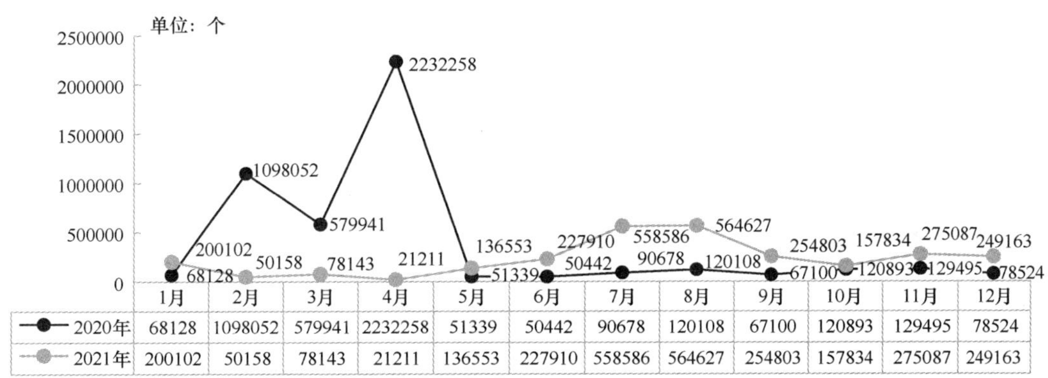

单位：个

	1月	2月	3月	4月	5月	6月	7月	8月	9月	10月	11月	12月
2020年	68128	1098052	579941	2232258	51339	50442	90678	120108	67100	120893	129495	78524
2021年	200102	50158	78143	21211	136553	227910	558586	564627	254803	157834	275087	249163

图34.10　恶意域名/URL变化趋势

4. 工业互联网恶意网络行为大幅增长

一是网络攻击数量同比翻倍增长。2021 年累计监测发现网络攻击 6439.4 万次，同比增长 162.8%，9 月达到全年峰值，2—12 月的网络攻击数量均超过 2020 年网络攻击数量的峰值，如图 34.11 所示。

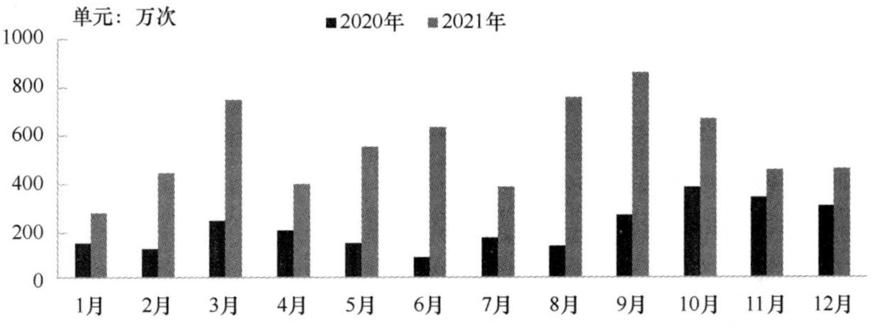

图34.11　2021年工业互联网网络攻击态势及同比增长情况

从遭受网络攻击企业数量来看，2021 全年累计超过 1.2 万家企业遭受网络攻击，同比增长 243.3%，其中 12 月遭受网络攻击企业共 5045 家，达全年峰值，如图 34.12 所示。

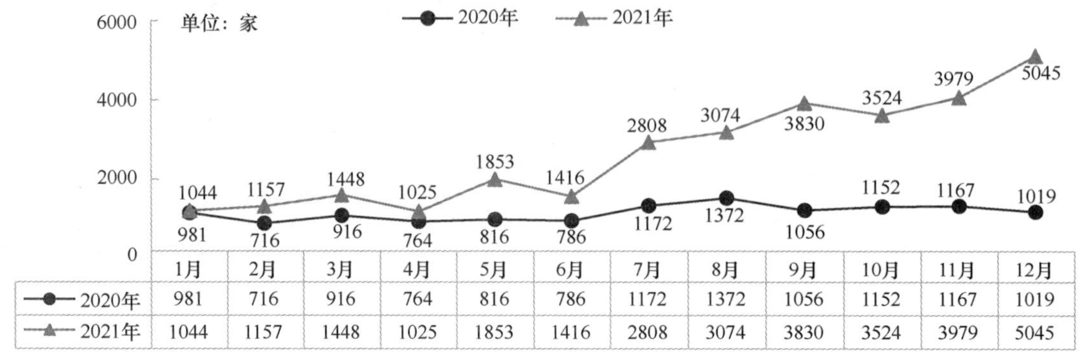

	1月	2月	3月	4月	5月	6月	7月	8月	9月	10月	11月	12月
2020年	981	716	916	764	816	786	1172	1372	1056	1152	1167	1019
2021年	1044	1157	1448	1025	1853	1416	2808	3074	3830	3524	3979	5045

图34.12　2021年遭受网络攻击企业数量变化趋势及同比情况

二是典型网络安全威胁加速向工业互联网领域渗透。2021 年，超过 60%的网络安全威胁来自恶意软件感染、非法外联通信和僵尸网络感染，占比分别为 27.4%、21.0%、16.3%，合计占网络攻击总数的 64.7%，如图 34.13 所示。

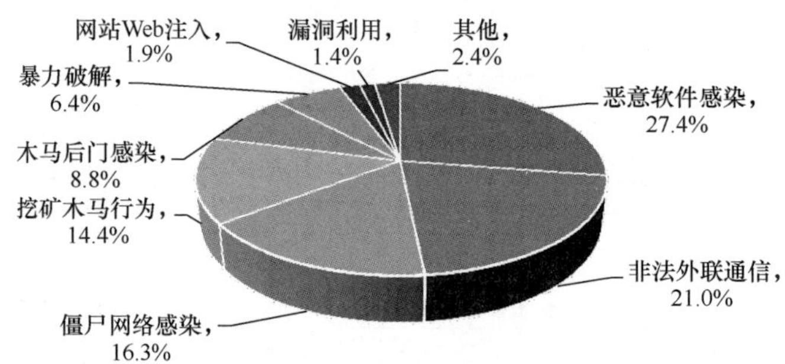

图34.13　2021年工业互联网网络攻击类型占比

34.3　网络安全产业

1. 网络安全产业总体稳中向好，产业规模重回高速增长

强大的网络安全产业实力是保障我国网络空间安全的根本和基石。近年来，习近平总书记多次就网络安全产业作出重要指示，强调“要坚持网络安全教育、技术、产业融合发展，形成人才培养、技术创新、产业发展的良性生态”，为网络安全事业高质量发展指明方向，并提供根本遵循。2021 年，我国网络安全产业总体稳中向好，产业规模重回高速增长。根据中国信息通信研究院测算，2021 年我国网络安全整体产业规模约为 2002.5 亿元[1]，增速约为

1 产业规模数据以国家统计局、工业和信息化部等相关单位公布的网络安全收入或增加值相关数据为基础，通过中国信息通信研究院网络安全产业规模测算框架进行综合测算得出。若相关基础数据由于规模以上入统企业数量或企业年度审计数据变动等原因发生调整，则后续将对相关测算数据进行同步调整。

15.8%（见图 34.14）。企业发展态势总体良好，技术创新高度活跃，生态建设不断完善，综合实力显著增强，为保障国家网络空间安全作出重要贡献。

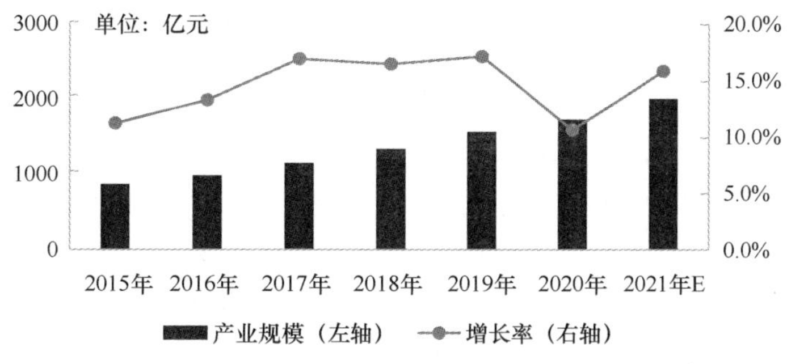

图34.14　2015—2021年中国网络安全产业规模及增长率

2. 网络安全立法和监管持续推进，推动产业发展迈向新阶段

在“十四五”开局之年，网络安全成为国家安全体系能力建设的重要方向。我国不断强化法律法规和标准规范的引导作用，积极培育促进新技术、新应用落地，夯实关键信息基础设施安全保障，增强自主创新能力，建设各方面齐抓共管、共治共建的网络安全新生态。一是在推进网络安全法制建设方面取得重大进展。2021 年，《数据安全法》《个人信息保护法》《关键信息基础设施安全保护条例》相继发布，与之配套的指导意见、标准规范等加紧酝酿。二是新兴领域安全创新备受关注，护航能力逐渐完善。在习近平总书记关于“大力培育人工智能、物联网、下一代通信网络等新技术新应用”“坚持安全可控和开放创新并重”的重要讲话精神的指引下，工业和信息化部等部门积极采取措施，促进网络安全与新兴技术融合创新，为产业发展带来新机遇。三是网络安全执法力度逐步强化，需求有望快速释放。2021 年，中央网信办连续发布公告，对多款 App 实施网络安全审查。网络空间安全整治措施的系统性推进，将大幅提升企业网络安全合规意识，激增网络安全合规体系建设需求，对于产业发展具有积极的政策导向作用。

3. 技术产品体系持续演进，为产业发展注入新动能

网络安全技术产品创新是驱动产业发展的强大动能。各创新主体纷纷聚焦数字产业化和产业数字化发展需求，不断强化网络安全技术产品能力水平。一是依据主体自身优势，深耕传统安全产品领域，不断推动网络安全技术产品能力升级。二是面向不同应用场景，积极开展针对新兴场景的安全能力适配，提高网络安全产品专业化水平。三是主动把握技术风向标，深度探索人工智能、大数据、区块链等新兴技术在网络安全领域的应用。四是积极拥抱云模式，提升安全技术产品云化能力，构建集约化安全服务平台。五是面向差异化、多元化网络安全创新发展路径，针对零信任、可信计算等前沿技术理念开展技术攻关，推动相关产品部署落地。

34.4　网络安全挑战

1. 网络攻击技术复杂多变，防御对抗难度逐步升级

面向网络安全攻防趋势，网络攻击方将逐步提升自身技术能力，网络攻防对抗趋势愈加

激烈。在攻击手段方面，利用漏洞实施链式攻击的攻击行为将更加频繁，攻击者将一个漏洞作为突破口，综合利用各种漏洞逐步提升权限，实施链式网络攻击，如先后利用微软 Exchange 服务器 4 个漏洞实施链式网络攻击入侵；在攻击战术方面，攻击方转向以多种手段规避网络安全防线，以达到网络攻击入侵目的，如利用软件供应链上下游信任关系，通过软件升级、分发等机制，迂回绕过下游用户安全防线实施攻击入侵；在攻击目标方面，利益驱动网络攻击目标愈加精准，攻击者开始通过收集攻击目标信息，瞄准“高价值”目标实施攻击，谋求最大化的网络攻击“利益”，如以政治目的瞄准行业重要信息系统实施高级持续性威胁（APT）攻击，获取重要数据和信息资源。

2. 新场景技术带来新安全威胁，网络安全横纵融合防护面临挑战

网络安全技术随着数字产业化浪潮持续创新迭代，横纵融合、场景赋能的网络安全面临着新挑战。一是网络资产攻击面管理有待优化。网络资产攻击面管理是安全防御的重点，单一的资产管理无法让防护者了解安全防御主体全貌，需向综合的网络空间测绘技术发展，呈现全面、准确的可视化网络资产状态和安全态势。二是网络安全边界防御难度提升。后疫情时代数字化进程加快，数字资产和人员位于传统安全边界之外，需要更敏捷、可扩展组合的安全机制，需将安全措施扩展到传统安全边界之外的分布式资产，构建集中策略管理和协调的一体化安全结构。三是风险预知预控能力有待加强。新型攻击不断升级，潜在风险点不易发觉，需加快构建虚实结合的安全孪生，通过虚拟环境和真实设备相结合，部署安全能力并模拟仿真攻击，以验证安全能力，在新技术部署前以实战演练淬炼主动防御能力。

3. 网络风险向数字领域渗透，数字化发展对安全保障提出新要求

全社会数字化发展不断加快，在催生新业态、新模式、新领域的同时，驱动网络空间与物理世界加速融合，大量传统设备、网络系统等联网，打破原有相对可信、封闭的网络环境，将安全风险拓展到生产生活的方方面面，对安全保障带来新的挑战。一是安全保护的对象的拓展。保护对象从计算机、软件应用等传统 IT 层面延伸至无人机、机械臂等 IT/OT 融合领域对象，工业数字化设备、联网汽车等融合领域安全资产需加强保护。二是安全能力建设目标的改变。过去的保障网络系统等平稳运行、风险消减已不足以满足安全防护的需求，亟须拓展到信任和价值层面，保障数字化过程的安全和信任，以及确保数据要素安全流通和数据价值安全释放。三是安全威胁影响的变化。除传统的网络空间安全威胁外，人工智能等技术的内源算法缺陷，以及外部管控制裁等不稳定因素，给数字场景带来了新的安全不确定性，风险影响向物理世界蔓延。

撰稿：李慎之、赵勋、刘双喜、焦贝贝、周杨
审校：刘文懋

第 35 章　2021 年中国网络资本发展状况

35.1　创业投资及私募股权投资

2021 年，我国新冠肺炎疫情防控常态化，经济持续稳定恢复，监管层出台多项政策引导股权投资市场规范化发展，鼓励提升直接融资比例，投资市场迅速回暖。在一系列政策的影响下，我国创投市场环境也持续改善，投资市场参与者更加多元，对冲基金、共同基金及其他非传统投资主体都在市场中发挥作用，大大提升了大型交易数量和企业估值。但是，随着部分细分行业的红利褪去，投资赛道趋同，竞争日益激烈，创投行业的马太效应开始显现。大型产业投资与并购投资频发，47%的资金投资给了单笔融资金额在 10 亿元以上的公司，资金集中在少数头部公司的趋势愈加显著。2017—2021 年中国新经济私募股权投资案例数及金额如图 35.1 所示。

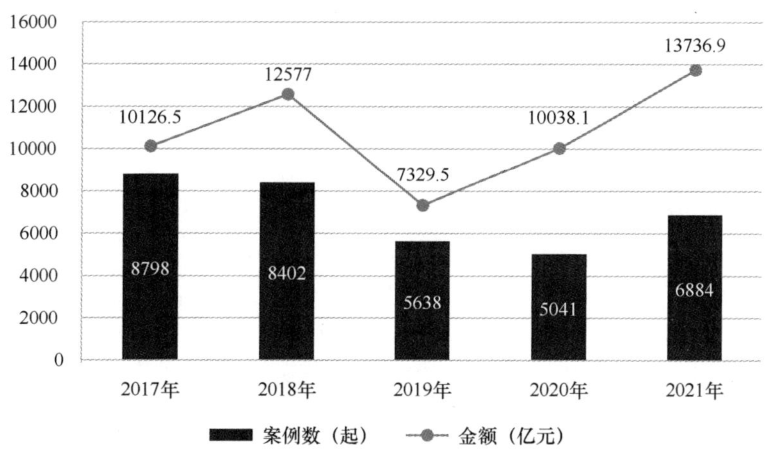

图35.1　2017—2021年中国新经济私募股权投资案例数及金额

资料来源：IT 桔子。

从投资项目案例数和金额来看，随着国内疫情得到有效控制，后疫情时代的私募股权市场复苏明显，融资数量迎来大反弹。我国股权投资交易数量自 2017 年开始出现持续下滑，到 2019 年、2020 年呈现稳中向好的回暖态势，2021 年出现大幅回升。其中，2021 年，中国新经济私募股权投资案例数共计披露 6884 起，较 2020 年的 5041 起增加 18%，融资金额达到 13736.9 亿元，成为近十年的又一高峰（见图 35.1）。从行业分布情况来看，生物技术和制药、集成电路、医疗器械及硬件成为驱动创投市场的“三驾马车”。2021 年，生物技术和制药行业融资案例数达 619 起，在私募股权热门子行业投资案例数中位列第一；集成电路行业一跃成为创投市场最关注的领域之一，仅 2021 年融资案例数就达 570 起。受疫情影响，医疗器械及硬件市场一直保持着较高的增速水平，2021 年投资案例数为 316 起。从投资阶段来看，私募股权市场早期融资明显回温、后期融资数量占比持续走高。2021 年，A 轮融资事件占比达 37%，与 2020 年相比增加了 3 个百分点，天使轮投资占 16%，同比提高了 1 个百分点，B 轮后及战略投资占比有所下降，但占比下降并不代表绝对数量的减少，其中，战略投资事件 1447 起，同比增加了 239 起事件，B 轮投资事件 1059 起，同比增加了 345 起事件，C 轮、D 轮和 E 轮-Pre-IPO 后合计占比达到 9%（见图 35.2）。

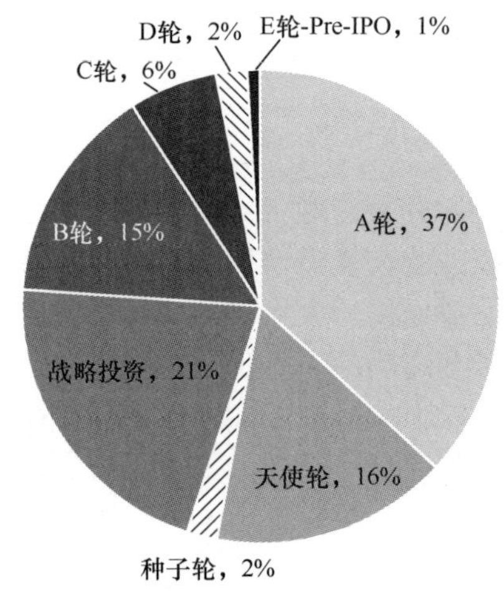

图35.2　2021年中国新经济私募股权融资轮次分布

2021 年，创投政策坚持监管与引导并举，在积极推进创业发展的同时，严格监管金融资产风险，推动中国资本市场向成熟市场演进。政府引导基金方面，2021 年 1 月 31 日，中共中央办公厅、国务院办公厅印发《建设高标准市场体系行动方案》，在促进资本市场健康发展方面，指出要培育资本市场机构投资者。即稳步推进银行理财子公司和保险资产管理公司设立，鼓励银行及银行理财子公司依法依规与符合条件的证券基金经营机构和创业投资基金、政府出资产业投资基金合作，研究完善保险机构投资私募理财产品、私募股权基金、创业投资基金、政府出资产业投资基金和债转股的相关政策。《建设高标准市场体系行动方案》的出台进一步提升了权益投资的监管比例，一方面，可以拓宽保险资管公司自主配置资产的空间，提升配置能力；另一方面，也能为资本市场长期健康发展带来更多稳定的资金，壮大长期机构投资者的力量，支持资本市场更好发展。在创投基金方面，2021 年 6 月 26 日，北京金融监管局、北京证监局、北京市国资委等 7 个部门联合发布了《关于推进股权投资和创业投资份额转让试点工作的指导意见》（以下简称《指导意见》），这是国内首个基金份额转让交易指导意见，建立健全了份额转让试点基础设施和制度体系，推动了现行国资基金份额交易、基金份额质押、信息共享等方面的有效衔接，优化提升了私募股权基金份额转让效率和规范性，完善了私募投资基金退出的市场化方式，为基金提供缓释和退出通道，实现了基金的接续投资和持续发展。2021 年 11 月 30 日，证监会对《中共中央国务院关于支持浦东新区高水平改革开放打造社会主义现代化建设引领区意见》的相关内容进行批复，同意在上海区域性股权市场开展私募股权和创业投资份额转让试点。份额转让试点将依托上海股权托管交易中心开展，逐步拓宽私募股权和创业投资退出渠道，促进私募基金与区域性股权市场融合发展，助力金融与产业资本循环畅通。在财税政策方面，除了领跑全国的深圳创投业，其他地区也在积极出台优惠政策，以吸引创投企业来当地注册。2021 年，国家财务部、税务总局、国家发展和改革委员会和证监会联合下发《关于上海市浦东新区特定区域公司型创业投资企业有关企业所得税试点政策的通知》，规定对于浦东新区特定区域内公司型创投转让持有 3 年以上股权的所得、占年度股权转让所得总额的比例超过 50%的，按照年末个人股东持股比例减半征收当年企业所得税；转让持有 5 年以上股权的所得、占年度股权转让所得总额的比例超过 50%的，按照年末个人股东持股比例免征当年企业所得税。国内多地出台了创投公司落户奖励、创投投资本地企业配套奖金、创投高层次人才补贴等政策，争相吸引创投领域的新兴创业投资机构和高端人才。

35.2　互联网行业投融资情况

投融资规模有所回升。2021 年，投融资案例数共 2462 起，同比增长 24%，披露的总交易金额为 483.2 亿美元，同比增长 13.5%（见图 35.3）。整体呈现缓慢回升的态势，主要受到 3 个方面因素相互作用的综合影响，一是世界各国政府为减少疫情冲击而广泛采取纾困政策，带来了全球资金的流动性充裕。二是我国对互联平台的监管政策相继落地，不断加强对企业规范经营的管理和对资本无序扩张的约束。三是我国上市互联网企业 2021 年总市值同比下跌超过 30%，上市企业估值缩水传导至一级市场。

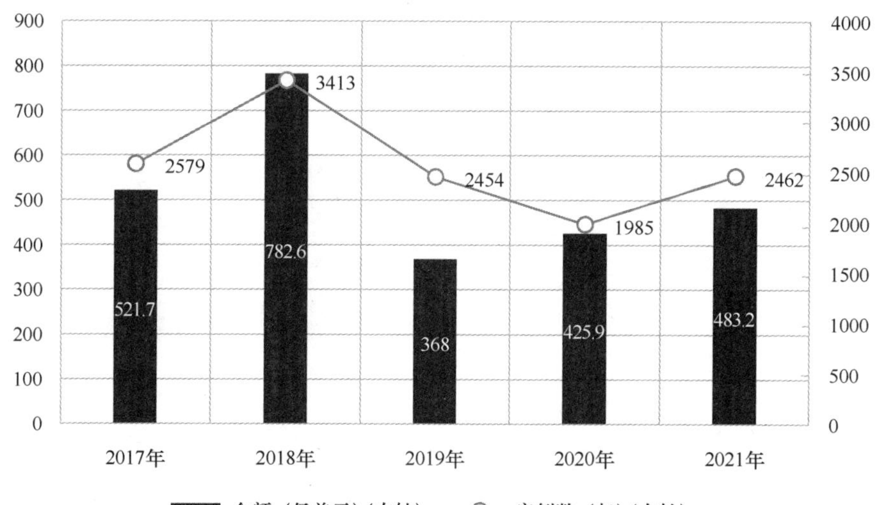

图35.3　2017—2021年中国互联网投融资总体情况

从季度表现来看，2021 年全年呈现活跃度整体稳定，而总金额逐季下降的态势。第一季度案例数 551 起，同比增长 51.8%，总金额 172 亿美元，同比增长 222.1%；第二季度案例数 599 起，同比增长 17.5%，总金额 153.4 亿美元，同比增长 64.2%；第三季度案例数 787 起，同比增长 40.3%，总金额 92.8 亿美元，同比增长 6.3%，总金额规模已被印度的 99.5 亿美元反超。第四季度案例数 525 起，同比下降 4.7%，总金额 65 亿美元，同比下降 66.1%，而印度第四季度案例数 506 起，总金额 124.4 亿美元，案例数基本追平我国，金额则明显拉开差距（见图 35.4）。

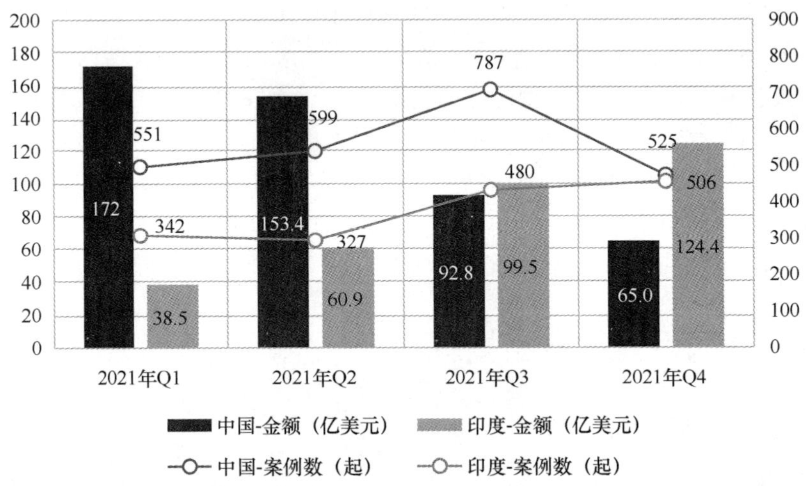

图35.4　2021年中国互联网投融资季度情况（对比印度）

从融资轮次来看，早期融资全年占比达为 70%。各季度早期融资（种子天使轮+A 轮）的占比除第三季度在 74%以上外，其余早期融资占比均在 70%以下（见图 35.5）。具体来看，第一季度早期融资占比约为 66.6%，同比下降 8.6 个百分点，环比上涨 3.4 个百分点；第二季度早期融资占比约为 68.3%，同比下降 8.4 个百分点，环比增加 1.7 个百分点；第三季度早期融资占比约为 74.2%，同比增加 1.9 个百分点，环比增加 5.9 个百分点；第四季度早期融资占比约为 69.4%，同比增加 6.2 个百分点，环比下降 4.9 个百分点。

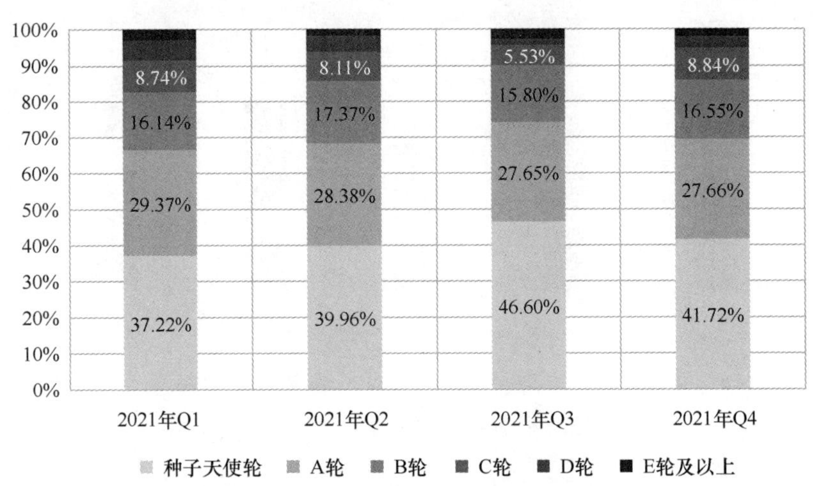

图35.5　2021年中国互联网投融资轮次情况

从细分领域来看，企业服务、电子商务和互联网金融 3 个领域融资活跃度最高，占比分别为 25.18%、13.77%和 7.39%（见图 35.6），其中企业服务案例数高达 620 起。电子商务、本地生活和企业服务 3 个领域融资金额最大，占比分别为 22.45%、18.05%和 17.55%（见图 35.7），其余领域中，尤其在线教育领域，因"双减"政策的出台，融资额从第一季度的 14.1 亿美元迅速降至冰点，后 3 个季度融资额合计仅为 4.5 亿美元。平均融资额最大的领域为本地生活，案例平均融资额高达 1.4 亿美元。

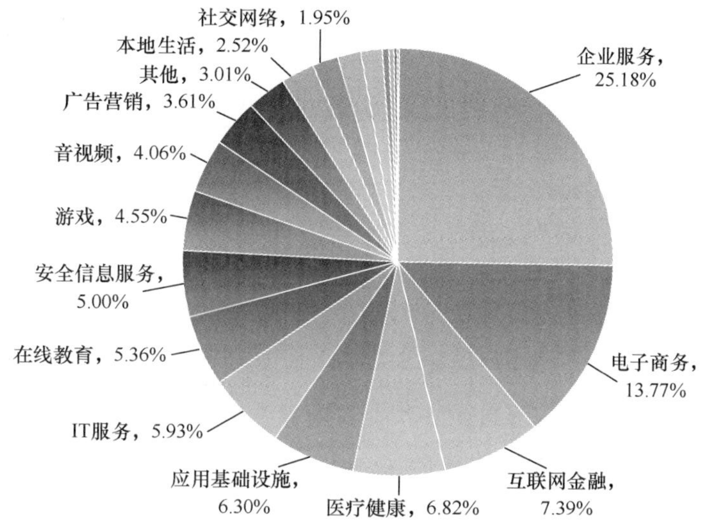

图35.6　2021年中国互联网投融资领域情况（案例数）

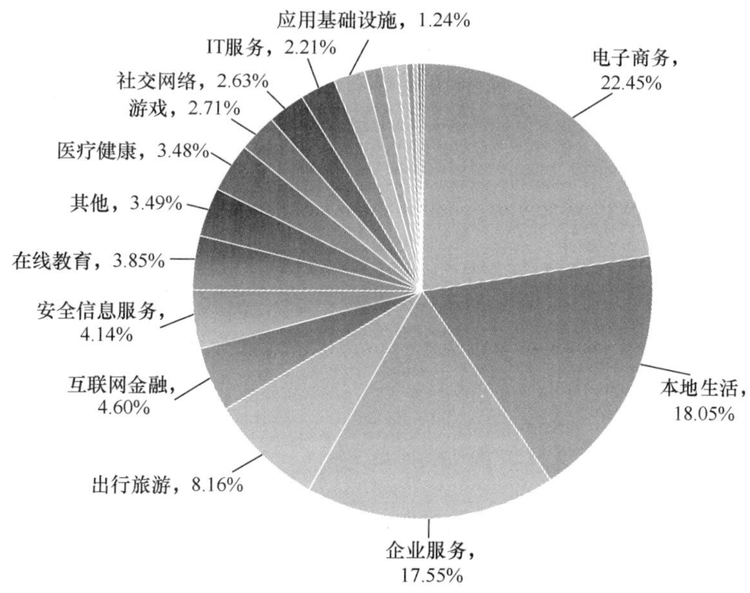

图35.7　2021年中国互联网投融资领域情况（金额）

从大额融资来看，2021 年金额超过 1 亿美元的融资案例有 111 起，总金额 331.8 亿美元，占互联网领域总金额的 75.7%。其中，有 14 起案例融资金额超过 5 亿美元，3 起案例融资金额超过 10 亿美元，有 9 家企业完成了 2 起及以上的 1 亿美元融资。在细分领域方面，本地生活、电子商务、企业服务 3 个领域融资金额排名前三，分别为 82.8 亿美元、82.01 亿美元和 54.68 亿美元，电子商务、企业服务和互联网金融 3 个领域融资数量排名前三，分别为 33 起、25 起和 9 起。重点案例方面，中国的社区生鲜电商企业兴盛优选和橙心优选两家公司，均完成了 30 亿美元单轮融资，并列第一位（见表 35.1），投资方均为互联网大厂，前者的最新估值已高达 120 亿美元。

表 35.1　2021 年金额 1 亿美元以上的案例情况

序号	融资企业	领域	轮次	金额（亿美元）	投资方
1	橙心优选	本地生活	可转换债券	30.0	滴滴出行
2	兴盛优选	本地生活	D 轮	30	京东
3	滴滴出行	出行旅游	债权融资-II	16.0	汇丰银行等
4	红布林	电子商务	B-III 轮	9.08	启明创投合伙人等
5	十荟团	本地生活	D 轮	7.5	阿里巴巴集团
6	叮咚买菜	本地生活	D 轮	7.0	DST Global 等
7	第四范式	安全信息服务	D 轮	7	红杉资本中国基金等
8	芒果超媒	电子商务	私募基金	6.98	兴全基金管理有限公司等
9	地平线机器人	企业服务	C 轮-IV	6.0	君联资本等
10	行云集团	电子商务	C 轮-II	6.0	波士顿投资等
11	青桔单车	出行旅游	B 轮	6	未披露的投资者
12	曹操出行	出行旅游	B 轮	5.88	未披露的投资者等
13	医联	医疗健康	E 轮	5.14	中国生物制药
14	小红书	社交网络	E 轮	5	阿里巴巴集团
15	妙手医生	电子商务	E 轮	4.6	奥博资本等
16	航天云网	企业服务	未归类的风投	4	深圳资本集团等
17	新潮传媒	音视频	未归类的风投	4	百度风投、京东
18	晶泰科技	企业服务	D 轮	4	奥博资本等
19	微医	医疗健康	F-II 轮	4	未披露的投资者
20	青桔单车	出行旅游	信用限额	4	未披露的投资者
21	小胖熊	电子商务	C 轮-II	4.0	软银集团等
22	转转	电子商务	C 轮	3.9	大湾区共同家园投资基金等
23	粉笔教育	在线教育	A 轮	3.9	挚信资本等
24	Keep	医疗健康	F 轮	3.6	纪源资本等
25	地平线	企业服务	C-III 轮	3.5	舜宇光学科技（集团）等
26	地平线	企业服务	C-II 轮	3.5	舜宇光学科技（集团）等
27	叮咚买菜	本地生活	D 轮-II	3.3	软银集团
28	优信	电子商务	PIPE-III	3.2	愉悦资本、蔚来资本
29	慧策	企业服务	D 轮	3.12	中信产业基金
30	能链	电子商务	E 轮 II	3.08	招商局资本等
31	车好多	电子商务	E 轮	3.0	红杉资本中国等

（续表）

序号	融资企业	领域	轮次	金额（亿美元）	投资方
32	快客	电子商务	F 轮	3	京东等
33	兴盛优选	本地生活	未归类	3	安大略省教师退休基金
34	元戎启行	企业服务	B 轮	3	阿里巴巴等
35	麦酷酷	电子商务	种子轮	2.9	澳优乳业
36	哈罗单车	出行旅游	公司少数股权-III	2.8	阿里巴巴集团
37	药师帮	电子商务	E 轮	2.7	百度等
38	赢彻科技	企业服务	B 轮	2.7	太盟投资集团等
39	北森	企业服务	F 轮	2.6	深圳创新投资集团等
40	安居客	房产	公司少数股权融资-II	2.5	新世界发展有限公司等
41	锐锢商城	电子商务	D 轮	2.5	厦门建发新兴投资
42	快看	音视频	F 轮	2.4	建银国际等
43	妙手医生	电子商务	F 轮	2.32	奥博资本等
44	叮当快药	电子商务	C 轮	2.2	奥博资本等
45	福佑卡车	电子商务	E 轮	2.0	君联资本等
46	新康众	电子商务	D 轮 III	2	亚投资本等
47	酷家乐	在线信息	E 轮	2	未披露的投资者
48	核桃编程	在线教育	C 轮	2	华兴资本等
49	车主帮	电子商务	私募股权	2	洪泰资本控股等
50	云学堂	在线教育	E-II 轮	1.9	腾讯控股
51	e 签宝	企业服务	E 轮	1.86	红杉资本中国等
52	毫末智行	企业服务	A 轮	1.58	高瓴资本管理
53	蓝湖	企业服务	C-II 轮	1.57	纪源资本
54	今日人才	企业服务	B 轮	1.6	今日资本
55	元保	互联网金融	C 轮	1.6	北极光创投
56	奥卡斯	企业服务	B 轮	1.55	国寿科创基金等
57	城云科技	企业服务	D 轮	1.55	德同资本等
58	曼顿科技	企业服务	C 轮	1.55	智数资本
59	云零售	电子商务	A 轮	1.5	未披露的投资者
60	阿卡索	在线教育	C-V 轮	1.5	未披露的投资者
61	易快报	互联网金融	D 轮	1.54	软银愿景二号基金等
62	达闼科技	企业服务	B 轮-II	1.5	上海城投等
63	运去哪	电子商务	D 轮-II	1.5	中信资本等
64	云智慧	企业服务	E 轮	1.5	红杉资本中国基金等
65	维塔士	游戏	私募股权	1.5	霸菱亚洲
66	微牛	互联网金融	D 轮	1.5	未披露的投资者
67	火花思维	在线教育	E-III 轮	1.5	腾讯控股等
68	安天	安全信息服务	C 轮	1.41	未披露的投资者
69	喔去科技	企业服务	D 轮	1.4	腾讯控股等

（续表）

序号	融资企业	领域	轮次	金额（亿美元）	投资方
70	法大大	企业服务	D 轮	1.4	老虎全球管理等
71	XTransfer	互联网金融	D 轮	1.38	D1 Capital Partners 等
72	数美科技	安全信息服务	D 轮	1.4	腾讯控股等
73	一奇集团	IT 服务	A 轮	1.3	富达资本等
74	心动	游戏	C 轮-II	1.3	哔哩哔哩
75	数字广东	电子政务	公司少数股权	1.3	中国电子信息产业集团
76	闪送	电子商务	D-II 轮	1.25	海纳亚洲创投基金等
77	探迹	广告营销	少数股权-P2P	1.2	启明创投等
78	小鹅通	企业服务	D 轮	1.2	启明创投等
79	美盛	音视频	私募基金	1.19	九州国泰控股有限公司
80	建新金融科技	互联网金融	未知	1.2	国家开发银行资本
81	星辰天合	IT 服务	E 轮	1.14	博裕资本等
82	星辰天合	IT 服务	E 轮	1.14	启明创投合伙人
83	米读	电子商务	C 轮	1.1	未披露的投资者
84	百布	电子商务	D-II 轮	1.1	未披露的投资者等
85	迅策科技	互联网金融	C 轮	1.1	腾讯控股等
86	天地汇	电子商务	D 轮	1.1	启赋私募等
87	甄云科技	互联网金融	C 轮	1	蓝湖资本
88	转转	电子商务	D 轮	1	顺为资本等
89	地上铁租车	出行旅游	C 轮-II	1	经纬中国等
90	运去哪	电子商务	D 轮	1	源代码资本等
91	票易通	电子商务	C 轮-II	1	Dragoneer Investment Group 等
92	镁佳科技	工具软件	私募股权	1	南山资本等
93	全量全速	电子商务	A 轮	1	红杉资本中国等
94	通联数据	互联网金融	私募股权	1	太盟投资集团等
95	内外	电子商务	D 轮	1	未披露的投资者等
96	西瓜买单	互联网金融	A 轮	1	百丽国际等
97	滴普	企业服务	B 轮	1	国泰君安等
98	美餐	本地生活	E 轮	1	大钲资本
99	T11 生鲜超市	本地生活	B 轮	1	阿里巴巴集团
100	潮玩族	电子商务	B 轮	1	贝塔斯曼亚洲投资
101	Moka	企业服务	C 轮	1	蓝湖资本
102	云徙科技	IT 服务	D 轮	1	交通银行国际
103	特赞	企业服务	C-III 轮	1	红杉资本中国基金等
104	猎芯网	电子商务	C 轮	1	京东工业品
105	沙盒元应用	应用基础设施	C 轮	1	海纳亚洲创投基金等
106	Ushopal	电子商务	D 轮	1	方源资本等
107	TT 语音	游戏	B 轮	1	兰馨亚洲投资集团等

（续表）

序号	融资企业	领域	轮次	金额（亿美元）	投资方
108	尔湾科技	在线教育	E 轮	1	启明创投合伙人等
109	叽里呱啦	在线教育	C 轮	1	腾讯控股等
110	TalkingData	企业服务	E 轮	1	华润资本管理
111	车主帮	电子商务	私募股权	1	招银国际资本等

从巨头企业布局看。腾讯完成 261 起投资，同比增长 66.2%，总金额 287.7 亿美元，同比增长 20.9%，规模遥遥领先其他企业。其余企业从金额看，蚂蚁金服（蚂蚁科技）、阿里巴巴、滴滴出行、哔哩哔哩 4 家企业完成投资金额分别为 67.29 亿美元、59.61 亿美元、30.04 亿美元、9.99 亿美元，其中蚂蚁金服（蚂蚁科技）和哔哩哔哩的投资金额同比均超过了 1000%。从案例数看，字节跳动、哔哩哔哩、阿里巴巴均完成 30 起以上的投资，案例数分别为 57 起、47 起、37 起，其中字节跳动案例数同比增幅超过 100%（见表 35.2）。

表 35.2　主要互联网企业 2021 年投资情况

企业名称	案例数（起）	金额（亿美元）	案例数同比	金额同比
腾讯	261	287.7	66.2%	20.9%
蚂蚁金服	17	67.29	41.7%	1110.3%
阿里巴巴	37	59.61	37.0%	−23.9%
滴滴出行	3	30.04	−25.0%	98.2%
哔哩哔哩	47	9.99	80.8%	1369.1%
京东	12	7.05	9.1%	−48.6%
百度	15	4.79	66.7%	−72.9%
字节跳动	57	3.2	119.2%	27.0%

35.3　互联网企业上市情况

我国上市互联网企业营业收入增速有所放缓。2021 年前三季度，我国 198 家上市互联网企业营业收入总计 2.7 万亿元，同比增长 19.6%。其中，2021 年第三季度上市互联网企业总营业收入达 9052 亿元，同比增速为 9.1%，较 2020 年同期增速下降 13.5 个百分点（见图 35.8）。上市互联网企业营业收入增速放缓，除了与国内外经济形势有关，也与互联网行业调整发展策略密切相关。一方面，传统核心业务疲软影响了互联网企业营业收入增长；另一方面，互联网企业加大研发投入力度，积极布局业务多元化赛道。例如，京东通过开放自身供应链能力、数字化运营和整合营销能力，深度链接线下实体零售业态，更多品牌商家、线下实体门店借助京东的全渠道能力加速实现数字化转型。2021 年，京东全渠道商品交易总额同比增长近 80%。腾讯积极拥抱产业互联网，大力投入数字新基建，参与到“东数西算”建设中。过去，互联网企业是竞争驱动型，现在，相比短期收益，企业更关注长线业务发展，未来一段时间内，互联网企业降速提质将是主流。

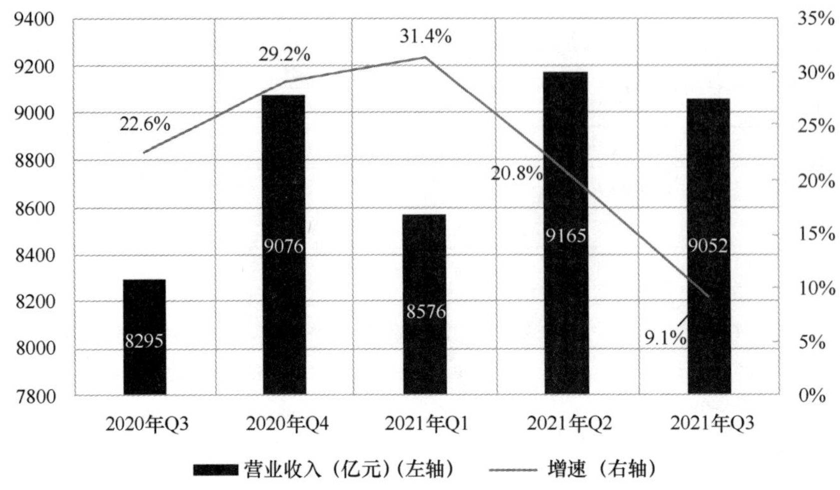

图35.8　我国上市互联网企业营业收入增长情况

电子商务是行业营业收入增长第一动力。从交易规模看，国家统计局数据显示，2021 年全国网上零售总额为 13.09 万亿元，同比增长 11.3%，其中实物商品网上零售额为 10.8 万亿元，占社会消费品零售总额比重为 24.5%。从上市企业营业收入看，2021 年前三季度电子商务业务收入约为 1.8 万亿元，同比增长 21.6%，对行业贡献最大。排名第二位的社交/在线社区业务营业收入有所增加，前三季度营业收入总计 4375 亿元，同比增长 18.9%。各领域中，增长最迅猛的为医疗健康和互联网金融。受益于医疗卫生信息化建设的快速发展和人们对健康标准的不断提高，互联网医疗的用户认可度不断加强，医疗健康领域营业收入大幅增长，2021 年前三季度营业收入达 90 亿元，同比增速为 61.2%。在未来的一段时间内，我国老年人口将保持增长状态，医疗健康行业进入爆发增长期，或将诞生世界级的医疗产品与技术公司，与美国并行，成为全球大健康行业创新双引擎。此外，受新冠肺炎疫情影响，人们对互联网的依赖程度不断加深，也让线上化和数字化的金融产品服务更加普及，2021 年前三季度互联网金融营业收入达 61 亿元，同比增长 56.9%（见表 35.3），尤其是疫情带来跨境电商的快速发展，使得一批支付机构得到了快速发展。

表 35.3　2021 年前三季度细分领域营业收入及同比增速

业务名称	2021 前三季度营业收入（亿元）	细分业务营业收入占比	同比增速
电子商务	17635	65.8%	21.6%
社交/在线社区	4375	16.3%	18.9%
游戏	904	3.4%	9.7%
音视频	919	3.4%	3.6%
搜索引擎	914	3.4%	19.6%
房地产	630	2.4%	31.7%
门户/邮箱/分类网站等	143	0.5%	10.5%
IT 服务	216	1.0%	15.0%
IDC/CDN 等	140	0.8%	0.6%
出行旅游	164	0.6%	14.1%

（续表）

业务名称	2021 前三季度营业收入（亿元）	细分业务营业收入占比	同比增速
在线教育	143	0.6%	29.0%
文体娱乐	77	0.3%	19.0%
广告营销	86	0.3%	-28.1%
安全信息服务	108	0.4%	1.1%
工具软件	105	0.4%	9.7%
企业服务	83	0.3%	1.0%
医疗健康	90	0.3%	61.2%
互联网金融	61	0.2%	56.9%

我国互联网上市企业净利润出现下滑。2021 年前三季度，我国 122 家上市互联网企业净利润总计 2553 亿元，同比下降 15.9%（见图 35.9）。其中，2021 年第三季度，阿里巴巴净利润为 285.24 亿元，同比下降 40%，京东当季度净亏损 28 亿元，美团第三季度实现营业收入 488 亿元，同比增长 37.9%，季度净亏损同比扩大为 55 亿元。互联网上市企业净利润下滑可能由两方面原因造成：第一，反垄断罚款的影响。2021 年 4 月，阿里巴巴因实施“二选一”垄断行为，被处以 182.28 亿元的“天价罚单”，这是中国反垄断史上的最大罚单。10 月，美团因“二选一”被罚 34.42 亿元，并被要求退还独家合作保证金 12.89 亿元。第二，技术研发投入经费的增加。例如，快手研发开支由 2020 年同期的 19 亿元增加至 2021 年同期的 42 亿元；百度第三季度研发费用达 62 亿元，约占当季总收入的 20%。总体来看，由于互联网行业监管日趋严格，促使企业加大投入寻求长期竞争优势和长期发展，导致企业利润出现暂时性的下滑。

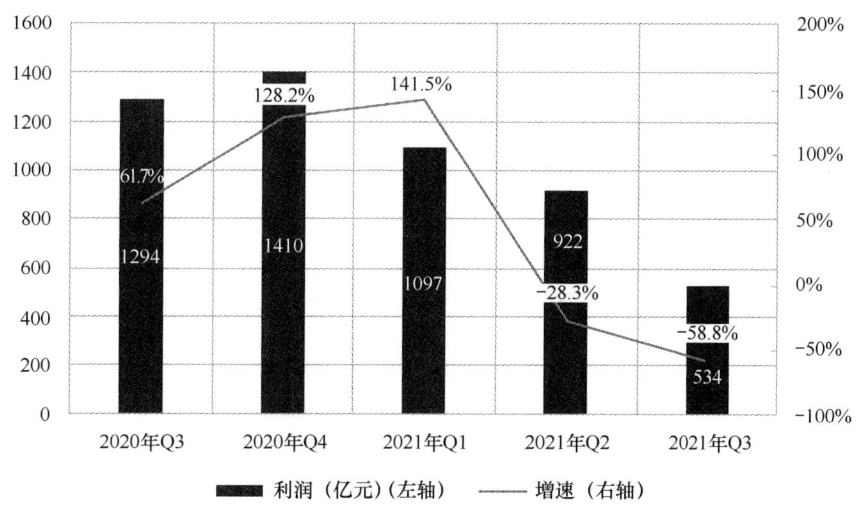

图35.9　我国上市互联网企业净利润变化情况

我国互联网上市企业市值仍呈下降趋势。截至 2021 年 12 月 31 日，我国 198 家上市互联网企业总市值为 12.4 万亿元，环比下降 8.8%，共 9 家企业跻身全球互联网企业市值前 30 强。2021 年各季度来看，受监管政策和新冠肺炎疫情的影响，我国互联网企业市值总体上仍呈现波动下降趋势，其中，第三季度市值下降幅度最大，环比下降 27.8%（见图 35.10）。当前，国家政策正在围绕“强化反垄断和防止资本无序扩张”这一顶层设计，从互联互通、数据合规安全、为资本设置“红绿灯”等各角度规范平台经济发展。随着互联网平台经济的反垄断监管逐步落地，互联网企业市值从融资端到业务端再到投资端都需要有一定时间的调整和适应。

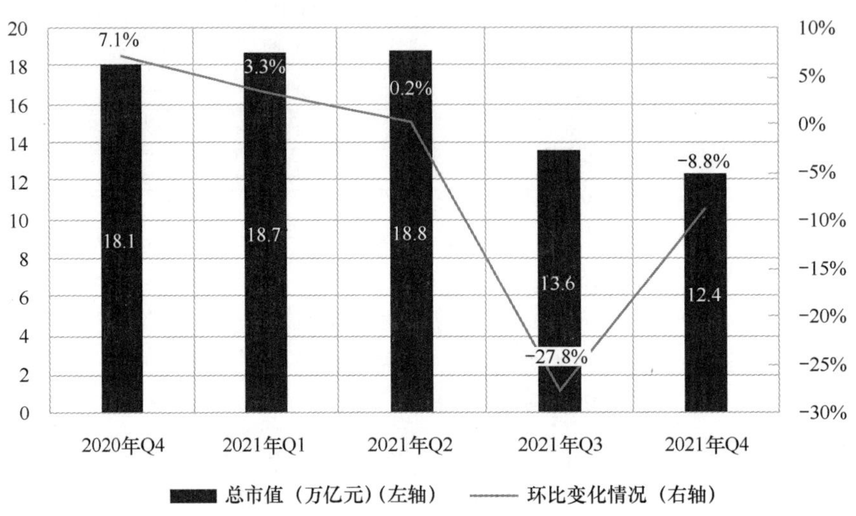

图35.10　我国上市互联网企业总市值变化情况

美国上市企业市值占比有所下降。我国 198 家上市互联网企业中，在美国上市企业共 83 家，总市值达 5.2 万亿元，占比为 42%，环比下降 3.4 个百分点。其中，滴滴出行和拼多多市值下降比率超过 30%，环比分别下降 37.2%和 36.8%，京东市值较上一季度下降 17.9%，百度下降 11.8%。中国内地上市互联网企业共 62 家，市值合计 1.5 万亿元，占全行业的比重为 13%，占比与 2020 年基本持平。中国香港交易所上市互联网企业共 53 家，市值合计 5.6 万亿元，占比达 45%，超过美国（见图 35.11）。鉴于 SPAC（Special Purpose Acquisition Company，特殊目的收购公司）监管趋紧，美国资本市场对于中概股的吸引力逐渐下降，中国互联网企业在港股的市值比重有望进一步增加。

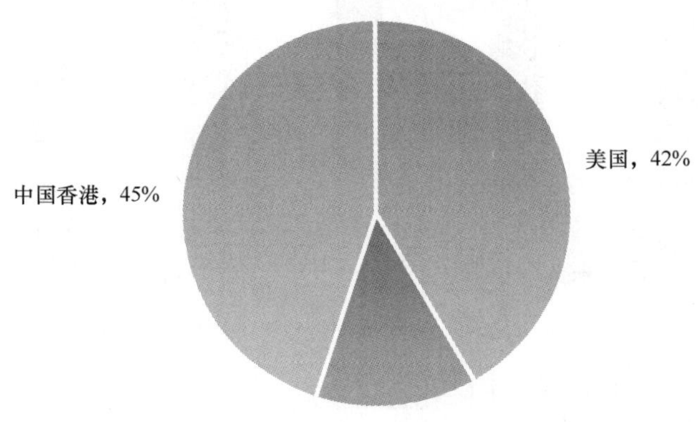

图35.11　国内上市互联网企业市值分布图（按上市地）

头部企业市值蒸发。截至 2021 年年底，我国市值排名前 10 位的互联网企业市值合计为 9.5 万亿元，较 2020 年年底下降 34.5%。头部企业市值占 198 家企业总市值的 77.1%，占比较 2020 年下降 4.1 个百分点。我国互联网行业长期处于野蛮生长状态，曾经在一定程度上处于有无序扩张的状态。2021 年，"强化反垄断和防止资本无序扩张"成为全年政策规范的核心导向，部分头部企业市值有较大调整。相较 2021 年第三季度，阿里巴巴市值环比下降 17.9%，美团、京东、腾讯市值分别环比下降 10.3%、5.7%及 2.7%（见表 35.4）。当前，多领域的反垄断和反滥用市场支配地位的监管措施陆续落地，将推动平台经济合规经营进入新的发展阶段。

表 35.4　国内互联网企业市值前 10 强

排名	公司名称	市值（亿元）	环比增长
1	腾讯	35885	−2.7%
2	阿里巴巴	21083	−17.9%
3	美团	11307	−10.3%
4	京东	6959	−5.7%
5	拼多多	4659	−36.8%
6	网易	4449	17.6%
7	东方财富	3836	8.0%
8	百度	3292	−4.4%
9	快手	2479	−14.0%
10	滴滴出行	1531	−37.2%

我国互联网企业赴美 IPO 遇冷。2021 年 6 月，滴滴出行赴美 IPO 遭中国网络安全审查后，互联网 IPO 外部环境发生剧烈变化。7 月，我国《关于依法从严打击证券违法活动的意见》《网络安全审查办法（修订草案征求意见稿）》等监管安全审查重锤落下；8 月，美国证券交易委员会（SEC）要求 SEC 人员停止处理内地企业通过"空壳公司"在美国 IPO 的注册。这意味着，短期内我国公司通过 VIE 结构赴美国上市将受到严厉审查，有意赴美国上市的互联网企业，面临更多不确定性，火热的中概股赴美 IPO 热潮按下暂停键。小红书、哈啰出行、七牛云、Keep、天鹅到家、喜马拉雅、货拉拉、小马智行、美菜等相继取消或终止赴美 IPO 进程。随着中美经贸关系趋紧，已在美国上市的互联网企业也处于进退维谷的困境。2021 年 3 月，美国证监会出台修正案，开始逐步推动《外国公司问责法案》中措施的落地；11—12 月，SEC 又相继批准了 6100 新规监管框架，并公布其实施细则，这意味着相应的中资企业或最快于 2024 年之前在美国退市。在此期间，港交所不断抛出橄榄枝，积极修订二次上市规则，企图接收更多优质的二次上市中资企业，中国香港 IPO 市场投资气氛持续向好，2021 年，共有 8 支中概股赴港二次上市，其中不乏腾讯、哔哩哔哩、百度等热门互联网平台的身影。在内外监管趋严的态势下，未来 3 年，中概股在美国上市的难度变大，募资效果下降，赴港上市将成为中国互联网公司的重要选择方向之一。2021 年我国互联网企业 IPO 情况如表 35.5 所示。

表 35.5　2021 年我国互联网企业 IPO 情况

序号	企业名称	细分领域	上市地	上市时间
1	快手	音视频	中国香港	2021/2/5
2	BOSS 直聘	门户/邮箱/分类网站等	美国	2021/6/11
3	掌门教育	在线教育	美国	2021/6/8
4	洋葱	电子商务	美国	2021/5/7
5	知乎	文体娱乐	美国	2021/3/26
6	库客音乐	音视频	美国	2021/1/12
7	京东物流	物流	中国香港	2021/5/28
8	滴滴出行	出行旅游	美国	2021/6/30
9	满帮集团	物流	美国	2021/6/22
10	云音乐	音视频	中国香港	202/11/23
11	叮咚买菜	电子商务	美国	2021/6/29
12	每日优鲜	电子商务	美国	2021/6/25
13	青瓷游戏	游戏	中国香港	2021/12/16
14	商汤	工具软件	中国香港	2021/12/30

35.4　互联网企业并购情况

我国互联网企业并购活跃度下降。根据私募通数据库数据统计，从 2010 年到 2021 年，我国互联网企业并购事件总体呈先增后降的趋势，并购金额在 2018 年达到峰值，之后开始回落，2021 年呈现小幅回升趋势，主要以小额并购交易为主，大额并购交易较少。2021 年以来，共发生 85 起并购事件，与 2020 年基本持平，并购金额增加至 379 亿元，相比 2020 年上升 40.5%（见图 35.12）。其中，百度以 232.4 亿元全资收购 YY 直播，成为百度成立 20 年以来最大的单笔收购。但是，互联网企业总体并购活跃度较低。当前，互联网行业处于平台反垄断和反不正当竞争的监管合规转型过程中，互联网新增流量红利减弱，互联网平台企业并购可能在未来一段时间范围内保持谨慎态度，交易相对放缓。

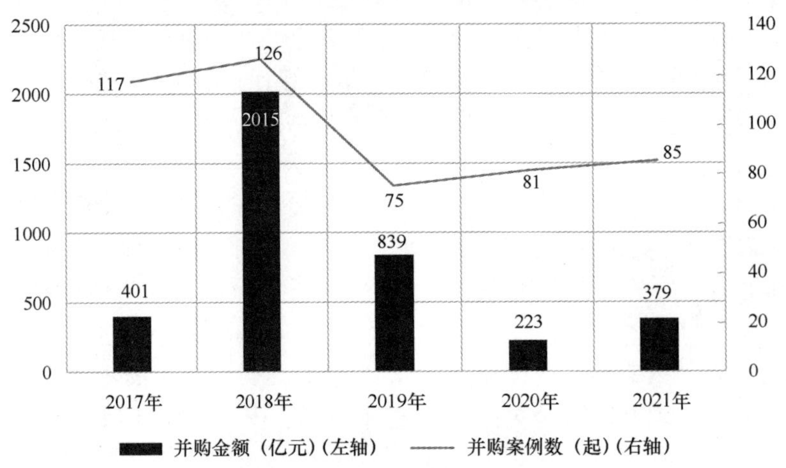

图35.12　2017—2021年我国互联网领域并购市场总体情况

消费及 to B 领域并购集中度较高。2021 年完成的并购交易主要集中在电子商务、网络游戏和企业服务 3 个领域，并购交易数量分别为 22 起、11 起、9 起，累计占互联网领域并购交易数量的 49.4%。此外，在线信息、在线教育、工具软件等领域的并购交易也相对较为活跃，交易数量分别为 8 起、7 起、6 起，多为小额并购交易。互联网领域并购交易金额较分散，电子商务交易金额达 68.2 亿元，占并购交易金额比重为 18%，互联网金融和网络营销分别位列第三、第四，占比为 8.8%和 3.6%，较 2020 年占比明显提升（见表 35.6）。

表 35.6　国内互联网细分领域并购交易情况

细分领域	并购交易数量（起）	数量占比	并购交易金额（亿元）	金额占比
电子商务	22	25.9%	68.2	18.0%
工具软件	6	7.1%	11.8	3.1%
广告营销	4	4.7%	0.2	0.0%
互联网金融	4	4.7%	33.3	8.8%
门户网站	1	1.2%	232.4	61.3%
企业服务	9	10.6%	4.3	1.1%
网络营销	6	7.1%	13.5	3.6%
网络游戏	11	12.9%	4.3	1.1%
文化娱乐体育	5	5.9%	6.6	1.7%
应用基础设施	2	2.4%	1.3	0.3%
在线教育	7	8.2%	0.7	0.2%
在线信息	8	9.4%	2.4	0.6%

地域集中在北京、广东等少数省份。2021 年，北京完成互联网领域并购交易 27 起，总交易金额达到 27 亿元。广东完成互联网领域并购交易 15 起，总交易金额达到 259 亿元，得益于百度收购 YY 直播，并购金额达 232.4 亿元。北京、广东处于第一梯队，为并购交易最活跃的两大省份。江苏、上海、浙江并购数量分别为 10 起、9 起和 4 起，并购金额分别为 4.2 亿元、41 亿元和 10 亿元，处于第二梯队。

撰稿：屠晓杰、张雅琪、尹昊智
审校：柳文龙

第 36 章　2021 年中国网络人才建设状况

2021 年 3 月，《中华人民共和国国民经济和社会发展第十四个五年规划和 2035 年远景目标纲要》正式发布，对我国互联网产业发展进行了全方位布局，力求基础设施建设更加完善，网络人才发展环境更加繁荣。近年来，大数据、云计算、人工智能等前沿数字技术加速创新，逐渐融入大众生活发展的全领域、全过程。“十四五”期间，数字技术将进一步成为重组生产生活要素资源、优化社会经济结构、改变全球竞争格局的关键力量。数字经济的迅猛发展，也会进一步吸引互联网人才需求的增长，为互联网人才建设提供持续动力。

36.1　网络人才建设概况

《国民经济行业分类》（GB/T 4754—2017）将互联网相关行业划分为电信/广播电视和卫星传输服务、互联网平台、互联网信息服务、互联网数据服务、互联网安全服务、软件和信息技术服务及其他互联网服务。据 BOSS 直聘研究院结合宏观数据和平台数据建模计算，2021 年，互联网行业从业者规模较 2020 年同比增长 20.1%。

2021 年，中国经济稳步复苏，疫情防控进入常态化，但不少细分产业尚未完全回归正常，或是受到散发疫情的影响，经营连续性不够稳定，如餐饮、旅游、零售、供应链等有代表性的领域。疫情暴发以来，更多行业的数字化进程主动或被动加快，更多商业场景开始进行线下到线上的融合转移，互联网细分行业人才结构也在发生变化。2021 年，在互联网七大子行业中，互联网平台领域的从业者最多，占比为 32.6%，较 2020 年比重提高 3 个百分点。其他子行业中，软件和信息技术服务业及电信/广播电视和卫星传输服务的从业者比重较 2020 年减少（见图 36.1）。

36.2　互联网行业招聘与求职趋势

1. 东部地区互联网人才需求旺盛

从经济区域的角度观察，我国东部地区的互联网基础建设优势突出，吸引了大量优秀企业，在互联网产业的发展上呈现“起步占先、业态多样、迭代快速、人才集聚、资金充足”的特征，大型企业和中小型企业百花齐放。2021 年，东部地区互联网人才的招聘需求占全国总量的比例超过 70%，在规模上较 2020 年同比增长 50.7%，增幅亦居各地区之首。2021 年，东部地区的 10 个省级行政单位中，有 7 个进入互联网人才需求量排名的前 10 位，分别为广东、北京、浙江、上海、江苏、山东和福建，其余进入前 10 位的省份为四川、河南和湖北。

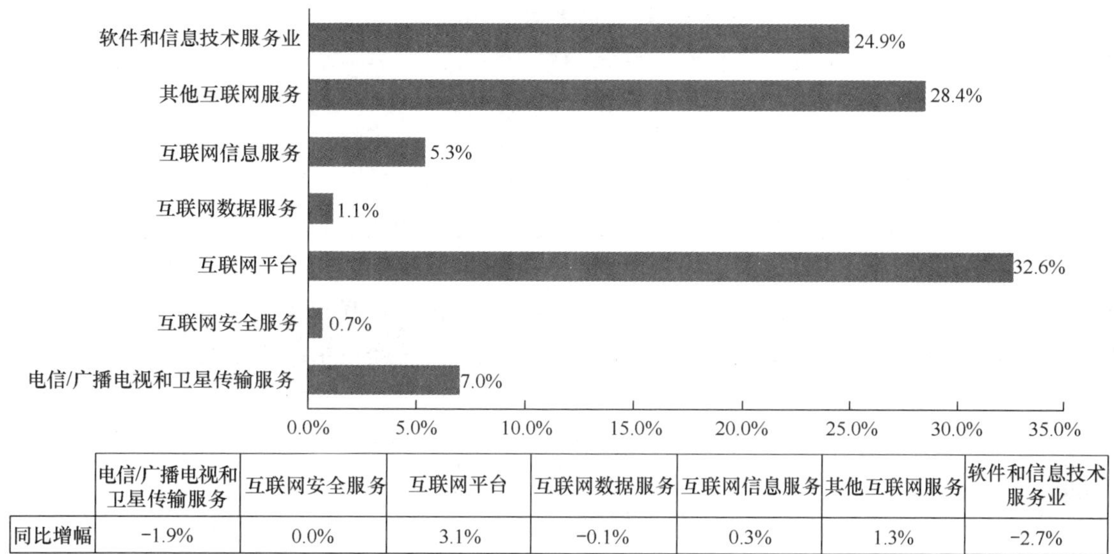

	电信/广播电视和卫星传输服务	互联网安全服务	互联网平台	互联网数据服务	互联网信息服务	其他互联网服务	软件和信息技术服务业
同比增幅	−1.9%	0.0%	3.1%	−0.1%	0.3%	1.3%	−2.7%

图36.1　2021年互联网细分行业从业者比重及同比增幅

资料来源：BOSS 直聘研究院。

2020 年，湖北受疫情影响较大，互联网人才需求收缩，随着疫情得到控制，湖北对互联网人才的需求快速恢复，互联网人才需求量重新回到前 10 位。2021 年，湖北的互联网人才需求量较 2020 年同比增长 62.3%，增幅在所有省份中排名第 3，是互联网人才需求量同比增幅最大的中部省份。湖北互联网人才需求的增长主要由武汉驱动，而武汉的互联网人才需求较 2020 年同比增幅达到 66.1%，产业发展和人才需求的首位度极高。

与 2020 年相比，2021 年石家庄退出了全国互联网人才需求量排名前 20 位的城市，替代其进入前 20 位的是天津，天津的互联网人才需求量较 2020 年同比增幅为 33.8%，增幅列城市榜第 12 位（见图 36.2）。

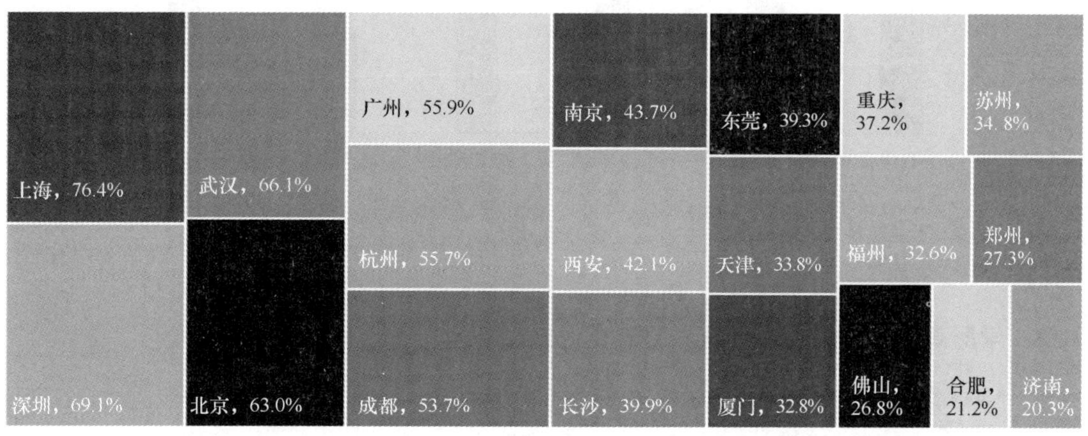

图36.2　2021年互联网人才需求量最大的20个城市及其人才需求量同比增幅

资料来源：BOSS 直聘研究院。

2. 互联网人才需求进一步下沉

2021 年，互联网行业整体人才需求量同比增长 38.1%。尽管 2021 年互联网行业政策监管趋严，市场竞争激烈程度提高，若干互联网巨头企业的招聘需求收缩，但互联网仍然是吸纳就业的重要行业之一。2021 年，互联网行业平均招聘薪资为 11112 元/月，在众多行业中排名第二。

互联网行业在过去 10 年里飞速发展，一二线城市最先体验并充分利用的流量红利逐渐进入瓶颈期。随着疫情得到控制，就业市场回暖，三四五线城市的互联网基础建设和数字经济发展体现出新的潜力，人才需求也随之增长，整个互联网行业的商业模式和人才需求在地域上都呈现出进一步下沉的趋势。2021 年，三四五线城市的互联网相关岗位人才招聘需求旺盛，同比增长 25.3%～36.6%，增幅普遍超过二线城市，岗位需求主要集中在互联网平台和互联网信息服务这两个子行业中。

2021 年，企业招聘仍以传统网络招聘模式为主，占比达 64.7%，新型网络招聘、校园招聘、内部推荐和猎头等其他招聘方式占比依次为 13.2%、11.1%、6.0%、4.4%[1]。

以互联网为代表的信息技术的变革发展，推动创新资源加速向中小型企业汇聚，促进中小型企业成为创新的重要发源地和创造主体。与此同时，伴随我国多层次资本市场体系的改革完善及国家反垄断监管的不断加强，中小型企业发展环境得到一定改善，人才需求规模扩大，并且深入三四线城市。2021 年，中小型企业[2]的互联网相关岗位人才需求较 2020 年同比增长 29.6%，并且在三四线城市的人才需求规模同比增长超过新一二线城市（见图 36.3）。

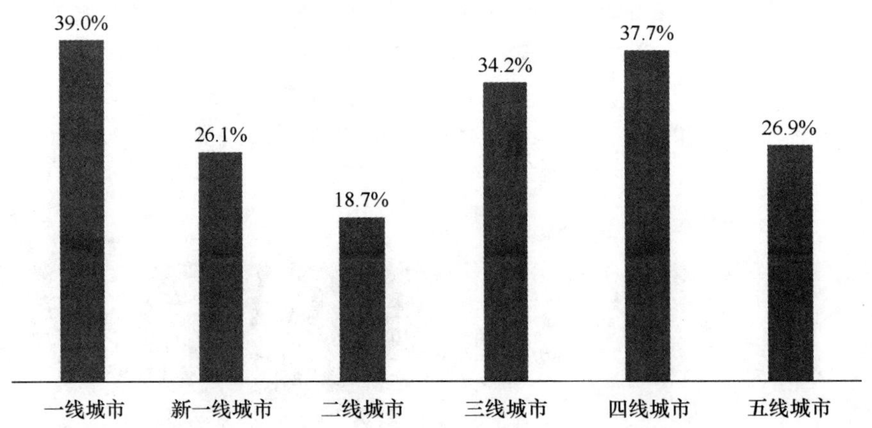

图36.3　2021年各线级城市中小型企业互联网职位规模同比增长情况

资料来源：BOSS 直聘研究院。

3. 学历高、资历深的人才更加受到企业青睐

2021 年，互联网企业对于高学历人才的招聘需求明显增加，对拥有硕士、博士学历人才

1 资料来源：前程无忧人力资源调研中心。

2 指人员规模在 0～20 人、20～99 人、100～499 人的企业。

的需求较 2020 年的同比增幅分别达到 55.4%和 49.4%。其中，技术研发类岗位的高学历人才需求增长最多，同比增幅超过 70%，远高于其他岗位类型。随着互联网产业发展步入成熟阶段，企业的发展更加纵深化，十分需要高级技术人才进一步夯实创新基因，不断突破，在市场化竞争中求得一席之地，引领产业变革。而具有产业经验的高学历技术人才持续稀缺，企业间的“人才大战”也会日益激烈。

从企业对人才工作经验的需求来看，具有互联网行业 5～10 年及 10 年以上工作经验的人才需求大幅增长，同比增幅均超过 50%（见图 36.4）。薪资也具有相当的竞争力，2021 年，对于具有 5～10 年工作经验的互联网人才，企业平均招聘薪资为 26891 元/月；对于具有 10 年以上工作经验的人才，企业的平均招聘薪资为 41515 元/月，分别较 2020 年同比增长 16.2%和 21.2%。2021 年下半年，互联网大厂的招聘需求放缓，行业对人才质量的追求不断提升，经验丰富的人才更加受到互联网企业的青睐。

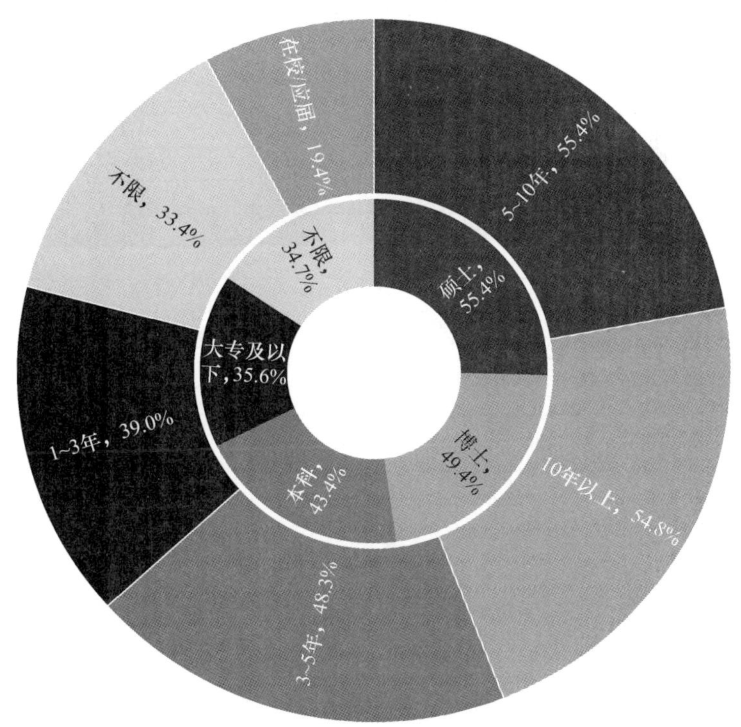

图36.4　2021年互联网行业对人才学历和经验的要求同比变化幅度分布

资料来源：BOSS 直聘研究院。

36.3　互联网行业重点领域人才需求

1. 在线教育领域人才需求锐减，高校应届生受影响较大

自 2021 年下半年起，受“双减”政策落地影响，教育培训行业整体进入重大转型期，其中，在线教育业态作为互联网平台服务的一部分，人才需求增长受到较大影响。2021 年，

在线教育行业的人才需求同比增幅仅为 0.8%，主要来自一线及新一线城市，其他城市的人才需求同比都在减少。所有在线教育行业求职者中，受影响最大的是高校应届生，校招岗位同比缩减超过 10%。

2. 五线城市的数字经济人才需求增长亮眼

截至 2021 年年底，我国已累计建成 5G 基站 142.5 万个，5G 移动电话用户达到 3.55 亿户，已建成全球规模最大的光纤和移动宽带网络，光纤化改造全面完成，5G 网络加快发展。2021 年，二三线城市的 5G 人才需求增长突出，同比增幅达到 80%～100%（见图 36.5）。2021 年，随着疫情防控常态化，以及对公共卫生和公共管理精细度要求的不断提高，在线办公、药物研发、临床医疗、政务服务等诸多场景都更加依赖人工智能等前沿技术，相关的人才需求一路走高。

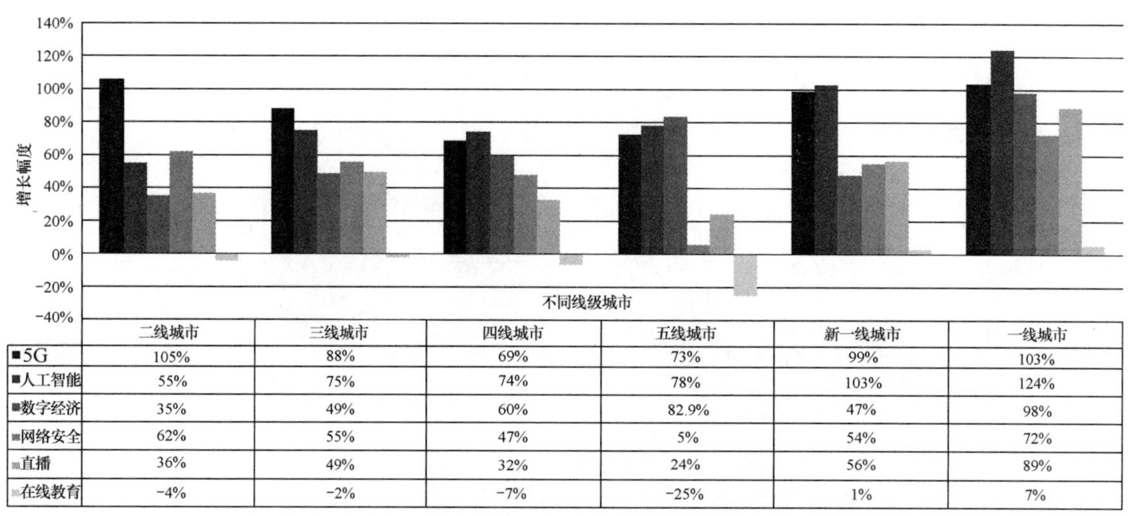

	二线城市	三线城市	四线城市	五线城市	新一线城市	一线城市
5G	105%	88%	69%	73%	99%	103%
人工智能	55%	75%	74%	78%	103%	124%
数字经济	35%	49%	60%	82.9%	47%	98%
网络安全	62%	55%	47%	5%	54%	72%
直播	36%	49%	32%	24%	56%	89%
在线教育	-4%	-2%	-7%	-25%	1%	7%

图36.5　2021年互联网重点领域人才需求增长幅度分布

资料来源：BOSS 直聘研究院。

2021 年，五线城市对于数字经济人才的需求增长非常突出，较 2020 年同比增长 82.9%，高于其他所有领域。在产业数字化方面，数字经济与实体产业正加速融合，催生了一大批新业态和新商业模式，对城乡发展的贡献日益增加。同时，各地依托国家重点研发计划项目，加快数字乡村基础前沿建设，促进了农业农村数字化，产生了大量的人才需求。

36.4　互联网行业细分领域人才吸引力

1. 互联网安全服务人才吸引力强劲，软件和信息技术服务业人才需求攀升

2021 年 6 月起，《数据安全法》《关键信息基础设施安全保护条例》《个人信息保护法》等重要法律法规陆续实施，为行业提供了更加细致可操作的法律依据和行为准则，进一步夯实了互联网法律体系的制度基础，标志着我国网络安全保障事业迈入新阶段。

随着更多商业服务和公共服务的在线化比例提高，以及数字技术在全行业的不断渗透，网络安全相关岗位成为 2021 年互联网领域人才需求的一大亮点，人才需求同比增长 51.5%，平均招聘薪资也有 15%的提升。从整体来看，互联网安全服务的重要性在越来越多的行业中得到“战略提级”，招聘市场进入扩张期，薪资涨幅大，招聘需求增幅大，对人才有较强的吸引力，表现出求职者活跃度高的特点，在互联网七大子行业中，互联网安全服务业的人才吸引力指数[1]最高。

2021 年互联网子行业人才吸引力指数如图 36.6 所示。其中，软件和信息技术服务业的人才吸引力指数较 2020 年显著提高，在互联网各细分行业中提高幅度最大。“十四五”开局之年，随着数字经济高质量发展步伐不断加快，作为产业数字化的基础技术支撑行业，软件和信息技术服务业进入高速发展区间，突出地体现在基础软件、工业软件和操作系统等底层应用的国产化突破上。2021 年，软件和信息技术服务业的人才需求增幅最大，月平均薪资涨幅居于前列，对人才的吸引力较大。

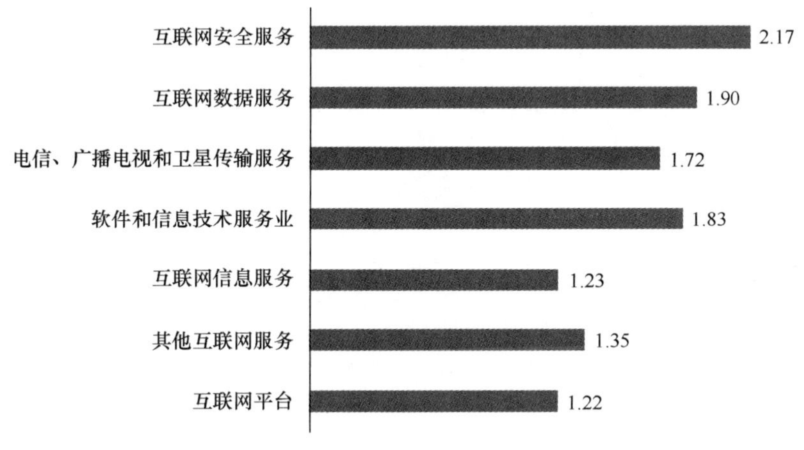

图36.6　2021年互联网子行业人才吸引力指数

资料来源：BOSS 直聘研究院。

2. 不同城市对互联网行业人才的吸引力差异显著

2021 年，在全国互联网人才吸引力指数排名前 15 位的城市中，北京和上海的人才吸引力水平仍然位于第一梯队，并且人才吸引力指数较 2020 年进一步提升，存在较明显的比较优势。南京在“人才质量”指标中分数保持高分位，同时在人才质量和人才活跃度指标上都处于较高水平，排名进入前 3 位。青岛、天津、宁波进入互联网人才吸引力指数排名前 15 位（见图 36.7），其中青岛的人才活跃度大幅提升，但招聘薪资起点相对较低，人才需求涨幅也较低，招聘的整体环境与其他城市还有一定差距。

1 本节引用的是 BOSS 直聘研究院设计的人才吸引力指数模型，指数由环境要素、求职行为、环境异动、人才质量 4 个一级指标、17 个二级指标构成，体现的是劳动者的主动就业偏好。

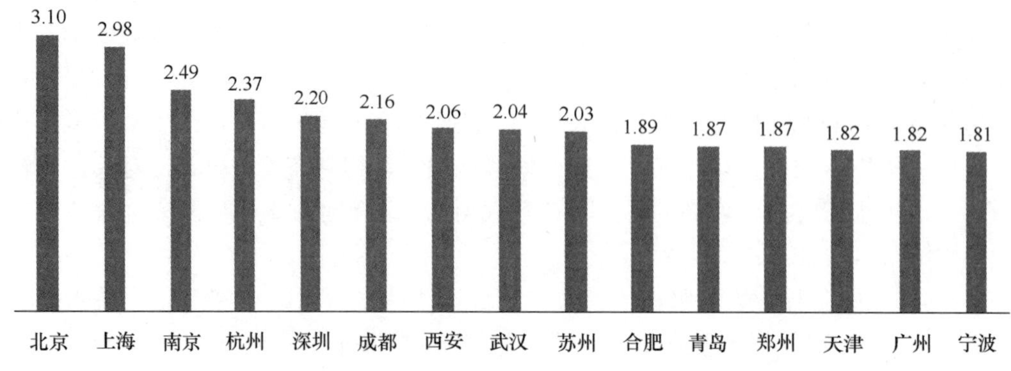

图36.7　2021年互联网人才吸引力指数排名前15位的城市

资料来源：BOSS 直聘研究院。

36.5　互联网行业人才的流动与渗透

2021 年，随着疫情防控进入常态化，经济逐渐复苏，人才在地域之间的流动也快速恢复，并且随着区域经济格局变迁及产业结构调整发生变化。2021 年，长三角城市群的互联网人才流动率上升至首位，互联网人才需求同比增长 40.2%，处于人才流入状态。与此同时，长三角城市群的互联网人才留存率也最高，达到 95%以上。

一线城市及京津冀城市群、成渝城市群的互联网人才处于轻微流出状态，离开的人群中，除了在城市群内部流动和流向新一线城市，更多互联网从业者开始去往三四线城市，再次印证了互联网人才分布的下沉趋势（见表 36.1）。

表 36.1　2021 年互联网行业从业者在不同地域之间的流动情况

城市群	人才流动率[1]	城市等级	相对一线城市人才流动率[2]
长三角城市群	1.01	三线城市	1.21
长江中游城市群	1.00	新一线城市	1.15
粤港澳大湾区	1.00	四线城市	1.15
成渝城市群	0.99	五线城市	1.14
京津冀城市群	0.98	二线城市	1.00

当前，随着互联网技术的不断创新和发展，互联网与传统产业的融合更加广泛深入。互联网技术应用从社交和消费领域向生产制造领域、从虚拟经济向实体经济快速延伸，相关人才需求也在快速增长。2021 年，在国民经济行业分类的全部大类中，互联网技术类岗位的人才需求规模均呈现较大幅度的增长，在各行业所有岗位需求中的比重也有不同幅度的提升。近一半的行业大类对互联网技术人才的需求较 2020 年同比增幅超过 50%，突出表现在硬件开发和人工智能两大专业技术领域。

互联网技术类岗位在新能源/环保行业中的渗透度提升最为明显，互联网相关技术岗位人

1　人才流动率=流入人才规模/流出人才规模。

2　相对一线城市人才流动率=从一线城市流入人才规模/流向一线城市人才规模。

才需求较 2020 年同比增长 96%，该行业中互联网技术岗位需求比重较 2020 年提升了 9.1 个百分点（见表 36.2）。各行业大类中，互联网后端开发和运维/技术支持类岗位需求在所有岗位中所占比重最为突出，超过 35%。随着各行业加速向数字化、网络化、智能化深度拓展，平台化设计、个性化定制、服务化延伸等新业态新模式不断涌现，互联网相关岗位在其中的渗透将不断加深。

表 36.2　2021 年互联网技术类岗位在各行业大类中的渗透情况

行业大类	互联网技术岗位需求同比增幅	互联网技术岗位需求比重增幅
新能源/环保	96.0%	9.1%
电力/热力/燃气及水生产和供应业	60.3%	4.3%
金融业	59.6%	6.3%
采矿业	58.2%	3.1%
制造业	55.7%	1.3%
交通运输、仓储和邮政业	52.8%	0.9%
公共管理、社会保障和社会组织	51.9%	−0.1%
卫生和社会工作	51.8%	0.2%
住宿和餐饮业	50.0%	0.1%
科学研究和技术服务业	44.5%	2.2%
居民服务、修理和其他服务业	39.2%	0.4%
批发和零售业	38.2%	1.1%
水利、环境和公共设施管理业	34.0%	0.6%
建筑业	31.6%	0.1%
租赁和商务服务业	29.6%	1.5%
文化、体育和娱乐业	28.0%	0.2%
房地产业	23.8%	0.1%
教育	23.8%	0.1%
农、林、牧、渔业	14.0%	−0.4%

36.6　互联网行业人才建设的展望与挑战

当前，我国互联网行业发展蹄疾步稳，工业互联网应用正在推动数字技术与实体经济深度融合，为制造强国和网络强国建设提供了强大的新动力。目前，我国网民总体规模已超过 10 亿人，居民数字化素养的提升，也为加速我国数字建设提供了内生动力。受疫情影响，各行业进一步扩大了对互联网先进技术的深度和高效使用，互联网人才需求仍将继续扩大。

与此同时，我们也应看到，互联网行业经过多年的持续繁荣之后步入成熟期和理性发展期，头部互联网企业开始战略收缩，精简组织架构，聚焦核心业务，完成新一轮的人才筛选和人才升级。整体来看，互联网行业对人才的要求更高，更趋于“量”与“质”并重。而在政策监管更加严格规范、市场竞争日益以核心技术能力创新和社会价值为驱动力的大背景下，企业更需要不断完善人才机制与用人体系，避免恶性竞争，致力于形成引才、聚才、育才、用才的良性循环，才能增强核心竞争力，保持竞争优势。

此外，和其他行业相比，互联网行业的人才流动相对较为频繁，如何留住人才成为互联网企业的长期命题。近年来，互联网行业在不断向三四线城市扩张，尤为典型的便是电商行业。下沉市场人才需求的增长一定伴随着人才建设和发展问题。目前，下沉市场存在快速增长的人才需求，但在工作内容的挑战性和可提升性、岗位能力画像、人才技能建设、岗位类型多样化、薪资福利等多个层面仍然处于发展阶段，与大城市存在较为明显的差距。如何深度结合本地发展规划，持续优化就业环境，打造小城特色产业的专有人才需求与人才吸引品牌，或将成为提高人才留存率的关键所在。

撰稿：张燕青、郭孟媛、田媛媛
审校：孙永革

第五篇

附录篇

2021 年影响中国互联网行业发展的 10 件大事

2021 年中国互联网企业综合实力指数

2021 年互联网和相关服务业运行情况

2021 年通信业统计公报

2021 年软件和信息技术服务业统计公报

2021 年电子信息制造业运行情况

附录A　2021年影响中国互联网行业发展的10件大事

一、国家高度重视发展数字经济，加快数字化发展步伐

2021年3月，《中华人民共和国国民经济和社会发展第十四个五年规划和2035年远景目标纲要》发布，对我国互联网发展进行了全方位布局。在此之后，信息化领域“十四五”专项规划陆续出台，就推动数字化发展、建设数字中国作出重要部署。2021年10月，习近平总书记在主持十九届中共中央政治局第三十四次集体学习时进一步强调，要站在统筹中华民族伟大复兴战略全局和世界百年未有之大变局的高度，统筹国内国际两个大局、发展安全两件大事，充分发挥海量数据和丰富应用场景优势，促进数字技术与实体经济深度融合，赋能传统产业转型升级，催生新产业新业态新模式，不断做强做优做大我国数字经济。

二、《数据安全法》《关键信息基础设施安全保护条例》《个人信息保护法》正式实施，全方位保障网络空间安全

2021年6月起，《数据安全法》《关键信息基础设施安全保护条例》《个人信息保护法》陆续实施，为行业提供了更加细致、可操作的法律依据和行为规则，进一步夯实了互联网法律体系的制度基础，标志着我国网络安全保障迈入新阶段。

三、反垄断指南等政策相继出台，App侵害用户权益及互联网市场秩序专项整治行动深入推进，加速互联网企业合规发展进程

2021年2月，《国务院反垄断委员会关于平台经济领域的反垄断指南》正式印发，首次系统回应了互联网平台垄断挑战，释放互联网平台不是反垄断法外之地的明确信号。10月，《中华人民共和国反垄断法（修正草案）》公布，这是我国《反垄断法》自发布以来的首次修正，加大了对垄断行为的处罚力度，并有效防止了资本无序扩张。与此同时，工业和信息化部持续纵深推进App侵害用户权益治理，并于2021年7月启动了互联网行业专项整治行动。

以上一系列法规、专项的实施对压实企业主体责任，营造公平竞争、安全有序的互联网市场环境起到了显著作用。

四、中共中央办公厅、国务院办公厅印发《关于加强网络文明建设的意见》，营造清朗网络空间

当前，国家高度重视网络文明建设。2021 年 6 月起，中央网信办部署开展了“清朗·‘饭圈’乱象整治”等一系列专项行动，持续发力净化网络生态。9 月，中共中央办公厅、国务院办公厅印发《关于加强网络文明建设的意见》，进一步推动网络文化实现良性发展，共同营造文明健康的网上精神家园，为网络文明建设提供了遵循、指明了方向。

五、我国网民总体规模超过 10 亿人，开启数字基建发展新篇章

截至 2021 年 6 月，我国网民总体规模超过 10 亿人，庞大的网民规模为加速我国数字新基建提供了内生动力。一方面，5G 网络建设及应用有序推进，我国已建成全球规模最大的 5G 独立组网网络。截至 2021 年 11 月，我国已累计建成开通 5G 基站超过 139 万个，虚拟专网、混合专网超过 2300 个，加快形成适应行业需求的 5G 网络体系。另一方面，IPv6 规模部署纵深发展。2021 年，我国 IPv6 网络和终端逐步推进，IPv6“高速公路”全面建成，我国 IPv6 网络基础设施规模全球领先。

六、“5G+工业互联网”步入发展“快车道”，深化融合应用纵横探索

2021 年，“5G+工业互联网”发展环境持续向好。一是基础设施支撑能力持续升级。应用于工业互联网的 5G 基站超过 3.2 万个；跨行业、跨领域工业互联网平台达到 15 个，具有一定区域和行业影响力的平台超过 100 家，接入设备总量超过 7600 万台套。二是行业应用水平不断提升。“5G+工业互联网”全国在建项目已超过 1800 个，覆盖 20 余个国民经济重点行业和领域，打造了上万个 5G 应用创新案例。三是技术标准加速落地。工业 5G 模组作为工业终端的核心器件，通用 5G 模组标准已初步形成，模组种类不断增加、市场价格持续下降，为大规模应用铺平了道路。“5G+工业互联网”的融合发展将进一步深化拓展工业 5G 应用，赋能实体经济数字化、网络化、智能化转型升级。

七、我国企业积极构建开放创新的开源生态体系，推动深度信息技术创新发展

2021 年，我国企业积极构建开源平台，百度飞桨在中国深度学习平台市场中的综合份额

持续增长，跃居第一。根据 GitHub 统计，中国开发者已成为全球最大规模的开发者群体。在操作系统方面，2021 年，华为正式发布 HarmonyOS 2.0 手机操作系统和欧拉数字基础设施操作系统，实现统一操作系统支持多设备，应用一次开发覆盖全场景。开源创新体系和全新操作系统对推动我国深度信息技术创新具有重大战略意义。

八、我国正式申请加入《数字经济伙伴关系协定》，驱动数字贸易快速发展

当前，在数字经济高速发展的背景下，各国普遍认识到数字贸易的巨大潜力和重要性，我国以开放的态度积极参与全球数字经贸规则制定。2021 年 10 月，商务部等 24 个部门发布关于印发《"十四五"服务贸易发展规划》的通知，首次将"数字贸易"列入服务贸易发展规划，明确未来一个时期我国数字贸易发展的重点，并为数字贸易示范区的建设指出了明确路径。11 月，我国正式申请加入《数字经济伙伴关系协定》（DEPA），愿与各方合力推动数字经济国际合作，共同促进数字经济创新与健康有序发展。

九、数字技术赋能行业低碳转型，助力实现碳达峰、碳中和

当前，全球气候变化形势日益严峻，我国碳达峰、碳中和目标在全球气候治理中意义重大。2021 年 3 月，习近平总书记主持召开中央财经委员会第九次会议并发表重要讲话时强调，实现碳达峰、碳中和是一场广泛而深刻的经济社会系统性变革，要把碳达峰、碳中和纳入生态文明建设整体布局，拿出抓铁有痕的劲头，如期实现 2030 年前碳达峰、2060 年前碳中和的目标。11 月，工业和信息化部、中国人民银行、银保监会、证监会联合发布《关于加强产融合作推动工业绿色发展的指导意见》；12 月，工业和信息化部印发《"十四五"工业绿色发展规划》。在政府的引导下，数字技术将持续助力工业数字化、智能化、绿色化融合发展，为我国实现碳达峰、碳中和目标提供重要支撑。

十、适老化服务和乡村振兴建设全面推进，助力跨越"数字鸿沟"

自 2021 年以来，我国全力推进适老化改造。1 月，工业和信息化部互联网应用适老化及无障碍改造专项行动正式启动；4 月，工业和信息化部部署进一步抓好互联网应用适老化及无障碍改造专项行动实施工作，发布《互联网网站适老化通用设计规范》和《移动互联网应用（App）适老化通用设计规范》。在促进解决乡村"数字鸿沟"问题方面，我国持续助力乡村数智化转型，《数字乡村建设指南 1.0》于 9 月正式发布。总体来看，工业和信息化部将平稳有序推进相关工作落地，多措并举扎实助力全社会跨越"数字鸿沟"。

附录 B　2021 年中国互联网企业综合实力指数

一、研究方法

（一）研究对象和研究思路

2021 年，中国互联网企业综合实力指数研究的主要对象是持有增值电信业务经营许可证或其他研究领域内必要的资质与牌照、营业收入主要通过互联网业务实现、主要收入来源地或运营总部位于中国大陆地区、无重大违法违规行为的企业。对于集团公司的全资子公司或绝对控股的子公司，原则上以集团总公司的名义统一填报；对于集团公司控制权比例小于 50%的参股公司，可以独立填报；若绝对控股子公司独立运营，且主营业务收入主要来源于市场，可独立填报。

本次的研究思路为：首先，确定项目的总体目标，明确项目的研究对象、数据来源和数据周期，并构建指标体系的评价原则和评价维度；其次，选取能够代表相关维度的指标项，并对指标项权重进行赋值；最后，通过多种渠道收集有关数据，进行数据审核验证，并依据指标体系进行量化计算，形成评价结果。

（二）数据来源和数据审核

本次研究的数据基础是企业 2020 年度数据，数据来源包含上市公司财务报告、拟上市公司招股说明书、企业审计报告、所得税纳税申报表、第三方数据平台监测数据和企业自主填报数据等多种渠道，并对数据进行审核验证和补充。

2021 年 4 月，中国互联网协会发布《关于开展 2021 年中国互联网企业综合实力研究工作的通知》，企业积极配合研究工作，自主参与填报年度发展数据。5—7 月，中国互联网协会开展并完成数据收集和审核工作，重点对下列内容逐项核查：企业经营许可证情况核查、企业主营业务类型核查、企业数据真实性和准确性核查及企业诚信和合法合规性核查等。为确保研究工作的严谨性，对于自身情况不符合填报要求、填报材料不符合要求、数据真实性与准确性存疑的企业，本年度不纳入研究范围。本次研究遵循量化指标计算的客观性原则和指标及评价方法的科学性原则。

（三）评价维度和方法

中国互联网企业综合实力研究选取代表企业的规模、盈利、创新能力、成长性、风险防控能力和社会责任六大维度（见图 B.1）的 10 类核心指标，综合行业发展态势和专家意见对指标设置权重，加权计算生成综合得分作为企业的最终得分，对候选的互联网企业进行排序，取前 100 名企业作为 2021 年中国互联网企业综合实力前百家企业。

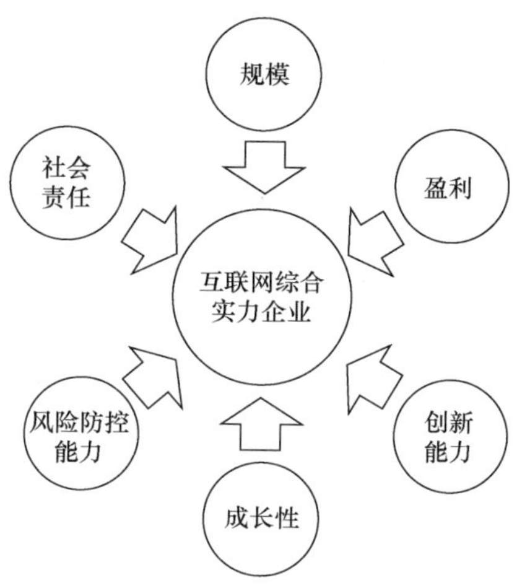

图B.1　2021年中国互联网综合实力企业评价维度

中国互联网企业综合实力指数（CICCI）以入选《中国互联网企业综合实力指数》的前百家企业为主要研究对象，就互联网业务营业收入、盈利、研发投入等维度进行统计分析，采用年度滚动编制，旨在反映中国互联网企业综合竞争能力的变化情况。指数计算主要考虑两大因素：一是趋势增长系数，即前百家企业整体互联网业务营业收入、盈利、研发投入等指标的年度变化；二是结构优化系数，即前百家企业之间相对竞争力的结构变化情况。中国互联网企业综合实力指数包括规模指数、盈利指数和创新指数 3 个分指数，分别从 3 个细分维度计算前百家企业的竞争实力变化。

中国互联网成长型企业研究选取代表企业的发展潜力、创新能力和社会责任三大维度（见图 B.2）的 8 类核心指标，综合行业发展态势和专家意见对指标设置权重，加权平均计算生成综合得分作为企业的最终得分，对未进入互联网前百家企业的候选企业进行排序，取前 20 名企业作为 2021 年中国互联网成长型前 20 家企业。

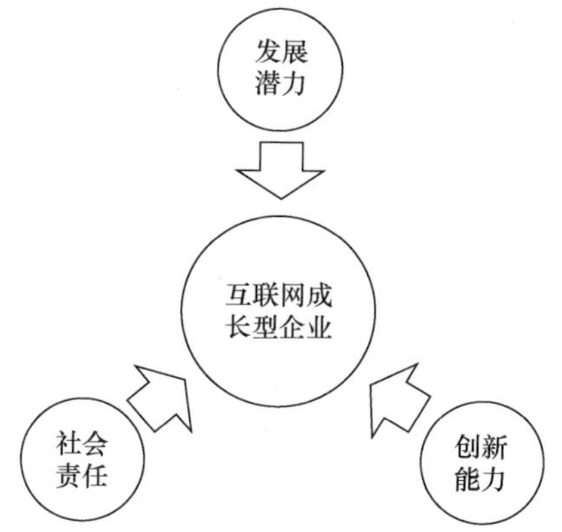

图B.2　2021年中国互联网成长型企业评价维度

二、2021 年中国互联网综合实力企业总体评述

（一）我国互联网行业总体保持良好发展态势

2020 年，我国互联网产业稳步发展，以互联网为基础的新一代信息技术已经成为引领创新和驱动发展的动力源，为稳经济、惠民生、增活力、促发展发挥重要作用。如图 B.3 所示，以 2013 年[1]为基础，自 2013 年至今，我国互联网企业综合实力呈逐年增长态势。具体来看，2021 年指数值高达 616.5 分，较 2020 年增长 16.6%，较 2013 年增长 516.5%。

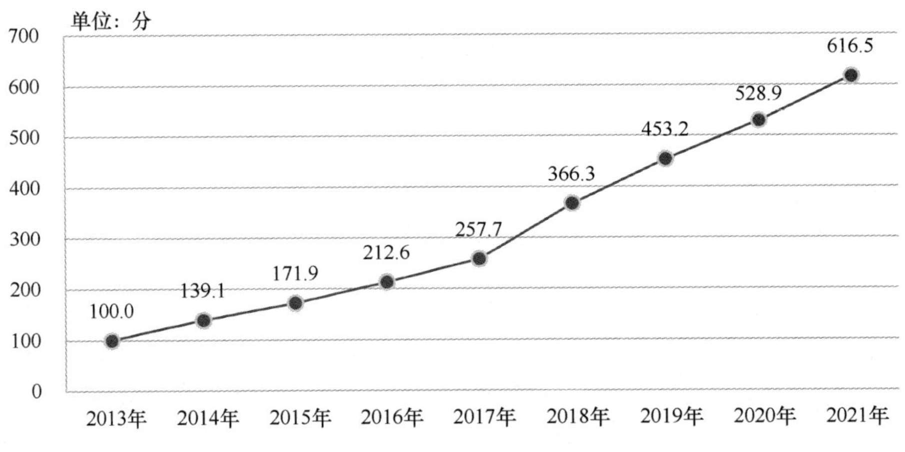

图B.3　中国互联网企业综合实力指数

规模指数通过计算前百家企业互联网业务营业收入规模、用户规模、员工规模等规模因素的年度变化，以及前百家企业的规模能力得分的分布结构，得出以下结论：如图 B.4 所示，2021 年规模指数值为 893.6 分，较 2020 年增长 13.7%。

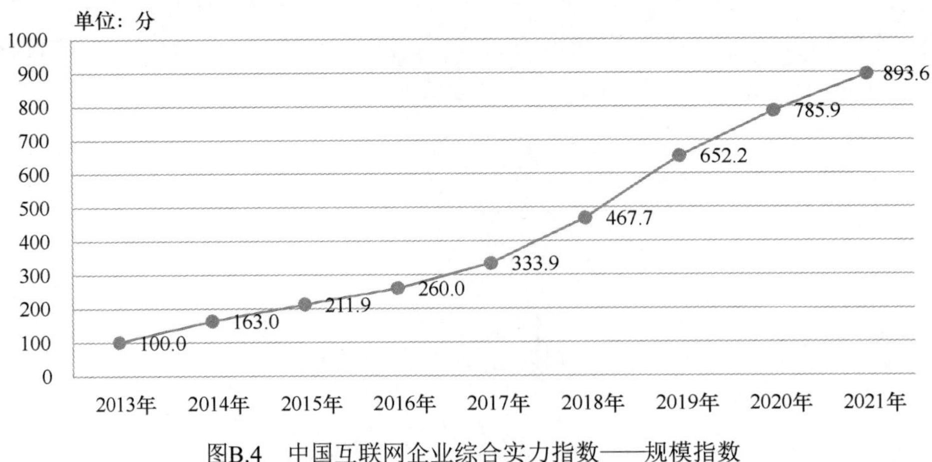

图B.4　中国互联网企业综合实力指数——规模指数

1 2013 年为中国互联网综合实力研究的第一年。

盈利指数通过统计分析前百家企业经营利润总规模的年度变化及盈利能力得分的分布结构，得出以下结论：如图 B.5 所示，2021 年盈利指数值达到 358.2 分，较 2020 年增长 20.7%。

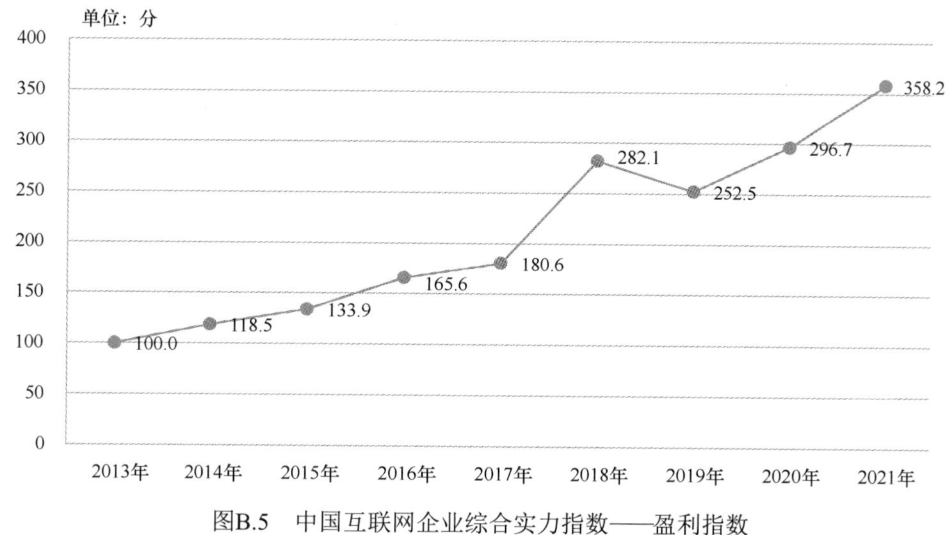

图B.5　中国互联网企业综合实力指数——盈利指数

创新指数通过统计分析前百家企业研发投入总规模的年度变化及创新能力得分的结构分布，得出以下结论：如图 B.6 所示，2021 年创新指数值为 523.3 分，较 2020 年增长 14.8%。

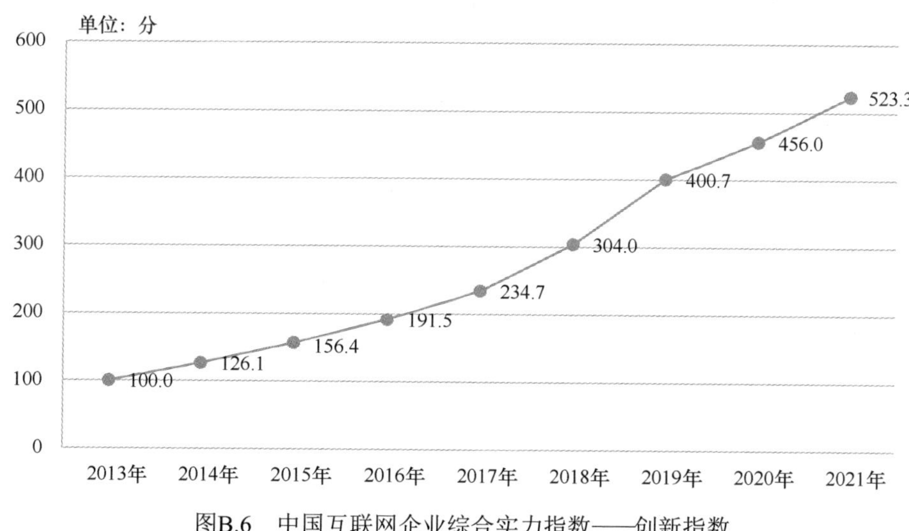

图B.6　中国互联网企业综合实力指数——创新指数

综上所述，从规模指数、盈利指数和创新指数 3 个分指数的具体数值来看，盈利指数较 2020 年同比增长率最高，表现最为突出。

（二）营业收入规模再创新高，盈利能力不断加强

2020 年，互联网各主营业务稳定开展，新业务增长强劲，业务生态逐步成熟，推动企业较快发展，中国互联网综合实力前百家企业营业收入规模再创新高。2021 年，前百家企业互联网业务总收入达 4.1 万亿元，同比增长 16.9%。

头部企业营业收入集中度持续提升。如图 B.7 所示，据统计，从前百家企业营业收入规模来看，2020 年，排名前 2 位的头部企业营业收入总额占前百家企业营业收入总额的 27.3%，排名前 10 位的头部企业营业收入总额占比达到 64.5%，排名前 20 位的企业营业收入总额占比达到 86.1%，头部企业集中度持续上升。

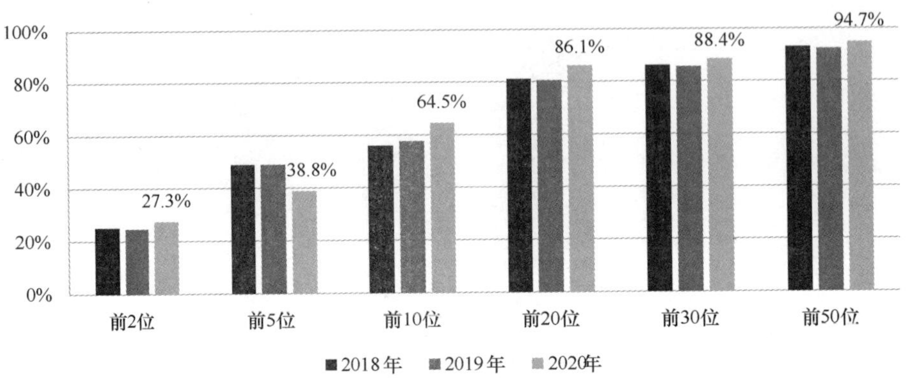

图B.7　2018—2020年中国互联网前百家企业营业收入占比情况

盈利增速创 3 年新高，总规模迈上新台阶。2020 年，中国互联网前百家企业营业利润总额达 4426.9 亿元，同比增长 39.4%，增速较上一年度增加 5.4%，增速创 3 年新高。随着互联网企业转变经营发展理念、提升供给专业化水平、强化精细化管理、完善集约化运营体系，盈利能力有效提升。

盈利水平两极分化现象加剧。如图 B.8 所示，综合实力前百家企业中营业利润率达 30%以上的企业有 21 家，较 2019 年增加 2 家。2020 年，受全球疫情持续蔓延因素影响，互联网行业经营环境发生巨大转变，具体来看，2020 年部分互联网企业面临经营压力；部分互联网垂直产业发展受挫，交易规模大幅下滑。从营业利润规模分布来看，如图 B.9 所示，2020 年，综合实力前百家企业中盈利在 10 亿元以上的企业有 33 家，与 2019 年持平，亏损企业有 26 家，较 2019 年增加 6 家。短期来看，电子商务、在线旅游、网约车等产业受到不同程度的阶段性负面影响，在线教育、网络游戏等业务需求激增。

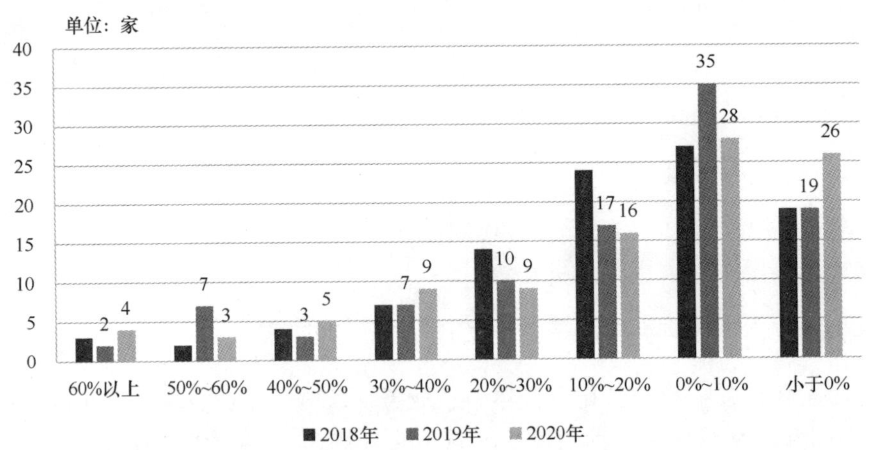

图B.8　2018—2020年中国互联网前百家企业营业利润率分布

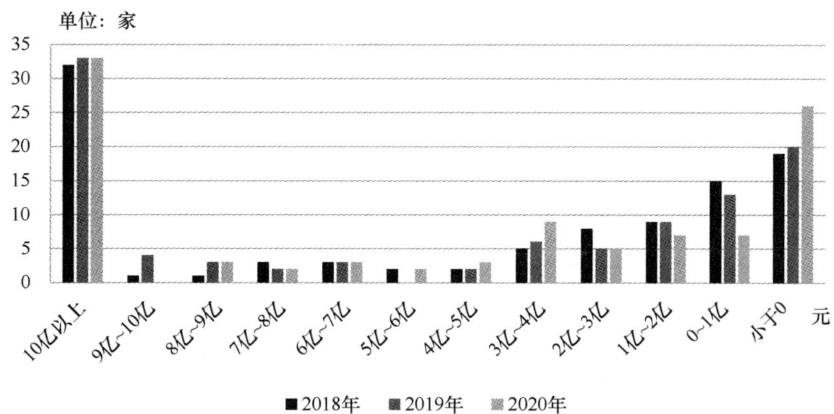

图B.9　2018—2020年中国互联网前百家企业营业利润规模分布

（三）研发投入持续加码，发明专利比例大幅提升

2021 年全国两会通过的《国民经济和社会发展第十四个五年规划和 2035 年远景目标纲要》中，在“坚持创新驱动发展，全面塑造发展新优势”这一首要措施中将强化国家战略科技力量置于首位，并指出要“加快数字化发展，建设数字中国”。2020 年，我国互联网企业抢抓互联网创新发展的战略机遇，把提升创新能力放在更加突出的位置，持续加大研发投入，加强创新基地和平台建设，保持创新优势，深化互联网在垂直行业的融合应用。

研发投入高速增长。2020 年，我国互联网企业充分发挥企业的创新引领作用，持续激发创新活力，积极开发新产品、研究新技术、探索新业态、开拓新模式。据统计，如图 B.10 所示，2020 年，中国互联网前百家企业的研发投入达到 2069 亿元，同比增长 16.8%，高于 2020 年 15.2%的增速；平均研发投入占比达 9.8%，与 2020 年基本持平；整体研发强度为 4.72%，高于 2019 年的 4.6%。由此可见，互联网企业不断加大研发经费投入力度。

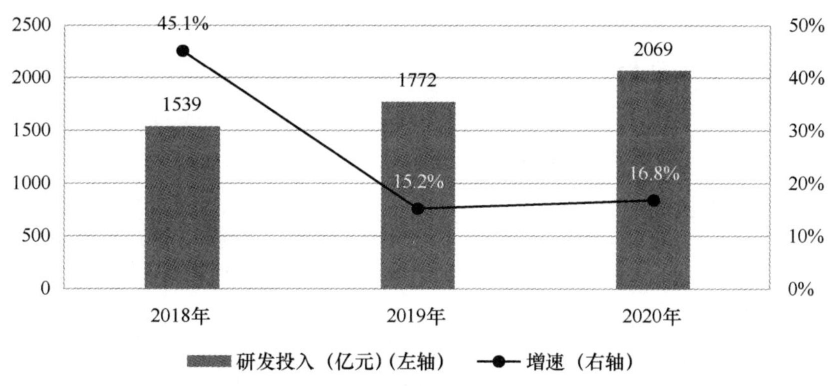

图B.10　2018—2020年中国互联网前百家企业研发投入和增速

专利数量快速发展，发明专利比重大幅提升。近年来，互联网企业尤为重视通过专利布局来保护自身产品、技术。如图 B.11 所示，2020 年，中国互联网前百家企业专利总数达到约 19.3 万项，同比增长 76%，其中发明专利总数量达到 15 万项，同比增长 90%，发明专利占比大幅度增长，达到 78.0%。从专利数量的分布情况看，如图 B.12 所示，专利数量在 100

项以上的前百家企业数量达到 40 家，比 2019 年的 35 家有较大幅度的增长。总体来看，互联网企业大力发展具有自主知识产权的核心技术，专利布局较为活跃。

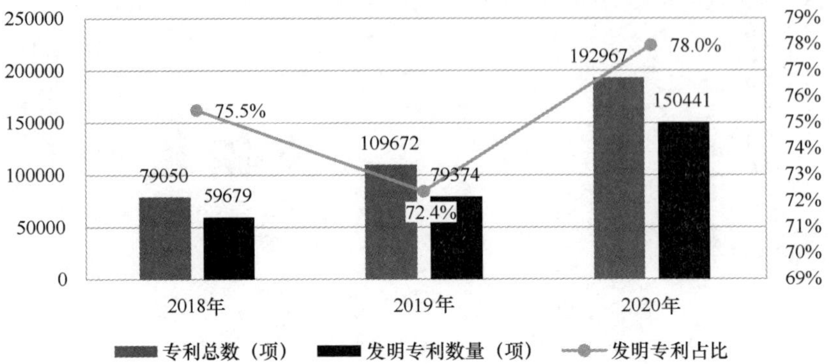

图B.11 2018—2020年中国互联网前百家企业专利数量和发明专利占比

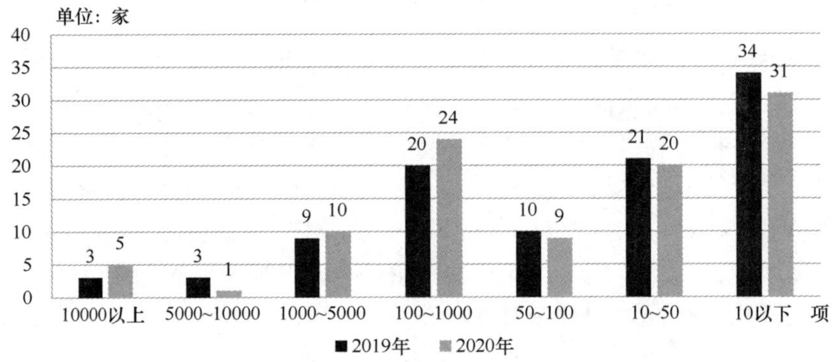

图B.12 2018—2020年中国互联网前百家企业专利数量分布

互联网企业不断加大研发投入，高度重视人才队伍建设。近年来，我国互联网企业愈加关注人才发展，通过营造开放创新、尊重专业的氛围，不断焕发员工的创造力。如图 B.13 所示，从研发人员占比情况看，研发人员占员工总数比例在 40%以上的中国互联网前百家企业有 59 家，较 2019 年（50 家）增加 9 家。未来，随着国家实施创新驱动战略，互联网企业将不断强化高新科技人才培养和队伍建设力度。

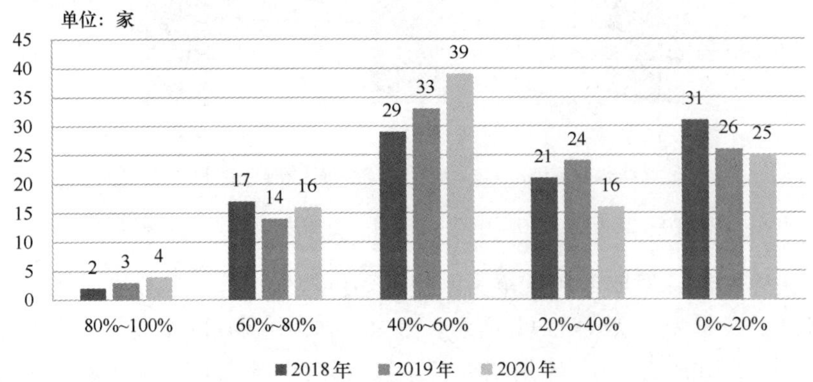

图B.13 2018—2020年中国互联网前百家企业研发人员占比情况

（四）网络文娱产业蓬勃发展，企业地理聚集特征更加显著

网络文娱产业蓬勃发展。在“互联网+”大方向的指引下，我国网络文娱产业迎来发展契机，游戏、影视、文学、动漫、音乐等“互联网+文化娱乐”业态广泛互联并深度融合，逐渐成为数字经济发展的重要支柱。如图 B.14 所示，开展网络游戏和网络音视频业务的企业分别有 28 家和 20 家，总共比 2019 年增加 9 家，是中国互联网前百家企业涉及最广泛的业务种类。其他业务包括电子商务 16 家、互联网公共服务[1]13 家、云服务 13 家、生活服务 12 家、网络媒体 12 家、互联网金融 11 家、数据服务 10 家、实用工具 9 家、社交网络 7 家、生产制造服务 5 家、搜索服务 2 家、网络安全服务 2 家、互联网接入服务 1 家。前百家企业全面覆盖互联网主要业务，特别是传统产业的数字化转型升级进一步提速，产业互联网将迎来新的发展阶段。

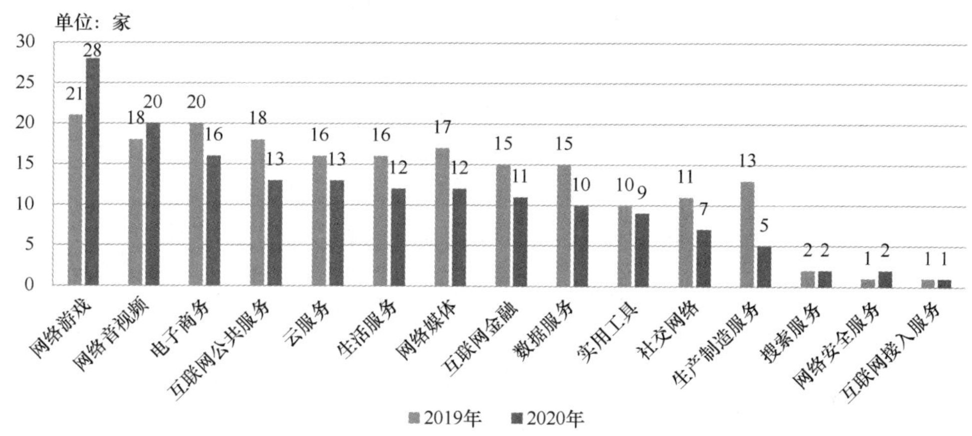

图B.14　2019—2020年中国互联网前百家企业业务分布情况

地理聚集特征更加显著。我国优秀的互联网企业分布存在明显的聚集效应。如图 B.15 所示，京津冀地区、长三角地区、珠三角地区集中了超过 80%的中国互联网前百家企业。以北京为中心的京津冀地区是互联网企业主要的聚集地，前百家企业中有 39 家在京津冀地区，其次是以上海为中心的长三角地区，前百家企业有 29 家，珠三角地区前百家企业有 15 家。

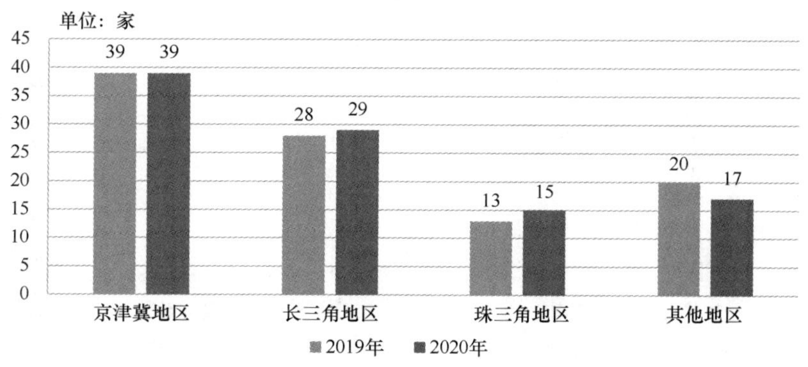

图B.15　2019—2020年中国互联网前百家企业区域分布

1 互联网公共服务包含电子政务、互联网医疗健康、在线教育、网络出行、物流交通等。

（五）风险防控能力处于健康水平，企业上市选择呈现回归

偿债能力和风险防控能力处于健康水平。企业偿债能力是反映企业财务状况和经营能力的重要标志。根据测算，2020 年，中国互联网前百家企业债务保障率的平均水平是 83.4%，显示出较强的偿债能力和风险防控能力。如图 B.16 所示，前百家企业中，债务保障率在 50%以上的企业有 29 家，在 20%以上的有 52 家。互联网企业要持续在财务风险防控上下功夫，树立正确的财务风险观念，建立良好的财务风险制度，确保互联网企业健康运营。

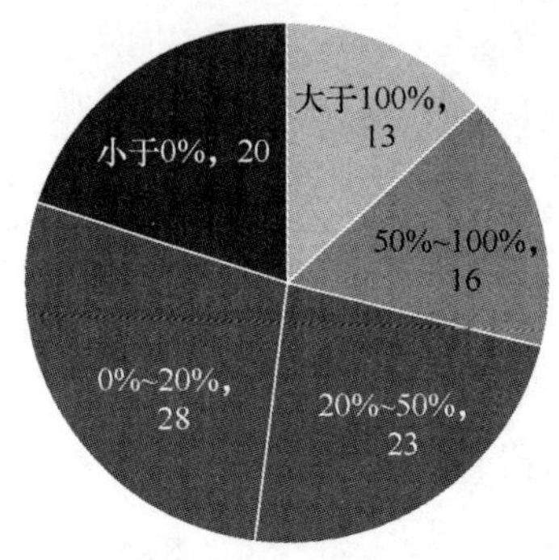

图B.16　2020年中国互联网前百家企业债务保障率分布

自 2012 年以来，在境外上市的企业数量持续下降。如图 B.17 所示，中国互联网前百家企业的上市地数据显示，2012—2020 年，境外上市的比例从 32%降至 22%，在中国内地、中国香港上市的企业从 22%上升至 36%。整体来看，2020 年，全球投融资总体处于低谷期，我国投融资市场呈现先冷后暖态势。新冠肺炎疫情使得我国经济受到相应影响，随着我国对疫情的有效防控，经济逐渐复苏，资本市场热度有所减缓，投融资市场逐渐回暖。

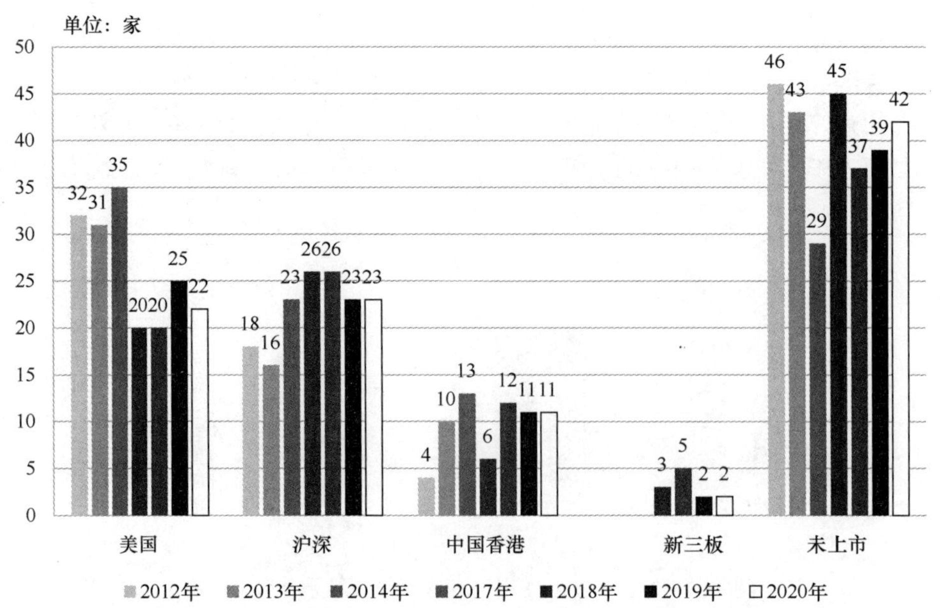

图B.17　2012—2020年中国互联网前百家企业上市地情况

（六）经济和财政拉动作用显著，互联网与实体经济融合不断深化

经济和财政拉动作用显著。如图 B.18 所示，2020 年，中国互联网前百家企业的员工数量达到约 172.8 万人，较 2019 年增长约 26 万人，同比增长 17.7%；2020 年，前百家企业的纳税总额达 1031.6 亿元，较 2020 年增长 80.4 万元，同比增长 8.5%。前百家企业纳税总额占我国纳税总额规模的比重从 2019 年的 0.60%上升至 2020 年的 0.67%，作为国民经济中的重要组成部分，我国互联网行业逐步发展成为带动就业和拉动税收的关键驱动力。

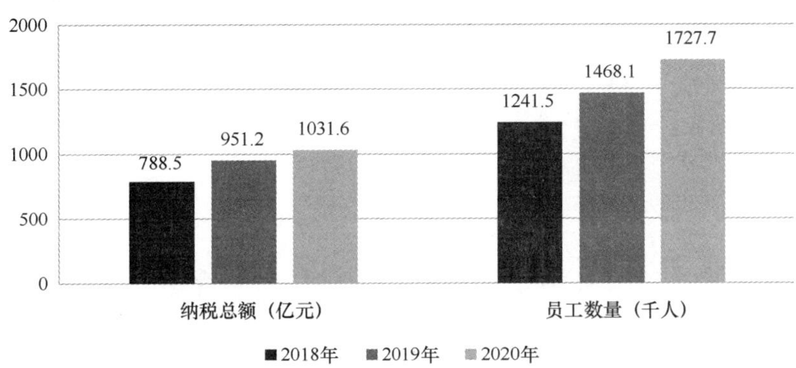

图B.18　2018—2020年中国互联网前百家企业纳税总额和员工数量

新就业、灵活就业应运而生。大数据、云计算、人工智能、物联网等新兴产业的蓬勃发展带动了大量就业需求，同时孕育了一批新的岗位，未来将进一步激发新就业、新职业、新创业活力。一方面，新职业、新岗位应运而生。新媒体、电子商务、工业互联网、人工智能、共享经济、本地生活等行业蓬勃发展，带动新媒体运营、社群运营、小游戏开发工程师等用工需求增加，催生出人工智能训练师、生鲜供应链管理师等新职业，持续带来新的就业增长机会。另一方面，灵活就业快速发展壮大，在就业中的比重快速增加。就业共享平台为需求方与劳动者提供了对接平台，通过灵活就业方式临时上岗、随时返岗，为商户解决了短期内的劳动力闲置问题，降低了供需双方的沟通成本和交易成本，丰富了劳动者的就业渠道。

营业收入规模占数字经济规模的比重持续上升。如图 B.19 所示，前百家企业互联网业务总收入占我国数字经济规模的比重从 2019 年的 9.80%上升至 2020 年的 10.50%，互联网前百家企业对数字经济的贡献显著，显示出我国互联网企业在数字经济发展中的重要性与日俱增。

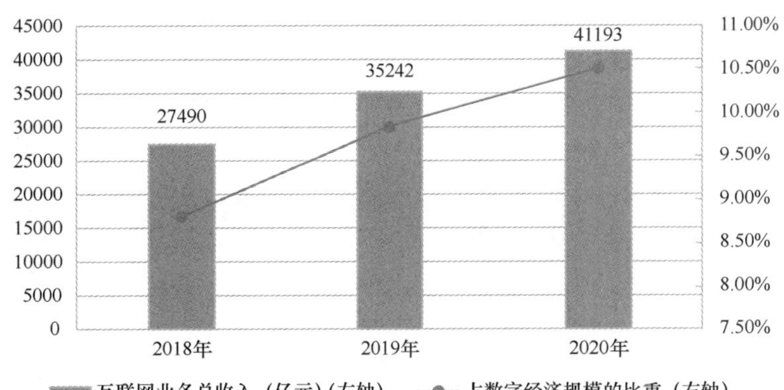

图B.19　2018—2020年中国互联网前百家企业互联网业务总收入和占数字经济规模的比重

产业互联网蓬勃发展。数字经济时代，产业互联网是新动能、新产业、新发展的核心力量，是互联网技术与国民经济各行各业深度融合而产生的新业态、新模式。近年来，产业互联网已逐渐渗透电子、机械、钢铁、石化、汽车等制造业各主要门类，与能源、交通、医疗、物流等行业融合程度不断加深。如图 B.20 所示，2020 年，前百家互联网企业中有 29 家企业开展了产业互联网业务，这 29 家企业的互联网业务收入占前百家企业互联网业务收入总数的 75.5%，比 2019 年的 74.6%有了进一步提升。由此可见，互联网与传统产业跨界融合更为广泛、深刻，产业互联网发展步伐进一步加快。

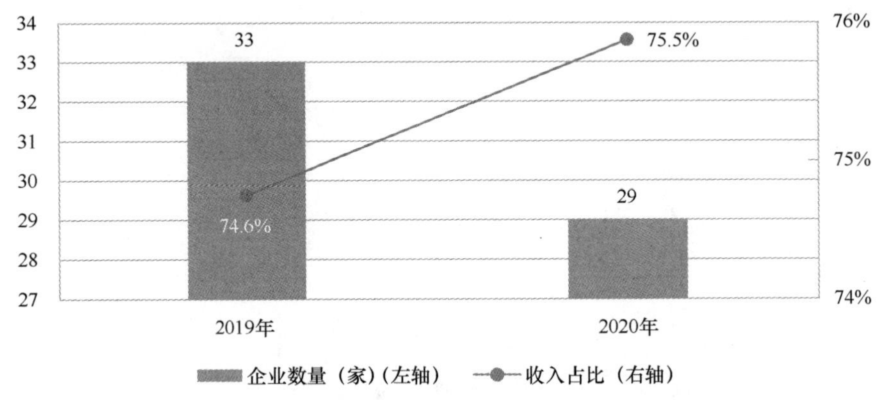

图B.20　2019—2020年产业互联网企业数量和收入占比

云服务持续助力传统产业转型升级。云战略已成为互联网企业发展转型的必然趋势。如图 B.21 所示，作为产业互联网领域的代表，在前百家企业中，开展云服务的企业共 13 家，企业研发投入增速达 17.2%，平均研发强度达 10.5%，高出前百家企业 6 个百分点；研发人员占比达 37.2%，高出前百家企业 20 个百分点。随着互联网的发展，云服务市场需求必将越来越大，也将为中国经济社会转型升级注入强劲动力。

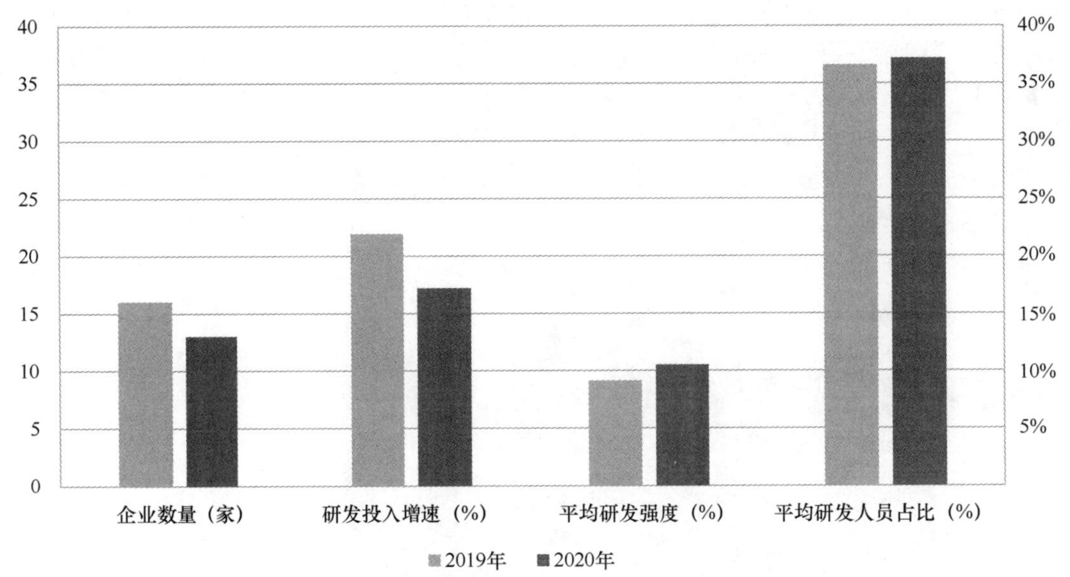

图B.21　2019—2020年云计算企业数量和研发情况

三、2021年中国互联网成长型企业总体评述

（一）成长型企业保持高速发展势头，员工规模与经济效益同步增长

2020年，中国互联网成长型前20家企业保持高速发展势头，互联网业务收入同比增速达96.8%，较2019年提升8.5个百分点，增速是互联网前百家企业的5.8倍。其中，35%的企业互联网业务收入同比增速超过100%，展现出巨大的发展潜力，为整个互联网行业带来了创新与活力。

成长型企业不仅在创收方面突破历史新高，在提供就业岗位方面也不断贡献力量。2020年，中国互联网成长型前20家企业的员工规模同比增速达65.9%，较2019年提升34.1个百分点，增速高出前百家企业28个百分点，其中，有30%的企业员工规模同比增速超过100%。可见，成长型企业正处于快速发展阶段。

（二）研发投入强度持续提升，科创人才占比居历史高位

中国互联网成长型前20家企业高度重视科技创新，持续加大研发投入力度，2020年研发投入强度达8.25%，高出前百家企业3.5个百分点，其中，55%的企业研发投入强度超过20%。成长型企业研发规模同比增速达28.9%，有45%的企业研发规模增速超过50%，高额的研发成本有望在不久的未来，转化为新的经济效益。

从研发人员方面来看，成长型企业平均研发人员占比达46.9%，较2019年提升8.6个百分点，研发人员占比超过50%的企业占比达40%。研发人员同比增速达12.5%，较2019年下降11.3个百分点。在专利数量方面，成长型企业专利总数达450项，其中发明专利达325项，占比达72.2%。成长型企业持续加大科技创新力度，研发人员规模保持稳定增长，科创人才的储备与培养为互联网企业的高速发展提供了坚实保障。

（三）聚焦产业链服务，助力企业级客户提升运营效率

中国互联网成长型前20家企业聚焦以云服务、数据服务和生产制造服务为代表的产业链服务，深挖企业客户需求，运用云计算、大数据、人工智能等新一代信息技术不断提升企业级客户的运营效率，优化采购链、物流链、业务链的运转流程，降低经营成本，满足数字化水平不断提升的市场需求。云服务目前正处于高速发展阶段，在实际应用中，混合云产品可最大限度地降低企业IT架构转型上云产生的试错成本，保障用户的业务稳定。

四、中国互联网行业未来发展趋势展望

（一）互联网企业以平台经济、数据安全等治理要求为导向推动平台经济长期健康发展

自2019年年底开始，互联网行业步入强化监管阶段，我国在一段时间内将持续推进平

台经济、网络数据与个人信息保护等治理工作。首先，在促进平台经济健康发展方面，2021年的《政府工作报告》提出，支持平台企业创新发展、增强国际竞争力，同时要依法规范发展；强化反垄断和防止资本无序扩张，坚决维护公平竞争市场环境。此外，随着网络数据呈几何式增长，数据安全威胁和隐患日益加剧，个人信息不断遭遇泄露，数据治理已经成为全球网络治理的核心问题。下一步，我国将不断加大力度推进网络数据与个人信息保护，除加快网络数据与个人信息保护立法进程及加强数据执法力度外，更加重视新兴领域的个人数据安全风险。

未来，在监管部门的引导下，各平台将更加自觉地履行法律责任与社会责任，形成开放包容的发展环境，激发市场主体创新创造活力，推动平台经济规范、健康、持续发展。

（二）数字化消费蓬勃发展，双循环新型动能不断加强

当前，我国数字化消费潜力得到进一步挖掘，数字化消费蓬勃发展。数字技术提供新的数字产品，涉及工作、学习、消费、娱乐、社交等多种场景，围绕人们不断升级的消费需求，新产品、新服务层出不穷。新冠肺炎疫情暴发以来，以游戏、阅读、视频等为代表的线上内容产业迎来发展新风口，满足大众个性化、多样化消费需求。医疗养老、交通出行等线上线下融合的新型消费加快发展，将推动消费结构优化升级和产业供给能力加速提升，使各类数字产品在物联网、大数据、云计算、人工智能等技术的推动下加快智能化升级。文化资源的数字化转换及开发利用加快发展，数字创意内容和服务不断丰富。数字化消费政策体系持续健全，网上预约、网络支付、结果查询等服务得到健康发展，安全、高效、有序的数字消费环境逐渐形成。

（三）加快工业互联网创新发展，助推实体经济数字化转型

工业互联网驱动的数字化转型日益成为新工业革命的核心。当前，以新一代信息技术为主要驱动的第四次工业革命进一步加快，实体经济各领域面临全面、深刻的数字化转型发展道路。工业互联网是新一代信息技术与工业系统全方位深度融合的产物，通过全面连接打通了工业体系和产业链、价值链，实现数据的充分采集、流动、集成和建模分析，同时为数据与知识模型等提供低成本的存储、计算、安全保障资源。基于此，利用工业互联网，一方面，推动数据驱动、智能优化的新工业范式加速普及，助力传统产业转型升级；另一方面，催生供应链金融、平台经济、共享经济等关联产业，延展产业价值链条，支撑产业高端化、智能化发展。工业互联网为实体经济数字化转型提供持久、可靠动力，成为制造业乃至实体经济数字化转型的共性框架、关键路径和方法论。

（四）数字货币试点场景不断拓展，应用进程有望加速

作为数字时代的重要金融基础设施，当前我国数字人民币布局已取得阶段性进展。具体来看，我国数字人民币试点范围有序扩大，数字人民币业务应用场景逐步丰富，应用模式持续创新，系统运行总体稳定，相关交易量快速增大，围绕数字人民币的新生态正逐渐形成。随着数字人民币的渗透率不断提升，其使用的便捷性和普惠性将逐步展现，对我国经济发展也会起到更广泛的促进作用。未来，基于数字人民币的金融新业态发展、金融监管体系的完

善、数字人民币的货币政策传导机制，以及数字人民币的国际化、与经济社会相适应的应用新模式等，都将是继续深入和探索的主要方向。数字人民币是加快数字化发展的助推器，在网络技术和数字经济蓬勃发展的推动下，数字人民币生态体系将进入发展“快车道”。

2021 年中国互联网综合实力前百家企业如表 B.1 所示，2021 年中国互联网成长型前 20 家企业如表 B.2 所示，连续 9 年名列中国互联网综合实力前百家企业如表 B.3 所示。

表 B.1　2021 年中国互联网综合实力前百家企业

排名	企业名称	主要业务与品牌	所属地
1	阿里巴巴（中国）有限公司	淘宝、天猫、阿里云、高德	浙江省
2	深圳市腾讯计算机系统有限公司	微信、腾讯视频、腾讯云、腾讯会议	广东省
3	百度公司	百度搜索、百度智能云、小度、Apollo 自动驾驶开放平台	北京市
4	京东集团	京东、京东物流、京东健康	北京市
5	美团公司	美团、大众点评、美团外卖	北京市
6	北京字节跳动科技有限公司	抖音、今日头条、西瓜视频	北京市
7	上海寻梦信息技术有限公司	拼多多	上海市
8	网易集团	网易游戏、网易有道、网易严选、网易新闻	广东省
9	北京快手科技有限公司	快手	北京市
10	三六零安全科技股份有限公司	360 安全卫士、360 手机卫士、360 手机助手	北京市
11	小米集团	小米、MIUI 米柚、Redmi、米家	北京市
12	腾讯音乐娱乐集团	QQ 音乐、酷狗音乐、酷我音乐	广东省
13	北京五八信息技术有限公司	58 同城、安居客、58 到家精选、中华英才网	北京市
14	新浪公司	新浪网、微博	北京市
15	好未来教育集团	学而思网校、学而思素养、直播云、熊猫博士	北京市
16	贝壳控股有限公司	贝壳找房	北京市
17	北京爱奇艺科技有限公司	爱奇艺、随刻、奇巴布	北京市
18	携程集团	携程旅行网、去哪儿、Trip.com、天巡	上海市
19	搜狐公司	搜狐媒体、搜狐视频、搜狗搜索、畅游游戏	北京市
20	北京车之家信息技术有限公司	汽车之家、二手车之家	北京市
21	广州津虹网络传媒有限公司	YY 直播、YY 语音、追玩	广东省
22	北京网聘咨询有限公司	智联招聘	北京市
23	上海米哈游网络科技股份有限公司	米哈游、miHoYo	上海市
24	东方财富信息股份有限公司	东方财富、东方财富证券、天天基金、股吧	上海市
25	竞技世界（北京）网络技术有限公司	JJ 比赛	北京市
26	湖南快乐阳光互动娱乐传媒有限公司	芒果 TV、芒果 TV 国际 App、小芒 App	湖南省
27	唯品会（中国）有限公司	唯品会	广东省
28	美图公司	美图秀秀、美颜相机、BeautyPlus、美拍、美图宜肤	福建省
29	三七文娱（广州）网络科技有限公司	三七游戏、37 网游、37 手游、37Games	广东省
30	武汉斗鱼鱼乐网络科技有限公司	斗鱼直播	湖北省
31	浙江世纪华通集团股份有限公司	盛趣游戏、点点互动、天游、七酷	浙江省
32	广州虎牙信息科技有限公司	虎牙直播、Nimo TV	广东省

（续表）

排名	企业名称	主要业务与品牌	所属地
33	易车公司	易车、精真估、润霖	北京市
34	央视国际网络有限公司	央视网、央视影音、中国 IPTV、中国互联网电视	北京市
35	四三九九网络股份有限公司	4399、4399 小游戏、4399 休闲娱乐平台	福建省
36	拉卡拉支付股份有限公司	拉卡拉支付、积分购	北京市
37	海南元游信息技术有限公司	青云诀 2、青云传、青云诀	海南省
38	金蝶软件（中国）有限公司	金蝶、kingdee、金蝶云、金蝶云苍穹	广东省
39	福建网龙计算机网络信息技术有限公司	魔域、征服、英魂之刃、网教通	福建省
40	上海识装信息科技有限公司	得物	上海市
41	咪咕文化科技有限公司	咪咕音乐、咪咕视频、咪咕数媒、咪咕游戏、咪咕圈圈	北京市
42	广州多益网络股份有限公司	多益网络、神武、梦想世界	广东省
43	深圳市迅雷网络技术有限公司	迅雷 11、迅雷快鸟、手机迅雷、迅雷直播	广东省
44	乐元素科技（北京）股份有限公司	开心消消乐、开心水族箱、松松总动员	北京市
45	东方明珠新媒体股份有限公司	东方明珠、百视 TV、百视通	上海市
46	深圳乐信控股有限公司	乐信、分期乐、乐卡	广东省
47	满帮集团	货车帮、运满满、满帮	贵州省
48	上海基分文化传播有限公司	趣头条、米读	上海市
49	网宿科技股份有限公司	网宿科技	上海市
50	同道猎聘集团	猎聘	天津市
51	江西巨网科技有限公司	巨网	江西省
52	人民网股份有限公司	人民网+、中国共产党新闻网、人民网评、领导留言板、人民视频	北京市
53	波克科技股份有限公司	波克城市、捕鱼达人、爆炒江湖、猫咪公寓	上海市
54	无锡市不锈钢电子交易中心有限公司	无锡不锈钢	江苏省
55	上海钢银电子商务股份有限公司	钢银电商、钢银数据、钢银云	上海市
56	猎豹移动有限公司	猎豹清理大师、猎豹安全大师、金山毒霸	北京市
57	新华网股份有限公司	新华网客户端、新华网 5G 富媒体实验室、新华睿思数据云图分析平台	北京市
58	贵阳朗玛信息技术股份有限公司	39 互联网医院、39 健康网	贵州省
59	浙江金科文化产业股份有限公司	会说话的汤姆猫、汤姆猫总动员、我的汤姆猫	浙江省
60	上海巨人网络科技有限公司	征途系列游戏、球球大作战、帕斯卡契约	上海市
61	武汉微派网络科技有限公司	贪吃蛇大作战、会玩、贪吃蛇进化论、坦克无敌	湖北省
62	杭州边锋网络技术有限公司	边锋游戏、游戏茶苑、Idle Arks、侠客风云传 online	浙江省
63	前锦网络信息技术（上海）有限公司	前程无忧 51job、应届生求职网、无忧精英网、51 米多多	上海市
64	马上消费金融股份有限公司	安逸花、马上金融	重庆市
65	厦门吉比特网络技术股份有限公司	问道、问道手游、一念逍遥、不思议迷宫	福建省
66	二六三网络通信股份有限公司	263 云通信、263 云邮箱、263 云会议、263 云视频	北京市

（续表）

排名	企业名称	主要业务与品牌	所属地
67	深圳市梦网科技发展有限公司	消息云、视讯云、终端云、物联云	广东省
68	鹏博士电信传媒集团股份有限公司	鹏博士大数据、北京电信通、长城宽带	四川省
69	每日互动股份有限公司	每日互动	浙江省
70	联动优势科技有限公司	联动支付、联动信息、联动数科、联动国际	北京市
71	友谊时光科技股份有限公司	浮生为卿歌、精灵食肆、此生无白	江苏省
72	龙采科技集团有限责任公司	龙采、资海、龙采体育、资海云	黑龙江省
73	上海二三四五网络控股集团股份有限公司	2345网址导航、2345加速浏览器、2345安全卫士	上海市
74	昆仑万维科技股份有限公司	闲徕互娱、Opera、GameArk、Star Group	北京市
75	广州趣丸网络科技有限公司	TT语音、TT电竞	广东省
76	上海东方网股份有限公司	东方新闻、东方头条、翱翔、纵相新闻	上海市
77	北京掌趣科技股份有限公司	全民奇迹2、一拳超人:最强之男、拳皇98终极之战OL	北京市
78	汇通达网络股份有限公司	超级老板App、汇通达汇享购App+微商城、超级经理人	江苏省
79	北京搜房科技发展有限公司	房天下网、开发云、家居云、经纪云	北京市
80	北京蜜莱坞网络科技有限公司	映客直播App、积目App、对缘App	北京市
81	焦点科技股份有限公司	中国制造网、开锣网、新一站保险网	江苏省
82	广州荔支网络技术有限公司	荔枝App、吱呀App	广东省
83	华云数据控股集团有限公司	国产通用型云操作系统安超®OS、超融合套件、私有云套件	江苏省
84	优刻得科技股份有限公司	UCloud、安全屋、优云智联	上海市
85	世纪龙信息网络有限责任公司	世纪龙信息网络有限责任公司	广东省
86	北京光环新网科技股份有限公司	光环新网、光环云	北京市
87	瓜子汽车服务（天津）有限公司	瓜子二手车	天津市
88	北京值得买科技股份有限公司	什么值得买、星罗	北京市
89	拓维信息系统股份有限公司	湘江鲲鹏、在线学习中心、麓山妙笔、云宝贝	湖南省
90	北京同城必应科技有限公司	闪送	北京市
91	杭州博盾习言科技有限公司	同盾科技、小盾安全、中博信征信、同盾咨询	浙江省
92	企查查科技有限公司	企查查、企风控	江苏省
93	英雄互娱科技股份有限公司	英雄互娱	陕西省
94	杭州泰一指尚科技有限公司	泰一数据、AdTime	浙江省
95	厦门美柚股份有限公司	美柚、柚宝宝、柚子街	福建省
96	汇付天下有限公司	聚合支付、汇来米、Adapay、Adamall、海外购	上海市
97	北京趣拿信息技术有限公司	去哪儿网、去哪儿旅行	北京市
98	江苏零浩网络科技有限公司	智通三千	江苏省
99	厦门点触科技股份有限公司	点触科技	福建省
100	福建游龙共创网络技术有限公司	19196手机游戏平台	福建省

表 B.2　2021 年中国互联网成长型前 20 家企业

排名	企业名称	主要业务与品牌	所属地
1	北京巴别时代科技股份有限公司	放开那三国、放开那三国 2、放开那三国 3、苍蓝誓约	北京市
2	北京北森云计算股份有限公司	北森云、iTalent、测评云、人才管理平台软件	北京市
3	在线途游（北京）科技有限公司	途游捕鱼、途游斗地主、途游休闲捕鱼	北京市
4	北京中网易企秀科技有限公司	易企秀、易企秀 H5、易企秀海报	北京市
5	北京米连科技有限公司	伊对、伊对同城	北京市
6	北京知道创宇信息技术股份有限公司	创宇盾、抗 D 保、加速乐、ZoomEye BE	北京市
7	福州掌中云科技有限公司	掌中云内容分销平台、掌中云读书	福建省
8	海南自贸区椰云网络科技有限公司	椰云众包、椰子旅游消费积分、椰子竞技积分	海南省
9	北京淘友天下科技发展有限公司	脉脉	北京市
10	上海七牛信息技术有限公司	七牛云	上海市
11	常相伴（武汉）科技有限公司	伴伴 App	湖北省
12	浙江华坤道威数据科技有限公司	政法融媒云、数聚客、数聚房、数懒	浙江省
13	祖龙（天津）科技股份有限公司	祖龙娱乐、梦想新大陆、鸿图之下、龙族幻想	天津市
14	上海连尚网络科技有限公司	WiFi 万能钥匙	上海市
15	厦门鑫点击网络集团股份有限公司	点击网络、点击云	福建省
16	广州百田信息科技有限公司	奥奇传说、奥拉星、食物语、奥比岛	广东省
17	广州探途网络技术有限公司	全球购骑士特权	广东省
18	哆啦集团有限公司	Fordeal	广东省
19	湖南微算互联信息技术有限公司	红手指云手机、微算云云计算平台、ARM 服务器	湖南省
20	北京蓝城兄弟文化传媒有限公司	blued 手机客户端、淡蓝公益、荷尔蒙健康	北京市

表 B.3　连续 9 年名列中国互联网综合实力前百家企业

序号	企业名称	所属地
1	阿里巴巴（中国）有限公司	浙江
2	深圳市腾讯计算机系统有限公司	广东
3	百度公司	北京
4	京东集团	北京
5	美团公司	北京
6	网易集团	广东
7	三六零安全科技股份有限公司	北京
8	新浪公司	北京
9	小米集团	北京
10	携程集团	上海
11	搜狐公司	北京
12	北京车之家信息技术有限公司	北京
13	三七文娱（广州）网络科技有限公司	上海
14	四三九九网络股份有限公司	福建
15	福建网龙计算机网络信息技术有限公司	福建

（续表）

序号	企业名称	所属地
16	深圳市迅雷网络技术有限公司	广东
17	新华网股份有限公司	北京
18	上海二三四五网络控股集团股份有限公司	上海
19	北京搜房科技发展有限公司	北京
20	上海东方网股份有限公司	上海

附录C　2021年互联网和相关服务业运行情况

2021年，互联网和相关服务业发展态势平稳向好。企业业务收入和营业利润保持较快增长；互联网平台服务和数据业务实现快速发展，信息服务收入较快增长；多省份互联网业务保持增长态势。

一、总体运行情况

（一）互联网业务收入保持较快增长态势

2021年，我国规模以上互联网和相关服务企业完成业务收入15500亿元，同比增长21.2%，增速比上年提高8.7个百分点，两年平均增速[1]为16.8%（见图C.1）。

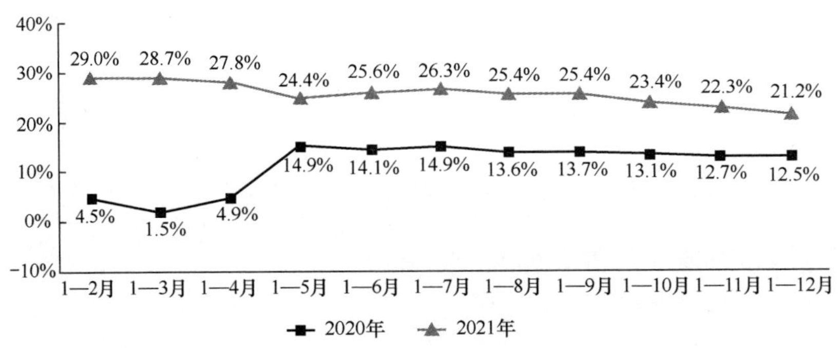

图C.1　2020—2021年互联网业务收入月度累计增长情况

（二）营业成本明显上升，营业利润增速保持两位数

2021年，我国规模以上互联网和相关服务企业共实现营业利润1320亿元，同比增长13.3%，增速比上年提高0.1个百分点；营业成本同比增长16.1%，增速比上年提高13.7个百分点。

（三）研发费用增长稳中有落

2021年，我国规模以上互联网和相关服务企业共投入研发费用754.2亿元，同比增长5%，

1 指2019—2021年平均增速，下同。

增速比上年回落1个百分点。

二、分业务运行情况

（一）信息服务收入较快增长，音视频服务持续高增长态势

2021年，我国规模以上互联网和相关服务企业共完成信息服务收入8254亿元，同比增长17%，增速比上年提高5.5个百分点；在互联网业务收入中的占比为53.3%，同比回落1.9个百分点。其中，音视频服务企业业务收入快速增长，增速与上年同期持平；网络游戏企业业务收入增长稳中有落；新闻和内容服务类企业业务收入增长加速；以搜索服务为主的企业业务收入仍处于下滑状态。

（二）互联网平台服务收入快速增长，网络销售、生活服务等平台经营活跃向好

2021年，实现平台服务收入5767亿元，同比增长32.8%，两年平均增速达23.5%；在互联网业务收入中的占比为37.2%，同比提高3.8个百分点。其中，生活服务类平台企业业务收入扭转2020年下滑局面，实现较快增长；网络销售平台企业业务收入增速快于2020年同期；以提供生产制造和生产物流平台服务为主的企业收入增速较2020年有所回落。

（三）互联网接入服务收入保持增长，互联网数据服务持续快速发展

2021年，完成互联网接入及相关服务收入444.4亿元，同比增长1.7%，增速比上年回落9.8个百分点；完成互联网数据服务（包括云服务、大数据服务等）收入258.3亿元，同比增长23.1%。

三、分地区运行情况

（一）东部和西部地区互联网业务收入较快增长，中部和东北地区互联网业务较为低迷

2021年，东部地区完成互联网业务收入13134亿元，同比增长20.8%，增速比上年提高6个百分点，占全国（扣除跨地区企业）互联网业务收入的比重为89.3%。西部地区完成互联网业务收入960.6亿元，同比增长37.8%，增速高于全国平均水平16.6个百分点。中部地区完成互联网业务收入567.6亿元，同比增长仅为3%，增速比上年回落0.9个百分点。东北地区完成互联网业务收入51.4亿元，同比下降0.5%（上年同期为增长9.1%）。

（二）多省份互联网业务保持较快增长态势

2021年，互联网业务累计收入排名前5位的北京（增长29.6%）、广东（增长9.3%）、上海（增长31.1%）、浙江（增长13.0%）和江苏（增长5.1%）共完成收入12233亿元，同比增长20.9%，占全国（扣除跨地区企业）比重达83.1%。全国互联网业务增速实现正增长

的省份有 27 个，数量较上年同期增加 6 个，其中海南、云南、宁夏等省份两年平均增速超过 30%。

四、我国移动应用程序（App）发展情况

（一）App 总量持续下降

截至 2021 年 12 月底，我国国内市场上监测到的 App 数量为 252 万款，数量比 11 月底净减少 21 万款。其中，本土第三方应用商店 App 数量为 117 万款，苹果应用商店（中国区）App 数量为 135 万款。12 月新增上架 App 数量 9 万款，下架 App 数量 30 万款。

（二）游戏类应用数量仍居首位

截至 2021 年 12 月底，移动应用规模排在前 4 位的 App 数量占比达 61.2%，其他生活服务、教育等 10 类 App 数量占比为 38.8%。其中，游戏 App 数量继续领先，达 70.9 万款，占全部 App 的比重为 28.2%。日常工具类、电子商务类和社交通信类 App 数量分别达 37 万款、24.8 万款和 21.1 万款，分列第二至第四位。社交通信类、生活服务类、日常工具类和新闻阅读类 App 数量较 11 月底净减量较多。

（三）游戏、日常工具、社交、音视频类应用下载量居前

截至 2021 年 12 月底，我国第三方应用商店在架应用分发总量达到 21072 亿次。其中，游戏类移动应用的下载量达 3314 亿次；日常工具类、音乐视频类、社交通信类移动应用的下载量分别达 2817 亿次、2477 亿次和 2449 亿次；生活服务类、新闻阅读类、系统工具类和电子商务类移动应用的下载量分别达 1960 亿次、1599 亿次、1572 亿次、1405 亿次。在其余各类应用中，下载总量超过 500 亿次的应用还有金融类（976 亿次）、拍照摄影类（819 亿次）。

附录 D　2021 年通信业统计公报

2021 年，我国通信业全面贯彻党的十九大及十九届历次全会精神，深入落实党中央、国务院决策部署，积极推进网络强国和数字中国建设，5G 和千兆光网等新型信息基础设施建设覆盖和应用普及全面加速，为打造数字经济新优势、增强经济发展新动能提供有力支撑。行业发展质量和增长水平进一步提升，实现“十四五”良好开局。

一、行业保持稳中向好运行态势

（一）电信业务收入稳步提升，电信业务总量较快增长

经初步核算，2021 年电信业务收入累计完成 1.47 万亿元，比上年增长 8.0%，增速同比提高 4.1 个百分点（见图 D.1）。按照上年价格计算的电信业务总量达 1.7 万亿元，同比增长 27.8%。

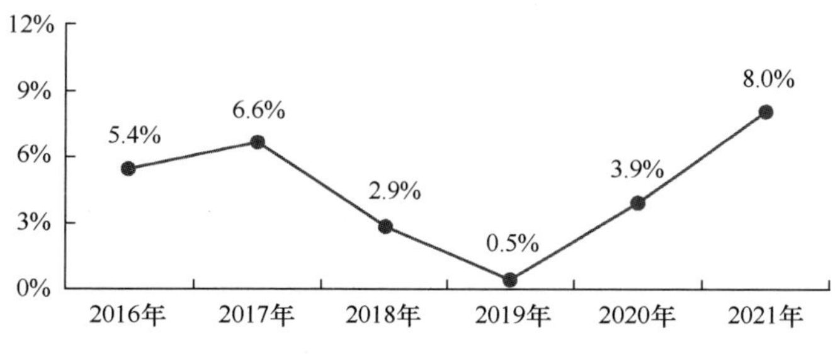

图D.1　2016—2021年电信业务收入增长情况

（二）数据及互联网业务收入平稳增长，仍是主要收入来源

2021 年，固定数据及互联网业务实现收入 2601 亿元，比上年增长 9.3%（见图 D.2），在电信业务收入中的占比由上年的 17.4%提升至 17.8%；移动数据及互联网业务实现收入 6409 亿元，比上年增长 3.3%（见图 D.3）。

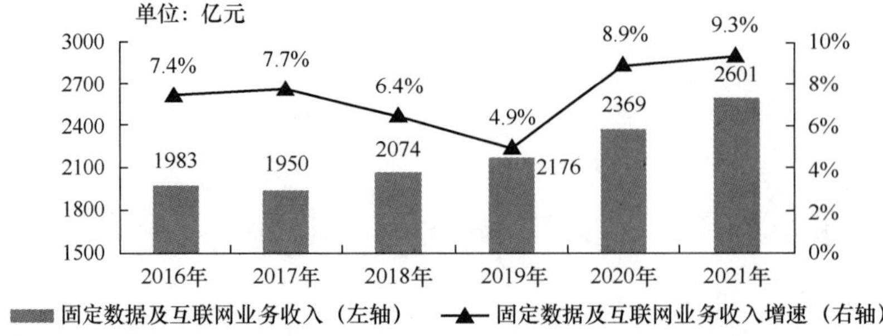

图D.2 2016—2021年固定数据及互联网业务收入发展情况

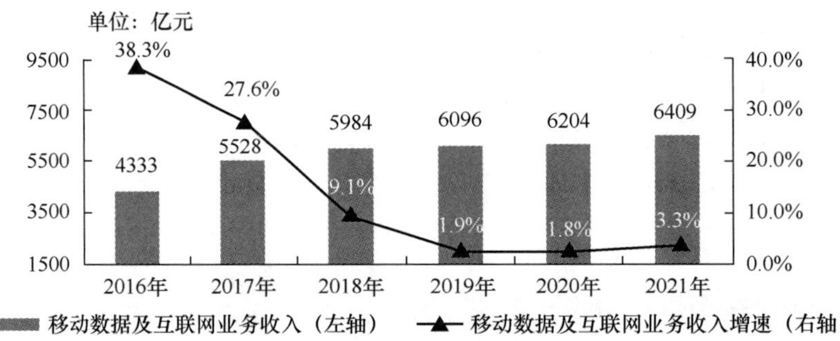

图D.3 2016—2021年移动数据及互联网业务收入发展情况

（三）新兴业务实现快速增长，对业务拉动作用增强

云计算、大数据等新兴业务发展加速，2021 年实现相关业务收入 2225 亿元，比上年增长 27.8%（见图 D.4），在电信业务收入中的占比由上年的 12.8%提升至 15.2%。其中，数据中心、云计算、大数据业务比上年分别增长 18.4%、91.5%和 35.5%。

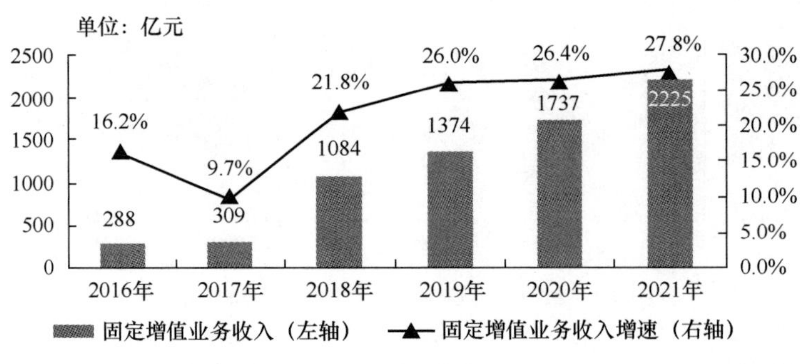

图D.4 2016—2021年固定增值业务收入发展情况

（四）语音业务收入持续下滑，占比不断缩小

互联网应用对语音业务替代效应持续显现，2021 年，3 家基础电信企业分别完成固定语音和移动语音业务收入 224 亿元和 1155 亿元，比上年分别下降 9%和 3%，在电信业务收入中的总占比为 9.4%，占比较上年回落 1.2 个百分点（见图 D.5）。

图D.5 2016—2021年语音业务收入发展情况

二、新型基础设施用户规模迅速扩大

（一）移动电话用户规模小幅增长，5G用户数快速增长

2021 年，全国电话用户净增 4755 万户，总数达到 18.24 亿户。其中，移动电话用户总数为 16.43 亿户，全年净增 4875 万户，普及率为 116.3 部/百人，比上年年底提高 3.4 部/百人。其中，4G 移动电话用户为 10.69 亿户，5G 移动电话用户达到 3.55 亿户，二者占移动电话用户数的 86.7%。固定电话用户总数为 1.81 亿户，全年净减 121 万户，普及率降至 12.8 部/百人（见图 D.6）。2021 年各省份移动电话普及率情况如图 D.7 所示。

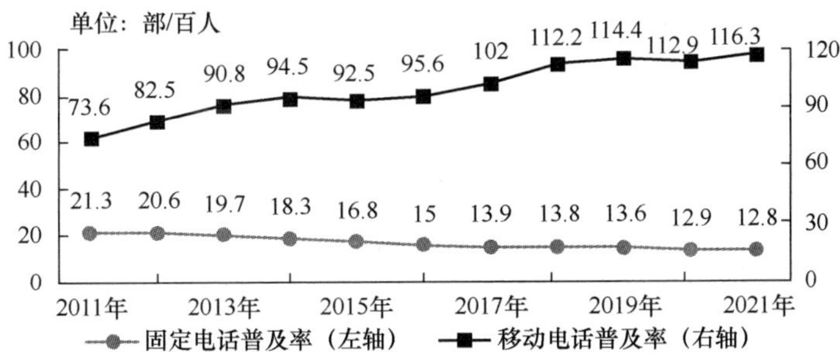

图D.6 2011—2021年固定电话及移动电话普及率发展情况

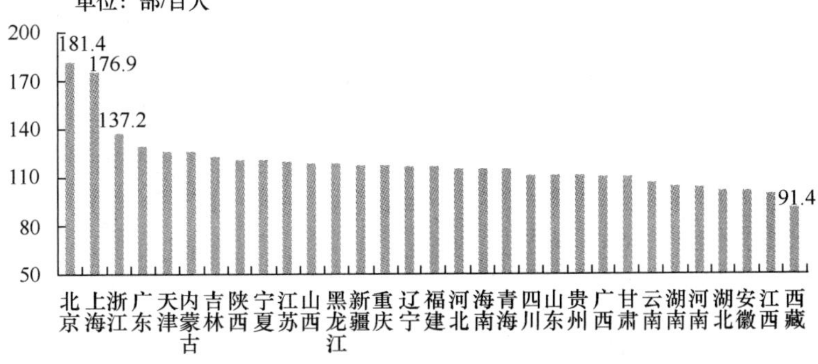

图D.7 2021年各省份移动电话普及率情况

（二）百兆及以上宽带接入用户占比持续攀升，千兆用户加快发展

截至 2021 年年底，3 家基础电信企业的固定互联网宽带接入用户总数达 5.36 亿户，全年净增 5224 万户。其中，100Mbps 及以上接入速率的用户为 4.98 亿户，全年净增 6385 万户，占总用户数的 93%，占比较上年年底提高 3.1 个百分点（见图 D.8）；1000Mbps 及以上接入速率的用户为 3456 万户，比上年年底净增 2816 万户。

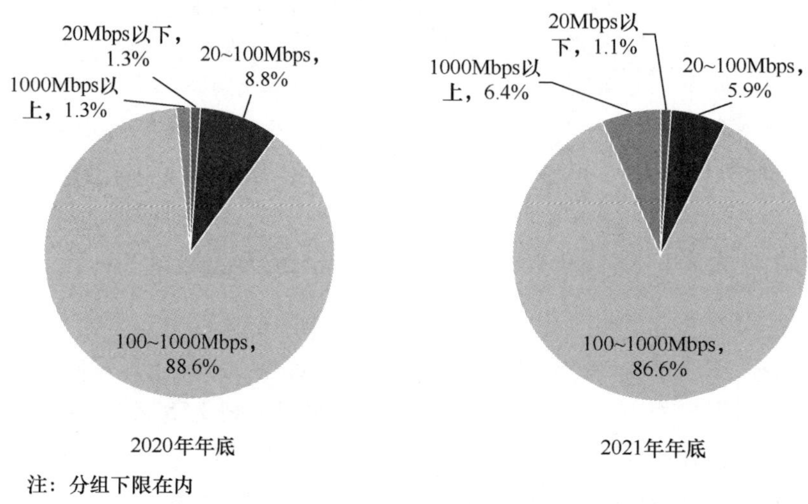

图D.8　2020年和2021年固定互联网宽带各接入速率用户占比情况

（三）农村宽带用户较快增长，增速保持两位数

截至 2021 年年底，全国农村宽带用户总数达约 1.58 亿户，全年净增 1580 万户（见图 D.9），比上年年底增长 11%，增速较城镇宽带用户高出 0.4 个百分点。

图D.9　2016—2021年农村宽带接入用户及占比情况

（四）新业态蓬勃发展，蜂窝物联网用户和 IPTV 规模持续扩大

截至 2021 年年底，3 家基础电信企业发展蜂窝物联网用户 13.99 亿户，全年净增 2.64 亿

户，其中应用于智慧公共事业、智能制造、智慧交通的终端用户占比分别达 22.4%、18.1%、15.6%。发展 IPTV（网络电视）用户总数达 3.49 亿户，全年净增 3336 万户。

三、移动互联网流量保持快速增长

（一）移动互联网流量快速增长，月户均流量创新高

2021 年，移动互联网接入流量达 2216 亿 GB，比上年增长 33.9%。全年移动互联网月户均流量（DOU）达 13.36GB/户・月，比上年增长 29.2%（见图 D.10）；12 月当月 DOU 达 14.72GB/户，创历史新高（见图 D.11）。其中，手机上网流量达到 2125 亿 GB，比上年增长 35.5%，在移动互联网总流量中占比为 95.9%。

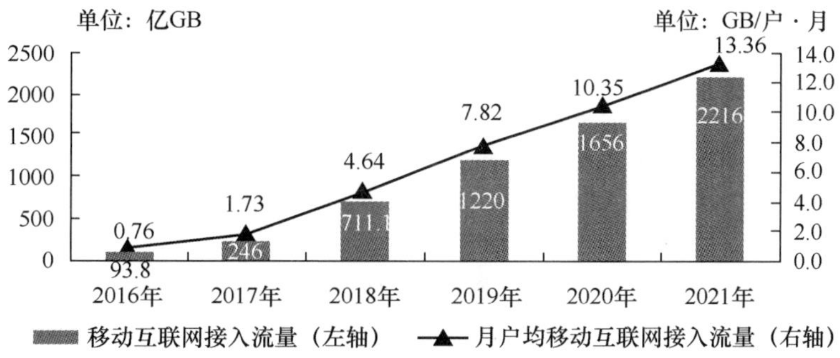

图D.10　2016—2021年移动互联网接入流量及月户均流量增长情况

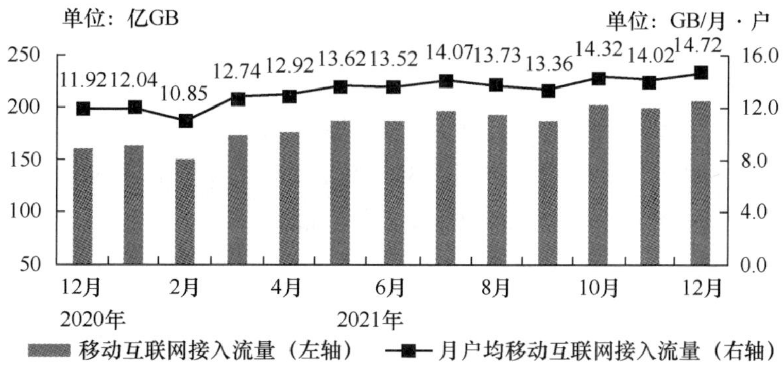

图D.11　2020年12月及2021年移动互联网接入当月流量及当月DOU情况

（二）移动短信业务量收不同步，语音业务量增速转正

2021 年，全国移动短信业务量比上年减少 1%，移动短信业务收入比上年增长 6.6%（见图 D.12），移动短信业务量收增速差从上年的 15.4%下降至 7.6%。2021 年，全国移动电话去话通话时长 2.27 万亿分钟，比上年增加 1.1%（见图 D.13）。

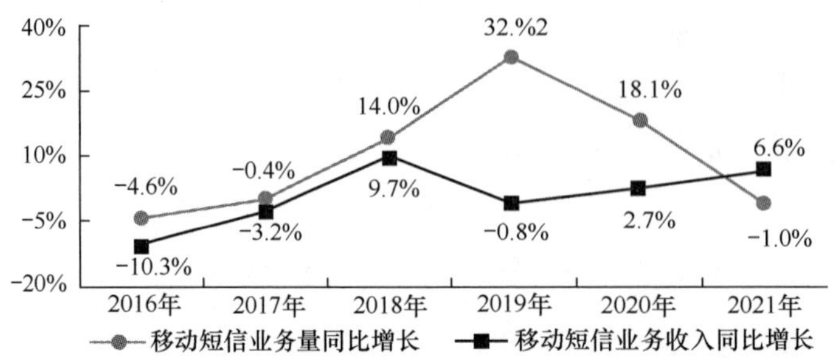

图D.12 2016—2021年移动短信业务量和收入同比增长情况

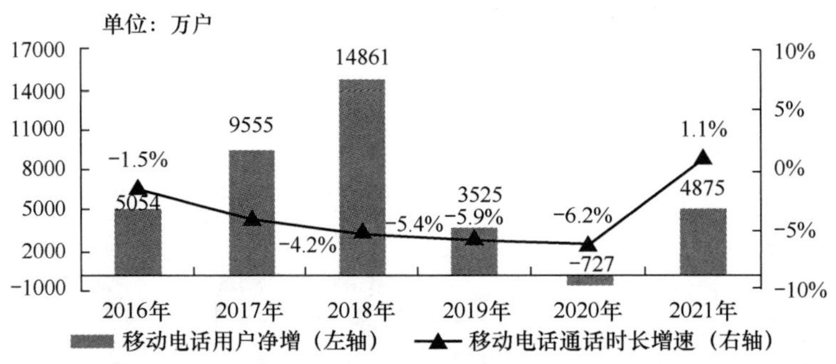

图D.13 2016—2021年移动电话用户和通话时长增长情况

四、网络基础设施持续演进升级

（一）固定资产投资与上年基本持平，5G 投资占比近半

2021 年，3 家基础电信企业和中国铁塔股份有限公司共完成电信固定资产投资 4058 亿元。其中，移动通信的固定资产投资额为 1943 亿元，占全部投资的 47.9%；5G 投资额达 1849 亿元，占全部投资的 45.6%，占比较上年提高 8.9 个百分点。

（二）网络基础设施优化升级，全光网建设深入推进

2021 年，新建光缆线路长度达 319 万千米，全国光缆线路总长度达 5488 万千米。其中，长途光缆线路、本地网中继光缆线路和接入网光缆线路长度分别达 112.6 万千米、1874 万千米和 3502 万千米，接入网光缆线路长度比上年净增 297 万千米，进一步保障和支撑了用户服务质量。截至 2021 年年底，互联网宽带接入端口数达到 10.18 亿个，比上年年底净增 7180 万个。其中，光纤接入（FTTH/O）端口达到 9.6 亿个，比上年年底净增 8017 万个，占比由上年年底的 93.0%提升至 2021 年的 94.3%（见图 D.14）。

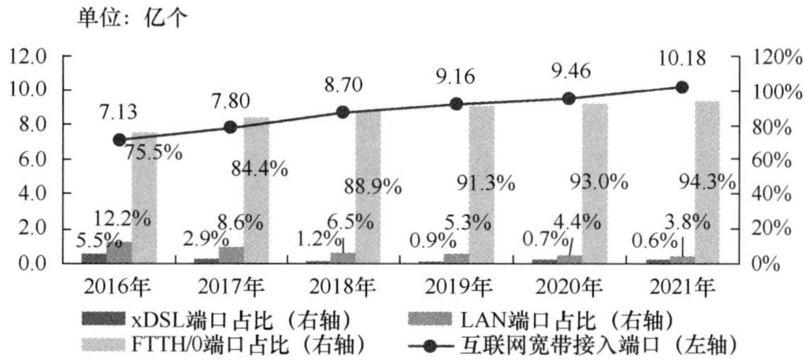

图D.14　2016—2021年互联网宽带接入端口发展情况

（三）5G 网络建设加快，网络覆盖持续推进

2021 年，全国移动通信基站总数达 996 万个，全年净增 65 万个。其中，4G 基站达 590 万个（见图 D.15），5G 基站为 142.5 万个，全年新建 5G 基站超过 65 万个。

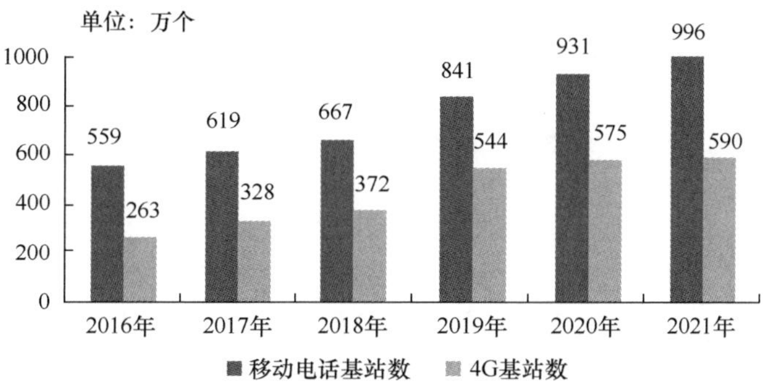

图D.15　2016—2021年移动电话基站发展情况

五、东、中、西部地区协调发展

（一）分地区电信业务收入份额保持稳定

2021 年，东部地区电信业务收入占比为 51.1%，比上年提高 0.1 个百分点；中部、西部地区电信业务收入占比分别为 19.6%、23.8%，占比均与上年持平；东北地区电信业务收入占比为 5.5%，比上年下降 0.1 个百分点（见图 D.16）。

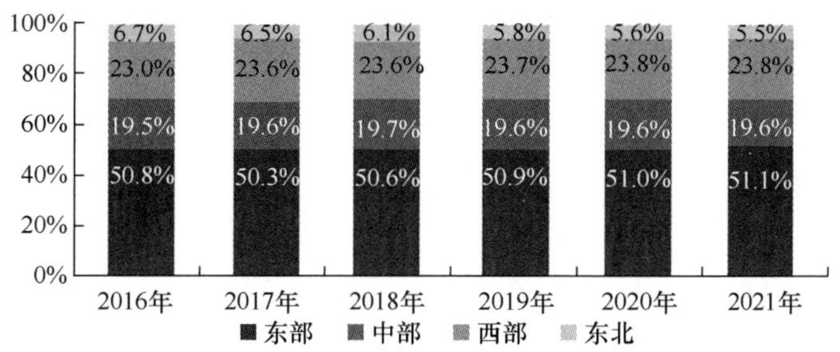

图D.16　2016—2021年东部、中部、西部、东北地区电信业务收入比重

（二）各地区百兆及以上固定互联网宽带接入用户占比均达到较高水平

截至 2021 年年底，东部、中部、西部、东北地区 100Mbps 及以上速率固定互联网宽带接入用户分别达到 21261 万户、12512 万户、13077 万户和 2998 万户，在本地区宽带接入用户中占比分别达到 92.6%、94.1%、92.6%和 93.3%，占比较上年分别提高 3.7 个、3.3 个、2.3 个和 2.1 个百分点（见图 D.17）。

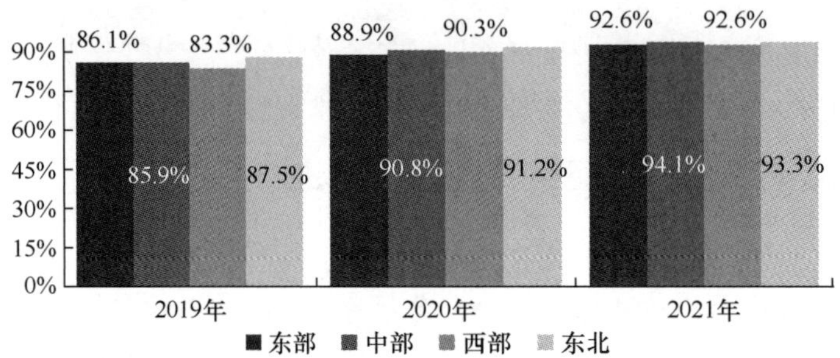

图D.17　2019—2021年东部、中部、西部、东北地区100Mbps及以上速率固定宽带接入用户渗透率情况

（三）中部地区移动互联网流量增速全国领先

2021 年，东部、中部、西部、东北地区移动互联网接入流量分别达到 947 亿 GB、494 亿 GB、655 亿 GB 和 120 亿 GB，比上年分别增长 35.3%、38.2%、29.7%和 28.9%，中部地区增速比东部、西部和东北地区增速分别高出 2.9 个、8.5 个和 9.3 个百分点（见图 D.18）。12 月，西部地区当月户均流量达到 16.45GB/户・月，比东部、中部和东北地区分别高出 1.94GB/户・月、2.34GB/户・月和 4.98GB/户・月。

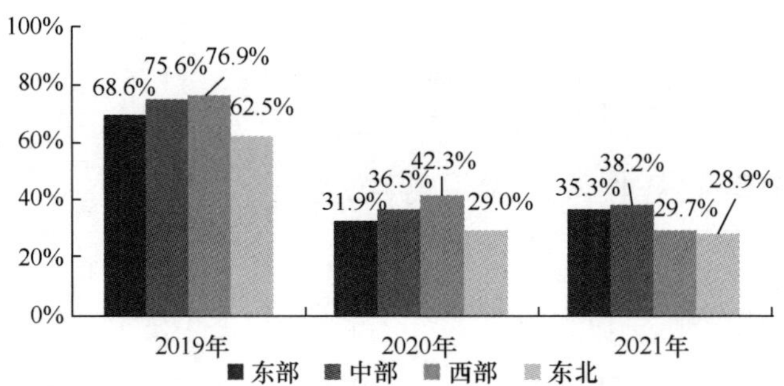

图D.18　2019—2021年东部、中部、西部、东北地区移动互联网接入流量增速情况

附录 E　2021 年软件和信息技术服务业统计公报

2021 年，我国软件和信息技术服务业（以下简称软件业）运行态势良好，软件业务收入保持较快增长，盈利能力稳步提升，软件业务出口保持增长，从业人员规模不断扩大，“十四五”实现良好开局。

一、总体运行情况

（一）软件业务收入保持较快增长

2021 年，全国软件和信息技术服务业规模以上企业超过 4 万家，累计完成软件业务收入 94994 亿元，同比增长 17.7%，两年复合增长率[1]为 15.5%（见图 E.1）。

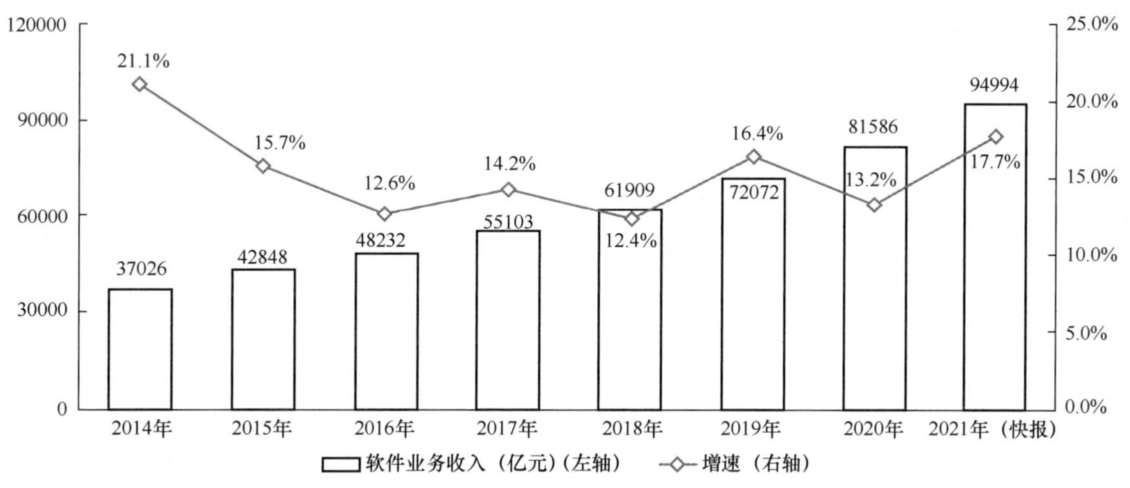

图E.1　2014—2021年软件业务收入增长情况

（二）盈利能力稳步提升

2021 年，软件业利润总额为 11875 亿元，同比增长 7.6%，两年复合增长率为 7.7%（见

1 指 2019—2021 年复合增长率，下同。

图 E.2）；主营业务利润率提高 0.1 个百分点，达 9.2%。

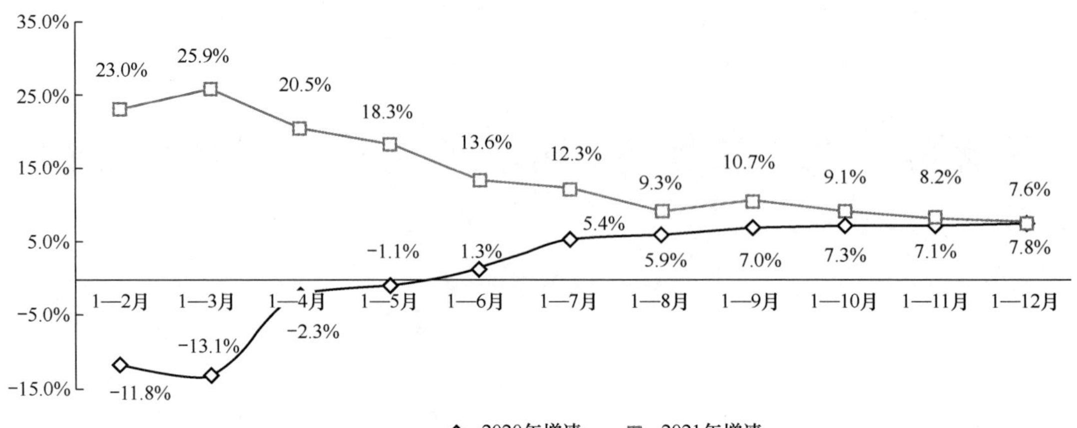

图E.2　2020—2021年利润总额增长情况

（三）软件业务出口保持增长

2021 年，软件业务出口额达 521 亿美元，同比增长 8.8%，两年复合增长率为 3.0%（见图 E.3）。其中，软件外包服务出口额达 149 亿美元，同比增长 8.6%；嵌入式系统软件出口额达 194 亿美元，同比增长 4.9%。

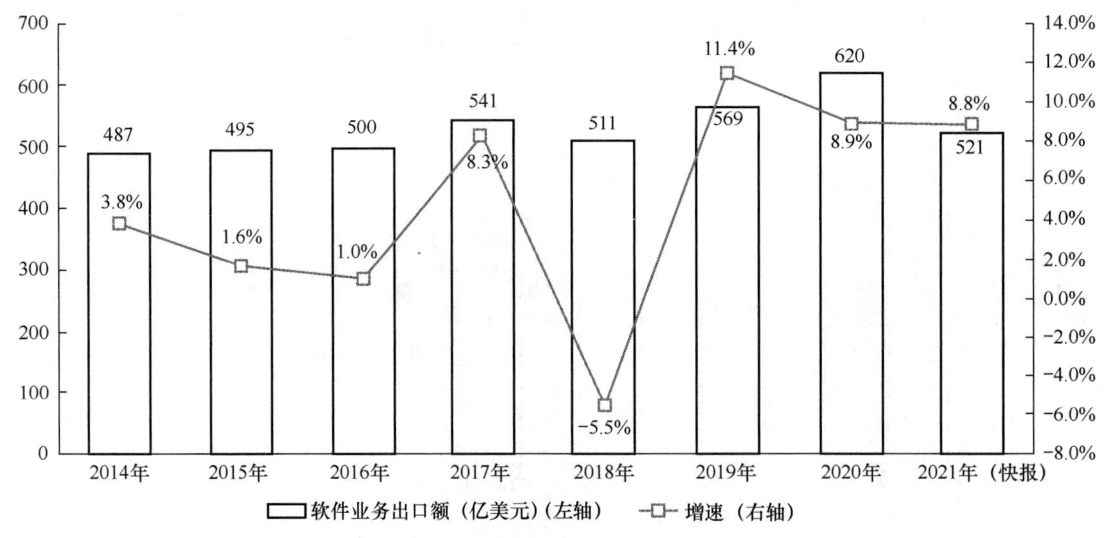

图E.3　2014—2021年软件业务出口增长情况

（四）从业人员规模不断扩大，工资总额加快增长

2021 年，我国软件业从业人员平均人数为 809 万人，同比增长 7.4%。从业人员工资总额同比增长 15.0%，两年复合增长率为 10.8%（见图 E.4）。

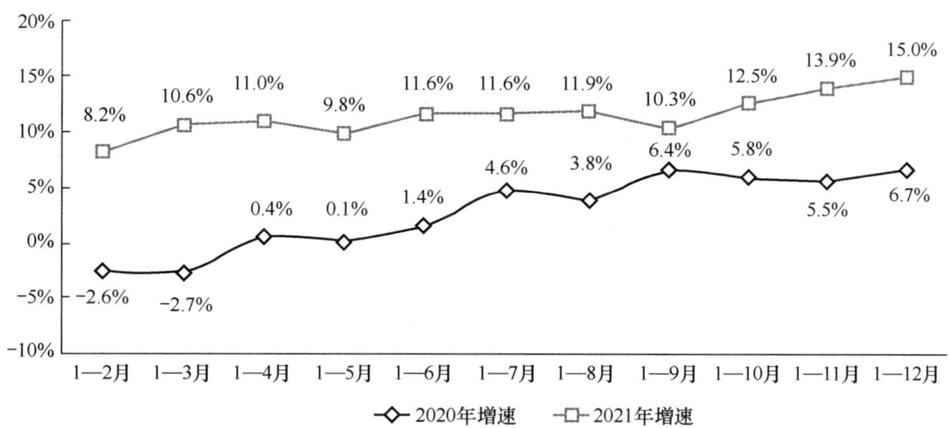

图E.4　2020—2021年软件业从业人员工资总额增长情况

二、分领域情况

（一）软件产品收入平稳较快增长

2021 年，软件产品收入为 24433 亿元，同比增长 12.3%，增速较上年同期提高 2.2 个百分点，占全行业收入比重为 25.7%。其中，工业软件产品实现收入 2414 亿元，同比增长 24.8%，高出全行业水平 7.1 个百分点。

（二）信息技术服务收入增速领先

2021 年，信息技术服务收入为 60312 亿元，同比增长 20.0%，高出全行业水平 2.3 个百分点，占全行业收入比重为 63.5%。其中，云服务、大数据服务共实现收入 7768 亿元，同比增长 21.2%，占信息技术服务收入总额的 12.9%，占比较上年同期提高 4.6 个百分点；集成电路设计收入为 2174 亿元，同比增长 21.3%；电子商务平台技术服务收入为 10076 亿元，同比增长 33.0%。

（三）信息安全产品和服务收入增长加快

2021 年，信息安全产品和服务收入为 1825 亿元，同比增长 13.0%，增速较上年同期提高 3 个百分点。

（四）嵌入式系统软件收入涨幅扩大

2021 年，嵌入式系统软件收入为 8425 亿元，同比增长 19.0%，增速较上年同期提高 7 个百分点。2021 年软件业分类收入占比情况如图 E.5 所示。

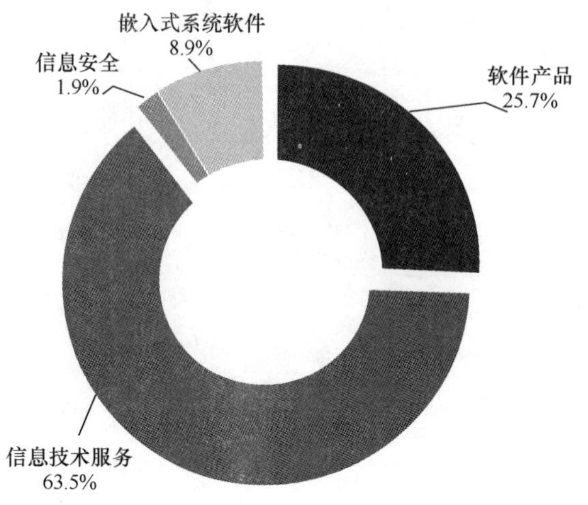

图E.5　2021年软件业分类收入占比情况

三、分地区情况

（一）东部地区保持较快增长，中西部地区增势突出

2021 年，东部、中部、西部和东北地区分别完成软件业务收入 76164 亿元、4618 亿元、11586 亿元和 2627 亿元，同比增长分别为 17.6%、18.9%、19.4%和 12.1%（见图 E.6）。其中，中部、西部地区分别高出全国平均水平 1.2 个、1.7 个百分点。4 个地区软件业务收入在全国总收入中的占比分别为 80.2%、4.9%、12.2%和 2.8%。

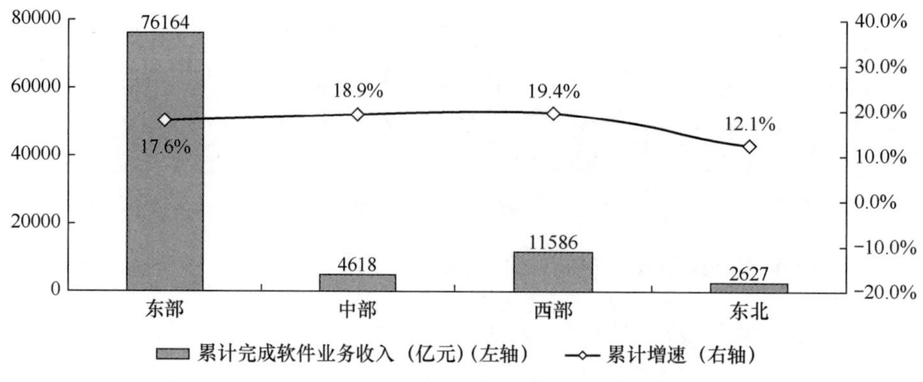

图E.6　2021年软件业分地区收入增长情况

（二）主要软件大省收入占比进一步提高，部分中西部省份增速亮眼

2021 年，软件业务收入居前 5 名的北京、广东、江苏、浙江、山东共完成收入 62692 亿元，占全国软件业比重的 66.0%，占比较上年同期提高 1.2 个百分点。软件业务收入增速高于全国平均水平的省份有 15 个，其中增速高于 30%的省份集中在中西部地区，包括贵州、

广西、山西等。2021 年软件业务收入排名前 10 位的省份增长情况如图 E.7 所示。

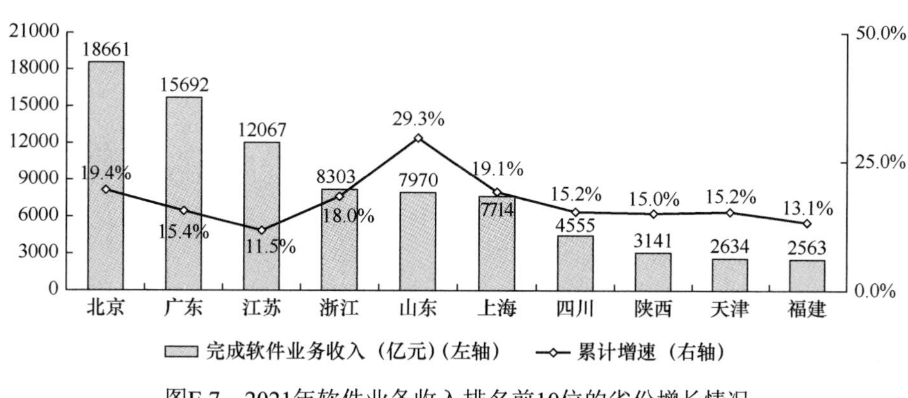

图E.7　2021年软件业务收入排名前10位的省份增长情况

（三）中心城市软件业务收入增长加快，利润总额平稳增长

2021 年，全国 15 个副省级中心城市实现软件业务收入 49540 亿元，同比增长 16.3%，增速较上年同期提高 3.3 个百分点，占全国软件业的比重为 52.2%；实现利润总额 6403 亿元，同比增长 4.5%，增速较上年同期回落 0.5 个百分点。其中，杭州、青岛、济南和广州软件业务收入同比增速超过全行业平均水平。2021 年排名前 10 位的副省级中心城市软件业务收入增长情况如图 E.8 所示。

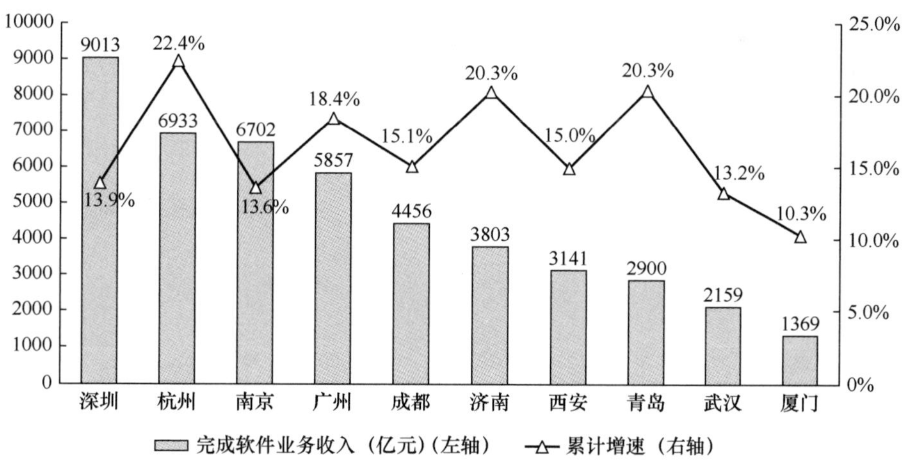

图E.8　2021年排名前10位的副省级中心城市软件业务收入增长情况

附录F　2021年电子信息制造业运行情况

2021年，我国电子信息制造业增加值和出口交货值实现两位数增长，利润实现高速增长，固定资产投资增速明显加快。

一、生产增速稳中有升

2021年，全国规模以上电子信息制造业增加值比上年增长15.7%，在41个大类行业中，排名第6位，增速创下近10年新高，较上年提高8.0个百分点（见图F.1）；增速比同期规模以上工业增加值增速高6.1个百分点，差距较2020年有所扩大，但较高技术制造业增加值增速低2.5个百分点；两年[1]平均增长11.6%，比工业增加值两年平均增速高5.5个百分点，对工业生产的拉动作用明显。

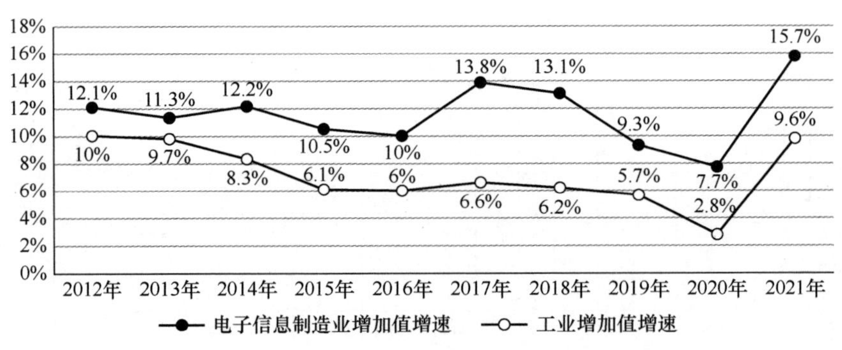

图F.1　2012—2021年电子信息制造业和工业增加值增速情况

2021年12月，电子信息制造业增加值同比增长12.0%，增速比上年同期提高0.6个百分点。从月度增速看，整体保持平稳态势（见图F.2）。

2021年，主要产品中，手机产量17.6亿台，同比增长7%，其中智能手机产量12.7亿台，同比增长9%；微型计算机设备产量4.7亿台，同比增长22.3%；集成电路产量3594亿块，同比增长33.3%。

1 指2019—2021年，下同。

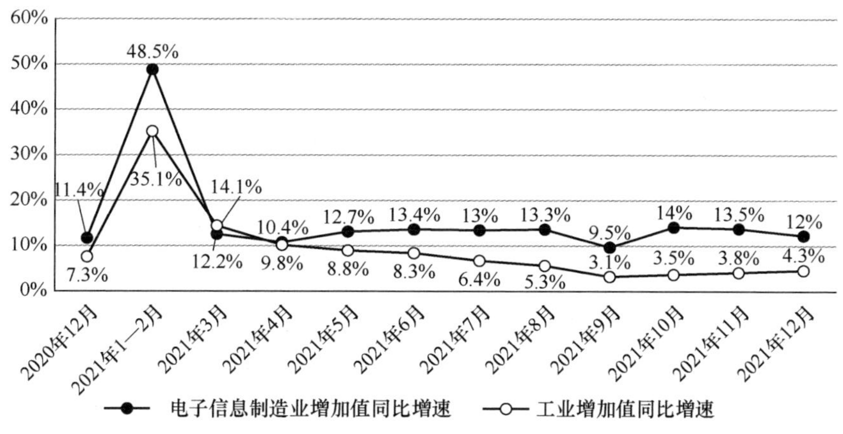

图F.2　2020年12月以来电子信息制造业和工业增加值分月增速情况

二、出口交货值增速加快

2021 年，规模以上电子信息制造业企业出口交货值比上年增长 12.7%，增速较上年提高 6.3 个百分点，但比同期规模以上工业企业出口交货值增速低 5 个百分点（见图 F.3）。两年平均增长 9.5%，较工业两年平均增速高 1.2 个百分点。

2021 年 12 月，规模以上电子信息制造业企业出口交货值同比增长 12.6%，增速比上年同期回落 4.7 个百分点。

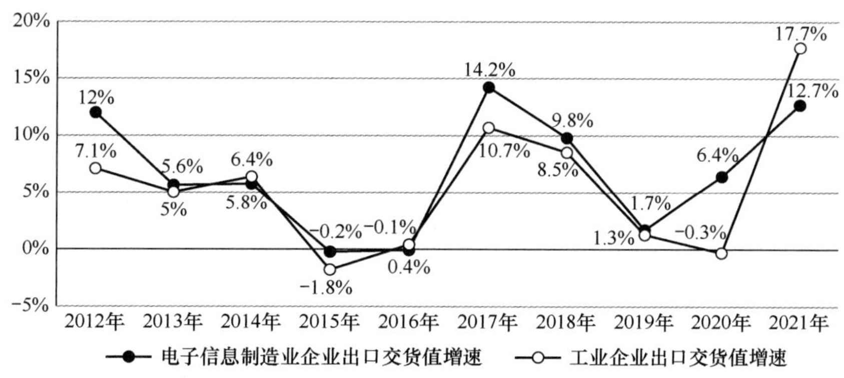

图F.3　2012—2021年电子信息制造业和工业企业出口交货值增速情况

据海关统计，2021 年，我国出口笔记本电脑 2.2 亿台，同比增长 22.4%；出口手机 9.5 亿部，同比下降 1.2%；出口集成电路 3107 亿块，同比增长 19.6%；进口集成电路 6354.8 亿块，同比增长 16.9%。

三、企业利润实现较快增长

2021 年，规模以上电子信息制造业实现营业收入 141285 亿元，比上年增长 14.7%，增速较上年提高 6.4 个百分点，两年平均增长 11.5%。

营业成本 121544 亿元，同比增长 13.7%，增速较上年提高 5.6 个百分点。

实现利润总额 8283 亿元，比上年增长 38.9%，两年平均增长 27.6%，增速较规模以上工业企业利润高 4.6 个百分点（见图 F.4），但较高技术制造业利润低 9.5 个百分点。营业收入利润率为 5.9%，比上年提高 1 个百分点，但较规模以上工业企业营业收入利润率低 0.9 个百分点。

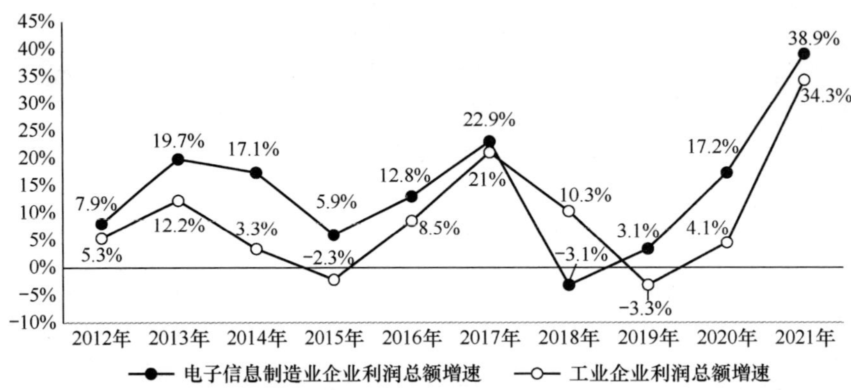

图F.4　2012—2021年电子信息制造业企业和工业企业利润总额增速情况

四、固定资产投资增速反弹

2021 年，电子信息制造业固定资产投资比上年增长 22.3%，增速比同期制造业（13.5%）、高技术制造业（22.2%）分别高出 8.8 个（见图 F.5）和 0.1 个百分点；在制造业固定资产投资增速中排名第 3 位，仅次于专用设备制造业（24.3%）和电气机械和器材制造业（23.3%）。

在全球集成电路制造产能持续紧张的背景下，近两年我国集成电路相关领域投资活跃，实现半导体器件设备、电子元件及电子专用材料制造领域投资额的大幅增长，带动电子信息制造业固定资产投资两年平均增长 17.3%，远高于制造业固定资产投资两年平均增长的 5.8%。

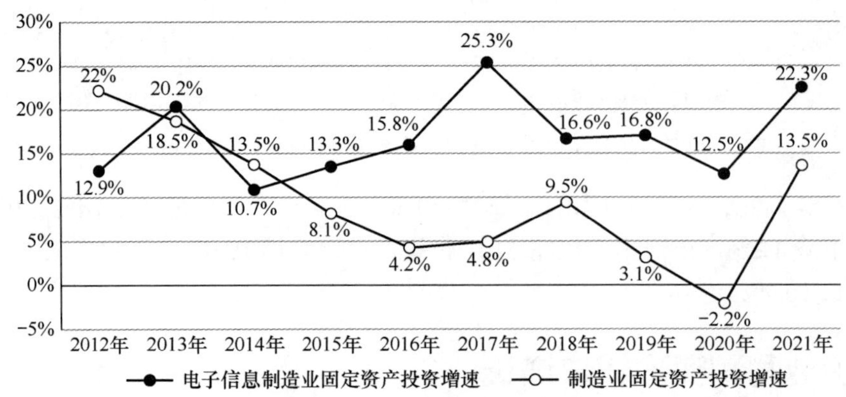

图F.5　2012—2021年电子信息制造业和制造业固定资产投资增速情况

鸣 谢

《中国互联网发展报告 2022》的组织编撰工作得到了政府部门、科研机构、互联网行业企业及业界专家等社会各界的指导与支持。在此，谨向参与本报告编写出版的编委会委员、撰稿人、审校专家、读者和关心《中国互联网发展报告》发展的各界朋友表示诚挚的谢意。

以下单位对本报告的编写和修订给予了大力支持，在此表示衷心的感谢！（排名不分先后）

工业和信息化部
中国信息通信研究院
国家互联网应急中心
北京易观智库网络科技有限公司
北京农信互联科技集团有限公司
商务部国际贸易经济合作研究院
北京教育科学研究院
同程网络科技股份有限公司
贝壳找房（北京）科技有限公司
美团研究院
上海艾瑞市场咨询股份有限公司
北京科技大学
北京华品博睿网络技术有限公司
深圳乐信软件技术有限公司
乐麦信息技术（杭州）有限公司
三七文娱（广州）网络科技有限公司
上海莉莉丝科技股份有限公司
南京领行科技股份有限公司
北京凤凰医联企业管理有限公司
广州虎牙信息科技有限公司

反侵权盗版声明

举报电话：（010）88254396；（010）88258888
传　　真：（010）88254397
E-mail：　dbqq@phei.com.cn
通信地址：北京市海淀区万寿路 173 信箱
　　　　　电子工业出版社总编办公室
邮　　编：100036